张林森　主编

金属表面处理

化学工业出版社

·北京·

《金属表面处理》涵盖了电镀、化学镀、化学转化膜、热浸镀等传统金属表面处理技术，及气相沉积、化学热处理、高能束表面处理等新兴金属表面处理技术，另外还较为系统地介绍了表面预处理、处理层分析和性能测试、表面处理车间设计等实践性较强的内容。

《金属表面处理》可作为高等院校材料类相关专业的教材，也可供从事表面处理生产和研究的工程技术人员阅读参考。

图书在版编目（CIP）数据

金属表面处理/张林森主编 . —北京：化学工业出版社，2016.8（2024.7重印）

ISBN 978-7-122-27254-6

Ⅰ.①金… Ⅱ.①张… Ⅲ.①金属表面处理-高等学校-教材 Ⅳ.①TG17

中国版本图书馆 CIP 数据核字（2016）第 124128 号

责任编辑：宋林青　　　　　　　　　　文字编辑：向　东
责任校对：边　涛　　　　　　　　　　装帧设计：关　飞

出版发行：化学工业出版社（北京市东城区青年湖南街 13 号　邮政编码 100011）
印　　装：北京科印技术咨询服务有限公司数码印刷分部
787mm×1092mm　1/16　印张 22¼　字数 563 千字　2024 年 7 月北京第 1 版第 7 次印刷

购书咨询：010-64518888　　　　　　　售后服务：010-64518899
网　　址：http://www.cip.com.cn

凡购买本书，如有缺损质量问题，本社销售中心负责调换。

定　　价：58.00 元

前　言

　　材料作为人类社会发展的三大支柱之一，其重要性不言而喻。金属材料在国民经济的各个领域都得到了广泛使用，而科学技术的发展对金属材料的性能提出了更多、更高的要求：如何经济有效地改善和提高材料和产品的性能（如耐蚀、耐磨、装饰等性能），确保其使用的可靠性和安全性，延长使用寿命，节约资源和能源，减少环境污染；另一方面，通过怎样一些手段能够赋予材料和器件表面与其基体不同的一些特殊的物理和化学性能（如电磁特性，光学性能等），更好地满足现代科学技术的需求。

　　金属表面处理技术是指通过一些物理、化学、机械或复合方法使金属表面具有与基体不同的组织结构、化学成分和物理状态，从而使经过处理后的表面具有与基体不同的性能。经过表面处理后的金属材料，其基体的化学成分和力学性能并未发生变化（或大的变化），但其表面却拥有了一些特殊的性能。随着现代科学技术的发展，表面处理技术在表面物理和表面化学理论的基础上，融合了现代材料学、现代工程物理和现代制造技术，在工业、农业、能源、医学、信息、工程、环境和与人类生活密切相关的领域取得了突飞猛进的发展。

　　本书在编写中力争以教学需要组织全书内容，同时根据金属表面处理技术的发展，适当扩充一些新内容，以便于学生课外阅读或供工程技术人员参考。本书一方面系统介绍了电镀、化学镀、化学转化膜、热浸镀等传统金属表面处理技术，及气相沉积、化学热处理、高能束表面处理等新兴金属表面处理技术，另外也以较大篇幅介绍了表面预处理、处理层分析和性能测试、表面处理车间设计等实践性较强的内容。书中既考虑了相关技术及理论的成熟性，也兼顾了其发展和展望。

　　参加本书编写工作的有郑州轻工业学院张林森（第1~3章）、李晓峰（第5章和第6章）、宋延华（第4章和第11章）、方华（第8章和第9章）、户敏（第7章和第10章）。全书由张林森主编和统稿。

　　由于编者水平有限，书中难免有不妥之处，恳请读者提出宝贵意见。

编者

2016 年 3 月

目　录

第1章

绪 论

1.1 表面处理技术的含义

金属表面处理技术是指通过一些物理、化学、机械或复合方法使金属表面具有与基体不同的组织结构、化学成分和物理状态，从而使经过处理后的表面具有与基体不同的性能。经过表面处理后的金属材料，其基体的化学成分和力学性能并未发生变化（或未发生大的变化），但其表面却拥有了一些特殊的性能，如高的耐磨性及良好的导电性、电磁特性、光学性能等。

所有的金属材料都不可避免地要与环境相接触，而与环境直接接触的是金属的表面，如各种机械零件和工程构件。它们在使用过程中会发生腐蚀、磨合、氧化等。所有这些都会使金属表面首先发生破坏或失效，进而引起整个设备或零（构）件的破坏或失效。据一些工业发达国家统计，每年钢材因腐蚀和磨损而造成的损失约占钢材总产量的10%，损失金额占国民经济总产值的2%～4%。如果将因金属腐蚀和磨损而造成的停工、停产和相应引起的各种事故等损失统计在内的话，其数值更加惊人。因此，发展金属表面防护和强化技术，是各国普遍关心的重大课题。

随着现代工业的迅猛发展，对机械产品提出了更高的要求，要求产品能在高参数（如高温、高压、高速）和恶劣工况条件下长期稳定运转或服役，这就必然对材料的耐磨、耐蚀等性能以及表面装饰提出了更高的要求，使其成为防止产品失效的第一道防线。

为了满足上述要求，在某些情况下可以选用特种金属或合金来制造整个零件或设备，有时虽然可以满足表面性能要求，但这往往会造成产品成本的成倍增加，降低了产品的竞争力；更何况在许多情况下也很难找到一种能够同时满足整体和表面要求的材料。而表面处理技术则可以用极少量的材料就起到大量、昂贵的整体材料难以起到的作用，在不增加或不增加太多成本的情况下使产品表面受到保护和强化，从而提高产品的使用寿命和可靠性，改善机械设备的性能、质量，增强产品的竞争能力。所以，研究和发展金属材料的表面处理技术，对于推动高新技术的发展，对于节约材料、节约能源等都具有重要意义。

表面处理技术主要通过两种途径改善金属材料的表面性能：一种是通过表面涂层技术在基体表面制备各种镀层、涂覆层，包括电镀、化学镀、转化膜、气相沉积等；另一种是通过各种表面改性技术改变基体表面的组织和性能，如化学热处理、高能束表面改性等。就表面涂层技术而言，它是在材料表面形成一层与基体材料不同的涂层，只有该涂层与基体之间有足够的结合强度，才能使其发挥应有的作用。因此可以通过不同的涂层材料和组织结构，以期取得满意的涂层与基体的结合强度。表面改性技术和表面涂层技术的最大区别是，其所形成的表面在材料和组织上均是基体直接参与形成的，而不像表面涂层技术那样，涂层材料的组织与基体是完全不同的。

1.2 表面处理技术的分类和内容

1.2.1 表面处理技术的分类

表面处理技术是一门新兴学科，是一门多学科交叉的边缘学科，到目前为止还没有统一的分类方法。相比较而言，表面处理技术具有较强的工艺性，因此按工艺特点大致分类，可以把表面处理技术的特点比较清晰地体现出来，而且这种分类与工程上的名称基本一致，便于记忆。这种分类方法的最大不足是缺乏学术上的逻辑性，因为有些技术尽管工艺不同，但基本的改性机理是相同或相似的。

(1) 按工艺特点分类

① 电镀　包括非晶态电镀、复合电镀、合金电镀、电刷镀等。

② 化学镀　包括非晶态化学镀、复合化学镀、合金化学镀等。

③ 化学转化膜　包括阳极氧化、化学氧化和磷酸盐膜等。

④ 热浸镀　包括热浸镀锌、热浸镀锡和热浸镀铝等。

⑤ 气相沉积　包括化学气相沉积和物理气相沉积。

⑥ 表面热处理　包括渗碳、渗氮、氮碳共渗和碳氮共渗等。

⑦ 高能束表面处理　包括离子束技术、电子束技术和激光束技术。

(2) 按学科特点分类

① 表面合金化技术　包括离子束注入和热渗镀等。

② 表面覆层与覆膜技术　包括热喷涂、电镀、化学镀、化学转化膜、气相沉积热浸镀等。

③ 表面组织转化技术　包括激光和电子束热处理等表面加工硬化技术。

应当指出，按学科特点分类虽然比较简单，且内容相对独立，但是，不少工艺技术往往包括其中的两项甚至三项，例如堆焊和热浸镀，从表层看是镀层，但在覆层与基体的界面上却是典型的冶金结合即合金化问题，并伴有组织的转变。因此很难不重复地给读者介绍各项表面工程技术。

另外，还有按照表面改性的目的或性质分类，将表面工程技术分为表面耐磨和减摩技术、表面耐蚀和抗氧化技术、表面强化技术、表面装饰技术、功能表面技术及表面修复技术等。这种分类方法便于应用，但缺点是几项技术往往可以由一项独立的工艺完成。例如电镀、化学镀非晶镀层，常常既是耐磨镀层，又是耐蚀镀层，如果镀在塑料等非金属基体上，又兼具功能表面镀层的特性（如电磁屏蔽性能）。

(3) 按表面层的功能性分类

① 腐蚀保护性　即可以提高基体材料的耐大气、海洋大气、水和某些酸碱盐的腐蚀作用。例如在钢构件上喷涂一层 $Zn_{85}Al_{15}$ 合金，可使构件在海水中耐腐蚀 20～40 年。

② 抗磨性　包括提高抗磨料磨损、黏着磨损、疲劳磨损、腐蚀磨损、冲蚀磨损、润滑性等磨损性能。例如在刀具表面镀上一层 TiC、TiN 或 Al_2O_3 薄膜，成为防止钢屑黏结的表面薄膜，可以提高刀具寿命 3～6 倍。

③ 电性能　包括绝缘性、导电性、半导体特性等。

④ 耐热性　包括抗高温氧化、热疲劳等性能。

⑤ 光学特性　包括反光性、光选择吸收性、吸光性等性能。

⑥ 电磁特性　包括磁性、电磁屏蔽性等性能。

⑦ 密封性。

⑧ 装饰性　包括染色性、光泽性等性能。

⑨ 其他表面特性　如耐疲劳性、保油性、可焊性等性能。

表面技术的应用使得基体材料表面具有了原来没有的一些特性，大幅度扩展了材料的应用领域，充分发挥了材料的潜力。

材料表面处理技术既可对材料表面改性，制备多功能的涂、镀、渗和覆层，成倍延长机件的寿命；又可对产品进行装饰；还可对废旧机件进行修复。归纳起来，材料表面处理技术具有以下技术特点：

① 在廉价的基体材料上，对表面施以各种处理，使其获得多功能性（防腐、耐磨、耐高温、耐疲劳、耐辐射、抗氧化以及光、热、磁、电等特殊功能）、装饰性表面。例如，复合渗硼可以成倍提高材料的耐磨性、抗疲劳性、红硬性以及耐腐蚀性。某些表面处理能使其整体材料得到难以获得的微晶、非晶态等特殊晶型。

② 表面涂层或改性层甚薄，从微米到毫米级，但却起到了大量昂贵整体材料难以达到的效果，大幅度节省材料、能源、资源。

③ 延长使用寿命。作为机件、构件的预保护，使之能承受腐蚀与磨损；并使高温机件、构件的耐热性大大提高，延长了使用寿命；作为废旧机件的修复，可使机件的寿命成倍延长。例如，电站的空气预热钢管不经处理，寿命仅有数月，经渗铝处理后寿命至少达 10 年，产生了很大的经济效益。

总之，表面工程技术是一种内涵深、外延广、渗透力强、影响面宽的综合而通用的工程技术。

1.2.2　表面处理技术的内容

表面技术内容种类繁多，随着科技的不断发展，新的技术也不断涌现，下面仅就一些常见的表面技术做简单介绍。

(1) 电镀与电刷镀

它是利用电解作用，使具有导电性能的工件表面作为阴极与电解质溶液接触，通过外电流的作用，在工件表面沉积与基体牢固结合的镀覆层。该镀覆层主要是各种金属和合金。单金属镀层有锌、镉、铜、镍、铬、锡、银、金、钴、铁等数十种；合金镀层有锌-铜、镍-铁、锌-镍等一百多种。电镀方式也有多种，如挂镀、吊镀、滚镀、刷镀等。电镀在工业上应用很广泛。电刷镀是电镀的一种特殊方法，又称接触镀、选择镀、涂镀、无槽电镀等。其设备主要由电源、刷镀工具（镀笔）和辅助设备（泵、旋转设备等）组成，是在阳极表面裹上棉花或涤纶棉絮等吸水材料，使其吸饱镀液，然后在作为阴极的零件上往复运动，使镀层牢固沉积在工件表面上。它不需将整个工件浸入电镀溶液中，所以能完成许多槽镀不能完成或不容易完成的电镀工作。

(2) 化学镀

它是在无外电流通过的情况下，利用还原剂将电解质溶液中的金属离子化学还原在呈催化活性的工件表面，沉积出与基体牢固结合的镀覆层。工件可以是金属，也可以是非金属。镀覆层主要是金属和合金，最常用的是镍和铜。

(3) 涂装

它是用一定的方法将涂料涂覆于工件表面形成涂膜的全过程。涂料（俗称漆）为有机混合物，一般由成膜物质、颜料、溶剂和助剂组成，可以涂装在各种金属、陶瓷、塑料、木材、水泥、玻璃等制品上。涂膜具有保护、装饰或特殊性能（如绝缘、防腐标志等），应用十分广泛。

(4) 堆焊和熔结

堆焊是在金属零件表面或边缘熔焊上耐磨、耐蚀或特殊性能的金属层，修复外形不合格的金属零件及产品，提高使用寿命，降低生产成本，或者用它制造双金属零部件。熔结与堆焊相似，也是在材料或工件表面熔敷金属涂层，但用的涂覆金属是一些以铁、镍、钴为基，含有强脱氧元素硼和硅而具有自熔性和熔点低于基体的自熔性合金，所用的工艺是真空熔敷、激光熔敷和喷熔涂覆等。

(5) 热喷涂

它是将金属、合金、金属陶瓷材料加热到熔融或部分熔融，以高的动能使其雾化成微粒并喷至工件表面，形成牢固的涂覆层。热喷涂的方法有多种，按热源可分为火焰喷涂、电弧喷涂、等离子喷涂（超音速喷涂）和爆炸喷涂等。经热喷涂的工件具有耐磨、耐热、耐蚀等功能。

(6) 电火花涂覆

这是一种直接利用电能的高密度能量对金属表面进行涂覆处理的工艺，即通过电极材料与金属零部件表面间的火花放电作用，把作为火花放电极的导电材料（如 WC、TiC）熔渗于零件表面层，从而形成含电极材料的合金化涂层，提高工件表层的性能，而工件内部组织和性能不改变。

(7) 热浸镀

它是将工件浸在熔融的液态金属中，使工件表面发生一系列物理和化学反应，取出后表面形成金属镀层。工件金属的熔点必须高于镀层金属的熔点。常用的镀层金属有锡、锌、铝、铅等。热浸镀工艺包括表面预处理、热浸镀和后处理三部分。按表面预处理方法的不同，它可分为熔剂法和保护气体还原法。热浸镀的主要目的是提高工件的防护能力，延长使用寿命。

(8) 真空蒸镀

它是将工件放入真空室，并用一定方法加热镀膜材料，使其蒸发或升华，飞至工件表面凝聚成膜。工件材料可以是金属、半导体、绝缘体乃至塑料、纸张、织物等；而镀膜材料也很广泛，包括金属、合金、化合物、半导体和一些有机聚合物等。加热镀膜材料的方式有电阻、高频感应、电子束、激光、电弧加热等。

(9) 溅射镀

它是将工件放入真空室，并用正离子轰击作为阴极的靶（镀膜材料），使靶材中的原子、分子逸出，飞至工件表面凝聚成膜。溅射粒子的动能约 10eV，为热蒸发粒子的 100 倍。按入射正离子来源不同，可分为直流溅射、射频溅射和离子束溅射。入射正离子的能量还可用电磁场调节，常用值为 10eV 量能。溅射镀膜的致密性和结合强度较好，基片温度较低，但成本较高。

（10）离子镀

它是将工件放入真空室，并利用气体放电原理将部分气体和蒸发源（镀膜材料）逸出的气相粒子电离，在离子轰击工件的同时，把蒸发物或其反应产物沉积在工件表面成膜。该技术是一种等离子体增强的物理气相沉积，镀膜致密、结合牢固，可在工件温度低于 $550℃$ 时得到良好的镀层，绕镀性也较好。常用的方法有阴极电弧离子镀、热电子增强电子束离子镀、空心阴极放电离子镀。

（11）化学气相沉积（CVD）

它是将工件放入密封室，加热到一定温度，同时通入反应气体，利用室内气相化学反应在工件表面沉积成膜。源物质除气态外，也可以是液态和固态。所采用的化学反应有多种类型，如热分解、氢还原、金属还原、化学输运反应，以及等离子体激发反应、光激发反应等。工件加热方式有电阻、高频感应、红外线加热等。主要设备有气体的发生、净化、混合、输运装置，以及工件加热、反应室、排气装置。主要方法有热化学气相沉积、低压化学气相沉积、等离子体化学气相沉积、金属有机化合物气相沉积、激光诱导化学气相沉积等。

（12）化学转化膜

化学转化膜的实质是金属处在特定条件下人为控制的腐蚀产物，即金属与特定的腐蚀液接触并在一定条件下发生化学反应，形成能保护金属不易受水和其他腐蚀介质影响的膜层。它是由金属基体直接参与成膜反应而生成的，因而膜与基体的结合力比电镀层要好得多。目前工业上常用的有铝和铝合金的阳极氧化、铝和铝合金的化学氧化、钢铁氧化处理、钢铁磷化处理、铜的化学氧化和电化学氧化、锌的铬酸盐钝化等。

（13）化学热处理

它是将金属或合金工件置于一定温度的活性介质中保温，使一种或几种元素渗入它的表层，以改变其化学成分、组织和性能的热处理工艺。按渗入的元素可分为渗碳、渗氮、碳氮共渗、渗硼、渗金属等。渗入元素介质可以是固体、液体和气体，但都要经过介质中化学反应、外扩散、相界面化学反应（或表面反应）和工件中扩散 4 个过程。

（14）高能束表面处理

它是主要利用激光、电子束和太阳光束作为能源，对材料表面进行各种处理，显著改善其组织结构和性能的表面处理工艺。

（15）离子注入表面改性

它是将所需的气体或固体蒸气在真空系统中电离，引出离子束后在数千电子伏至数十万电子伏加速下直接注入材料，达一定深度，从而改变材料表面的成分和结构，达到改善性能的目的。其优点是注入元素不受材料固溶度限制，适用于各种材料、工艺和质量易控制，注入层与基体之间没有不连续界面。它的缺点是注入层不深、对复杂形状的工件注入有困难。

目前，表面技术领域的一个重要趋势是综合运用两种或更多种表面技术的复合表面处理技术。随着材料使用要求的不断提高，单一的表面技术因有一定的局限性而往往不能满足需要。目前已开发的一些复合表面处理，如化学热处理与电镀复合、化学热处理与气相沉积复合等，已经取得良好效果。

另外，表面加工技术也是表面技术的一个重要组成部分。例如对金属材料而言，有电铸、包覆、抛光、蚀刻等，它们在工业上获得了广泛的应用。

1.3 表面处理技术的作用

金属表面处理技术以其高度的实用性和显著的优质、高效、低耗的特点，在日常生活、机械制造、航空航天、交通、能源、石油化工等工业部门得到了越来越广泛的应用，可以说几乎有表面的地方就离不开表面处理。金属表面处理技术不仅是产品"美容术"，也是许多产品性能的改良技术，更是先进的产品制造技术。目前，金属表面处理技术，更是先进的产品制造技术。金属表面处理技术的应用可归纳为以下几个主要方面。

(1) 提高金属制品或零件的耐蚀性能

腐蚀是金属与环境介质发生相互作用而导致的破坏，腐蚀总是从材料与环境的界面开始。由于制造机器设备的材料总是在某种环境中服役，影响材料腐蚀的因素众多，可以说没有一种材料能在所有的环境条件下都耐蚀。在选择制造材料时需要考虑三个方面的因素：材料在预计服役的环境中的耐蚀性，材料的物理、机械和工艺性能，经济因素。这三个方面需要兼顾。因此，腐蚀控制的目标不是"不腐蚀"，而是"将机器、设备或零部件的腐蚀控制在合理的、可以接受的水平"。

为了达到这样的目标，腐蚀控制应包括如下的环节：

① 选择恰当的耐蚀材料；

② 设计合理的设备结构；

③ 使用正确的制造、储运、安装技术；

④ 采用有效的防护方法；

⑤ 制订合适的工艺操作条件；

⑥ 实施严格的管理和维护。

防护方法包括电化学保护、调节环境条件（主要是使用缓蚀剂）和覆盖层保护。所谓覆盖层保护，是指用另一种材料（金属材料或非金属材料）制作覆盖层，将作为设备结构材料的金属与腐蚀环境分隔开。这样，基底材料和覆层材料组成复合材料，可以充分发挥基底材料和覆层材料的优点，满足耐蚀性，物理、机械和加工性能，以及经济指标多方面的需要。作为基体的结构材料不与腐蚀环境直接接触，可以选用物理、机械和加工性能良好而价格较低的材料，如碳钢和低合金钢；覆层材料代替基体材料处于被腐蚀地位，首先应考虑其耐蚀性能能否满足要求。但由于覆层附着在基体上，且厚度较小，扩大了选材工作范围。

覆盖层保护是使用最广泛的一类防护技术。覆盖层保护的种类很多，按覆层材料的性质可分为以下三大类。

① 金属覆盖层　覆层材料为金属，施工方法包括镀层、衬里和双金属复合板等。镀层又有电镀、化学镀、喷涂、渗镀、热浸和真空镀等。

② 非金属覆盖层　覆层材料为非金属，包括的种类很多，如涂装、塑料涂覆、搪瓷、钢衬玻璃、非金属衬里（砖板衬里、塑料衬里、玻璃钢衬里、橡胶衬里、复合衬里）和暂时性防锈层等。

③ 化学转化膜　化学转化膜又称金属转化膜。化学转化膜按形成手段可分为阳极氧化膜、化学氧化膜和磷化膜等。

可见，腐蚀控制中的覆盖层保护技术有许多是表面工程技术。所以，表面工程技术是解决材料腐蚀与防护的最经济、最有效的手段。

(2) 提高金属制品或零件的表面强度和硬度

表面处理技术可以赋予金属材料表面很高的强度和硬度，提高材料的抗疲劳性和耐磨性，如钢的表面淬火、化学热处理、堆焊、热喷涂、化学气相沉积、喷丸等。

对气缸、轧钢机大滑板、大型冷冻机螺杆、压缩机转子轴等各种工件表面进行激光淬火，可使寿命提高 3～5 倍；对高速钢和硬质合金工模具在精加工以后进行表面氮离子注入，可使寿命提高 1～10 倍；切削刀具采用氮化钛类涂层，引起了一场刀具的"黄色革命"。对于各种金属切削刀具进行等离子体增强磁控溅射离子镀处理，可使其寿命提高 3～14 倍；利用双束动态混合注入技术，将高分子材料溅射到传热管（黄铜、纯铜和镀铬的黄铜）上，同时用氮离子注入，可在传热表面形成蒸气的滴状冷凝，使传热效率提高了 20 倍。对汽车钢板弹簧在热处理后进行常规喷丸强化训练，可以使其疲劳极限提高 35%。

(3) 修复零件

零件磨损、腐蚀和疲劳失效常发生在表面。通过表面技术进行修复、强化，使机械零件翻新如初，从而节省了大量资源和经费，并极大地减少了环境污染及废物的处理。许多采用表面技术处理过的旧零件部件，其性能可能大大超过新品，而成本仅为新品的 10%。如齿轮、轴、花键等重要零件使用后的磨损，可采用镀铬、镀镍、堆焊、热喷涂等进行修复，恢复其尺寸。

表面处理技术的广泛应用大大推动了工程机械维修技术的发展，使维修由简单的技术或工艺发展成为一门相互渗透，相互交叉的综合性学科。在日本已提出了"再生工厂"的概念。随着先进制造技术及设备工程学的不断发展，制造与维修将越来越趋于统一。

(4) 提高制品或零件的装饰性能

表面装饰主要包括光亮（镜面、全光亮、亚光、光亮绸缎状等）、色泽（各种颜色和色彩等）、花纹（各种平面花纹、刻花、浮雕等）、仿照（仿贵金属、仿大理石、仿花岗岩等）等多方面特性。采用恰当的表面处理技术可装饰各种材料表面，不仅方便、高效，而且美观、经济，这些技术的广泛应用极大地改善和美化了人类的生活，并形成了很大的产业。

(5) 制备新型功能材料和微电子元器件

表面处理技术不仅能够通过控制材料表面的成分、组织结构达到改善材料功能特性的目的，还可以用来制备其他成形方法难以得到的新材料和新器件。例如，表面处理技术能够进行高精度的微细加工，既可制造担当功能作用的元器件，还可以实现元器件与镀覆层的一体化，加速了现代电子产品的小型化、轻型化进程，减少了能耗，提高了效率。

① 微电感元件　利用电镀、化学镀、气相沉积技术等，可得到具有优良高频特性的非晶态软磁合金薄膜，做成绝缘膜、平面线圈，构成薄膜电感等元器件等，用于高技术领域的小型电源。高频技术是实现器件小型化最重要和最有效的途径，频率越高，器件的小型化程度也越高。因此，具有优良高频特性的薄膜元器件能有效地减轻电源设备及整机的重量，降低能耗，节约材料，制备的微电感器件具有低的电阻、高的电感量、高品质因子、高效率、低损耗和低成本及批量化生产等优点，可用于基于微电感器件的微型化 DC-DC 变换器，广泛应用于手机的 W-CDMA 以及数码照相机、掌上电脑 PDA 等。

② 梯度功能材料　利用等离子喷涂、离子镀、离子束合成薄膜技术、化学气相沉积、电镀、电刷镀等表面处理技术可制备连续、平稳变化的非均质材料梯度功能镀覆层，其功能特性随着镀覆层组织的连续变化而变化，可有效地解决热应力缓和等问题，获得耐热性好、强度高的新功能材料，广泛用于航空航天、核工业、生物、传感器、发动机等行业。

(6) 节约能源，降低成本，改善环境

使用表面处理技术在工件表面制备具有优良性能的涂层，可以达到提高热效率、降低能源消耗的目的。比如热工设备和在高温环境中使用的部件，在表面施加隔热涂层，可以减小热量损失，节省燃料。用先进的表面技术代替污染大的一些技术，可以改善作业环境质量。

零件的磨损、腐蚀和疲劳现象发生在表面，通过表面的修复、强化，而不必整体改变材料，使材料物尽其用，可以显著地节约材料。

1.4 表面处理技术的发展趋势

(1) 表面处理新技术不断涌现

传统的表面处理技术，随着科学技术的进步而不断创新。在电弧喷涂方面，发展了高速电弧喷涂，使喷涂质量大大提高。在等离子喷涂方面，已研究出射频感应耦合式等离子喷涂、反应等离子喷涂、用三阴极枪等离子喷枪喷涂及微等离子喷涂。在电刷镀方面研究出摩擦电喷镀及复合电刷镀技术。在涂装技术方面开发出了粉末涂料技术。在高能束应用方面发展了激光或电子束表面熔覆、表面淬火、表面合金化、表面熔凝等技术。在离子注入方面，继强流氮离子注入技术之后，又研究出强流金属离子注入技术和金属等离子体浸没注入技术。在解决产品表面工程问题时，新兴的表面技术与传统的表面技术相互补充，为表面处理工作者提供了宽广的选择余地。

(2) 研究复合表面技术

表面复合技术充分发挥了各种工艺和材料最佳协同效应，获得可靠性、寿命、质量、经济性等最佳效果，可适应更广泛的需要。

在单一表面技术发展的同时，综合运用两种或多种表面技术的复合表面技术（也称第二代表面技术）有了迅速的发展。复合表面技术通过多种工艺或技术的协同效应使工件材料表面体系在技术指标、可靠性、寿命、质量和经济性等方面获得最佳的效果，克服了单一表面技术存在的局限性，解决了一系列工业关键技术和高新技术发展中特殊的技术问题。强调多种表面处理技术的复合，是表面处理的重要特色之一。复合表面处理技术的研究和应用已取得了重大进展，如热喷涂和激光重熔的复合、热喷涂与刷镀的复合、化学热处理与电镀的复合等。

(3) 纳米表面处理技术已成为新的发展方向

纳米表面处理，是指纳米材料和纳米技术有机地与传统表面处理的结合与应用。由于纳米材料具有独特的结构和优异的性能，引入表面处理可以使零件表面的服役性能大大提高。

近年来，纳米材料技术发展迅猛，纳米表面处理正在形成。众所周知，特殊的表面性能是纳米材料的重要独特性能之一。表面处理无论在工艺方法和应用领域方面都与纳米材料技术有着不可分割的密切联系。如在传统的电刷镀溶液中加入纳米粉体材料，可以制备出性能优异的纳米复合镀层。在传统的机油添加剂中加入纳米粉体材料，可以提高减摩性能，并具有良好的自修复性能。

通过控制非晶物质的再结晶，可以制成纳米块材。在热喷涂过程中，高速飞行的粒子撞击冷基体，冷却速度极高，能够制备出非晶态涂层。控制随后的再结晶温度和时间，可以得到纳米结构涂层。用这种方法已经得到了 WC-Co 和 NiCrBSi 自熔剂合金的纳米涂层。因此可以说表面处理是促进纳米技术，特别是纳米材料结构化发展的主力军之一。由于表面处理对纳米材料的成功应用以及用表面处理技术制备纳米结构涂层的发展，正在形成纳米表面工程技术新领域。

（4）智能化、自动化在表面处理领域中的应用发展迅速

在表面处理各专业领域中，运用计算机控制实施生产过程自动化的技术已获得普遍的应用。表面处理技术向自动化、智能化的方向迈进，目前自动化程度最高的是汽车行业和微电子行业。以汽车车身涂装线为例，涂装工艺采用三涂层体系，即电泳底漆涂层、中间涂层、面漆涂层，涂层总厚度为 $110\sim130\mu m$，涂装厂房为三层，一层为辅助设备层，二层为工艺层，三层为空调机组层，厂房是全封闭式，通过空调系统调节工艺层内的温度和湿度，并始终保持室内对环境的微正压，保持室内清洁度，各工序间自动控制、流水作业，确保涂装的高质量。随着机器人和自动控制技术的发展，在其他表面技术的施工中（如热喷涂）实现自动化和智能化已为期不远。

（5）表面处理技术朝节能、低污染和经济的方向发展

从宏观上讲，表面处理对节能、节材、环境保护有重大效能，但是对具体的表面技术，如金属表面电镀、转化膜和热处理等均有"三废"的排放问题，仍会造成一定程度的污染。现在，在民用领域有氰电镀已经基本上被无氰电镀所代替，一些有利于环保的镀液相继被研制出来；镀锌工件的六价铬钝化也被三价铬钝化所取代。当前，在表面工程领域，提出了封闭循环，达到零排放，实现"三废"综合利用的目标。磷化处理中的废渣，可以压滤成渣块，但还不能逆向处理为有用之物，只能填埋。总的来看，表面工程工作者在降低对环保的负面效应方面，仍是任重道远。

第 2 章
金属表面预处理

金属材料或工件在运输、加工、存放过程中，表面往往带有氧化皮、铁锈、残留的型砂、尘土以及油污等污物。这些污物如不能很好地去除，将直接影响表面涂覆层与基体的结合力和耐蚀性能，将无法得到与基体结合牢固、致密、外观平整光滑的涂覆层，影响材料或工件的力学性能和使用寿命。因此，金属表面状态和清洁程度是保证表面处理效果的先决条件。

表面预处理，是指表面加工前对材料及其制品进行的机械、化学或电化学处理，使表面呈净化、粗化或钝化状，以便进行后续表面处理的过程，又称表面制备或表面调整。

金属表面预处理有下列几个方面：①表面整平，包括机械整平和机械抛光等；②浸蚀，包括化学浸蚀和电化学浸蚀；③表面除油，包括有机溶剂除油、化学除油、电化学除油。

2.1 表面整平

表面整平主要包括：机械磨光、抛光（机械抛光、化学抛光、电解抛光）、滚光、刷光、喷砂处理等，根据零件表面状况及对零件的具体技术要求采用不同的表面处理工艺。

2.1.1 机械磨光

磨光的主要目的是使金属零件粗糙不平的表面平坦、光滑；其次，它还能除去金属零件表面的毛刺和氧化皮、锈以及砂眼、沟纹、气泡等。磨光是用装在磨光机（图 2-1）上的弹性磨轮来完成的。磨轮的工作面上用胶粘覆磨料，磨料颗粒像很多小的切削刀刃，当磨轮高速旋转时，将被加工的零件表面轻轻地压向磨轮工作面，使金属零件表面的凸起处受到切削，而变得较平坦，光滑。

磨光适用于一切金属材料，其效果主要取决于磨料的特性、磨轮的刚性和磨轮的旋转速度。磨光所用的磨料通常为人造刚玉（见图 2-2，含氧化铝 90%～95%）和金刚砂。人造刚玉具有一定的韧性，脆性较小，粒子的棱角较多，所以应用较广。

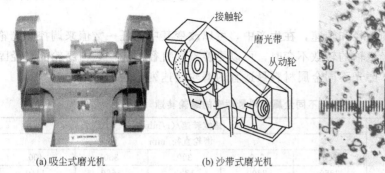

(a) 吸尘式磨光机　　　　(b) 沙带式磨光机

图 2-1　磨光机

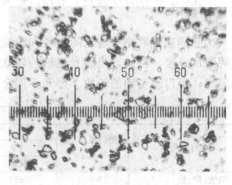

图 2-2　Al_2O_3 磨料（400×）

根据磨料的粒度可将其分为若干等级。磨料粒度通常是按筛子的号码来划分的，筛子的号码则用单位面积（平方厘米）上的孔数来表示，筛子的号码越大，筛孔越小。人们以磨料能通过筛子的号码来表示该磨料的粒度。磨料的号数越大，颗粒越细，号数越小，则颗粒越粗。表 2-1 是常用磨料的特性及用途。

表 2-1　常用磨料的特性及用途

磨料名称	矿物硬度/莫氏硬度	韧度	形状	粒径/mm（目）	外观	用途
人造金刚砂（SiC）	9.2	脆，易碎	尖锐	0.045～0.800（24～320）	紫黑闪亮晶体	主要用于磨光低强度金属（如黄铜、青铜、铝等）、硬而脆的金属（如铸铁、碳素工具钢、高强度钢）
人造刚玉（Al_2O_3）	9.0	较韧	较圆	0.053～0.800（24～280）	白至灰黑晶粒	主要用于磨光有一定韧性的高强度金属（如淬火钢、可锻铸铁、锰青钢）
天然金刚砂	7～8	韧	圆柱	0.063～0.800（24～240）	灰红至黑砂粒	用于一般金属的磨光
硅砂（SiO_2）	7	韧	较圆	0.045～0.800（24～320）	白至黄色砂粒	通用磨、抛光材料，也用于喷砂和滚光

如果表面的平整度无特殊要求，就进行到中磨为止，如果要求表面平整度高时，则需进行细磨。若零件表面原始状态较好时，则不需要粗磨，而直接从中磨开始加工。细磨可用于镀后需要抛光的零件在镀前的表面准备。

磨光工序中所用的磨轮多为弹性轮，常用皮革、粗细毛毡、棉布、各种纤维织品及高强度纸等制成，它们的刚性依次降低。磨轮的软硬除与所用材料的性质有关外，还与材料的组合与缝制方法有关。对于硬度较高及形状简单、粗糙度大的零件，应采用较硬的磨轮，对于硬度低（如有色金属）及形状复杂、金属切削量小的零件，应采用较软的（弹性较大的）磨轮，以免造成被加工零件的几何形状发生变化。当将零件表面压向弹性磨轮的工作面时，因为磨轮有弹性使磨料的切削能力减弱，从而可以防止零件的变形。

磨光效果还与磨轮旋转的圆周速度有密切关系。当被磨光的金属材料越硬、加工表面的粗糙度要求越低时，磨轮圆周速度应该越大。圆周速度过低，生产效率低；圆周速度过高，磨轮损坏快、使用寿命短，所以，磨轮的圆周速度应适当选择，其计算式为：

$$v = \frac{\pi dn}{60} \tag{2-1}$$

式中，v 为圆周速度，m/s；π 为圆周率；d 为磨光轮直径，m；n 为磨光轮转速，r/min。

圆周速度取决于磨轮的直径和转速，在生产中，可以改变其中的任一数值来调控磨光轮的圆周速度。例如，当磨光机轴的转数不变时，可以更换不同直径的轮子，当磨轮的直径固定时，可以改变轴的转数。磨光不同金属材料最适宜的磨轮转速列于表 2-2。

表 2-2 磨光不同金属材料最适宜的磨轮转速

材料类型	磨料线速度 /(m/s)	适宜转速/(r/min) 磨轮直径/mm				
		200	250	300	350	400
钢铁、镍、铬	18～30	2850	2300	1880	1620	1440
铜及铜合金、银、锌	14～18	2400	1900	1500	1530	1190
铝及铝合金、铅、锡	10～14	1900	1530	1530	1090	960

2.1.2 抛光

2.1.2.1 机械抛光

(1) 抛光作用

抛光是一种打磨作用。抛光剂"撕"（磨）去工件表面层原子，下面一层在瞬间内保持它的流动性，并且在凝固之前，由于表面张力的作用而变得平滑。也有人认为抛光是一种表面张力效应，在抛光过程中，由于摩擦而产生的热，能使表面软化或熔融，所以不是简单的机械打磨。在抛光时金属表面层被熔融，但由于衬底金属有高的热导率，表面层又迅速地凝固成非晶态，在凝固之前，由于表面张力和抛光剂的摩擦力作用而变得平滑。

对光洁度要求高的工件，在精细磨光后进行抛光。机械抛光是在抛光机的抛光轮上采用抛光剂进行的，抛光剂有抛光膏和抛光液两类，前者为抛光用磨料与胶黏剂（硬脂酸、石蜡等）的混合物；后者为磨料与油或水乳剂的混合物。

抛光轮高速旋转，将与之接触的工件上的细微不平除去，使之具有镜面般光泽。抛光既用于镀前预处理，也用于镀后对镀层进行精加工，提高表面光洁度。

抛光过程与磨光不同。磨光时有明显的金属屑被切削下来，抛光时则没有，因此抛光并不造成显著的金属损耗。抛光的作用，一方面是高速旋转的抛光轮与工件摩擦时产生的高温使金属表面产生塑性变形，从而填平工件金属表面的细微不平；另一方面，金属表面在周围大气的氧化作用下瞬间形成的极薄氧化膜或其他化合物膜被反复除去，从而得到平整有光泽的表面。

(2) 抛光轮

与磨光轮相比，抛光轮由弹性更好的棉布、细毛毡等制成，即抛光轮比磨光轮更软。抛光时，轮子的转速比磨光时要高一些：对铸铁、钢、镍和铬，最佳圆周速度为 30～35m/s；对银、铜及其合金，为 22～30m/s；对锡、锌、铅及铝合金，为 18～25m/s。一般抛光轮的平均转速为 2000～2400r/min。为了提高抛光效率和节省人力，市场上已有多种形式或型号的自动抛光机，如圆盘式自动抛光机、往复平面直线型自动抛光机、铝/不锈钢板材双轴自动抛光机、管材自动抛光机等。目前，较先进的自动抛光有用机械手操作或机器人操作的抛光设备。自动抛光机一般是用液态蜡或专用的抛光蜡进行抛磨。

(3) 抛光膏

由抛光粉和黏结剂混合而成。固体抛光蜡如果按其效果来分，可分为粗抛蜡、中抛蜡、精抛蜡、超精光蜡、超镜光蜡五种，但国内商业上又习惯用颜色来分，如黄蜡、紫蜡、青蜡、小白蜡等。至今国内外尚无统一的规定，均是由各生产厂自己命名或编号。目前，市场上可能有近千种不同牌号、形状、尺寸、颜色、质量各不相同的抛光膏，所以抛光技术的第一关，是如何选定抛光膏。

常用的有四种抛光膏。

① 白色抛光膏　白膏的抛光粉为纯度较高的氧化钙细粉，呈圆形且无锐利棱角，适用于抛光软质金属和胶木等，以及光洁度要求高的精抛光。白膏由石灰及硬脂酸、脂肪酸、漆脂、牛油、羊油、白蜡等配合而成，用于镍、铜、铝及其合金的抛光。

② 黄色抛光膏　黄膏由长石粉及漆脂、脂肪酸、松香、黄丹、石灰、土红粉等配合而成，用于铜、铁、铝和胶木等的抛光。

③ 绿色抛光膏　绿膏由脂肪酸和氧化铬绿等配合而成，它的抛光粉为氧化铬微粉，硬而锋利，适用于硬质合金钢、不锈钢、铬镀层。

④ 红色抛光膏　红膏的抛光粉主要为氧化铁和长石细微粉末，硬度中等，由脂肪酸、白蜡、氧化铁红等配合而成，适用于钢铁制品，用于金属电镀前抛光以及抛光金、银等。

(4) 抛光技术

物件表面抛光处理，必备条件为抛光轮、抛光蜡及抛光机。抛光轮的尺寸、材料、结构、转速（相对的线速度），抛光蜡的特性及物件本身的材料和表面形状，操作者的熟练程度，都将直接影响抛光性能和抛光效果。物件表面抛光较多的是用手工抛光。它是在低转速的抛光轮上，先涂上适量的抛光蜡，再调高抛轮转速，对物件表面进行抛磨。

目前，表面抛光处理常分为粗抛、中抛、精抛、超精光抛和超镜光抛。物件抛光处理要达到上述不同效果，选用何种型号的抛光轮，配合何种特性的抛光蜡，采用怎样的工艺参数和流程，非常关键，从而获得最经济、最有效的抛光效果，这就是抛光技术的目的。

机械抛光占用大量劳动力，消耗大量能源和原材料，因此预处理的机械抛光已逐渐被化学抛光或电化学抛光取代。

2.1.2.2　化学抛光

化学抛光是一种可控条件下的化学腐蚀，在特定的抛光溶液中进行化学浸蚀，通过控制金属选择性地溶解而使其表面达到整平和光亮的金属加工过程。与其他抛光技术相比，具有设备简单、成本低、操作简单、效率高以及不受制件形状和结构的影响等优点。与电解抛光相比，化学抛光不需电源，可处理形状较复杂的工件，生产效率较高，但表面加工质量低于电解抛光。

(1) 化学抛光原理

化学抛光反应属于腐蚀微电池的电化学过程。因此，化学抛光的原理与电解抛光相似，在化学溶解过程中，金属表面产生一层氧化膜，这层薄膜控制着继续溶解过程中的扩散速度，在表面的凸起部分，由于黏膜厚度薄，因此溶解速度比凹陷部分快，钢铁零件表面不断形成钝化氧化膜和氧化膜不断溶解，且前者要强于后者。由于零件表面微观的不一致性，表面微观凸起部位优先溶解，且溶解速率大于凹下部位的溶解速率，而且膜的溶解和膜的形成始终同时进行，只是其速率有差异，结果使钢铁零件表面粗糙度得以整平，从而获得平滑光亮的表面。

化学抛光由于对表层有较大的溶解作用，因此也可有效地去除机械磨光时产生的表面损伤层。

（2）化学抛光配方

配方中各成分及工艺条件的作用如下。

① 双氧水　它是化学抛光溶液的主要成分，在化学抛光溶液中与钢铁零件表面发生氧化还原反应，使微观凸起处优先溶解，微观凹下处则处于钝化状态，使化学抛光溶液中 Fe^{2+} 氧化成 Fe^{3+}，从而达到整平作用，使表面平滑光亮。一般情况下随 H_2O_2 含量适当增加，化学抛光光亮度会提高；但如果 H_2O_2 含量过高，钢铁零件表面易被腐蚀；而含量太低，则抛光效果会明显下降。

② 硫酸和磷酸　硫酸和磷酸组合加入溶液中，提供溶液中的 H^+，应控制溶液 pH 值为 2～3，且 PO_4^{3-} 还可以在钢铁零件表面形成黏性膜，增大溶液黏度，有助于化学抛光。随着化学抛光的进行，H^+ 会减少，pH 值升高。pH 值过高，化学抛光速率太慢，抛光效果差；若 pH 值过低，化学抛光速率加快，导致过腐蚀。

③ 尿素　尿素在抛光液中起稳定剂的作用，可有效抑制 H_2O_2 过快分解，明显延长化学抛光溶液的使用寿命，降低化学抛光成本。尿素在化学抛光中还有整平作用。

④ 润湿剂　为能快速有效地降低溶液表面张力，使抛光液很快地扩散到溶液与金属之间的界面上，并降低此区域的表面张力，从而增加化学抛光的光亮度和均匀度，溶液中加入适量的润湿剂是很有必要的。润湿剂一般以低泡沫的非离子型表面润湿剂为宜，如聚乙二醇、十二烷基硫醇钠，它们可以在零件表面形成吸附膜，增加表面润湿性，提高化学抛光的光亮度和均匀度。添加剂添加应依据实际生产消耗规律，采用少加、勤加方法调整补充。

⑤ 稳定剂　由于 H_2O_2 易分解，故在抛光液中加入稳定剂是极为重要的，如苯甲酸、对苯二甲酸、邻羟基苯甲酸等芳香酸及其衍生物，其中苯甲酸的效果较好。当 H_2O_2 含量高时，稳定剂的添加量应高些。

⑥ 温度和时间　温度太低，金属的溶解量少，抛光时间应相应延长，否则抛光效果差；随着温度的升高，金属的溶解速度逐渐增大，抛光时间应短些。但温度太高，一方面易造成金属表面的过腐蚀，光亮度下降；另一方面又易导致 H_2O_2 分解速度加快。因此抛光时间应根据温度的高低及溶液的老化程度和零件表面状况灵活掌握。

⑦ 溶液搅拌　搅拌或移动工件可以加快抛光液的流动性，不断更新与金属制件表面接触的抛光液，从而加快金属表面的化学反应速度，并促使金属表面均匀溶解，提高抛光速度和抛光质量。搅拌或移动工件的快慢应根据所用抛光液配方确定，当所用抛光液浓度高时应提高搅拌或移动速度。

（3）工艺流程及操作

化学抛光的操作流程如下：

化学除油→热水洗→电化学除油→热水洗→酸洗除锈（10％硫酸）→冷水洗→流动水洗→化学抛光→流动水洗→中和（3％NaNO$_3$、2％Na$_2$CO$_3$）→流动水洗→转入下道处理工序。

（4）化学抛光后处理

钢铁零件化学抛光，可以作为防护装饰性电镀的前处理工序，也可以作为化学成膜如磷化、发蓝的前处理工序。如不进行电镀或化学成膜直接应用（如抛光装饰性不锈钢、铜等），可喷涂氨基清漆或丙烯酸清漆，烘干后有较好的防护装饰效果。若喷漆前浸防锈钝化水剂溶液，抗蚀防护性将会进一步提高。

2.1.2.3　电解抛光

电解抛光是将工件置于阳极，在特定的溶液中进行电解，工件表面微观凸出部分电流密度较高，溶解较快；而微观凹入处电流密度较低、溶解较慢，从而达到平整和光亮的目的。电解抛光常用于碳素钢、不锈钢、铝、铜等零件或铜、镍等镀层的装饰性精加工及某些工具的表面精加工，或用于制取高度反光的表面以及用来制造金相试样等。

钢铁材料广泛采用磷酸-铬酸酐型抛光溶液，主要成分由磷酸、硫酸和铬酸酐等组成，其中还加入缓蚀剂、光亮剂、增稠剂等添加剂；阴极均用铅材，电源电压均可为12V。近年来，随着不锈钢制品应用范围和产量的不断增大，其电解抛光液的需求量也在不断增加，为防止使用含磷酸和铬酸酐的电解抛光液造成环境污染，我国大力发展环保型不锈钢电解抛光液，已取得明显成效，表2-3所列就是几种新型不锈钢电解抛光液的溶液组成和工艺条件。表中配方1、配方2不用铬酸酐，解决了废水排放的问题，是一种全新的无污染的环保型电化学抛光剂。

表 2-3　环保型不锈钢电解抛光液的溶液组成和工艺条件

溶液组成及工艺条件	配方 1	配方 2	配方 3
磷酸（H_3PO_4，85%）/%	40～50	20～30	
硫酸（H_2SO_4，98%）/%	15～20	20～30	
硝酸（HNO_3）/%			10～15
高氯酸/%			8～10
冰醋酸			余量
水（H_2O）	余量	余量	
添加剂	适量糊精	适量甘油	添加剂少量
温度/℃	60～70	65～70	高温
电流密度/（A/dm²）	20～30	15～30	10～30
时间/min	3～5	3～8	3～5

电解抛光与机械抛光相比，由于是通过电化学溶解使被抛光表面得到整平的，所以表面没有变形层产生，也不会夹杂外来物质；同时因电解过程中有氧析出，会使被抛光表面形成一层氧化膜，有利于提高其耐蚀性。此外，对于形状复杂的零件、线材、薄板和细小的零件，机械抛光有困难时，可采用电解抛光。电解抛光除有整平作用外，还能除去表面夹杂物，显示出零件表面的裂纹、砂眼、夹杂等缺陷。

2.1.3　滚光

滚光常用作大批量小零件镀前的表面准备或镀后的表面修饰。滚光就是将零件和磨料一起放在滚筒机或钟形机中进行滚磨，以除去零件表面的毛刺、粗糙和锈蚀产物，并使表面光洁的一种加工过程。滚光时除了加入磨料外，还经常加入一些化学试剂如酸或碱等，因此，滚光过程的实质是零件和磨料一起滚翻时发生碰撞和摩擦作用，以及化学试剂的作用，而将毛刺、粗糙和锈蚀除去。图2-3为滚光机示意图。

滚光可以除去零件表面的油污和氧化皮，使零件表面有光泽，其可以全部或部

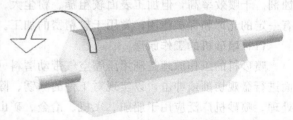

图 2-3　滚光机示意图

分代替磨光、抛光，但只适用于大批量且表面粗糙度要求不高的零件。滚光有干法和湿法之分。干法使用沙子、金刚砂、碎玻璃及皮革等作磨料。湿法则使用钢球、碎石块、锯末、碱液、茶仔粉等作磨料。滚光时的转速视零件的特征、滚筒的结构而定，一般在15～50

r/min。转速太高时由于离心力大，零件随滚筒转动而不能互相摩擦，起不到滚光作用；转速太低时则效率低。

滚光时如零件表面有大量的油污和锈蚀，应先进行脱脂和浸蚀。当油污较少时，可加入碳酸钠、肥皂、皂荚粉等少量碱性物质或乳化剂一起进行滚光；零件表面有锈时可加入稀硫酸或稀盐酸。当零件在酸性介质中滚光结束后，应立即将酸性液冲洗干净。

2.1.4　刷光

刷光是使用金属丝、动物毛、天然或人造纤维制成的刷光轮对工件表面进行加工的方法，主要应用于除去工件表面的氧化皮、锈蚀、焊渣、旧油漆及其他污物；也用于除去零件机械加工后留在表面棱边的毛刺。

常用刷光轮一般由钢丝和黄铜丝等材料制成。零件材质较硬者，应采用刚性大的钢丝刷轮，同时采用较大的转速；反之，采用黄铜丝的刷轮。刷光可分为机械刷光和手工刷光。两者均多采用湿法，一般都采用水作刷光液，对钢铁材料的刷光也有采用3%～5%（质量分数）碳酸钠或磷酸钠溶液的。

2.1.5　喷砂处理

喷砂是指采用净化的压缩空气，将干砂（如石英砂、钢砂、氧化铝等）流强烈地喷到金属工件表面，磨削掉工件表面的毛刺、氧化皮、锈蚀、积炭、焊渣、型砂、残盐、旧漆膜、污垢等表面缺陷的方法。

喷砂常用作工件表面清理，如清除铸件表面的残砂及高含碳层，以及焊接件的焊缝，消除锈迹和氧化皮。除锈一般用喷砂法和酸洗法，后者易使氢渗入钢铁件内部，增加内应力，降低塑性，而喷砂除锈不产生氢脆。无论是高碳钢、高强度钢，还是弹性零件、黄铜件、不锈钢件和铝件经喷砂后进入下道工序，都可以提高镀层或氧化层的结合力。镀硬铬和涂料的工件常用喷砂清理表面，机床附件及工量具镀乳白铬前多用喷砂来消光。喷砂除锈是各种表面预处理方法中质量最好的一种。它不仅能彻底清除金属表面的氧化皮、锈蚀、旧漆膜、油污及其他杂质，使金属表面显露出均一的金属本色，而且还能使金属表面获得一定的粗糙度，以得到粗糙度均匀的表面，并将机械加工应力变成压应力，提高防腐层与基体金属之间的结合力以及金属自身的耐蚀能力，常用于涂装、热喷涂和塑料的粗糙化处理。除喷砂外，表面粗糙化处理方法还有车螺纹法、滚花法、电火花拉毛法等。

喷砂分为干喷和湿喷两类，湿喷用磨料与水混成砂浆，为防止金属生锈，水中需加入缓蚀剂。干喷效率高，但加工表面较粗糙、粉尘大、磨料破碎多；湿喷对环境污染小，对表面有一定的光饰和保护作用，常用于较精密的加工。

(1) 喷砂机的工作原理

喷砂机的工作原理是利用压缩空气带动磨料（或弹丸）喷射到工件表面，磨料对工件表面进行微观切削或冲击，以实现对工件的除锈、除漆、除表面杂质，表面强化及各种装饰性处理。喷砂机广泛应用于船舶、飞机、冶金、矿山、铁路、桥梁、化工、车辆及重型机械工业制造中各种金属构件及焊接表面，同时又是对非金属（玻璃、塑料等）表面装饰、雕刻的理想设备。

喷丸处理是将球状弹丸代替有尖锐棱角的砂，使大量弹丸喷射到零件表面，猛烈的冲击使金属零件表面产生极为强烈的塑性变形，使零件表面产生一定厚度的冷作硬化层，称为表面强化层，此强化层会显著地提高零件在高温和高湿工作下的疲劳强度。此外，喷丸还能促使钢材表面的组织发生转变，即残余奥氏体诱发转变为马氏体，并且能够细化马氏体的亚结构，进一步提高工件表面硬度和耐磨性，从而延长其使用寿命。

（2）喷砂除锈的设备

喷砂设备主要包括空压机、缓冲罐、压缩空气净化系统、砂罐、喷嘴等。缓冲罐又称储气罐，其作用是稳定施工中的气压，并对空气中的油、水起初步的分离净化作用。缓冲罐的体积越大，气源的压力越稳定，一般使用 $1 \sim 3 m^3$ 的缓冲罐。

压缩空气净化系统由复杂的除油、除湿、除尘设备组成，通过吸附、冷冻干燥、旋流分离、微孔过滤的方法净化压缩空气。动力气体越纯净，喷砂后的表面越洁净。喷砂所用压缩空气由于含有大量的水汽和润滑油雾，当压缩混合气经过喷丸缸的混合室时，会冷凝成油和水的混合液，使磨料结块堵塞，因此压缩混合气必须经过油水分离、干燥、稳压和过滤处理。只有经过除油、去水、过滤的洁净压缩空气才可供喷砂工人呼吸和喷砂使用，才能获得除锈彻底又没有新污染物的合格喷砂表面。

喷嘴一般为特制的陶瓷喷嘴，耐磨性好，寿命长，每个喷嘴可使用几十个小时。喷嘴的孔径视磨料的种类和粒径大小而定，金属弹丸一般选用 $4 \sim 6mm$ 孔径的喷嘴，石英砂选用 $6 \sim 8mm$ 孔径的喷嘴，而普通黄砂则选用 $7 \sim 9mm$ 的喷嘴。

（3）喷砂技术指标

喷砂除锈是以干燥的压缩空气作动力，要求其风压为 $0.4 \sim 0.7MPa$，风压低于 $0.4MPa$，不宜进行喷砂除锈施工。喷砂除锈最常采用的磨料是金属弹丸、石英砂、金刚砂等，也可使用普通的黄砂。干喷磨料必须保持干燥，其粒径与自身硬度有关，一般为 $1 \sim 3mm$。加压式喷砂除锈的工艺指标见表 2-4。

表 2-4 加压式喷砂除锈的工艺指标

磨　　料	砂粒技术要求	喷嘴压力/MPa	喷嘴直径/mm	喷射角/(°)	喷距/mm
石英砂	全部通过 3.2mm 筛孔，不通过 0.63mm 筛孔、0.8mm 筛孔，余量不小于 40%	0.5	6～8	30～75	80～200
河砂或海砂	全部通过 3.2mm 筛孔，不通过 0.63mm 筛孔、0.8mm 筛孔，余量不小于 40%	0.5	6～8	30～75	80～200
金刚砂	全部通过 3.2mm 筛孔，不通过 0.63mm 筛孔、0.8mm 筛孔，余量不小于 40%	0.35	5	30～75	80～200
冷激砂、铸钢碎砂	全部通过 31.0mm 筛孔，不通过 0.63mm 筛孔，余量不小于 15%	0.5	5	30～75	80～200
钢线砂	线粒直径 1.0mm 筛孔，线粒长度等于直径，其偏差不大于直径的 40%	0.5	5	30～75	80～200
铁丸或钢丸	全部通过 1.6mm 筛孔，不通过 0.63mm 筛孔、0.8mm 筛孔，余量不小于 40%	0.5	5	30～75	80～200

喷砂钢材表面除锈等级高达 Sa3（GB/T 8923—2011 中涂装前钢材表面锈蚀等级及除锈等级标准最高等级）。钢材表面无可见的油脂、污垢、氧化皮、铁锈和油漆涂层等附着物，显示均匀的金属色泽。钢材表面基体粗糙度可达 $R_a = 40 \mu m$ 以上，与环氧富锌漆的结合强度可大于 $12MPa$，大大提高了钢材表面与油漆等防腐涂料的结合力，防腐年限可长达 20 年以上。

2.2　浸　蚀

浸蚀的目的是除去工件表面的锈层，氧化皮（铸、锻、轧及热处理过程中形成）和其他腐蚀产物。通常采用酸溶液，这是因为它们有很强的溶解金属氧化物的能力，故浸蚀又称为酸洗，有些有色金属采用碱浸蚀。清除大量氧化物和不良表层组织的工序叫作强浸蚀，而在电镀前清除工件表面薄氧化膜以得到活化表面的工序叫作弱浸蚀。

钢铁酸洗用酸为无机酸和有机酸，无机酸如硫酸、盐酸、硝酸、磷酸、氢氟酸等；有机酸如醋酸、脂肪酸、柠檬酸等。有机酸作用缓和，残酸无严重后患，不易重新锈蚀，工件处理后表面干净；但有机酸费用高、除锈效率低，故多用于清理动力设备容器内部的锈垢以及其他特殊要求的构件。无机酸除锈效率高、速度快、原料来源广、价格低廉，但缺点是如浓度控制不当，会使金属"过蚀"而且残酸腐蚀性很强，酸液清洗不彻底，会影响涂镀效果。为了减缓对金属的腐蚀和氢脆，在除锈液中需加适量缓冲剂。如若丁、乌洛托品、硫脲等。

2.2.1 钢铁制品的酸洗

(1) 酸洗原理

酸洗中酸的作用包括对工件表面氧化物的化学溶解和机械剥离两个方面。以硫酸为例，硫酸与铁的氧化物（FeO、Fe_3O_4）反应生成硫酸亚铁和硫酸铁。

$$FeO + H_2SO_4 \rule[0.5ex]{2em}{0.4pt} FeSO_4 + H_2O \tag{2-2}$$

$$Fe_2O_3 + 3H_2SO_4 \rule[0.5ex]{2em}{0.4pt} Fe_2(SO_4)_3 + 3H_2O \tag{2-3}$$

$$Fe_3O_4 + 4H_2SO_4 \rule[0.5ex]{2em}{0.4pt} Fe_2(SO_4)_3 + FeSO_4 + 4H_2O \tag{2-4}$$

硫酸通过氧化皮的间隙与基体铁反应造成铁的溶解和析出氢气。

$$Fe + H_2SO_4 \rule[0.5ex]{2em}{0.4pt} FeSO_4 + H_2 \uparrow \tag{2-5}$$

硫酸与基体铁反应的有利方面是新生原子态氢能将溶解度小的硫酸铁还原为溶解度大的硫酸亚铁，加快化学溶解速度；在氧化皮下面生成的氢气又能对氧化皮产生机械顶裂和剥离作用，这些都可以提高酸洗效率。不利方面是硫酸与基体铁的反应可能造成基体的过腐蚀，使工件尺寸改变；析氢也可能造成工件渗氢，从而引起氢脆问题。

盐酸的作用主要是对氧化物的化学溶解。盐酸与铁的氧化物反应生成氯化亚铁和氯化铁，它们的溶解度都很大，所以盐酸浸蚀时机械剥离作用比硫酸小。对疏松氧化皮，盐酸浸蚀速度快，基体腐蚀和渗氢少；但对比较紧密的氧化皮，单独使用盐酸酸洗时酸的消耗量大，最好使用盐酸与硫酸的混合酸洗液，发挥析出氢气的机械剥离作用。

硝酸主要用于高合金钢的处理，常与盐酸混合用于有色金属处理。硝酸溶解铁氧化物的能力极强，生成的硝酸亚铁和硝酸铁溶解度也很大，析氢反应较小。硝酸用于不锈钢，由于其钝化作用不会造成基体腐蚀，但用于碳素钢，必须解决对基体的腐蚀问题。

氢氟酸主要用于清除含 Si 的化合物，如某些不锈钢、合金钢中的合金元素，焊缝中的夹杂焊渣，以及铸件表面残留型砂。其反应为：

$$SiO_2 + 6HF \rule[0.5ex]{2em}{0.4pt} H_2SiF_6 + 2H_2O \tag{2-6}$$

氢氟酸和硝酸的混合液多用于处理不锈钢，但氢氟酸腐蚀性很强，硝酸会放出有毒的氮化物，也难以处理，所以在应用时要特别注意，防止对人体的侵害。

磷酸对铁氧化物有良好的溶解性能，而且对金属的腐蚀较小，因为它能够在金属表面产生一层不溶于水的磷酸盐层（磷化膜），可防止锈蚀，同时也是涂漆时良好的底层，一般用于精密零件除锈，但磷酸价格较高。采用磷酸除锈时，主要作用是把氧化皮和铁锈变成为易溶于水的 $Fe(H_2PO_4)_3$ 和难溶于水及不溶于水的 $FeHPO_4$、$Fe_3(PO_4)_2$，氢的扩散现象微弱。磷酸酸洗时产生的氢为盐酸或硫酸酸洗时的 $1/10 \sim 1/5$，氢扩散渗透速度为后者的 $1/2$。

对于不锈钢和合金钢，氧化皮的成分很复杂，往往结构致密，在普通碳素钢的除锈液中难以除去，生产上都采用混酸。含钛的合金钢酸洗，还要加入氢氟酸。热处理产生的厚而致密的氧化皮，要先在含强氧化剂的热浓碱溶液中进行"松动"，然后在盐酸加硝酸，或硫酸加硝酸的混酸中浸蚀。

除锈过程中析出的氢会带来很多不利的影响：由于氢原子很容易扩散至金属内部，导致金属性能发生变化，使韧性、延展性和塑性降低，脆性及硬度提高，即发生所谓"氢脆"。此外，氢分子从酸液中以气泡方式逸出，逸出后气泡破裂形成酸雾，对人体健康和设备、建筑的腐蚀产生极大的影响。这个现象在用硫酸酸洗时最为严重，因为硫酸去除氧化皮和铁锈主要是利用溶解时生成氢泡的剥离作用。铁的氧化物在盐酸中的溶解速度比在硫酸中快得多，所以盐酸酸洗时酸雾现象不严重，同时向金属扩散氢而引起氢脆现象也不严重。

为了改善酸洗处理过程，缩短酸洗时间，提高酸洗质量，防止产生过蚀和氢脆及减少酸雾的形成，可在酸洗液中加入各种酸洗助剂，如缓蚀剂、润湿剂、消泡剂和增厚剂等。消泡剂和增厚剂一般仅应用在喷射酸洗方面。

(2) 酸洗添加剂

酸洗液中必须采用缓蚀剂，一般认为缓蚀剂在酸液中能在基体金属表面形成一层吸附膜或难溶的保护膜。膜的形成在于金属铁开始和酸接触时就产生电化学反应使金属表面带电，而缓蚀剂是极性分子，被吸引到金属的表面形成保护膜，从而阻止酸与铁继续作用而达到缓蚀的目的。从电化学的观点来看，所形成的保护膜能大大阻滞阳极极化过程，同时也促进阴极极化，抑制氢气的产生，使腐蚀过程显著减慢。氧化皮和铁锈不会吸附缓蚀剂极性分子而成膜，因为它们与酸作用是通过普通的化学作用使铁锈溶解，在其表面是不带电荷的。因此，在除锈液中加入一定量的缓蚀剂并不影响除锈效率。

评价各种缓蚀剂的作用，最重要的是确定缓蚀效率。可通过比较在同一介质中相同条件下，有、无缓蚀剂时试样的失重 $[g/(m^2 \cdot h)]$，求出缓蚀效率。不同的缓蚀剂在各种酸液中的加入量都有一规定数值。随着酸洗液温度的增加，缓蚀剂缓蚀效率也会降低，甚至会完全失效。因此，每一种缓蚀剂都有一定的允许使用温度。

酸洗液中所采用的润湿剂，大多是非离子型和阴离子型表面活性剂，通常不使用阳离子型表面活性剂。这是由于非离子表面活性剂在强酸介质中稳定，阴离子表面活性剂只能采用磺酸型一种。利用表面活性剂所具有的润湿、渗透、乳化、分散、增溶和去污等作用，能大大改善酸洗过程缩短酸洗的时间。

为了减小基体的腐蚀损失和渗氢的影响，减少酸雾改善操作环境，酸洗液中还应加入高效的缓蚀抑雾剂。但需注意，缓蚀剂可能在工件表面形成薄膜，需要认真清洗干净，而且缓蚀剂可降低析氢反应的机械剥离作用。

(3) 酸洗用酸的种类、浓度以及温度的选择

要根据工件材质、表面锈层和氧化皮的情况，以及对表面清理质量要求确定。对钢铁工件，常用硫酸、盐酸以及二者的混酸。为了溶解铸件表面的含硅化合物，需要在硫酸或盐酸中加入氢氟酸。硫酸浓度一般为 20% 左右，此浓度下对氧化皮的浸蚀速度快而基体损失小。盐酸浓度一般在 15% 以下，因为大于 20% 时会发烟。随着盐酸浓度的增大，酸洗速度加快，时间缩短。表 2-5 是相同锈蚀程度的钢铁工件在盐酸和硫酸中的酸洗时间与酸浓度的关系。

表 2-5　钢铁工件在盐酸和硫酸中的酸洗时间与酸浓度的关系

盐酸含量/%	酸洗时间/min	硫酸含量/%	酸洗时间/min	盐酸含量/%	酸洗时间/min	硫酸含量/%	酸洗时间/min
2	90	2	135	20	10	20	80
5	55	5	135	25	9	25	65
10	18	10	120	30		30	75
15	15	15	95	40		40	95

随温度增大，酸洗速度也加快，时间缩短。表 2-6 是相同锈蚀程度的钢铁工件在盐酸和硫酸中的酸洗时间与温度的关系。

表 2-6　酸洗时间与温度的关系

酸含量/%	硫酸酸洗时间/min			盐酸酸洗时间/min		
	18℃	40℃	60℃	18℃	40℃	60℃
5	135	45	13	55	15	5
10	120	32	8	18	6	2

(4) 钢铁工件酸洗工艺

酸洗除锈方法有浸渍酸洗、喷射酸洗以及酸膏除锈等。浸渍酸洗的金属经脱脂处理后，放在酸槽内，待氧化皮及铁锈浸蚀掉，用水洗净后，再用碱进行中和处理，得到适合于涂漆的表面。钢铁工件强浸蚀工艺参数见表 2-7。

表 2-7　钢铁工件的强浸蚀工艺参数

项　目	锻件及冲压件		一般钢铁件		铸件
	1	2	1	2	
浓硫酸/(g/L)	200～250			80～150	100
盐酸/(g/L)		150～200	150～200		10～20
氢氟酸/(g/L)					
若丁/(g/L)	2～3				
乌洛托品/(g/L)		1～3	1～3		
温度/℃	40～60	30～40		40～50	30～40
时间/min	除尽为止	除尽为止	1.5	除尽为止	除尽为止

无机酸酸洗工艺流程一般为：除油碱槽→热水槽→酸洗槽→冷水槽→中和槽→冷水槽→下一步。

酸洗操作时，要严格执行酸洗工艺操作规程，防止酸雾对人体的危害。

酸洗用的各种槽子，一般都用钢板、型钢焊接而成，也有用水泥的。尺寸由酸洗的产品尺寸而定。酸槽的内壁都衬耐酸衬里，可用聚氯乙烯板焊接成型，也可用青铅板焊接成型，较多的是在铁槽内表面糊制环氧玻璃钢。加热方式都是采用蒸汽通入酸槽中的加热管，它是在无缝钢管外面包焊 3mm 厚青铅板。

厂房顶部应有通风气窗，便于室内有害气体及时排出，酸洗工厂内的气体对厂房和设备的腐蚀是很严重的，因此要定期地维修保养。

酸洗的废液处理是十分重要的，不经必要的处理不能排入下水道，在考虑采用酸洗方法时，一定要首先考虑废酸的处理方法和设备，否则不能使用。有关废酸处理的方法，有中和法、电渗析法，也可利用硫酸废液提取硫酸亚铁。

2.2.2　电化学浸蚀

电化学浸蚀是指在酸或碱溶液中以工件作阳极或阴极进行电解剥离，或由于阴极析氢而搅动溶液和不断更新工件表面浸蚀液而加速除去表面锈层的方法。

根据工件极性的不同，电化学除锈分为阳极浸蚀和阴极浸蚀两种。阳极浸蚀时，通过工件金属的化学溶解和电化学溶解，以及析出氧气的机械剥离作用来除去氧化皮。阴极浸蚀时，借助于大量析氢对氧化皮的机械剥离作用，以及初生原子态氢对氧化物的还原作用除去氧化皮。阳极浸蚀时析出的氧气泡大而数量少，机械剥离作用较小，时间长了则容易造成基体金属的过度腐蚀。阴极浸蚀时金属基体几乎不会腐蚀，工件尺寸不会改变，但可能带来渗氢和挂灰问题。

阳极浸蚀虽然不会使工件产生氢脆现象，但速度慢，对基体金属有腐蚀作用，只适用于薄氧化皮工件。阴极浸蚀不会使工件产生过腐蚀，速度快，也可适用于厚层氧化皮工件，但有使工件产生渗氢的缺点。国内目前采用的多是阳极浸蚀或阴极-阳极联合浸蚀法。电化学浸蚀，既用于强浸蚀也用于弱浸蚀。

与化学浸蚀方法相比，电化学浸蚀更容易迅速除去金属表面粘接牢固的氧化皮，即使酸液浓度有些变化也不会显著影响浸蚀效果，且对基体腐蚀小，操作管理容易，但此法需要专门设备，要增加挂具作业，且有氧化皮溶解不均的现象。电化学浸蚀的优点是浸蚀速度快，耗酸少，溶液中铁离子含量对浸蚀能力影响小。但需要电源设备和消耗电能。由于分散能力差，形状复杂的工件不容易除尽。当氧化皮厚而致密时，应先用硫酸化学强浸蚀，使氧化皮疏松后再进行电化学浸蚀。

2.3　表面除油

2.3.1　有机溶剂除油

有机溶剂除油是一种比较常用的金属材料脱脂方法，它是利用有机溶剂对两类油脂均有的物理溶解作用脱脂。常用的脱脂剂包括汽油、煤油、酒精、丙酮、二甲苯、三氯乙烯、四氯化碳等，其中汽油、煤油价格便宜，溶解油污能力较强，毒性小，是两种用量大、应用普遍的有机溶剂。

有机溶剂除油的特点是不需要加温，脱脂速度快，对金属表面无腐蚀，特别适合那些用碱液难以除净的高黏度、高熔点的矿物油，因此适合几乎所有表面处理技术的预处理，尤其是油污染严重的零件或易被碱性脱脂液腐蚀的金属零件的初步脱脂。但这种脱脂不彻底，需要用化学法和电化学法再补充脱脂；而且大部分有机溶剂易燃、有毒，成本较高，故操作时要注意安全、加强防护、保持良好的通风换气。

2.3.2　碱性溶液化学除油

目前生产上大量使用的除油是在碱性溶液中化学除油。虽然这种方法的除油时间要比有机溶液除油长一些，但是介质无毒、不会燃烧、所需设备简单、操作简便、价格便宜，所以采用这种除油方法是合理的。

这种方法除油的实质是靠皂化和乳化作用，前者可以除去动植物油，后者可以除去矿物油。只要工艺选择适当，两类油脂的除去是不困难的。但是，对镀层的结合力要求较高时，被镀零件仅采用碱性溶液化学除油是不够的，特别当油污主要是矿物油时，不仅除油时间长，而且不易彻底清除，这是由于碱性除油液的乳化作用有限，故必须采用乳化作用更强的电化学（电解）除油，方能获得满意的结果。

现在分别介绍一下皂化作用和乳化作用。皂化作用就是可皂化油与碱溶液发生化学反应而生成肥皂的过程，其反应通式如下：

$$(RCOO)_3C_3H_5+3NaOH \Longrightarrow 3RCOONa+C_3H_5(OH)_3 \qquad (2-7)$$

油脂　　　　　　碱　　　　　　　肥皂　　　甘油

当 R 是含 17～21 个碳原子的烃基时叫硬脂，硬脂发生皂化反应的生成物就是普通肥皂（硬脂酸钠）。

$$(C_{17}H_{35}COO)_3C_3H_5+3NaOH \Longrightarrow 3C_{17}H_{35}COONa+C_3H_5(OH)_3 \qquad (2-8)$$

硬脂　　　　　　　碱　　　　　　　硬脂酸钠　　　甘油

当带有油污的零件放入碱性除油溶液中时，可皂化油与碱发生皂化反应，反应的生成物肥皂和甘油都能很好地溶解在水中，所以，只要有足够的碱和具有使油污表面更新的条件（溶液的运动），可皂化油就可以从零件表面完全清除掉。

乳化作用就是两种互不相溶的液体形成乳浊液的过程。所谓乳浊液就是两种互不相溶液体的混合物，其中一种液体呈极细小的液滴分散在另一种液体中。例如，零件表面的油膜可以呈极小的油珠分散在碱液中，形成的混合物就是乳浊液。靠乳化作用除油，除油液中必须加入乳化剂。所谓乳化剂就是能促进乳化作用的物质。除油液中常用的乳化剂有水玻璃、肥皂、OP（烷基芳基聚乙二醇醚）等。

乳化剂是一种表面活性物质，它在溶液中的分布是不均匀的，而是吸附在一定的界面上，一端是憎水的，吸附时向着油；而另一端是亲水的，吸附时向着溶液。这种在油-溶液界面吸附的结果，就使油-液之间的界面张力比不加乳化剂降低了。由于界面张力降低，油与溶液的接触面就可以增大，什么样的存在形式接触面才能增大呢？显然，油变成小油滴分散在溶液中，要比整块油膜与溶液接触时的接触面大得多。所以乳化剂的加入，使油与溶液接触面增大，油膜变成小油滴分散在溶液中。这种作用也使溶液对金属表面的润湿性增大。其效果如图 2-4 所示。

除上述作用外，乳化剂也可以吸附在已脱离金属表面的油滴上，形成一层吸附膜，这层吸附膜能防止小油滴互相碰撞而重新形成油膜附着在金属表面。

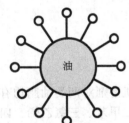

图 2-4　乳化剂效果示意图

碱性化学除油溶液通常含有下列组分：氢氧化钠、碳酸钠、磷酸三钠和乳化剂。

氢氧化钠是保证皂化反应进行的重要组分，当氢氧化钠含量低、溶液 pH 值＜8.5 时，皂化反应几乎不能进行，而且，在 pH＜10.2 时肥皂将发生水解。氢氧化钠含量过高时，会使硬脂酸钠和表面活性剂的溶解度降低，使水洗性变差，而且会使金属表面发生氧化。所以，一般除油溶液的 pH 值不能低于 10，NaOH 浓度一般也不高于 100g/L。对黑色金属，除油液的 pH 值应保持在 12～14 的范围内，对有色金属和轻金属 pH 值为 10～11 最适宜。

溶液中的碳酸钠和磷酸三钠主要起缓冲作用，保证在除油过程中溶液的 pH 值维持在一定范围内。当皂化反应进行时，氢氧化钠将不断被消耗掉，此时，Na_2CO_3 和 Na_3PO_4 将发生水解产生 NaOH，以补充其消耗，即

$$Na_2CO_3+H_2O \Longrightarrow 2NaOH+CO_2\uparrow \qquad (2-9)$$

$$Na_3PO_4+3H_2O \Longrightarrow 3NaOH+H_3PO_4 \qquad (2-10)$$

为了使溶液具有足够的缓冲作用，碳酸钠和磷酸三钠应有一定的含量。碳酸钠除具有缓冲作用外，还有一定的乳化作用，但其水洗去性不好，不宜单独使用。磷酸三钠除具有缓冲作用外，还可以使水玻璃容易被水洗去。因为水玻璃具有一定的表面活性，容易在金属表面

形成一层肉眼看不见的膜，不易被水洗去，而磷酸三钠可以帮助洗去这层吸附膜。磷酸三钠可使硬水软化，这可防止除油时形成固体钙、镁肥皂，污染零件表面。

硅酸钠有较强的乳化能力，按分子式中 Na_2O 和 SiO_2 的比例不同，可分为比值 1∶1 的偏硅酸钠，2∶1 的正硅酸钠和 1∶(2~3.5) 的固体与液体的水玻璃。使用最多的是偏硅酸钠，具有较好的表面活性作用和一定的皂化能力，除油脂效果较好，当与其他表面活性剂配合使用时，便成了碱类化合物中极佳的润湿剂。但它的黏度较大，有很强的吸附性，在零件表面形成一层不可见的薄膜，难以清洗。如果不清洗干净，酸洗时生成硅酸：

$$Na_2SiO_3 + 2HCl =\!=\!= H_2SiO_3 + 2NaCl \tag{2-11}$$

硅酸是不溶性胶体物质，会影响镀层的结合力。为了提高水洗能力，在使用硅酸钠的同时，加入磷酸钠或其他表面活性物质来改善清洗效果。

硅酸钠作为乳化剂加入除油液中，它虽然易溶于水，但不易洗去，特别是复杂零件的除油，硅酸钠更不易洗去。这样当后序的酸洗处理时，形成的硅胶难以除去，将影响镀层质量。硅酸钠在除油溶液中对金属还具有一定的缓蚀作用，但是，由于它的洗去性不好，故含量不宜过高。近年来已用有机表面活性物质作为碱性除油的乳化剂，例如，OP 乳化剂、6501 清洗剂 [十二烷二乙醇酰胺或叫作椰子油烷基醇酰胺，$C_{11}H_{23}CON(CH_2CH_2OH)_2$]、6503 清洗剂 (十二烷基二乙醇酰胺磷酸酯或叫作椰子油烷基醇酰胺磷酸酯)、三乙醇胺酸皂等。

在进行化学除油时，除油溶液应该加温，这一方面是由于加温使溶液对流加快，皂化和乳化作用加强，从而可以加速除油过程；另一方面，溶液的温度升高，肥皂在其中的溶解度增加，这对清洗零件表面和延长除油液的寿命是有利的。但温度也不宜过高，否则，溶液沸腾容易溅出，使操作不安全，蒸汽夹带碱雾严重，恶化操作环境，碱的非生产消耗加大，乳浊液也会变得不稳定。所以溶液温度一般控制在 80~90℃ 即可，当使用乳化剂时，溶液温度可不必太高。生产中常用的几种碱性化学除油溶液的配方及工艺条件列于表 2-8。

表 2-8　碱性化学除油组成及工艺条件

配方及工艺条件	钢铁		铜		铝合金		精密件
	1	2	3	4	5	6	7
NaOH/(g/L)	60~80	20~40	8~12				
Na_2CO_3/(g/L)	20~60	20~30	50~60		10~20	25~30	
$Na_3PO_4 \cdot 12H_2O$/(g/L)	15~30	5~10	50~60	60~100	10~20	20~25	
Na_2SiO_3/(g/L)	5~10	5~15	5~10	5~10	10~20	5~10	
OP-乳化剂/(g/L)		1~3		1~3	1~3		
6501 清洗剂/(mL/L)							8
6503 清洗剂/(mL/L)							8
三乙醇胺/(mL/L)							8
温度/℃	80~90	80~90	70~80	70~90	60~80	60~80	70~80

2.3.3　电化学除油

把欲除油的金属零件置于除油液中，将零件作为阳极或阴极，且通以直流电的除油方法，称为电化学除油或电解除油。

电化学除油溶液的组成和化学除油溶液大致相同。通常用镍板或镀镍铁板作对电极，它只起导电作用。生产实践证明，电化学除油的速度比化学除油速度高几倍，而且油污清除较干净，这是和电化学除油的机理分不开的。

电化学除油过程的机理可简述如下：当黏附油污的金属零件浸入电解液时，油与碱液之间的界面张力降低，油膜便产生裂纹；与此同时，由于通电使电极极化，电极与碱液间溶液对金属表面的润湿性加强，溶液便从油膜的不连续处和裂纹处对油膜产生排挤作用，油膜与电极表面的接触角便大大地减小，因此，油对金属表面的附着力就大大减弱。与此同时，在电流的作用下，阴阳极上发生电解反应，析出大量气体，电极反应为：

阴极：
$$4H_2O + 4e^- \Longrightarrow 2H_2\uparrow + 4OH^- \qquad (2-12)$$

阳极：
$$4OH^- - 4e^- \Longrightarrow O_2\uparrow + 2H_2O \qquad (2-13)$$

这些气体（H_2 或 O_2）以大量小气泡的形式逸出，对油膜产生强烈的撞击作用，油膜被撕裂分散成细小的油珠，而小气泡又易滞留在小油珠上，当气泡逐渐长大到一定尺寸后，就带着小油珠离开电极表面进入溶液，并上升到溶液表面，析出的气体对溶液发生强烈的搅拌作用，从而油污被强烈地乳化，使油污除去。

概括起来说，电化学除油过程是电极极化和气泡对油膜机械撕裂作用的综合，这种乳化作用比乳化剂的作用要强得多，所以加速了除油过程。金属零件的电化学除油既可采用阴极除油，又可采用阳极除油，还可采用阴-阳极联合除油。

阴极除油比阳极除油速度快，这是因为当通过的电流密度相同时，阴极析出氢气的气体体积比阳极析出氧气的气体体积多一倍。而且，在碱性溶液中，阴极析出的氢气泡比阳极析出的氧气泡小得多，这是因为在碱性溶液中，氢气是在比零电荷电位负得多的电位下发生的，这时溶液对金属的润湿性好，气泡对电极表面的接触角很小，所以析出氢气泡的尺寸小。而氧在此溶液中的析出是在比零电荷电位不太正的电位下发生的，溶液对金属的润湿性较差，氧气泡对金属表面的接触角较大，故析出的氧气泡较大。所以，前者的乳化能力强。另外，由于 H^+ 放电，阴极表面液层中的 pH 值升高，这对除油也是有利的。

但是，阴极除油析出的大量氢气能扩散到金属内部，可以引起"氢脆"和镀层鼓泡，所以，高碳钢和弹簧材料不宜采用阴极除油。对其他金属材料，为了尽可能减少渗氢，进行阴极除油时，应采用相对较高的电流密度，以减少阴极除油时间。另外，阴极除油还可能使某些金属杂质在零件表面析出，如果不加以处理就进行电镀，则会影响镀层质量。

阳极除油析出的气体少，气泡较大，故乳化能力较弱。另外，由于 OH^- 放电使阳极表面液层中的 pH 值降低，不利于除油。阳极除油析出的氧气使金属表面氧化，甚至某些油污也发生氧化，以致难以除去。此外，有些金属或多或少地发生阳极溶解。所以，有色金属及其合金和经过抛光的零件，不宜采用阳极除油。然而，阳极除油不会发生"氢脆"，也不会使金属杂质在零件表面析出。

鉴于阴极除油和阳极除油各有优缺点，生产中多采用阴-阳极联合除油，以取长补短。在联合除油时一般先进行阴极除油，随后转为短时间的阳极除油，这样，既可利用阴极除油速度快的优点，又可以消除渗氢。因为在阴极除油时渗入金属中的氢，可以在阳极除油时迅速被除去，零件表面不会造成氧化或腐蚀。

对于黑色金属零件，大多数采用联合电化学除油，而承受高负载的零件、薄钢板及弹簧，为绝对避免"氢脆"，只应进行阳极除油。

对于铜及铜合金，仅采用不含氢氧化钠的碱性溶液阴极除油，而不用阳极除油。因为阳极除油不仅会发生阳极溶解使铜离子进入溶液中，而且铜及其合金表面会发生氧化而变色。短时间的阴极除油，既无损零件表面的粗糙度，又能将油彻底清除，并可使极薄的氧化膜还原。实践证明，铜及其合金零件进行电镀前，采用短时间阴极除油，是获得良好结合力的有力手段。

还应指出，电化学除油溶液的碱度可以比化学除油低一些，因为皂化作用不是主要的。另外，不必加乳化剂。如果使用乳化剂，由于气体的逸出会在溶液表面上形成大量泡沫，它们阻碍氢气和氧气的逸出，当接触不良而打火花时易造成爆炸事故。水玻璃也不能应用，因为它的黏度大，能使溶液电导率降低，槽压增加，电能消耗增大，电解液的分散能力下降，而对凹处的油污去除不利。

电化学除油也应采用加温作业，温度升高可以增加乳化作用，同时可以提高溶液的电导率，使电能消耗下降。通常采用的温度为 60～80℃。温度对除油液电导率的影响如图 2-5 所示。

电流密度是影响电化学除油的重要因素。在一定范围内，除油速度随电流密度提高而增加，这一方面是由于电流密度增加，提高了阴极极化，使电解液对电极表面的润湿性增加；另一方面，它增加了电极单位面积上产生气体的数量，从而使乳化作用加强。但是，电流密度也不宜过高，因为槽压也随电流密度提高而增大，电流密度过高会使槽压过高，电能消耗过大，而此时除油速度并不与电流密度成比例地增加。电化学除油的槽压与电流密度的关系如图 2-6 所示。电流密度的选择应保证析出足够的气体，又不至于使槽压过高。一般生产上常用的电流密度为 5～10A/dm²。电化学除油的工艺条件如表 2-9 所示。

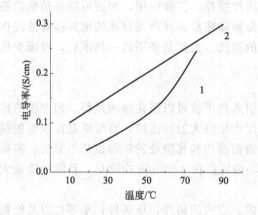

图 2-5　温度对除油液电导率的影响
电解液含量：Na_2CO_3 50g/L，Na_3PO_4 50g/L
曲线 1：NaOH 15g/L；曲线 2：NaOH 45g/L

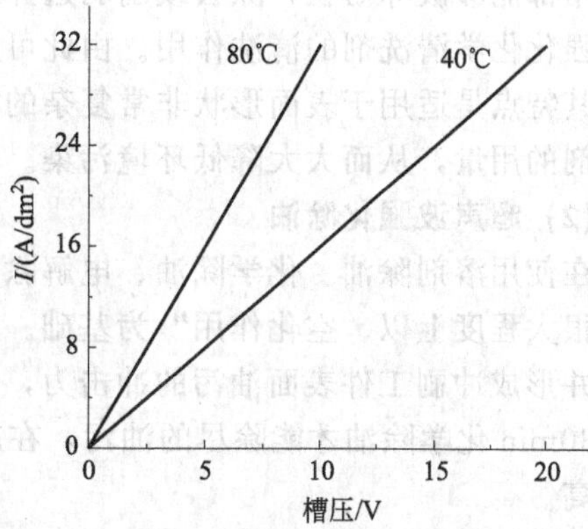

图 2-6　电流密度与槽压的关系

表 2-9　电化学除油的工艺条件

溶液组成及工艺条件	钢铁	铜及其合金	锌及其合金
NaOH/(g/L)	10～20		
Na_2CO_3/(g/L)	50～60	25～30	5～10
Na_3PO_4/(g/L)	50～60	25～30	10～30
温度/℃	60～80	70～80	40～50
电流密度/(A/cm²)	5～10	5～8	5～7
时间/s	阴极 60，阳极 15	阴极 30	阴极 30

2.4　表面预处理新技术

2.4.1　超声波强化

(1) 超声波清洗原理

由超声波电源发出的高频振荡信号，通过换能器转换成高频机械振荡，并利用超声波可在气体、液体、固体、固溶体等介质中有效传播的能力且可传递很强的能量的原理，通过清洗槽壁向槽子中的清洗液辐射超声波，槽内液体中的微气泡在声波的作用下振动，即通过超声波会产生反射、干涉、叠加和共振现象与超声波在液体介质中传播时，可在界面上产生强烈的冲击和空化现象。

当声压或声强达到一定值时，气泡迅速增长，然后突然闭合，在气泡闭合的瞬间产生冲击波使气泡周围产生106～107MPa的压力及局部调温，这种超声波空化所产生的巨大压力能破坏不溶性污物而使它们分化于溶液中。蒸汽型空化对污垢的直接反复冲击，一方面破坏污物与清洗件表面的吸附，另一方面能引起污物层的疲劳破坏而被剥离，气体型气泡的振动对固体表面进行擦洗，污层一旦有缝可钻，气泡立即"钻入"振动使污层脱落，由于空化作用，两种液体在界面迅速分散而乳化，当固体粒子被油污裹着而黏附在清洗件表面时，油被乳化，固体粒子自行脱落。

超声波在清洗液中传播时会产生正负交变的声压，形成射流，冲击清洗件，同时由于非线性效应会产生声流和微声流，而超声空化在固体和液体界面会产生高速的微射流，所有这些作用都能够破坏污物，除去或削弱边界污层，增加搅拌、扩散作用，加速可溶性污物的溶解，强化化学清洗剂的清洗作用。由此可见，凡是液体能浸到且声场存在的地方都有清洗作用，其特点是适用于表面形状非常复杂的零部件的清洗。尤其是采用这一技术后，可减少化学溶剂的用量，从而大大降低环境污染。

(2) 超声波强化除油

在使用溶剂除油、化学除油、电解除油时，引入超声波可以强化除油过程。超声波的作用在很大程度上以"空化作用"为基础。空化作用产生巨大的冲击波，对溶液造成强烈的搅拌，并形成冲刷工件表面油污的冲击力，使工件表面深凹和孔隙处的油污也易于除去。需要10～30min化学除油才能除尽的油污，在超声波场内可以在2～5min内除尽，且除油质量大为提高。

超声波强化除油对于形状复杂的工件，多孔隙、空穴的铸件，压铸件，小零件以及经抛光附有抛光膏油脂的工件，效果远优于一般除油方法。超声波是直线传播的，难以达到被屏蔽的部位，因此超声波发生器的振动子要放在槽内最有效的部位，同时工件需旋转或翻动。

(3) 超声波强化浸蚀

在超声波场内，可以显著提高浸蚀速度，并有助于氧化皮和浸蚀残渣的脱落，浸蚀质量较好，适用于氧化皮较厚、致密或形状复杂零件的浸蚀。

超声波浸蚀可以在原有浸蚀液的基础上施加超声波，溶液的浓度也可稍低一些。在超声波作用下，缓蚀剂发生解吸，从而会降低缓蚀效果。但是，由于溶液的浓度和温度低，上述缺点可以得到弥补。长时间的超声波作用，会使浸蚀零件产生微观针孔，失去光泽，但有利于提高镀层的结合力。

超声波浸蚀对基体渗氢有双重作用：一方面，由于金属表面活化，促进了渗氢作用；另一方面，由于超声波的空化作用，有利于吸附氢的排除。通过合理地选择超声波振动的频率、强度等参数，就可以发挥其有利的作用，减小氢脆的危害。因此，超声波浸蚀尤其适用于对氢脆比较敏感的材料。对于钢铁零件，一般可选用22～23kHz的超声波频率。

2.4.2 低温高效清洗剂除油

用低温高效清洗剂除去金属表面的油污，不仅除油效率高，而且除油温度低，可以节省能源，所以，目前已广泛使用。

第3章

金 属 电 镀

3.1 电镀基本原理

3.1.1 电镀概念与电镀过程

电镀是用电化学方法在固体表面电沉积一薄层金属、合金或金属与非金属粉末一起形成复合电沉积层的过程。

电镀时，被镀工件作为阴极，与直流电源负极相连接，阳极连接于电源正极，并将它们放入电镀槽中，电镀槽中应有含被镀金属离子或配离子的电解液，接通直流电源，金属离子或配离子在电场作用下，在阴极上发生电化学还原反应，沉积出金属原子，并逐步形成镀层。通常电镀装置如图3-1所示。

电镀技术是一种可改变材料表面特性的技术，通常可应用于金属表面防护、装饰或应用于实现其他特殊功能，在某些情况下，非其他方法可替代，是一种经济、方便和有效的改善材料表面特性的手段。

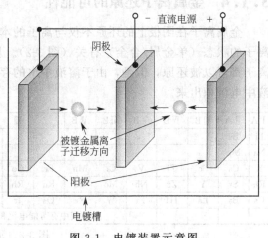

图3-1 电镀装置示意图

3.1.2 对电镀层理化指标的要求

通常对电镀层特性的基本要求是镀层结构致密、厚度均匀、镀层与基体结合牢固并能够耐受一定环境条件下的腐蚀（指镀层对基体的防护特性）。在某些情况下，进一步要求镀层内应力小、柔韧性好、有较高的硬度、色彩、光亮或均匀缎面等。对于功能性镀层，根据其具体使用目的，要求镀层可耐高温氧化、耐潮湿环境腐蚀、耐海洋性气候腐蚀等。

3.1.3 电镀设备与技术的发展

(1) 电镀设备的发展

随着我国科学技术的全面发展，电镀设备也获得了较大的进步，例如：

电源：蓄电池→直流发电机→可控硅整流电源→多波形脉冲电源及不对称可调换向硅整流电源→开关式电镀电源；

电镀槽：钛电镀槽、塑料槽、铁槽等多种类；

阳极：阳极板吊挂→球形小块阳极（使用钛筐）；

搅拌：不搅拌→机械阴极移动→气体搅拌加循环过滤→高速电解液对流；

控制：人工控制（温度、电流、添加剂含量、pH值等）→半自动→全自动。

(2) 操作工艺的发展

手工操作吊镀→半手工操作（机械搅拌，工件吊装机械化）→全自动电镀生产线→专业全自动电镀生产线

(3) 常用镀层及发展趋势

常用的电镀单质金属有：锌、铜、镍、铬、镉、铁、金、银、锡、铅、钯、铂等。

常用的合金电镀有：镍基合金；锌基合金；锡基合金；铜基合金；贵金属合金等。

目前，对镀层结构仍不断地研究，其发展趋势为各种金属与 Mo、W、Ti 等金属形成高耐腐蚀性镀层；与贵金属形成高活性催化功能镀层；与 P、B 等形成非晶态镀层；与非金属纳米粒子形成特种功能的复合镀层等。由于电镀技术应用得十分灵活，近年来应用方向扩展十分迅速。

3.1.4 金属离子还原的可能性

金属离子在阴极上的还原不仅与离子的本性有关，还与离子在水溶液中的状态和还原后离子的状态（单金属/合金）有关（图3-2）。从理论上讲，只要还原电位足够负，所有金属离子都可以被还原，但是，由于溶液中水的存在，使得还原电位很负的碱性金属不能从水溶液中电沉积出来。

I A	II A	III B	IV B	V B	VI B	VII B		VIII		I B	II B	III A	IV A	V A	VI A	VII A	0
Li	Be											B	C	N	O	F	Ne
Na	Mg											Al	Si	P	S	Cl	Ar
K	Ca	Sc	Ti	V	Cr	Mn	Fe	Co	Ni	Cu	Zn	Ga	Ge	As	Se	Br	Kr
Rb	Sr	Y	Zr	Nb	Mo	Tc	Ru	Rh	Pd	Ag	Cd	In	Sn	Sb	Te	I	Xe
Cs	Ba	La	Hf	Ta	W	Re	Os	Ir	Pt	Au	Hg	Tl	Pb	Bi	Po	At	Rn
				水溶液中有可能电沉积						氰化物溶液中可以电沉积							

图3-2 元素周期表

① 如果以合金形式沉积，则由于生成物中金属（合金）的活度比纯金属小，因而有利于还原反应的实现。如若采用汞电极作阴极，则碱金属、碱土金属、稀土金属的离子都能从水溶液中还原而生成汞齐。

② 在周期表中，越靠右边的金属离子越容易还原。铜右边的元素在水溶液中的析出电位较正，电结晶时电化学极化较小，很难得到致密的镀层，采用配合物时，也能够被还原，由于析出电位向负方向移动，具有较强的电化学极化特性，可得到致密的镀层，如氰化物电镀铜；采用添加剂时，由于添加剂吸附在阴极表面，增大了金属离子的电化学反应阻力，提高阴极极化，也能得到致密镀层，如硫酸盐镀铜、钾盐镀锌等。

③ 在非水溶液中，金属离子的溶剂化能与水中相差很大，因此水中不可能沉积的金属有可能在适当的有机溶剂中电沉积出来。

④ 在熔融盐电解液中，碱性金属可以以合金的形式还原成金属（如铅-钙合金的制备）。

3.1.5 电结晶过程的动力学

3.1.5.1 通过电流时晶面生长的基本模型

晶面生长可能按照两种历程进行（电沉积过程模型见图 3-3）。一是放电只能在生长点上发生，放电与结晶两个步骤合二为一；二是放电可在任何地方发生，形成晶面上的吸附原子，然后这些吸附原子在晶面上扩散转移到生长点或生长线上，这种历程放电和结晶是分别进行的。

显然，只有先弄清晶面的生长过程究竟是按照哪一种历程进行的，才有可能建立比较正确的晶面生长理论。采用固/液态汞电极控制温度，分别测定交换电流密度 i_0，实验结果如图 3-4 所示。

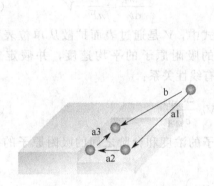

图 3-3　电沉积过程模型

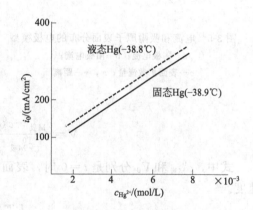

图 3-4　在 45% HClO₄ 中
汞电极上的交换电流密度

实验结果表明，交换电流密度差别不大，认为放电步骤是在全部表面上进行的，即按照第二种历程。

如果进一步解释交换电流密度的微小差别，则应考虑这个实验中固态汞表面的实际状态，如果固体汞表面存在大量缺陷，那么电化学反应速度受生长点的影响就很小，电结晶时，由于晶胞生长过程中受到多种复杂因素影响，会不断产生大量缺陷，这些缺陷也是新的生长点，因此目前尚无更严谨的实验说明这个问题。

可能出现的两种情况：

① 如果吸附原子与晶格的交换速度很快，即不影响外电流，那么结晶步骤就不会引起过电位。

② 如果结晶步骤的速度小于 i_0，则阴极极化时在放电步骤中形成的吸附原子来不及扩散到生长点上，促使吸附原子的表面浓度 $c_{M吸}$ 超过平衡时的数值 $c_{M吸}^0$，并引起电极电位极化，则出现结晶过电位 $\eta_{结晶}$，此时如果认为电化学步骤的平衡未被破坏，吸附原子表面覆盖度 $\theta_{M吸} \ll 1$。则结晶过电位为：

$$\eta_{结晶} = \frac{RT}{nF}\ln\frac{c_{M吸}}{c_{M吸}^0} = \frac{RT}{nF}\ln\left(1 + \frac{\Delta c_{M吸}}{c_{M吸}^0}\right) \tag{3-1}$$

式中，$\Delta c_{M吸}=c_{M吸}-c^0_{M吸}$。

当结晶过电位很小时：

$$\eta_{结晶}=\frac{RT}{nF}\times\frac{\Delta c_{M吸}}{c^0_{M吸}} \tag{3-2}$$

3.1.5.2 吸附原子的表面扩散控制

在许多电极上，吸附原子的表面扩散速度并不大，如果电化学步骤比较快，则电结晶过程的进行速度将由吸附原子的表面扩散步骤控制；如果电极体系的交换电流较小，则往往是联合控制。电流和吸附原子表面分布的电极模型如图3-5所示。

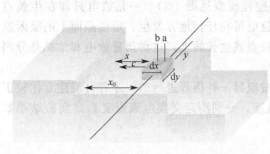

图 3-5 电流和吸附原子表面分布的电极模型
a—阴极电流；b—阳极电流；
c—表面扩散流量；x，y—距离

假设一个台阶上有一个无穷小面积 dx、dy；假设单位表面上吸附原子的平均浓度为 $c_{M吸}$；其对时间 t 的变化应为表面上由法拉第电流产生的吸附原子的量减去从该处移走的吸附原子的量：

$$\frac{dc_{M吸}}{dt}=\frac{i}{nF}-V \tag{3-3}$$

式中，V 是通过表面扩散从单位表面上移走的吸附原子的平均速度，并假定它与 $c_{M吸}$ 有线性关系：

$$V=\frac{c_{M吸}-c^0_{M吸}}{c^0_{M吸}}V_0=V_0\,\frac{\Delta c_{M吸}}{c^0_{M吸}} \tag{3-4}$$

式中，$c^0_{M吸}$ 和 V_0 分别是 $t=0$ 时，表面吸附原子的浓度和台阶之间的吸附原子的扩散速度。

经数学推演可得阴极过电位

$$\eta_{k}=\frac{RT}{nF}\left(\frac{i}{i_0}+\frac{\Delta c_{M吸}}{c^0_{M吸}}\right) \tag{3-5}$$

令：$\dfrac{i}{i_0}=\eta_{电}$，$\dfrac{\Delta c_{M吸}}{c^0_{M吸}}=\eta_{结晶}$

则：

$$\eta_{K}=\eta_{电}+\eta_{结晶} \tag{3-6}$$

3.1.5.3 晶核的形成与长大

晶核形成过程的能量变化 ΔE 由两部分组成：

① 金属由液态变为固相，释放能量，体系自由能下降（电化学位下降）；

② 形成新相，建立界面，吸收能量，体系自由能升高（表面形成能上升）。

故成核时 $\Delta E=①+②$

晶核形态可以是多种形状，也可以是三维、二维。现以二维圆柱状导出成核速度与过电位的关系。

体系自由能变化为：

$$\Delta E=-\frac{\pi r^2 h\rho nF}{M}\eta_k+2\pi rh\sigma_1+\pi r^2(\sigma_1+\sigma_2-\sigma_3) \tag{3-7}$$

体系自由能变化 ΔE 是晶核尺寸 r 的函数，当 r 较小时，晶核的比表面积大，晶核不稳定；反之，表面形成能就可以由电化学位下降所补偿，体系总 ΔE 是下降的，形成的晶核才稳定。

根据 $\dfrac{\partial \Delta E}{\partial r}=0$ 求曲线中 r 的临界值：

$$r_c = \cfrac{h\sigma_1}{\cfrac{h\rho nF}{M}\eta_k - (\sigma_1 + \sigma_2 - \sigma_3)} \tag{3-8}$$

r_c 随过电位 η_k 的升高而减小。将 r_c 代入 ΔE 中，得达到临界半径时自由能的变化：

$$\Delta E_c = \cfrac{\pi(h\sigma_1)^2}{\cfrac{h\rho nF}{M}\eta_k - (\sigma_1 + \sigma_2 - \sigma_3)} \tag{3-9}$$

当晶核与电极是同种金属材料时，$\sigma_1 = \sigma_3$，$\sigma_2 = 0$

则

$$\Delta E_c = \frac{\pi h \sigma_1^2 M}{\rho nF \eta_k} \tag{3-10}$$

二维成核速度 W 和 ΔE_c 有以下关系：

$$W = k\exp\left(\frac{-\Delta E_c}{RT}\right) \tag{3-11}$$

式中，$k = R/N$ 为玻尔兹曼常数；R 为气体常数；N 为阿伏伽德罗常数。

将式(3-10)代入式(3-11)中可得：

$$W = k\exp\left(-\frac{\pi h \sigma_1^2 NM}{\rho nFRT}\frac{1}{\eta_k}\right) \tag{3-12}$$

上式表明，过电位越大，成核速度越大。

由式(3-12)可知，成核速度随着过电位的升高而增加，在实际电镀中，向溶液中加入配合剂或表面活性剂，以提高阴极极化过电位，从而获得致密的镀层。但应该注意的是：阴极过程是电化学极化，而不是浓差极化，因为浓差极化只是造成电极表面附近金属离子浓度降低而引起的变化，而并未改变电化学的平衡状态。

(1) 电结晶的实例

如图 3-6 所示，当将 Pt 电极插入 $CdSO_4$ 溶液中时，Pt 表面上没有 Cd 存在。当电极在恒电流下进行阴极极化时，在最初的一小段时间内电极电位迅速地向负方向移动，但电极上仍没有 Cd 析出，经过很短一段时间后，在 $\varphi\text{-}t$ 曲线上出现了最低点，此时是金属离子放电并形成 Cd 晶核。当晶核出现后，随通电时间的延续，电极电位又逐步变正，而后不再随时间变化了。如果让它在该电位下电结晶一段时间后，将电路切断，这时再去测量它的电极电位，发现测得的电位又变了，这种情况完全反映在图 3-6 的 $\varphi\text{-}t$ 曲线上。

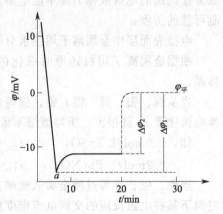

图 3-6 Cd 在 Pt 阴极上沉积时的极化曲线

由图 3-6 可见，在开始通电的一段时间内，电极上并没有 Cd 析出，此时供给的电量完全用于电极表面的充电，使电极表面电荷数量急剧增加，所以电极电位迅速地向负方向移动，即电极被强烈地阴极极化。当电极极化到足以使 Cd 晶核生成时（相当于图中的 a 点），Cd 晶核就在 Pt 阴极上形成。此后随通电时间的延续，该晶核就要长大，通常晶核长大所需要消耗的能量显然比晶核生成要小，因此，电位变到 φ，这个电位相当于晶核长大的稳定电位，在此电位下晶核不断地长大。当把电源切断后，由于已经沉积了一层金属 Cd，此时相当于把一个 Cd 电极插入到 $CdSO_4$ 溶液中，所测得的电位应该是 Cd 的平衡电位，因 φ_{Ψ} 比 φ 正，故断电后测得的电极电位 φ_{Ψ} 又向正方移动了。

从图 3-6 还可看出，$\Delta\varphi_1$ 就是 Pt 阴极上晶核形成时所需的"过饱和度"-过电位，而 $\Delta\varphi_2$ 则是 Cd 晶核长大所需的过电位。对于从 $CdSO_4$ 溶液中电沉积 Cd 而言，由于它的交换电流很大，所以它的阴极极化的绝对值不大。

（2）螺旋生长机理

如电结晶按图 3-7 方式进行，则当每一层长满后，生长点（O）或生长线（OB）就会消失，这样每一层晶面（AB）开始生长时都会出现较高的过电位，即应该出现周期性的过电位突跃，然而，大多数实际晶面生长过程中却完全观察不到这种现象。因为实际晶体中总是包含着大量的位错，如果晶面绕着位错线生长，特别是绕着螺旋位错线生长，生长线就永远不会消失。

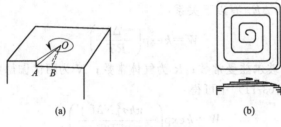

(a)　　　　　　　　　　　　　(b)

图 3-7　螺旋电结晶机理

3.1.6　电沉积过程中金属离子还原时的极化

3.1.6.1　简单金属离子还原时的极化

在电镀工艺中被沉积金属的盐类称为主盐。主盐可以是简单盐、复盐或配盐。由简单盐或复盐配制的电解液称为简单盐电解液。简单盐电解液中金属离子还原为金属原子并形成晶胞可能的历程：

电极表面层中金属离子周围水分子重排→电子跃迁→失去剩余水化层进入晶格。

根据金属离子阴极还原时极化的大小，可分成两类：电化学极化很小与较大的金属体系。

当从铜、银、锌、镉、铅、锡等金属的简单盐溶液中沉积这些金属时极化都很小，即交换电流密度 i^0 都很大，所得镀层不致密，结晶粗大。

如：1.0mol/L $ZnSO_4$ 　　　　$i^0_{Zn}=80mA/cm^2$

0.2mol/L $Pb(NO_3)_2$ 　　$i^0_{Pb}=42mA/cm^2$

当铁、钴、镍等过渡金属从硫酸盐或氯化物中电沉积时，它们的交换电流密度都很小。室温下某些电极反应的交换电流密度如表 3-1 所示。

表 3-1　室温下某些电极反应的交换电流密度

电极	电极反应	溶液组成	$i^0/(A/cm^2)$
Hg	$H^+ + e^- = \frac{1}{2}H_2$	0.5mol/L H_2SO_4	5×10^{-13}
Ni	$\frac{1}{2}Ni^{2+} + e^- = \frac{1}{2}Ni$	1.0mol/L $NiSO_4$	2×10^{-9}
Fe	$\frac{1}{2}Fe^{2+} + e^- = \frac{1}{2}Fe$	1.0mol/L $FeSO_4$	1×10^{-8}
Cu	$\frac{1}{2}Cu^{2+} + e^- = \frac{1}{2}Cu$	1.0mol/L $CuSO_4$	2×10^{-5}
Zn	$\frac{1}{2}Zn^{2+} + e^- = \frac{1}{2}Zn$	1.0mol/L $ZnSO_4$	2×10^{-5}
Hg	$\frac{1}{2}Zn^{2+} + e^- = \frac{1}{2}Zn$	1×10^{-3}mol/L $Zn(NO_3)_2 + 1.0$mol/L KNO_3	7×10^{-4}

电极	电极反应	溶液组成	$i^0/(A/cm^2)$
Pt	$H^+ + e^- = \frac{1}{2}H_2$	$0.1mol/L\ H_2SO_4$	1×10^{-3}
Hg	$Na^+ + e^- = Na$	$1\times10^{-3}mol/L\ N(CH_3)_4OH + 1.0mol/L\ NaOH$	4×10^{-2}
Hg	$\frac{1}{2}Pb^{2+} + e^- = \frac{1}{2}Pb$	$1\times10^{-3}mol/L\ Pb(NO_3)_2 + 1.0mol/L\ KNO_3$	1×10^{-1}
Hg	$\frac{1}{2}Hg^{2+} + e^- = Hg$	$1\times10^{-3}mol/L\ Hg_2(NO_3)_2 + 2.0mol/L\ HClO_4$	5×10^{-1}

如：Fe 在

$$1mol/L \quad FeSO_4 中 i^0_{Fe} = 1\times10^{-5}\ mA/cm^2$$
$$NiSO_4 中 i^0_{Ni} = 1\times10^{-6}\ mA/cm^2$$

它们的极化原因是电化学引起的，因此是电化学极化，并可从简单盐中沉积出致密的镀层。

简单金属离子的电极过程往往与溶液中的阴离子有关，特别是卤素离子对大多数金属电极体系的阳极过程和阴极过程均有显著的活化作用，其作用机理尚未完全清楚。

目前认为：①卤素与金属离子配位；②卤素可吸附于双电层，改变其特性，使金属的活化能降低。

3.1.6.2 金属配位离子还原时的极化

(1) 电沉积时配位离子的放电

在配合物电解液中，是配位离子直接放电还是配位离子先离解为金属离子然后再放电，可通过计算配合物电解液中金属离子的浓度来证明。

设配方： $\quad$ CuCN $\quad$ 35g/L $\quad$ [0.38400mol≈0.4mol]

$\qquad\qquad$ NaCN $\quad$ 48g/L $\quad$ [0.97959mol≈1.0mol]

溶液中配位离子可能的存在形式：$[Cu(CN)_2]^-$、$[Cu(CN)_3]^{2-}$、$[Cu(CN)_4]^{3-}$ 等。

在水溶液中， $\qquad [Cu(CN)_3]^{2-} \rightleftharpoons Cu^+ + 3CN^-$

$$K_{不稳} = \frac{[Cu^+][CN^-]^3}{[Cu(CN)_3^{2-}]} = 2.6\times10^{-29}$$

根据所给配方可计算出镀液的实际组分为：

$\qquad [Cu(CN)_3^{2-}] \qquad 0.4mol/L$

$\qquad [Cu^+] \qquad\qquad 1.3\times10^{-27}mol/L$

游离 $\qquad [CN^-] \qquad\qquad 0.2mol/L$

由于游离 Cu^+ 的含量非常低，而不可能是 Cu^+ 直接放电。

(2) 金属配位离子还原时的极化

对于一些交换电流密度较大的简单盐体系，电沉积时往往获得粗晶，而从配盐电解液中则能获得细致均匀的镀层，这种现象一般都用配盐电解液具有较高的电化学极化来解释，而电化学极化究竟是怎样产生的呢？

一般情况下认为直接放电的总是配位数较低的配位离子，可能的原因为：配位数较低的配位离子具有适中的浓度及反应能力，因而反应速度比简单离子和配位数较高的配位离子都大。

配位离子的电化学还原主要有下面两个历程。

① 电解液中以主要形式存在的配位离子（指浓度最大，最稳定的配位离子）在电极表面上转化成能在电极上直接放电的配合物（化学转化步骤）。

如，氰化物镀锌：

$$[Zn(CN)_4]^{2-} + 4OH^- \Longrightarrow [Zn(OH)_4]^{2-} + 4CN^- \quad 配位体交换$$

$$[Zn(OH)_4]^{2-} \Longrightarrow Zn(OH)_2 + 2OH^- \quad 配位数减少$$

在氰化物镀镉电极体系（Cd/Cd^{2+}，CN^-）中：

$$[Cd(CN)_4]^{2-} \Longrightarrow Cd(CN)_2 + 2CN^-$$

② 表面配合物直接在电极上放电。

如：
$$Zn(OH)_2 + 2e^- \Longrightarrow [Zn(OH)_2]^{2-}_{吸附} \quad 电极与中心离子间电子传递$$

$$[Zn(OH)_2]^{2-} \Longrightarrow Zn_{晶格} + 2OH^- \quad 脱去配位体$$

又如：
$$Cd(CN)_2 + 2e^- \Longrightarrow [Cd(CN)_2]^{2-}_{吸附}$$

$$[Cd(CN)_2]^{2-} \Longrightarrow Cd_{晶格} + 2CN^-$$

较大的电化学极化应与中心离子周围配位体转化时的能量变化有关。

（3）配位离子品种的影响

$K_{不稳}$ 是热力学平衡常数，当金属离子形成配位离子时，能量变化只能影响体系的平衡电位，并不影响体系的动力学性质，即与金属自阴极上析出的过电位没有直接关系。因此不能用 $K_{不稳}$ 判定其对阴极极化的大小。

阴极极化取决于配位离子转化为活化配位离子时的能量变化。如果溶液中以主要形式存在的配位离子的配位体是活化剂（如 OH^-、Cl^- 等），即使配位离子具有较小的 $K_{不稳}$ 值，金属析出时仍然不会产生明显的阴极电化学极化。图 3-8 是在不同配盐电解液中电沉积时的极化曲线。

如：
$$Zn^{2+} + 4OH^- \Longrightarrow [Zn(OH)_4]^{2-} \quad K_{不稳} = 10^{-15.4}，极化小$$

$$Zn^{2+} + 4CN^- \Longrightarrow [Zn(CN)_4]^{2-} \quad K_{不稳} = 10^{-16.9}，极化大$$

（4）配位离子浓度的影响

在配合物电解液中，金属离子浓度变化对阴极极化有较大的影响，如图 3-9 所示，当金属离子浓度降低时，阴极极化提高，这将使电解液的分散能力提高，但极限电流密度下降（图 3-9 中未显示极限电流密度），析出氢气也提前。

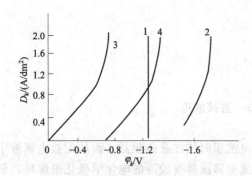

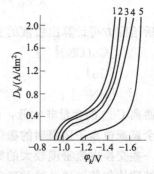

图 3-8　在不同配盐电解液中
电沉积时的极化曲线

1—0.25mol/L Zn^{2+} +0.3mol/L KOH（游离）+0.8mol/L Na_2CO_3 + 0.23g/L Sn（50℃）；2—0.5mol/L Zn^{2+} + 4.3mol/L NaCN（总）（35℃）；3—35g/L $CuSO_4 \cdot 5H_2O$+ 140g/L $Na_4P_2O_7 \cdot 10H_2O$+95g/L $Na_2HPO_4 \cdot 12H_2O$（室温）；4—30g/L Cu^{2+} +2g/L NaCN（游离）（40℃）

图 3-9　不同铜离子浓度的
阴极极化曲线

1—75g/L；2—60g/L；
3—45g/L；4—30g/L；
5—15g/L（游离 CN^- 15g/L）

（5）游离配合剂的影响

① 能使电解液稳定　大多数配盐电解液配制时总是先生成沉淀，然后加入过量的配合

剂才生成可溶性配盐：

$$CdSO_4 + 2NaCN \longrightarrow Cd(CN)_2 \downarrow + Na_2SO_4$$
$$Cd(CN)_2 + 2NaCN \Longrightarrow Na_2[Cd(CN)_4]$$

② 促进阳极溶解　阳极溶解产物通常需与配合剂形成配位离子溶解并扩散到电解液深处，当游离配合剂较低时，影响溶解产物与配合剂的配位反应速度，导致阳极钝化。

③ 增大阴极极化　游离配合剂高时，配位离子更稳定，造成电化学放电阻力，增大了阴极极化。

3.1.7　合金电沉积时的极化

3.1.7.1　合金共沉积的类型

根据合金电沉积动力学的特征以及电解液的组成和工艺条件，可将合金电沉积分为以下五种类型。

(1) 正常共沉积

电位较正的金属优先沉积。依据各组分金属在对应溶液中的平衡电位，可定性地推断在合金镀层中的各金属含量。正常共沉积又可分为三种：

① 正则共沉积　这类共沉积的特点是反应受扩散控制。合金镀层中电位较正金属的含量随阴极扩散层中金属离子总含量的增多而提高。电镀工艺条件对沉积层组成的影响，可由电解液在阴极扩散层中金属离子的浓度来预测，并可用扩散定律来估计。因此，提高电解液中金属离子的总含量、减小阴极电流密度、提高电解液的温度或增加搅拌等能增加阴极扩散层中金属离子浓度的措施，都能使合金镀层中电位较正金属的含量增加。

简单金属盐电解液一般属于正则共沉积，例如：镍-钴、铜-铋和铅-锡合金从简单金属盐中实现的共沉积就属于此类。有的配合物电解液也能得到此类共沉积。若能取样测出阴极溶液界面上各组分金属离子的浓度，就能推算出合金沉积层的组成。如果各组分金属的平衡电位相差较大，共沉积不能形成固溶体合金时，则容易发生正则共沉积。

② 非正则共沉积　这类共沉积的特点主要是受阴极电位控制，即阴极电位决定了沉积合金组成。电镀工艺条件对合金沉积层组成的影响远比正则共沉积小得多。有的电解液组成对合金沉积层各组分的影响遵守扩散理论，而另一些却不遵守扩散理论。配合物电解液，特别是配合物浓度对某一组分金属的平衡电位有显著影响的电解液多属于此类共沉积，例如：铜和锌在氰化物电解液中的共沉积。另外，如果各组分金属的平衡电位比较接近，且易形成固溶体的电解液，也容易出现非正则共沉积。

③ 平衡共沉积　平衡共沉积的特点是在低电流密度下（阴极极化非常小），合金沉积层中各组分金属比等于电解液中各金属比。当将各组分金属浸入含有各组分金属离子的电解液中时，它们的平衡电位最终变得相等，在此电解液中以低电流密度电解时（阴极极化很小）发生的共沉积，即称为平衡共沉积。属于此类共沉积的不多，例如：在酸性电解液中沉积铜-铋合金和铅-锡合金等。

以上三种类型属于正常共沉积，通常以电位较正金属优先沉积为特征。在沉积层中组分金属之比与电解液中相应金属离子含量比服从以下关系式：

$$\frac{M_1}{M_2} > \frac{c_1}{c_2} \text{ 或} \frac{M_1}{M_1 + M_2} > \frac{c_1}{c_1 + c_2} \tag{3-13}$$

式中，M_1、M_2 分别表示合金中电位较正金属和电位较负金属的含量；c_1、c_2 分别表示电解液中 M_1、M_2 的离子浓度。

(2) 非正常共沉积

非正常共沉积又分为异常共沉积和诱导共沉积。

① 异常共沉积　异常共沉积的特点是电位较负的金属反而优先沉积。对于给定电解液，只有在某种浓度和某些工艺条件下才出现异常共沉积，当条件有了改变就不一定出现异常共沉积。含有铁族金属中的一个或多个的合金共沉积多介于此类，例如：镍-钴，铁-钴、铁-镍、锌-镍、铁-锌和镍-锡合金等，其沉积层中电位较负金属组分的含量总比电位较正金属组分含量高。

② 诱导共沉积　从含有钛、钼和钨等金属盐的水溶液中是不可能电沉积出纯金属镀层的，但可与铁族金属形成合金而共沉积出来，这是因为形成合金时自由能降低，导致合金共沉积时产生去极化特性，因此一些电位较负的金属也能以合金的形式从水溶液中电沉积出来，称为诱导共沉积。诱导共沉积与其他类型的共沉积相比，则更难推测出电解液中金属组分和工艺条件的影响。

3.1.7.2　金属共沉积理论

目前，人们对单金属电沉积和电结晶还了解得不多，对于金属共沉积则研究得更少。由于金属共沉积需考虑两种或两种以上金属的电沉积规律，因而对金属共沉积规律和理论的研究则更加困难。多数研究者仅停留在实验结果的综合分析和定性的解释方面，而定量的规律和理论显然就更不完善。合金电沉积的应用和研究，目前局限在二元合金和少数三元合金，在理论指导生产实践方面还有很大的距离。以下重点讨论二元合金共沉积的条件：

① 合金中的两种金属至少有一种金属能单独从水溶液中沉积出来。有些金属如钨、钼等虽然不能从水溶液中沉积出来，但可与另一种金属如铁、钴、镍等同时从水溶液中实现共沉积。

② 金属共沉积的基本条件是两种金属的析出电位要十分接近或相等，即

$$\varphi_{析} = \varphi_{平} + \Delta\varphi = \varphi^{\ominus} + \frac{RT}{nF}\ln a + \Delta\varphi$$

式中，$\varphi_{析}$ 为析出电位；$\varphi_{平}$ 为平衡电位；$\Delta\varphi$ 为金属离子的极化值；a 为金属离子的活度。

欲使两种金属离子在阴极上共沉积，它们的析出电位必须相等，即：

$$\varphi_{析1} = \varphi_{平1} + \Delta\varphi_1 = \varphi_1^{\ominus} + \frac{RT}{n_1 F}\ln a_1 + \Delta\varphi_1$$

$$\varphi_{析2} = \varphi_{平2} + \Delta\varphi_2 = \varphi_2^{\ominus} + \frac{RT}{n_2 F}\ln a_2 + \Delta\varphi_2$$

$$\varphi_{析1} = \varphi_{析2}$$

在金属共沉积体系中，合金中个别金属的极化值是无法测出的，也不能通过理论进行计算，因此，以上关系式的实际应用价值不大。从电化学顺序表中的标准电位看，仅有少数金属可以从简单盐溶液中预测出共沉积的可能性。例如：铅（-0.126V）与锡（-0.136V），镍（-0.25V）与钴（-0.277V）、铜（0.34V）与铋（0.32V），它们的标准电位比较相近，通常可以从它们的简单盐溶液中沉积出来。

通常金属的析出电位与标准电位有很大的差别，如离子的配位状态、过电位以及金属离子放电时的相互影响等，因此，仅从标准电位来预测金属共沉积是有很大局限性的。若金属平衡电位相差不大，则可通过改变金属离子的浓度（或活度），降低电位较正金属离子的浓度使它的电位负移，或者增大电位较负金属离子的浓度使它的电位正移，从而使它们的析出

电位互相接近。金属离子的活度每增加 10 倍或降低至 1/10，其平衡电位分别正移或负移 29mV，这是非常有限的。多数金属离子的平衡电位相差较大，采用改变金属离子浓度的措施来共沉积显然是不可能的，因为金属离子浓度变化 10 倍或 100 倍，其平衡电位仅能移 29mV 或 58mV。

例如：$\varphi^{\ominus}_{Cu^{2+}/Cu} = 0.337V$，$\varphi^{\ominus}_{Zn^{2+}/Zn} = -0.763V$

它们从简单盐溶液中是不可能共沉积的。若想通过改变离子的相对浓度，使它们能在阴极上共沉积，根据计算：溶液中离子含量要维持在 $Cu^{2+} = 1mol/L$、$Zn^{2+} = 10^{38}mol/L$，显然这是无法实现的。

为了实现金属共沉积，通常采用的措施如下：

① 加入配合剂 在电解液中加入适宜的配合剂，使金属离子的析出电位相接近而共沉积是非常有效的方法。

它不仅使金属离子的平衡电位向负方向移动，还能增加阴极极化。例如：在简单盐溶液中银的电位比锌正 1.5V，但在氰化物电解液中，银的电位比锌还负。金属离子在含有配合剂的溶液中，所形成的配位离子电离度都比较小。配位离子在溶液中的稳定性，决定于不稳定常数的大小，不稳定常数越小，配位离子电离成简单离子的程度越小，则溶液中简单离子的浓度也越小。例如当配位离子的 $K_{不稳}$ 比较大时，金属可能仍以简单离子形式在阴极上放电，以浓度近似地代替活度，则平衡电位可写成：

$$\varphi_{平} = \varphi^{\ominus} + \frac{RT}{nF}\ln c \tag{3-14}$$

式中，c 为放电金属离子浓度。

根据配位离子不稳定常数的表达式可知：溶液中简单金属离子的浓度取决于 $K_{不稳}$ 的大小、配位离子的浓度以及配合剂的游离量。当采用配位能力较低的配合剂时，其不稳定常数（$K_{不稳}$）较大，此时仍将以简单离子在阴极上放电，但简单离子的有效浓度会大大降低，其平衡电位向负方向移动，并随配位离子的电离度和配合剂的游离量而变化。

通常在不稳定常数比较小（如 $K_{不稳} = 10^{-30} \sim 10^{-8}$）的配合物溶液中，简单金属离子的浓度是极低的，而且存在时间可能很短，因此，可以认为简单金属离子放电的可能性极小，主要是配位离子在阴极上放电。例如：当

$$Ag(CN)_2^- \rightleftharpoons Ag^+ + 2CN^-，其 K_{不稳} = \frac{[Ag^+][CN^-]^2}{[Ag(CN)_2^-]} = 10^{-22}$$

$$[Ag^+] = \frac{K_{不稳}[Ag(CN)_2^-]}{[CN^-]^2} = 10^{-22} \times \frac{[Ag(CN)_2^-]}{[CN^-]^2}$$

$$\varphi_{平} = \varphi^{\ominus} + \frac{RT}{nF}\ln[Ag^+] = \varphi^{\ominus} + 0.059 \times \lg[Ag^+]$$

$$= \varphi^{\ominus} + 0.059 \times \lg 10^{-22} + 0.059 \times \lg\frac{[Ag(CN)_2^-]}{[CN^-]^2}$$

$$= \varphi^{\ominus} - 1.298 + 0.059 \times \lg\frac{[Ag(CN)_2^-]}{[CN^-]^2}$$

从上式可以看出，金属离子在电解液中以配合物形式存在时，可以使金属的平衡电位明显负移。另外，由于金属离子在配合物溶液中形成稳定的配位离子，使阴极上析出的活化能提高，就需要更高的能量才能在阴极还原，所以阴极极化也增加了，这样有可能使两种金属离子的析出电位相近或相等，达到沉积的目的。

② 加入添加剂　添加剂一般对金属的平衡电位影响甚小，而对金属的极化有较大的影响。由于添加剂在阴极表面的吸附或可能形成表面配合物，所以常具有明显的放电阻化作用。添加剂在阴极表面的阻化作用常带有一定的选择性，一种添加剂可能对几种金属的沉积起作用，而对另一些金属的沉积则无效果。例如，在含有铜和铅离子的电解液中，添加明胶可实现合金的共沉积，因此，在电解液中加入适宜的添加剂，也是实现共沉积的有效方法之一。为了实现金属的共沉积，在电解液中可单独加入添加剂，也可同时加入配合剂。

3.1.7.3　实际金属共沉积时的特点和影响因素

(1) 电极材料对形成合金时的去极化作用

这与形成合金时自由能的变化有关，使组成的平衡电位向正方向移动。不同的金属材料形成合金后的自由能变化程度不同，去极化程度也有一定差别，图 3-10(a) 明显显示了 Ag-Zn 合金的去极化现象，合金极化曲线在各电流密度下均正于单金属电沉积时的极化曲线，而图 3-10(b) 中 Ag-Pb 合金的去极化作用相对较弱些，虽然电位大幅度地正于单金属 Pb 电沉积的极化曲线，但仍比单金属 Ag 电沉积时要负。

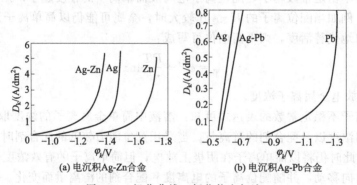

(a) 电沉积 Ag-Zn 合金　　　　　　　(b) 电沉积 Ag-Pb 合金

图 3-10　极化曲线（氰化物电解液）

(2) 极化作用

由于引入第二种金属，表面状态发生了改变，微观上由微活化态与微钝化态组成，当钝化态面积增大时，阻碍了放电过程的进行，引起极化。

(3) 双电层结构的影响

由于构成双电层的溶液一侧不是一种金属离子，因此双电层状态的改变也影响极化作用。

(4) 金属离子在溶液中状态的影响

由金属共沉积形成的合金多属于固溶体。金属离子从还原到进入晶格做有规则的排列要放出部分能量，于是能量聚集在阴极表面，使局部能量升高，它能改变电极的表面状态，使其电位升高，导致电位较负的金属向电位较正的方向变化，即发生了极化减小的作用（去极化作用）。结果使得电位较负的金属变得容易析出，使一些不能单独沉积的金属与铁族金属离子共沉积成为可能，这种类型的金属共沉积，称为诱导共沉积。

在合金共沉积过程中，由于合金沉积时存在着金属离子的相互影响，无法测得真实的单金属极化曲线，但是可以通过分析在定电位下的电镀层中各合金含量，并变换为相应的电流密度（条件是电沉积效率必须接近 100%），从而将合金沉积极化曲线分解为两个独立的曲线，获得合金共沉积时的单金属极化曲线。

合金的分解曲线计算方法：如图 3-11 所示，在确定的电流密度下（5.5A）电镀得到铜-铋合金，通过分析测得铜和铋的摩尔分数（91%、9%），然后按式(3-15)计算。

$$P_m = \frac{d_1}{d_1 + d_2} \times 100\% \qquad (3\text{-}15)$$

式中，P_m 为 M 金属的摩尔分数；d_1，d_2 为合金在定电位下沉积时两种金属沉积的分速度，即分电流密度。

通过不断地测定和计算可得若干点，连接这些点即可获得单金属极化曲线。

3.1.8 添加剂对极化特性的影响

为了使镀层具有良好的致密性，目前广泛使用各种添加剂于各个不同的电解液中，这些添加剂通常由多组分组成，可吸附在阴极表面，对放电过程具有阻滞作用，可引起较大的电化学极化，不同的添加剂对极化的影响具有较大差别（见图 3-12）。

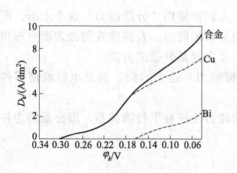

图 3-11 铜-铋合金电沉积极化曲线的分解

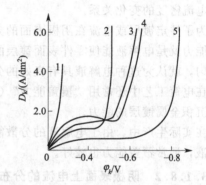

图 3-12 有机添加剂对极化的影响
1—0.12mol/L MSnSO₄ 溶液；2—加 0.005mol/L 二苯胺；
3—10g/L 甲酚磺酸＋1g/L 明胶；4—0.05mol/L α-萘酚；
5—1g/L 明胶＋0.005mol/L α-萘酚

一些添加剂同时具有微观整平作用，良好的添加剂可直接电沉积出镜面光泽的镀层。整平作用分为：几何整平、负整平和正整平（图 3-13）。

一种有机添加剂，如果能使金属电沉积的结果在微观粗糙的表面上产生正整平作用，这种添加剂即成为整平剂。其具有以下特点：

① 能强烈地影响阴极过程，使阴极极化提高 50~120mV，而光亮剂只能使阴极极化提高 10~30mV。

(a) 几何整平　　(b) 负整平　　(c) 正整平

图 3-13 微观整平分类示意图

② 能夹杂在镀层中，或在阴极上还原而被消耗。

③ 整平剂在峰处的吸附量大于谷处的吸附量。

3.1.8.1 电镀液的分散能力问题

在电镀的生产中，对于镀层都有一定的质量要求，如镀层平整，结晶细致、紧密、孔隙率低，镀层与基体结合牢固，镀层厚度均匀一致等。评定一个电镀溶液的优劣，也主要看其能否满足上述要求或满足的程度，而其中更重要的是镀层厚度的分布的均匀性。因为镀层的防护性能、孔隙率等与镀层厚度有直接关系。特别是阳极性镀层，随着厚度的增加，镀层的防护性能也有很大的提高。如果镀层的厚度不均匀，往往在其最薄的部位首先受到破坏，其余部位的镀层再厚也会失去保护作用。

根据法拉第定律，镀层厚度的计算公式为：

$$\delta = \frac{i_k \eta_k t E}{\rho}$$ (3-16)

式中，δ 为镀层的厚度，m；i_k 为阴极电流密度，A/dm^2；η_k 为阴极电流效率，%；t 为电镀时间，s；E 为镀层金属的电化当量；ρ 为镀层金属的质量分数，%。

对于一定的镀种，镀层金属的电化当量 E 和质量分数 ρ 都是常数。因此，当通电时间一定时，镀层厚度只与电流密度和电流效率有关，通常所指的镀层平均厚度，是指当电流效率一定且电流密度均匀分布时所得到的镀层的厚度。实际上，电极上各部分的电流密度并非是均匀分布的，而且绝大部分电解液的电流效率都是随着电流密度的变化而变化的。因此，可以肯定零件表面上镀层厚度的分布也一定是不均匀的，它取决于电流密度的分布及电流效率随电流密度的变化关系。

为了评定镀层或电流在阴极表面的分布情况，人们常采用"分散能力"这个术语。所谓分散能力就是电解液能使零件表面镀层的厚度均匀分布的能力。若镀层在阴极表面分布得比较均匀，就认为这种电解液具有良好的分散能力；反之就是分散能力差。

在电镀工艺中还常用"覆盖能力"（或称为深镀能力）这个术语，就是电解液使零件深凹处沉积金属镀层的能力。

在实际生产中，由于电解液的分散能力和覆盖能力往往有平行的关系，即分散能力好的电解液，通常覆盖能力也较好。

3.1.8.2 阴极表面上电流的分布

影响电流在阴极表面上分布的因素很多，可以把它们归纳为以下两个方面。第一是几何因素的影响，包括电极和镀槽的形状和尺寸，阳极与阴极间的距离及相互排布等；第二是电化学因素的影响，它是由电解液的特性所决定的。根据影响因素的不同，又分为初次电流分布和二次电流分布。

可以通过一个简单的装置（图 3-14）来说明。在电解池中将两块面积相等的阴极平行地放置在阳极的同侧，但与阳极的距离不同，分别称为远阴极和近阴极。

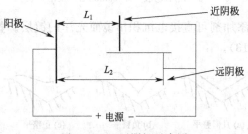

图 3-14 远近阴极示意图

当直流电通过电解槽时，可能会遇到三部分的阻力：

① 金属电极的欧姆电阻（$R_{电极}$）；

② 电解液的欧姆电阻（$R_{电液}$）；

③ 发生在固体电极与电解液（金属/溶液）两相界面上的阻力（阻抗）（$R_{极化}$）。

这种阻力是由电化学或放电离子扩散过程缓慢引起的，也就是由于电化学极化和浓差极化造成的。可等效地称为极化电阻。

根据欧姆定律 $I = V/R$，则有：

近阴极的电流：

$$I_1 = \frac{V}{R_{电液1} + R_{极化1}}$$ (3-17)

远阴极的电流：

$$I_2 = \frac{V}{R_{电液2} + R_{极化2}} \tag{3-18}$$

因此：

$$\frac{I_1}{I_2} = \frac{R_{电液2} + R_{极化2}}{R_{电液1} + R_{极化1}} \tag{3-19}$$

(1) 初次电流分布

当不存在极化时，电流在阴极表面上的分布称为初次分布，即：不考虑电化学因素的影响，而只考虑几何因素的影响时，在阴极表面上的电流分布。这时电流通过电路的阻力只有导线和金属电极的电阻与电解液的电阻。由于金属导线和金属电极的电阻远小于电解液的电阻，可以忽略不计。所以，初次电流分布实际上取决于电流从阳极流向阴极表面上各个部位所经过的距离。

假设阴极极化不存在时的电流分布为初次电流分布，此时 $R_{极化} \approx 0$。

当电流为初次分布时：

$$\frac{I_1}{I_2} = \frac{R_{电液2}}{R_{电液1}} \tag{3-20}$$

因电解液的电阻 $R = \rho L/S$，由于远近阴极的面积 S 相同，电解液的电阻率也相同，并且令 $L_2 = L_1 + \Delta L$。

因此：

$$\frac{I_1}{I_2} = \frac{R_{电液2}}{R_{电液1}} = \frac{\rho L_2/S}{\rho L_1/S} = \frac{L_2}{L_1} = 1 + \frac{\Delta L}{L_1} = K \quad （是一个常数） \tag{3-21}$$

可见，当阴极极化不存在时，近阴极和远阴极上的电流密度与它们和阳极的距离成反比，这种电流分布是最不均匀的。由式(3-21)可以看出，阴极上的初次电流分布只取决于远、近阴极与阳极间的欧姆电阻比或距离比，这个比值越大，初次电流分布越不均匀。当 ΔL 不变时，增大 L_1，虽然可使初次电流分布得到一些改善，但很有限。实际上，当通电以后电极上或多或少都会发生极化。因此，阴极上电流的分布也必定会受到电化学因素的影响，即阴极上实际电流的分布将重新调整而成为二次电流分布。

(2) 二次电流分布

在阴极极化存在时的电流分布是实际电流分布，也称为二次电流分布。在实际电镀的过程中，由于受电镀溶液组成和工艺规范的影响，当电流通过电极时，阴极极化总是存在的，由于近阴极电流密度大，从一般电化学规律看，近阴极的极化应该大于远阴极，即 $R_{极化1} > R_{极化2}$，因此 I_1/I_2 更接近于 1，说明在有阴极极化时的电流分布更均匀。

为了对电解液分散能力有一个量化评价，通常采用实际电流分布与初次电流分布的相对偏差（T）表示电解液的分散能力：

$$T = \frac{K - \dfrac{I_1}{I_2}}{K} \times 100\% \tag{3-22}$$

式中，$K = \dfrac{L_2}{L_1}$ 为无极化时的分散能力，因为 $L_2 > L_1$，故 K 总为大于 1 的正数；$\dfrac{I_1}{I_2}$ 是实际极化时的电流分布，因为 $I_1 > I_2$，所以 $\dfrac{I_1}{I_2}$ 也是大于 1 的正数；虽然电化学极化对远近阴极有一定的补偿，但是最多也就是 $I_1 \geqslant I_2$；当 $\dfrac{I_1}{I_2} \to 1$ 时为理想的分散能力。

如果电流效率是100%，也可以用其镀层的金属质量比代替电流比。当直流电通过电解槽时，近阴极和远阴极与阳极的两个并联电路上的电压相同，

即：
$$V_1 = V_2 = V$$
$$V = \varphi_A - \varphi_{k1} + I_1 R_1 = \varphi_A - \varphi_{k2} + I_2 R_2$$
$$I_1 R_1 - \varphi_{k1} = I_2 R_2 - \varphi_{k2} \tag{3-23}$$

式中，I_1和I_2是近阴极和远阴极的电流；R_1和R_2是近阴极和远阴极与阳极间电解液的电阻；φ_{k1}和φ_{k2}是近阴极和远阴极的电极电位。

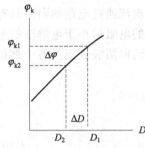

图 3-15　阴极极化曲线示意图

因$\dfrac{\Delta\varphi}{\Delta D}$表达了阴极极化曲线的斜率（电位随电流密度的变化率，见图 3-15），可称为极化度，将其引入式（3-23）可导出：

$$\frac{I_1}{I_2} = \frac{D_1}{D_2} = 1 + \frac{\Delta L}{L_1 + \dfrac{1}{\rho} \times \dfrac{\Delta\varphi}{\Delta D}} \tag{3-24}$$

式中，$\dfrac{I_1}{I_2} = \dfrac{D_1}{D_2}$就是阴极的实际电流分布；$\rho$为电解液电阻率；$\Delta L$为远近阴极与阳极距离之差；$\dfrac{\Delta\varphi}{\Delta D}$为极化率（度）。

3.1.9　金属在阴极上的分布

在电镀过程中，在阴极表面不同部位上沉积出金属的多少，不仅与通过该部位的电流密度大小有关，而且还同时受到电流效率的影响。对于一定的电极反应，当通电时间一定时，在阴极上某一部位所得到的镀层厚度与该部位的电流密度和电流效率的乘积成正比。因此，近阴极和远阴极上镀层厚度的比可表示为：

$$\frac{\delta_1}{\delta_2} = \frac{i_1 \eta_{k,1}}{i_2 \eta_{k,2}} \tag{3-25}$$

式中　$\eta_{k,1}$——近阴极上电流密度为i_1时的电流效率；

　　　　$\eta_{k,2}$——近阴极上电流密度为i_2时的电流效率。

由式（3-25）可以看出，要想使阴极上金属的分布更加均匀，即$\dfrac{\delta_1}{\delta_2} \to 1$，则必须使$i_1 \eta_{k,1} \approx i_2 \eta_{k,2}$。电镀生产实践表明，阴极电流效率随电流密度变化的关系不外乎下述三种情况，如图 3-16 所示。

① 电流效率与电流密度无关　如图 3-16 中曲线 1 所示。最典型的例子如酸性电镀铜的电解液。在这种情况下，$\eta_{k,1} \approx \eta_{k,2}$，表明电流效率对金属的分布几乎没有影响，即在阴极上金属的分布完全由二次电流分布决定。

② 电流效率随电流密度的增加而下降　如图 3-16 中曲线 2 所示。这是一般配合物电解液所具有的特征，这一特征使得金属在阴极上的分布趋于均匀。这是由于电流在阴极上的分布是不可能均匀的，在距阳极较近的部位及零件的棱角处，电流密度较高，而在距阳极较远的部位及零件的凹洼处，电流密度较低。如果单从电流密度的分布来看，镀层的厚度是不会均匀的。但是从曲线 2 可以看出，在电流密度高的部位，其电流密度效率低，用

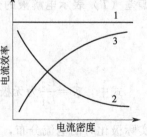

图 3-16　电流效率与电流密度的关系

于沉积金属的电流所占比率必然降低。相反，在电流密度较低的部位，其电流效率较高，则用于沉积金属的电流比率增加。这样一来，$\eta_{k,1}$ 与 $\eta_{k,2}$ 趋向接近，使得金属的阴极不同部位的分布趋于均匀。因此，在这种电解液中金属的分布比二次电流分布更加均匀。

③ 电流效率随电流密度的增加而增加　如图 3-16 中曲线 3 所示。镀铬电解液则属于这种类型。这一特征对金属在阴极上的均匀分布极为不利。这是因为在电流密度高的部位其电流效率也高，而在电流密度低的部位其电流效率也低，其结果使得 $i_1\eta_{k,1} \geqslant i_2\eta_{k,2}$。这种变化关系将使阴极上的金属分布比其二次电流分布更加不均匀。

3.1.9.1　改善电镀液分散能力的方法

在实际生产过程中，要求零件各个部位的镀层厚度尽可能地均匀一致。为了达到这一要求，应当从影响电镀溶液分散能力的电化学因素和几何因素着手，采取如下一些措施。

(1) 在电镀溶液中加入一定量的强电解质

因为强电解质在溶液中全部电离为离子，使镀液的电导率得到提高。由式(3-24) 可以看出，电镀溶液的电导率增大，则公式右方第二项的分母增大，使第二项的数字减小，即远、近阴极上电流密度的分布更加趋于均匀，从而改善了电镀溶液的分散能力。在选择强电解质时应当注意，局外电解质的加入，不应在电极上引起不良的副反应。

(2) 采用配合物电解液

使镀液中放电的金属离子以配离子的形式存在。在一般情况下，配合的金属离子还原为金属时，其阴极极化度比较大。由式(3-24) 可以看出，极化度增大时，将使二次电流分布更趋于均匀。另外，配离子在阴极还原时，其电流效率常常是随着电流密度的升高而下降，这就使得阴极上金属的分布更加均匀，从而使电镀溶液的分散能力得到改善。

(3) 在电镀溶液中加入适量的添加剂

在电镀溶液中使用的添加剂种类很多，其作用也是各种各样的，例如有些添加剂可以增加阴极极化以便使金属镀层结晶细致光亮。为了改善镀液的分散能力，应当采用能够增加阴极极化度的添加剂，以使阴极上的二次电流分布得到改善，使阴极的电流分布更加均匀，从而改善电镀溶液的分散能力。

(4) 改善几何影响因素

在电镀生产中有一个很典型的特例，就是镀铬电解液，它是一种具有很强氧化能力的电解液，是目前所应用的电解液中分散能力最差的一种，而且影响分散能力的电化学因素在这里都不起作用。这是因为，首先，镀铬电解液是强酸性的，有大量的 H^+ 存在，具有很高的电导率，但是在电镀过程中，由于在阴极和阳极上分别析出大量的氢气和氧气，使得电解液的充气度很高，电解液的电导率反而大大地下降，不利于分散能力的改善，加入导电盐在这里也没有多大意义。其次，镀铬电解液阴极极化曲线的极化度很小，而且其阴极电流效率随着电流密度的增加而增加。这些因素都使得镀铬电解液的分散能力很差。因此，要想从镀铬电解液中得到厚度比较均匀的镀层，只能从几何因素着手，即改变阴阳极之间相互位置的排布或改变阳极的形状。常用的方法有以下几种。

① 象形阳极法　即把阳极的形状做成尽可能与阴极的（被镀的零件）形状相似，如图 3-17 所示，这样就可使阴极表面各部分与阳极间的距离比较接近，阴极上的电流分布趋于均匀，镀层厚度的分布也就比较均匀了。

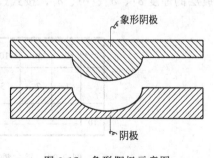

图 3-17　象形阳极示意图

② 保护阴极法　当被镀零件有突出的尖端或明显的边缘时，由于电流的"尖端效应"和"边缘效应"，使得这些部位的电流密度很大，很容易出现毛刺、结瘤或烧焦等弊病。为了消除这些弊病，可以在尖端的前面或边缘的周围加上保护阴极（图 3-18），使一部分电流分散并消耗在保护阴极上，从而降低了这些部位的电流密度，避免了上述弊病的发生，并可使镀出的镀层厚度比较均匀。

③ 辅助阳极法　当零件有内孔或深凹处需要镀覆时，为了使电流能够分布进去，可以使用辅助阳极，如图 3-19 所示，使内孔与深凹部分的电流分布趋于均匀。对于容易镀厚的边角部分或某些局部地方，可以在辅助阳极的相应部位用非金属材料屏蔽的方法来解决。

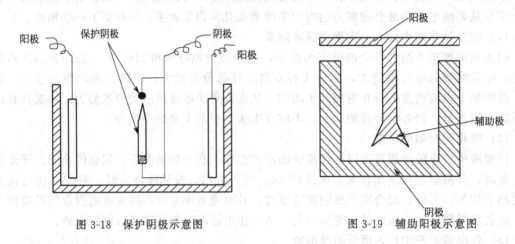

图 3-18　保护阴极示意图　　　　图 3-19　辅助阳极示意图

④ 调整阳极的排布　对圆柱形工件镀铬时，就不能像一般电镀一样使用平板状阳极放在镀件的两侧，而应使用棒状（圆形或椭圆形）阳极并四周排布。

应当指出，用调整几何因素来改善电镀液的分散能力，是不得已的办法，这样做不仅麻烦，而且费工时、费材料，从而使生产成本增加。只有在镀铬这种特殊情况下，才使用调整几何因素的方法。所以，改善电解液的分散能力仍应着眼于电化学性能的改进。

3.1.9.2　电解液分散能力的测定方法

测定电解液分散能力的方法很多，如远近阴极法、霍尔槽法等，由于霍尔槽法简便易行，故为目前的主流测试方法（除特殊要求外）。

用霍尔槽测定电镀溶液的分散能力时，根据电镀溶液的特性，以某一个固定电流将阴极试片电镀一定时间，然后取出试片，按图 3-20 所示分成 10 个方格，两端的两个方格去掉不用，将中间的八个方格自高电流密度区向低电流密度区分成 8 个区，分别测出每个方格中央镀层的厚度 δ_1、δ_2、…、δ_i，按式(3-26)计算电镀溶液的分散能力。

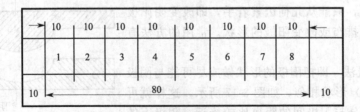

图 3-20　霍尔槽测定分散能力数据区划分（单位：mm）

$$T=\frac{\delta_i}{\delta_1}\times100\%\tag{3-26}$$

式中，δ_1为 1 号格中镀层的厚度；δ_i为 2～8 号格中任一格的镀层厚度，一般常选用 δ_5 来计算。这样求得的分散能力在 0～100％之间。

另外，可以将镀层厚度值对方格的序列号作图，而得到镀层厚度的分布曲线，这样由所得到的曲线就可以直观地看出镀层厚度分布的均匀程度。若曲线与方格序列号的坐标轴平行，则该电镀液的分散能力最好。

试验时，电流密度可在 0.3～3A/dm² 内选择，电镀时间在 20～30min 内选择。

3.1.10 电镀液的覆盖能力问题

覆盖能力表征电镀液在工件的凹处或深孔中沉积出金属镀层的能力。覆盖能力有时也叫深度能力。它也是电镀液性能的重要指标之一。电解液的分散能力和覆盖能力是两个不同的概念，分散能力是说明镀层在阴极表面分布的均匀程度，而覆盖能力是指金属在阴极表面有无镀层的问题。影响两个性能的因素，有些是相同的，一般分散能力好的镀液，往往覆盖能力也要好一些。

阴极极化电位必须达到某一最小值才能沉积金属，对应这个最小电位的电流密度叫作临界电流密度（i_c），i_c 的大小取决于被沉积金属和基体金属的本性，以及电解液组成和工艺条件等。如酸性镀铜时 i_c 为每平方分米几个毫安，而镀铬时 i_c 则为 1～5A/dm²。

电镀时零件的深凹部位或在零件受遮盖的部位由于电力线的影响，电流分布不均匀，在零件的深凹部位，实际电流密度可能大大低于临界电流密度，所以没有镀层沉积出来。为了使凹处也能镀上金属镀层，必须提高电流密度，当超过一定限度时，镀件的边角或尖端部分会有烧焦现象出现，镀层质量变坏，此时的电流密度称为极限电流密度 $i_{c极限}$。因此，电解液的覆盖能力与电流的分布以及极限电流密度对临界电流密度之比有关。$i_{c极限}/i_{c临界}$ 的比值越大，电解液的覆盖能力就越好。

此外，基体金属的本性、基体金属组织的均匀性和基体的表面状态对镀液的覆盖能力也都有较大的影响。

3.1.10.1 影响覆盖能力的因素

(1) 基体金属本性的影响

在实际电镀生产中可以发现，在同样的镀液中，工艺条件也相同，在某些基体金属上可以获取完整镀层，而在另一些基体金属上只能在某些部位镀上金属镀层。在开始通电的瞬间，由于一些原因不能立即获得连续的镀层，以后只能在已有镀层的表面优先沉积，而始终不能获得覆盖整个表面。可见不同的基体金属，镀液的覆盖能力是有差别的。例如，镀铬电解液的覆盖能力最差，并且随金属基体的不同而呈现出不同的覆盖能力，铜基体可获得较好的覆盖，钢基体最差。

(2) 基体金属组织均匀程度的影响

如果基体金属的金相组织不均匀或含有其他金属及化合物等杂质，则由于沉淀的金属在不同基体的金属上析出的难易程度不同，也会影响镀层的不均匀，甚至个别部位无镀层。从电化学理论上我们知道，金属析出的过电位与氢的过电位依基体材料的不同而不同，氢过电位低的基体金属，镀层金属较难于析出。所以如果基体金属组织不均匀或表面含有降低氢的过电位的金属杂质，则在此表面位置就可能没有镀层析出。实验表明，金属析出的过电位和氢的析出过电位与基体材料有关，并有如图 3-21 所示的顺序。

Pd Pt Ni Co Fe Zn Cu Au Hg

金属的析出过电位增大

图 3-21　金属析出过电位与氢析出过电位的关系

(3) 基体金属表面状态的影响

基体金属的表面状态，如洁净程度和粗糙度对金属镀层在阴极表面的分布，特别地对覆盖能力有较大的影响。基体金属不洁净包括锈蚀物、油污、钝化膜及被其他物质污染等，这些部位沉积镀层就要比洁净部位困难，严重时被污染的部位无镀层。特别是基体金属材料中含有 Ni、Cr、Mo、W、Mn、Ti 等金属成分时，表面容易产生微薄的钝化膜，肉眼不易分辨，需采用阴极活化工艺进行充分活化后才能进行电镀。基体金属的表面光洁度影响覆盖能力的原因是，如果基体金属表面粗糙，则粗糙表面的真实面积比表观面积大得多，所以真实电流密度就会小于表观电流密度。当进行电镀时，如果某部位的真实电流密度小于临界电流密度，就不会有金属镀层的沉积。一般说来基体金属的光洁度高，其覆盖能力要好一些。

3.1.10.2　改善覆盖能力的途径

针对上述影响因素，可以采取以下措施来改善镀层的覆盖能力。

(1) 施加冲击电流

冲击电流是指在电镀开始通电的瞬间，以高于正常电流密度数倍甚至数十倍的大电流密度通过镀件，造成瞬间比较大的阴极极化，从而改善镀液的覆盖能力。生产中常采用的措施，是在开始通电的瞬间采用大电流密度镀（一般比正常的电流密度高出 2 倍以上）1min左右，其目的是为了使难沉积的部位在大电流密度情况下瞬间沉积上金属，值得注意的是冲击镀的时间不能太长，否则由于电流密度过大会引起烧焦现象的产生。

(2) 增加预镀工序

在进行正常电镀之前，预先在一定组成的镀液中电镀一薄层镀层，该镀层可以是与正常镀层相同的金属层，也可以是其他金属层，但应使正常镀层在其上容易析出。如铁上镀铜然后再电镀镍，金属在铜上的析出电位比在铁上低，因此有利于增大镀层的覆盖能力。

(3) 加强镀前处理

电镀前对零件表面的油污和各种膜层必须清除干净，并且尽可能地提高零件表面的光洁度，有利于电流密度分布得更均匀。

3.1.10.3　覆盖能力的测定方法

测定电解液覆盖能力的方法也有多种，但有的方法试样准备有难度，受一定条件限制，因此常用简单易行的内孔法与直角阴极法。

(1) 内孔法

采用有内孔的圆管作镀件，电镀后沿管轴方向剖开展平，观察圆管内壁镀层的长度来评定镀液的覆盖能力的优劣。用一空心圆管作阴极，材料可以是低碳钢、铜或黄铜，内径为10mm，长50mm或100mm。将圆管水平挂入试验槽中，管口正对阳极，距离50mm，试验装置如图 3-22 所示。阳极使用的材料与工业电镀相同。在槽中注入欲用镀液，以一定的电流密度电镀 10～15min，然后将圆管取出，洗净吹干，沿轴向切开，测量管孔中镀层镀入的深度，以深孔比（镀入深度与内径之比）来表示被试验镀液的覆盖能力。

(2) 直角阴极法

直角阴极法就是把试片弯成直角形状，作阴极进行电镀，镀后测量在弯角处无镀层的面

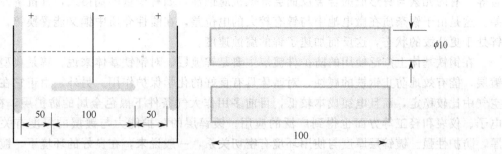

图 3-22 内孔法测定电解液的覆盖能力（单位：mm）

积和整个试片受镀面积比，来评定镀液覆盖能力的优劣。这种方法只适用于测量覆盖能力较低的电镀溶液，如镀铬等。

用厚度为 0.2mm 的软钢片或铜片，按图 3-23 中左边图的尺寸作成直角状的阴极，背面绝缘。试验时将直角面对着阳极，直角端与阳极的距离应不小于 50mm。阳极为平板，材料与工业电镀的相同。以一定电流密度通电 20～30min 后，取出阴极，清洗干净，用电热吹风机吹干后，把试片拉平直，测出无镀层的面积和阴极试片受镀面积比的百分数，即覆盖能力。

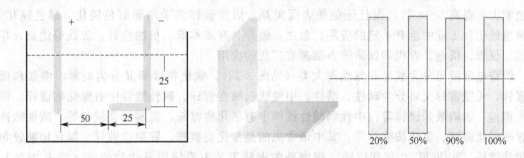

图 3-23 直角阴极法测定电解液的覆盖能力（单位：mm）

3.2 电镀锌及锌合金

3.2.1 概述

锌是一种灰白色金属，在地壳中含量很丰富。它易溶于酸，也溶于碱，是典型的两性金属，在空气中也能与氧气、二氧化碳和硫等起作用。锌的标准电极电位为 $-0.76V$。当锌中含有电位比较正的金属杂质时，其电化学溶解进行得很快，利用锌的这种特性组成牺牲阳极型镀层，可保护基体金属免遭腐蚀。

纯净的镀锌层在常温和大陆性气候条件下比较稳定。它在潮湿的介质中容易生成一层主要由碱式碳酸锌组成的薄膜 $[3Zn(OH)_2 \cdot ZnCO_3]$，这层薄膜有一定的防护能力。在含氯离子介质（如海水）中，锌不耐腐蚀；在高温、高湿气候条件下或在有机酸气氛里，容易长"白毛"而失去金属光泽，丧失或降低防护作用。

锌与很多金属能形成合金，如铁、钴、镍、铜、铂、金、锡和锑等，它们都能和锌生成二元合金或三元合金。某些锌基的二元合金具有优良的抗蚀性能，如锌-镍、锌-钴和锌-铁合金等。有的元素与锌形成的合金反而会降低抗腐蚀性，如有少量的铜掺入，其抗腐性反会变差。这是由于铜杂质在微电池中与锌有较大的电位差，在酸性介质中铜又能置换锌，因而使锌处于更活泼的状态，这反而加速了锌的腐蚀速度。

在钢铁基体上广泛使用的防护件镀层主要是锌镀层。对钢铁基体来说，锌是典型的阳极镀层，能有效地防止钢铁的腐蚀，对基体具有良好的化学保护作用。另外，由于它在干燥的空气中比较稳定，而且电镀成本较低，目前多用作大气条件下黑色金属的防护层，在机械、电子、仪表和轻工等方面也得到广泛的应用。镀锌层的防护能力与镀层的厚度有关，镀层厚，防护性强。镀锌层厚度与使用环境有密切关系，一般说来，在良好的环境下，镀层厚度为 $7\sim10\mu m$，中等环境为 $15\sim25\mu m$，恶劣环境则需 $25\mu m$ 以上。在温度高于 70℃ 的热水中，锌的电位变得比较正，失去对黑色金属的保护作用。锌的硬度较低，不适于镀在易磨损零件上。

镀锌是应用最广泛的一个镀种，电镀锌在表面处理方面占有重要地位，占总电镀量的 60% 以上，在机械电子行业更是高达 70% 以上。镀锌层经钝化处理后，其防护性和装饰性可以得到显著提高。随着镀锌工业的发展、高性能镀锌光亮剂的应用，镀锌层已从单纯防护进入到防护加装饰的应用阶段。锌镀层经过特种处理后可染上各种颜色起装饰作用。锌的钝化膜可分为彩色钝化膜和无色钝化膜。无色钝化膜外观洁白，多用于要求有白色表面的制品，如日用五金、建筑五金等。彩虹色钝化膜与无色钝化膜相比，对于相同厚度的镀层，其防蚀能力可提高 5～8 倍，而且还能使表面美观，因此镀锌多采用彩虹色钝化。黑色钝化、军绿色钝化在工业中也有一定的应用。总之，镀锌具有成本低、抗蚀性好、美观等优点，在轻工、仪表、机电、农机和国防等方面都有广泛的应用。

镀锌电解液可分为酸性和碱性两大类（见图 3-24）。氰化物镀锌又分为高氰、中氰和低氰镀锌，无氰镀锌又可分为碱性、酸性、中性或弱酸性镀锌。碱性镀锌中有氰化物镀锌、锌酸盐镀锌、焦磷酸盐镀锌等；中性弱酸性镀锌中有氯化物镀锌、硫酸光亮镀锌等；酸性镀锌中有硫酸盐镀锌、氯化铵镀锌等。其中最常见的是氰化物镀锌、锌酸盐镀锌、氯化物镀锌和硫酸盐镀锌。20 世纪 70 年代以前，国内外的镀锌工艺主要使用氰化物镀液（约占 95%）；90 年代以后，随着环境保护意识的增强以及无氰镀锌工艺的改进，无氰镀锌有了快速的发展，而氰化物镀锌工艺也从高氰向中、低氰、超低氰方向发展。

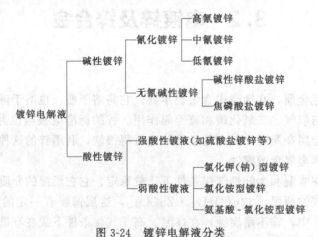

图 3-24　镀锌电解液分类

不同种类的镀锌液具有不同的性能，因此选择镀液要根据镀件形状、外观以及所应具备的性能要求而定。如冲压小件和复杂件，特别是需要辅助阳极的深孔或管状件宜选择碱性镀液。酸性镀液对设备的弱腐蚀性，不适用于需加辅助阳极的深孔或管状零件，但由于其电流效率高，较适用于大平板的快速电镀。不同的基材也应选用不同的镀液，如普通钢基和含铅钢看似与几种镀液都匹配，事实上这些基材一般都选用碱性无氰和氰化镀锌。酸性镀锌更加适用于其他基材，如它被成功地用于韧性钢、高碳钢、热处理钢、渗碳钢以及锻铸件等氢过电位低的钢。另外，如果追求外观而对耐蚀性没有太大的要求则选用氯化物镀锌等。

镀槽的材料选择应与镀液性质匹配。酸性氯化物镀锌槽可以选用玻璃纤维或聚丙烯作为材质，选用钢槽时必须要用玻璃纤维、聚氯乙烯（PVC）或聚丙烯作为内衬。酸性氯化物镀锌槽不能选用无内衬钢作为材质。碱性无氰镀锌槽可选用钢、PVC、内衬有 PVC 或聚丙烯的玻璃纤维作为材质。碱性无氰镀锌不能选用无内衬的玻璃纤维作为材质。氰化镀锌可选用钢、玻璃纤维、PVC 或聚丙烯作为镀槽的材质。

3.2.2 氰化物镀锌

(1) 氰化物镀锌的工艺特点和电极反应

碱性氰化物溶液镀锌因具有阴极极化高、分散能力和覆盖能力好、镀层结晶细致、镀液稳定性好、容易维护、电镀车间设备腐蚀性小等优点而得到广泛采用，在 20 世纪 70 年代左右，93%的镀锌都是氰化物镀锌。较典型的电解液组成及工艺条件如表 3-2 所示。因为槽液是强碱性的，而且氰化钠是一种很好的活化剂，又有较好的除油作用，因此即使镀件在镀前处理工作做得不够彻底，对镀层与基体金属的结合力也不会有太大的影响。根据镀液中氰化物的含量，氰化物镀锌可分为高氰镀锌、中氰镀锌和低氰镀锌。在随着镀液中氰化物含量的降低，氢氧化钠的含量需要提高，才能保持镀液的稳定和镀层的质量。随着人们对环境保护意识的增强，目前高氰镀锌工艺已很少使用，微氰的使用也较少，一般多采用中氰和低氰，尤以低氰工艺使用最为普遍。近年来由于各种添加剂和光亮剂的发展，使得氰化物镀锌又有新的发展，但是它的主要缺点仍然是电解液含有剧毒的氰化物，生产过程中还会逸出有害气体，对工人健康危害极大，必须采用良好的通风设备，且其废气和废液会严重地污染环境。另外，氰化物镀液的电流效率较低，且随使用的电流密度升高，其电流效率迅速降低。

表 3-2　氰化物镀锌工艺

电解液组成及工艺条件	高氰镀锌	中氰镀锌	低氰镀锌
氧化锌(ZnO)/(g/L)	35～45	10～25	9～10
氰化钠(NaCN)/(g/L)	80～90	15～45	10～13
氢氧化钠(NaOH)/(g/L)	70～90	90～110	80～90
硫化钠(Na₂S)/(g/L)	0.5～5	1～2	
甘油(C₃H₈O₃)/(g/L)	3～5		
光亮剂/(mL/L)		4～6	0.5～1.0
温度/℃	10～35	10～30	15～30
电流密度/(A/dm²)	1～3	1～3	1～4
阳极	0 号或 1 号锌	0 号或 1 号锌	0 号或 1 号锌

在氰化物镀液中，目前一般认为可进行如下的电极反应：

阴极反应　　　　　$Zn(OH)_2 + 2e^- \longrightarrow Zn + 2OH^-$　　　　　　　　(3-27)

或　　　　　　　　$[Zn(OH)_3]^- + 2e^- \longrightarrow Zn + 3OH^-$　　　　　　　(3-28)

副反应　　　　　　$2H_2O + 2e^- \longrightarrow H_2 + 2OH^-$　　　　　　　　　(3-29)

阳极反应　　　　　$Zn + 4CN^- - 2e^- \longrightarrow [Zn(CN)_4]^{2-}$　　　　　　(3-30)

和(或) $$Zn + 4OH^- - 2e^- \longrightarrow [Zn(OH)_4]^{2-} \qquad (3-31)$$
副反应 $$4OH^- - 4e^- \longrightarrow O_2 + 2H_2O \qquad (3-32)$$

(2) 镀液各成分的作用分析及工艺条件的影响

① 氧化锌　镀液中锌离子的来源，通常以 $[Zn(CN)_4]^{2-}$、$[Zn(OH)_4]^{2-}$ 等配离子的形式存在于镀液中。氧化锌含量对镀液性能和镀层质量都有很大的影响：含量过高时，阴极极化降低，镀液分散能力下降，镀层粗糙；含量过低时，阴极析氢增加，电流效率下降，沉积速度减慢。

② 氰化钠　它是镀液中的主配合剂，对镀层质量和镀液性能影响较大。它的一部分与 Zn^{2+} 形成锌氰配离子，另一部分以游离形式存在于镀液中，使锌氰配离子更趋稳定，造成较大的阴极极化，提高镀液的分散能力，并使镀层结晶细致；同时它还能防止阳极钝化。氰化钠含量过高，阴极析氢量增加，从而会严重地降低阴极电流效率、增加镀层孔隙，甚至使镀层产生针孔、麻点、起泡和剥皮。含量过低，会使 $[Zn(CN)_4]^{2-}$ 不稳定，阴极极化作用下降，从而降低分散能力和深镀能力，使镀层结晶变粗，阳极也容易钝化。一般将氰化钠和锌含量的比值控制在 (2.5～3)∶1。

③ 氢氧化钠　它是镀液中的另一种配合剂。它与 Zn^{2+} 形成锌酸盐配离子，使镀液更稳定，且能提高镀液的电导率，因而提高镀液的阴极电流效率和分散能力。氢氧化钠含量偏高时，阳极溶解加快，使镀液中锌含量升高，镀层粗糙；若氢氧化钠含量过低，镀液导电性差，电流效率下降，镀层也会粗糙。

镀液中的氰化钠和氢氧化钠与空气中的 CO_2 反应会生成碳酸钠。少量的碳酸钠对镀液无害，若积累到 25g/L 时就开始影响电流效率，超过 50g/L 时电流效率显著降低；镀层发灰、结晶粗糙，会严重影响镀层质量。一般可采用冷冻降温使其结晶析出，或用化学沉淀法去除多余的碳酸钠。

④ 硫化钠　一方面它能除去镀液中有害的异金属杂质如铅、锡等，另一方面还能促使镀层光亮。但它的含量不能过多，否则会使镀件上下色泽不均、色差明显；而且难以除去过多的硫化钠。此外，锌镀层还会发生脆性，似鱼鳞片那样脱落下来。

⑤ 甘油　甘油可提高阴极极化作用，获得均匀、细致的锌镀层。但使用甘油和硫化物这些老式添加剂所得到的镀层，不可能和使用 HT、SZ-860 光亮剂等所得到的光亮镀层相比，故甘油不适宜在光亮度要求高的镀锌白色钝化层上应用。

⑥ 光亮剂　氰化物镀液得到的锌层最大的缺点是不光亮。使用硫化钠光亮剂所得镀层最多只能是半光亮，且使镀层脆性增大。另外，不加光亮剂的低氰镀液中所得锌镀层为暗灰色，如加入硫化钠，反而使镀层变黑。因此，要实现镀液从高氰到低氰的转化，探索合适的添加剂成了技术关键。近年来，公开报道的光亮剂或添加剂有钼酸盐、钴盐、镍盐、碲盐、芳香醛、胺类及其缩聚物、杂环化合物及其衍生物等，或以它们为中间体所组合的组合型添加剂。它们中多数是表面活性物质，吸附在电极表面，使放电过程受到较强的抑制，促进阴极极化，从而改善电流分布及镀层结构，使外观平滑、光亮。氰化镀锌光亮剂在电镀过程中产生的分解产物对镀液有害，需经常处理镀液。

⑦ 阳极　阳极最好使用 0 号或 1 号锌板，即 Zn-0 或 Zn-1，其含锌质量分数分别为99.995% 和 99.95%，低于这两种牌号的锌板最好不要使用。如果镀液中锌离子过高，可挂一些钢板或镀镍钢板作不溶性阳极，随着锌离子浓度的降低，镀液中游离氰化物会相应提高，但氢氧化钠的浓度有所降低，这是由于阳极上有一部分氢氧根离子被氧化所致，使用不溶性阳极时，要时刻注意镀液中各成分的变化，并及时分析和调整。

⑧ 温度　氰化物镀液大都宜在室温下工作，一般不要超过 40℃。温度高时能允许较高的电流密度，电流效率也高，但会加速氰化钠的分解，光亮剂消耗也快，增加镀液维护的困难；温度低时，阴极电流密度低处镀层粗糙，一般应维持在 15℃ 以上。使用优质光亮剂的氰化物镀液，可在很宽的电流密度范围内得到光亮细致的锌镀层。

⑨ 阴极电流密度　阴极电流密度和镀液温度与浓度密切相关。镀液温度高时，使用的电流密度也可提高，这有利于提高生产效率。在保证镀层不烧焦的情况下，电流密度尽量控制在上限，若有阴极移动，电流密度还可以再大一些。

⑩ 阴极移动和周期换向　采用阴极移动可提高电流密度的上限和镀层的均匀性，特别对形状复杂的镀件，效果更好。氰化镀锌通常使用周期换向电流，可获得结晶致密光亮的镀层，并能够防止阳极钝化和减少光亮剂消耗。周期换向电流可以采用正：负为 15s：2s 的电流。

3.2.3　氯化钾型镀锌

3.2.3.1　氯化物镀锌工艺的特点和电极反应

氯化物镀锌可分为氯化铵镀锌和无铵氯化物镀锌两大类。氯化铵型镀液成分简单，比较稳定，使用方便，容易维护，电流效率高，沉积速度快，镀层比较细致；缺点是分散能力和覆盖能力较低，适用于几何形状简单的零件。另外，因为镀液易分解，析出的氨气多，对钢铁设备腐蚀比较严重。氨离子不但能与锌离子配位，还能与废水中的铜、镍等其他金属离子配位，而且与铜、镍离子形成的配合物稳定性高于锌氨配离子，这就增加了电镀废水治理的困难。所以这种工艺正在逐渐被氯化钾镀锌溶液所取代。

氯化钾镀锌是 20 世纪 70 年代末期发展起来的一种光亮镀锌工艺。目前由于添加剂的开发有了显著的进展，该工艺的发展非常迅速，得到了广泛的应用。它的主要优点是阴极电流效率高达 95%～100%，槽电压低，比氰化物镀锌省电 50% 以上。镀液的沉积速度快，分散能力和深镀能力好，在铸铁件、高碳钢件上能比较容易地得到合格的镀层。镀液呈弱酸性（pH＝5～6），对设备腐蚀性小。由于镀液不含配合剂，属于简单盐镀锌，成分简单，稳定性高，维护方便，废水容易处理，同时在生产过程中析出气体很少，有利于环境保护。镀液具有良好的整平性，镀层的内应力低，操作电流密度和温度范围宽（5～65℃）。从镀层的质量来看，氯化钾镀锌的光亮性和整平性基本等同于氯化铵镀锌而优于氰化镀锌和锌酸盐镀锌，镀锌钝化膜的变色程度则轻于氯化铵镀锌但尚不及氰化镀锌和锌酸盐镀锌。就分散能力和深镀能力而言，仅次于氰化镀锌，大致和氯化铵镀锌及锌酸盐镀锌溶液差不多。氯化钾镀锌工艺配方及条件见表 3-3。

除氯化钾镀锌外，还有氯化钠镀锌，但钠盐比钾盐导电能力差，钠离子的活性也小，对光亮剂的要求又比较高，一般的光亮剂在钠盐溶液中很容易发生盐析，特别是当镀液温度、浓度稍高时，盐析现象更为严重。虽然它的镀液配制成本较低，但正常运行费用比氯化钾高，维护也比较困难，所以这种工艺应用得比较少。

表 3-3　氯化钾镀锌工艺配方及条件

组成及工艺条件	配方 1	配方 2	配方 3	配方 4	配方 5
氯化锌/(g/L)	60～70	60～80	70	50～100	85～95
氯化钾/(g/L)	180～220	180～210	200	150～250	100～170
硼酸/(g/L)	25～35	25～35	30	25～35	25～35
氯锌-1 或 2/(mL/L)	14～18				
CKCL-92A/(mL/L)		10～16			

组成及工艺条件	配方1	配方2	配方3	配方4	配方5
WD-91/(mL/L)			20		
组合添加剂/(mL/L)				15～25	15～20
pH 值	4.5～6	5～6	4.5～6.2	5～6	5～5.6
温度/℃	10～55	10～75	10～60	15～50	10～45
电流密度/(A/dm²)	1～4	1～4	1～10	1～4	2～3

钾盐镀液中氯化钾除起导电作用外，还与 Zn^{2+} 有微弱的配位作用，形成如 $[ZnCl_3]^-$、$[ZnCl_4]^{2-}$ 等配离子，但由于配位作用较弱，因此氯化钾镀锌仍属于一般的简式盐电镀。在阴极上，主要反应为 Zn^{2+} 还原为金属锌：

$$Zn^{2+}+2e^- \longrightarrow Zn \tag{3-33}$$

真实的放电历程，也可能较为复杂。副反应为 H^+ 还原成氢气：

$$2H^+ +2e^- \longrightarrow H_2 \tag{3-34}$$

在阳极上，主反应是阳极锌板的溶解：

$$Zn-2e^- \longrightarrow Zn^{2+} \tag{3-35}$$

当电流密度过高时，阳极进入钝化状态，还会有氧析出的副反应：

$$2H_2O-4e^- \longrightarrow O_2+4H^+ \tag{3-36}$$

3.2.3.2 镀液各成分的作用分析及工艺条件的影响

(1) 氯化锌

氯化锌是提供锌离子的主盐，含量一般在 $50\sim100g/L$。提高锌离子含量可以提高阴极电流密度和分散能力，但含量过高时往往阴极极化不足，镀层粗糙；锌含量过低时容易引起浓差极化，电流密度上限降低，光亮区范围变窄，电解液的分散能力和均镀能力均有所降低。氯化钾镀液中没有配合剂，属于简式盐镀锌，要使镀层结晶细致和光亮，完全依靠添加剂在阴极表面良好的吸附作用。正因为镀层质量好坏不是依靠配合物的稳定性，所以在氯化钾镀锌溶液中锌离子浓度的高低对镀层质量的影响没有氰化镀锌或锌酸盐镀锌溶液的大。

质量好的光亮剂能允许使用较高的氯化锌浓度。氯化锌浓度高，容许的电流密度大，镀层就不易烧焦，这样既保证了质量，又提高了生产量。另外，当镀液温度较高，且有阴极移动或滚镀时，由于传质阻力小，不易出现浓差极化，这时可适当降低氯化锌的含量。在生产中，镀液中锌离子的浓度可通过增加和减少锌阳极来进行调整。为保持锌离子的稳定，应经常注意阴阳极的面积比，以保证锌阳极的正常溶解和锌离子的稳定。

(2) 氯化钾

氯化钾主要起导电盐的作用。氯化钾浓度应保持较高的水平，它能提高电解液的导电能力和分散能力，使阳极不易钝化，并降低槽压，节约电能，还能改善低电流密度区的镀层质量。同时 Cl^- 具有一定的配位作用也能在一定程度上提高阴极极化。氯化钾含量一般控制在 $180\sim230g/L$，含量过高对电解液性能改善不大，冬季容易结晶，因此冬季生产可取下限，夏季取上限。而当含量过低时，电解液导电能力差，导致分散能力和均镀能力降低，镀层表面光泽性差，容易出现黑色条纹。

(3) 硼酸

硼酸是一种较好的缓冲剂，可形成弱酸弱碱盐缓冲溶液，起到稳定 pH 值的作用。硼酸含量过低（$<20g/L$），缓冲效果差，电解液 pH 值不稳定；含量过高时，由于镀液对硼酸的溶解度非常有限，不但造成浪费，而且硼酸会结晶析出。氯化钾镀锌溶液中比较合适的硼酸

含量范围在 25～30g/L。

(4) 光亮剂

无添加剂的氯化钾镀锌溶液，所得到的镀层粗糙疏松呈海绵状，要获得结晶细致和光亮的镀层，必须依靠添加剂。添加剂一般由以下三种组成。

① 主光亮剂 能产生显著的光亮和整平作用，主要为一些芳香酮或芳香醛，还有杂环醛和杂环酮类。目前应用较多的亚苄基丙酮（0.3～0.4g/L）对镀锌层有着光亮度高和整平性好等优点，如与载体光亮剂和辅助光亮剂配合好，镀层的应力也不大，脆性较小。其合成较容易，价格便宜，所以一直是氯化物镀锌的主光亮剂。但亚苄基丙酮不溶于水，需要载体光亮剂增溶才能分散到电解液中。近年来使用的邻氯苯甲醛也具有较好的光亮特性，出光快、镀层光亮度高，缺点是容易氧化成邻氯苯甲酸，使电解液不稳定。

② 载体光亮剂 这类光亮剂在氯化钾镀液中主要起两个作用：一是它能在电极表面吸附（吸附电位-1.7～-1.1V），使电极电位变负，从而增大阴极的极化作用，可使镀层结晶变得细致；另一方面它能对油性的芳香酮或芳香醛物质起到乳化和增溶作用，将主光亮剂带入到镀液中去。载体光亮剂多是一些非离子型表面活性剂，如高级脂肪醇与环氧乙烷的加成物，其代表性产品平平加的分子式为：R—O—$(CH_2OCH_2O)_nH$；烷基苯酚与环氧乙烷的加成物，其代表性产品为辛基酚聚氧乙烯醚和壬基酚聚氧乙烯醚，这两种产品分别被称作OP乳化剂和Tx乳化剂，分子式为：R—⬡—O—$(CH_2OCH_2O)_nH$。对载体光亮剂的基本要求是必须有足够高的浊点（溶液由清澈开始变得浑浊的温度值）。到达浊点意味着光亮剂已经盐析，槽液性能将变劣。一般宜采用浊点为60℃左右的载体光亮剂。

③ 辅助光亮剂 用作辅助光亮剂的多是一些芳香羧酸或芳香羧酸盐以及芳香磺酸或芳香磺酸盐。烟酸对镀层质量也有显著的改进，但价格较贵。它们能防止高电流密度区镀层的烧焦，提高镀液均镀能力，改善低电流密度区镀层的光亮度，使镀层分布较为均匀。辅助光亮剂在镀液中有很高的溶解度，一般不会盐析，性能稳定。以合适的辅助光亮剂和良好的载体光亮剂为基础，只需加入少量主光亮剂，镀层就会很光亮，均镀能力也很好，这样可减少主光亮剂的用量，分解产物也会减少，镀层中有机物的夹杂也可减少，从而有利于防止镀层变色。因此选择好的辅助光亮剂也是决定氯化钾镀锌层质量的一个重要因素。

宽温氯化物镀锌光亮剂配方举例见表 3-4。

表 3-4 宽温氯化物镀锌光亮剂配方举例

组 成	亚苄基丙酮	苯甲酸钠	载体光亮剂	扩散剂	平平加
含量/(g/L)	25	80	240	60	80

注：成品密度约 1.5kg/L。

(5) 温度

一般在室温下操作。提高温度可以加大电流密度，但分散能力和覆盖能力下降，一般不超过 40℃。

(6) 电流密度

一般可采用 1.5～2.5A/dm² 的电流进行操作。阴极电流密度大，镀层细致光亮，沉积快，覆盖能力好，因此只要镀层不烧焦，电流密度越大越好。

(7) pH 值

镀液 pH 值控制在 4.5～6 范围，以 pH＝5 为佳。pH 值低时，镀层光亮，但析氢严重，电流效率降低，覆盖能力下降；pH 值高，镀层粗糙发暗，局部灰黑。电镀时 pH 值会缓慢上升，要注意及时用盐酸调整。

3.2.4 碱性锌酸盐镀锌

(1) 碱性锌酸盐镀锌工艺特点和电极反应

随着氰化镀锌不断向中氰、低氰发展，开发安全无氰的碱性镀液成为发展的必然。早在20世纪30年代以前就有人研究过碱性无氰电沉积锌。碱性无氰镀锌完全取得成功要追溯到70年代晚期 DPE 和 DE 系列添加剂的开发，80年代碱性无氰镀锌得到快速推广并沿用至今。由于无氰碱性镀锌的一些特有的缺陷，80~90年代研究热潮开始集中到酸性光亮镀锌，碱性无氰镀锌的发展有所减缓。但是由于碱性无氰镀锌是由氰化镀锌演变过来的，其性能在大多数方面相比酸性镀锌更接近于高性能的氰化镀锌，特别是在镀层质量上面。进入90年代中后期，人们开发出了高性能的添加剂，大大地提高了碱性无氰镀锌性能，使其接近甚至超过氰化镀锌。特别是进入21世纪以来，随着人们环保意识的日益增强，碱性无氰镀锌更加受到了关注，其中欧美各公司都发表了自己的碱性无氰镀锌专利。

碱性锌酸盐镀锌电解液主要由氧化锌、氢氧化钠、添加剂组成。近几年来，其应用的范围愈来愈广泛，在国内大部分的民用产品上都得到了应用。该工艺的主要优点是：镀液成分简单稳定，使用方便，维护容易，使用工艺范围较宽，分散能力和覆盖能力较好，镀层结晶细致有光泽，容易钝化处理，电镀废液毒性小，易处理，有利于环境保护，电解液对钢铁设备的腐蚀性小，有利于机械化或自动化生产。但镀层较厚时（＞25μm）有明显的脆性。

碱性锌酸盐镀锌能成功地获得应用，关键在于添加剂的研制及不断地改近和提高。添加剂可分为两类：①环氧氯丙烷与有机胺缩合物，能够增大阴极极化，使镀层结晶细致，但无光泽；②光亮剂，包括金属盐类、芳香醛、杂环化合物、表面活性剂等，可使镀层出现光泽。两者配合使用就能获得全光亮的镀锌层。现在使用改进的添加剂得到的镀层已能和氰化镀锌相媲美。碱性锌酸盐镀锌液的组成和工艺条件见表3-5。

表3-5 碱性锌酸盐镀锌液的组成和工艺条件

组成及工艺条件	配方1	配方2	配方3	配方4	配方5
氧化锌/(g/L)	8~12	8~12	10~12	12~18	10~12
氢氧化钠/(g/L)	100~120	100~120	100~120	120~180	100~120
三乙醇胺/(g/L)	20~30	20~30			
DPE-Ⅲ/(mL/L)	4~6	4~5	4~6	5~6	
DE/(mL/L)				6~7	3~5
EDQ-3/(mL/L)		2~3			
ZB-80/(mL/L)					2~4
KR-7/(mL/L)				1.2~1.7	
WBZ-3/(mL/L)			3~5		
电流密度/(A/dm²)	1~2.5	1~2.5	0.5~4	1~4	0.5~4
温度/℃	10~30	10~30	10~45	10~40	10~45

一般认为碱性无氰镀锌的电极反应如下：

阴极反应
$$[Zn(OH)_4]^{2-} \longrightarrow Zn(OH)_2 + 2OH^- \tag{3-37}$$
$$Zn(OH)_2 + 2e^- \longrightarrow Zn + 2OH^- \tag{3-38}$$

副反应
$$2H_2O + 2e^- \longrightarrow H_2 + 2OH^- \tag{3-39}$$

阳极反应
$$Zn + 4OH^- - 2e^- \longrightarrow [Zn(OH)_4]^{2-} \tag{3-40}$$

副反应
$$4OH^- - 4e^- \longrightarrow O_2 + 2H_2O \tag{3-41}$$

(2) 镀液各成分的作用分析及工艺条件对其的影响

① 氧化锌　提供锌离子的来源，其含量对锌的沉积速度和镀层质量有重要影响。锌含量偏高时，电流效率提高，但分散能力和覆盖能力下降，镀层粗糙发暗；含量偏低时阴极极化增加，分散能力好，但沉积速度较慢，高电流密度区镀层有烧焦现象。

② 氢氧化钠　氢氧化钠是锌离子的配合剂，并能促进阳极溶解，改善溶液导电性能，提高镀液的分散能力和阴极极化，使镀层结晶细致。氢氧化钠浓度过高时，电流效率显著下降，析氢增加，阳极溶解速度加快，同时光亮剂消耗也增加；过低将使阴极极化降低，阳极钝化，镀层粗糙。在相应的碱性无氰镀液中，氢氧化钠的含量要比氰化物镀液中高些，以保持镀液的稳定。通常氢氧化钠和氧化锌的含量比在 1:(8～12)。

③ 三乙醇胺　能与锌离子配位，从而提高镀液的阴极极化作用，使镀层结晶细致。含量偏高时，沉积速度下降；偏低时，镀层粗糙发灰，分散与覆盖能力差。

④ 光亮剂　无氰碱性锌酸盐镀锌工艺的关键是选用适宜的光亮剂。光亮剂能明显增加镀液的阴极极化作用和极化度（见图 3-25），改善镀液的分散能力，从而产生高光亮、平滑、均匀、细致的镀层。现代添加剂大多由各种中间体匹配而成，主要分为用于充当载体光亮剂的中间体和充当主光亮剂及辅助光亮剂的中间体两大类。

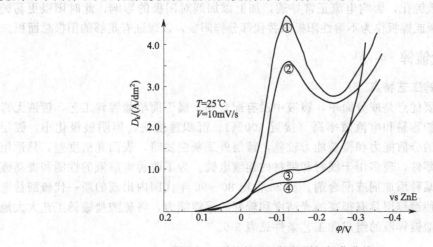

图 3-25　碱性锌酸盐镀锌阴极极化曲线

①—基本液：ZnO 10g/L，NaOH 120g/L；②—①＋TEA 20mL/L；

③—②＋DPE-Ⅲ 6mL/L；④—②＋WD90A 6mL/L

碱性锌酸盐镀锌液多选用有机胺、杂环化合物与环氧氯丙烷的反应产物作为载体光亮剂，这是因为碱性锌酸盐溶液电极电位太负，表面电场太强，容易使介电常数较小的有机分子团受到排斥从电极上脱附，前述聚胺型表面活性物质因具有负电位特性而被采用，此类中间体经过季铵化或酸化后则更具表面活性，其光亮度、光亮电流密度范围、深镀能力、均镀能力及镀层的综合性能都比未经处理的效果好。对未经季铵化的载体光亮剂，可通过加入事先合成的辅助光亮剂季铵化产物达到同样的目的。

锌酸盐镀锌主光亮剂的中间体大多采用可在锌电极上还原的醛类化合物及氯化苄与吡啶羧酸的加成物。此类中间体在强碱性镀层中比较稳定，可使镀层结晶进一步细化，并具有较好的光亮作用。其他作为辅助光亮剂的中间体范围更广。适当搭配载体光亮剂、主光亮剂及辅助光亮剂，可充分发挥其协同作用，扩大镀层的光亮电流密度范围，有的辅助光亮剂还有良好的湿润及抗杂作用，可明显改善镀层性能，减少异金属杂质和水质的影响，并减少镀锌光亮剂的开缸用量和电解消耗量。如想进一步改善镀层的深镀能力，可将聚乙烯亚胺的季铵产物磺化或酯化某些含氮杂环化合物。

常用的次级光亮剂主要有芳香醛类和各种杂环化合物。芳香醛类有洋茉莉醛、卤香醛、黎芦醛、香兰素和对羟基苯甲醛等；杂环化合物有烟酸、烟酰胺及季铵盐与环氧氯丙烷的加成物等。醛类光亮剂对镀层外观的光亮性作用明显，其缺点是在强碱性溶液中分解较快。常用的洋茉莉醛对镀层有较好的增光、整平作用，能获得镜面般光亮的镀层，但如果含量过多，则镀层会有明显的脆性。

⑤ 温度 镀液有较宽的工作温度范围，一般在 $10 \sim 45 ℃$ 之间，都能得到合格的镀层。随温度升高、阴极电流效率增加，应用的电流密度范围上移，沉积速度增加，生产效率提高，但电解液分散能力下降，锌阳极的自溶速度加快，溶液不稳定，故不宜在过高温度下工作。

⑥ 电流密度 镀液的电流密度范围较宽，一般在 $1 \sim 5 A/dm^2$ 之间。当电解液的成分和温度一定时，保持较高的电流密度能在一定程度上改善电解液的分散能力，提高阴极极化，有利于得到优良镀层。电流密度过高，镀层结晶粗大而无光泽，镀件边角易烧焦。

⑦ 阳极面积 碱性锌酸盐镀锌使用的阳极面积应当比氰化物镀锌大一些，但由于镀液中锌含量不高（约 $10 g/L$），如果阳极与阴极面积比为 $2 : 1$，则锌离子浓度会增高；如果减少阳极面积，将引起阳极钝化，影响电流正常导通，加上添加剂对阳极的影响，此时阳极更易钝化。因此，可用铁板或镍板作为不溶性阳极来替代部分锌阳极，以保证有足够的阳极总面积。

3.2.5 硫酸盐镀锌

(1) 硫酸盐镀锌工艺特点

这种镀液的主要优点是成分简单，镀液中没有配合剂，属于简单盐镀锌工艺，镀液无毒性、成本低廉、维护容易和电流效率高（接近 100%）。沉积速度快，但阴极极化小，镀层结晶粗大，且镀液的分散能力和覆盖能力较差，镀层外观灰白发暗，表面光洁度差，只适用于形状比较简单的零件，现多用于线材和带材的连续电镀。为了改善电解液的性能和提高镀层质量，通常加入某种添加剂或配合剂。在 20 世纪 80~90 年代国内出现的新一代硫酸盐电镀锌光亮添加剂，使镀锌层具有很高的光洁度和较好的深镀能力，将硫酸盐镀锌工艺大大地推进了一步。硫酸盐镀锌液的组成和工艺条件见表 3-6。

表 3-6 硫酸盐镀锌液的组成和工艺条件

组成及工艺条件	配方 1	配方 2	配方 3	配方 4
硫酸锌/(g/L)	470~500	300~400	200~320	215
硫酸钠/(g/L)	50			50~160
硫酸铝/(g/L)	30			20
硼酸/(g/L)		25	25~30	
明矾/(g/L)	45~50			45~50
糊精/(g/L)				10
硫锌-30 光亮剂/(mL/L)		15~20		
SZ-97 光亮剂/(mL/L)			15~20	
pH 值	3.8~4.4	4.5~5.5	3~5	3.8~4.4
电流密度/(A/dm²)	10~20	20~60	10~40	3~5
温度/℃	室温	10~50	5~55	室温

(2) 镀液各成分的作用分析及工艺条件对其的影响

① 硫酸锌 主盐，提供 Zn^{2+}，如含量过低，将影响电流密度上限，使电流密度下降。

含量过高，虽然可以提高允许电流密度，但因溶解度限制会引起结晶，而且会促使阴极极化下降，结晶核心的生成速度变慢，引起镀层晶粒粗大。

② 硫酸钠　作为导电盐，能提高镀液电导率，但过高会缩小工作温度范围。

③ 硼酸、明矾、硫酸铝　作为缓冲剂加入。硫酸铝、明矾在 pH＝3～4 时缓冲性好；硼酸在 pH＝4～5 时缓冲性好。

④ 糊精　细化结晶、提高分散能力。

⑤ 光亮剂　由载体光亮剂、主光亮剂、辅助光亮剂等有机物混合配制而成。载体光亮剂主要是选择脂肪醇中羟基上的活性氢与环氧乙烷的取代物，其亲水基由醚键和羟基两者组成，基于分子一端的羟基只有一个，故主要由醚键来发挥亲水效果。主光亮剂可选择水溶性较好的接有羟基或磺化基团的 C_8、C_9 以上的高分子醛和酮，芳磺酸有良好的水溶性，诸如邻甲基苯磺酸、对苯磺酸、间苯磺酸和萘磺酸系列对镀层都有一定的光泽效果。辅助光亮剂能扩大光亮电流密度范围，改善高温时镀层的晶体结构，提高镀层性能，提高镀液的分散能力和深镀能力。

⑥ pH 值　一般在 3.8～5 范围内使用。pH 值偏低，镀层光亮性好，但电流效率下降、镀层易发黄，覆盖能力差；pH 值偏高，镀层粗糙发暗，局部有灰黑色。

⑦ 电流密度　根据材料形状、锌浓度、温度和光亮剂种类而定，一般随着电流密度升高，阴极极化增大，镀层光亮细致，覆盖能力好，沉积速度大。因此只要镀层不烧焦，尽可能采用大电流生产。线材选择 20～30A/dm² 的电流密度。

3.2.6　锌镀层的镀后处理

锌镀层的镀后处理包括除氢、出光和钝化等工序，其目的是为了消除电镀过程中产生的一些缺陷，改善锌镀层的理化性能及基材的机械性能，提高镀层的抗蚀能力、延长寿命，改善镀层的装饰性能。

3.2.6.1　除氢处理

无论哪种镀锌工艺，在镀锌、酸洗、阴极电解除油时都会有氢气渗入镀件的晶格中，导致氢脆。氢脆对材料的力学性能危害较大，特别是对一些高强钢和弹簧钢等材料危害尤甚，如不除去，不仅影响部件的寿命，还可能会造成严重的破坏事故。因此某些钢材和用于特殊条件下的部件，在镀锌后必须对镀件进行除氢处理。

除氢处理就是采用热处理的方法，将氢从零件中赶出。除氢前镀件必须彻底清洗干净，而且除氢最好在钝化前进行。一般来说，温度越高、时间越长，除氢越彻底。一般控制在 200～250℃ 范围内，具体加热温度取决于零件材料，时间 2～3h。渗碳件和焊锡件的除氢温度在 140～160℃。除氢后如果钝化比较困难，可在钝化前先用 10% 硫酸活化一下即可。

3.2.6.2　出光处理

为提高镀层的光洁度，常需要在一定组成的溶液中进行出光处理，出光工艺见表 3-7。

表 3-7　镀锌层的出光处理工艺

组成及工艺条件	硝酸	温度	时间
参数	43～60g/L	室温	3～10s

镀锌层在稀硝酸中浸渍时，镀层表面微观凸起处活性较高，在溶液中先溶解，因此使平面得到整平，提高了光洁度。

3.2.6.3 钝化处理

所谓钝化处理，就是将镀锌件在一定的溶液中进行化学处理，使锌层表面形成一层致密、稳定性较高的薄膜（钝化膜）。这层钝化膜非常薄，厚度大致在 $0.5\mu m$ 以内，可明显提高镀锌层的耐蚀性，并能增加表面光泽和抗污染能力，还可作为油漆的底层使用。

锌镀层的钝化工艺多采用铬酐溶液。根据铬酐的使用浓度，钝化液可分为高、中和低三种。在钝化过程中，铬酐的实际消耗量并不多（约 5%），而镀件带出的量比较多，约占消耗量的 95%。六价铬毒性大，严重污染环境，必须进行处理。过去很长时间都采用高浓度铬酸钝化，随着人们环境保护意识的增强，现在大都采用低浓度钝化工艺。低铬酐钝化不仅减轻了环境污染，降低了生产成本，而且钝化膜质量与高浓度铬酐钝化的质量相当。目前使用的还有超低铬酐钝化工艺，主要用在自动生产线上，但钝化膜形成的速度比较慢。不同浓度铬酐彩虹钝化工艺见表 3-8。

表 3-8 高铬酐、低铬酐、超低铬酐彩虹钝化工艺

钝化液组成和工艺条件	高铬酐	低铬酐	超低铬酐
铬酐/(g/L)	150~200	5~10	1.2~1.7
硝酸($d=1.40$)/(mL/L)	20~30	2~4	0.4~0.5
硫酸($d=1.84$)/(mL/L)	10~15	0.3~0.8	
K_2SO_4/(g/L)			0.4~0.5
NaCl/(g/L)			0.3~0.4
HAc/(mL/L)		1~2	2
pH 值		1~2	1.5~1.8
温度/℃	室温	15~30	室温
时间/s	钝化液中 5~8 空气中 10~15	15~45	钝化液中 30~60 空气中 30~40

(1) 钝化膜的形成机理和色彩

铬酸钝化处理是固/液界面上进行的一个多相化学反应过程，其反应交错进行，相当复杂，至今成膜的机理还有许多未知之处。一般认为，当镀锌层浸入钝化液时，金属锌和六价铬之间进行如下氧化还原反应：

$$Cr_2O_7^{2-}+3Zn+14H^+ \longrightarrow 3Zn^{2+}+2Cr^{3+}+7H_2O \tag{3-42}$$

$$2CrO_4^{2-}+3Zn+16H^+ \longrightarrow 3Zn^{2+}+2Cr^{3+}+8H_2O \tag{3-43}$$

由于该反应大量地消耗氢离子，使金属/溶液界面上的 pH 值升高，当 pH 值上升到一定值时，凝胶状无定形钝化膜就在界面上析出。这种凝胶成分复杂，难以用单一分子式表示，主要由三价铬和六价铬化合物、水和金属离子组成，大都是碱式铬酸锌等难溶性碱式盐的胶膜。

在钝化过程中，膜的生成和膜的溶解同时进行，开始阶段，膜的生成占主导地位，随着时间增长，膜的溶解加快，保持一个动态平衡。

钝化膜主要由两部分组成：不溶性的三价铬化合物和可溶性六价铬化合物。不溶部分具有足够的强度和稳定性，组成膜的骨架，可溶部分则填充在骨架内部。当镀层钝化膜遭受损伤时，露出的锌层与钝化膜中的可溶性部分作用使该处再次钝化，即钝化膜有自动修复的功能，可抑制损伤部位镀锌层的腐蚀。

长期以来，普遍认为钝化膜的彩虹色是由化学组成决定的，即化学成色学说。该学说认为，三价铬化合物呈淡绿色或绿色，六阶铬化合物呈黄到红色。当六价铬含量高时，膜呈红色；三价铬含量高时，膜呈绿色。另外，膜的颜色还与其厚度有关。因此，钝化膜的颜色随六价铬含量、三价铬含量和膜的厚度而千变万化。

另有学说认为钝化膜的颜色主要是由于物理原因，即光的干涉所引起的。当光线从膜的外表面和内表面（膜与金属界面）反射后，发生了光的干涉，从而使膜呈现出各种颜色。

(2) 钝化液中各成分的作用和工艺条件对其的影响

① 铬酐　它是钝化液的主要成分，钝化膜中六价铬和三价铬的来源。新配制的钝化液由于三价铬很少，形成的钝化膜很薄，彩色很淡，使用一段时间后，因六价铬不断被还原为三价铬，使三价铬含量增加，膜出现彩虹色，膜的厚度也增加。一般新配的钝化液要加入锌粉 2～3g/L 或硫酸亚铁 4～5g/L，以便将一部分六价铬还原为三价铬。

② 硝酸　它溶解镀锌层和膜，起整平作用。它能使镀层的微观凸起处优先溶解，光泽性增强。但硝酸含量不宜过高，否则会加速膜的溶解，使钝化膜变薄，同时使膜层和镀锌层附着不牢固，容易脱落。

③ 硫酸　硫酸的含量要与铬酐含量相适应，它是成膜的必要添加剂，有加速成膜的作用，所以硫酸含量高些，有利于获得较厚的钝化膜。含量过高，膜的溶解速度增加，成膜速度反而降低。含量过低时，成膜色彩淡而略带粉红色。

④ pH 值　适宜的 pH 值对三酸钝化有一定的影响，大致保持在 1～1.8 之间为宜。pH 值过低，钝化膜薄而疏松；过高，膜发暗且成膜速度慢。

⑤ 温度　一般在 15～40℃ 范围内都可进行钝化。温度高，传质速度快，成膜容易，可以适当缩短钝化时间，且钝化膜色彩较为均匀。但温度过高，膜疏松、多孔易脱落；温度过低，成膜很慢，膜薄色浅且钝化时间长。

⑥ 时间　对于强酸性的高铬酸钝化液，膜的溶解速度大于膜的形成速度，往往采用所谓的"气相成膜"，即在溶液中钝化后，提出零件在空气中停留数十秒钟才能成膜。在钝化液中停留的时间应掌握在使钝化膜成长至最大厚度为宜。一般镀件在钝化液中抖动 10s 左右，然后取出在空气中暴露 5～10s，随后清洗及老化。对于低铬及超低铬酸钝化液，由于 pH 值较高，成膜速度大大高于膜的溶解速度，可在钝化液中一次形成钝化膜，但生产中往往仍然考虑一定的空停时间。钝化时间不宜过长，否则膜层疏松多孔，结合强度降低，色泽暗淡。

⑦ 老化处理　钝化膜的烘干叫老化处理。镀锌层经过不同的钝化处理后都必须烘干老化，以防止镀层被空气氧化。新钝化出的钝化膜是柔软的，容易磨掉和擦伤。加热使钝化膜变硬，成为耐腐蚀性膜。老化温度的选择，不能只根据颜色的需要，更重要的是应保证耐蚀性。老化温度较高时（>75℃），钝化膜将失水，产生网状龟裂，同时可溶性六价铬转变为不溶性，使膜失去自修复及防护作用，从而使膜的耐蚀性下降。若温度低于 50℃ 则需较长的老化时间，一般老化温度为 60～70℃。

(3) 其他色彩镀锌层的钝化处理

除锌镀层的彩虹色钝化外，为满足不同的使用目的，又出现了军绿色、金黄色、黑色、蓝白色、白色等钝化工艺。这些不同色彩的钝化层可以通过改变溶液组成和操作条件来得到。

军绿色钝化膜光度柔和，色泽典雅，膜层厚而致密，抗腐蚀性要超过其他颜色的镀锌钝化层，与油漆的结合力好，常用于油漆的底层，以及军品、纺织机械零部件锌镀层的钝化处理。但溶液成分多，维护比较困难。

金黄色钝化工艺具有钝化液成分简单，铬含量低，易于维护，废水不需处理，钝化膜色调均匀、不变色等优点。

黑色钝化过程中，成膜机理与彩虹色钝化基本相同。所不同的是，界面上发生的氧化还原反应产生了 Cu_2O、Ag_2O 和金属银的细小的黑色颗粒，夹杂在钝化膜中，使膜呈黑色。

蓝白色钝化俗称"蓝钝"，膜层略带蔚蓝色，外观似铬层。其耐蚀性略高于白钝，但不如彩色钝化好。由于蓝白色、白色这两种钝化膜层的外观比较漂亮美观，但耐蚀性比较差，其目的是追求外观，因此它只适用于防护要求不高的日用小五金产品和轻工业产品。不同色彩的锌镀层钝化处理工艺规范见表 3-9。

表 3-9　不同色彩的锌镀层钝化处理工艺

钝化液组成及工艺	军绿色钝化	黑色钝化	金黄色钝化	蓝白色钝化①	白色钝化①
铬酐/(g/L)	30～35	6～10	3		
磷酸/(mL/L)	10～15				
硫酸(d=1.84)/(mL/L)	5～8	0.5～1	0.3		
盐酸(d=1.19)/(mL/L)	5～8				
硝酸(d=1.41)/(mL/L)	5～8		0.7		
醋酸(d=1.05)/(ml/L)		40～50			
硫化钠/(g/L)				3～7	
氢氧化钠/(g/L)				10～20	10～20
硝酸银/(g/L)		0.3～0.5			
温度/℃	20～35	20～30	室温	室温	室温
pH 值	1～1.5	1～1.8			
时间/s	45～90	120～180	10～30	10～30	10～30

① 在彩色钝化后进行处理。

3.2.7　不合格锌镀层的退除

不合格锌镀层，可在酸性或碱性溶液中退除，工艺规范如表 3-10 所示。

表 3-10　不合格锌镀层退除工艺规范

组成和工艺条件	配方 1	配方 2	配方 3
盐酸(d=1.19)/(mL/L)	200～300		
硫酸(d=1.84)/(mL/L)		180～250	
NaOH/(g/L)			200～300
NaNO₂/(g/L)			100～200
温度/℃	室温	室温	100～120

碱性退镀液可以防止钢铁零件的过腐蚀和渗氢，适用于退除弹性零件、高强度钢零件以及质量要求高的零件。

3.2.8　电镀锌合金

锌合金一般指以锌为主要成分，并含有少量其他金属的合金，如 Zn-Ni、Zn-Co、Zn-Fe、Zn-Ti、Zn-Mn 和 Zn-Sn 等。它们共同的特征是具有良好的防护性能，被称为高耐蚀性合金镀层。目前应用比较多的是锌和铁族金属形成的二元合金，即锌镍、锌钴和锌铁合金，其活性低于锌镀层，但仍为钢铁零件的阳极保护层，而腐蚀率却大大低于锌镀层，且不产生大块的腐蚀产物。锌合金对钢铁基体来说，属于阳极件镀层，对钢铁具有电化学保护作用。锌合金镀层与锌镀层相比具有更高的耐蚀性，其热稳定性、硬度和耐磨性等也有所提高，具有良好的防护性价比。为了进一步提高合金镀层的耐蚀性、耐磨性和装饰性，往往要进行后处理，最常用的是铬酸盐钝化处理。由于铬酸盐膜的优异特性和锌合金镀层的叠加效应，效果非常明显。

锌基合金中，以 Zn-Ni、Zn-Co 和 Zn-Fe 电镀工艺的研究与应用在国内外受到普遍重视，几种常见锌基合金镀层的性能比较如表 3-11 所示。由表可知，Zn-Ni 合金耐盐雾腐蚀性最好，氢脆小、可成型性好、与基体结合力强，只是耐 SO$_2$ 腐蚀性略差。因此，在恶劣的工业大气及严酷的海洋环境中，Zn-Ni 合金镀层可以起到优良的防护作用。

表 3-11　几种常见锌基合金镀层的性能比较

镀液类型	氯化物 Zn-Ni 合金	碱性 Zn-Ni 合金	氯化物 Zn-Co 合金	碱性 Zn-Co 合金	碱性 Zn-Fe 合金
合金组成	10%～13%Ni	5%～8%Ni	0.3%～0.9%Co	0.3%～0.9%Co	0.3%～0.9%Fe
中性盐雾实验/h	＞1000	＞600	＞400	＞400	＞300
SO$_2$ 腐蚀实验/周期	2～3	2～3	6～8	6～8	4～6
硬度（载荷 100g）/HV	160～200	200～250	180～220	180～220	100～140
二次加工性	好	相当好	很好	好	相当好
氢脆性	很小	很小	比镀锌层小	比镀锌层小	比镀锌层小
低铬钝化性能	不易	易	容易	容易	易黑色钝化
结合力	好	好	好	好	好

注：中性盐雾实验的合金镀层厚度为 6μm，黄色钝化，出现 5% 的红色锈斑。

(1) 电镀锌镍合金

与电镀锌相比，电镀锌镍合金有如下优点：①耐蚀性高，比锌的耐蚀性高 3 倍以上，其中含镍 13% 左右的 Zn-Ni 合金镀层具有最高的抗蚀性；②镀层与基体的结合力好，并有较高的可焊性；③镀层硬度可达 250～310HV，耐磨性较好；④几乎无氢脆；⑤镀液成分简单，使用方便，电流密度范围较宽，分散性能较好，易获得均匀的镀层，适合于电镀形状较为复杂的零件；⑥可作代镉镀层，毒性低，有利于环境保护；⑦综合经济效益好。

20 世纪 90 年代以来，锌合金镀层开始在世界范围内得到越来越广泛的应用。对锌合金镀层的市场需求大部分来自汽车工业，约占 75% 的市场份额，约 20% 的需求来自航空航天，剩下的 5% 来其他范围很广的应用。在欧洲和亚洲的汽车市场，该合金镀层受到广泛应用，在北美的应用也在增长。合金镀层最广泛的应用是作为铁板的抗腐蚀漆底。很多公司公布了自己的合金技术标准，如大众、福特、克莱斯勒等公司。美国汽车工程师学会（SAE）、美国材料实验协会（ASTM）、波音公司也颁布了相应的技术标准。

虽然在国内尚未形成锌基合金电镀的产业化生产，但随着对电镀产品质量和耐蚀性要求的不断提高，具有耐蚀性高、延展性好、氢脆低、内应力小、成本较低、污染少、镀液使用和维护方便等优点的锌镍合金镀层，必将替代锌镀层、铬镀层和镉镀层，在汽车、造船、航空、建筑、交通设施和电子工业中得到了广泛应用。

锌镍合金镀液主要分为两种类型。一种是酸性体系，镀液分为氯化物镀液和硫酸盐镀液，pH 值一般为 4～5。氯化物镀液成分简单，电流效率高（95% 以上），沉积速度快，污水处理方便，容易操作，但分散能力和覆盖能力较低，对设备腐蚀性较大。硫酸盐镀液对设备的腐蚀性小，但镀液的电导率较低。另一种是碱性锌酸盐镀液，其主要优点是镀液的分散能力好，在较宽的电流密度范围内镀层合金成分比例较均匀，镀层厚度也较均匀。镀液对设备和工件腐蚀性小，工艺操作容易，镀液稳定，成本较低等，目前的发展速度很快。碱性电镀锌镍合金镀液组成和工艺条件见表 3-12。

电镀锌镍合金的阳极一般可采用不溶性阳极或采用锌和镍单金属阳极。对于锌和镍单金属阳极可采用两种电流分控方式：一是采用一台电源，在锌阳极和镍阳极的回路中分别串联一个大电阻，以此调节两阳极上的电流；二是采用两台电源分别形成锌阳极回路和镍阳极回路，但两回路共用阴极。

表 3-12 碱性电镀锌镍合金镀液的组成和工艺条件

镀液组成和工艺条件	配方1	配方2	配方3	配方4
氧化锌/(g/L)	6～8	8～12	8～14	10～15
硫酸镍/(g/L)	8	10～14	8～12	8～16
氢氧化钠/(g/L)	80～100	100～140	80～120	80～150
乙二胺/(mL/L)		20～30		少量
三乙醇胺/(mL/L)		30～50		20～60
60号镍配合物/(mL/L)	8～12		40～60	
添加剂/(mL/L)		ZQ-1 8～14	NZ-918 8～12	少量
香草醛/(g/L)	0.1～0.2		0.1～0.2	
氨水/(mL/L)				15
温度/℃	20～40	15～35	10～35	室温
电流密度/(A/dm²)	0.5～4	1～5	0.5～6	4～10
阳极	Zn、Ni 分控	Zn、Ni 分控	不锈钢	不锈钢

(2) 电镀锌铁合金

锌铁合金镀层对于钢铁基体来说是阳极镀层,具有电化学保护作用。目前获得工业应用的锌铁合金有两种。根据合金镀层的含铁量,可分为高铁合金镀层和微铁合金镀层。含铁质量分数为7%～25%的高铁合金镀层耐蚀性很好,但含铁质量分数高于1%的合金镀层难以钝化。它对油漆有良好的结合力,多用于钢板和钢带的表面处理,作为涂漆或电泳涂层的底层。为提高其与涂料的结合力,常需要进行磷化后处理。含铁质量分数低于1%的铁合金镀层,特别是含铁质量分数在0.3%～0.6%的微铁合金,容易钝化。经过钝化处理的合金镀层,其耐蚀性大大提高,特别是经过黑色钝化后具有最高的耐蚀性,并且黑色钝化不用银盐,这是含微量铁的锌铁合金镀层的最大优点。另外,电镀锌铁合金镀层成本较低,镀液容易维护,使用方便,可挂镀也可滚镀,故在生产中得到了广泛应用。

铁的标准电势较锌为正,因此,与锌镍合金相似,锌铁合金的电沉积也是异常共沉积,锌铁合金镀液可由镀锌液添加铁盐得到。常用的锌铁合金镀液有氯化物型、锌酸盐型、硫酸盐型和焦磷酸盐型等。其中,碱性锌酸盐镀液可得到含铁量低的合金镀层,一般含铁质量分数在0.2%～0.7%范围内,镀液比较稳定、容易维护和处理、对设备的腐蚀性小,其最主要的优点是电流密度变化时镀层成分基本不变。碱性锌铁合金镀液的组成及工艺见表3-13。

表 3-13 碱性锌铁合金镀液的组成及工艺条件

镀液成分及工艺条件	配方1	配方2	配方3	配方4
氧化锌(ZnO)/(g/L)	18～20	13	14～16	10～15
硫酸亚铁(FeSO₄)/(g/L)	1.2～1.8	1～1.5		
氯化亚铁(FeCl₂)/(g/L)		1～2		
氯化铁(FeCl₃)/(g/L)				0.2～0.5
氢氧化钠(NaOH)/(g/L)	100～130	120	140～160	120～180
配合剂/(g/L)	10～30	8～12	XTL40～60	
添加剂/(g/L)		6～10		4～6
光亮剂/(g/L)	WD6～9		XTT4～6	3～5
温度/℃	5～45	15～30	15～30	10～40
电流密度/(A/dm²)	1～4	1～3	1～2.5	1～4
阴阳极面积比			1:1	1:2
使用阳极 Zn：Fe				1:5
镀层含铁质量分数/%	0.4～0.6	0.4～0.8	0.2～0.7	0.2～0.5

对于含铁质量分数在0.2%～0.7%的锌铁合金镀层,为了进一步提高其耐蚀性,必须

对其进行钝化处理，其钝化工艺与镀锌层类似，但黑色钝化可以不加银盐。钝化膜颜色一般为黑色、彩虹色和白色，耐蚀性黑色最佳，白色最差。锌铁合金镀层的黑色钝化工艺见表 3-14。

表 3-14　锌铁合金镀层的黑色钝化工艺

钝化液组成和工艺条件	工艺 1	工艺 2	工艺 3
铬酐/(g/L)	15～25	15～20	20～35
硫酸铜/(g/L)	35～45	40～45	25～35
乙酸钠/(g/L)		15～20	
乙酸/(mL/L)	40～60	45～50	70～90
甲酸铜/(g/L)	15～25		
甲酸/(mL/L)			10～15
XTH 发黑剂/(g/L)			0.5～2
XTK 抗蚀剂/(g/L)			0.5～2.5
pH 值	2～3	2～3	1.5～3.5
温度/℃	室温	室温	0～30
时间/s	100～150	30～60	3～8min

(3) 电镀锌钴合金

锌钴合金镀层具有良好的耐蚀性，对钢铁基体来说也是阳极镀层，具有电化学保护作用。在工业气氛（含二氧化硫气体）中其耐蚀性特别突出。合金镀层的耐蚀性与镀层中的含钴量有关，随着含钴量的增加，耐蚀性提高。当含钴质量分数超过 1% 后，耐蚀性随钴含量的变化幅度变小。从经济和镀液的维护考虑，大多使用含钴质量分数为 0.6%～1% 的锌钴合金镀层。含钴量低的锌钴合金，经过铬酸盐钝化处理后，耐蚀性会有很大的提高。中性盐雾试验表明，其耐蚀性比同厚度的锌层高 3～5 倍。由于该合金镀层含钴量比较少，成本较低、工艺较简单，故现在有从传统的镀锌工艺转化为电镀锌钴合金工艺的趋势。美国的各大汽车公司已经采用锌钴合金电镀工艺。

电镀锌钴合金的镀液主要有氯化物型、硫酸盐型、氯化物-硫酸盐混合型和碱性锌酸盐四种类型。研究和应用比较多的是氯化物型。近几年来，碱性锌酸盐型镀液发展较快，其应用也越来越广泛。碱性锌酸盐镀液的最大优点是随着阴极电流密度的增加，锌钴合金镀层中钴含量变化很小。而酸性体系的缺点是镀层中的钴含量随电流密度的变化而变化幅度太大，使得复杂零件表面各点的钴含量不同，耐蚀性很难保证。碱性锌酸盐电镀锌钴合金工艺见表 3-15。

表 3-15　碱性锌酸盐电镀锌钴合金工艺

镀液组成及工艺条件	配方 1	配方 2	配方 3
氧化锌/(g/L)	8～14	10～20	20～40
硫酸钴/(g/L)	1.5～3.0		0.5～5
Co 添加剂/(g/L)		2～3	
三乙醇胺/(mL/L)			6
氢氧化钠/(g/L)	80～100	90～150	160
ZC 稳定剂/(g/L)	30～50		
ZCA 添加剂/(mL/L)	6～10	少量	少量
温度/℃	10～40	24～40	20～40
电流密度/(A/dm²)	1～4	0.5～4	0.5～3
镀层含钴质量分数/%	0.6～0.8	0.7～0.9	<1.0

注：ZC 为羟基羧酸盐，ZCA 为氯甲代氧丙烷的衍生物。

（4）电镀 Zn-Mn 合金

锌锰合金镀层为抗蚀性较强的新型合金镀层之一。钢铁试样在 5％的 NaCl 溶液中的实验表明，锌锰合金电镀层具有很好的电化学保护作用；当合金中锰含量超过 40％时，镀层的耐腐蚀性能很高并且很稳定。研究较多的是硫酸盐-柠檬酸盐镀液体系，但目前难以实现工业化的最主要问题是电镀过程难以控制，如阴极效率低（约 30％）、镀液稳定性差、镀层脆性太大。文献报道了一种电镀锌锰合金的工艺见表 3-16。

表 3-16 电镀锌锰合金工艺

组成	$MnSO_4 \cdot H_2O$	$ZnSO_4 \cdot 7H_2O$	$Na_3C_6H_5O_7 \cdot 2H_2O$	$Na_2S_2O_3$	亚苄基丙酮
	50.7g/L	30g/L	160g/L	0.03～0.1g/L	12g/L
组成	OP-10	聚乙二醇	硫脲	苯甲酸钠	
	150mL/L	45g/L	6g/L	2g/L	
工艺条件	pH=6，T=30℃，电流密度 0.9～4.2A/dm²				

锌锰合金镀层的耐腐蚀性与合金的结晶组织变化有关。当合金中含锰量低于 20％时，结晶组织为单相六角形密集结构；含锰量超过 20％时，为双相组织，带有四角形 γ-Mn 相结构；锰含量超过 60％后，为 γ-Mn 单相结构。电解温度对镀层质量有明显影响，接近室温下得到的镀层质量最好，而随着温度的升高，镀层质量相应地降低。硫脲可促进锰的共沉积，可使 Zn-Mn 镀层含锰量达 70％～80％。研究中的一种新型镀液以氟硼酸锌、氟硼酸锰和聚乙二醇为基础，这种新的电解液允许使用较高的电流密度，而且电流效率可达 80％，与硫酸盐-柠檬酸盐体系相比有显著提高，但具有毒性和较大的腐蚀性，对环境污染严重。

3.2.9 锌和锌合金基复合电镀

为提高锌镀层的耐蚀性、耐磨性等性能，人们研制出了锌和锌合金基复合电镀层。

研究表明，Zn-SiO₂ 复合镀层比纯锌镀层包容的氢多，氢的渗透也更容易，且随镀层中 SiO₂ 含量的增加，镀件的氢含量在一直增加，而当镀层中 SiO₂ 含量达一定值后，基体中的氢含量便趋于稳定。杨中东等人采用硫酸盐镀锌体系，在 pH=3.5～4.5、温度 40～50℃、电流密度 2～25A/dm²、弱搅拌的条件下，获得了外观和润滑减摩性能良好、摩擦系数较低的 Zn-PTFE 复合镀膜，且能在较宽的工艺条件范围内控制 PTFE 微粒的共析量。

姚素薇等人通过控制电化学参数，在锌沉积的同时使丙烯酰胺分子在阴极表面电聚合。聚丙烯酰胺大分子链在形成瞬间不断进入锌镀层，得到在分子层次上掺杂的锌/聚丙烯酰胺复合镀层。还有人研究了锌的电沉积与丙烯腈（AN）电聚合的复合过程，并获得了有机大分子链掺杂的金属基复合镀层——锌/聚丙烯腈（PAN）复合镀层。通过考察电沉积条件对电镀及电聚合过程的影响及测定复合镀层组成及性能，结果发现复合镀层的胶接性能较纯锌镀层有显著提高。

在 Zn-Ni、Zn-Fe、Zn-Co 合金的电镀液中添加固体颗粒可得到锌合金基复合镀层，其性能明显优于原合金镀层。王云燕等人通过向碱性锌酸盐 Zn-Fe 合金镀液中添加 TiO₂ 颗粒，获得了（Zn-Fe）/TiO₂ 复合镀层，最佳工艺条件下 TiO₂ 复合量在 0.5％～1％（质量分数）之间，且镀层具有良好的防护-装饰作用，同时 TiO₂ 与 Fe 的沉积有相互促进的协同作用。舒余德等人向弱酸性氯化物镀液中添加钛白粉，获得了（Zn-Co）/TiO₂ 复合镀层，当镀层钴含量为 0.65％、TiO₂ 复合量为 1.27％时，（Zn-Co）/TiO₂ 复合镀层的耐蚀性是 Zn-Co 合金镀层的 2 倍、纯锌镀层的 5 倍。国外有人从含有 SiC 颗粒的碱性镀液中电沉积出（Zn-Ni）/SiC 复合镀层。研究结果显示，微粒的存在显著地影响了合金的电沉积过程，且镀层表面形貌、结构等得到了明显改善。

3.2.10 高速电镀锌

(1) 高速电镀锌的方法及特点

目前在钢铁上广泛使用的防护性镀层主要是镀锌，镀锌层作为阳极型镀层对基体起到电化学保护作用。电镀锌在表面处理方面占有重要的地位，它占到电镀总量的60%。随着电镀工艺的发展，出现了高速电镀工艺，大大提高了生产效率。

高速电镀是指采用比一般的静态浸镀方式大10倍以上的电流密度进行电镀的过程，其最大的特点是高电流密度，即高的极限电流密度，而且具有高的镀液流速，可达到2m/s。采用高的镀液流速可以减小扩散层有效厚度，从而提高阴极电流密度而又不会降低阴极电流效率，多用于板材与线材的电镀。电镀过程中影响电流密度的主要因素有物质的传递过程、电荷传递过程和结晶过程。为了获得高速电镀锌镀层，目前主要采用的方法是促进物质迁移的过程。

与普通电镀镀层的性能相比，高速电镀镀层的性能在某些方面有一定的提高，如高速电镀层的内应力普遍高于普通电镀层，硬度一般都高于普通镀层，而在耐蚀性上也比普通镀层效果好。

目前高速电镀锌镀液大多采用硫酸盐镀液。镀液组成简单，其主要组成是硫酸锌、硫酸钠和硫酸等，特点是性能稳定，电流效率高，沉积速度快，可使用较高的电流密度，适合在线材、带材上高速电镀。但缺点是结晶粗大，分散能力差。

(2) 高速电镀锌的种类

① 平行液流法 平行液流法是指阴阳极之间保持一定的距离，电解液从阴阳极之间的狭缝中高速通过而进行电镀的方法，电解液流动的方向平行于阴极元件。它要求阴阳极间距很小而且均等，一般只适合于外表面及平板化的简单形状。如图3-26所示，平行液流法中，镀液高速流动，阳极不动，阴极被高速牵动。

阳极

镀液

阴极

图3-26　高速电镀锌的平行液流法示意图

② 喷流法 喷流法是将电解液通过喷嘴连续喷流到阴极表面进行电镀的方法。它的特点是在局部使用高的电流密度，用于选择性电镀、小面积局部电镀最为有效。

(3) 高速电镀锌工艺研究进展及存在的问题

对于镀锌钢板，最重要的就是获得外观合格的镀层。在高速电镀锌中，电流密度、镀锌层的厚度、镀液的流速、阳极的选择、杂质以及不同种类的添加剂等都会对镀层的质量产生重要的影响。虽然镀层表面粗糙度在一定的范围内，有利于进行镀锌板的涂装，但较为连续和致密的镀层才具有较好的耐蚀性能。

目前国内对高速电镀锌的工艺条件和影响因素都做了一定的研究。有研究表明，电流密度在 $50 \sim 150 A/dm^2$ 区间时，在不同的硫酸锌浓度和高流速（34m/s）下均能得到外观质量合格的镀锌层；当电流密度为 190A/dm² 时，只有在高硫酸锌浓度（350～450g/L）和高流速（34m/s）下时才能获得合格的镀层表面质量。

在高速电镀锌过程中电流密度越高，所得到的镀层越紧密，孔隙率小、针孔率低，使得镀层的耐蚀性增强。但随着电流密度的增大，镀锌层表面先由于电化学极化而变得均匀、细致，后由于浓差极化增加出现结瘤，粗糙度先减小后增大，镀层的表观明度也随之下降。

镀液流速对镀锌层形貌和质量有很大的影响。高的镀液流速可以加速离子的扩散。高流速下，随着流速的增加，镀锌层表面由于浓差极化的减小变得均匀。镀层的耐蚀性随着镀液流速提高，随着电流密度的增大而降低。此时镀层结晶细致、平整，粗糙度会有明显下降。当流速小时，镀层结晶粗大、表面凹凸不平。

针对镀层厚度对高速镀锌层的影响，D. N. Lee 等发现电镀过程中随着镀层厚度的增大，镀锌层表面由外延生长逐渐转变为无序生长从而导致结晶明显粗大、疏松，粗糙度逐渐变大。

在电镀锌中，阳极主要分为两种，可溶性阳极和不溶性阳极。可溶性阳极主要有锌锭和锌板。由于具有提高镀层的均匀性、降低能耗以及无须经常更换而可保证作业率和生产的连续性等特点，不溶性阳极已经被广泛采用。早期使用的是纯铅阳极，现在使用的是铅合金阳极，不同铅合金阳极的析氢过电位差异比较大。目前最广泛使用的一种是银铅合金阳极，另一种较为广泛使用的是铅锡合金阳极，如宝钢集团的高速镀锌生产线采用的就是 Pb-5％Sn 合金阳极。目前在氯碱和电镀锌工业投入使用的新型钛基二氧化铅阳极，与铅银合金阳极相比，其氧析出过电位低并且阳极损失小。

镀液中微量元素的存在也会对镀锌层的质量产生较大的影响。李宁等人研究发现，银、铅、铜、锰、铁五种金属杂质离子均影响镀层外观。微量元素中以铅离子的影响最大，镀液或电极中的铅离子会影响镀锌层的表面形貌，对镀层晶粒取向的影响存在临界值。镀锌层中存在的铅离子还会使镀锌钢板抗黑变性能下降，降低镀层的耐蚀性。

镀锌溶液中加入添加剂能够提高镀层的质量，如加入糊精和糠醛能够获得较为光亮的镀层。近年来镀锌添加剂有了不少的改进和提高。目前硫酸盐镀锌所使用的添加剂种类较多，如甲壳胺、SN 型添加剂等都使镀锌层的质量和外观有了很大的提高。88 系列添加剂使高速镀锌层的表观质量、微观形貌以及耐蚀性有了很大的提高。

镀层的质量是最重要的环节，但是充分掌握和控制高速电镀锌的各个工艺参数和操作条件依然十分困难。在高速电镀锌的过程中由于速度较快，可能会使出现在板材各个部位的电流密度不均匀，如何更好地提高电流效率，并能在更高的电流范围内获得合格的镀层还需要进一步研究。在高速镀锌层的性能方面，杂质对镀锌层质量影响的研究还不够。铅系合金阳极在高速电镀锌中依然会发生溶解，对镀液造成污染，从而降低镀层的质量，影响镀层的性能，这就需要我们研究新型的阳极。

① 目前锌合金的发展非常迅速，其应用也日趋广泛，如锌-铁合金、锌-镍合金、锌-锡合金等，已经成为防护性镀层的发展方向，这就需要我们改造和开发新的高速电镀设备，不但能够进行高速镀锌生产，而且能够进行锌合金的高速电镀，满足社会生产的需求。

② 详细研究高速电镀锌中各个工艺参数对镀层性能的影响。目前镀液主要使用的是硫酸盐镀液，虽然性能较好但也有其不足，需要研究新的镀液种类。

③ 高速电镀锌用添加剂品种和数量较少，加入不同种类的添加剂可以在不同程度上提高镀层的质量，应该加大对高速镀锌用添加剂的研制和开发。

3.3 电镀铜及铜合金

3.3.1 概述

铜是玫瑰红色且富有延展性的金属，其标准电极电位 $\varphi_{Cu^+/Cu}^{\ominus} = 0.52V$，$\varphi_{Cu^{2+}/Cu}^{\ominus} = 0.34V$。铜具有良好的导电性和导热性，易溶于硝酸，也易溶于加热的浓硫酸，在盐酸和稀硫酸中溶解很慢。镀铜层呈粉红色，质地柔软，富于延展性，容易抛光，经适当的化学处理可以得到古铜色、黑色等装饰色彩。铜在空气中易于氧化（尤其在加热情况下），氧化后将失掉本身的颜色和光泽。在潮湿空气中铜与二氧化碳或氧化物作用生成一层碱式碳酸铜或氧化铜，当受到硫化物作用时将生成棕色或黑色薄膜。

由于铜在电化序中位于正电性金属之列，因此锌、铁等金属上的铜镀层属于阴极性镀层。当镀铜层有孔隙、缺陷或损伤时，在腐蚀介质作用下，基体金属成为阳极受到腐蚀，腐蚀速度将比未镀铜时快，所以铜镀层不能用作装饰和防护性镀层。一般情况下铜镀层可作为预镀层或多层电镀的底层，如铜-镍-铬镀层，以厚铜薄镍层作为防护性镀层，其中铜镀层在提高基体与镀层间的结合力、改善镀层韧性以及耐蚀性等方面均有显著作用，而且可节约大量较昂贵的金属，如镍。铜镀层还是防止渗碳和渗氮的优良镀层，因为碳和氮在其中的扩散渗透很困难。在某些情况下，镀铜的钢铁件可用来代替铜零件，以节约有色金属。

总之，与其他导电金属相比，铜镀层具有应力小、机械强度高、塑料基体与镀层结合力好等特点，常用来增加导电和润滑性能、防止局部涌碳，还可以用作各种模具、模板、电铸和印刷电路板等。

镀铜溶液的种类很多，国内外广泛应用的镀铜工艺主要有氰化物镀铜、硫酸盐镀铜和焦磷酸盐镀铜三种。除上述工艺外，还有柠檬酸-酒石酸盐镀铜、HEDP 镀铜、羧酸盐镀铜、氨基磺酸盐镀铜、氨三乙酸镀铜、乙二胺镀铜以及氟硼酸盐镀铜等工艺。

钢铁制品一般不能直接用硫酸盐镀铜或焦磷酸盐镀铜，进行电镀时，必须预先在氰化物镀液中预镀 $3\mu m$ 的铜层，或者预镀暗镍后，再进行镀铜作业。因为在硫酸盐镀铜液中，钢铁制品会在不通电的情况下发生置换铜反应，使其表面在通电前就得到一层附着力差、结晶疏松的铜层。若钢铁制品在焦磷酸盐镀液中直接电镀，会因为镀液的活化能力差，不能溶解钢铁制品表面的钝化膜（肉眼看不见），使镀层与基体的结合力很差。

为了提高铝合金压铸件、锌合金压铸件及其他相关合金上镀层与基体的结合力，常常采用首先预镀一层铜镀层后再在铜层上施加其他金属镀层的作业方法。对塑料制品而言，酸性光亮镀铜的进步与发展对塑料制品的快速发展起促进作用。

镀铜电解液还可分为氰化物镀铜和无氰镀铜两大类。氰化物镀铜又可分为高氰、中氰、低氰三类电镀液。氰化物镀铜具有阴极极化高、镀层与钢铁基体结合能力强、镀液分散能力和覆盖能力好、镀层结晶细致、电解液稳定性高、容忍杂质程度高、对电镀设备腐蚀程度小等特点，因此，氰化物镀铜长期以来一直在电镀铜工业中占据主导地位。但是由于它的剧毒性，多年以来，人们一直在如何取代氰化物镀铜工艺上做了大量的、坚持不懈的努力，光亮酸性镀铜的成功应用和发展就是最典型的例子。人们对碱性无氰镀铜的研究一直在进行中，但由于目前尚未找到能够媲美氰化物镀铜中的氰根离子对钢铁制品钝化膜活化能力的替代产品，因此在大生产中应用较少。硫酸盐全光亮镀铜具有工艺简单、操作方便、成本低、光亮度高、电流效率高、整平性好的特点，被广泛应用在大生产中。

3.3.2 氰化物镀铜

(1) 氰化物镀铜的工艺特点和电极反应

氰化镀铜的电解液是以氰化钠作为铜离子的配合剂，形成铜氰配离子进行电沉积的。可以直接在钢铁基体、锌合合基体、铜合金基体上进行氰化物镀铜作为打底镀层，但不易得到很厚的镀层。该镀液的优点是：分散能力和覆盖能力好，结晶细致，与基体结合力好；镀液呈碱性，有一定的去污能力，能够对钢铁件直接进行电镀；电解液成分简单，易维护等。其缺点是：电解液中氰化物有剧毒，电镀时产生的废水、废气能给环境和操作人员身体带来不利的影响；电解液的稳定性差，氰化物能分解成碳酸盐而在镀液中沉淀，有一定的副作用。

氰化镀铜电解液中，主盐氰化亚铜与氰化钠发生配位反应时被完全溶解，并形成铜氰配合物。在镀液中存在的铜氰配离子有 $[Cu(CN)_2]^-$、$[Cu(CN)_3]^{2-}$ 和 $[Cu(CN)_4]^{3-}$，镀液中的游离铜离子浓度极低，可以忽略不计。铜氰配离子主要以 $[Cu(CN)_3]^{2-}$ 形式存在。

实验证明，对于配合物电解液，大多数情况下直接在阴极上放电的既不是"简单金属离子"，也不是配位数最高的配离子，而是具有较低配位数的配离子。氰化镀铜时的阴极过程主要是：

$$[Cu(CN)_3]^{2-} + e^- \longrightarrow Cu + 3CN^- \tag{3-44}$$

同时还有析氢反应，即

$$2H_2O + 2e^- \longrightarrow H_2 \uparrow + 2OH^- \tag{3-45}$$

铜氰配离子在阴极表面具有较强的吸附能力，其直接在阴极表面放电，成为吸附原子，再转移到晶格位置上去。由于配离子具有较高的稳定性，在阴极放电时需要外界提供较大的能量，因此氰化镀铜时阴极极化较大，使阴极电位大大超过氢离子的放电电位，从而伴随有氢气的析出。阳极过程是铜的阳极溶解，即

$$Cu - e^- + 3CN^- \longrightarrow [Cu(CN)_3]^{2-} \tag{3-46}$$

当电解液中游离 CN^- 含量偏低且阳极电位较正时，铜阳极会发生钝化，并析出氧气：

$$4OH^- - 4e^- \longrightarrow 2H_2O + O_2 \uparrow \tag{3-47}$$

当镀液温度过高时，氰化钠很容易分解为碳酸盐和氨：

$$2NaCN + 2H_2O + 2NaOH + O_2 \longrightarrow 2Na_2CO_3 + 2NH_3 \uparrow \tag{3-48}$$

镀液中氢氧化钠还会与空中的二氧化碳作用而生成碳酸盐：

$$2NaOH + CO_2 \longrightarrow Na_2CO_3 + H_2O \tag{3-49}$$

上述两个反应导致镀液中碳酸盐积累。另外，氰化钠本身在镀液中也会产生下列反应：

$$NaCN + H_2O \longrightarrow NaOH + HCN \tag{3-50}$$

$$HCN + 2H_2O \longrightarrow HCOOH + NH_3 \uparrow \tag{3-51}$$

镀液稳定性变得比较差。

氰化镀铜电解液的组成及工艺规范见表 3-17。

表 3-17 氰化镀铜电解液的组成及工艺

镀液组成及工艺条件	配方 1	配方 2	配方 3	配方 4	配方 5
氰化亚铜/(g/L)	30～50	35～45	20～30	55～65	53
总氰化钠/(g/L)	40～65	50～72	6～8(游离)	65～90	103(氰化钾)
氢氧化钠/(g/L)	10～20	8～12		8～15	
碳酸钠/(g/L)				15～30	

镀液组成及工艺条件	配方 1	配方 2	配方 3	配方 4	配方 5
酒石酸钠钾/(g/L)	30~60	30~40		30~35	
硫氰酸钾/(g/L)		18~20			
铜光亮剂/(g/L)					1.25
温度/℃	50~60	50~65	40	35~55	55~65
D_k/(A/dm²)	1~3	0.5~2	0.5~0.8	1~2.5	0.5~2
周期换向	用或不用	用或不用			
阴极移动/(cm/min)	用或不用	用或不用			40~60

注：配方 1 和配方 2 一般用于镀铜；配方 3 用于锌压铸件；配方 4 用于光亮镀铜，配方 5 用于半光亮镀铜，用于铝合金或塑料打底。

(2) 镀液各成分的作用分析及工艺条件的影响

① 氰化亚铜　氰化亚铜是电解液中的主盐，不溶于水，在配制镀液时将其缓慢加入 NaCN 溶液中溶解。也可以用 KCN 代替 NaCN，钾盐的溶解度比钠盐大一些，但价格高。当镀液中游离氰化钠含量和温度不变时，降低铜离子含量可以获得细致的镀层，并能提高电解液的分散能力和覆盖能力，但阴极电流效率和电流密度上限将会降低。所以预镀铜时一般采用低浓度的铜盐，而快速镀铜时常采用高浓度的铜盐。

② 游离氰化钠　配制氰化物镀铜液时，所用的氰化钠必须大于与氰化亚铜配位所用的量。除配位所用的量外，多余出的氰化钠就是游离氰化钠。游离氰化钠含量是控制氰化镀铜的一个重要因素。提高游离氰化钠的含量，可以促进阳极溶解，提高阳极电流效率，增大阴极极化，使镀层结晶细致，并能提高电解液的分散能力和覆盖能力。但游离氰化钠含量过高时，将会导致阴极电流效率下降，甚至得不到镀层。在实际生产中，一般控制铜与游离氰化钠之间的摩尔比见表 3-18。

表 3-18　不同用途的镀铜液中铜与游离氰化钠的摩尔比

用途	Cu∶游离 NaCN
一般底镀层或预镀用的镀铜液	1∶(0.7~0.8)
钢铁零件直接镀铜液	1∶(0.5~0.6)
含有酒石酸盐或硫氰酸盐的镀铜液	1∶(0.4~0.5)
周期换向的镀铜液	1∶(0.5~0.6)

在电镀过程中，可以从阴极和阳极上的现象粗略地判断电解液中游离氰化钠是否正常。若阴极上的气泡较少，阳极上的气泡较多，阳极区电解液呈浅蓝色，阳极表面上有浅青色薄膜，电流不变时工作电压升高，严重时阳极区有氨味等，这些现象均表明电解液中游离氰化钠的含量偏低，应及时分析并补加氰化钠。相反，若阴极上气泡较多，阳极上观察不到气泡，阳极板显现出光亮的金属铜晶体，虽然阴极电流密度较大而沉积速度却很慢，这些现象可能是由于电解液中的游离氰化钠含量过高之故。这时应适当减少阳极面积或补充适量的 CuCN，以使游离 NaCN 的含量保持在适当的范围内。

③ 酒石酸盐和硫氰酸盐　加入酒石酸盐和硫氰酸盐可降低阳极极化，促进阳极溶解。由于它们都能配位铜离子，使阳极表面难以生成薄的氢氧化铜钝化膜，从而改善阳极溶解性能。另外，在加厚镀铜或快速镀铜电解液中，为了提高阴极电流效率、加快沉积速度，必须适当降低游离氰化钠的含量。此时，为了防止阳极钝化，亦可加入适量的酒石酸盐和硫氰酸盐。

④ 氢氧化钠　它的主要作用是提高溶液的电导率，改善镀液的分散能力，促进阳极正常溶解。此外，电解液中还有碳酸钠，它是氰化钠和氢氧化钠与空气中二氧化碳作用的产

物。加入一定量的碳酸盐可以提高电解液的电导率，但含量不宜过多，因产生的碳酸钠会降低电解液中 NaOH 的含量。

⑤ 温度　温度对镀铜层的性质有明显影响。温度降低，电流效率降低，镀层色泽暗红、有针孔。温度升高，阴极极化降低，电流效率提高，但温度过高会使氰化钠分解产生碳酸钠盐和氨。一般 50～60℃为宜，预镀时 30～40℃为宜。

⑥ 阳极　一般采用电解铜板或经压延加工的铜板为阳极。为防止阳极钝化，可采用提高镀液中游离氰化物含量、提高镀液温度、加入去极化剂和采用周期换向电流等方法。铜阳极的金相结构对其溶解起重要作用，最好选择大晶粒结构的铜阳极，但不能使用含磷的铜阳极。阳极与阴极的面积比可控制在 2∶1。为避免阳极泥渣混入镀液中，需用阳极袋。

⑦ 电流密度　提高阴极或阳极的电流密度都会降低阴极或阳极的电流效率，过高时还会产生阳极钝化现象。提高阴极电流密度的同时必须提高镀液中的铜含量，适当降低游离氰化钠含量和提高镀液的操作温度以及加入适量的阳极去极化剂。

⑧ 周期换向电流　采用周期换向电流可以改善铜镀层的整平性能，还可减少铜镀层的孔隙率。配合使用少量的金属盐，如硫酸锰作光亮剂时，便可以获得整平性能良好的光亮铜镀层。常用的换向周期以阴极与阳极比为（20～25s）∶5s 为宜。阳极周期的电流密度应比阴极周期的电流密度略低一些。

因氰化物镀铜在生产过程中还会产生一定的有毒废气，因此必须在良好的通风条件下进行作业。尽管如此，氰化物电镀仍然会造成一定的污染，对操作人员身体的损害也很严重。因此，国家大力提倡推广和使用无氰电镀，在广大电镀科研人员和工作者不懈的努力下，目前已经取得了很大的成绩。除少量特殊产品外，大多数产品已在采用无氰镀铜电镀，国内装饰性电镀生产线大多采用镍/铜/镍/铬的镀层结构，同时采用厚铜薄镍镀层结构，对节镍贡献很大。

3.3.3　硫酸盐镀铜

3.3.3.1　硫酸盐镀铜工艺的特点和电极反应

酸性硫酸盐镀铜可分为暗铜和光亮镀铜两大类。酸性硫酸盐镀铜用于生产已有 150 年的历史，具有成分简单、成本低、维护方便等优点，但存在分散能力差、镀层结晶粗糙、没有光亮度等缺点，并且不能在钢铁零件上直接镀铜。这是因为当钢铁件或锌压铸件浸入酸性硫酸盐镀铜溶液中时，在电流未接通前便会发生置换反应，在零件表面生成疏松的置换铜膜，这种膜与基体毫无结合力。因此，为了保证铜镀层和基体金属具有良好的结合力，这类零件在酸性硫酸盐和焦磷酸盐等无氰镀铜前，必须先在氰化物镀铜溶液中预镀一层薄铜或镀镍处理，然后再在酸性硫酸盐或焦磷酸盐镀液中加厚。

酸性硫酸盐镀铜多用于多层电镀中加厚的过渡镀层，特别适用于塑料电镀的中间层。近年来，硫酸盐镀铜由于研制出良好的光亮剂，可得到镜面光泽的镀层，且镀液的分散力、镀层韧性和孔隙率等性能得到了改善，因此应用越来越广。在镍价一直攀升的今天，采用厚铜薄镍镀层结构以节约镍使用量时，选用优良的硫酸盐全光亮镀铜尤为重要。目前硫酸盐镀铜已成为国内应用最广泛的镀铜工艺。酸性硫酸盐镀铜工艺见表 3-19。

表 3-19　酸性硫酸盐镀铜工艺

镀液组成及工艺条件	配方 1	配方 2	配方 3	配方 4	配方 5
硫酸铜/(g/L)	150～200	150～220	80～120	180～220	200～240
硫酸/(g/L)	60～80	50～70	180～200	50～70	55～75

镀液组成及工艺条件	配方 1	配方 2	配方 3	配方 4	配方 5
四氢噻唑硫酮/(mg/L)		0.5～1			
聚乙二醇/(g/L)	0.05～0.1	0.03～0.05	0.05～0.08		
Cl⁻/(g/L)	0.02～0.08	0.02～0.08	0.02～0.08	0.02～0.08	0.03～0.1
十二烷基硫酸钠/(g/L)	0.05～0.1	0.05～0.2			
2-巯基苯并咪唑(M)/(mg/L)	0.5～1		0.6～1		
亚乙基硫脲(N)/(mg/L)	0.3～0.8		0.5～0.8		
OP-21/(g/L)				0.2～0.5	
聚二硫二丙烷磺酸钠(SP)/(g/L)	0.016～0.02	0.01～0.02	0.016～0.02		
光亮剂 2001-1/(g/L)					0.003～0.004
甲基紫/(g/L)				0.01	
噻唑啉基二硫代丙烷磺酸钠/(g/L)				0.005～0.02	
温度/℃	10～40	10～25	7～40	7～40	15～40
电流密度/(A/dm²)	2～4	2～3	1～6	1～6	1.5～8
空气搅拌或阴极移动	需要	需要	需要	需要	需要

一般认为，在硫酸盐镀铜液中会发生下列反应，

阴极：
$$Cu^{2+} + 2e^- \longrightarrow Cu \tag{3-52}$$
$$2H^+ + 2e^- \longrightarrow H_2 \tag{3-53}$$

阳极：
$$Cu - 2e^- \longrightarrow Cu^{2+} \tag{3-54}$$
$$Cu - e^- \longrightarrow Cu^+ \quad (\text{不完全氧化}) \tag{3-55}$$
$$2Cu^+ \Longrightarrow Cu + Cu^{2+} \quad (\text{歧化反应}) \tag{3-56}$$

硫酸盐镀铜容易在阳极表面产生"铜粉"，Cu^+ 还会与氧结合形成氧化亚铜，Cu 粉与氧化亚铜悬浮于溶液中，容易使阴极表面形成粗糙无光泽的镀层。

如果阳极中含有少量的磷，其表面会生成一层黑色的 Cu_3P 膜，这层黑色膜具有金属的导电性（电导率 $1.5 \times 10^4 S/cm$），它覆盖在铜阳极表面，能够阻止过多的 Cu^{2+} 生成，并加速 Cu^+ 的氧化，从而减少 Cu^+ 的积累和产生，大大地降低了 Cu^+ 进入溶液的机会，亦减少阳极泥的生成量。当含磷质量分数为 0.03%～0.07% 时，阳极铜的利用率最高。

3.3.3.2 镀液各成分的作用分析及工艺条件的影响

(1) 硫酸铜

硫酸铜是提供铜离子的主盐，其含量太低时，镀层的光亮度下降，允许的电流密度范围很低，阴极电流效率降低。含量高，阴极电流密度上限高，镀层的光亮度和平整性好，但太高时镀层粗糙，冬天会引起硫酸铜结晶析出，造成阳极钝化，溶液分散能力下降。镀液中硫酸铜溶解度随硫酸含量的增高而降低，所以硫酸铜含量必须低于其溶解度才能防止其析出结晶。

(2) 硫酸

硫酸可大大增加镀液的电导率，从而能使用大的电流密度范围，降低硫酸铜的离解度，防止铜盐水解，减少"铜粉"（氧化亚铜），改善镀层质量。当无硫酸存在时，硫酸铜或硫酸亚铜易水解产生沉淀。

$$CuSO_4 + 2H_2O \Longrightarrow Cu(OH)_2 \downarrow + H_2SO_4 \tag{3-57}$$
$$Cu_2SO_4 + 2H_2O \Longrightarrow 2Cu(OH) + H_2SO_4 \tag{3-58}$$
$$2Cu(OH) \Longrightarrow Cu_2O \downarrow + H_2O \tag{3-59}$$

硫酸含量高时，镀液的分散能力和覆盖能力好，阳极溶解性能良好，但含量过高时，镀

层的光亮度下降，有脆性。含量低时镀层粗糙，阳极钝化。用于线路板电镀时，硫酸含量可提高至200g/L左右，但必须同时降低硫酸铜含量。

(3) 氯离子

Cl^- 是阳极活化剂，可以帮助阳极正常溶解，抑制 Cu^+ 的产生，提高镀层光亮度、整平能力和降低镀层内应力。当其含量过低时，镀液的整平性和镀层光亮度均下降，且易产生光亮树枝状条纹，严重时镀层粗糙，高电流区易烧焦，镀层易出现麻点或针孔。含量过高时，阳极表面出现白色胶状膜层，镀层失去光泽。Cl^- 在镀液中的作用，可能是由于其在电极表面有较强的吸附作用，并与 Cu^+ 形成难溶于水的 $CuCl$，从而消除亚铜离子的不利影响。另外，Cl^- 的存在可能对光亮剂在电极表面的吸附起协同作用。

(4) 添加剂

酸性硫酸盐镀铜的添加剂根据其结构和作用可分成以下两类。

① 第一类光亮剂 这类光亮剂为含巯基（—SH，亦称氢硫基）的杂环化合物或硫脲的衍生物和二硫化物。

a. 含巯基的杂环化合物（代号H），具有较高的光亮作用，也有整平作用，选择得当就能获得整平性好、光亮度高的镀层。通式R—SH，其中R为含S及N的杂环化合物或磺酸盐，如H-1即2-四氢噻唑硫酮。除此之外，尚有乙基硫脲、2-巯基苯并噻唑、2-噻唑硫酮、亚乙基硫脲、2-巯基苯并咪唑等。国内代号为N（亚乙基硫脲）、M（2-巯基苯并咪唑）、SH-110、SH-111等（均含有典型的聚硫有机碘酸基和含硫的杂环）。

b. 二硫化合物（代号S），通式为 R^1—S—S—R^2，其中 R^1 为芳香烃（苯基）、烷基，烷基磺酸盐或杂环化合物；R^2 为烷基磺酸盐或杂环化合物。如苯基聚二硫丙烷磺酸钠（S-1），聚二硫二丙烷磺酸钠（S-9），聚二硫丙烷磺酸钠（S-12）。这类化合物在溶液中的作用是使镀层细致，提高电流密度，常用量为0.01～0.02g/L。

② 第二类光亮剂 这类光亮剂实质为聚醚类表面活性剂，非离子型或阴离子型表面活性剂效果较好，代表性物质有聚乙二醇（相对分子质量6000，代号P），OP-10或OP-21 $\left[C_8H_{17}\bigcirc O(CH_2CH_2OH)_nH, n=10\sim21 \right]$，十二烷基硫酸钠等。除了具有润湿作用可消除铜镀层产生的针孔和麻点外，这类光亮剂还能在阴极界面上产生定向吸附，提高阴极极化，使镀层结晶细致，同时能增大光亮区范围，从而得到镜面光泽和整平性能良好的铜镀层。应该注意，一些非离子型表面活性剂由于吸附作用较强，会在阴极表面生成一层憎水膜，镀铜后必须经除膜处理后方可进行镀镍，以保证结合力良好。光亮酸铜若采用空气搅拌，只能选择低泡润湿剂。

(5) 温度

温度过低时，阴极电流密度随之降低，同时硫酸铜会结晶析出。提高温度可加大电流密度，从而提高镀层的光亮和整平性，而且镀层韧性好。酸性光亮镀铜的温度控制和使用的光亮剂有关。目前使用的大部分光亮剂，当温度超过25℃时阴极极化显著下降，光亮范围缩小，镀层的低电流密度区产生白雾和发暗；温度超过35℃时，镀层全部变暗，发雾或粗糙，且光亮剂分解过快，所以操作温度范围应根据所选用的光亮剂来决定，一般控制在5～25℃较宜。夏季生产时要冷却，这是全光亮酸性镀铜目前存在的缺点。为了提高操作温度，国内一些单位做了大量的研究工作，如用M和N光亮剂代替四氢噻唑硫酮，可以在10～40℃的范围内获得全光亮、整平性和韧性良好的铜镀层。如何使用相对温度更宽的硫酸盐光亮镀铜添加剂是今后摆在广大电镀工作者面前的热点课题。

(6) 阴极电流密度

阴极电流密度与电解液的操作温度、硫酸铜的浓度和搅拌方式等有关。温度高时允许使用的电流密度上限提高，有阴极移动或压缩空气搅拌时，电流密度可达 $2\sim5A/dm^2$。在正常使用的电流密度范围内，随电流密度的提高，沉积速度加快，镀层光亮范围增大，整平性也进一步提高。但要使用较高的阴极电流密度，必须使镀液中的硫酸铜和硫酸两大基本组分控制在较高的含量范围内，并且要采用强烈的空气搅拌或机械搅拌并连续过滤。

(7) 搅拌

搅拌能够降低电解液的浓差极化，提高电流密度，防止镀层产生条纹，改善镀层的均匀性，加快沉积速度。可采用阴极移动或压缩空气搅拌，特别是采用压缩空气搅拌有助于氧化电解液中产生的一价铜离子，消除"铜粉"的产生。搅拌的同时，最好能采用循环过滤以消除电解液中可能存在的微量"铜粉"、光亮剂的分解产物以及悬浮杂质，有利于改善镀层质量，提高镀液的稳定性和使用寿命。镀液中如果加入十二烷基硫酸钠，则不能用空气搅拌而应采用阴极移动。

3.3.4 焦磷酸盐镀铜

(1) 焦磷酸盐镀铜的工艺特点

焦磷酸盐镀铜也是使用较广的一种镀种，广泛应用于电子工业中印刷线路板的通孔镀铜，电铸工业中锌压铸件的镀铜、防渗碳、渗氮的隔离镀铜层、塑料金属化电镀工艺等方面。该类镀液的特点是稳定性较好，工艺成分简单、易于控制，镀层结晶细致，具有良好的分散能力和覆盖能力，阴极电流效率高，镀液无毒和对设备无腐蚀，可获得较厚的镀铜层，能用于大批量生产。缺点是成本较高，废水治理困难，钢铁件不能直接镀铜而需要预镀或预浸，镀液中焦磷酸盐易水解成正磷酸盐，使工艺范围变窄、镀液黏度增大、导电性降低，当磷酸盐积累量达 $80\sim100g/L$ 时，铜的沉积速度下降。焦磷酸盐镀铜电解液的组成及工艺条件见表 3-20。

表 3-20　焦磷酸盐镀铜电解液的组成及工艺条件

组成及工艺条件	配方 1	配方 2	配方 3	配方 4	配方 5
焦磷酸铜/(g/L)	50～60	70～90	70	75～95	50～60
焦磷酸钾/(g/L)	280～320	350～400	250	250～320	350～400
柠檬酸铵/(g/L)		20～25			
磷酸二氢钠/(g/L)	50～60				
二氧化硒/(g/L)		0.008～0.02			0.008～0.02
氨三乙酸/(g/L)	30～40				20～30
2-巯基苯并咪唑/(g/L)		0.002～0.004			0.002～0.004
PL 焦铜开缸剂/(mL/L)			2～3		
PL 焦铜光亮剂/(mL/L)			0.2～0.4		
RS-751 焦铜光亮剂				1～3	
氨水/(mL/L)			2～4	2～5	2～3
pH 值	8.0～9.0	8.3～8.8	8.6～8.9	8.5～8.9	8.4～8.8
温度/℃	室温	40～50	50～55	50～60	30～40
阴极电流密/(A/dm²)	0.8～2.5	1.0～1.5	1～3	1～3.5	0.5～1
阴阳极面积比	1:(1.5～2)				1:2
空气搅拌或阴极移动	需要	需要	需要	需要	需要
过滤	循环过滤	循环过滤	循环过滤	循环过滤	循环过滤

注：配方 1 为普通镀铜，配方 2～配方 4 为光亮镀铜，配方 5 为滚镀。

(2) 镀液各成分的作用分析及工艺条件的影响

① 焦磷酸铜　供给铜离子的主盐，其含量主要影响镀液的阴极极化作用和工作电流密度范围。铜含量过低，不但镀层的光亮度和整平性差，而且使用的电流密度范围变窄；含量过高，极化作用降低，镀层粗糙，而且与铜配位的焦磷酸钾含量也需提高，这会使镀液的黏度增加，同时镀件从镀槽中带出的镀液量亦随之增多。焦磷酸铜最好自制，因为市售商品的质量不易保证。自制方法如下：用54g无水焦磷酸钠和100g五水硫酸铜反应生成约60g的焦磷酸铜。配制时，可按上述比例分别将焦磷酸钠和硫酸铜溶解在40℃的热水中，在不断搅拌下将焦磷酸钠溶液慢慢加入硫酸铜溶液中生成焦磷酸铜沉淀。

② 焦磷酸钾　镀铜溶液中的主配合剂，其性能优于焦磷酸钠。为使镀液稳定和具有较高的分散能力，以及使铜镀层结晶细致和阳极溶解正常，镀液中焦磷酸钾的含量必须大于它与铜离子生成配盐的量。否则，由于配合剂不足会产生 $Cu_2P_2O_7$ 沉淀。过量的焦磷酸钾称作游离焦磷酸钾。由于焦磷酸盐镀铜溶液中还加入了其他辅助配合剂（如柠檬酸铵），游离焦磷酸钾含量不易分析准确，为了掌握镀液的变化，一般仅分析镀液中的焦磷酸钾总量，并同时控制焦磷酸根与铜离子含量之比（P 值）。通常 pH＝8.3～8.8 时，P 值控制在 7～8 为宜。如果低于 7，铜镀层粗糙或产生条纹，阳极溶解差；高于 8.5 时，镀液易浑浊，严重时将缩小铜镀层的光亮范围，降低阴极电流效率和分散能力，使镀层出现针孔。滚镀时 P 值可适当提高。

③ 柠檬酸铵　柠檬酸铵是辅助配合剂，它不仅能改善镀液的分散能力和阳极溶解性能，还可以增强镀液的缓冲作用。在焦磷酸盐镀铜液中，常加入铵离子以改善镀层外观，防止产生"铜粉"和提高铜镀层的光亮度，可以以氢氧化铵、柠檬酸铵等形式加入。当铵离子含量过低时，镀层粗糙，色泽变暗；浓度过高，镀层呈暗红色。用量过高会使光亮铜镀层发雾。

在一些焦磷酸铜镀液中，还使用氨三乙酸、草酸铵、草酸或酒石酸盐等作为辅助配合剂。它们和柠檬酸铵一样，也能起到降低阳极过电位、改善阳极溶解性能的作用。研究表明，这些添加剂对阳极的去极化作用按下列顺序降低：草酸铵（40g/L，搅拌）＞柠檬酸铵（25g/L，搅拌）＞柠檬酸铵（25g/L，静置）＞酒石酸钾钠（25g/L，搅拌）＞硝酸铵（0.1mol/L，静置）。

④ 光亮剂　研究表明，含有巯基（—SH）的化合物对焦磷酸盐镀铜有一定的光亮作用，其中效果较好的是 2-巯基苯并咪唑。它不但能使镀层光亮，还具有一定的整平作用，并能够提高工作电流密度。2-巯基苯并噻唑和 2-巯基苯并咪唑结构类似，来源广泛，但效果稍差。为了获得更好的光亮度和降低镀层内应力，需要加入二氧化硒（SeO_2）或亚硒酸盐作为辅助光亮剂，其含量过低则达不到效果；过高会产生暗红色雾状的铜镀层。

⑤ 阳极　焦磷酸镀铜阳极用无氧高导电铜及轧制铜为好，可使用经过压延的电解铜作阳极。在生产过程中铜阳极表面有时会产生"铜粉"，其黏附在镀件上使铜镀层产生毛刺，影响镀层质量。发现这种情况可以加强过滤和加入用一倍水稀释的 30% 双氧水使一价铜氧化成二价铜，后者再与焦磷酸根配位。阴极与阳极的面积比可控制在 1:2 的范围内。如果阳极面积过少，表面会生成浅棕色的钝化膜。为了防止"铜粉"影响铜镀层质量，必须使用阳极护框或阳极袋。

⑥ pH 值　在焦磷酸盐镀铜液中，pH 值对镀层质量和镀液的稳定性均有直接影响。pH值过低时，零件的深凹处发暗，镀层易产生毛刺，焦磷酸钾易水解成正磷酸盐；pH 值过高，允许使用的电流密度降低，镀层的光亮范围缩小，色泽暗红，结晶粗糙疏松，镀液的分散能力和电流效率均下降。一般 pH 值控制在 8.0～8.8 之间。pH 值低时可用氢氧化钾溶液

调整，如溶液中同时缺少铵离子，可用氨水调整 pH 值；当 pH 值高时，可采用焦磷酸、柠檬酸调整。

⑦ 温度　这类镀液的温度范围较宽，室温～60℃均可。一般情况下，提高温度可增大电流密度，但是温度过高，会使氨的挥发增加，大大促进焦磷酸的水解速度，造成正磷酸盐的积累，并影响镀液的 pH 值及成分的稳定性。温度太低，镀液的分散能力和阴极电流效率大大降低，镀层结晶较粗，色泽发暗，甚至出现条纹状镀层，在高电流区，镀层易"烧焦"。因此，温度控制在 40～45℃为宜，此时能获得较好的分散能力和电流效率，镀层结晶细致、柔软，呈玫瑰红色。

⑧ 电源　要获得良好的铜层，电镀的电流波形是个值得注意的问题，这是焦磷酸盐镀铜与其他普通镀液差别较大的一个方面。试验和生产实践均表明，采用单相半波、单相全波、间歇直流（2～8s 镀、1～2s 停）等电流波形，不仅可以扩大阴极电流密度，还能促进阳极溶解，使镀层的结合力更牢靠，得到结晶细致、光亮的镀层。

⑨ 镀液搅拌　这是焦磷酸盐电解液获得良好镀层的重要条件。焦磷酸盐镀铜液的黏度较大，在电沉积过程中容易出现浓差极化。搅拌可使离子扩散速度增加，相应地可提高电流密度，还能改善镀层的光亮度。如果不搅拌，采用大的阴极电流密度时，阳极溶解加快，造成铜离子过剩，使得阳极附近的铜离子来不及和 $P_2O_7^{2-}$ 充分配合，生成白色的焦磷酸铜沉淀。阳极钝化对阴极也有影响，零件表面会有白色粉末生成，造成镀层粗糙。

搅拌可采用压缩空气搅拌或阴极移动方式进行。在搅拌的同时需采用连续过滤以清除镀液中的机械杂质，以免影响铜镀层质量。采用压缩空气搅拌最为方便，效果亦好，但要保证压缩空气不含油污。如果空气搅拌不足，容易造成镀层烧焦、低电流密度部位也不光亮。阴极移动速度一般为 25～30 次/min，移动幅度为 100～150mm。

3.3.5　其他类型的无氰镀铜工艺

由于环境保护的需要，电镀工作者对无氰镀铜工艺进行了大量的研究。目前一些新型的镀铜方法不仅克服了氰化物镀铜所带来的毒性，而且不需要镀前处理和预镀就可以在零件上直接镀铜，因此引起了普遍关注。这些方法主要是利用铜与一些配合剂形成稳定性高的配合物，得到的镀层具有良好的结合力，且细致、光洁。主要有柠檬酸-酒石酸盐镀铜、羟基亚乙基二膦酸盐（HEDP）镀铜等工艺。

(1) 柠檬酸-酒石酸盐镀铜

柠檬酸和酒石酸盐都是铜的良好配合剂，在两种配体共同作用下，效果更为显著，而且酒石酸盐比柠檬酸有更强的吸附作用，对电极表面有活化作用。以柠檬酸为主配合剂并加入酒石酸盐作辅助配合剂的碱性镀铜液具有镀层光亮度高、结合力好、孔隙率低等优点，而且电流效率可高达 99.9%，大大高于氰化物镀铜的 60%～70%，电沉积速度快，稳定性能好，可省去大量的废水处理费用，不但有利于环保，而且还降低了生产成本。此工艺有发展前途并有望取代氰化物镀铜。

典型的柠檬酸-酒石酸盐电镀液的组成与工艺条件见表 3-21。

表 3-21　柠檬酸-酒石酸盐镀铜电解液的组成及工艺条件

组成	碱式碳酸铜	柠檬酸	碳酸氢钠	酒石酸钾钠	二氧化硒
	55～65g/L	250～280g/L	10～15g/L	30g/L	0.01g/L
工艺条件	pH 值	温度	电流密度	阳极	过滤
	8.8～10.5	25～50℃	0.9～4.2A/dm²	电解铜	连续过滤

碱式碳酸铜为主盐，提供铜离子，可用硫酸铜和碳酸钠按一定量混合制备。碱式碳酸铜含量会影响允许的电流密度范围，适当提高其含量，可以提高电流密度和沉积速度，但是含量过高，阴极极化降低，镀层结合力下降。

柠檬酸为主配合剂，最佳含量为 250~280g/L，当铜含量为 30g/L 时在碱性溶液中形成一种较稳定的混合配体配合物。含量过低，阴极极化降低，镀层结合力下降；含量过高，电解液黏度增加，影响电解液的导电能力。

酒石酸钾钠作为辅助配合剂，它较铜离子与柠檬酸根所形成的配离子更稳定，有利于提高阴极极化和镀层的结合力，使镀液更稳定。加入酒石酸钾钠后，获得光亮镀层的电流密度范围大大增加，和二氧化硒配合使用能获得光亮镀层。酒石酸钾钠还有利于阳极溶解，其含量控制在 30g/L 左右为宜，含量过高会增加镀层硬度。

二氧化硒为无机光亮剂，加入微量的二氧化硒就能使镀层光亮。在酒石酸钾钠存在的情况下，光亮度更为显著。二氧化硒的最佳含量为 0.01g/L，含量高时，镀层出现脆性现象。

碳酸氢钠为缓冲剂，维持镀液的 pH 值。pH 值直接影响柠檬酸和酒石酸盐对铜的配位能力。pH 值升高，配位能力提高，阴极极化增加，镀层的结合力相应提高，但当 pH＞10 时，光亮区范围缩小，易烧焦，阳极区易生成 CuOH 沉淀进而转成 Cu_2O，最佳 pH 为 9.0±0.5。一般随着镀液温度的升高，电解液导电能力增加，浓差极化降低，光亮区范围扩大。但温度不宜过高，温度升高会使阴极极化降低，结合力降低，因此最佳温度范围为 30~40℃。

(2) 羟基亚乙基二膦酸盐镀铜

以羟基亚乙基二膦酸盐（HEDP）为配合剂的无氰镀铜具有镀液成分简单、成本低、原料来源广、镀层韧性好、镀液分散能力好、稳定性能高等特点。严格的工艺控制可直接在钢铁制品上镀覆，无需预镀就可获得结合力良好、结晶细致的半光亮镀层。HEDP 镀铜溶液的深镀能力优于氰化物镀铜液，是一种具有发展前景的无氰镀铜工艺。

HEDP 镀铜的最大优点是能在钢铁制品上直接电镀，可获得结合力良好的铜镀层，无需预镀工序，这是其他无氰镀铜工艺不易做到的。但要获得良好结合力的镀层，必须保证铜镀层与钢铁基体结合力良好，电镀时必须避免产物疏松的置换现象，同时必须确保钢铁制品表面消除钝态处于活化状态。

典型的 HEDP 电镀液组成与工艺条件见表 3-22。

表 3-22 HEDP 镀铜电解液组成及工艺条件

组成	碱式碳酸铜	HEDP(100%)	碳酸钾	酒石酸钾	30%过氧化氢
	12~20g/L	80~150g/L	40~60g/L	10g/L	2~4mL/L
工艺条件	pH 值	温度	电流密度	阳极	搅拌方式
	9~10	30~50℃	0.5~1.3A/dm²	电解铜	机械搅拌，压缩空气

HEDP 是铜离子的配合剂，当 ［HEDP］/［Cu^{2+}］ 值大时，镀层结合力较好，结晶细致，镀液分散能力好，阳极溶解正常，但比值太大时，阴极电流效率下降，沉积速度降低。反之，当比值太小时，不但阴极上有绿色铜盐析出，而且结合力下降。试验表明，控制 ［HEDP］/［Cu^{2+}］ 的摩尔比在 3~4 时能获得外观细致、光亮、结合力好的镀层。碳酸钾作为导电盐，酒石酸钾作为辅助配合剂。过氧化氢用以氧化 HEDP 中存在的少量还原性杂质（如亚磷酸根），其用量视 HEDP 的质量而定，一般过氧化氢用量在 2~4mL/L 为宜。

3.3.6 铜镀层的后处理

若镀铜后不再覆盖其他镀层或只是在镀铜层表面进行有机覆盖层涂覆的零件，为了防止其氧化变色，可进行钝化处理。

① 电解钝化处理　室温下，70～80g/L 的重铬酸钠溶液，加入冰醋酸调节 pH＝2.5～3.0，以铅为阳极，电流密度 0.1～0.2A/dm² 下电解 2～10min。

② 化学钝化法　室温下，以 80～100g/L 铬酐、25～35g/L 硫酸、1.5～2g/L 氯化钠的混合溶液为钝化液进行钝化，时间 2～3min。

③ 无铬化学钝化法（二次钝化）　第一次钝化，温度控制在 30～40℃，在 0.25％苯并三氮唑溶液中进行，时间 2～3min。第二次钝化，温度控制在 50～60℃，在 0.05％苯并三氮唑溶液中进行，时间 3～5min。

3.3.7　不合格镀铜层的退除方法

在钢铁零件的镀铜生产中，对镀铜层质量不合格的工件，重镀前需要退除不合格的镀铜层。有时也会遇到某些工件需要临时保护铜层，如局部渗碳的钢铁零件，常用镀铜的方法来保护零件上不需要渗碳的部位，渗碳结束以后，有时需要退除起保护作用的镀铜层。镀件的退铜方法可分为化学法和电解法。化学法退铜电解液的组成及工艺条件见表 3-23。

表 3-23　化学法退铜电解液的组成及工艺条件

组成及工艺条件	配方 1	配方 2	配方 3	配方 4
铬酐/(g/L)	400			
硫酸/(g/L)	50		1000	
间硝基苯磺酸钠/(g/L)		70		
氨水/(mL/L)		70		
氰化钠/(g/L)		70		
氯化钠/(g/L)			40～45	
30％H_2O_2/(mL/L)				25～100
$(NH_4)_2CO_3$/(g/L)				50～100
温度/℃	室温	40～50	60～80	室温
pH 值				8～9

常用的化学退铜法有铬酐-硫酸法和间硝基苯磺酸钠-氰化钠法。铬酐-硫酸法退铜速度快，易于操作，但铬酐对环境有严重污染，且随着退铜液使用时间的延长，溶液中铬酐浓度逐渐降低，铜离子和其他杂质离子浓度逐渐增加。当铜离子含量增加到一定程度时，退铜液将老化变质。间硝基苯磺酸钠-氰化钠法中的氰化钠不仅有剧毒，而且价格昂贵，氰化钠还易与空气中的二氧化碳作用，产生碳酸钠和氢氰酸，造成溶液中碳酸盐的增长，增加氰化钠的消耗量。其他的化学退铜法还有浓硫酸法、浓硝酸法、过氧化氢法等。

电解法适用于大型机械钢件的退铜，多在硝酸盐溶液中进行。NO_3^- 是铜等金属的氧化剂，对镀层金属有氧化作用。NO_3^- 在阳极上放电有利于镀层金属溶解剥离，从而达到退除铜镀层的目的。但单一的硝酸盐容易造成阳极钝化，不利于镀铜层的溶解，一般需加入添加剂。电解法退铜电解液的组成及工艺条件见表 3-24。

表 3-24　电解法退铜电解液的组成及工艺条件

组成及工艺条件	配方 1	配方 2
硝酸钾/(g/L)	80～150	
硝酸铵/(g/L)		80～100
亚硝酸钠/(g/L)	80～120	
柠檬酸钠/(g/L)	150～200	
氨三乙酸/(mL/L)		40～60

组成及工艺条件	配方 1	配方 2
六亚甲基四胺/(g/L)		10~30
pH 值	8~10	4~7
温度/℃	室温	10~50
阳极电流密度/(A/dm²)	3~8	5~15
阴极	不锈钢板(或铁板)	

3.3.8 电镀铜合金

3.3.8.1 电镀铜锌合金

(1) 电镀铜锌合金的工艺特点

铜锌合金镀层的色泽随含锌量的多少而变化，可分为黄铜和白黄铜。黄铜一般含锌20%~30%，白黄铜一般含锌72%。黄铜的强度和腐蚀后的表面状态优于锌、铜、锡。电镀黄铜广泛应用于建筑、五金、灯饰等行业，主要作为装饰性镀层，已有100多年的历史。一般在光亮镍镀层上镀一层很薄的铜锌合金镀层（约1~2μm），以达到装饰的目的，镀层的光泽主要由底层的光泽来衬托。除了具有美丽的金黄色外，还可作为提高钢铁件与橡胶的结合力的中间镀层以及减摩镀层。如果还要在镀层表面着色或者制作花纹，则需较厚镀层。黄铜镀层在大气中会很快地变色，镀后必须用流动水和纯水分别清洗干净，然后进行钝化或着色处理和涂覆有机涂料。

由于铜与锌的标准电势相差甚大，从简单盐镀液中难以共同沉积，因此，只能采用配合物（如氰化钠）配位铜和锌离子，使其析出电势接近，这样才有利于铜和锌共同沉积。目前电镀生产上应用的铜锌合金镀液主要是氰化物镀液，但由于氰化物镀液对环境污染很大，其他类型的镀液如磷酸盐、草酸盐、酒石酸盐、HEDP等镀液也得到了广泛的研究，且具有良好的发展前景。氰化物电镀铜锌合金镀液组成及工艺条件见表3-25。

表 3-25　氰化物电镀铜锌合金镀液组成及工艺条件

组成及工艺条件	配方 1	配方 2	配方 3	配方 4	配方 5
氰化亚铜/(g/L)	30~35	16~20	16~20	53	16~20
氰化锌/(g/L)	2~4	34~40	8~10	30	8~10
总氰化钠/(g/L)	38~67	52~60	35~45	90	35~45
游离氰化钠/(g/L)	2.25~4.5	4.5~6.5	6~16	8	8~12
酒石酸钾钠/(g/L)	15~45	1.5~2.2	30	45	30
碳酸钠/(g/L)	0~30	37.5	30	30	30
氢氧化钠/(g/L)			4~6		
氨水/(mL/L)				1~3	
醋酸铅/(g/L)			0.01~0.02		
pH 值	10.3	10.3	9	10~11	9
温度/℃	25~60	20~30	25~35	40~60	25~35
阴极电流密度/(A/dm²)	0.5~2	0.5~4	0.5~0.7	0.5~3.5	0.5~0.7
含 Cu 量(质量分数)/%	92~95	35	70	70	70
镀层色泽	青铜色	浅白色	常规、光亮	常规	仿金色

(2) 镀液中各成分的作用分析及操作条件的影响

① 氰化亚铜和氰化锌　它们是镀液中供给铜离子和锌离子的主盐，分别以氰化物配盐的形式存在。铜离子和锌离子浓度相对的高低决定了合金中铜与锌含量的高低和镀层色泽的变化。镀层中铜和锌的比例除了与铜和锌的离子浓度有关外，还与镀液中的氰化钠、氢氧化

钠和氨水的含量有关。操作条件的改变亦有影响。因此，必须综合考虑调整才能得到理想色泽的镀层。

② 氰化钠　氰化钠是配合剂，配位铜、锌离子，维持共沉积。必须有适量的游离氰化钠，它可以使镀液稳定和阳极正常溶解，保证铜与锌按所需比例析出。游离氰化钠过低时，镀层中铜含量增加，色泽向暗红色转变，镀层粗糙，严重时使阳极钝化；过高时镀层中铜含量减少，阳极溶解性能好，但阴极电流效率下降。

③ 碳酸钠　适量的碳酸钠可以提高镀液的导电性能和分散能力。在生产过程中由于氰化钠的分解和镀液吸收空气中的二氧化碳，碳酸钠会逐渐增加。其含量过高时，会使阳极钝化和降低阴极电流效率，必须及时除去。

④ 氢氧化钠　加入氢氧化钠可以增加镀液的导电性能，但会使锌不容易析出，一般在滚镀时可少量加入。

⑤ 氨水　氨水可以扩大镀液的阴极电流密度范围并有利于获得色泽均匀的铜锌合金镀层。氨水含量高时，镀层中的锌含量增加。调节氨水含量，可以控制铜和锌在铜锌合金镀层中的比例和外观色泽。

⑥ 酒石酸钾钠　它是阳极去极化剂，可以溶解阳极上的碱性钝化膜。

⑦ 光亮剂　镀液中加入一定的光亮剂，可以得到光泽性好、结晶细致的镀层。常用的光亮剂有镍或铅的化合物、酚及酚的衍生物，某些胶体也可以起到光亮剂的作用。

⑧ 阳极　一般采用与铜锌合金镀层同样比例的铜锌合金作阳极，其中不能含有铁和铅等杂质。铸造后再经过压延的阳极效果较好。阳极面积应大于阴极，在生产过程中应定期刷洗阳极，以防止钝化。

⑨ pH值　它对铜锌合金镀层的外观有明显的影响。pH值高时，镀层中的锌含量提高，反之则铜含量增加。提高pH值一般可用氢氧化钠；降低pH值则可用碳酸氢钠溶液或酒石酸。

⑩ 温度和阴极电流密度　温度对铜锌合金镀层中的金属组成和色泽均有影响。温度高时，合金镀层中的铜含量增加，同时也会加速氰化钠的分解，必须严格控制。阴极电流密度高时合金镀层中的锌含量会增加，并降低镀液的阴极电流效率。过高的电流密度会导致镀层发灰。

(3) 铜锌合金镀层的后处理

铜锌合金镀层在大气中很容易变色或泛斑点，镀后必须立即进行钝化处理和涂覆透明有机涂料。钝化处理工艺如下：重铬酸钾 40～60g/L，用醋酸调节 pH＝3～4，温度 30～40℃，时间 5～10min。透明有机涂料的种类很多，如丙烯酸清漆、聚氨酯清漆、水溶性清漆、有机硅透明树脂等。市售专用涂料很多，可根据不同要求选用。

(4) 不合格铜锌合金镀层的退除

不合格铜锌合金镀层可以采用以下两种溶液退除。

① 铬酐 150～250g/L，浓硫酸 5～10g/L，温度 10～40℃。

② 浓硫酸体积分数 75％，浓硝酸体积分数 25％。

3.3.8.2　电镀铜锡合金

(1) 电镀铜锡合金的工艺特点

铜锡合金（青铜）按镀层含锡量分为三种类型，即含锡量 8％～16％的低锡铜锡合金，16％～40％的中锡铜锡合金，40％～45％的高锡铜锡合金；其外观色泽分别为粉红、金黄和银白。低锡青铜镀层孔隙率低，可抛光性好，有一定的防护能力，在大气中容易变色，故只能用作保护装饰性镀层的底层，上面还必须镀铬。中锡青铜镀层的防护能力高于低锡青铜镀层，但因含锡较高，镀铬后易发花，故很少在生产上应用。高锡铜锡合金色泽银白似铬，硬度高，耐磨性能好，不易变色，耐酸、碱和食品中的有机酸，抛光后具有良好的反光性，可用于反光镀层，电子零件的导电、可焊镀层。但镀层脆性很大，不能用于镀后经受变形的工件。

目前获得较大规模应用的主要是低锡青铜和高锡青铜工艺。低锡青铜镀液有氰化物和焦磷酸盐两种。生产中大多采用氰化物镀液，因为它具有良好的分散能力和覆盖能力，容易维护控制。低锡青铜氰化物镀液又可分为高氰化物和低氰化物两种工艺，其中高氰化物镀液分散能力和覆盖能力均优于低氰化物，镀层的色泽和成分容易控制，得到的铜锡合金镀层结晶细致，结合力好，孔隙率低，抗蚀性强，适当调节镀液中各成分的含量，可以得到低、中、高锡镀层。它的缺点是工作温度高，对环境的危害大。氰化物电镀铜锡合金电解液的组成及工艺条件见表 3-26。

表 3-26　氰化物电镀铜锡合金镀液的组成及工艺规范

组成及工艺条件	配方 1	配方 2	配方 3	配方 4
$CuCN$/(g/L)	7～9	35～42	10～15	20～25
Na_2SnO_3/(g/L)	10～12	30～40	30～45	30～40
游离氰化钠/(g/L)	7～8	20～25	10～15	4～6
氢氧化钠/(g/L)	7～8	7～10	5～7	20～25
三乙醇胺/(g/L)				15～20
酒石酸钾钠/(g/L)				30～40
温度/℃	58～62	50～60	60～70	55～60
阴极电流密度/(A/dm²)	1.5	1～1.5	1.5～2.5	1.5～2

(2) 镀液中各成分的作用分析及操作条件的影响

① 氰化亚铜（CuCN）和锡酸钠（Na_2SnO_3）　它们是供给铜离子和锡离子的主盐。铜离子高时，铜锡合金镀层中的铜含量也增加，电流效率提高，但镀层结晶粗糙，容易产生毛刺。锡离子高时，铜锡合金镀层中的锡含量也增加，镀液电流效率降低，镀层细微。锡含量过高时在其上面镀铬有困难。镀液中铜、锡的浓度和它们的比例需严格控制，才能达到稳定的色泽。

② 氰化钠和氢氧化钠　低锡青铜氰化物镀液中采用氰化钠和氢氧化钠两种配合剂分别配位铜和锡。游离氰化钠可以使铜氰配离子更为稳定，并能促进阳极正常溶解。游离氰化钠含量过低时，镀层容易产生毛刺，阳极易钝化；含量过高时，镀层中的锡含量增加，阴极电流效率下降。

镀液中游离氢氧化钠含量增加，会增加锡配离子的稳定性，增大锡析出的阴极极化，使镀层中的锡含量降低。氢氧化钠含量过高时，阴极电流效率下降，镀层中的铜含量增加，镀层色泽变黄，针孔增加，严重时会造成镀层粗糙和疏松；过低时，锡易水解，使镀液浑浊。

③ 三乙醇胺和酒石酸钾钠　两者是铜的辅助配合剂。酒石酸钾钠还能促进阳极正常溶解消除钝化，三乙醇胺则有助于减少镀层毛刺。

④ 阳极　阳极可采用石墨或合金阳极。采用石墨阳极时，注意铜盐和锡盐要不断地按比例补加。若使用合金阳极，一般使用含锡量为 8%～15%、经回火处理的合金阳极，其溶解性能好，使用方便。阳极与阴极的面积比控制在 (2～3)∶1 的范围。必须使用阳极袋或阳极护篮。

⑤ 温度　操作温度高时合金镀层中的锡含量增加，阴极电流效率亦同时提高。温度过

高时氰化钠会迅速分解，镀层缺乏光泽、呈灰褐色。温度低时合金镀层中的锡含量减少，阴极电流密度和电流效率均降低。温度过低，镀层呈黄红色，阳极不能正常溶解。一般控制在55～60℃为宜。

⑥ pH值　pH值提高，镀层中含锡量会减少；pH值太低会导致锡盐水解，镀层浑浊。

⑦ 电流密度　电流密度高时合金镀层中的锡含量增加，但阴极电流效率下降。电流密度过大，镀层疏松粗糙，阳极易钝化。电流密度过小，镀层无光呈暗红色，小于 $0.5A/dm^2$ 时，锡不易析出。

(3) 不合格铜锌合金镀层的退除

不合格铜锌镀层的退除方法有化学法和电解法，常用工艺见表3-27。

表3-27　不合格铜锌合金镀层的退除工艺

组成及工艺条件	化学法1	化学法2	电解法
氰化钠/(g/L)	70～80		
浓硝酸/(mL/L)		1000	
间硝基苯磺酸钠/(g/L)	70～80		
氯化钠/(g/L)		40	
氢氧化钠/(g/L)			60～75
三乙醇胺/(g/L)			60～70
硝酸钠/(g/L)			15～20
温度/℃	80～100	65～75	35～50
阳极电流密度/(A/dm²)(阳极移动)			1.5～2.5

3.4　电镀镍及镍合金

3.4.1　概述

镍是银白色（略呈黄色）的金属，很硬、难熔，标准电极电位为-0.25V。它具有很强的钝化能力，在空气中能迅速地形成一层极薄的钝化膜，使其保持经久不变的光泽。常温下，镍能很好地防止大气、水和碱液的腐蚀。它在碱、盐和有机酸中很稳定，在硫酸、盐酸中溶解得很慢，易溶于稀硝酸。由于镍的硬度较高（240～500HV），故镀镍层可以提高制品表面硬度，并使其具有较好的耐磨性。在印刷工业中，常用镍来提高铅板表面的硬度。

相对铁而言镍镀层为阴极镀层，因此，只有当镀层完整无缺时，镍层才能对铁基体起到机械保持作用。然而一般镍镀层是多孔的，因此，镍常与其他金属镀层组成多层体系，镍作为底层或中间层，如 Ni/Cu/Ni/Cr、Cu/Ni/Cr 或 Cu/Ni/Ni/Ni/Cr 等体系以提高镀层抗腐蚀性能，有时也用镀镍层作碱性介质的保护层。

镍的交换电流密度（i_0）很小，如室温下镍在1mol/L $NiSO_4$ 电解液中的交换电流密度 $i_0 \approx 10^{-7}A/cm^2$，即使在很小的工作电流密度下，也会产生显著的极化作用，因此，与镀锌、铜等不同，镀镍不需要特殊的配合剂和添加剂。不同镍镀层的性质及用途见表3-28。

表3-28　不同镍镀层的性质及用途

镀层名称	性质	主要用途
暗镍	镀层无光泽,灰白色,易抛光,含硫质量分数0.001%～0.002%	底镀层,普通镀镍

镀层名称	性质	主要用途
半光亮镍	半光亮银白色,含硫质量分数小于0.005%	多层镍的底镀层,也可作表面层
光亮镍	镀层光亮平整,含硫质量分数在0.03%~0.08%	多层镍的中间层,装饰性金、银、锡镀层的底层,也可作表面层
高硫镍	镀层厚度1~2μm,含硫质量分数为0.15%	三层镍的中间层
镍封	为不溶性微粒与镍共沉积的镀层,厚度0.5~2μm,电镀0.5~3min孔隙数20000~40000孔/cm²	微孔铬的底层
高应力镍	镀层应力大,硬度高	微裂纹铬的底层
低应力镍	镀层应力低,可焊性好	线路板镀层、接插件镀金的底层
珍珠镍	镀层色泽柔和,有砂面或珍珠感	装饰性镀层
黑镍	镀层呈黑色	不反光的黑色镀层或经拉丝和防护处理后成为仿古镀层
复合镀镍	以不溶性微粒与镍共沉积形成的功能性镀层	耐磨镀层,自润滑镀层,荧光彩色镀层,纳米镀层等

自1843年R.Bottger由硫酸镍铵溶液电镀沉积出镍层以来,电镀镍至今已有100多年的历史,随着生产的发展和科学技术的进步,各种镀镍液不断出现和完善。1916年美国的O.P.Watts提出著名的瓦特型镀镍液,其以硫酸镍、少量氯化镍、硼酸为基础,使电流密度由$0.5A/dm^2$提高至$4.0A/dm^2$,成为典型的镀镍液,也是电镀镍的转折点,至今仍是光亮、半光亮镀镍、镍封闭等镀液的基础。第二次世界大战以后,随着汽车工业的迅速发展,半光亮镀镍和光亮镀镍工艺发展很快。然而,光亮镍经镀铬后耐腐蚀性能远不如暗镍抛光和半光亮镍好,所以人们又从镀层体系、耐腐蚀机理、快速腐蚀试验方法和镀层质量评价标准等方面进行研究。美国Har-shaw公司的双层镀镍工艺、美国Udylite公司三层镀镍工艺,荷兰N.V丽塞奇公司及美国Udylite公司在镍的复合镀层上再镀微孔铬工艺等,均可以显著提高镀层的耐腐蚀性能。

目前应用的镀镍液体系,按镀液性质分为酸性电解液和碱性电解液,它们的共同特点是均由单盐组成。酸性电解液指pH=2~6的各种镀镍体系,主要有硫酸盐低氯化物体系、硫酸盐高氯化物体系、氯化物体系、氨基磺酸盐体系、氟硼酸盐体系等。碱性电解液如焦磷酸盐体系等。除此之外,还可将镀镍体系按其光泽程度分成暗镍、半光亮镍和全光亮镍、微裂纹镍等。尽管对镀镍有不同的分类方法,总的检验标准是一致的。一个好的体系必须同时考虑电解液是否稳定、镀层性能是否优良、经济效果是否好、操作维护是否容易等。

3.4.2 普通镀镍(暗镍)

(1) 普通镀镍的工艺特点和电极反应

普通镀镍,即镀暗镍工艺是最基本的镀镍工艺,其他的镀镍工艺都是在其基础上发展起来的。根据镀液的性能和用途,可分为低浓度的预镀镍、普通镀液、瓦特液和滚镀液等。普通镀镍液中不含光亮剂,具有镀层结晶细致、易于抛光、韧性好、耐腐蚀等优点。普通镀镍液的组成及工艺条件见表3-29。

表3-29 普通镀镍液的组成及工艺条件

镀液组成及工艺条件	配方1	配方2	配方3	配方4
硫酸镍/(g/L)	120~150	180~250	250~300	200~250
氯化镍/(g/L)			30~60	
氯化钠/(g/L)	7~12	10~12		8~12
硼酸/(g/L)	30~45	30~35	35~40	40~50
硫酸钠/(g/L)	60~80	20~30		

镀液组成及工艺条件	配方1	配方2	配方3	配方4
硫酸镁/(g/L)		30～40		
十二烷基硫酸钠/(g/L)	0.05～0.1		0.04～0.1	
pH 值	5.0～5.6	5.0～5.5	3～4	4.0～4.6
温度/℃	25～35	20～35	45～60	45～50
阴极电流密度/(A/dm²)	0.8～1.5	0.8～1.5	1.0～2.5	1.0～1.5

注：配方1用于预镀镍，配方4为滚镀镍。

一般认为，在普通镀镍液中会发生下列反应：

阴极反应：
$$Ni^{2+} + 2e^- \longrightarrow Ni \tag{3-60}$$
$$2H^+ + 2e^- \longrightarrow H_2 \uparrow \tag{3-61}$$

阳极反应：
$$Ni - 2e^- \longrightarrow Ni^{2+} \tag{3-62}$$

当 Cl^- 含量不足时，电极发生钝化，有氧气产生，
$$2H_2O - 4e^- \longrightarrow 4H^+ + O_2 \uparrow \tag{3-63}$$

加入 Cl^- 可以防止阳极钝化，但也可能发生析出氯气的副反应。
$$2Cl^- - 2e^- \longrightarrow Cl_2 \uparrow \tag{3-64}$$

(2) 镀液各成分的作用分析及工艺条件的影响

① 硫酸镍　镀镍液的主盐可以采用硫酸镍和氯化镍，其中硫酸镍应用较广泛，因为其溶解度大、纯度高，价格低廉。使用氯化镍配制的镀液分散能力和导电性均优于硫酸镍，但氯离子含量过高会使镀层内应力变大，加剧厂房及设备的腐蚀。

镍盐的含量可在较大范围内变化，一般控制在 100～350g/L。当镍盐含量低时，镀液的分散能力好，镀层结晶细致，易于抛光，但沉积速度慢，阴极电流效率低。当含量高时，允许使用的电流密度高，沉积速度快，适用于快速镀镍；含量过高时阴极极化降低，分散能力变差，同时镀液的带出损失较大。

② 氯化镍或氯化钠　这些化合物中的 Cl^- 为阳极活化剂。氯化镍除了作为主盐和导电盐外，还可起到阳极活化剂的作用。在镀镍液中，若不加 Cl^- 或 Cl^- 含量不足时，阳极容易钝化。此外，Cl^- 还可提高镀液的导电性，增加其极化度，改善其分散能力。但 Cl^- 含量过高时，会引起阳极过腐蚀，产生大量阳极泥，镀层粗糙有毛刺。在快速镀镍溶液中，为了减少钠离子的影响，通常采用氯化镍作为阳极活化剂。

③ 硼酸　硼酸是常用的缓冲剂，还使镀层结晶细致、不易烧焦。当硼酸含量小于15g/L时，它的缓冲作用甚微，含量达到30g/L以上时，缓冲作用才比较显著。因此，在一般的镀镍液中，硼酸含量通常维持在 30～40g/L。

④ 十二烷基硫酸钠　十二烷基硫酸钠是一种阴离子表面活性剂，作为润湿剂或称针孔防止剂使用。镀镍层的针孔是比较多的，其形成原因是氢气泡在阴极表面滞留而发生屏蔽作用的结果。同时，氢的析出也可降低阴极电流效率。润湿剂能吸附在阴极表面，降低电极与镀液间界面张力，使镀液对电极表面的润湿性能变好，氢气不易吸附在电极表面，从而减少或消除针孔的发生。十二烷基硫酸钠为常用的润湿剂，适宜用量为 0.05～0.15g/L。对使用压缩空气搅拌镀液的体系，为了减少泡沫，也可加入辛基硫酸钠或2-乙基己烷基硫酸钠等低泡润湿剂。

⑤ 阳极　镍阳极溶解的难易与其材料有关。一般铸造阳极溶解较好，但溶解不均匀、产生的残渣较多；轧制阳极溶解比较均匀，但溶解较难；使用电解镍板作阳极，纯度较高，溶解性能居中，残渣也较多。为了防止阳极残渣掉入溶液而影响镀层质量，使用时需要阳极

袋。目前一种具有高电化学活性、溶解均匀、残渣又少的含硫电解镍阳极已在工业中应用。它可加工成方块或圆饼状（镍冠）放入钛篮中使用，还可以加工成不使用钛篮的镍条状阳极。

⑥ pH 值　镀镍液的 pH 值对其性能及镀层外观和机械性能影响很大。pH 值过低（<2），镍不能沉积，在阴极上只能析出氢气，阴极电流效率下降；pH 值过高，由于 H_2 的不断析出，紧靠阴极表面的镀液 pH 值迅速升高，导致 $Ni(OH)_2$ 胶体的产生。$Ni(OH)_2$ 胶体在镀层中的夹带将导致镀层发脆，同时它在镀层表面的吸附还会造成氢气泡在电极表面的滞留，使镀层孔隙率增加。镀镍液 pH 值对镀液性能和镀层质量的影响见表 3-30。

表 3-30　镀镍液 pH 值对镀液性能和镀层质量的影响

条件及性能	pH 值低的镀液	pH 值高的镀液
pH 值	3.2~4	5.2~5.6
镀液中镍离子含量	高	低
镀液温度/℃	45~60	18~35
电流密度	范围较宽	上限低
电流效率	低	高
针孔	少	多
镀层硬度	硬度低,镀层韧性好	硬度高,镀层应力大

⑦ 温度　在温度较高的镀液中获得的镍镀层内应力小，延展性好。升高温度可以提高盐类的溶解度，增加镀液的电导，因此可采用镍盐浓度较高的镀液，并且可在较高的电流密度下工作，同时阳极极化和阴极极化均有所降低，阳极不易钝化，阴极电流效率也随之增加。但随着温度的升高，盐类水解及氢氧化物沉淀的倾向增大，镀层易出现针孔，镀液的分散能力也有所降低。在生产中，普通镀镍一般采用 18~35℃，对于快速镀镍、镀厚镍以及光亮镀镍一般采用 40~60℃为宜。

⑧ 电流密度　在镀镍过程中所采用的电流密度与镀液组成、温度和搅拌强度有关，只能根据相关具体情况而定，不能随意选择。镀暗镍时，温度较低，镍盐含量不高，采用阴极移动对镀液的搅拌不剧烈，故使用的阴极电流密度较低。阴极电流密度对阴极电流效率、沉积速度和镀层质量都有影响。当 pH 值低时，在低电流密度区，阴极电流效率随电流密度的增加而增加；而在高电流密度区，阴极电流效率与电流密度关系不大。当 pH 值较高时，电流效率几乎与电流密度无关。因此在电镀生产中，更需注意的是电流密度、pH 值和搅拌强度之间的配合，并不是某一条件的具体数值。

⑨ 搅拌　搅拌能加速传质过程，使反应粒子迅速到达电极表面，减小浓差极化，加大使用的电流密度上限。对镀镍过程，搅拌更具有特殊作用：搅拌不仅可以防止在阴极表面附近液层中镍离子和氢离子的贫乏而引起 pH 值的增加，还有利于氢气泡从阴极表面逸出，减少镀层的针孔。搅拌方式可采用阴极移动、净化压缩空气搅拌等方式。

3.4.3　光亮镀镍

以瓦特型镀镍液为基础，在镀液中加入不同的光亮剂，就可以得到半光亮和光亮镍镀层。光亮镀镍镀液在目前镀镍工艺中应用最广泛。它的特点是：①能够在镀液中直接获得全光亮并具有一定整平性的镍层。光亮镀镍层依靠不同光亮剂之间的良好配合而获得，能够达到普通镀镍层经抛光后的装饰性镀镍层亮度。②有利于连续生产，省去了中间抛光工序，降低劳动强度，改善操作环境，提高劳动生产率，降低生产成本。③光亮镍层的耐蚀性较差，因为其含硫量较高，化学活性较强，单独作用时耐蚀性不如普通镀镍。必须采用铜底层或双层镍使其耐蚀性得到改善和提高，或对光亮镍进行有效封闭以提高其抗变暗能力，也可镀一层铬提高其耐蚀性和抗磨性。

3.4.3.1 镀镍光亮剂

光亮镀镍中的添加剂绝大多数是有机化合物。有机添加剂在镀液中的含量虽然很少，但作用很大。除了可使镀层光亮之外，其还在很大程度上决定了镀层的机械和化学性能。光亮镀镍的添加剂就其作用可分为光亮剂、整平剂、应力消除剂和润湿剂。有的添加剂往往具有多种功能，例如糖精既是光亮剂，又是应力消除剂；香豆素既是整平剂，也是光亮剂。根据光亮剂的作用，习惯上把镀镍光亮剂分成初级光亮剂（亦称第一类光亮剂或载体光亮剂）、次级光亮剂（亦称第二类光亮剂或主光剂）和辅助光亮剂三大类。

(1) 初级光亮剂（第一类光亮剂或载体光亮剂）

初级光亮剂大都是含有双键碳磺酰基结构（$=C-SO_2-$）的有机含硫化合物。它们的不饱和键大多在芳香基上，如苯环、萘环，其通式为 $R^1-SO_2-R^2$，其中 R^1 为一个或数个芳香烃（苯、甲苯、萘等）；R^2 为 $-OH$、$-ONa$、$-NH_2$、$-NH$、$-H$ 等基团。常见的有苯亚磺酸、对甲苯磺酰胺、1,3,6-萘三磺酸、邻磺酰苯酰亚胺（糖精）、双苯磺酰亚胺等。其中糖精是使用最广泛的初级光亮剂。

初级光亮剂参与电极反应后，能以新沉积的镍作为催化剂，在阴极上进行电解反应，生成相应的含硫化合物，最终还原成为硫化物，并以硫化镍的形式进入镀层，使光亮镍镀层中含硫量在 0.05%～0.1% 之间，因而使镀层具有较负的电位，产生有利的化学活性。初级光亮剂的不饱和键吸附在阴极表面的晶粒生长部位，如晶体顶端、边缘等处，具有显著减小镍镀层晶粒尺寸的作用，使镀层产生柔和的光泽，但不能产生镜面光泽，只有与次级光亮剂配合作用才能使镀层达以全光亮。

初级光亮剂的加入会使镀层出现压应力，加入量适当，可以抵消镀暗镍时或加入次级光亮剂后产生的张应力。如果两种光亮剂配合得当，能大大降低镀层的内应力，从而提高其韧性和延展性。因此，初级光亮剂也被称为应力剂或柔软剂。初级光亮剂对电极极化的影响比较小，当浓度较低时，一般使阴极过电位增加 5～45mV；浓度提高时，过电位不再明显增加。用量过多时，会使镀层具有过大的压应力，也会使镀层脱落。

初级光亮剂不足，在高电流密度区镀层光亮度下降，在低电流密度区由于次级光亮剂的存在依然光亮。加入适量的初级光亮剂后，可扩大光亮电镀范围，从而能够在宽广的电流密度范围内获得光亮镍镀层。

初级光亮剂具有抗杂质作用，特别是在高浓度时能降低各类金属杂质的不良作用，改善低电流密度区的镀层质量。苯亚磺酸抗杂质的作用更明显，特别适宜于防止低电区的镀层发暗。初级光亮剂的不饱和键吸附在数量有限的阴极表面的晶粒生长点上，故其允许用量较大，一般在 0.5～8g/L 左右。

(2) 次级光亮剂（第二类光亮剂或主光剂）

光亮镀镍液中常使用的次级光亮剂多含有不饱和基团，如羰基、炔基和 $=C-N-$ 等有机化合物，其吸附力强，若单独使用，虽然可获得光亮镀层，但光亮区电流密度范围狭窄，镀层张应力和脆性大。只有和第一类光亮剂配合使用时，才能发挥最佳的协同作用效果，光亮范围明显扩大，可获得具有镜面光泽和延展性良好的镍镀层。有些次级光亮剂还兼具整平作用，对基体表面原有的微细粗糙处（包括抛光过程中产生的丝痕）起到补漏和填平作用，其中醛基光亮剂的整平作用最差，吡啶、喹啉、异喹啉、香豆素和炔醇类等光亮剂具有最佳的整平作用。次级光亮剂能大幅度提高阴极极化（可达数百毫伏），因此能明显改善镀液的分散能力。目前，市场上出售的次级光亮剂多属组合型，中间体大多是炔与环氧化合物的缩合物及氮杂环化合物的衍生物。部分次级光亮剂中间体的名称、用途及其参考用量见表 3-31。

表 3-31　部分次级光亮剂中间体的名称、用途及其参考用量

化学名称	简称	用途	参考用量/(g/L)
1,4-丁炔二醇	BOZ	弱型次级光亮剂	0.1～0.2
二乙氧基丁炔二醇	BEO	中强型次级光亮剂	0.02～0.05
丙氧基丁炔二醇	BMP	中强型次级光亮剂	0.05～0.15
乙氧基丁炔二醇	PME	强次级光亮、整平剂	0.01～0.03
丙氧基丙炔醇	PAP	强次级光亮、整平剂	0.01～0.03
二乙基丙炔醇	DEP	强次级光亮、整平剂	0.001～0.01
硫酸丙烷吡啶	PPS	光亮剂、特效整平剂	0.1～0.3

目前使用较多的次级光亮剂是 1,4-丁炔二醇的环氧合成物，其价格较低，具有光亮和弱整平作用，镀层脆性小。丙炔醇与环氧的化合物亦有很好的光亮和整平作用，只需很少用量即可产生明显的效果。炔胺类化合物具有良好的光亮整平作用，用量极少就能起明显的效果。吡啶衍生物具有优异的整平能力，尤其在高、中电流密度区，即使在镀层很薄的情况下，也有较好的整平能力，但它的脆性较大，用量必须控制。

(3) 辅助光亮剂

辅助光亮剂大多数是脂肪族的不饱和化合物，其分子中既含有初级光亮剂的 C—S 基团，又含有次级光亮剂的 C=C 基团。辅助光亮剂在单独使用时不能获得光亮，而与光亮剂配合使用时可改善镀层的覆盖能力、降低镀液对金属杂质的敏感性、减少针孔、出光快、并降低次级光亮剂的消耗量。其中炔丙基磺酸钠改善镀液在低电流密度区的整平能力、分散能力和抗杂质等方面的效果较好。部分辅助光亮剂中间体的名称、分子式及参考用量见表 3-32。

表 3-32　部分辅助光亮剂中间体的名称、分子式及参考用量

化学名称	分子式	简称	参考用量/(g/L)
烯丙基磺酸钠	$CH_2=CH-CH_2SO_3Na$	ALS	3～10
乙烯磺酸钠	$CH_2=CH-SO_3Na$	VS	2～4
炔丙基磺酸钠	$HC\equiv C-CH_2SO_3Na$	PS	0.05～0.15

辅助光亮剂的特殊效应在于其具有初级光亮剂和次级光亮剂所不具有的作用：a. 改善低电流密度区镀层质量，其中炔丙基磺酸钠的作用更为显著，能够提高镀液在低电区的整平能力、分散能力和覆盖能力；b. 对镀液中金属杂质的配位能力强，能够降低镀液对金属杂质的敏感性，提高镀液的抗杂质能力；c. 能降低表面张力，防止或减少针孔。因此，辅助光亮剂不是可有可无的组成，适当添加辅助光亮剂后能对镀镍光亮剂起到如虎添翼的作用。现代国内外任何一种高质量的镀镍光亮剂都加入了多种辅助光亮剂，由于其性能优越而身价百倍。

3.4.3.2　光亮镀镍工艺

光亮镀镍液的组成及工艺条件见表 3-33。

表 3-33　光亮镀镍液的组成及工艺条件

组成及工艺条件	配方 1	配方 2	配方 4
硫酸镍/(g/L)	280～320	300～350	280～340
氯化镍/(g/L)	15～20	40～50	40～50

组成及工艺条件	配方1	配方2	配方4
硼酸/(g/L)	35~40	40~50	40~50
十二烷基硫酸钠/(g/L)	0.1~0.2	0.1~0.2	0.1~0.2
糖精/(g/L)	0.5~1	0.8~1	0.8~1
1,4-丁炔二醇/(g/L)	0.2~0.5	0.4~0.5	
BE/(mL/L)	2~4		0.4~0.6
烯丙基磺酸钠/(g/L)			0.4~2
pH值	4.2~4.8	3.8~4.4	4~4.8
温度/℃	50~55	50~55	45~50
阴极电流密度/(A/dm²)	2~4	2~5	2~5
搅拌方式	阴极移动	阴极移动	阴极移动

光亮镀镍液组成中，主盐、缓冲剂、阳极活化剂、润湿剂等与暗镍镀液都是相同的，对电镀过程的影响也与暗镍镀液相同，两者的不同之处在于：

① 光亮镀镍液中，必须加入光亮剂，而且光亮剂为2~3种的组合。常用的初级光亮剂是糖精，也有以糖精为主，再复配一些其他成分。它们的功能也稍有不同，有的只起光亮作用，有的兼具光亮和整平作用，而辅助光亮剂则起到提高出光和整平速度的作用。

② 从操作条件来看，光亮镀镍液的pH值比暗镍低，温度则比暗镍高，再加上采用搅拌镀液的措施，故允许的电流密度比暗镍大，沉积速度也比暗镍快。

③ 虽然电解镍和铸造镍是常用的阳极材料，但对光亮镀镍来说，含硫阳极具有更好的效果。它不仅溶解电压低、溶解性能好，而且阳极中所含的微量硫随阳极溶解进入镀液后，能沉淀镀液中的铜杂质，起到净化镀液的作用。

3.4.4 镀多层镍

对于钢铁基体来说，镀镍层属于阴极镀层，它对基体只有机械保护作用，当镀层较薄、存在孔隙和裂纹时，基体将遭受腐蚀。因此，单层镍只有靠增加镀层的厚度来提高其耐蚀性，这样既浪费材料，又延长加工时间。为了提高镍层机械性能及抗腐蚀能力，国外自19世纪50年代以来，开发了多层镍-铬为主体的防护装饰性镀层体系。

目前用于生产的防护装饰镀层组合体系有基体/半光亮镍/亮镍/铬、基体/半光亮镍/亮镍/镍封闭/铬、基体/铜/亮镍/镍封闭/铬、基体/半光亮镍/亮镍/高应力镍/铬、基体/半光亮镍/缎面镍/铬、基体/半光亮镍/高硫镍/亮镍/铬、基体/（氰化铜）/亮镍/铬、基体/氰化铜/酸性亮镍/亮镍/铬、塑料件金属化后酸性亮铜/亮镍/铬、基体/半光亮镍/高硫镍/亮镍/镍封闭/铬等。

双层镍中，半光亮层的厚度占总厚度70%~80%，含硫量小于0.005%；光亮层则较薄，含硫量一般为0.04%~0.08%，一般两者的比例为3:1。三层镍是在双层镍中央增加一层更活泼的高硫镍，使腐蚀集中在高硫层，从而进一步提高其耐蚀性。三层镍中，高硫层的含硫量一般大于0.15%，厚度小于总厚度10%；半光亮镍层的厚度不低于总厚度的50%，含硫量应小于0.005%；光亮层的厚度不低于总厚度的20%，含硫量为0.04%~0.08%。

(1) 多层镍体系的防腐蚀机理

多层镍/铬镀层体系通过电化学保护作用提高镀层抗腐蚀性能。电化学保护分为牺牲阳极型（如双层镍和高硫镍组合镀层）和腐蚀分散型（如镍封闭及高应力镍组合的镀层）两种。

① 牺牲阳极型　它是通过牺牲多层镍组合镀层中电位较负的镀层来延缓电位较正镀层的腐蚀，从而使整个镀层的耐腐蚀性能得到提高。例如，双层镍/铬体系是在基底上先沉积一层半光亮镍，然后在其外面套上一层亮镍，由于前者的填充性更好，这样镀层的机械性能由韧性较好的半亮镍决定，外观又很漂亮。在单层镍/铬体系中，当腐蚀介质通过铬镀层的孔隙或裂纹腐蚀穿透光亮镍层直至基体时（镍层通常是多孔的），由于铁的电极电位比镍还负，在腐蚀微电池中作为负极受到腐蚀，即腐蚀向纵向发展。

而在双层镍/铬体系中，当腐蚀介质通过铬层孔隙或裂纹将光亮镍腐蚀并穿透至半亮镍层时，光亮镍与半光亮镍组成腐蚀微电池。镍镀层含硫量越高，电位越负，此时含硫量较高的亮镍作为负极，而含硫量较低的半光亮镍作为正极，这样光亮镍成为牺牲阳极而腐蚀，使得腐蚀方向由纵向变成横向发展，半光亮镍层受到保护，从而使整个镀层体系的耐蚀性提高。研究表明，影响耐蚀性的主要因素是半光亮镍与亮镍层之间的电位差，通常要求两者之间的电位差应至少在 120mV 以上，才能使腐蚀集中于光亮镍的横向发展，从而保护基体和半光亮镍。电势差的形成是通过使用不同含硫量的光亮剂来实现的。同时，双层镍的耐蚀性还受光亮镍和半光亮镍厚度比的影响。对钢铁基体而言，半光亮镍的厚度占镍镀层总厚度 2/3 时，其耐蚀性最好。

② 腐蚀分散型　这是通过适当的工艺在铬层上形成大量的微孔隙或微裂纹，使腐蚀电流大大分散，从而达到延缓腐蚀的目的。常规铬表面的孔隙或裂纹粗而少，腐蚀电流较集中，腐蚀可迅速向纵深发展，直至贯穿到底层。而在微孔铬或微裂纹铬中，由于铬层表面有大量的微孔隙或微裂纹，在这些部位形成大量的腐蚀微电池，可分散镍层的腐蚀电流，从而延缓镍层的穿透速度，使整个镀层体系的耐腐蚀性明显提高。

（2）电镀半光亮镍

半光亮镍在现代电镀实践中占有相当重要的位置。首先，为了达到抗腐蚀的特殊要求，半光亮镍的电位必须比光亮镍正，因此半光亮镍必须是无硫镍层，含硫量 0.003%～0.005%，才能使电位差达到 120mV 以上。这说明不能采用许多能使镍层产生整平和光亮的含硫添加剂。其次，半光亮镀镍比暗镍具有较好的整平性和抛光性能。最初是将半光亮镍用于汽车的保险杠，取代瓦特镀液得到的普通暗镍层，以减轻抛光的劳动强度。

在实际生产应用中，半光亮镍仅作为多镍层体系中的第一层镀层，以达到抗腐蚀的特殊要求。半光亮镍镀层含硫小于 0.005%，耐腐蚀性好，整平性好，内应力低，延伸率较好（一般＞8%），也可以单独使用。它采用不含硫的光亮剂，如香豆素、丁炔二醇等，并采用甲醛、乙酸、甲酸等作为稳定剂。半光亮镀镍液的组成及工艺条件见表 3-34。

表 3-34　半光亮镀镍液的组成及工艺条件

组成及工艺条件	配方 1	配方 2	配方 3
硫酸镍/(g/L)	300～350	260～300	240～280
氯化镍/(g/L)	35～45	30～40	45～60
硼酸/(g/L)	35～45	35～40	35～40
甲醛/(mL/L)	0.2～0.3		
香豆素/(g/L)	0.05～0.15	0.15～0.3	
1,4-丁炔二醇/(g/L)	0.25	0.2～0.3	0.2～0.3
十二烷基硫酸钠/(g/L)		0.01～0.03	0.01～0.02
聚乙二醇/(g/L)		0.01	
乙酸/(g/L)			1～3
水合三氯乙醛/(g/L)	0.4～0.8		
pH 值	3.5～4.5	3.8～4.2	4.0～4.5

组成及工艺条件	配方1	配方2	配方3
温度/℃	48～52	55～60	45～50
阴极电流密度/(A/dm²)	2～3	3～4	3～4
搅拌方式	阴极移动	阴极移动	阴极移动

(3) 镍封闭

镍封闭又称复合镀镍，它是在一般光亮镀镍液中加入固体非金属微粒（直径<0.5μm），借助搅拌，使固相微粒与镍离子共同沉积，并均匀分布在金属组织中，从而在制品表面形成由金属镍和非金属固体颗粒组成的致密镀层。在这种镀层上沉积铬时，由于微粒不导电，故微粒上无铬沉积，从而得到微孔型的铬层，如图3-27所示。这种铬层对提高镍/铬防护性镀层体系的耐蚀性起着重要作用。

图3-27　镍封＋铬扫描电镜照片

据资料报道，作为防护装饰性镀层的微孔铬，其微孔数一般应为10000～50000孔/cm²，微孔数过少，耐蚀性提高不明显；微孔数过多（如达80000孔/cm²），镀层会出现倒光现象，影响装饰性。同时铬层厚度也不能过厚，一般在0.25～0.5μm为好。如铬层过厚，会出现"搭桥"现象，遮住微孔表面，微孔会因而消失，得不到微孔铬。镍封闭电镀液的组成及工艺条件见表3-35。

表3-35　镍封闭电解液的组成及工艺条件

组成及工艺条件	配方1	配方2	配方3
硫酸镍/(g/L)	300～350	300～350	240～280
氯化镍/(g/L)	25～35		45～50
硼酸/(g/L)	40～45	35	35～40
氯化钠/(g/L)		10～15	
糖精/(g/L)	2.5～3	0.8～1.0	1.2～1.5
1,4-丁炔二醇/(g/L)	0.4～0.5	0.2～0.3	0.2～0.3
聚乙二醇/(g/L)	0.15～0.2	0.01～0.03	
乙二胺四乙酸二钠/(g/L)		0.3～0.4	
二氧化硅/(g/L)	50～100	10～25	
硫酸钡/(g/L)			40～60
添加剂/(mL/L)		适量	
pH值	4.2～4.6	3.8～4.2	3.4～4.0
温度/℃	55～60	55～60	45～50
阴极电流密度/(A/dm²)	3～4	3～4	3～4
搅拌方式	空气搅拌	阴极移动	空气搅拌
时间/min	3～5	1～5	3～5

(4) 电镀高应力镍

高应力镍工艺通常是在光亮镍层上镀一层应力很高且结合力良好的薄镍层（1～2.5μm），然后再在标准镀铬槽中镀铬。因为高应力镍层易龟裂成微裂纹，铬层也相应呈微裂纹状，裂纹数目为250～800条/cm。在电化学腐蚀过程中，与微孔铬相似，微裂纹铬能够分散镍铬镀层间的腐蚀电流，显著提高镀层的耐蚀性。与微孔铬工艺相比，微裂纹铬工艺的优点是镀液稳定，容易控制，裂纹重现性好，目前主要用于电镀汽车保险杠等零件。

高应力镍电解液的主盐多采用氯化镍，也可部分采用硫酸盐。为了使镀层有高的应力，常使用多种有机添加剂。目前常用的添加剂有：3-吡啶甲醇、异烟肼、对苯二甲酸、4-吡啶丙烯酸、3-吡啶羧酸、六亚甲基四胺等。高应力镍电解液的组成及工艺条件见表 3-36。

表 3-36　高应力镍电解液的组成及工艺条件

组成及工艺条件	配方 1	配方 2	配方 3
氯化镍/(g/L)	220	200～240	50
乙酸铵/(g/L)	60		45
醋酸钠/(g/L)		60～80	
3-吡啶甲醇/(g/L)	0.4		
4-吡啶丙烯酸/(g/L)			0.3～0.5
异烟肼/(g/L)		0.15～0.3	
十二烷基硫酸钠/(g/L)	1		0.1～0.3
2-乙基己基硫酸钠/(g/L)		1～3	1～2
pH 值	3.5	3～4	3.4～4.0
温度/℃	30～45	35～45	35～50
阴极电流密度/(A/dm²)	5～15	3～10	3～10
时间/min	0.5～5	0.5～5	0.5～3

镀液中的铵离子、钠离子和醋酸根均具有增加镀层应力的效果，低温、低 pH 值、高电流密度亦有利于增加镀层应力。异烟肼等有机添加剂的加入，可在较高浓度和温度下获得高应力镍。

电镀高应力镍的零件经镀铬后，应使用热水浸渍，使镀层的应力充分释放，否则零件在存放过程中，由于残余应力的作用会产生大量裂纹，造成产品不合格。同时，高应力镍镀液中含有大量氯离子，零件从镀镍液中取出后，必须充分水洗，以防止氯离子带入镀铬液，造成镀铬液污染。

(5) 电镀高硫镍

高硫镍是三层镍/铬体系的中间层，即在半光亮镍与光亮镍之间再镀一层 0.25～1μm 厚的高硫镍，镀层含硫量 0.1%～0.2%，电位比光亮镍还负 20～60mV。这种镍的电化学活性高于铜、铜锡合金、暗镍、半亮镍、光亮镍和铬等。因为高硫镍层在三层镍中电位最负，当腐蚀介质通过铬、光亮镍和高硫镍的孔隙到达半光亮镍表面时，半光亮镍与高硫镍之间的电势差比双层镍更大，而且相对于光亮镍来说，高硫镍是阳极镀层，它能牺牲自己，保护光亮镍和半光亮镍不受腐蚀，从而进一步延缓腐蚀介质沿垂直方向穿透的速度，腐蚀过程将在高硫镍层上横向进行，直至被完全腐蚀为止。此时，支撑在腐蚀坑上的亮镍对半亮镍仍起保护作用，致使半光亮镍几乎不被腐蚀，所以三层镍的防护性比双层镍更为优越。

镀层中的含硫量主要靠添加剂来控制。要以半光亮镍-高硫镍-光亮镍之间的电位差为主要依据来选择高硫镍工艺条件，采用含硫量稳定、便于维护和管理的镀液。高硫镍电解液的组成及工艺条件见表 3-37。

表 3-37　高硫镍电解液的组成及工艺条件

组成及工艺条件	配方 1	配方 2	配方 3
硫酸镍/(g/L)	320～350	300	300
氯化镍/(g/L)	30～50	40	60～90
硼酸/(g/L)	35～45	40	38
糖精/(g/L)	0.8～1	1	
1,4-丁炔二醇/(g/L)	0.3～0.5		
十二烷基硫酸钠/(g/L)	0.05～0.15		
添加剂/(mL/L)		适量	适量

组成及工艺条件	配方1	配方2	配方3
苯亚磺酸钠/(g/L)	0.5~1		
pH值	2~2.5	4~4.6	2~3
温度/℃	40~50	40~45	4~52
阴极电流密度/(A/dm²)	3~4	1.5~2	2.1~4.3

3.4.5 特殊用途镀镍

(1) 电镀黑镍和枪色镍

黑色镍和枪色镍（黑珍珠）具有很好的消光能力，主要用于光学镀层（如照相器材、光学仪器、太阳能热水器等）和仿古装饰镀等。在钢铁零件上直接镀黑镍时，镀层与基体结合力不好，若用铜作中间层，耐蚀性差，而用镍作中间层时结合力和耐蚀性均可提高。氢气和氧气在黑镍上电解析出的过电位很小，因此，其可在电解水制取氢气和氧气的生产中作电极。

黑镍镀层比较硬而脆，镀层较薄，一般只有 $2\mu m$ 左右，抗蚀能力差，镀层表面需要经过涂漆或浸油处理以提高耐蚀性。镀黑镍时，电解液不需要搅拌。为了避免产生针孔，可加入少量润湿剂（如十二烷基硫酸钠 0.01~0.03g/L）。零件需带电入槽，中途不能断电。挂具用过 2~3 次后，应退去镀层，以免接触不良。

黑镍镀层中含有较多的非金属相，如含锌的黑镍镀层，大致成分为含镍质量分数 40%~60%、锌 20%~30%、硫 10%~15%、有机物 10% 左右，它是镍、锌、硫化镍、硫化锌和有机物的混合体。关于镀层呈现黑色和枪色外观的原因，目前仍不清楚。有的学者认为是由于镀层中存在黑色硫化物（硫化镍和硫化锌）所致，另一些人则认为是由于镀层结构的作用而呈现黑色，也有人把两种看法结合起来解释。

电镀黑镍工艺的实施和外观选择要根据产品的要求来决定，因为黑色色调不同，带来的应用效果也不同。目前市场已有不同黑度的黑镍盐供应，也有配好的枪色镍浓缩液供应。

黑镍镀液主要有以下几类：

① 硫氰酸盐类　含有硫氰酸盐类的镀液在国内外应用都较为普遍，电镀时硫氰酸盐在阴极上进行电解还原，不断生成的 H_2S 与溶液中的 Ni^{2+} 生成黑色 NiS 并在阴极表面沉积，同时镀液中 Zn^{2+} 参与阴极还原，与 NiS 共沉积成为黑色合金层。

② 钼酸铵类　该工艺在电解过程中，Ni 骨架沉积于阴极表面形成晶核，同时产生还原产物黑色的 Mo_2O_3，弥散在晶核周围。

③ 硫脲类　这种镀液黑色合金形成原理是以 Ni 为主骨架结成晶核，以硫脲作为主要发黑剂在晶核周围沉积，形成一种完全吸收光波的镀层，看上去为黑色，镀层结晶细致、均匀，呈深黑色。其机理与硫氰酸盐的形成机理相似，且槽液和镀层性能并未完全超脱出硫氰酸盐类的范畴。

(2) 电镀珍珠镍（缎面镍）

珍珠镍电镀工艺是一种 20 世纪 60 年代初开始发展的新工艺，几十年来发展很快，现已成为一种较重要的防腐装饰性电镀工艺。从外观来看，珍珠镍介乎暗镍和光亮镍之间。它的光泽既不像光亮镍层那样镜面光亮，也不像暗镍层那样暗淡无光，而是色泽柔和美观，犹如绸缎状，故又称为缎面镍。

珍珠镍结晶细致、孔隙少、内应力低、耐蚀性好，色调柔和，不会因手触摸留下痕迹。其广泛用于镀铬、银、金的底层，也可以直接作为防护装饰性镀层的表层，在汽车内部装配件、摩托车零部件、照相机零件、专用电器装配件，尤其是在手表业、首饰、室内装饰品等方面应用甚广。缎面镍镀层不但别具一格的装饰性，而且有较好的防锈性能，另外，镀层还具有较好的韧性。从图 3-28 可以看出，光亮镍表面光滑平整、结晶细致，因而镀层具有很高的光泽；而缎面镍表面均匀地分布有大量圆型凹坑，因此对入射光有漫反射效果，呈现缎状外观。

(a) 光亮镍镀层　　　　　　(b) 缎面镍镀层

图 3-28　光亮镍和缎面镍镀层的扫描电子显微镜照片

珍珠镍的电镀工艺与镀镍封层基本相同，其选用的不溶性固体微粒的直径比镀镍封大一些，一般为 $0.03\sim3\mu m$，基础镀液可以选用光亮镍或半亮镍的镀液。另外，在镀液中加入某些有机物，如阴离子和两性物质，它们在电解条件下与镀液形成直径相近于胶体微粒的沉淀物，在阴极与镍共沉积，可以获得具有珠光光泽的缎面镍镀层。选择添加剂的品种和浓度，即可控制沉淀物的直径，从而在较宽的电流密度范围都能非常均匀地沉积镀层，镀层色调也可以在很大范围内调整，因此这类镀液得到了广泛的使用。

电镀缎面镍可选用黄铜、铁、ABS 塑料等材料作为基体，基本工艺见图 3-29（ABS 塑料电镀前处理可参照有关资料）。

图 3-29　电镀缎面镍工艺流程

3.4.6　不合格镍层的退除

(1) 化学退除法

不合格镍镀层的化学法退除工艺见表 3-38。

表 3-38　不合格镍镀层的化学法退除工艺

组成及工艺条件	钢铁基体	铜及铜合金基体	
		步骤 1	步骤 2
浓硝酸/(mL/L)	1000		
氯化钠/(g/L)	40		
间硝基苯磺酸钠/(g/L)		60～70	
硫酸/(g/L)		100～120	
硫氰酸钾/(g/L)		0.5～1	
氰化钠/(g/L)			30
氢氧化钠/(mL/L)			39
温度/℃	50～60	80～100	
时间	退净为止	至表面转至深棕色	除去棕色膜

（2）电解退除法

不合格镍镀层的电解法退除工艺见表3-39。

表3-39　不合格镍镀层的电解法退除工艺

组成及工艺条件	钢铁基体			铜及铜合金基体		
	工艺1	工艺2	工艺3	工艺4	工艺5	工艺6
铬酐/(g/L)	250～300					
硼酸/(g/L)	25～30					
硝酸铵/(g/L)		80～150				
85%磷酸/(mL/L)			3份			
三乙醇胺/(mL/L)			1份			
硫酸/(g/L)				1100～1250		
盐酸/(g/L)					40～90	
甘油/(g/L)				2530		
氯化钠/(g/L)					5～15	
硫氰酸钠/(g/L)						90～110
亚硫酸氢钠/(g/L)						90～110
温度/℃	20～80	30～50	65～75	35～40	室温	室温
阳极电流密度/(A/cm²)	3～7	10～15	5～10	5～7	4～6	2～3

3.4.7　电镀镍合金

3.4.7.1　电镀镍铁合金

（1）电镀镍铁合金的工艺特点

美国OXY金属工业公司1971年首先研究成功电镀镍铁合金并投产应用。镍和铁同为铁族元素，原子结构很相近，其标准电势分别为$-0.250V$和$-0.44V$。从电化学角度来分析，它们在单盐溶液中就有可能实现共沉积。含铁10%～15%（质量分数）的合金称为低铁合金，含铁25%～30%的称为中铁合金，含铁35%～40%的称为高铁合金。

电镀镍铁合金早期用于电铸，计算机工业发展以后，其大量应用于磁性记忆元件的制备。镍铁合金的韧性比光亮镍好，耐蚀性与后者相近，为提高镀层耐蚀性，可以组成双层或三层镍铁合金，如低铁/中铁，低铁/中铁/低铁组合镀层，达到双层镍或三层镍的耐蚀效果。镍铁合金镀层镀铬时覆盖能力较好，可以在钢铁基体上直接电镀，无需铜作底层或其他中间层，可减少工序，特别是以廉价铁代替镍，能够节约贵金属镍，而且由光亮镍镀液转化为镍铁合金镀液比较方便，因此得到了迅速的推广和应用。据统计，美国、日本、英国和东南亚等国家和地区投产的镀液总体积已超过200万升。我国自20世纪70年代中期起也开发应用了此工艺，据统计已有近100万升镀液在生产应用。

镍铁合金镀液类型很多，如硫酸盐型、氯化物型、硫酸盐-氯化物混合型、氨基酸盐型、柠檬酸盐型等。但目前在生产上应用较普遍的是硫酸盐-氯化物混合型的镀液。镍铁合金镀液的组成及工艺条件见表3-40。

表3-40　镍铁合金镀液的组成及工艺条件

组成及工艺条件	配方1	配方2	配方3
硫酸镍/(g/L)	180～220	180～230	140
硫酸亚铁/(g/L)	10～25	15～30	15
氯化钠/(g/L)	20～25		
氯化镍/(g/L)		40～55	80
柠檬酸钠			

组成及工艺条件	配方 1	配方 2	配方 3
硼酸/(g/L)	40～45	45～55	45
糖精/(g/L)	2～3		
十二烷基硫酸钠/(g/L)	0.1～0.2		
稳定剂		12～20	15
添加剂	适量	适量	适量
pH 值	3～3.5	3～4	3～3.6
温度/℃	55～60	58～68	47～65
阴极电流密度/(A/dm²)	3～5	2～10	2～10

(2) 镀液各成分的作用分析及工艺条件的影响

① 镀液中硫酸镍、氯化镍（氯化钠）、硼酸、润湿剂和光亮剂等的作用与镀镍液相同。

② 稳定剂 镀液中虽然加入的是硫酸亚铁，但不可避免地有 Fe^{3+} 存在，当其含量超过一定值后，对镀液的电流效率和镀层的韧性都是不利的。稳定剂的作用必须是能在较宽的工艺范围内，与 Fe^{3+} 形成十分稳定的配合物，以阻止 $Fe(OH)_3$ 的形成，同时在电解过程中消耗要慢、能与光亮剂很好地配合、不影响镀层的机械性能和物理性能。稳定剂的种类很多，如柠檬酸、葡萄糖酸、酒石酸等的盐类及其混合物，抗坏血酸、硫酸羟胺等。

③ 阳极 可以使用合金阳极，也可以是镍铁分挂或混挂。若使用镍、铁混挂时，需控制好镍和铁阳极的面积比。因为在镀液中铁阳极更容易溶解，故铁阳极面积要小。当镀层中含铁量为 20%～30% 时，镍阳极和铁阳极面积比以 (7～8):1 为好。铁阳极材料最好用纯铁，镍阳极则用电解镍。为避免阳极泥进入镀液，均需使用阳极袋。

④ 镀液中铁含量 在电镀镍铁合金时，镍铁共沉积属于异常共沉积，控制镀液中铁离子的浓度是获得组成均匀的镀层的关键。镍以硫酸镍、铁以硫酸亚铁形式加入，镀液中镍离子与亚铁离子之比对镀层组成影响甚大，随镀液中含铁量增加，镀层中铁含量呈线性增加。

镍铁镀液中 Fe^{3+} 含量偏高会直接影响到镀层质量。当 Fe^{3+} 含量超过 1.2g/L 时，镀层质量会明显变坏，整平性、深镀能力变差，结合力显著下降，低电流区发黑，产生针孔、粗糙或有毛刺，镀液不稳定，发白发花的现象较突出，抗蚀性能和合格品率下降。控制三价铁的形成，主要使 pH 值保持在 3～4 之间。可用还原剂将 Fe^{3+} 还原为 Fe^{2+}，抗坏血酸效果较好。亚硫酸氢钠效果也不错，但成本只有抗坏血酸的 1/10 左右。

⑤ 温度 温度过低，会降低镀层的整平性和沉积速度，得到的镀层不光亮；温度高虽能提高沉积速度，但会加速亚铁的氧化。温度过高（>70℃）时，稳定剂易分解，镀层的脆性增加。温度对合金镀层成分无明显的影响。

⑥ 搅拌方式 搅拌方式对镀层中含铁量影响显著。用空气搅拌所得镀层含铁量最高，阴极移动次之。搅拌条件下电镀时镀层中含铁量可高达 40%，而停止搅拌后镀层中含铁量将下降到 20% 左右。但采用空气搅拌会促使 Fe^{2+} 氧化成 Fe^{3+}，如无连续过滤设备，最好使用阴极移动。

⑦ 电流密度 电流密度对电流效率的影响不明显。但镀层中铁的含量随电流密度的增加而下降，因此在电镀时常采用脉冲电源或对镀液进行搅拌，以提高镀层中铁的含量。

⑧ pH 值 电镀镍铁合金溶液的 pH 值控制比镀镍液更重要。随 pH 升高，镀层内应力（张应力）增加，亚铁易氧化生成氢氧化铁沉淀在镀层夹杂，镀层粗糙有毛刺；pH 值降低，会加速铁阳极的溶解，降低阴极电流效率。镀液的 pH 值应严格控制。

3.4.7.2 电镀镍磷合金

镍磷合金中含磷质量分数<10%称为低磷镀层，含磷质量分数>13%称为高磷镀层。镀层中含磷能增强其化学惰性，随着含磷量增加，镀层结构由晶态转为非晶态（含磷质量分数>10%），由导磁性变为非磁性（含磷质量分数>13%）。高磷镀层为非磁性镀层，能屏蔽电磁波，镀层结晶细致、孔隙率低、硬度高、耐磨性能良好、抗腐蚀性强（含磷10%～11%的镍磷合金耐蚀性最好），可以代替硬铬镀层，也是高温焊接的优良镀层，在电子、化工、航空航天、核能等工业上有广泛的应用。

获得镍磷合金镀层的方法主要有化学镀法和电镀法。化学镀法具有优良的分散能力和覆盖能力，且设备简单，操作方便，因而近年来得到了迅速的发展和应用。但是，化学镀由于镀液稳定性差、使用寿命短、沉积速度慢等缺点而不能用于有高耐蚀要求的化工设备。在沉积速度、镀液稳定性、成本、镀层最大厚度等多方面，电镀法具有化学镀法所无法比拟的优越性，因而对于形状相对比较简单，镀层要求较厚的零件，常采用电镀法。

镍磷合金的镀液有镍盐-亚磷酸型和镍盐-次亚磷酸钠型两种类型，其中前者在低 pH 值下进行，一般阴极电流效率较低，由于阴、阳极电流效率不平衡，不能单独使用镍阳极，操作上较不方便；后者阴极电流效率可达100%，镀层光亮度较好，但次亚磷酸钠是一种强还原剂，在电镀过程中易被阳极氧化而转变为镍盐-亚磷酸镀液。镍磷合金镀液的组成及工艺条件见表3-41。

表 3-41　镍磷合金镀液的组成及工艺条件

组成及工艺条件	配方 1	配方 2	配方 3
硫酸镍/(g/L)	200～250	180～200	180～200
氯化镍/(g/L)	40～50	15	15
磷酸/(g/L)	40～45		
次亚磷酸钠/(g/L)		6～8	
磷酸钠/(g/L)	40～50		
亚磷酸/(g/L)	4～8	4～8	4～8
硫酸钠/(g/L)			35～40
pH 值	1.5～2.5	2～3.5	1～1.5
温度/℃	65～75	70～80	7～80
阴极电流密度/(A/dm²)	2～5	1～3	1～3

3.4.7.3　电镀镍钴合金

镍钴合金具有白色金属光泽，良好的化学稳定性和耐磨性，可用于装饰和磁性镀层，在电铸方面也有广泛应用。用于装饰性镀层的合金一般含钴质量分数在15%左右，用于磁性镀层的含钴质量分数大于30%。后者具有较高的剩余磁通密度，主要用于计算机磁鼓和磁盘等表面磁性镀层，而基体大多是铝合金。

镍钴合金镀液有硫酸盐型和氨基磺酸盐型，后者主要用于电铸。硫酸盐型镍钴合金镀液的组成及工艺条件见表3-42。

表 3-42　镍钴合金镀液的组成及工艺条件

组成及工艺条件	配方 1	配方 2	配方 3
硫酸镍/(g/L)	320～350	180～220	130
氯化镍/(g/L)	160		
氯化钴/(g/L)	40		
硫酸钴/(g/L)		5～8	115
氯化钠/(g/L)		10～13	
硼酸/(g/L)	30～40	28～32	30
氯化钾/(g/L)			15

组成及工艺条件	配方1	配方2	配方3
糖精/(g/L)		1~2	
十二烷基硫酸钠/(g/L)	0.001~0.005	0.08~0.12	
对甲苯磺酰胺/(g/L)	1~1.2		
混合添加剂		适量	
温度/℃	15~25	45~50	50~60
pH值	3~3.5	5~6	4~5
阴极电流密度/(A/dm²)	2	0.1~3	1~2

镀层中钴含量随镀液中钴含量的升高而增加，随电流密度的升高而降低，随 pH 的升高有所降低。加入对甲苯磺酰胺或糖精，可以使镀层晶粒细化，而且会提高其磁性，使磁滞回线矩形比提高，但加入过量会使晶粒扭曲、镀层磁阻增大。可根据维持镀液中钴含量的多少来选择适宜钴含量的镍钴合金阳极，但无论使用哪种类型的阳极，镀液中必须有阳极活化剂（氯离子）存在才能保持阳极正常溶解，否则阳极将发生钝化。

3.4.8 粉末电镀镍

(1) 金刚石表面镀镍

各种粒度的人造金刚石磨粒是一种最高硬度的工具材料，在机械、电子、钻探领域有巨大应用潜力。金刚石工具通常是以表镶或孕镶的方式，用树脂或金属结合剂固结在基体上制成的，由于金刚石为共价结合的晶体，与金属或树脂的黏结力很小，在工作中易碎裂和整粒脱落，降低工具寿命并使之钝化。

在金刚石表面包覆 Ni 金属膜，由于 Ni 与树脂或金属结合剂的黏结力比金刚石大得多，同时 Ni 膜对金刚石颗粒的包覆强化，减少了金刚石的碎裂和脱落损失，大大提高了金刚石工具的使用寿命。但金刚石导电性很差，目前一般在其颗粒表面包覆金属 Ni 的方法是先对表面进行粗化、活化，化学镀上一层薄的金属 Ni 膜，再采用电镀（滚镀）的方法对 Ni 层进行增厚，滚镀装置示意见图 3-30。

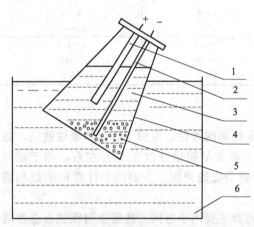

图 3-30 金刚石镀镍的滚镀装置示意图
1—阳极 Ni；2—阴极导线；3—镀液；
4—滚镀容器；5—金刚石粒子；6—恒温水浴

由于金刚石颗粒表面镀 Ni 是为了提高其强度及与金属、树脂类结合剂的黏结性，并不要求镀层光亮，相反表面粗糙的镀层与结合剂的结合力更高，金刚石粒子更不易脱落，所以一般采用普通的镀暗镍（瓦特镍）工艺即可。受镀镍液深镀能力的限制，镀覆一般发生在金刚石颗粒群与镀液的界面上，所以必须靠镀槽转动使金刚石粒不断翻动而使镀层均匀。镀镍前后人造金刚石颗粒的扫描电镜照片如图 3-31。

随金刚石表面镀 Ni 层的增厚，金刚石的强度提高，工具寿命也随之提高，但金刚石镀 Ni 过厚会产生钝化而影响加工效率。研究表明，金刚石表面镀 Ni 增重达 50% 时，可使颗粒的抗压强度、金刚石工具的寿命大幅度提高，而不产生明显钝化。

(a) 镀镍前　　　　　　　　(b) 镀镍后

图 3-31　镀镍前后人造金刚石颗粒的扫描电镜照片

为了进一步降低成本和提高镀层性能，还有研究者提出用含铁 20%～25% 的镍铁合金代替金属镍：前者的硬度可达 550～650HV，耐磨性能较好；镀层韧性好，与基体结合牢固。电镀镍铁合金的工艺参数见表 3-29。

(2) 粉末冶金件电镀镍

铁基粉末冶金零件主要以铁粉和少量石墨为原料，因其含有大量孔隙，故在镀前处理和电镀过程中容易渗入酸、碱溶液和电镀液及固体杂质，不易清洗干净，在储存和使用过程中，镀层易出现麻点或不完整而受到腐蚀。要想在其表面获得质量良好的镀层，一般需在镀前进行封孔处理。生产中常用的处理方法有机械封闭（抛光）、固体填充封闭（浸硬脂酸锌、浸石蜡等）、液体封闭（重铬酸钾钝化液封闭）、蒸汽封闭（水蒸气或沸水）、有机硅封闭等。

以浸硬脂酸锌封孔为例，粉末冶金件电镀的工艺举例如下：

砂纸磨抛→有机溶剂除油→高温烘烤除油→砂纸打磨→真空硬脂酸锌熔融液封孔→打光→化学除油→热、冷水洗→酸洗→热水洗→电镀镍→热水洗→烘干。

高温烘烤除油是粉末冶金件电镀前处理的关键工序。用高温烘烤法除油，可避免零件接触碱液，而且除油彻底迅速，能有效地去除孔隙内的残油。高温烘烤可在电炉上直接加热至油烟除尽为止，也可用箱式电炉，在 350～450℃ 下保温处理 2～4h。高温烘烤后，工件表面有一层油脂炭化后的残留物，应使用细砂纸或砂轮打磨去除。

浸硬脂酸锌封孔方法：将工件浸入盛有熔融硬脂酸锌（135～180℃）的容器中，一并放进真空室中抽真空，停留 5min 后（时间太长，硬脂酸锌会凝固），恢复真空室的正常压力，硬脂酸锌便会渗透进较大的孔中。按上述过程反复操作 2～3 次，硬脂酸锌可渗入较小的孔隙中。

酸洗的时间应尽可能短，否则零件表面容易产生一层挂灰，难以清除，使零件在氰化铜镀槽中难以沉积铜底层，直接电镀光亮镍得到的镀层与基体结合力也很差。

粉末冶金件电镀镍工艺可采用常规的光亮镀镍液。粉末冶金件实际表面积较大，故入槽后要用双倍电流冲击镀 2～4min，然后用正常电流电镀。否则，出光时间会延长。

另外，为提高清洗效果，减少孔隙内溶液和杂质残余，可在酸洗和电镀镍后的热水洗过程中结合超声波进行水洗，以提高镀层与基体的结合力及镀层耐蚀性。还可在重铬酸盐溶液中对镀层进行钝化，或采用封闭剂进行封孔处理，以进一步提高镀层耐蚀性。

采用封孔处理的方法，镀层质量有一定提高，但也不同程度地存在适用性差、污染镀液、生产成本高、工艺复杂等弊端。近来，不经封闭直接电镀的新工艺也有报道。有人提出将电镀后的工件在 105～110℃ 的高温锭子油中浸 8～10min，以排除孔隙中浸入的镀液，防止零件镀后泛黄点及长"白毛"。

3.5 电镀铬

3.5.1 概述

铬是一种银白色金属，标准电极电势 $\varphi_{Cr^{3+}/Cr}^{\ominus} = -0.74V$，$\varphi_{Cr^{2+}/Cr}^{\ominus} = -0.90V$。铬是一种较活泼的金属，由于它在空气中极易钝化，其表面形成一层极薄的钝化膜，从而显示出贵金属性质。铬镀层在一般大气条件下能长久保持其原有的光泽而不变色，当温度在 $400\sim500℃$ 时，才开始在表面呈现氧化色。

镀铬层具有很高的硬度，根据镀铬液成分及操作条件的不同，可获得 $400\sim1200HV$ 硬度值的镀层。加热温度在 $500℃$ 以下，对镀铬层的硬度没有明显影响。铬镀层的摩擦系数低，特别是干摩擦系数在所有金属中是最低的，因此，铬镀层具有很好的耐磨性。

铬镀层具有良好的化学稳定性，碱、硫化物、硝酸和大多数有机酸对其均不发生作用，但能溶于氢卤酸（如盐酸）和热的硫酸。

在可见光范围内，铬的反射能力约为 65%，介于银（88%）和镍（55%）之间，因铬不易变色，使用时能长久地保持其反射能力而优于银和镍。

镀铬层结晶结构为柱状结晶，微观上有许多裂纹（如图 3-32～图 3-34 所示），这不利于对底层的防护，需采取一定措施增强其对底层的防护能力。

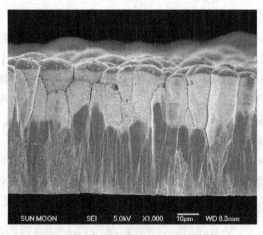

图 3-32　铬酸电镀铬层的结晶结构

3.5.1.1 镀铬层及电镀铬电解液的类型

(1) 镀铬层的类型

① 防护-装饰性镀铬　利用铬镀层的钝化能力、良好的化学稳定性和反射能力，铬层与铜、镍及铜锡合金等组成防护装饰性体系。这类镀铬层的厚度一般为 $0.25\sim1\mu m$，通常作为多层电镀的最外层。

② 镀硬铬（耐磨铬）　铬层具有高的硬度和低的摩擦系数。这类铬层的厚度根据需要可有 $1\mu m$ 甚至几个厘米。

③ 镀乳白铬　镀层韧性好，孔隙率低，颜色乳白，光泽性差，硬度较硬铬镀层及光亮镀层都低，但其耐蚀性较高。

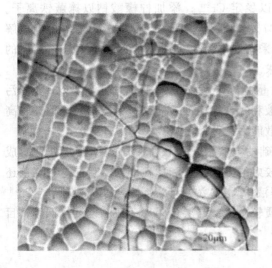
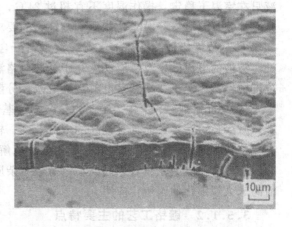

图 3-33　铬酸电镀铬层的裂纹　　　　　　图 3-34　铬酸电镀铬层断面的裂纹状态

④ 松孔镀铬（多孔铬）　在镀硬铬后进行松孔处理，使铬层的网状裂纹加深、加宽。这种镀层具有贮存润滑油的能力，可以提高零部件表面抗摩擦和磨损的性能。

⑤ 黑铬　与其他黑色镀层（如黑镍镀层）相比，黑铬有较高的硬度，耐磨损及耐热性能好，而且有极好的消光性能。

（2）镀铬电解液的类型

① 普通镀铬液　以硫酸根作催化剂的镀铬电解液。铬酐和硫酸的比例一般控制在 100∶1，铬酐浓度在 150～450g/L 之间变化。根据铬酐浓度的不同，又可分成高浓度、中等浓度和低浓度镀铬液。通常把 CrO_3 250g/L 和 H_2SO_4 2.5g/L 的中等浓度镀铬电解液称为标准镀铬液。低浓度镀液的电流效率较高，铬层的硬度也较高，但覆盖能力较差；高浓度电解液稳定，导电性好，电镀时只需较低的电压，覆盖能力较稀溶液好，但电流效率较低。

② 复合镀铬液　以硫酸和氟硅酸作催化剂的镀铬电解液。氟硅酸的作用与硫酸相似，起催化离子的作用，使电解液在电流效率、覆盖能力和光亮范围等方面均比普通镀铬液有所改进，阴极电流效率可达 20% 以上。然而，氟硅酸对阳极和阴极零件镀不上铬的部位及镀槽的铅衬均有较强的腐蚀性，必须采取一定的保护措施。

③ 自动调节镀铬液　以硫酸锶和氟硅酸钾为催化剂的镀铬液。在温度和铬酐浓度一定的电解液中，硫酸锶和氟硅酸钾各自存在着沉淀溶解平衡，并分别有一溶度积常数 K_{sp}。当电解液中 SO_4^{2-} 或 SiF_6^{2-} 浓度过大时，其相应的离子浓度乘积大于溶度积常数，过量的 SO_4^{2-} 或 SiF_6^{2-} 便以 $SrSO_4$ 或 K_2SiF_6 沉淀而析出；当电解液中 SO_4^{2-} 或 SiF_6^{2-} 浓度不足时，槽内的 $SrSO_4$ 或 K_2SiF_6 沉淀溶解，补充相应离子，直至其离子浓度积等于其溶度积时为止。所以，当电解液温度和铬酐浓度固定时，SO_4^{2-} 或 SiF_6^{2-} 浓度可通过溶解-沉淀平衡而自动调节，并不随电解过程的持续而变化。这类镀铬液具有电流效率高（27%），允许电流密度大（100A/dm²），沉积速度快（50μm/h），分散能力和覆盖能力好等优点，但电解液的腐蚀性强。

④ 快速镀铬液　这类镀铬液是在普通镀铬液的基础上添加硼酸和氧化镁配制而成。它允许使用较大的电流密度，从而可提高沉积速度。

⑤ 四铬酸盐镀铬液　这类电解液的铬酐浓度较高，除添加硫酸外，还加有氢氧化钠，

以提高阴极极化作用；添加糖或醇作还原剂，以稳定 Cr^{3+}；添加柠檬酸钠以掩蔽铁离子。这类电解液的主要优点是电流效率高（30%～37%）、沉积速度快、分散能力好等，但电解液只在室温下稳定，操作温度不宜超过 24℃，采用高电流密度时需要冷却电解液；镀层的光亮性差，镀后需经抛光才能达到装饰铬的要求。

⑥ 低浓度铬酸镀铬液　这类镀液中铬酐含量为标准镀铬液的 1/5，大大减少了环境污染。镀液的电流效率及镀层硬度介于标准镀铬液和复合镀铬液之间，覆盖能力和耐蚀性与高浓度镀铬不相上下。缺点是电解液导电差，分散能力差，槽电压高。

⑦ 三价铬镀铬液　以 Cr^{3+} 的化合物为基础的电解液，不仅降低了镀铬废水处理的成本，减少环境污染，而且有较高的电流效率、较好的分散能力和覆盖能力。目前这种工艺还有一些技术问题，如 Cr^{3+} 在阳极氧化导致电解液中 Cr^{3+} 浓度不稳定；采用隔膜隔离 Cr^{3+} 时隔膜寿命及隔膜隔离效果问题；电解液对杂质较敏感；铬层色泽不一致、硬度也低等，目前尚未大规模化的工业化应用。

3.5.1.2　镀铬工艺的主要特点

从常用的铬酸电解液中电镀铬，其工艺特点如下：

① 镀铬电解液的主要成分不是金属铬盐，而是铬酸。

② 镀铬电解液中必须加入少量具有催化作用的阴离子，如硫酸根、氟硅酸根等，才能使电镀过程正常进行。

③ 电解液的分散能力很低，不易得到均匀的镀层。

④ 镀铬使用的电流密度很高，阴极电流密度常在 $20A/dm^2$ 以上；电镀铬的槽电压较高，通常 6～12V。

⑤ 镀铬电解液的电流效率较低，普通镀铬电解液的电流效率在 20% 左右。

⑥ 阳极采用铅、铅-锑合金或铅-锡合金等作不溶性阳极，不能用金属铬作阳极。

⑦ 工艺参数对镀铬层的性质有影响，采用不同的电流密度和温度，可得到不同性质的镀铬层。

另外，镀铬过程还有三个特殊的现象：阴极电流效率随铬酸浓度的升高而下降，随温度升高而下降，随阴极电流密度的升高而增加。

3.5.1.3　镀铬工艺存在的问题

① 铬酸有较高的毒性，对人的身体健康危害甚大，废气和废液必须经过处理，因而耗资较多。

② 由于电流效率很低，而槽电压又高，因此电能消耗较大。

③ 由于使用高电流密度，所以电源设备投资增加。

④ 由于采用不溶性阳极，消耗的金属铬需经常补充铬酐，才能保持电解液中各成分的相对稳定。

⑤ 由于阴极大量析氢，致使镀层和基体金属容易产生氢脆。

3.5.2　镀铬的电极过程

目前工业上广泛使用由铬酐（CrO_3）和少量局外阴离子（SO_4^{2-} 或 F^-）组成的电解液，镀液中 Cr^{6+} 的存在形式根据铬酐浓度的不同而异。一般情况下，CrO_3（150～400g/L）主要是以铬酸（CrO_4^{2-}）和重铬酸（$Cr_2O_7^{2-}$）的形式存在。镀液的 pH 值<1 时，$Cr_2O_7^{2-}$ 为主要存在形式。pH 值为 2～6 时，存在着下列平衡：

$$Cr_2O_7^{2-} + H_2O \Longleftrightarrow 2HCrO_4^- \Longleftrightarrow 2H^+ + 2CrO_4^{2-} \tag{3-65}$$

pH 值 > 6 时，CrO_4^{2-} 为主要形式。因此，镀铬液中同时存在着 CrO_4^{2-}、$HCrO_4^-$、$Cr_2O_7^{2-}$、H^+、Cr^{3+} 及 SO_4^{2-} 等离子，其中 $Cr_2O_7^{2-}$ 与 $HCrO_4^-$ 的含量取决于镀液 pH 值和铬酐浓度。当 pH 值减小或铬酐浓度增加时，平衡向左移动；反之，平衡向右移动。

(1) 镀铬的阴极过程

镀铬时的阴极极化曲线如图 3-35 所示。当电解液中不含硫酸时（曲线 1），阴极上仅析出 H_2，没有发生其他的还原反应；镀液中含有少量硫酸时（曲线 2），阴极极化曲线由几个曲线段组成。

在 ab 段，阴极上没有氢气析出和铬的还原。阴极区镀液的 pH 值小于 1，存在的离子形式主要是 $Cr_2O_7^{2-}$，此时阴极反应为：

$$Cr_2O_7^{2-} + 14H^+ + 6e^- \longrightarrow 2Cr^{3+} + 7H_2O \tag{3-66}$$

随着电极电势负移，反应速度不断增加，到达 b 点后阴极上明显地有氢气析出。

在 bc 段，同时进行着 $Cr_2O_7^{2-}$ 还原为

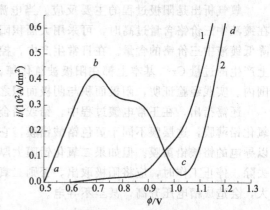

图 3-35 电镀铬阴极极化曲线
1—CrO_3 250g/L；2—CrO_3 250g/L，H_2SO_4 5g/L

Cr^{3+} 和 H^+ 还原为 H_2 两个反应，但表征反应速度的电流密度却随着电极电势的变负而降低，表明电极表面状态发生了变化。阴极胶体膜理论认为，b 点以后由于 H_2 的析出，导致近阴极区 pH 值增高，当 pH 值 > 3 后，达到 $Cr(OH)_3$ 的溶度积，Cr^{3+} 便与 Cr^{6+} 组成碱式铬酸铬胶体膜 $Cr(OH)_3 \cdot Cr(OH)CrO_4$。

这种胶体膜致密而均匀地吸附在阴极表面，只允许半径较小的 H^+ 通过并放电而 $HCrO_4^-$ 的放电受到阻碍，使阴极极化显著增加，电流密度明显降低。如果电解液中没有硫酸存在，pH 值较高，没有 Cr^{6+} 还原为 Cr^{3+} 的过程，H_2 的析出阻碍了 Cr 的析出。当镀液中有硫酸存在时，硫酸对阴极胶体膜有一定的溶解作用。因此，近阴极区胶体膜处于不断形成与不断溶解的动态过程。

当电极电势达到 c 点对应的数值时，发生 $HCrO_4^-$ 还原为铬的反应：

$$HCrO_4^- + 3H^+ + 6e^- \longrightarrow Cr + 4OH^- \tag{3-67}$$

在 cd 段，同时进行着上述三个反应，且随着电极电势负移，反应速度加快，生成金属铬的主反应占的比重逐渐增大，即随着阴极电流密度增大，阴极电流效率增加。

(2) 镀铬的阳极过程

镀铬使用不溶性的铅或铅合金阳极，而不能用金属铬作阳极，因为：

① 若用金属铬作阳极，阳极溶解的电流效率（接近 100%）大大超过了阴极电沉积的电流效率（8%~18%），电解液中很快会积累大量 Cr^{3+}。

② 在电镀过程中，阴极上沉积的金属铬是六价铬还原得到的，而铬阳极是以不同价态进行溶解，并以三价铬为主。这样，电解液中六价铬不断减少，三价铬逐渐增加，破坏了放电离子的动态平衡，而使电沉积过程受阻。

③ 金属铬比铬酐贵，且性硬、脆，不易加工。

电镀铬可采用不溶性阳极，电解液中六价铬的消耗可通过不断添加铬酐来补充。常用的不溶性阳极有金属铅、铅-锑合金（含锑 6%~8%）和铅-锡合金（含锡 7%~10%）等，后

者在含有 SiF_6^{2-} 的镀铬液中有更好的耐蚀性。

在阳极上进行的反应有：

$$2H_2O-4e^- \longrightarrow O_2\uparrow +4H^+ \tag{3-68}$$

$$2Cr^{3+}+7H_2O-6e^- \longrightarrow Cr_2O_7^{2-}+14H^+ \tag{3-69}$$

$$Pb+2H_2O-4e^- \longrightarrow PbO_2+4H^+ \tag{3-70}$$

氧气析出是阳极过程的主要反应。当电流密度较低时，有利于 $Cr_2O_7^{2-}$ 的形成。因此，在镀液中三价铬含量过高时，可采用大面积阳极和小面积阴极的方法进行电解处理，以此来降低镀液中三价铬的含量。在日常生产中，控制一定的阳极面积和阴极面积之比，使在阴极上产生的过量 Cr^{3+} 基本上都在阳极被氧化掉，从而使镀液中的三价铬含量维持在一定的范围内。实践经验证明，阳极面积与阴极面积之比维持在 2∶1 或 3∶2 较为适宜。

还需指出，在正常电镀过程中，铅或铅合金阳极表面生成一层棕色（似巧克力色）的二氧化铅薄膜，这层膜不同于黄色铬酸铅膜，它可导电并保护阳极表面免遭铬酸浸蚀而形成难以导电的铬酸铅黄膜。但如果二氧化铅膜太厚会影响电流密度分布，可用擦刷和浸蚀的方法去除。停止工作时，应将阳极取出，否则二氧化铅膜被溶解，并生成黄色铬酸铅，它的电阻大，会造成槽电压升高，甚至不导电。

3.5.3 镀铬层的结构与性能

(1) 镀铬层的组织结构和裂纹的形成

镀铬层的结构与其他镀层不同，镀层的结构对其使用性能也有很大的影响。不同结构和性能的镀层可以通过适当调整电镀参数及进行镀后处理来获得。

铬沉积的最初阶段，即铬层很薄时（$<0.5\mu m$）有很多的孔隙。随着厚度的增加，晶胞不断长大，孔隙逐步被挤压变小，形成网状花纹［如图 3-36(a) 箭头 1 所示］，当内应力进一步增大并足以拉断镀层时，镀层被拉断并产生裂纹。但裂纹不一定在晶界处，也可能穿过晶胞［如图 3-36(a) 箭头 2 所示］。由于裂纹是由内应力拉断镀层产生的，故大多数裂纹是直通底层的。图 3-36(b) 是采用贴滤纸法检测过的试片的微观表面形态，可明显地看出，裂纹上有检测液所残留的痕迹，且裂纹交叉点较多，说明裂纹交叉点处的孔径较大。

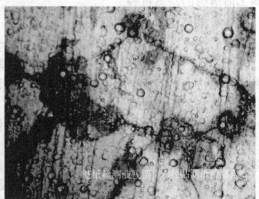

| (a) 电镀铬层表面形貌 ×400 | (b) 电镀铬层孔率检测 ×400 |

图 3-36　电镀铬层表面结构

镀铬层的结构与厚度有关：当镀层厚度 $<0.5\mu m$ 时为微孔型；$0.6\sim0.7\mu m$ 时为微孔和微裂纹混合型；镀层厚度 $>0.7\mu m$ 则为微裂纹型。镀层产生内应力的原因是由于电镀过程中生成了不稳定的晶系和铬氢化物。在正常电镀条件下，容易生成六方晶格的氢化铬（Cr_2H 或 CrH_2），或面心立方晶格的氢化铬（CrH 和 CrH_2）。这两种晶格在常温下即会自发地转变为更为稳定的体心立方晶格，同时释放出游离氢，在分解为体心立方晶格时，都能使体积收缩 15%以上。

采用不同的添加剂可以人为形成密度大、尺度小的裂纹叫作微裂纹铬，有利于与中间镀层形成横向微腐蚀从而产生有利于保护基体的效果。

(2) 镀铬层的硬度与耐磨性

铬镀层的特殊结构赋予它非常高的硬度，通常其维氏硬度可达到 800～1000HV，是其他金属如镀镍层硬度的两倍，超过了氮化钢的硬度。在铬镀层加热温度<500℃时，硬度降低不大，只有铬镀层加热温度>500℃时硬度才会明显降低。

实际上，金属的硬度与其耐磨性并不存在着正比关系，因为不仅硬度的大小影响耐磨性的好坏，金属延展性、塑性以及摩擦系数也是影响耐磨性的重要因素。有研究表明，硬度为 750～800HV 的铬层具有较大的耐磨性，在此硬度范围内磨损量最低。

(3) 镀铬层的内应力

当镀铬层的内应力超过其内聚力时，就会出现裂纹，镀层开裂以降低内应力。绝大多数厚镀层是带裂纹的，并且具有残余内应力。薄镀层因基体金属制止了镀层开裂，往往具有更高的应力，而且会将应力转移给基体金属。据资料报道，无裂纹的极薄铬层的内应力可高达 $56kgf/mm^2$（$1kgf/mm^2 = 9.80665MPa$）。一般电镀生产获得的较厚开裂镀层，其内应力大致为 $12kgf/mm^2$。在 35℃的稀电解液中所获得的无裂纹镀层，其内应力为 $45kgf/mm^2$。

镀层的内应力与很多因素有关，如电解液的类型、成分和工艺条件等。从含有氟化物的电解液和四铬酸盐电解液中得到的镀层具有最大的应力。当沉积温度和电流密度高时，得到镀层的内应力较低甚至可得到无应力的镀层。

3.5.4 镀铬电解液的成分及工艺条件

各种类型镀铬电解液的组成及工艺条件见表 3-43。镀铬电解液的组成很简单，通常仅有两种成分，即铬酐及硫酸（也可以是 F^-、SiF_6^{2-} 或其他的阴离子）。铬酸-氟化物-硫酸镀铬电解液亦称复合镀铬电解液，其主要特点是电流效率略高，覆盖能力较好；主要缺点是电解液中的氟离子对铅槽、铅阳极及铅设备有一定的腐蚀性。这类电解液在工业应用较多。四铬酸盐镀铬电解液在工业中的应用较少。

表 3-43　镀铬电解液的组成及工艺条件

镀液组成及工艺条件	普通镀铬电解液			铬酸-氟化物-硫酸镀铬液			四铬酸盐镀铬液
	低浓度	中浓度	高浓度	复合镀铬	自动调节镀铬	滚镀铬	
CrO_3/(g/L)	80～120	150～180	300～350	250	250～300	300～500	350～400
H_2SO_4/(g/L)	0.8～1.2	1.5～1.8	3.0～3.5	1.25		0.3～0.6	
H_2SiF_6/(g/L)	1～1.5			4～6		3～4	
K_2SiF_6/(g/L)					20		
$SrSO_4$/(g/L)					6～8		
NaOH/(g/L)							50
三价铬/(g/L)	<2	1.5～3.6	3～7				6
温度/℃	55	55～60	48～55	55～60	50～60	35	15～20
电流密度/(A/dm²)	30～40	30～50	15～35	40～60	40～80		20～90
用途	装饰铬	硬铬	装饰铬	缀面铬	硬铬	小件镀铬	装饰铬

(1) 镀铬液中各成分的作用

① 铬酐（CrO_3）　铬酐的水溶液是铬酸，是镀铬层的唯一来源。铬酐在镀液中的含量范围很宽，从 50～600g/L，在标准镀铬液中含铬酐 250g/L。含铬酐低的电解液有较高的电流效率。较浓的电解液多用于装饰性电镀，较稀的多用于镀硬铬。

铬酐浓度高时，镀液的导电性高，有利于改善分散能力，同时也使槽电压降低，电能消耗降低。不同铬酐浓度的电流效率也不同，铬酐浓度在 250～300g/L 时具有较高的电流效率。

② 催化剂　除硫酸根外，氟化物、氟硅酸盐、氟硼酸盐以及这些物质的混合物亦常常被用作镀铬催化剂。生产实践证明，为了获得高质量的铬镀层应十分注意镀液中铬酐与催化剂的浓度比，而催化剂的绝对含量相对而言并不那么重要。

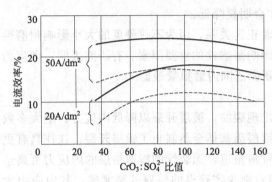

图 3-37　CrO_3：SO_4^{2-} 值对电流效率的影响

图 3-37 显示 CrO_3：SO_4^{2-} 的比值在两种温度和电流密度下对阴极电流密度的影响。当比值为 100：1 时，电流效率最大。

当 CrO_3：SO_4^{2-} ＜50：1 时，由于催化剂含量偏高，阴极胶体膜的溶解速度大于生成速度，阴极电势达不到铬的析出电势，导致局部、乃至全部没有铬的沉积，镀液的电流效率降低，分散能力明显恶化。当 CrO_3：SO_4^{2-} ＜100：1 时，镀层的光亮性和致密性有所提高，但镀液的电流效率和分散能力下降。当 CrO_3：SO_4^{2-} ＞100：1 时，SO_4^{2-} 含量不足，镀层的光亮性和镀液的电流效率降低；若比值＞200：1，SO_4^{2-} 含量严重不足，铬的沉积发生困难。镀层易烧焦或出现红棕色的氧化物锈斑。

用含氟阴离子（F^-、SiF_6^{2-}、BF_4^-）作催化剂时，其浓度为铬酐含量的 1.5%～4%。各种催化剂含量的镀液中铬酐浓度对电流效率的影响和不同催化剂对电流效率的影响见图 3-38。在 250g/L CrO_3 的镀液中，当催化剂含量为 1%～3% 时，用 SO_4^{2-} 作催化剂的电流效率最低；用 SiF_6^{2-} 作催化剂的电流效率最高，达 25%〔见图 3-38（b）〕。由此可知，铬酐浓度不同的镀铬液，其电流效率的最大值取决于所用催化剂的阴离子种类。在标准镀铬液中加入第二种阴离子，如 SiF_6^{2-} 或 BF_4^- 的镀铬液，即所谓的复合镀铬电解液。

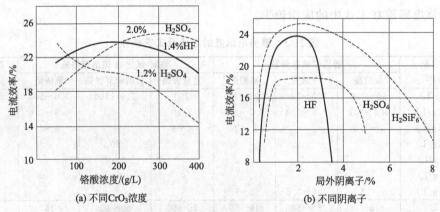

（a）不同CrO_3浓度　　　　　　（b）不同阴离子

图 3-38　不同阴离子催化剂对电流效率的影响

当氟离子（K_2SiF_6、H_2SiF_6 等）取代硫酸根作催化剂时，电解液的阴极电流效率高，镀层硬度较大，使用电流密度较低，不仅适用于挂镀，也适用于滚镀。另外它有使镀层表面活化的作用，在电流中断或二次镀铬时，仍能得到光亮镀层。温度升高时，工作范围较含 SO_4^{2-} 电解液变宽。这类电解液主要的缺点是对工件、镀槽和阳极等设备的腐蚀性大，设备维护要求高。

③ Cr^{3+}　Cr^{3+} 是形成胶体膜的主要成分，镀铬电解液中必须含有一定量的 Cr^{3+}，铬的沉积才能正常进行，其来源于 CrO_3 在阴极的还原。当 Cr^{3+} 的含量过低时，镀液呈棕红色，镀层亮度不佳，分散能力差，镀后清洗性不好。若 Cr^{3+} 含量过高，镀液呈棕黑色，电阻增大，槽电压上升，镀层光亮范围狭窄。在生产中，为了维持电解液中 Cr^{3+} 的适当含量，通常控制阴阳极的面积比或控制阴阳极的电流密度。

在新配制的电解液中可加入一定量的有机还原剂，如糖、草酸、柠檬酸或酒石酸等，使铬酸中的六价铬还原为三价铬，也可通过电解处理（大面积阴极和小面积阳极）得到 Cr^{3+}，还可以加入部分旧镀铬电解液。

(2) 操作工艺条件——温度与电流密度

在镀铬工艺中，电流密度与温度有密切关系，两者必须密切控制；如配合不当，对镀铬溶液的阴极电流效率、分散能力、镀层的硬度和光亮度有很大的影响。因此，当改变其中一个因素时，另一个因素也要作相应的变化。例如，镀铬溶液的阴极电流效率是随电流密度的升高而增加，随镀液温度的升高而降低，温度及电流密度对镀铬过程电流效率的影响示于图 3-39。

当温度一定时，随着电流密度的提高，分散能力稍有改善；与此相反，电流密度不变，分散能力随着温度的增加而有一定程度的降低。

提高阴极电流密度和降低溶液温度似乎为最佳条件，但实际上只能得到的是暗灰色或烧焦的铬镀层，镀层硬度虽然较高，但脆性较大。温度和电流密度对镀铬层光亮区范围的影响如图 3-40 所示。由图可见，在低温高电流密度区，铬镀层呈灰暗色或烧焦，具有网状裂纹、硬度高、脆性大；高温低电流密度区，铬层呈乳白色，组织细致、气孔率小，无裂纹，防护性能较好，但硬度低，耐磨性差；中温中电流密度区或两者配合得较好时，可获得光亮铬层，硬度较高，有细而稠密的网状裂纹。

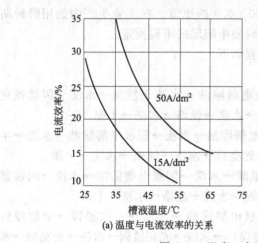

(a) 温度与电流效率的关系

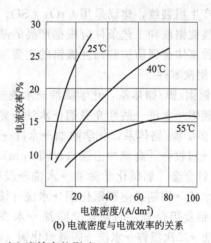

(b) 电流密度与电流效率的关系

图 3-39　温度、电流密度对电流效率的影响

温度和电流密度对铬层硬度也有很大影响，如图 3-41 所示。一定的电流密度下，常常存在着一定的获取硬铬层最有利的温度，高于或低于此温度，铬层硬度将随之降低。

在生产上一般采用中等温度和中等电流密度，以得到光亮和硬度高的铬镀层，当镀铬工艺条件确定后，镀铬电解液的温度变化最好控制在 ±1~2℃ 范围内。

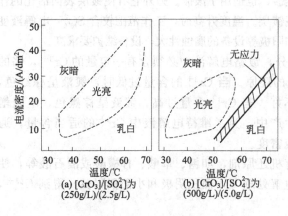

(a) [CrO₃]/[SO₄²⁻]为
(250g/L)/(2.5g/L)

(b) [CrO₃]/[SO₄²⁻]为
(500g/L)/(5.0g/L)

图 3-40 不同温度、电流密度下的光亮区

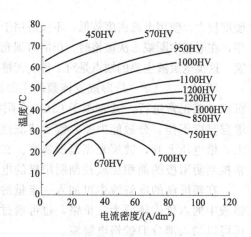

图 3-41 温度、电流密度与硬度的关系

3.5.5 电镀铬工艺技术

3.5.5.1 防护-装饰性镀铬

防护装饰性镀铬的目的是防止金属制品在大气中的腐蚀及获得装饰性外观。这类镀层的特点是：①镀层很薄，只需 $0.25\sim0.5\mu m$；②镀铬层对钢铁基体是阴极性镀层，因此必须采用中间镀层；③镀层呈银白色，光亮、平滑，硬度高，耐磨性能好，适合表面层。

(1) 一般防护装饰性镀铬

钢铁、锌合金和铝合金镀铬必须采用多镀层体系，如低锡青铜/铬、铜/镍/铬、镍/铜/镍/铬、半光亮镍/光亮镍/铬、半光亮镍/高硫镍/光亮镍/铬等。铜及铜合金的防护装饰性镀铬可在抛光后直接进行，为进一步提高耐蚀性，可先镀光亮镍后再镀铬。

目前，国内铜/镍/铬镀层体系大多使用普通镀铬溶液，有特殊要求时使用复合镀铬溶液，其溶液组成及操作条件见表3-43。镀铬溶液中铬酐浓度一般选择 $300g/L$ 左右，为了防止铬层产生粗裂纹，建议采用 $CrO_3 : SO_4^{2-} = 100 : 0.9$ 的比值。在工业生产中选用哪种防护装饰性镀铬液和工艺条件应根据产品的基体材料和中间层的不同而定。

各种基体金属防护装饰性镀铬的主要工艺流程如下。

① 钢铁零件

a. 镀铜/镍/铬体系：化学除油→水洗→阳极电解除油→水洗→浸酸→水洗→闪镀氰化铜或闪镀镍→水洗→酸性光亮铜→水洗→光亮镍→水洗→镀铬→水洗→干燥。

b. 多层镍/铬体系：化学除油→水洗→阳极电解除油→水洗→阴极电解除油→水洗→半光亮镍→回收→[高硫冲击镍（仅需$1\mu m$）]→光亮镍→水洗→镀铬→水洗→干燥。

② 锌合金　弱碱化学除油→水洗→浸稀氢氟酸→水洗→阴极电解除油→水洗→闪镀氰化铜→水洗→周期换向镀氰化铜→水洗→镀光亮镍→水洗→镀铬→水洗→干燥。

③ 铝及铝合金　弱碱化学除油→水洗→阴极电解除油→水油→一次浸锌→溶解浸锌层→水洗→二次浸锌→水洗→闪镀氰化铜（或预镀镍）→水洗→光亮镀铜→水洗→光亮镍→水洗→镀铬→水洗→干燥。

(2) 高耐蚀性防护装饰性镀铬

在防护装饰性镀层体系中，多层镍的应用显著提高了镀件的耐蚀性能，进一步研究发现，镍/铬镀层的耐蚀性不仅与镍层的性质及厚度有关，同时在很大程度上还取决于铬层的结构特征。因为铬镀层的内应力很大，尽管装饰铬层很薄，其表面仍会产生稀疏的粗裂纹，在外界腐蚀介质存在时，组成腐蚀电池加速了对底层金属的腐蚀。由于这一原因，曾发展了无裂纹镀铬工艺，虽然无裂纹铬层在加速腐蚀试验及暴露试验中具有良好的耐蚀性，但是其在使用过程中仍会在表面产生粗裂纹。

由于镀铬层的裂纹不可避免，可以利用裂纹控制腐蚀分散，微裂纹铬及微孔铬新工艺由此产生。

① 电镀微裂纹铬镀层　早期的微裂纹铬是用双层铬法产生的：第一层铬具有良好的覆盖能力，第二层铬产生微裂纹。第二层镀铬溶液含有氟化物，双层微裂纹铬的铬层厚度必须达到 $0.8\mu m$。它的缺点是电镀时间长、设备增加及电能消耗多，故被淘汰。目前已用单层微裂纹铬来取代双层微裂纹铬，但尚存在氟化物分析困难及微裂纹分布不均匀等问题。双层和单层微裂纹镀铬溶液的组成和操作条件列于表 3-44。

表 3-44　双层和单层微裂纹镀铬溶液的组成和操作条件

成分及操作条件	双层微裂纹铬		单层微裂纹铬	
	一层	二层		
$CrO_3/(g/L)$	300	195	250	$180\sim220$
$H_2SO_4/(g/L)$	3		2.5	$1.0\sim1.7$
$K_2CrO_7/(g/L)$		4.5		
$H_2SiF_6/(g/L)$		36.5		
$H_2SeO_4/(g/L)$			0.013	$1.5\sim3.5$
$K_2SiF_6/(g/L)$		6		
$SrCrO_4/(g/L)$		10.5		
温度/℃	49	49	$40\sim45$	$45\sim50$
电流密度/(A/dm²)	15	13.5	20	$10\sim20$
电镀时间/min	$5\sim6$	>6	10	$8\sim12$

② 电镀微孔铬镀层　电镀微孔铬镀层的方法，目前使用最多的是在弥散有不导电微粒的镍基复合镀层上电镀光亮铬镀层，即所谓镍封法。这种方法首先要在光亮镍镀层上镀覆厚度 $<0.5\mu m$ 的镍基复合镀层，复合镀液是在光亮镀镍溶液中加入一些不溶性的非导电微粒，如硫酸盐、硅酸盐、氧化物、氮化物、碳化物等，在促进剂的作用下，用压缩空气强烈搅拌溶液，使固体微粒均匀地与镍共沉积。这些微粒的粒径应 $<0.5\mu m$，在镀液中的悬浮量为 $50\sim100g/L$，微粒在复合镀层的含量达 $2\%\sim3\%$。在镍基复合镀层上再镀光亮铬层，可得到微孔铬镀层。因为微粒不导电，在电沉积过程中微粒上没有电流通过，因而不发生铬的沉积，结果是铬镀层形成许多分布均匀的微孔。

③ 脉冲电镀微裂纹铬　采用脉冲电镀技术也可以实现微裂纹铬层。C. A. Huang 2006 年研究了脉冲电镀铬层的微裂纹特性，采用直流电镀铬层的裂纹如图 3-42(a) 所示，采用脉冲电镀铬层的微裂纹如图 3-42(b) 所示，可见脉冲电镀铬可使铬镀层形成更细小的微裂纹。

3.5.5.2　电镀硬铬

(1) 电镀硬铬的电流密度与温度

硬铬也属于光泽镀层，这种镀层要求硬度高、耐磨，与基体金属结合牢固。通常镀层厚度为 $5\sim100\mu m$，特殊部件镀铬层厚度可达 $300\mu m$，修复零件尺寸时厚度可达 $800\sim1000\mu m$。镀硬铬所用的电解液含铬酐量较低，一般在 200g/L，有时可低至 150g/L，并要求较低的温度和较高的电流密度。例如，电解液组成为 250g/L CrO_3 和 2.5g/L H_2SO_4 时，获得铬层最大硬度的适宜电流密度与温度如表 3-45 所列。

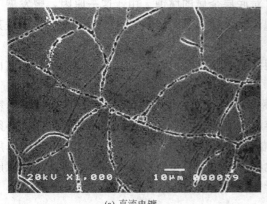

| (a) 直流电镀 | (b) 脉冲电镀 |

图 3-42 电镀铬层的微观形貌

表 3-45 获得铬层最大硬度的适宜电流密度与温度

温度/℃	40～48	50～54	52～55	54～56	55～57
电流密度/(A/dm²)	22	33	40	66	110

（2）镀铬液的分散能力

由于电镀铬的分散能力很差，使用的电流密度又很大，所以要想得到厚度均匀的镀层，必须采用适当的夹具、象形阳极、辅助阴极或绝缘屏蔽等措施。当零件形状较复杂时，应注意避免凹面内积聚气体屏蔽电力线。对于较大工件，镀前应进行预热处理，以避免基体金属在电镀过程中受热膨胀而产生暴皮现象。另外，由于镀铬电流效率低，在阴极上大量析出氢气，对于易吸氢的钢铁部件，应在镀后用 180～200℃ 的温度除氢 3h，以避免发生氢脆。

（3）电镀硬铬的结合力

为了增加镀铬层与基体之间的结合力，钢铁零件入槽未通电前要先进行预热，铜及铜合金应在热水槽内进行预热，使镀件温度与镀铬溶液温度基本相同，预热时间视镀件的大小而定。根据镀件材质的不同，在镀硬铬时施加电流的方式也有很大的差异。例如铸铁件表面粗糙，具有多孔性，其真实表面积比表观面积大很多，且钢铁中含有大量的碳，氢在碳上析出的超电势比在铁上小，如果施加正常的电流密度，镀件上仅析出氢气而镀不出铬。所以铸铁、高碳钢等材料表面镀硬铬，需要施加比规定高 2 倍的冲击电流，使阴极极化增大，表面就能迅速生成一层金属铬（形状复杂的零部件镀光亮铬也可采用此方法），然后再恢复到正常的电流密度，这种施加电流的方法称冲击电流法。

对含镍、铬的合金钢件镀铬时，常因其表面上有极薄的氧化膜而影响镀层与基体的结合力。此外，镀硬铬零件在电镀过程中如遇短时间断电，表面上也会有薄层氧化膜产生，若直接再通电继续电镀，将因存在夹层而出现结合力不良的现象。因此对于这种情况可采用阴极活化法，先将工件表面充分活化，然后再进行正常电镀。

（4）电镀硬铬的除氢处理

镀铬过程析氢剧烈，镀层中含有氢，氢原子也向基体中扩散，容易造成基体的氢脆，故镀铬后根据设计要求一般需进行除氢处理。除氢温度为 180～200℃，时间 2～4h，对于高强度钢、弹簧钢上镀铬，除氢是必要的工序。

（5）电镀耐腐蚀硬铬

硬铬镀层表面具有很多裂纹，有的裂纹可能直达基体，因此单独的镀硬铬尽管其硬度较高，但要在腐蚀环境下工作，其耐蚀性较差，为了达到耐蚀、耐磨双重目的，应采用特殊的电镀硬铬手段。

① 乳白铬-硬铬电镀工艺　即在普通的镀铬溶液中，在较高温度（65～75℃）和较低电流密度（15～25A/dm²）下，先沉积一层具有无光的乳白色铬层。乳白铬孔隙少，厚度20μm左右，几乎无裂纹，故其耐蚀性良好。在乳白铬上再镀一定厚度的硬铬，就能达到既耐蚀又耐磨，目前在煤矿的液压支柱上获得成功应用。双层镀铬可在同一镀槽中进行，即先镀乳白铬，不取出零件，将镀液温度降至58～60℃再提高电流密度至40～60A/dm²镀硬铬；也可分槽进行。但采用单槽时，槽温需大幅度变化，能源浪费严重，升、降温过程时间长，生产效率低，同时换热设备也较庞大，因此给工业化生产带来一定困难。

② 单金属多纳米层电镀硬铬工艺　采用适当添加剂及脉冲电镀技术，可在同一温度下实现多纳米层铬电镀。由于层间相互覆盖，可有效减少直通底层的裂纹，从而达到抗腐蚀的目的。该技术不仅降低能源浪费，还可获得高耐蚀硬铬镀层。目前这一技术正进一步研究完善中。

③ 超声波电镀铬技术　Y. Choi 等研究发现超声波搅拌可明显降低镀铬层的孔率，腐蚀实验结果表明超声波功率强更有利于获得孔率少的镀铬层。超声波搅拌可直接作用于近阴极区，有利于氢的析出，减少了氢化铬的生成。对于技术要求高、尺寸小的工件较适合，但尺寸大的工件需要更大的超声波功率。

④ 等离子渗氮　L. Wang 等研究了等离子渗氮镀铬层，渗氮后由于生成比较稳定的CrN 和 Cr_2N，其体积增大，导致裂纹消失，同时镀铬层的硬度也略有增加。

尽管近年来新的耐腐蚀铬技术的研究成果还未工业化，但从机理上看具有一定科学性，将是未来高耐蚀硬铬电镀技术的发展趋势。

3.5.5.3　其他镀铬

(1) 松孔镀铬

一般硬铬层的网纹浅而窄，贮油性很差，当零件（如汽缸内腔、活塞环、曲轴等）在承受较大载荷下工作时，常常处于"干摩擦"或"半干摩擦"状态，磨损严重。解决这一问题最有效的方法是使用松孔镀铬层。该工艺是利用铬层本身具有细致裂纹的特点，在镀硬铬后再进行松孔处理，使裂纹网进一步加深、加宽。这样铬层表面遍布着较宽的沟纹，不仅具有耐磨铬的特点，而且能有效地贮存润滑介质，防止无润滑运转，提高了耐磨性。例如，在制造内燃机时，为了提高汽缸和活塞环（二者组成摩擦偶）的寿命，两者之一进行松孔镀铬，可使两个零件的耐磨性同时提高2～4倍，从而延长它们的寿命（0.5～1.0倍）。

扩大铬层裂纹可用机械、化学或电化学方法。机械方法是先将欲镀铬零件表面用滚花轧辊轧上花纹或相应地车削成沟槽，然后镀铬、研磨。化学法是利用原有裂纹边缘较高的活性，在稀盐酸或热的稀硫酸中浸蚀时优先溶解，从而使裂纹加深加宽。电化学法是将已镀有硬铬的零件在碱液、铬酸、盐酸或硫酸溶液中进行阳极处理，此时由于铬层原有裂纹处的电位低于平面处的电位，致使裂纹处的铬优先溶解，从而加深加宽了原有裂纹。目前生产上应用最广泛的是电化学方法——阳极浸蚀法。

阳极浸蚀（松孔处理）可在镀铬后进行，也可在机械加工后进行，一般采用后者。松孔镀铬电解液的组成及工艺条件举例见表3-46。

表3-46　松孔镀铬电解液的组成及工艺条件

组成及工艺	CrO_3	H_2SO_4	Cr^{3+}	温度	阴极电流密度
条件	240～260g/L	2.1～2.5g/L	1.5～6.0g/L	60℃±1℃	50A/dm²

阳极浸蚀时，裂纹加深与加宽的速度用消耗的电量（浸蚀强度）来控制。在适宜的浸蚀强度范围内，可以选用任一阳极电流密度，只要相应地改变时间，仍可使浸蚀强度不变。浸蚀强度根据铬层原来的厚度来确定：厚度 $<100\mu m$，浸蚀强度为 $320A \cdot min/dm^2$；厚度 $100\sim150\mu m$，浸蚀强度为 $400A \cdot min/dm^2$；厚度 $>150\mu m$，浸蚀强度为 $480A \cdot min/dm^2$。

对尺寸要求严格的松孔镀铬件，为便于控制尺寸，最好采用低电流密度进行阳极松孔。当要求网纹较密时，可采用稍高的阳极电流密度。零件镀铬后经过研磨再阳极松孔时，浸蚀强度应比上述数值减小 $1/3\sim1/2$。

松孔镀铬层松孔率的检验，可用 100 倍金相显微镜观察。松孔镀铬层显微网纹过稀，一般是由于镀液温度过高，或 CrO_3/SO_4^{2-} 比值过大，或松孔时间短、阳极电流密度低等因素造成的。如果镀层网纹过密恰好与上述因素相反。

(2) 电镀黑铬

在航空、仪器仪表、照相机等光学系统中，为了防止光的乱反射需要进行消光，同时还要提高这些机件的抗蚀能力及耐磨能力，这就需要在某些零件表面覆盖有黑色的镀层或膜层。获得黑色镀层（涂层）的方法很多，如涂黑漆、镀锌层黑钝化、铁及铜件的黑色氧化、铝及铝合金与镁及镁合金的化学氧化和电化学氧化、染色、电镀黑镍及电镀黑铬等。其中黑铬镀层光泽均匀、装饰性好、吸收光的能力强、硬度较高（$130\sim350HV$）、耐磨性较好（在相同厚度下比光亮镍的耐磨性高 $2\sim3$ 倍），耐热性也较强（$<300℃$ 不会变色），抗蚀性与普通镀铬相当。电镀黑铬电解液组成及操作条件如表 3-47 所列。

表 3-47　电镀黑铬电解液的组成及操作条件

成分及操作条件	配方			
	1	2	3	4
$CrO_3/(g/L)$	$250\sim300$	$200\sim250$	$200\sim300$	$250\sim300$
$CH_3COOH/(mL/L)$		$6\sim6.5$	$20\sim180$	
$Ba(C_2H_3O_2)_2/(g/L)$			$3\sim7$	
$NaNO_3/(g/L)$	$7\sim11$			
$H_3BO_3/(g/L)$	$20\sim25$			
$H_2SiF_6/(g/L)$	0.1			$0.25\sim0.5$
温度 /℃	$18\sim35$	<40	$20\sim40$	$13\sim35$
阳极电流密度 /(A/dm²)	$35\sim60$	$50\sim100$	$25\sim60$	$30\sim80$
时间 /min	$15\sim20$	$10\sim20$	$10\sim20$	$15\sim20$

通常的操作条件下，CrO_3 含量在 $200\sim400g/L$ 范围内均可获得黑铬镀层。CrO_3 浓度低时，镀液的覆盖能力差；浓度高时，覆盖能力虽有改善，但镀层硬度降低，耐磨性下降。硝酸钠是发黑剂，浓度低时镀层不黑，镀液的电导率低、槽电压高，一般不能小于 $5g/L$；大于 $20g/L$ 时，造成镀液的分散能力和覆盖能力恶化。除硝酸钠外，醋酸、尿素等也可作为发黑剂。硼酸的加入可提高镀液的覆盖能力，使镀层均匀。此外，若镀液中没有硼酸，黑铬层易起"浮灰"，尤其在高电流密度下更甚；加入硼酸后可以减少"浮灰"，当加至 $30g/L$ 时可完全消除"浮灰"层。

黑铬镀层的色泽与电流密度有密切的关系。当电流密度 $<25A/dm^2$ 时，镀层灰黑，甚至呈彩虹色；当电流密度 $>75A/dm^2$ 时，镀层出现烧焦现象，且镀液温升严重。在前面列举的工艺条件下，电流密度为 $45\sim60A/dm^2$ 时，镀层黑色均匀，镀液的分散能力和覆盖能力都较好。

温度对黑铬镀层的质量及镀液性能也有影响，当温度 $>40℃$ 时，镀层表面有灰绿色"浮灰"产生，而且镀液的覆盖能力降低。因此，电镀时必须采取降温措施以控制镀液温度在允许的范围内。

黑铬镀层只有其厚度达到一定的数值后，其黑色色泽才会均匀一致。在上述工艺条件下，电镀时间<15min时，镀件的深凹处及大件的平面中部，由于镀层厚度较小其黑色较淡，整个镀件表面镀层色泽不均匀；电镀时间>20min后，镀层厚度的增加比较缓慢。对消光部件和光线指示部件而言，要求镀层厚度为4~5μm，电镀时间15~20min。

黑铬镀层可以直接镀覆在铁、铜、镍及不锈钢上，为了提高抗蚀性及装饰作用，也可用铜、镍或铜锡合金作底层，在其表面上镀黑铬镀层。对于形状复杂的零件，也要采用辅助阳极，生产中采用的阳极为含锡7%的铅锡合金，效果很好。

3.5.6 稀土镀铬添加剂的应用

目前，改善传统镀铬工艺的途径是在铬酸镀液中添加合适的添加剂。使用的添加剂可分为四类：

① 无机阴离子添加剂　如 SO_4^{2-}、F^-、SiF_6^-、SeO_3^{2-}、BO_3^{2-}、ClO_4^-、BrO_3^-、IO_3^- 等。这些添加剂又称为催化剂，因为它们本身不参加电极反应，但能促使镀铬过程的进行。如果没有这些无机阴离子，在阴极上不能析出铬。

② 有机阴离子添加剂　如羧酸、磺酸等。

③ 稀土阳离子添加剂　如 La^{3+}、Ce^{3+}、Nd^{3+}、Pr^{3+}、Sm^{3+} 等。

④ 非稀土阳离子添加剂　如 Sr^{2+}、Mg^{2+} 等。

美国人 Romanowski 等最早将稀土引入镀铬溶液，他们在 1967 年获得了在镀铬中使用镧、铈和镨的氟化物以及氟的配合物专利。这些稀土氟化物在铬酸中微溶并产生自调。部分实用稀土镀铬工艺规范列于表 3-48。

表 3-48　稀土添加剂电镀铬工艺规范

成分及操作条件		CS 型稀土镀铬	RL-3C 型稀土添加剂电镀装饰铬	HIL/HIS$_1$ 稀土添加剂电镀硬铬	LS-Ⅲ型稀土添加剂自调电镀铬
CrO_3/(g/L)		120~150	160~200	120~180	140~180
H_2SO_4/(g/L)		0.6~1.0	0.6~0.8	1~1.8	0.6~1.1
Cr^{3+}/(g/L)		<2	<2	<4	<6
CrO_3：H_2SO_4		100：(0.5~0.7)	100：(0.3~0.4)	(90~100)：1	100：(0.3~0.7)
CS-1 /(g/L)		2			
RL-3C /(g/L)			4.5~5.5		
HIL /(g/L)				1.2~1.8	
HIS$_1$ /(g/L)				1.5~2	
LS-Ⅲ /(g/L)					4~6
温度/℃	装饰铬	20~35	25~50	50~60	16~50
	硬铬	35±5			6~30
电流密度 /(A/dm²)	装饰铬	5~10	6~12	60~90	35±5
	硬铬	30：5			35±5
阳极		Pb-Sn(<5%)	Pb-Sn(25%)	Pb-Sn	Pb-Sn，Pb-Pb
$S_{阳极}$：$S_{阴极}$		1：(2~3)	1：(2~3)	1：3	1：3

从表 3-48 中可以看出，采用稀土镀铬添加剂的镀铬工艺，都是在传统镀铬液的基础上加入一定量的稀土元素而成。各种稀土镀铬工艺的主要差别在于用何种稀土添加剂及采用的是稀土氧化物还是稀土化合物。不论何种工艺，镀液中都含有氟离子，所以这是一类含氟的稀土添加剂。例如 CS 工艺采用 14 种高纯度的稀土化合物和辅助添加剂，由于稀土元素所

带的杂质和其他物质不同，因此，各种含稀土添加剂的镀铬液在性能上会有较大的差别。

3.5.7 有机添加剂在镀铬中的应用

采用有机添加剂及卤素释放剂联合使用的镀铬液被称为"第三代镀铬溶液"。它们的共同特点是：阴极电流效率高达 $22\% \sim 27\%$，不含 F^-，对基体腐蚀小；镀液覆盖能力强，镀层硬度亦高达 1000HV 以上，既可用于硬铬，也可用于微裂纹铬，配合双层或三层镍工艺，用于汽车或摩托车减震器的电镀，已开始在机械行业获得应用。有机添加剂电镀铬工艺规范列于表 3-49。

在镀铬液中使用的有机添加剂主要包括有机羧酸、有机磺酸以及它们的盐类等。有机羧酸的结构通式为 $C_nH_{2n+1}COOM$，其中 M 可以是 H，也可以是碱金属离子。有机磺酸或盐的结构通式为 $R—SO_3M$，其中 R 可以是饱和脂肪族基团，该基团上可以有取代基，也可以没有取代基，R 还可以是芳香族基团；M 可以是 H，也可以是碱金属离子。这些化合物可以单独使用，也可以联合使用。

表 3-49 有机添加剂电镀铬工艺规范

成分及操作条件	配方 1	配方 2	配方 3
CrO_3/(g/L)	$200 \sim 300$	$200 \sim 350$	$200 \sim 300$
H_2SO_4/(g/L)	$2 \sim 3$	$2 \sim 3$	$2 \sim 3$
H_3BO_3/(g/L)	$1 \sim 10$		
低碳烷基磺酸/(g/L)	$1 \sim 5$		
烷基醋酸/(g/L)		$80 \sim 120$	
碘酸盐/(g/L)		$1 \sim 3$	
含氮有机化合物/(g/L)		$3 \sim 15$	
三价铬/(g/L)			$2 \sim 5$
Ly-2000 添加剂/(g/L)			$15 \sim 25$
温度/℃	$55 \sim 65$	$50 \sim 60$	$55 \sim 64$
阴极电流密度/(A/dm²)	$20 \sim 80$	$20 \sim 80$	$30 \sim 90$

有机添加剂在镀液中的作用机理尚待进一步查明。一般认为有机物的加入可活化基体金属，使镀液的覆盖能力得到改善；增加析氢超电势，使析氢量相对减少，提高电流效率；使镀层硬度较高，这是因为有机物的夹带使碳和铬形成了碳化铬。

3.6 电镀锡

3.6.1 概述

锡（Sn）是一种银白色的金属。原子序数 50，相对原子质量 118.7，密度 7.3g/cm³。具有高度的展性，硬度低，维氏硬度为 12HV，容易被抛光、刷亮。熔点低，仅有 232℃，易于受热熔化。锡有三种同素异形体，电导率 9.09MS/m。

锡的化学稳定性高，抗腐蚀、耐变色，在大气中形成稳定的氧化膜，故不易变色，与硫化物不起反应。可焊性好，因此铜引线、焊片、与火药和橡胶接触的零件常采用镀锡。

锡几乎不与硫酸、盐酸、硝酸及一些有机酸的稀溶液反应，即使在浓盐酸和浓硫酸中也需加热才能缓慢反应。

锡的常见价态为 +2 和 +4。25℃时 Sn^{2+}/Sn 的标准电势为 -0.138V，在电势序中比铁正，故锡镀层对钢铁来说通常是阴极性镀层。只有当镀锡层无孔时，才能起到很好的保护作用。在密封条件下，某些有机酸介质中，锡的电势比铁负，成为阳极性镀层，具有电化学保护作用。因此，锡镀层的主要用途是作为钢板的防护镀层。

由于锡是无毒金属，因此在罐头工业用作马口铁的防腐层，而且，一些盛放食物的铜制容器也用电镀锡层来保护，广泛用于食品加工和储运容器的表面防护。

在电子工业中，利用锡的良好的可焊接性、导电性和不易变色性，常以镀锡代镀银，广泛应用于电子元器，连接件、引线和印制电路板的表面防护。铜导线镀锡除提高可焊性外，还可隔绝绝缘材料中硫的作用。

锡镀层还有多种其他用途，如轴承镀锡可起密合和减摩作用；汽车活塞环和汽缸壁镀锡可防止滞死和拉伤；将锡镀层在 232℃ 以上的热油中重熔处理后，可获得光亮花纹锡层（冰花镀锡层），常作为日用品装饰镀层。

镀锡板的发源可以追溯到 14 世纪的德国，当时巴伐利亚在锻制的钢板上进行镀锡。1720 年在英国南威尔士以热轧薄铁板作为基板金属，并改进了酸洗和镀锡工艺，建立了一个镀锡板工厂。1809 年英国人 Peter Durand 首创镀锡铁皮容器，即金属罐代替玻璃瓶，由此开始了食品罐头的发展历史。

在我国，习惯上称呼镀锡钢板为马口铁，最大的用途是食品、药品、化妆品等的包装。它具有以下特征：

① 无毒，锡层本身对人体无害，做成食品包装很安全。

② 外表美丽，易于外表涂饰和印刷。

③ 锡本身具有良好的耐蚀性，保护基体防止被腐蚀。

④ 锡焊性良好，容易制作成容器。

⑤ 锡具有良好的延展性、润滑性，能经受苛刻的加工。

⑥ 经过特殊的化学处理，在空气中长久保持不变色。

⑦ 锡层柔软，镀锡层不会裂开，也不会脱落。

早期的镀锡板均为热浸镀。热浸镀得到的镀层虽然质量较好，但镀层较厚，通常大于 50μm。由于锡的价格是铁的几十倍，为节约世界紧缺的锡资源，后来逐渐转变为电镀为主。目前，95% 以上的镀锡钢板已经采用了电镀工艺。

随着我国国民经济的发展，全国镀锡钢板的年产量也逐年增加，1990 年近 10 万吨，2000 年为 100 万吨，2010 年已经升至 300 万吨。

电镀锡溶液有碱性及酸性两种类型。

碱性镀液成分简单，并有自除油能力、镀液分散能力好，镀层结晶细致、洁白、孔隙少，易钎焊等特点，并且对杂质的允许量大。但是需要加热、能耗大、电流效率低（60%～80%），镀液中锡以四价形式存在、电化当量低，镀层沉积速度比酸性镀液至少慢一倍，且不能直接获得光亮镀层。

以亚锡盐为主盐的酸性镀液具有可镀取光亮镀层、电流效率高（95%～100%）、沉积速度快、节能、室温下即可获得光亮锡镀层等优点；其缺点是分散能力不如碱性镀液，对杂质的允许量小，钎焊性稍差，镀层孔隙率较大。

近年来工艺均在不断改进。两种镀液虽性能不同，但都能取得较满意镀层。

目前工业上应用的酸性镀锡液主要有硫酸盐镀液、磺酸盐镀液、氯化物体系、氟硼酸盐镀液等几种类型。

其中，硫酸亚锡法及后来改进的磺酸盐镀液，又称弗罗斯坦法，采用氯化物体系的又称哈罗根法。

目前，硫酸盐镀液应用最为广泛，其镀层质量良好、沉积速度快、电流效率高、镀液的分散能力好、原料易得、成本低。

磺酸盐镀液也是一种高速镀锡溶液，最大的优点是镀液稳定性好、对环境无氟化物污染，是近年来酸性镀锡领域研究的热点之一，目前，在带状钢板上连续镀锡已经占据主流。

氯化物体系多数集中于美国，其电镀液是采用氯化亚锡和碱金属氟化物的水溶液并以萘酚磺酸或聚氧乙烯类化合物作添加剂，我国有部分企业采用了这种技术。

氟硼酸盐镀液可采用高的阴极电流密度，镀层细致，可焊性好，常用于钢板、带及线材的连续快速电镀，但成本较高，特别是 BF_4^- 对环境的污染，所以应用受到限制。

3.6.2 硫酸盐镀锡

本节将主要以硫酸盐镀锡为例介绍酸性镀锡的镀液各成分作用及工艺特点。

3.6.2.1 镀液成分及操作条件

硫酸盐镀锡液主要成分为硫酸亚锡及硫酸，因采用的添加剂不同可形成各种配方，表3-50 和表 3-51 列出了硫酸盐无亮和光亮镀锡的配方及操作条件。

表 3-50　硫酸盐无亮镀锡的配方及操作条件

成分及操作条件	配方 1	配方 2	配方 3
硫酸亚锡/(g/L)	40~55	60~100	40~50
硫酸/(mL/L)	60~80	40~70	50~70
2-萘酚/(g/L)	0.3~1.0	0.5~1.5	0.8~1
明胶/(g/L)	1~3	1~3	2~3
苯酚/(g/L)			5~7
硫酸钠/(g/L)			20~30
温度/℃	15~30	20~30	15~30
阴极电流密度/(A/dm²)	0.3~0.8	1~4	0.5~1.5
搅拌方式	阴极移动	阴极移动	阴极移动

表 3-51　硫酸盐光亮镀锡的配方及操作条件

成分及操作条件	配方 1	配方 2	配方 3	配方 4	配方 5	配方 6
硫酸亚锡/(g/L)	25~60	25~35	30~50	40~70	50~60	35~40
硫酸/(mL/L)	100~160	185~200	160~200	140~170	75~90	70~90
40%甲醛/(mL/L)		7~10				3.0~5.0
8341/(mL/L)	30~60					
PBT-Ⅰ/(mL/L)		12~18				
PBT-Ⅱ/(mL/L)		8~12				
SNR-3A/(mL/L)			15~20			
TNR-3/(mL/L)			20~30			
SS-820/(mL/L)				15~30		
SS-821/(mL/L)				0.5~1		
SNU-2AC 光亮剂/(mL/L)					15~20	
SNU-2BC 稳定剂/(mL/L)					20~30	
BH911 光亮剂/(mL/L)						18~20
HBV3 稳定剂/(mL/L)						20~22
温度/℃	10~35	5~40	5~40	10~30	5~45	8~40
阴极电流密度/(A/dm²)	1~4	1~5	1~4	1~4	1~4	1~4
搅拌方式	阴极移动	阴极移动	阴极移动	阴极移动	阴极移动	阴极移动

镀液的一般配制方法是：先边搅拌边将硫酸缓缓倒入去离子水或蒸馏水中，水的体积大约为欲配制镀液体积的 $1/2\sim2/3$，此过程是放热反应。然后在搅拌下缓慢加入硫酸亚锡，待其完全溶解后，对溶液进行过滤。最后加入各种添加剂，加水至规定体积。其中，2-萘酚要用 $5\sim10$ 倍乙醇或正丁醇溶解，明胶要先用适量温水浸泡使其溶胀，再加热溶解，将两者混合后，在搅拌下加入镀液中。市售的添加剂应按商品说明书添加。

配制好的镀液在使用前，应进行小电流通电处理。

3.6.2.2 镀液各成分的作用

(1) 硫酸亚锡

硫酸亚锡是主盐，如在允许范围内采用上限含量可提高阴极电流密度，增加沉积速度；但浓度过高则分散能力下降、光亮区缩小、镀层色泽变暗、结晶粗糙。浓度过低则允许的阴极电流密度减小，生产效率降低，镀层容易烧焦。滚镀可采用较低浓度。

(2) 硫酸

它具有抑制锡盐水解和亚锡离子氧化、提高溶液导电性和阳极电流效率的作用。当硫酸含量不足时，Sn^{2+} 易氧化成 Sn^{4+}。它们在溶液中易发生水解反应：

$$SnSO_4 + 2H_2O \longrightarrow Sn(OH)_2 \downarrow + H_2SO_4 \qquad (3-71)$$

$$SnSO_4 + 4H_2O \longrightarrow Sn(OH)_4 \downarrow + 2H_2SO_4 \qquad (3-72)$$

从上式可知，硫酸浓度的增加有助于减缓上述水解反应，但只有硫酸浓度足够大时才能抑制住 Sn^{2+} 和 Sn^{4+} 的水解。

(3) 光亮剂

各类光亮剂在镀液中能提高阴极极化作用，使镀层细致光亮。光亮锡镀层比普通锡镀层稍硬，但仍保持足够的延展性，其可焊性及耐蚀性良好。光亮剂不足时，镀层不能获得镜面镀层；光亮剂过多时，镀层变脆、脱落，严重影响结合力和可焊性。但目前光亮剂的定量分析还有困难，只能凭霍尔槽试验及经验来调整。

早期，光亮镀锡层的获得是将暗锡镀层经 232℃ 以上"重熔"处理。从 20 世纪 20 年代起人们就开始探索直接光亮电镀锡的方法，但直到 1975 年英国锡研究会采用了以木焦油作为光亮剂，才为光亮镀锡工业化奠定了基础。近年来，镀锡光亮剂的研究很活跃，性能优良的添加剂不断涌现。我国从 20 世纪 80 年代迄今涌现出 SS-821、SS-921、FB、FS 等系列酸性锡添加剂，在促进我国电镀锡科研和生产方面起了重要的作用。

目前的镀锡光亮剂都是多种添加剂的混合物，包括主光亮剂、载体光亮剂和辅助光亮剂三部分。

① 主光亮剂　常用的是芳香醛、不饱和酮、胺等。如 1,3,5-三甲氧基苯甲醛，邻氯苯甲醛、苯甲醛、邻氯代苯乙酮、苯甲酰丙酮等。光亮剂的基本结构多为下列类型：

$$R^1-\overset{\overset{\displaystyle H}{|}}{C}-\overset{\overset{\displaystyle H}{|}}{C}-\overset{\overset{\displaystyle H}{|}}{C}-R^2 \qquad R^1-\overset{\overset{\displaystyle R^3}{|}}{C}-\overset{\overset{\displaystyle R^4}{|}}{C}-\overset{\overset{\displaystyle O}{\|}}{C}-R^2$$

上述结构通式中的 R^1、R^2、R^3 和 R^4 分别代表不同的取代基。对同一结构，改变 R，可以得到多种不同的有机化合物，它们都有一定的增光作用。主光亮剂大多不溶于水。

② 辅助光亮剂　实验证明仅仅使用主光亮剂并不能获得高质量的光亮镀层，需要同时添加脂肪醛和不饱和羰基化合物，如甲醛、四氢呋喃、亚苄基丙酮等。这些添加剂称为辅助光亮剂，能与主光亮剂一起协同作用，在镀液中与其他有机物一起在电极上吸附，使氢不易

析出，有利于金属锡沉积为光亮的镀层，使晶粒细化。

③ 载体光亮剂　由于大多数主光亮剂和部分辅助光亮剂难溶于水，在电镀过程中易发生氧化、聚合等反应而从溶液中析出，为此需要加入合适的增溶剂，通常为非离子型表面活性剂，如 OP 类及平平加类，利用表面活性剂的胶束增溶作用来提高光亮剂在镀液中的含量。它们是光亮剂的载体，同时也能在较宽的电流密度范围内抑制亚锡离子（水化离子）的放电。载体光亮剂同时具有润湿和细化晶粒的作用。

目前国内所采用的镀锡光亮剂多为技术保密的专利或商品。如上所列 SS-820、SS-821 光亮剂的基本组成相似，是不饱和醛（或酮）、芳香醛（或酮）和聚氧乙烯壬基醚等非离子表面活性剂的加成物，并包含有甲醛。

④ 稳定剂　镀液不稳定、易浑浊是硫酸盐镀锡的主要缺点。如果不加稳定剂，镀液在使用或放置过程中，颜色逐渐变黄，最终发生浑浊。镀液浑浊后，镀层光泽性差、光亮区窄、可焊性下降，难以镀出合格产品；且该浑浊物呈胶体状态。这些胶状水解物不易沉淀，不易过滤，也无法回收，导致亚锡盐的浪费。

镀液浑浊的原因相当复杂，一般认为主要是镀液中 Sn^{4+} 的存在及其水解的结果。即 Sn^{4+} 浓度达到一定值时，将发生水解反应：

$$Sn^{4+} + 3H_2O \longrightarrow \alpha\text{-}SnO_2 \cdot H_2O \downarrow + 4H^+ \tag{3-73}$$

水解产物 $\alpha\text{-}SnO_2 \cdot H_2O$ 会进一步转化为 $\beta\text{-}(SnO_2 \cdot H_2O)_5$，$\alpha\text{-}SnO_2 \cdot H_2O$ 可溶于浓硫酸，而 $\beta\text{-}(SnO_2 \cdot H_2O)_5$ 不溶于酸与碱，并很容易与镀液中的 Sn^{2+} 形成一种黄色复合物，进而转变为白色的 β-锡酸沉淀。

因此，稳定剂的选择原则主要是防止 Sn^{4+} 的生成和水解。镀液中的 Sn^{4+} 主要通过以下两种途径生成。

a. 镀液中的 Sn^{2+} 被溶解氧或阳极反应氧化：

$$2Sn^{2+} + O_2 + 4H^+ \longrightarrow 2Sn^{4+} + 2H_2O \tag{3-74}$$

或
$$Sn^{2+} \longrightarrow Sn^{4+} + 2e^- \tag{3-75}$$

b. 锡阳极溶解过程中直接生成 Sn^{4+}：

$$2Sn_{(阳极)} \longrightarrow Sn^{2+} + Sn^{4+} + 6e^- \tag{3-76}$$

因此锡的氧化主要是因为空气和水中 O_2 的氧化作用及阳极氧化作用所致。由于 Sn^{2+} 在水溶液中很容易被空气中的 O_2 氧化成 Sn^{4+}，Sn^{2+} 和 Sn^{4+} 在溶液中都会发生水解。一般 Sn^{2+} 水解时 pH＝1.5，Sn^{4+} 水解时 pH＝0.5，由此可知，为了控制因锡离子水解而造成的镀液浑浊，关键问题是必须控制镀液中锡离子和游离酸含量，定时进行化验、分析，测定 Sn^{2+} 和硫酸含量（g/L）比例，通常控制在 1∶5 左右。盐类的水解是吸热反应，因此，镀液保持在较低温度，可使镀液不易浑浊。

为此，可从以下方向着手选择稳定剂：利用合适的 Sn^{4+}、Sn^{2+} 的配合剂以抑制锡离子的水解和 Sn^{2+} 的氧化，如酒石酸、2-萘酚、对苯二酚、邻苯二酚、酚磺酸、磺基水杨酸等有机酸和氟化物；利用比 Sn^{2+} 更容易氧化的物质（抗氧化剂）以阻止 Sn^{2+} 氧化，如抗坏血酸、硫酸联胺、盐酸羟胺、水合肼、V_2O_5 与有机酸作用生成的活性低价钒离子等，抗坏血酸加 2g/L 便可使 Sn^{4+} 还原为 Sn^{2+}；生产中，还经常采用金属锡块作为还原剂，它也可以使 Sn^{4+} 还原为 Sn^{2+}。

此外，浑浊物也有可能来自于光亮剂的析出和分解，如槽温高于非离子表面活性剂的浊点时，它和增溶光亮剂即可能析出，因此，使用浊点较高的载体光亮剂便可解决。这是解决问题的途径之一。

⑤ 其他添加剂　目前仍有不少产品使用无光亮酸性镀锡。该类镀液多选择明胶、萘酚、甲酚磺酸等为添加剂，以使镀层细致、可焊性好。

萘酚起提高阴极极化、细化晶粒、减少镀层孔隙的作用。由于这类添加剂是憎水的，含量过高时会导致明胶凝结析出，并使镀层产生条纹。

明胶的主要作用是提高阴极极化和镀液分散能力、细化晶粒。与 β-萘酚配合时有协同效应，使镀层光滑细致。明胶过高会降低镀层的韧性及可焊性，故镀锡层要求高可焊性时不应采用明胶，即使普通无光亮镀锡溶液，明胶的加入量也要严加控制。

3.6.2.3　操作条件的影响

① 阴极电流密度　根据镀液中主盐浓度、温度和搅拌情况等的不同，光亮镀锡的电流密度可在 $1 \sim 4 \mathrm{A/dm^2}$ 内变化。电流密度过高，镀层变得疏松、粗糙、多孔，边缘易烧焦，脆性增加；电流密度过低，得不到光亮镀层，且沉积速度低影响生产效率。

② 温度　无光亮镀锡一般在室温下进行，而光亮镀锡宜在 $10 \sim 20 ℃$ 下进行。因为 Sn^{2+} 的氧化和光亮剂的消耗均与温度有关。温度过高，Sn^{2+} 氧化速度加快，浑浊和沉淀增多，锡层粗糙，镀液寿命降低；光亮剂的消耗亦随温度升高而加快，使光亮区变窄，严重时镀层变暗，出现花斑和可焊性降低。温度过低，工作电流密度范围变小，镀层易烧焦，并使电镀的能耗增大。加入性能良好的稳定剂可提高工作温度的上限值。

③ 搅拌方式　光亮镀锡应采用阴极移动或空气搅拌，阴极移动速率为 $15 \sim 30$ 次/min，这有助于镀取镜面光亮镀层和提高生产效率。但为防止 Sn^{2+} 氧化，禁止用空气搅拌。

④ 阳极　酸性镀锡通常采用 99.9% 以上的高纯锡。纯度低的阳极易产生钝化，会促进溶液中 Sn^{2+} 被氧化成 Sn^{4+}，从而导致 Sn^{4+} 的积累和镀液浑浊。锡阳极应使用铸造或滚轧的锡。为防止阳极泥渣影响镀层质量，可用耐酸的阳极袋。

阳极是否发生了钝化可从整流器电压突然升高而察觉。根据欧姆定律，当电路电阻增大，不是导电棒接触不良或零件脱落等，便可断定是阳极钝化而使电压突然升高。通常以此来监控电镀现场使生产正常进行。

⑤ 有害杂质的去除　Cl^-、NO_3^-、Cu^{2+}、Fe^{2+}、As^{3+}、Sb^{3+} 等杂质对酸性光亮镀锡层质量有明显影响，使镀层发暗、孔隙增多，要注意防止。金属离子杂质可用小电流密度（如 $0.2\mathrm{A/dm^2}$）长时间通电处理去除，但尚无有效去除 Cl^-、NO_3^- 的方法。酸性光亮镀锡对 NH_4^+、Zn^{2+}、Ni^{2+}、Cd^{2+} 等不敏感。

许多光亮剂含有苯胺类及其衍生物。这些芳香族胺类可被氧化成对苯醌，导致镀液变黄。有机杂质过多，会使镀液黏度明显增加，使镀液难以过滤，镀层结晶粗糙、发脆，出现条纹和针孔等疵病。可用 $1 \sim 3 \mathrm{g/L}$ 活性炭除去有机杂质，处理时需将镀液加温至 $40℃$ 左右，并充分搅拌，待完全静止后过滤。

锡盐的水解产物呈胶体状态，难以过滤，可加入聚乙烯酰胺等絮凝剂，使水解物凝聚后过滤除去。

此外，镀锡后需焊接的钢铁件要先预镀铜（约 $3\mu m$）增强结合力；铜及铜合金要带电入槽；黄铜直接镀锡时由于合金中锌的影响会出现斑点或镀层发暗，应先镀铜及镍。

3.6.2.4　冰花镀锡工艺

工件在电镀锡后，经过特殊的热处理、冷凝处理，使镀锡层表面产生规则的结晶花纹。这种花纹富有立体感，再进一步加工可加深并扩大花纹图案的明暗反差，增强逼真性。辅以表面喷涂烘漆，具有特殊的表面防护、装饰效果（见图 3-43）。

工艺流程如下：镀前处理→一次电镀锡→热熔→冷却处理→弱腐蚀活化→二次电镀锡晶花显色→水洗→干燥→涂有机防护膜或钝化。

镀前处理及一次电镀锡步骤和普通电镀锡并无不同，选择硫酸盐镀锡或甲基磺酸盐镀锡均可。唯一需要注意的是镀层的厚度，一般控制在 $3\sim4\mu m$。如果镀层太厚，在热处理时容易产生锡瘤，影响晶花效果；如果镀层太薄，花纹大，锡镀层覆盖率也不佳，容易暴露基体缺陷。

图 3-43　晶花镀锡照片

一次电镀锡后的工件，经清洗、干燥后，可进行热熔处理。热熔温度应稍高于锡的熔点（231.9℃），尽量控制在 $250\sim350℃$ 之间。时间不应超过 10min。这时镀层应呈灰紫色。温度过高或加热时间太长，容易产生锡瘤。少量的锡瘤可用刀片轻轻刮去。温度过低或时间太短，不易显现锡晶花。热熔期间，温度差应严格控制在 5℃ 以内。

冷却处理是冰花镀锡的关键步骤。不同的冷却方式、冷却时间，可以产生不同的冰花图案。冷却的方法可以分为快速风冷、水冷和自然冷却。一般采用局部水冷的方法，比如，定向喷射温度较低的水，并向四周扩散冷却等。

锡有三种同素异形体，分别为灰锡（立方晶系），白锡（正方晶系），脆锡（斜方晶系）。常温下为白锡，低于 13.2℃ 白锡将转变为灰锡，高于 161℃ 将转变为脆锡。正是由于锡在不同冷却温度条件下，生成了不同晶型，使得镀锡层呈现出了美丽的花纹。

经冷却处理后的镀锡层，表面呈灰紫色。经 10% H_2SO_4 腐蚀活化后，镀层可恢复银白色。时间一般为 $1\sim3min$。弱腐蚀活化可以将破碎的晶粒除去，露出晶界，加深花纹的立体感。

经腐蚀活化后的镀锡层，再次进入原镀锡液，进行第二次的镀锡。阴极电流密度为 $0.5\sim1.0A/dm^2$，时间为 $3\sim10min$。电镀时间不宜过长或过短，这样都会影响晶花的效果。

第二次的电镀，由于电沉积过程中，锡离子是在不同晶系的表面进行沉积，电沉积条件不尽相同。各晶面镀层生长速度存在差异，晶体各部分晶纹增大并显示出来，大大增加了立体感和明暗反差。

经二次镀锡清洗吹干后，为进一步增加美观感和提高耐腐蚀性能，要在表面上喷涂一层透明的氨基着色烘漆，并经 110℃±10℃ 烘烤 $1.0\sim1.5h$ 达到精致高雅、美观适用，满足防护和精饰的要求。

3.6.3　磺酸盐镀锡及钢板镀锡

由于磺酸盐对亚锡离子有较好的配位能力，所以在酸性镀锡溶液中，磺酸盐既可以作为一种稳定剂存在，也可作为硫酸的一种补充添加物。普通非快速镀的磺酸盐镀锡的工艺规范，列于表 3-52。

表 3-52　磺酸盐无光亮镀锡的工艺规范

成分及操作条件	配方 1	配方 2	配方 3	配方 4	配方 5	配方 6
硫酸亚锡/(g/L)	60～100	50	60	97	35～48	30～50
硫酸/(mL/L)	40～70	60	50	30	60～100	80～160
2-萘酚/(g/L)	0.8～1		1.0		0.5～1	
二羟基二苯砜/(mL/L)			5.0			
明胶/(g/L)	2			3～6	2～3	
酚磺酸/(mL/L)	30～60	48	40	30	80～100	25～35
甲酚/(mL/L)		2.4		6.0	6～10	
酒石酸/(g/L)				30		
40%甲醛/(mL/L)					0.5～1	
天然樟脑/(g/L)					0.2～0.6	
胺-醛系光亮剂/(g/L)						8～12
OP-15/(mL/L)						15～25
温度/℃	20～30	20～30	20～30	15～30	15～30	
阴极电流密度/(A/dm²)	1～4	1～4	1～4	1～5	0.5～2	
有无光亮	无	无	无	无	有	有

近年来，磺酸盐体系多用于高速镀锡溶液，且是酸性镀锡领域研究的热点之一，同以前使用的氟硼酸盐镀锡相比，其最大的优点是镀液稳定性好、无氟化物，对环境污染小。目前，电镀锡钢板的连续镀锡工艺，大多都是应用的磺酸盐体系。作业线速度可以达到数百米每分钟。

下面介绍磺酸盐体系的电镀锡钢板工艺。

电镀锡板因其基板具有重量轻、较高的强度、优良的焊接性和冲压性，易于加工成形和锡焊或熔焊制成各种形状的密封容器。物件耐蚀性好，无毒洁净，表面美观并且易于彩色印刷。广泛应用于罐装食品和饮料的容器，喷雾剂、化工和油漆等的包装，也用于制作家用器具、办公用品、玩具及某些小型工程部件等。

电镀锡板一般的工艺流程为：冷轧、除油、浸蚀、活化、电镀锡、软熔、钝化、涂油等。

(1) 前处理

前处理一般包括化学除油、电解除油和电化学浸蚀等步骤。目的是除去带钢表面的油污和氧化物，并活化表面。除油液的配制可参考普通钢铁的化学除油及电解除油溶液。

整个过程和普通钢铁电镀前处理无明显区别，只是在加电方式上和挂镀有所区别。特别要注意的是，除油液中不能含有乳化剂 Na_2SiO_3，否则会严重影响镀层质量。

(2) 电镀处理

电镀多采用立式浸入型电镀槽。电镀液通常采用二价锡的苯酚磺酸溶液加添加剂，阴极电流效率 90%～95%。电镀液的工作温度保持在 40～50℃。电镀槽数由电镀锡作业线速度和电流密度而定。

电镀溶液通常由 Sn^{2+}、PSA、ENSA 等配制而成。其中，PSA 是用浓硫酸和苯酚按照一定配制比例磺化制备而得，其作用是保证电解液有良好的导电性，并提供带负电荷的苯酚磺酸离子，与带正电荷的亚锡离子相结合，并防止二价锡氧化成四价锡。

ENSA（乙氧基化 α-萘酚磺酸或 α-萘酚磺酸聚氧乙烯醚）是一种添加剂，可以使镀液沉积出连续的附着良好的锡镀层并在随后能通过软熔而光亮，它也能阻止二价锡氧化成四价锡。

在典型的电镀液中，Sn^{2+} 通常的含量为 26～32g/L，游离酸（以 H_2SO_4 计，以 PSA 加

第 3 章　金属电镀　　■ 119 ■

入）控制在 $13\sim16g/L$，还有适量的 ENSA。

目前，也有甲基磺酸取代苯酚磺酸的配方。

通常的镀锡量为 $1\sim10g/m^2$（单面）。

常见的有害离子及最大容许量如下：$Sn^{4+}<3g/L$；$Fe^{2+}<15g/L$；$Cl^-<15mg/L$；$Cr^{3+}<35mg/L$。

(3) 后处理

后处理包括软熔、钝化和涂油。

① 软熔　在软熔段，钢卷被加热到锡的熔点以上，并淬水来获得光亮的镀层表面。

软熔的目的是使带钢加热到锡的熔点 $232℃$ 以上，$250℃$ 以下，镀锡层瞬间熔化，由此获得光亮的无针孔的锡层。在锡层与带钢之间生成 $FeSn_2$ 合金层，既提高了镀锡层的结合力，又增强了镀锡板的防腐能力。软熔过程生成的 $FeSn_2$ 合金层厚度为 $0.4\sim0.8g/m^2$，合金层中 Fe 含量 80.95%，软熔温度为 $232\sim300℃$，合金层厚度与软熔最高温度和持续时间成正比。

常见的加热方式有两种，电阻加热和感应加热。

电阻加热是将两个导电辊上加上电压，产生的电流具有热效应，使得表面的锡得以熔化。这种加热方式速度慢、效率低，由于带钢与导电辊接触，易烧辊，生产成本高。经典的弗洛斯坦工艺常采用此种方式。

感应加热是使镀锡板经过电流频率为 $100\sim200kHz$ 的高频感应线圈。此高频电场能在镀锡板表面产生感应涡流，因而产生热效应。感应加热的优点是加热的速度快、非接触、产品质量可控。由于带钢无需接触导电辊，因而不会产生电阻软熔时容易出现的电弧烧点等表面缺陷。同时由于感应软熔的加热速度很快，有利于减少锡层的氧化，从而增加了镀锡板的整体耐蚀性。其缺点是加热的效率比电阻软熔低，高频、大功率使用时，电子功率器件的成本高，调试困难，在中低速生产线上很少单独使用。这是目前较为先进的一种方式。

也有些公司采用电阻加热和感应加热配合使用。电阻软熔作基础加温，即加温到锡的熔点 $232℃$ 下某点（如 $200℃$），由感应式加热快速升温到锡熔点以上。

软熔时间仅需几秒钟，温度只需稍微超过锡的熔点，锡层软熔后立即在 $50℃$ 左右的水淬槽中冷却。

软熔工艺如果加热时间过长，温度过高，会使镀锡板上生成氧化亚锡，降低镀锡带钢表面质量，还会影响到板形。

② 钝化　钝化处理的目的是提高镀锡板的耐腐蚀能力和抗变色能力，防止镀锡板在运输和储存期间的腐蚀。

镀锡板在高温下易生成黄色 SnO，这会使得镀锡板变黄变色。钝化处理可以使得镀锡板表面稳定化，防止表面氧化锡的增加。另外，能增强镀层的抗硫性能（肉类罐头中含硫较多），防止黑色硫化斑的产生。另外均匀致密的钝化膜能改善漆层的结合力，也不会影响钎焊操作。

钝化处理有化学浸渍法和电解钝化法两种。目前最常用的是电解钝化法。

电解钝化法是将镀锡板置于浓度为 $20\sim30g/L$ 的重铬酸钠溶液中，通阴极电流进行电解处理。温度 $42\sim55℃$，$pH=4\sim5$，用 CrO_3 或 NaOH 调节 pH 值。阴极电流密度为 $4\sim10A/dm^2$，$3.2\sim4.5C/dm^2$。

钝化处理的效果通常用钝化膜中的铬含量来表示。铬含量越多，抑制氧化的效果就越大。铬含量受处理电量、pH 值、温度和电流密度的影响。随着处理电量的增加，表面的铬含量线性增加。在相同的 pH 值下，随着温度的上升，表面铬含量增加。在相同的温度下，在 pH＝3.5 的钝化液中处理的铬含量比在 pH＝4.4 的钝化液中多。

出于对环保的要求，未来无铬钝化工艺将会有较大的发展空间。

③ 涂油　镀锡板在钝化后还要经过涂油处理。

镀锡板涂油的目的有三个。一是为了减少成品运输中的擦划伤。使镀锡板成品在堆垛、制罐的过程中具有润滑作用，保护镀锡板的表面以减少机械损伤，以及防止在运输途中因震动而引起的表面磨损变黑的缺陷。二是隔绝镀锡板表面与空气接触，可以防止钝化膜的破坏进而防止锡的氧化而引起镀锡板的变色，同时防止储存过程中生锈。三是为了保证镀锡板在高速的生产线中具有良好的可加工性能，使其使用中易于掀开。

镀锡板使用的油类是以对人体无害、允许在食品包装中使用为先决条件，还有一点就是必须与涂料有强的亲和力，使其涂饰性能良好。镀锡板历史上使用的棉籽油由于稳定性差而被 DOS（dioctyl sebacate）所取代。后者的化学名称是二辛基癸二酸酯，它是从癸二酸衍生出来的有机油类，由于癸二酸是饱和的二元酸，所以它的稳定性很好。也有少数企业使用乙酰基三丁基柠檬酸酯。

涂油过程是由静电涂油机通过静电作用在带钢的正反两面形成一层极薄的油膜。通常的单面涂油量为 $2\sim12mg/m^2$。

3.6.4　碱性镀锡

碱性镀锡液以锡酸钠（或锡酸钾）与氢氧化钠（或氢氧化钾）为主要组成，成分简单，溶液相对容易控制，镀液分散能力和覆盖能力比酸性镀锡好。镀层结晶细致、孔隙少、易钎焊。镀液对钢铁设备无腐蚀性，又具有一定除油能力，很适合于复杂形状零件的电镀。因而，长期以来是工业上获取无光亮镀锡层的主要工艺。

碱性镀锡的主要缺点是：镀液中锡以四价形式存在，电化当量低，且电流效率较低（70％左右），故酸性镀液镀层沉积速度至少快一倍；加之镀液工作温度较高、需要加热，因而能耗大；镀层光亮性差，如要提高锡镀层表面光洁度、光亮度及抗氧化能力，则必须在碱性镀锡后加一道热熔工序。需热熔的锡镀层厚度一般为 $3\sim8\mu m$，镀层过厚，熔融态锡的表面张力将大于锡与基体的结合力，从而产生不润湿现象；镀层过薄，则可能局部发暗。

3.6.4.1　镀液成分及操作条件

碱性镀锡溶液有钠盐和钾盐两大类。二者的主要区别是钾盐体系的溶液性能比钠盐体系好。这是由于锡酸钾在水中的溶解度较高，且随温度升高而增加，而锡酸钠正相反。故钾盐体系可采用高浓度锡酸钾，使用高的工作温度和阴极电流密度，阴极电流效率和溶液导电性也比较高。一般钠盐槽用 $1\sim2A/dm^2$，钾盐槽用 $3\sim5A/dm^2$。但钾盐溶液成本高。若所镀零件不需要或不能充分发挥钾盐的优点时，则应选取较便宜的钠盐。所以，用哪一种体系，要根据产品特点和生产条件来确定。

如镀管子内壁等工件，需用不溶性阳极，此时不能用锡酸盐补充含锡量，否则游离碱含量不断上升，需用醋酸中和，而且阳离子不断积累会导致溶液饱和，此时必须用钾盐槽。

具体的碱性镀液成分组成及工艺条件列于表 3-53。

镀液配制方法：将氢氧化钠（钾）溶解在相当于欲配制溶液体积 2/3 的去离子水或蒸馏水中，将锡酸钠（钾）调成糊状，缓慢加入苛性碱溶液中，再加入已溶解好的醋酸钠（钾），加水至配制体积。过滤溶液并通电处理。镀液配制后应试镀，若出现海绵状镀层，可加入 30％的双氧水 $0.1\sim0.5g/L$，然后通电处理。

表 3-53　碱性镀锡镀液成分组成及工艺条件

成分及操作条件	配方 1	配方 2	配方 3	配方 4
锡酸钠($Na_2SnO_3 \cdot 3H_2O$)/(g/L)	95~110	20~40		
氢氧化钠(NaOH)/(g/L)	7.5~11.5	10~20		
锡酸钾(K_2SnO_3)/(g/L)			95~110	195~220
氢氧化钾(KOH)/(g/L)			13~19	15~30
醋酸钠或醋酸钾/(g/L)	0~20	0~20	0~20	0~20
温度/℃	60~85	70~85	65~90	70~90
阴极电流密度/(A/dm²)	0.3~3.0	0.2~0.6	1~10	10~20
阳极电流密度/(A/dm²)	2~4	2~4	2~4	2~4
槽电压/V	4~8	4~12	4~6	4~6
锡阳极纯度/%	>99	>99	>99	>99
阴、阳极面积比	(1.5~2.5):1	(1.5~2.5):1	(1.5~2.5):1	(1.5~2.5):1

注：配方 1 及配方 4 适用于快速电镀；配方 2 适用于滚镀、复杂件及小零件镀锡，挂镀时可适当提高锡酸钠含量；配方 3 用于挂镀、滚镀时要相应地提高游离碱含量。

3.6.4.2　碱性镀锡的电极反应

(1) 阴极反应

碱性镀锡液中锡以$[Sn(OH)_6]^{2-}$形态存在。它通过下列反应生成：

$$Na_2SnO_3 + 3H_2O \longrightarrow Na_2[Sn(OH)_6] \tag{3-77}$$

$$Na_2[Sn(OH)_6] \longrightarrow 2Na^+ + [Sn(OH)_6]^{2-} \tag{3-78}$$

阴极反应主要是配离子在阴极上还原为锡：

$$[Sn(OH)_6]^{2-} + 4e^- \longrightarrow Sn + 6OH^- \tag{3-79}$$

镀液中Sn^{2+}与氢氧化钠作用生成的$[Sn(OH)_4]^{2-}$，比$[Sn(OH)_6]^{2-}$更容易在阴极还原，并使镀层质量恶化。故防止Sn^{2+}的干扰，是碱性镀锡获得正常镀层的关键。阴极过程的副反应是析氢反应：

$$2H_2O + 2e^- \longrightarrow 2OH^- + H_2 \tag{3-80}$$

碱性镀锡的阴极电流效率在$60\% \sim 85\%$之间，钾盐镀液高于钠盐镀液。

(2) 阳极反应

碱性镀锡液中的Sn^{2+}主要来源于阳极的不正常溶解，故必须掌握阳极溶解特性。在阳极电势较低时，随电势升高，电流密度明显增大，此时阳极以亚锡形态溶解：

$$Sn + 4OH^- \longrightarrow [Sn(OH)_4]^{2-} + 2e^- \tag{3-81}$$

阳极表面呈灰白色，镀层是疏松、粗糙、多孔的灰暗层或海绵层。

当电流密度达到某一临界值时，电势急剧升高，阳极上形成了金黄色膜，并以正常的锡酸盐（即Sn^{4+}）形式溶解：

$$Sn + 6OH^- \longrightarrow [Sn(OH)_6]^{2-} + 4e^- \tag{3-82}$$

该临界电流密度即锡阳极的致钝电流密度。如果阳极电流密度继续增加，金黄色膜将逐渐转变为黑色膜，使阳极完全处于钝化状态而不再溶解，阳极上只发生析出氧气的反应：

$$4OH^- \longrightarrow O_2 + 2H_2O + 4e^- \tag{3-83}$$

这时，因锡离子得不到补充，镀液中的锡盐浓度下降，影响溶液稳定性和镀层质量。黑膜太厚时需用酸溶解除去。

由上可知，电镀时必须首先使阳极电流密度达到并略高于阳极致钝电流密度，然后调整到规定的工作电流密度范围，使阳极经常保持金黄色膜，才能保证阳极溶解的是Sn^{4+}。这是生产中工艺操作中的关键。致钝电流密度值取决于镀液的组成及温度。增加游离碱和提高温度，能使致钝电流密度增大；降低游离碱及温度则反之。

通常最佳阳极电流密度范围为 $2.5 \sim 3.5 A/dm^2$，镀液中的锡含量、碳酸盐、醋酸盐等对此几乎无影响。

3.6.4.3 镀液中各主要成分的作用及操作条件的影响

(1) 锡酸盐

锡酸钠（钾）是主盐。主盐浓度增高有利于提高阴极电流密度，加快沉积速度。但主盐浓度过高时，阴极极化作用降低，镀层粗糙，溶液的带出和其他损耗均增加，成本提高；主盐浓度过低时，虽能提高溶液的分散能力，镀层洁白细致，但阴极电流密度、阴极电流效率和沉积速度都明显下降。一般以控制主盐中锡的含量在 40g/L 左右为好（快速电镀中可高达 80g/L，滚镀时则适当低些），此时既有较高的镀液分散能力，又可得到结晶细致的镀层。锡酸钠的含锡量应＞41%，锡酸钾的含锡量应＞38%，以保证主盐的质量。

(2) 氢氧化钠（钾）

苛性碱是碱性镀锡不可缺少的成分，除能提高溶液导电性外，其主要作用如下：

① 防止锡酸盐的水解　锡酸钠（钾）是弱酸强碱盐，易水解：

$$Na_2SnO_3 + 2H_2O \longrightarrow H_2SnO_3 \downarrow + 2NaOH \tag{3-84}$$

$$K_2SnO_3 + 2H_2O \longrightarrow H_2SnO_3 \downarrow + 2KOH \tag{3-85}$$

在镀液中保持一定量的游离碱，可使上述水解反应向左进行，从而防止锡酸盐的水解，起到稳定溶液的作用。由于镀液会吸收空气中二氧化碳从而使 pH 降低，所以控制游离碱含量，比控制锡盐含量更为重要。

② 使阳极正常溶解　当阳极电流密度和镀液温度在规定范围内时，保持一定游离碱量可使阳极以 Sn^{4+} 正常溶解，即进行如下阳极反应：

$$Sn + 6OH^- \longrightarrow SnO_3^{2-} + 3H_2O + 4e^- \tag{3-86}$$

游离碱含量过高时，阴极电流效率低，阳极不易保持金黄色，出现 Sn^{2+} 的阳极溶解，镀层质量下降，镀液不稳定；而其含量过低时，阳极易钝化，镀液分散能力下降，镀层易烧焦，同时镀液中还会出现锡酸盐的水解。通常控制游离碱量在 $7 \sim 20 g/L$ 为宜。

③ 抑制空气中二氧化碳的有害影响　镀液中的 $[Sn(OH)_6]^{2-}$ 能吸收空气中的二氧化碳，按下式分解：

$$[Sn(OH)_6]^{2-} + CO_2 \longrightarrow SnO_2 + CO_3^{2-} + 3H_2O \tag{3-87}$$

保持一定量的游离碱可吸收空气中的二氧化碳，生成碳酸钠（钾），可抑制二氧化碳对主盐的影响。

(3) 醋酸钠（钾）

某些镀锡溶液中加入醋酸盐，以期达到缓冲作用，实际上碱性镀锡液中 pH＝13，呈强碱性，醋酸盐不可能起缓冲作用。但是，生产中常用醋酸来中和过量的游离碱，起控制游离碱的作用，故在镀液中总是有醋酸盐存在。

(4) 双氧水

双氧水是在生产中出现阳极溶解不正常，产生 Sn^{2+} 时作为补救措施而加入，以防止形成灰暗甚至海绵状的沉积层，因为双氧水可以将溶液中的 Sn^{2+} 氧化成 Sn^{4+}。少量双氧水在镀液中会很快分解而不永久残留，其加入量视 Sn^{2+} 的多少而定，一般为 $1 \sim 2 mL/L$，如加入过多会降低阴极电流效率。也可以加入少量（如 0.2g/L）过硼酸钠来氧化 Sn^{2+}。

(5) 阴极电流密度

提高阴极电流密度可相应提高沉积速度，但阴极电流密度过高时，阴极电流效率显著下降，而且镀层粗糙、孔多及色泽发暗；阴极电流密度过低时，沉积速度减小。阴极电流密度的高低应根据镀液温度、锡酸盐浓度、游离碱含量及锡酸盐类型（钠盐或钾盐）确定。

(6) 温度

提高温度能使阳极和阴极电流效率增加，并可得到较好的镀层。但温度过高，能源消耗大，镀液损耗多，同时阳极也不易保持金黄色膜，易产生 Sn^{2+} 而影响镀层质量和镀液稳定性；温度过低将影响阳极的正常溶解，并使阴极电流效率及沉积速度下降。降低温度时，必须相应地降低阴极电流密度，才能保证镀层质量。碱性镀锡溶液一般工作温度在 $60\sim90℃$，钾盐体系允许的温度较钠盐体系略高。

(7) 电源

碱性镀锡的电流波形以平滑直流、无脉冲的三相全波整流最好。因为波动因素大的单向整流，脉冲电流都不行，对于挂镀槽电压一般可控制在 $4\sim6V$，高电流密度需 $8V$ 的电源，一般用 $12V$ 的直流电源便可。

(8) 镀液维护与外来杂质的去除

锡酸盐镀液对外来杂质不敏感，主要有害杂质是 Sn^{2+}。Sn^{2+} 的含量超过 $0.1g/L$，就会明显影响镀层质量。所以，碱性镀锡液相当稳定，只要控制好游离碱及防止 Sn^{2+} 的产生，一般不会出现故障。

生产中可通过下列现象来判别 Sn^{2+} 是否生成：①阳极周围缺少泡沫，这意味着 Sn^{2+} 开始生成；②槽电压低于 $4V$ 时，应注意阳极上是否有金黄色膜形成，因为阳极钝化时的槽电压一般在 $4V$ 以上；③镀液颜色呈异常的灰白色或暗黑色，这是亚锡酸盐水解，胶状氢氧化亚锡开始沉淀引起的，正常的镀液应为透明的草黄色。

生产中可采取以下方法使锡阳极保持金黄色，以 Sn^{4+} 形态正常溶解，防止 Sn^{2+} 的生成：①阳极带电入槽，并始终保持阴、阳极面积比，电镀过程中不能断电。因为，不通电或阳极电流密度小时阳极以 Sn^{2+} 形态溶解。因此，当第一槽零件入槽时，应先打开电源，把零件挂在阴极导电棒上（必须注意不能先挂阳极），再按阴、阳极面积比立即挂入阳极；零件出槽时，取出一挂时应立即补充另一挂，交替进行，以便不降低电流密度，不断电；最后一槽零件出槽时，应先取出部分锡阳极，然后再相应地取出零件，逐步地降低电流，直到完全取出零件再切断电源。②阳极与导电棒一定要接触良好。③阳极出现黑色时应立即取出，用盐酸浸蚀后刷净黑膜再使用。镀液补充水时，为防止锡酸盐水解，应加碱性水。

3.6.4.4 碱性镀锡工艺流程

典型的碱性镀锡工艺流程见表 3-54。

表 3-54 碱性镀锡工艺流程

工序	工序名称	溶液成分		操作条件			备注
		组成	含量/(g/L)	电流密度/(A/dm²)	温度/℃	时间/min	
1	验收零件						按工艺文件要求进行
2	除油	汽油					除去零件的油污
3	装挂						用铜丝或挂具
4	化学或电化学除油	氢氧化钠 碳酸钠	$5\sim15$ $20\sim25$	$3\sim10$	$50\sim70$	a. 阴极 $3\sim10$；阳极 $1\sim2$ b. 阴极 5；阳极 0.5	a. 钢铁件电化学除油 b. 铜件电化学除油不化学除油。化学除油时间以表面水膜连续为准
5	热水洗				$40\sim50$		

工序	工序名称	溶液成分		操作条件			备注
		组成	含量/(g/L)	电流密度/(A/dm²)	温度/℃	时间/min	
6	冷水洗						
7	光化	铬酐	280～300		室温	15～30s	钢铁件不进行
8	冷水洗	硫酸	25～30				
9	弱腐蚀	硫酸 a	50～100		室温	1～2	硫酸 a：对钢铁件 硫酸 b：对铜件
		硫酸 b	50～80				
10	冷水洗						
11	中和	碳酸钠	30～50		室温		
12	镀铜	氰化亚铜	20～30	2	50～60	5～10	铜件不进行
		氰化钠	7～15				
13	冷水洗						
14	镀锡热水洗	锡酸钠	50～100	1.5	70～80		锡阳极纯度大于99.9%，带电下槽和出槽，镀槽停止工作时立即取出锡阳极，浸入冷水中。或用其他配方
		氢氧化钠	10～15				
15	热水洗						
16	冷水洗						
17	干燥						用压缩空气吹干
18	卸挂						
19	检验						

3.6.5 镀层检验、缺陷分析及不合格镀层退除

(1) 镀层质量检验

镀层质量的检验依产品性质不同而异，需按产品的技术指标或工艺条件进行。生产中通用的一般性快速检验项目有以下几种。

① 外观　用目视法检验，合格的锡镀层应为灰白色、结晶细致、结合力良好，没有粗糙不平、边缘过厚凸起、烧焦、起泡、剥皮等现象。

② 厚度　生产中可用点滴法快速检验。钢件和铜件上镀锡所使用的点滴液组成如下：三氯化铁（$FeCl_3 \cdot 6H_2O$）75g/L，硫酸铜（$CuSO_4 \cdot 5H_2O$）50g/L，盐酸（HCl）300mL/L。

检测方法：向水平放置的清洁的锡镀层表面滴一滴点滴液，记录时间，30s后用滤纸吸干，再向同一位置滴一滴溶液，如此反复进行，直到露出的基体金属铜或基体金属钢上呈现暗红色斑点时为止。然后按公式(3-88)计算镀层厚度：

$$\delta = (n-1)K \tag{3-88}$$

式中，δ 为测试部位的镀层厚度，μm；n 为消耗的点滴液滴数；K 为温度系数，其值列于表3-55。

③ 孔隙率　采用贴滤纸法，以滤纸与镀层接触面上每 $1cm^2$ 内的因孔隙引起的斑点数目为该镀层的孔隙率，其检测规范列于表3-56。

表3-55　不同温度下的 K 值

温度/℃	9	15	19	23	25
$K/\mu m$	0.88	0.94	1.02	1.10	1.14

表3-56　孔隙率检测规范

基体金属	镀层	检测液组成	贴滤纸时间/min	斑点特征
铜	锡	铁氰化钾[$K_3Fe(CN)_6$]2g/L 氯化钠（NaCl）　5g/L	60	蓝色斑点

④ 耐腐蚀性　按 ASTM B117 标准进行中性盐雾试验。试验溶液为 $5\% \pm 0.1\%$ NaCl，温度为 $35\,℃ \pm 1\,℃$，连续喷雾 24 h 为 1 个试验周期。试验结果可根据与产品相关的行业标准评定。例如，按 MIL-T-1072C 标准评定为 1 个试验周期后，在 9.29 dm² 表面积上，肉眼可见的基体腐蚀点超过 6 个或有 1 个腐蚀点直径大于 1.95 mm 时，为镀层耐蚀性不合格；国内对电连接件通常以 1 个试验周期后主要表面无灰黑色腐蚀产物为合格。也可以按产品质量要求进行相应的其他腐蚀试验。

⑤ 结合力　采用弯曲试验法进行 $180°$ 的反复弯曲，或用划痕法划至基体，用 4 倍放大镜观察试验表面。如果试验中出现起皮、剥落现象，则镀层结合力不合格。

（2）不合格镀层的退除

退除不合格锡镀层的方法，列于表 3-57。

表 3-57　不合格镀层的退除方法

基体材料	化学法退除		电化学法退除
钢铁	(1)氢氧化钠	500～600g/L	氢氧化钠　80～100g/L 温度　80～100℃ 阳极电流密度　1～5A/dm²
	亚硝酸钠	200g/L	
	温度	沸腾	
	(2)氢氧化钠	75～90g/L	
	间硝基苯磺酸钠	70～90g/L	
	温度	80～100℃	
	(3)硫酸	100mL/L	
	硫酸铜	50g/L	
	温度	室温～50℃	
	(4)三氯化铁	80g/L	
	硫酸铜	125g/L	
	冰醋酸	956mL/L	
	双氧水(需加速时用)	少许	
	温度	室温	
铜	同钢铁的(2)～(4)		同钢铁的工艺,但在电解除锡后需用盐酸清除零件表面的黑膜
铝	硝酸	500～600g/L	
	温度	室温	

不合格镀层的退镀，可采用化学方法或者电化学方法。

化学法：氢氧化钠　　　　　　80～100g/L

　　　　间硝基苯磺酸钠　　　70～90g/L

　　　　温度　　　　　　　　80℃～沸腾

　　　　时间　　　　　　　　退净为止（退除过程中注意翻动零件）

电化学法：氢氧化钠　　　　　150～200g/L

　　　　　氯化钠　　　　　　10～15g/L

　　　　　温度　　　　　　　80℃～沸腾

　　　　　阳极电流密度　　　5A/dm² 左右

　　　　　阴极　　　　　　　不锈钢板

　　　　　时间　　　　　　　退净为止

第4章
非金属材料电镀及化学镀

4.1 概 述

非金属材料电镀指在非金属材料表面上，利用特殊的加工方法获得一层金属镀层，使之具有金属材料和非金属材料两者优点的一种电镀方法。非金属材料的电镀技术，是随着物理化学、化学动力学理论的发展，尤其是高分子合成材料和电子工业的高速发展而发展起来的，并在生产实践中不断完善，至今已形成一门新型的独立的专门技术。

4.1.1 非金属材料电镀的历史及应用

现在各种塑料、玻璃、石英、陶瓷等非金属材料的应用越来越广，特别是随着塑料工业的飞速发展，各种工程塑料在宇宙航行、无线电通信和轻工产品方面的应用越来越多。使用这些材料不仅能替代贵重的有色金属如铜、铝、镁等，同时还能节约机械加工时间。另外塑料的密度小，使用这些材料还减轻了设备重量。

但是，非金属材料存在着不导电、不导热、耐磨性差、易变形以及不耐污染和使用一段时间后颜色变化等缺点，从而在一定程度上限制了它们的使用范围。

非金属表面金属化后，可以获得以下优点：导电、导磁、耐磨、耐热、抗老化、可焊接、成型性能好、成本低、具有良好的物理力学及电气性能、密度小、抗腐蚀性能、耐候性能和抗老化性能好等及不同色泽的金属外观，从而使非金属材料的装饰性和功能性增强，使用范围拓宽。

19世纪前，在非金属材料上电镀被认为是不可能的。1835年，利伯格（Liebig）向银氨溶液滴入乙醛，从而使试管内壁上附着一层光亮如镜的金属银，从而发现了银镜反应。1884年罗伯（Rober）和阿穆雷格（Amurrag）把石墨涂到非金属表面使它们导电，然后，电沉积得到钢的雕刻板。

但真正的具有工业价值的非金属电镀技术的开发，是在廉价而有效的化学镀技术产生之后的事。1938年的《塑料》期刊上，报道了塑料上电镀的新闻。无线电技术的发展促进了利用化学法实现非金属印制线路板孔金属化技术的产生，而化学镀铜技术的完善，使塑料电镀技术的工业化成为可能。

我国在 20 世纪 50 年代开始研究和开发塑料电镀。20 世纪 70 年代，开发的胶体钯一步活化和常温化学镀镍工业，用于当时出口的收音机机壳和旋钮。80 年代，玻璃钢电镀技术获得发展。20 世纪末，开发出直接镀塑料，还开发出适用于其他非直接镀塑料的直接镀技术。进入 21 世纪，非金属电镀技术在工业领域中已被大量采用。

目前，非金属电镀在工业上大规模的应用已经越来越广，如以塑料代替有色金属、汽车工业的内外部件应用、局部电镀的应用、印刷线路上的应用、导电性纤维上的应用、电子仪器的屏蔽等。

4.1.2　非金属材料电镀的方法

非金属表面金属化的方法有物理气相沉积（PVD）、真空电镀（vacuum metalizing）、离子镀、阴极溅射法（cathode sputtering）、化学气相沉积（VCD）、气相镀、热压烫金法、导电塑料、化学镀、化学镀-电镀法等，但目前在工业中应用最多的是电镀工艺。

除了导电塑料以外，非金属材料通常是不导电的，无法直接用电沉积方法沉积金属层，因而进行非金属电镀的前提是使工件表面获得一定的导电性，以及如何使镀层与非金属基体有良好的结合力。所以，镀前预处理成为整个电镀工艺的关键。即在不通电的情况下，在它们的表面施镀一层导电金属薄膜，使之具有一定的导电能力，然后再进行电镀。因此，非金属材料电镀与金属电镀的主要区别在于前者表面需要金属化处理。

可以有多种前处理方法使非金属表面形成金属化导电层，如金属涂料法、喷涂导电胶、真空镀金属层、化学镀、化学喷镀浸挂、气相沉积银、银粉浆高温还原、真空镀膜、环氧树脂或油漆中加金属粉喷涂表面等。对玻璃、陶瓷等材料还可以进行烧渗金属层。化学镀是最常使用的方法。

由于非金属材料和镀层金属间是机械结合，受热时，膨胀系数相差较大，因此非金属电镀结合力较金属电镀结合力差。

随着科技的发展，非金属电镀工艺也在不停进步，预计未来可能在以下方向有较大的发展：

① 新型直接催化塑料（添加化学镀催化剂）；

② 添加导电粉末获得直接电镀塑料（在塑料表面分散导电性铁、铝微粒）；

③ 通过特殊前处理获得直接电镀塑料（碱粗化，硫酸磺化处理，引入磺基，在塑料表面形成活性基团，进而吸附金属离子而使表面具有催化活性）；

④ 导电塑料（制造塑料时，在树脂中掺入导电物质如金属微粒、炭黑、有机配合物、导电聚合物-聚苯胺、聚乙烯、聚苯硫醚、聚吡咯、聚吡啶、聚噻吩、聚噻唑、聚对亚苯基及热分解导电高分子聚酰亚胺和聚丙烯腈等）；

⑤ 高强度可镀塑料：短玻纤维/颗粒混杂增强 ABS 复合材料；

⑥ 局部电镀或选择性电镀塑料；

⑦ 生物工程塑料的图形电镀，人工骨关节，在功能器件上用非金属电镀技术直接制作所需连接的线路，达到连接所有功能块的目的。

4.1.3　ABS 塑料电镀简介

目前，非金属电镀中，工业应用最广泛的是塑料电镀，这其中 ABS 电镀占了很大一部分。本节下面内容，将以塑料电镀为主，其他非金属材料的电镀详见本章 4.2.7 部分。

塑料具有重量轻、耐蚀性佳、电绝缘性优良、价格低廉、容易成型、可大量生产等优点。但同时，也具有耐候性差、易受光线照射而脆化，耐热性不好，机械强度小，耐磨性很差，吸水率高等缺点。

塑料电镀的目的是将塑料表面披覆上金属，不但实现很好的金属质感、且补偿塑料的缺点，改善其在电、热及耐蚀等方面的性能，提高其表面机械强度，充分发挥塑料及金属的特性于一体。

电镀塑料广泛应用于汽车、摩托车、家用电器零部件、水暖器材、小装饰品、化妆品包装、旋钮等轻工产品的各个方面；高性能的电镀塑料制品还可用于制作无线电通信配件、火箭、宇宙飞船上的零部件、宇航服等。如用作汽车外部装饰的散热格栅、轮罩等，就是用高性能 ABS 注塑成型后进行电镀的；龙头把手、淋浴喷头之类的各种室内卫生设备是以改性聚苯醚作为电镀基体材料的。

塑料的种类很多，但并非所有的塑料都可以电镀。有的塑料与金属层的结合力很差，没有实用价值；有些塑料与金属镀层的某些物理性质如膨胀系数相差过大，在高温差环境中难以保证其使用性能。目前用于电镀最多的是 ABS，其次是聚丙烯（PP）。另外聚乙烯塑料（PE）、聚砜类塑料（PSF）、聚碳酸酯（PC）、聚四氟乙烯（PTFE）、环氧树脂等有成功电镀的方法，但难度较大。

ABS 塑料因其结构上的优势，不仅具有优良的综合性能，易于加工成型，而且材料表面易于侵蚀而获得较高的镀层结合力，所以目前在电镀中应用极为普遍，约占塑料电镀的80％～90％。

ABS 是由丙烯腈（A）、丁二烯（B）和苯乙烯（S）三种单体聚合而成的。其中丁二烯在聚合体中保持极细微的球状结构，在粗化中易于溶解而使塑料表面粗化并获得良好的结合力，因而随着丁二烯含量的不同，ABS 塑料的可镀性也有所差别，无论是进口的还是国产的 ABS，均应选用"电镀级"的，即丁二烯含量为15％～25％的 ABS 材料。非电镀级 ABS中含丁二烯成分较低，对粗化工艺控制要求要严些；否则，不易获得结合力好的镀层。

4.2　非金属材料电镀前的表面准备

非金属材料电镀工艺的关键是制件表面导电膜制备和金属镀层与基体的结合力，这均与制件电镀前的表面准备有关。

非金属电镀前的表面准备，是指在非金属材料表面，通过封闭、化学粗化、敏化、活化、化学镀，使之密布一层具有催化活性的金属微粒的全过程。不同的非金属制品，在某些工序的具体处理上有些差别。通常包括以下工序：封闭、消除应力、除油、粗化、敏化、活化、还原或解胶、化学镀。经过合格的前处理后，就可以按常规工艺进行电镀。

针对不同的基体，具体作法稍有不同，区别往往在封闭、消除应力和粗化这三个阶段。如 ABS 塑料无需封闭处理，粗化多采用铬酸体系；玻璃陶瓷等基体，则无需消除应力，粗化多用氢氟酸体系。

4.2.1　消除应力

要得到电镀质量高的塑料镀件，除电镀本身外，还要求零件造型和模具设计合理、加工条件正确，以使塑料件成分均匀、内应力小，利于电镀。

当设计不合理或加工成型有缺陷时，塑料制品会产生内应力。这些内应力会对塑料件的粗化及以后一系列的工序带来很多问题。如不将其消除，即使随后各道工序均处理合格，也很难保证塑料基体与金属镀层之间的结合力，从而使镀层结合力下降、镀层开裂以至脱落，因此塑料成型时带来的内应力必须预先消除。

比如，ABS塑料在注塑成型过程中会有应力残留，特别是浇口和与浇口对应的部位，会有内应力产生。如果不加以消除，这些部位会在电镀中产生镀层起泡现象。在电镀过程中如果发现某一件产品的同一部位容易起泡，就要检查是否是浇口或与浇口对应的部位，并进行内应力检查。

特别对PC含量高的塑料件（PC≥40%），由于PC物料本身自润滑性差，有应力开裂倾向，成型时收缩率小，易发生熔融开裂和应力集中现象，从而导致镀层结合力不足、开裂等现象。需采用退火等方法去除应力。

(1) 内应力的检查方法

生产中多用极性溶剂浸泡法检查塑料制品是否存在内应力。即将塑料制品在极性溶剂中浸泡2~5min后取出，观察其表面是否出现细微裂纹。以裂纹的出现表征内应力的存在，裂纹越多越粗，内应力越大。表4-1列出了一些常用塑料的内应力检验溶剂。

表4-1　常用塑料的内应力检验溶剂

材料	检验溶剂
有机玻璃	沸水
苯乙烯及其共聚物	冰醋酸、煤油
聚酰胺（尼龙66、尼龙1016等）	正庚烷
聚碳酸酯、聚砜、聚苯醚等	四氯化碳
ABS塑料	①冰醋酸 ②甲基乙基酮和丙酮的混合溶剂

以ABS塑料制品为例说明检查内应力的具体方法：

① 冰醋酸浸泡法　将注塑成型的ABS塑料在24℃±3℃的冰醋酸中浸泡30s后取出，然后仔细地清洗表面，晾干。在40倍放大镜或立体显微镜下观察表面，如果呈白色表面且出现细微、致密的裂纹，即说明出现裂纹处存在内应力，裂纹越多，应力越大，不能马上电镀，要进行去应力处理。如果呈现塑料原色，则说明没有内应力或内应力很小。内应力严重时，经过上述处理，不用放大镜就能够看到塑料表面的裂纹。

② 混合溶剂浸泡法　将制品浸入21℃±1℃、体积比为1:1的甲基乙基酮和丙酮的混合溶剂中，浸泡15s后取出、立即甩干，用①中的方法检查零件表面。

(2) 内应力的消除方法

通常用热处理法消除塑料的内应力，即将塑料制品在低于其热变形温度的条件下保温一定时间，用于弥补压塑质量的缺陷，使塑料内部分子重新排列，避免应力集中，以达到减小或消除内应力的目的。常用塑料的热处理温度列于表4-2。

表4-2　常用塑料的热处理温度

材料	热处理温度/℃	材料	热处理温度/℃
聚丙烯	80~100	聚甲醛	90~120
氯化聚醚	80~120	聚砜	110~120
聚苯醚	100~120	聚碳酸酯	110~130
改性聚苯烯	50~60	聚苯乙烯	60~70
聚酰胺	①沸水，2h（壁厚1.5mm） ②沸水，16h（壁厚6mm）	ABS塑料	①65~75℃，2~4h ②25%~30%丙酮，室温，20~30min

也可以用溶剂浸泡法消除应力。例如，ABS 塑料可在丙酮∶水为 1∶3 的混合溶液中，于 15～30℃下浸泡 20～30min。

4.2.2 除油

塑料表面上往往存在指纹、油脂等有机污物以及由于静电作用产生的尘埃等附着物，或者是在模压、存放和运输过程中残留的脱模剂和油污。这些附着物必须除去，否则会降低结合力、造成镀层起泡等质量问题，严重的甚至镀不上镀层。

除油的目的是清除这些附着物，以保证非金属制品能在下一个工序中均匀地进行表面粗化，提高镀层结合力，同时增加粗化液的使用寿命。通常塑料零件使用有机溶剂除油、碱性除油和酸性除油，可根据具体要求选用。在大多数情况下，可使用酸性除油，其除油效果较好。

需要注意的是，塑料密度小，易浮在液面上，操作时需用重物将其全部压入溶液内，并适当翻动，使零件表面全部润湿。

(1) 有机溶剂除油

有机溶剂除油只能除去工件表面的石蜡、蜂蜡、脂肪等有机污垢，由于材料不同，它们耐有机溶剂的能力也不同，在选用时，必须遵守下述三条原则：

① 工件不溶解、不溶胀、不龟裂；
② 沸点低，易挥发；
③ 无毒，不易燃烧。

表 4-3 列出了常用塑料除油时，所选用的有机溶剂。

表 4-3　塑料零件除油的有机溶剂

塑料种类	溶剂种类	塑料种类	溶剂种类
聚苯乙烯	甲醇、乙醇、三氯乙烯	酚醛塑料	甲醇、丙酮、氢醌＋邻苯二酚＋丙酮
聚氯乙烯	甲醇、乙醇、丙酮、三氯乙烯	聚酯	丙酮
聚酰胺	汽油、三氯乙烯	ABS 塑料	乙醇
氟塑料	丙酮	橡胶	丙酮、丁酯纤维素
环氧树脂	甲醇、丙酮		

(2) 碱性除油

碱性除油液的组成与钢铁件碱性除油液相似。采用的碱性除油液应含有起润湿、缓蚀等作用的表面活性剂。溶液温度不能超过塑料黏流化温度，即不能使塑料发生塑性变形。常用于除油的碱性试剂有硅酸盐和磷酸盐两类。其中硅酸盐会在表面形成硅酸盐薄膜，对后续浸蚀处理有影响，所以通常使用磷酸盐除油剂。

对含 PC 的 ABS 塑料，由于耐油、酸而不耐强碱、氧化性酸及胺、酮类，宜采用弱碱性的除油液进行清洁处理。

表 4-4 给出了一些非金属材料的碱性除油液的组成及工艺条件。

表 4-4　非金属材料的碱性除油液的组成及工艺条件

成分及操作条件	配方 1	配方 2	配方 3
氢氧化钠($NaOH$)/(g/L)	20～30	30	30
碳酸钠(Na_2CO_3)/(g/L)	30～40		30
磷酸钠(Na_3PO_4)/(g/L)	20～30	30	50
焦磷酸钾($K_4P_2O_7$)/(g/L)		30	

成分及操作条件	配方1	配方2	配方3
OP 乳化剂/(g/L)	1~3		
海鸥洗涤剂/(mL/L)			5
十二烷基磺酸钠/(g/L)		1	1
温度/℃	50~55	50~55	60~70
时间/min	30	10	3~5

碱性除油之后，先在热水中清洗，然后在清水中清洗干净，接着用5％的硫酸中和后，再清洗，才进入粗化工序，这样可以保护粗化液，使之寿命得以延长。

(3) 酸性除油

酸性除油适用于所有耐酸工件。目前在非金属材料电镀中使用酸性除油工艺的公司不多，酸性除油的配方也很少。这里介绍一个强氧化性的酸性除油配方及工艺条件：

重铬酸钾，15g；硫酸（$\rho=1.84g/cm^3$），300mL；水，20mL。室温，时间1~5min。

这种除油液利用强氧化作用来破坏有机物，要注意防止时间过长对表面造成伤害。

酸性除油比碱性除油具有更多的优点：

① 简化工序　碱性除油后，需用水反复清洗，再浸硫酸，方能进行粗化。而酸性除油后，可直接进行粗化，能简化两次以上的清洗和浸硫酸工序。

② 节省能源　酸性除油可减少两次清洗水，又不加温，可节省能源。

③ 延长粗化液使用寿命　碱性除油经水洗后很难把水弄干，特别是带深盲孔的工件，还可能残留碱液，易稀释粗化液与之发生酸碱中和，降低粗化液的使用效果和时间。

④ 适用自动线生产　酸性除油省工序，节省设备和生产场地，适用于自动线生产。

4.2.3　表面粗化

提高非金属基体和金属镀层的结合力，是非金属电镀中遇到的难题之一。

由于非金属和金属在结晶学方面差异巨大，普通电镀时，镀层金属可以沿着基体金属表面的结晶继续生长，这就是所谓的外延生成。在非金属基体上，这种机理就无法实现。所以，提高非金属结合力最常用的方法有以下两个：①扩大非金属和金属之间的接触面，并尽量形成"锁扣"结构；②改善非金属表面的亲水性，使后续反应物（敏化液和活化液）能强烈地吸附在非金属表面。

这两种方法，都是在粗化这个步骤实现的。

表面粗化就是用机械或化学方法，使非金属材料光滑的表面形成均匀细致、无光泽的微观粗糙表面，从而增大镀层与基体的接触面，同时使塑料表面的聚合分子断链，由长链变成短链，并在断链处可形成无数个亲水极性基团，将工件由憎水体变成亲水体，有利于粗化后各道工序的顺利进行。

粗化的好坏直接影响到镀层的结合力、光亮度及镀层的完整性。

粗化方法主要有机械粗化、化学粗化和有机溶剂粗化，粗化效果依次为化学粗化>有机溶剂粗化>机械粗化。在工业生产中，要根据材料特点和技术要求选择适当的粗化方法，有时也可采用几种方法的组合。

4.2.3.1　机械粗化

机械粗化适用于表面光洁度要求不高的零件，可用砂纸打磨、滚磨、气喷、蒸汽喷磨料等方法，对小零件还可用滚动摩擦方法（类似于一般电镀前处理中的滚光工序）。其中应用比较广泛的有喷砂法和砂纸打磨法。其特点是成本低、操作简单、易于掌握，适用于几何形状简单和对尺寸要求不严格的工件。

影响机械粗化速度的因素有磨料粒度、喷射、打磨或转动速度及工件几何形状的复杂程度等，主要与磨料的粒度有关。磨料性质不同，则粗化方法和粗化效果不同，对镀层结合力的影响也不同。磨料的粒度越粗，工件表面的粗糙不平度越大，越有利于镀层与塑料表面的结合；但是，表面粗糙度增大，对要求表面粗糙度低的工件又极为不利，二者是矛盾的。因此，为了兼顾镀层结合力和工件表面粗糙度，应适当选择喷砂的粒度。磨料粒度一般为120～200目。

由于机械粗化只能在非金属制品表面形成上大下小的敞口形凹坑，无法使镀层和基体实现机械"锁扣"结合，所以它对镀层结合力的提高作用较小，通常只能作为化学粗化之前的辅助工序。

4.2.3.2 有机溶剂粗化

某些工件形状复杂，当要求表面粗糙度低和尺寸精度高时，显然这种制品不宜用机械粗化，而且该制品又不能经受普通化学粗化液的浸蚀，或是普通化学粗化液对它不起作用，这时，可借助于适当的有机溶液进行粗化。如热固性塑料可在 400mL 氢醌、100mL 邻苯二酚和 400mL 丙酮组成的混合溶液中处理 3min（室温）。对于橡胶制品最好用丙酮或丁酯纤维素进行粗化处理。

若将有机溶剂粗化与其他粗化方法结合起来，可获得最佳粗化效果，使镀层的结合力达到最大值。例如，聚丙烯塑料用普通的化学粗化液进行粗化，镀层的结合力只有 0.1～0.6kgf/dm²，可是将它用 10％的松节油乳浊液进行处理，去掉表面无定形部位，再用普通化学粗化液粗化，所得镀层结合力可达 3.6kgf/dm² 以上，最高可达 9kgf/dm²。

4.2.3.3 化学粗化

目前国内外塑料电镀行业中 95％以上都采用化学粗化工艺。

(1) 化学粗化的特点

化学粗化法除污垢能力强，因为粗化液中普遍含有铬酐和硫酸，是强氧化性的酸性溶液，所以对工件上的残存污垢都能迅速、彻底地除去。

化学粗化溶液粗化速度快，效果好。粗化后工件表面呈显微粗糙，粗化层均匀、细致，对工件表面粗糙度和尺寸精度影响小，且粗化速度比机械粗化快。无论工件几何形状和材料性质如何，均可使用。而且化学粗化液成分简单，配制容易，维护方便。

(2) 化学粗化原理

化学粗化实质是对镀件表面起氧化和蚀刻作用。强酸、强氧化性的粗化液，对塑料等表面分子结构产生化学蚀刻作用，形成无数凹槽、微孔，甚至孔洞，使工件表面微观粗糙，以确保化学镀时所需要的"投铆"效果。

化学粗化液还能对高分子材料产生断链作用，即长链变成短链。同时，还可能发生氧化、磺化作用。

由于上述作用叠加的结果，使工件表面生成较多的亲水性极性基团（主要在链处），如羰基（ C=O）、羟基（—OH）、磺酸基（—SO₃H）等，或者使非离子的分子极化。这些极性基团的存在能够极大地提高工件表面的亲水性，有利于化学结合，有利于电沉积反应进行，从而提高镀层与基体的结合力。

（3）化学粗化液的配方及工艺条件

粗化液成分和浓度、温度、粗化时间不同，对工件表面的氧化和蚀刻作用也不同，即对镀层结合力的影响也不同，因此，应根据不同材料选择适宜的组分及工艺条件。

ABS塑料是丙烯腈（A）、丁二烯（B）和苯乙烯（S）的三元共聚物，其中B组分分散于S-A聚合形成的球形刚性骨架之中。铬酐对丁二烯起氧化作用，可溶解制品表面层的橡胶状小球，而S-A骨架基本不溶。橡胶小球溶解后，在工件表面上留下$1\sim2\mu m$的锚坑，从而形成很多瓶颈形凹坑，使制品表面微观粗糙明显增加，使镀层与基体能实现机械"锁扣"式结合。

丁二烯的氧化分解还能赋予树脂表面以羧基、磺酸基等极性基，有利于敏化、活化液的吸附和后续镀层的附着力。

ABS塑料常用粗化液的组成及工艺条件列于表4-5，其中效果好、应用范围广泛的为高铬酸-硫酸型溶液。

表 4-5　ABS塑料常用粗化液的组成及工艺条件

组成及工艺条件	配方1	配方2	配方3	配方4	配方5	配方6	配方7	配方8
CrO_3/(g/L)	400	180~200	30	24	6			
H_2SO_4/(g/L)	350	1 000	1 080	780	620	830	800	590
H_3PO_4/(g/L)			180		154			190
$H_2Cr_2O_4$/(g/L)						29	65	20
温度/℃	50~60	60~70	60~70	60~70	60~70	50~60	20~70	60~70
时间/min	25~40	60~120	60~120	1~5	0.3~4.5	0.3~5	1~10	30~60

粗化的温度、时间和溶液浓度决定粗化的效果。粗化过少或过多都会影响黏合力。粗化温度40~65℃时，镀层结构均匀，无起泡、无裂纹，色泽较亮；65~75℃时，随着温度上升，金属镀层光泽逐渐变暗；80℃时，镀速变慢，镀层外观更加暗淡，这是由于微孔变深、孔径变大的原因。在40~80℃之间粗化温度的变化对镀层的结合力影响不大，但从塑料全部镀上镍层的时间看，随着粗化温度的上升，时间总体上在减少。因此，铬酸粗化时温度控制在55~65℃之间为宜。

粗化时间的长短对镀层结合力影响不大，但对镀层外观影响明显。粗化时间太长，镀层外观无光泽；粗化时间太短，则镀层不够光亮。以镀镍为例：粗化时间越长，塑料表面全部镀上镍层的时间就越短，即镍的沉积速度越快。因为粗化时间太长，表面微孔变粗，沉积的金属微粒较大，不仅在敏化活化时消耗更多的钯，在后续的电镀时也会导致金属晶体较大，影响镀层的整平性和光亮性。

粗化液的寿命是有限的。随着粗化量的加大和时间的延长，Cr^{3+}含量会上升，粗化液的作用会下降，可以分析加以补加，但是当Cr^{3+}太多时，处理液的颜色会呈现墨绿色，要弃掉一部分旧液后再补加铬酸。目前，较先进的工艺可以用电解法氧化Cr^{3+}。

工件从粗化液取出后，带出的六价铬对后续每步工序都有严重危害，六价铬在钯活化剂中会氧化锡和锡/钯胶体，从而影响塑料表面吸附钯活化剂，最终导致镀不上镀层。

由于铬酸浓度很高，首先要在回收槽中加以回收，再经过多次清洗，并浸5%的盐酸后，再经过清洗方可进入以后流程。有时还要加上中和步骤。

为了避开可能造成严重污染的六价铬，有利于环境保护，也有些采用$KMnO_4$体系的化学粗化工艺，如：$KMnO_4$ 350~400g/L；pH=13.5（NaOH调节）；添加剂5mg/L；温度60~70℃；时间20~30min。

粗化后的塑料表面微暗、平滑、不反光。如果工件粗化程度不够，那么塑料经化学镀处理后，金属镀层与塑料基体结合力会受到影响，甚至会导致镀层起皮或脱落。若塑料经过粗化后，表面颜色不呈现暗淡色，那么需要对塑料件进行重新粗化处理。

ABS 粗化后的效果，可见于图 4-1。

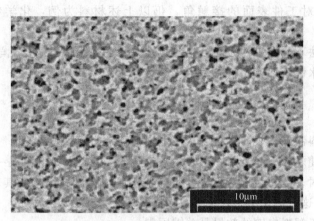

图 4-1 ABS 粗化效果图

4.2.3.4 粗化方法与镀层结合强度的关系

目前有这种看法，即单靠机械粗化所能达到的最高结合力是化学粗化法所能获得结合力的 10% 左右。表 4-6 列出了以聚苯乙烯塑料上镀铜为例，不同机械粗化方法及其与化学粗化联用的效果。

表 4-6 铜镀层与聚苯乙烯塑料基体的不同粗化方法的效果（结合力）

机械粗化方法	机械粗化/(kgf/cm²)	机械粗化＋化学粗化/(kgf/cm²)
不粗化	20	58
M14 砂纸打磨	34	195
5%碳化硅液滚磨 1h	10	230
5%浮石液滚磨 1h	10	304

注：$1kgf/cm^2 = 10^5 Pa$。

据有关资料和大量试验证实，液体滚磨处理所获镀层的结合力大于喷砂处理，有机溶剂粗化所获镀层结合力为最大。如果将机械粗化与化学粗化结合起来，或者是将有机溶剂处理后的工件再进行化学粗化，均可提高某些制品与镀层结合力。可见，镀层结合力与粗化方法密切相关。可能的原因是：

① 粗糙状态不同 机械粗化在工件表面形成的孔洞，凹坑呈敞口形，它与磨料的形状完全相同，因而不能与镀层形成机械锁扣。化学粗化在工件表面形成的孔洞，凹坑是瓶颈形，因此能与镀层形成机械锁扣。有机溶剂粗化在工件的边沿处形成颈形的凹坑、孔洞，也能与镀层形成机械锁扣。图 4-2 为机械粗化与化学粗化形成的凹坑的形貌示意图。

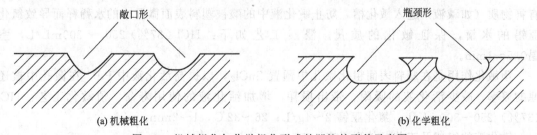

图 4-2 机械粗化与化学粗化形成的凹坑的形貌示意图

② 润湿接触角不同　镀层结合力与工件亲水性能有关：亲水性能好，即润湿接触角越小，越有利于镀层的结合。机械粗化对工件表面被溶液润湿接触角的改变不大。例如，它只能将聚苯乙烯的接触角减小 4°。有机溶剂粗化不能减小接触角，而化学粗化可显著降低溶液对工件表面的接触角，仍以上述材料为例，化学粗化可将它的接触角减小 42°。

此外，粗化方法不同在工件表面产生的极性基团的数量也不同，化学粗化可在高分子的断链处产生许多亲水性极性基团，有利于化学结合。

4.2.4　敏化

经粗化后的塑料制品，表面具备了亲水性，但还需进行敏化处理。

敏化的目的是使塑料表面吸附一层容易被氧化的敏化剂。敏化剂是一种还原性物质，当其吸附在制件表面时，能在活化液中将金属离子还原为金属原子，使其表面形成"活化层"或"催化膜"，没有这些活化中心，化学镀无法进行。

敏化的质量对于塑料电镀的效果是关键因素。

可用的敏化剂有二价锡盐、三价钛盐、锆的化合物及钛的化合物。一般采用二氯化锡、三氯化钛的酸性溶液或二价锡的配合碱性溶液，也可采用硫酸亚锡或氟硼酸亚锡，其相应的酸应为硫酸或氟硼酸。

(1) 敏化机理

研究表明，使用酸性敏化液处理工件时，最终在工件表面上吸附一层凝胶状物质。这层凝胶状物质，不是在敏化液中形成的，而是在下一步水洗时产生的。

以二价锡盐敏化液为例，在敏化液中浸渍过的工件，表面附有一层敏化液，当移入清洗槽时，由于清洗水的 pH 值高于敏化液，二价锡发生水解作用，生成微溶于水的凝胶状物 $Sn_2(OH)_3Cl$。这种微溶产物在凝聚作用下沉积在非金属表面，形成一层厚度由几纳米至几百纳米的薄膜。

由于溶液中二价锡不发生水解，所以工件表面上沉积的二价锡数量与工件在敏化液中的停留时间无关，而与清洗条件（清洗水压力，流速等）、敏化液的酸度和二价锡的含量有关。酸度高、敏化液中二价锡含量低均不利于水解反应的进行。它还与材料本身的组织结构（吸附能力不同）、工件表面的粗化度、工件形状复杂程度及清洗水的 pH 和温度有关。

所以，从敏化液中取出塑料件时应注意：既要清洗干净，以免污染活化液；又不能用过大的流速和过长的时间冲洗，否则将不利于凝胶物质的形成和表面附着。

(2) 敏化工艺

工件进入敏化液前，可能需要浸酸或预敏化。通过浸酸或预敏化，减少前面可能出现的有害物质（如碱液）进入敏化槽，防止敏化液中的酸被塑料表面微孔中的水稀释而导致氯化亚锡的水解，保证敏化的质量。浸酸工艺如下：HCl（37%）250 ～ 300mL/L，室温 0.5～1min。

预敏化作用是在塑料表面粗化微孔中预置 $SnCl_2$，以提高活化液中 Pd^{2+} 在微孔中被还原的概率，减少活化液的吸附、带出损耗，增加活化液的使用寿命。预敏化工艺：HCl（37%）250～300mL/L，氯化亚锡 2～4g/L；26～32℃，1～2min。

敏化液的组成及工艺条件列于表 4-7。

表 4-7　敏化溶液的组成及工艺条件

组成及工艺条件	配方 1	配方 2	配方 3	配方 4	配方 5	配方 6
氯化亚锡/(g/L)	10～100		100	50		10
三氯化钛/(g/L)				50		
氟硼酸亚锡/(g/L)					15	
硫酸亚锡		10				
HCl/(g/L)	10～50					100
硫酸/(mL/L)		40～50				
NaOH/(g/L)			150			
酒石酸钾钠/(g/L)			170	60～70		60～70
氟硼酸/(mL/L)					250	
氯化钠/(g/L)					100	
十二烷基硫酸钠/(g/L)					0.1～2	
金属锡条/根	1	1	1	1	1	1
温度/℃	18～25	10～30	18～25	18～25	10～30	18～25
时间/min	3	3～5	3	3	3～5	1～3

在敏化液中放入纯锡块可以抑制 Sn^{4+} 的产生。

锡类敏化液的配制方法是将 $SnCl_2$ 部分溶于盐酸中，然后再用蒸馏水稀释至规定的体积。不能将 $SnCl_2$ 直接溶于蒸馏水中，因为其在水中易水解为不溶的碱式氯化亚锡[$Sn(OH)Cl$]白色浑浊胶状物，使得敏化效果大大降低。因此，敏化溶液 pH 值最好控制在 0.5～2.0 之间。

氧化剂、光照和空气中的氧气都可以导致敏化液失效，加入锡条或锡粒可延缓二价锡的氧化。在敏化溶液中也可加入一些醇类添加剂以改善化学镀层的均匀性。

在生产过程中，敏化液中 Sn^{2+} 浓度将不断降低，因此定期添加 $SnCl_2$ 和盐酸是保证敏化质量的必要措施。敏化液若有白色浑浊沉淀产生，可加入盐酸；如加入盐酸也不能使溶液澄清，可进行过滤。液面如果出现一层乳白色的膜层，应该立即滤去，否则影响镀层结合力。塑料制品表面上沉积二价锡的数量对化学镀的诱导期、镀层的均匀性和结合力都有影响：制品表面 Sn^{2+} 的数量越多，在活化处理时形成的催化中心越致密，化学镀的诱导周期就越短，镀层的均匀性和结合力也越好。如果二价锡过量，催化金属微粒就会堆积，引起化学镀层疏松多孔。一般选用较稀的两价锡敏化液。

影响敏化质量的因素有很多，其中清洗水质与清洗方法、敏化液的酸度和塑料制品的结构与表面前处理状态等因素是影响敏化质量的主要因素。

4.2.5　活化

除化学镀银可在敏化后直接进行外，其余的化学镀均必须浸入活化液中进行活化处理后进行。

经过敏化后的塑料制件，表面有一层还原性物质，当它们浸入到含有催化活性金属如银、钯、铂、金等的化合物溶液中，就会使这些金属离子很快被敏化膜还原成金属微粒，使其紧紧附着在工件表面上，从而在非金属表面产生一层催化金属层。这些具有催化活性的微粒是化学镀的结晶中心，故活化又称为"核化"。

活化时的操作方法及溶液浓度对化学镀的质量有一定影响。实践证明，活化后立即水洗将导致质量不佳，因为刚还原的贵金属附着力不强，水洗会损失一部分，所以活化后在 35～45℃温度下进行干燥或自然晾干，然后在静水中清洗，进入化学镀的工件结合力会有所提高，特别是对银氨活化沉积铜尤为显著。

常用的活化剂是硝酸银型、氯化钯型和胶体钯型三种。

另外，其他方法也可以进行活化，如酒精的银盐或钯盐也可在塑料表面直接喷射催化金属等。

(1) 硝酸银活化

硝酸银型活化液的组成及工艺条件见表4-8。

表4-8 常用的硝酸银型活化液的组成及工艺条件

组成及工艺条件	配方1	配方2	配方3	配方4	配方5
硝酸银/(g/L)	2～5	2～5	30～90	20～30	10～35
氨水(25%)/(mL/L)	20～50	6～8	20～100		
乙醇/(mL/L)				500	500
CA型醇胺试剂/(g/L)					15～80
W-2J/(g/L)					10～20
温度/℃	15～25	室温	室温	室温	室温
时间/min	1～5	5～10	0.5～5	2～10	

这种活化液的优点是成本较低，并且较容易根据活化表面的颜色变化来判断活化的效果，因为硝酸银还原为金属银活化层的颜色是浅褐色或棕色的，如果颜色很淡，活化就不够，需要延长活化时间或者对活化液进行补料。

为了提高活化液的稳定性和使用寿命，操作时应当注意防止将敏化液带入活化液中，否则会使活化液立即变黑，导致溶液提前失效。活化时应不断翻动工件，使活化均匀。使用时不要在强光下操作，用后避光放置，以提高溶液的稳定性。同时活化液应经常过滤除去一些固体颗粒（主要是银的颗粒），以保证化学镀层的表面粗糙度。

(2) 氯化钯活化

氯化钯型活化液的组成及工艺条件列于表4-9。

表4-9 非金属材料氯化钯（离子钯）活化液的组成工艺条件

组成及工艺条件	配方1	配方2	配方3	配方4	配方5	配方6
氯化钯($PdCl_2 \cdot 2H_2O$)/(g/L)	0.2～0.5	0.25	0.25～1.5	2	0.25	0.3～0.5
37%盐酸/(mL/L)	3～10	2.5	0.25～1.0			
硼酸/(g/L)			20			
HL盐酸试剂/(mL/L)				40		
95%乙醇/(mL/L)					500	
氯化铵/(g/L)						0.2～0.5
HD-1配合剂/(g/L)						3～5
pH值						7～9
温度/℃	15～40	室温	室温	室温	室温	20～40
时间/min	1～5	1～10	0.5～5	5～10	0.5～5	2～5

(3) 胶体钯活化

近几年来直接活化法得到了较广泛的应用。直接活化法是指塑料镀件粗化后，不需敏化处理直接活化的工艺过程。简言之，直接活化法是把敏化和活化合为一步进行的。

这种方法是将氯化钯和氯化亚锡在同一份溶液中反应生成金属钯和四价锡，利用四价锡的胶体性质形成以金属钯为核心的胶体团，这种胶体团可以在非金属表面吸附，然后通过解胶流程将四价锡去掉后，露出的金属钯就成为活性中心。

胶体钯活化液适用于聚苯乙烯共聚物如 ABS、AS、聚丙烯等塑料，但不适宜用于活化玻璃、聚乙烯、硝基酸纤维素和氟塑料。

胶体钯活化液通常由钯盐、氯化亚锡及盐酸、硫酸、醋酸等酸和贵金属盐组成，工艺条件见表 4-10。

表 4-10　非金属材料胶体钯活化液组成及工艺条件

组成及工艺条件	配方 1		配方 2	配方 3	配方 4	配方 5	
	A	B				A	B
氯化亚锡($SnCl_2 \cdot 2H_2O$)/(g/L)	2.5	75	40	10～20	8～24	2.5	75
氯化钯($PdCl_2 \cdot 2H_2O$)/(g/L)	1		1	0.2～0.3	0.4～0.5	1	
37%盐酸/(mL/L)	100	200	300		10	100	200
锡酸钠($Na_2SnO_3 \cdot 3H_2O$)/(g/L)							7
水/mL	200					200	
氯化钠/(g/L)					180		
温度/℃	15～40		30～50	25～40	20～40	28～32	
时间/min	3～10		5～10	3～10	1～3	5～10	

这种活化液相当稳定，使用维护方便，使用周期长，活化效果好，催化容量高，并且钯的用量很低，使成本大大降低。

采用胶体钯活化液进行活化前可将制件进行预浸，如在氯化亚锡的盐酸溶液中浸泡 1～3min，预浸后的制件不用清洗，直接进行胶态钯活化处理效果较好；活化液使用一段时间后，如发现分层现象，则应补加氯化亚锡。当活化液温度较低时，应通过水浴进行加热，使之温度升高到所需温度。

胶体钯活化液的活性与其配制方法有很大关系。在正常的活化液中，氯化亚锡将钯离子还原并形成胶体钯和锡酸胶体。这种锡酸胶体是胶体钯的保护体，使胶体钯活化液稳定，若配制方法不当，生成的不是胶体钯时，则活性很差。在使用胶体钯时，要经常保持亚锡离子过量和足够的酸度。可周期添加亚锡盐和盐酸或添加新配的浓缩液（未加水稀释），以保持溶液稳定。同时，在操作时不要带进杂质，否则易形成沉淀。

通常，在钯含量相同的情况下，活化剂活性越高，塑料表面化学镀镍越不易产生漏镀现象。胶体钯活性的高低并非取决于溶液中钯含量的高低，而是取决于胶体颗粒的尺寸和浓度。一般而言，相同钯含量的活化液制备出的胶体颗粒越细、数量越多，则活化液体现出的活性越高。在传统活化工艺中，很大一部分钯被制备成了非有效活性成分，这不仅使配制成本高，而且增加平时生成过程中的携带损失和消耗量。

(4) 几种活化液性能比较

① 硝酸银型　硝酸银易购买，一次投入成本低，它与化学镀铜配合可适用于多种非金属材料的镀前处理；但溶液不够稳定，见光极易分解发黑，使用寿命短，且只能用作化学镀铜。

② 氯化钯型　溶液稳定，使用简单，易于调整维护，它对铜和镍都具有催化活性，但氯化钯来源不足，价格昂贵，一次投入成本较高。

③ 胶体钯型　胶体钯液比上述两种溶液稳定得多，维护使用比较方便。对 ABS 塑料工件可提高结合力，但配制麻烦，一次投资成本高，使用范围不如硝酸银活化液广泛。

4.2.6　还原或解胶

用硝酸银或氯化钯活化及清洗后，必须进行还原处理，否则，残留的活化剂如银离子及钯离子会在下一道工序——化学镀中首先被还原，导致化学镀溶液提前分解。

硝酸银活化然后化学镀可用下列溶液还原：

甲醛(36%～38%)	10%	水	90%
温度	室温	时间	0.5～1min

氯化钯活化然后化学镀铜或化学镀镍均可采用次亚磷酸盐水溶液还原：

次亚磷酸钠	10～30g/L	水	1000mL
温度	室温	时间	0.5～1min

用胶体钯活化的镀件，表面上吸附的是一层胶体钯微粒（以原子态钯为中心的胶团），这种胶态钯微粒无催化活性，不能成为化学镀金属的结晶中心，必须将钯粒周围的二价锡离子水解胶层等去掉，露出具有催化活性的金属钯微粒（图4-3）。其方法是把经过胶体钯活化的工件，放在含 H^+、OH^- 等离子的溶液中浸渍数秒到1min。生产中通常把这一工序称为"解胶"，其操作规范见表4-11。

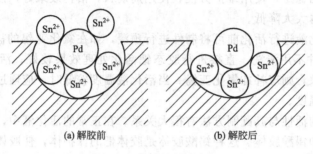

(a) 解胶前　　　　　　　(b) 解胶后

图 4-3　解胶效果示意图

表 4-11　解胶操作规范

配方 1		配方 2		配方 3		配方 4	
NaOH	5g/L	$NaH_2PO_2 \cdot 2H_2O$	30g/L	HCl	100mL	水合肼	2%～5%
H_2O	950mL/L	H_2O	970mL/L	H_2O	900mL	H_2O	余量
温度	室温	温度	18～30℃	温度	40～45℃	温度	10～40℃
时间	30～60s	时间	30～60s	时间	30～60s	时间	3～5min

活化后对活化的质量要进行目测检验。经活化后的镀件其表面颜色明显变深，用银氨活化的镀件，表面呈浅褐色，用胶体钯活化的镀件表面呈浅咖啡色。否则，应再次敏化、活化。

4.2.7　常见非金属材料的镀前处理方法

其他非金属电镀的通用方法为：表面整理或清洗→充分干燥→（浸石蜡）→涂可金属化塑料的涂料→粗化→敏化→活化→还原（或解胶）→化学镀→电镀。

与 ABS 塑料电镀工艺的差别主要在于粗化工艺的不同，其余步骤大体相似。

其他非金属常用的粗化液列于表 4-12。

表 4-12　其他非金属常用粗化液

材料	常用配方	温度	处理时间
无釉陶瓷、聚氯乙烯	铬酐 150～200g/L,硫酸 100mL/L	40～50℃	60～120min
玻璃	氢氟酸(40%)35mL/L,氯化铵 19g/L	室温	1～2min
陶瓷	氢氟酸(40%)100mL/L,铬酐 49g/L,浓硫酸 100mL/L	15～30℃	2～3min

材料	常用配方	温度	处理时间
酚醛树脂	硫酸 70～80g/L，硼酸 240～260g/L		5min
聚苯乙烯	酒精 1 份：丙酮 1 份(体积比)		10～20min
硫化橡胶	经喷砂后酒精清洗浸入硫酸中		2min
金刚石	稀硝酸煮沸→表面活性剂进行亲水处理		

对于不同的基体材料，有不同的注意事项：

① 对于多孔零件，如纸张、石膏、木材和空心砖等，首先要进行封闭处理，其目的是封闭零件表面的孔隙。封闭处理的方法，一般是将零件浸在 105℃ 的熔融石蜡中 30min，然后取出滴干和冷却。有时也可以用树脂进行封闭处理。

② 对于玻璃和石英：喷砂→化学粗化。

③ 鲜花、树叶：喷或涂 ABS 涂料做定型处理→化学粗化；树叶类同于鲜花装饰处理，在前处理前，先进行脱叶绿素处理，就是将树叶浸入强碱溶液中（氢氧化钠＋少量碳酸钠），煮沸，使叶绿素腐烂脱落，洗净晾干或压干成型。

④ 纤维：易团聚，每一步都要强搅拌或利用表面活性剂使纤维在溶液中均匀分散。

4.3 化学镀

化学镀是指在没有外电流通过的情况下，利用化学方法使溶液中的金属离子还原为金属，并沉积在基体表面，形成镀层的一种表面加工方法。

化学镀时，还原金属离子所需电子是通过化学反应直接在溶液中产生的。完成过程有三种方式。

① 通过电荷交换进行沉积　为实现电荷交换沉积，被镀的金属 M_1（如 Fe）必须比沉积金属 M_2（如 Cu）的电位更负。金属 M_2 在电解液中以离子方式存在，工程中称它为浸镀。当金属 M_1 完全被金属 M_2 覆盖时，则沉积停止，所以镀层很薄。铁浸镀铜、铜浸汞、铝镀锌就是这种电荷交换。浸镀不易获得实用性镀层，常作为其他镀种的辅助工艺。

② 接触沉积　除了被镀金属 M_1 和沉积金属 M_2 外，还有第三种金属 M_3。在含有 M_2 离子的溶液中，将 M_1-M_3 两金属连接，电子从电位高的 M_3 流向电位低的 M_1，使 M_2 还原沉积在 M_1 上。当接触金属 M_1 也完全被 M_2 覆盖后，沉积停止。在没有自催化功能材料上化学镀镍时，常用接触沉积引发镍沉积起镀。

③ 还原沉积　它是靠适当的还原剂使金属离子还原成金属。这个过程中，溶液中必须始终拥有足够的还原剂。

工程上所讲的化学镀也主要是指这第三种还原沉积化学镀。

实现化学镀的条件如下。

① 镀液中还原剂的还原电位要显著低于沉积金属的电位，使金属有可能在基材上被还原而沉积出来。

② 镀液不产生自发分解，当与催化表面接触时，才发生金属沉积过程。

③ 调节溶液的 pH 值和温度时，可以控制金属的还原速率，从而调节镀覆速率。

④ 被还原析出的金属也具有催化活性，这样氧化还原沉积过程才能持续进行、镀层连续增厚。

⑤ 反应生成物不妨碍镀覆过程的正常进行，即溶液有足够的使用寿命。

近几十年来，化学镀在电子、石油、化工、航空航天、核能、汽车、印刷、纺织、机械等工业中获得日益广泛的应用。与电镀相比，其优点主要有：

① 可用于种类更多的基体，适用于金属、半导体及非金属；

② 镀层非常均匀，化学镀液的分散能力接近100％，无明显的边缘效应，对于复杂工件的各个部位可以得到较均匀的镀层；

③ 具有广泛的覆盖能力和深镀能力，可以大大减少镀层盲孔、深孔内无镀层的现象；

④ 对于能自动催化的化学镀而言，可获得任意厚度的镀层，甚至可以电铸；

⑤ 化学镀所得到的镀层具有极好的化学、机械和磁性性能（如镀层致密、孔隙少、硬度高等）；

⑥ 化学镀工艺设备简单，不需要电源、输电系统及辅助电极。

但是化学镀也有一定的缺点：化学镀所能沉积的金属品种很少，而电镀所能沉积的金属很多，能够成功采用化学镀沉积的金属只有金、银、铁、镍、钴、铜、锑、钯等金属；化学镀的成本比一般的电镀成本高。

4.3.1　化学镀铜

化学镀铜是1947年由 H. Narcus 首先报道的，通过科学家的努力，在20世纪70年代末已走向成熟。近二十多年来，由于印刷电路板孔金属化的需要日益增加，化学镀铜工艺有了很大的进展。化学镀铜溶液成本低廉，能够在室温工作，且铜层具有良好的导电性能和钎焊性能，镀层性能优秀。

化学镀铜主要应用在印刷电路板制造上，其中包括印刷电路中的通孔镀以及对基材进行金属化，通过化学镀铜直接获得所需的电路图形及厚度的铜膜，或通过化学镀铜先制备一层很薄的铜膜，使制件具有导电性，再改用电镀镀铜的方法镀铜直至规定厚度的铜膜。另外，化学镀铜技术还可以应用在其他非导体材料的表面金属化，从而可以获得装饰性表面保护、电路互连、电子元件封装、电磁屏蔽等一系列功能性的应用。

适合于化学镀铜的塑料有 ABS、聚苯醚、聚丙烯、聚碳酸酯、聚砜、聚酯、尼龙等。塑料不同，其可镀性不同，同一塑料，由于牌号不同，可镀性也不同。塑料件上化学镀铜的成功与否，与塑料的化学结构、塑料的成型工艺及施镀工艺密切相关。所以，在塑料化学镀铜前，不但要研究施镀的工艺配方，而且也要做好塑料镀前的表面处理。

目前，化学镀铜液不仅在很宽的范围内长时间保持稳定，而且过程状态可以预测，出现了镀液分析调整全自动控制的生产线。

(1) 化学镀铜电解液的组成及功能

化学镀（自催化）电解液的组成及各成分功能见表4-13。

表 4-13　化学镀（自催化）电解液的组成及各成分功能

成分	功能
金属盐（如硫酸铜）	提供欲镀的金属离子
还原剂（如甲醛）	在催化作用的界面上起还原作用
配合剂（如乳酸、酒石酸钾钠）	配合金属离子并防止主盐生成沉淀，使 pH 值稳定
pH 调整剂（如氢氧化钠）	保证沉积速度和镀层成分的最佳 pH 值
稳定剂（如硫脲）	保证溶液稳定，防止溶液分解

(2) 化学镀铜的常用配方

常用化学镀铜溶液配方及工艺条件见表4-14。

表 4-14　化学镀铜常用配方及工艺条件

项目	配方 1		配方 2		配方 3	
甲液	硫酸铜	10g/L	硫酸铜	5～10g/L	硫酸铜	10g/L
	酒石酸钾钠	50g/L	α-α 联吡啶	0.1g/L	EDTA	20g/L
	氢氧化钠	10g/L	EDTA	20～40g/L	氢氧化钠	10g/L
	2-巯基苯并噻唑	0.25mg/L			甲基二氯硅烷	0.25g/L
乙液	甲醛(40%)	10～15mL/L	甲醛(40%)	10～15mL/L	甲醛(40%)	20mL/L
pH 值	12.5～13		12.5～13		大于 11	
温度	30		70～90		65	

当进行化学镀时,将乙液加入甲液中即可。

镀铜液的分类方法很多。按照配合剂种类,可将镀铜液分为酒石酸型、EDTA 二钠盐型和混合型。根据用途不同,可将化学镀液分为塑料表面化学镀铜液,印刷电路板制造镀液,镀厚钢溶液。按照工艺条件可将镀液分为高温镀铜或高速高稳定化镀铜。

化学镀铜液主要由铜盐、还原剂、配合剂、稳定剂、pH 值调整剂等组成。

铜盐是化学镀的离子源,可使用硫酸铜、氯化铜、碱式碳酸铜、酒石酸铜等二价铜盐作为化学镀铜主盐,其中使用最多的是硫酸铜。化学镀铜溶液中铜盐浓度越高,镀速越快,但是当其含量继续增加达到某一定值后,镀速变化不明显。继续升高铜盐浓度,会使副反应加快,镀液稳定性变差。硫酸铜适宜的浓度范围为 10～20g/L。铜盐浓度对镀层的影响较小,但其中的杂质对镀层的性质影响很大,因此应采用纯度较高的铜盐作化学镀铜溶液中主盐。

由于以甲醛作还原剂的化学镀铜液是碱性的,在碱性溶液中铜离子可能形成氢氧化铜沉淀而使镀铜液失效,所以,化学镀铜液中必须加入配合剂使得铜离子以配离子的形式存在。化学镀铜溶液中可使用的配合剂很多,常见的配合剂有酒石酸、乙二胺四乙酸二钠(铵)等,EDTA 的配合能力要大于酒石酸根。实际使用时一般可采用多种配合剂混合的方法。当配合剂含量低时,溶液中游离的铜离子含量增加,和甲醛反应的概率增加,铜沉积速度快。此时,溶液稳定性下降。

化学镀铜溶液中的还原剂可使用甲醛、次磷酸盐、硼氢化钠、二甲氨基硼烷等。当甲醛含量增加时,反应速度明显加快,而镀液稳定性直线下降。甲醛的一般用量为 15mL/L。

化学镀铜与镀液的 pH 值有很大的关系。当 pH 值较小时,甲醛不能还原铜,当 pH>11 时,甲醛才具有还原能力,并且随着 pH 值的增大,还原能力越强,可以提高铜沉积速度。但是当大到一定程度后,溶液的稳定性变差,镀铜液将产生沉淀,因此一般 pH 值调节为 12。另外,化学镀铜过程由于消耗 OH^-,因此必须在化学镀的过程中向溶液中添加碱,以维持镀液的 pH 值处于正常范围。

化学镀铜常用的促进剂为铵盐、硝酸盐、氯化物、氯酸盐、钼酸盐等。

化学镀铜的沉积速度、稳定性与温度呈线性关系。提高温度,可大大提高沉积速度,改善镀层外观和机械性能。但温度过高,稳定性急剧下降,镀液分解加剧,沉积铜层粗糙疏松。

镀液施镀直到蓝色镀液变浅时,再补加硫酸铜和甲醛后可继续施镀。必要时可调整补充其他成分,使镀液长期使用。另外,持续的空气搅拌不仅有利于铜离子向工件表面扩散,而且有利于反应产物氢气脱离工件表面。更重要的是搅拌可以防止和减少副反应产物的生成,有利于提高镀层质量,延长镀液使用寿命。应尽量采用无油气泵及循环过滤泵,保持槽液清洁,避免有机物带入。

(3) 化学镀铜的原理

化学镀铜反应是氧化还原反应,反应进行的可能性决定于它们的电极电位,以甲醛为还原剂时，铜和甲醛的标准电极电位为：

$$Cu^{2+} + 2e^- \longrightarrow Cu \qquad\qquad \varphi^{\ominus}_{Cu^{2+}/Cu} = +0.34V \tag{4-1}$$

$$HCHO + 3OH^- \longrightarrow HCOO^- + 2H_2O + 2e^- \qquad \varphi^{\ominus}_{HCHO/HCOO^-} = -0.98V \tag{4-2}$$

由此可见，甲醛在碱性溶液中将 Cu^{2+} 还原是可能的。当存在配合剂时，其标准电极电位将发生如下变化：

$$[Cu(NH_3)_4]^{2+} + 2e^- \longrightarrow Cu + 4NH_3 \qquad \varphi^{\ominus} = -0.70V \tag{4-3}$$

$$[Cu(EDTA)]^{2-} + 2e^- \longrightarrow Cu + EDTA^{4-} \qquad \varphi^{\ominus} = -0.203V \tag{4-4}$$

$$[Cu(Tart)_3]^{4-} + 2e^- \longrightarrow Cu + 3Tart^{2-} \qquad \varphi^{\ominus} = +0.154V \tag{4-5}$$

式中，Tart 为酒石酸；EDTA 为乙二胺四乙酸。

化学镀铜的总反应式为：

$$Cu^{2+} + 2HCHO + 4OH^- \longrightarrow H_2\uparrow + 2H_2O + 2HCOO^- + Cu \tag{4-6}$$

$$Cu^{2+} + 2\ H_2C{\overset{O^-}{\underset{OH}{\big\langle}}} + 2OH^- \xrightarrow{Cu} Cu + H_2\uparrow + 2HCOO^- + 2H_2O \tag{4-7}$$

式中，$H_2C{\overset{O^-}{\underset{OH}{\big\langle}}}$ 是甲醛在碱性水溶液中的另一种状态，它与甲醛呈下列平衡：

$$OH^- + HCHO \longrightarrow H_2C{\overset{O^-}{\underset{OH}{\big\langle}}} \qquad \text{（亚甲基二醇阴离子）} \tag{4-8}$$

目前，对于氧化还原机理的认识还不一致。常见的有原子氢理论、氢化物理论、电化学理论等。

除上述反应外，还进行如下的有害副反应：

$$2Cu^{2+} + HCHO + 5OH^- \Longrightarrow Cu_2O\downarrow + HCOO^- + 3H_2O \tag{4-9}$$

$$Cu_2O + H_2O \Longrightarrow Cu + Cu^{2+} + 2OH^- \tag{4-10}$$

它们导致镀液不稳定和镀层质量恶化。

反应式(4-9)为液相中氧化还原反应，它所形成的 Cu_2O 在碱性溶液中会发生歧化反应而形成金属铜。Cu_2O 和 Cu 分散在溶液中，成为镀液自发分解的催化中心，这是造成镀液不稳定的根本原因。Cu_2O 还可能夹杂于化学镀铜层中而影响镀层韧性。反应式(4-9)是难以避免的，但加入适当的配合剂可以使一价铜形成可溶性配合物，从而避免 Cu_2O 的存在和歧化反应。

另外，HCHO 在碱性溶液中还会发生分子间的氧化还原反应

$$HCHO + HCHO + NaOH \longrightarrow CH_3OH + NaCOOH \tag{4-11}$$

此反应是一个可逆反应。反应向右进行会消耗甲醛。温度越高，平衡常数越大，反应速度越快。为了减小甲醛的消耗，可加入甲醇加以抑制。市售的甲醛试剂中常加入 11% ～ 12% 的甲醇以防止甲醛的聚合，为了抑制反应式(4-11)的进行，甲醇含量还应高些。

(4) 化学镀铜存在的问题及研究进展

近 30 年来，在化学镀铜的研究上取得了大量的成果，但目前仍然存在着不少问题。例如，如何协调好化学镀铜液的稳定性和镀速这一矛盾，获得具有一定镀速和高稳定性的化学镀铜液，一直是这一领域的重要课题。

化学镀液在使用过程中由于存在杂质、固体微粒，很容易自然分解而失效，为了很好地解决这类问题，从而激起了许多研究者寻找及研制稳定剂的兴趣。目前所用的稳定剂主要有

三类：硫脲等含硫化合物，重金属离子如 Pb^{2+}、Bi^{3+}、Cd^{2+} 等，含氧酸盐如钼酸盐等。

另外，以往的研究在还原剂的选择上始终局限于甲醛，因甲醛有令人难以忍受的气味，并且在镀覆过程中还会释放有害气体，所以很有必要寻求一种新型的还原剂。目前，在甲醛替代物的研究上已取得了较大的进展，已报道的替代物有次磷酸盐（如 NaH_2PO_2）、乙醛酸、DMAB（二甲基乙酰胺酸）、乙醛酸、氨基乙酸等。其中以次磷酸盐作为还原剂的化学镀铜液，其镀层表面要比用甲醛作还原剂而获得的镀层更光滑，且前者在镀速及镀层组成、结晶形态方面也显示出后者所不具有的优势。

4.3.2 化学镀镍

化学镀镍首先是 A Brenner 和 G Riddell 在 1946 年研制成功的。由于化学镀镍层具有高度的均匀性、耐腐蚀、耐磨、高强度、高硬度、高导电性、可焊性、磁性屏蔽等优点，已广泛运用于汽车、航空、计算机、电子、机械、化工、轻工、石油工业等领域。例如在航空航天工业领域，化学镀镍不但可用于制造多种需要耐磨的零部件，而且还可以采用化学镀镍修复飞机发动机零部件；在汽车工业，化学镀镍可以制造喷油器、齿轮等具有高耐磨性的零部件；在化学工业，化学镀镍技术可以代替昂贵的耐腐蚀合金，广泛地应用在大型反应器的内壁保护，以解决化工设备的腐蚀问题；在石油天然气工业，油田采油及输油管道设备广泛地采用化学镀镍技术；食品加工业为化学镀镍提供了巨大的潜在市场，是未来解决食品加工领域中腐蚀性问题的一个有效途径；在电子与计算机领域，已发展了许多新的化学镀镍工艺，解决电子与计算机工业发展的需求，如电子计算机领域的腐蚀、可焊性差等问题，而且还可利用其优势，使电子设备塑料外壳的表面金属化处理成为可能。

化学镀镍层可以作为铝、钛、铍等轻金属零件的抗磨镀层，钢基体上化学镀镍层具有优良的化学惰性，可以耐某些化合物的腐蚀，而且硬度高、润滑性好，所以化学镀镍在工程机械方面应用也很广。它也是石油、天然气、石油化工生产中最新的结构材料。另外，利用化学镀镍还可以处理印刷线路板的表面及连接等问题。

化学镀镍采用的还原剂有次磷酸盐、联氨及其衍生物、硼氢化钠和二甲氨基硼烷等。目前生产中广泛使用的是次磷酸盐（如 NaH_2PO_2），本章以次磷酸盐为例进行讨论。

表 4-15 化学镀镍磷合金与电镀镍层的性质比较

性能	电镀镍层	化学镀镍磷合金层
组成	99%镍	平均 92%镍,8%磷
外观	暗至光亮	半光亮
结构	晶态	非晶态
密度/(g/cm³)	8.9	平均 7.9
厚度均匀性	不均匀	平均误差±10%
孔隙率相近时的厚度/μm	20	8～10
熔点/℃	1455	890
硬度/HV	150～400	500～600
加热硬度/HV	影响不大	可提高至 1000
耐蚀性	一般(孔多)	很好(孔少)
耐磨性	好	极好
电阻率/Ω·cm	7	60～100

Ni-P 化学镀的基本原理是以次磷酸盐为还原剂，将镍盐还原成镍，同时使镀层中含有一定量的磷。沉积的镍膜具有自催化性，可将反应自动进行下去，形成过饱和的 Ni-P 固溶体。

从次磷酸盐作为还原剂的化学镀镍溶液中获得的金属层，实际上是镍磷合金，含磷量视所用溶液的 pH 值而定，大致在 3%～15% 范围内。其密度随含磷量的提高而降低。当磷含量为 8.3% 时，镍磷合金的相对密度为 7.6±0.4，电阻率约为 600Ω·cm。当含磷超过 8% 时，镀层无磁性，但经热处理后导电能力将会增大。与电解镍层相比，化学镀镍层有很多优点，见表 4-15。

Ni-P 镀层对于非氧化性的高温 Cl^- 及常温盐酸、氢氟酸、有机酸等系列化工介质都有良好的抗蚀性；Ni-P 镀层的摩擦系数小，经 400℃ 热处理后硬度可高达 1100HV，高于相同基材下其他表面处理工艺所获得的硬度及耐磨性；最后，镍磷合金的钎焊性也很好。

采用联氨为还原剂得到的是纯 Ni，采用硼氢化钠得到的是 Ni-B 合金。

化学镀镍层脆性较大，易出现微裂纹，经热处理可提高化学镍层的塑性变形能力。另外，由于化学镀镍成本较高，因此，装饰性镀层很少采用化学镀镍法。

4.3.2.1 化学镀镍的工艺规范

配制化学镀镍溶液时，最好使用纯度较高的试剂，并使用蒸馏水。常用 1:10 的稀硫酸或 1:3 的氨水调整 pH 值至规定范围。常见的化学镀镍液组成及工艺条件见表 4-16。

4.3.2.2 化学镀镍的反应

化学镀镍机理复杂，目前常见的有三个：吸附氢理论、氢化物理论和电化学理论。下面简要介绍吸附氢理论。

表 4-16　常见的化学镀镍液组成及工艺条件

组成及工艺	配方 1	配方 2	配方 3	配方 4	配方 5	配方 6
硫酸镍/(g/L)	20～25			25	20	10～20
氯化镍/(g/L)		15	30			
次磷酸钠/(g/L)	15～20	10		25	20	5～20
醋酸钠/(g/L)	10					
柠檬酸钠/(g/L)	10	10			10	30～60
氯化钴/(g/L)		0.5				
焦磷酸钠/(g/L)				80		
四硼酸钠/(g/L)		3				
氢氧化钠/(g/L)			40			
氯化铵/(g/L)					30	
氯化钠/(g/L)						30～60
氨水/(mL/L)				30～50		
N,N-二甲氨基硼烷			50			
氯化亚锡/(mL/L)			220			
pH 值	4.1～4.4	3～9	3～5	9～10	9～10	8～9
温度/℃	85～90	90～98	50～60	65	35～45	40～50
沉积速度/(μm/h)			10～12	12～15	12～15	

化学镀镍的反应历程可概括如下：

首先，溶液中的次磷酸根离子在固体催化剂表面上脱氢，并生成亚磷酸根离子：

$$H_2PO_2^- + H_2O \longrightarrow H^+ + HPO_3^{2-} + 2H[催化剂表面] \qquad (4-12)$$

吸附在催化剂表面上的活泼氢原子使镍离子还原成金属镍，而本身则氧化成氢离子：

$$Ni^{2+} + 2H[催化剂表面] \longrightarrow Ni + 2H^+ \qquad (4-13)$$

部分次磷酸根离子也被氢原子还原生成单质磷：

$$H_2PO_2^- + H[催化剂表面] \longrightarrow P + H_2O + OH^- \qquad (4-14)$$

式(4-14)反应速度取决于固液界面上的 pH 值。只有当固液界面上的 pH 值足够低时，反应式(4-14)才有条件进行。即式(4-12)、式(4-13)产生足够的 H^+ 时才能使反应式(4-14)发生。

除上述反应外，化学镀镍过程中还会发生析氢的副反应

$$H_2PO_2^- + H_2O \longrightarrow H^+ + HPO_3^{2-} + H_2 \uparrow \tag{4-15}$$

由上述反应历程可知，化学镀镍的速度、还原剂的利用率以及溶液的稳定性等均与溶液的组成和工作条件有关，下面讨论溶液成分和工艺规范的影响。

4.3.2.3 化学镀镍的溶液成分和工艺规范的影响

化学镀镍溶液的主要组分有主盐、配合剂、还原剂、添加剂、润湿剂等，并可依照不同的方法将其分为多种。按照酸碱度可将其分为酸浴和碱浴；按照温度可分高温浴、低温浴及室温浴，其中低温浴是为了在塑料上施镀而发展的。按照镀层中磷含量的高低，还可分为高磷镀液、中磷镀液及低磷镀液。

(1) Ni^{2+} 与 $H_2PO_2^-$ 的摩尔比

化学镀镍的主盐是镍盐，作为二价镍离子的供给源，使化学镀镍可以连续进行。原则上硫酸镍、氯化镍、醋酸镍、氨基磺酸镍及次磷酸镍等均可作为化学镀镍的镍盐。但是，氯化镍在电镀时，Cl^- 的存在不但会降低镀层的耐腐蚀性，而且还产生拉应力，目前已不再使用；醋酸镍虽对镀层性能有贡献，但是价格较贵；次磷酸镍是最理想的主盐，不但可以避免镀液中存在大量的硫酸根离子，而且也不会带入过多的镍离子，但是其价格较贵，货源也有不足，所以一般以 $NiSO_4$ 为主。实践证明，当 $c(Ni^{2+})/c(H_2PO_2^-)$ 时沉积速度最快，比值低于 0.25 时，镀层发暗；高于 0.6 时，沉积速度很低。比值越低，沉积层中的含磷量越高。$H_2PO_2^-$ 的适宜浓度为 0.15～0.25mol/L，最好保持在 0.22～0.23mol/L 范围内。浓度高则溶液易分解，浓度低时沉积速度慢。Ni^{2+} 的浓度对沉积速度影响不大。在使用过程中，每工作班应分析调整镍盐和次磷酸盐的浓度。

(2) 配合剂和稳定剂

配合剂是化学镀液中的主要组成。加入配合剂的作用是使镍离子生成稳定的配合物，同时还可防止生成氢氧化物和亚磷酸盐沉淀，提高镀液的稳定性。在酸性溶液里，镍离子的配合剂有柠檬酸、氨基乙酸、丁二酸乳酸、羟基乙酸、苹果酸、甘油等。在碱性溶液里，多用焦磷酸盐、铵盐、有机酸盐及胺类的混合物作为配合物。此外，在其他的化学镀镍溶液里，一般采用的配合剂还有酒石酸钠钾、乙二胺四乙酸、乙二胺等。

随着反应的进行，亚磷酸盐将不断生成并聚积在溶液中，当 HPO_3^{2-} 的含量达到一定程度时，就会有亚磷酸镍沉淀析出。亚磷酸镍的出现是促使溶液自然分解的一个原因。为了避免产生沉淀，常向溶液中添加能有效降低 Ni^{2+} 含量的配合剂。

溶液在使用过程中，配合剂消耗不多，无需经常补充。必要时，可根据小型试验的结果添加所需量。

仅仅有配合剂的化学镀镍液稳定性依然不够，往往还需要加入稳定剂。

由于外来杂质和 $NiPO_3$ 沉淀，镀液中存在胶粒和固体粒子，引起自发分解。此时，稳定剂优先吸附，起毒化作用，阻滞 Ni^{2+} 的还原，稳定镀液。稳定剂的缺点是会影响沉积速度，有的还使镀层内应力和孔隙率增大，延展性、耐蚀性和耐磨性下降。常见的稳定剂有硫脲等含硫化合物、钼酸盐等含氧酸盐、铅铋等重金属离子等。

(3) pH 值的影响

当 pH 值增大时，沉积速度提高，沉积层中含磷量降低，次磷酸盐还原剂的利用率降

低。当 pH 值下降时，沉积速度减慢。

对于酸性溶液，当 pH＜3 时，沉积实际上已不能进行。当 pH 值增大时，亚磷酸盐的溶解度降低，溶液有自然分解的危险。如 pH 值进一步增大，次磷酸盐氧化成亚磷酸盐的反应，将由催化反应（仅在催化剂表面上进行的反应）转化为自发性的反应（反应不需在催化条件下进行），即：

$$H_2PO_2^- + OH^- \longrightarrow HPO_3^{2-} + H_2 \uparrow \qquad (4\text{-}16)$$

这时溶液会很快失效。为了保持溶液的 pH 值在规定的范围内，对于酸性化学镀镍溶液，常加入醋酸、硼酸和氟化钠等作为缓冲剂。

溶液在使用过程中 pH 值将会降低。因此，必须经常测定 pH 值并用氢氧化钠溶液或氨水调整。另外，溶液的 pH 值与亚磷酸盐的溶解度有关。对于新配制的溶液，由于亚磷酸盐的积聚量低，亚磷酸镍的沉淀不易产生，溶液的 pH 值可以控制在配方规定范围的上限或略大些，以使沉积速度加快。对于旧溶液，亚磷酸盐的积聚量较大，为了避免沉淀的析出，溶液的 pH 值应控制在配方规定范围的下限。用控制 pH 值的方法避免亚磷酸盐沉淀的产生是有一定限度的，当亚磷酸盐积聚量过高时（＞130g/L），电解液就无用了。酸性镀液的 pH 值通常为 4.2～5.0。

(4) 温度的影响

化学镀镍通常在较高温度下进行，碱性化学镀镍温度可稍低些。对于酸性电解液，当温度由 100℃ 降至 90℃ 时，沉积速度将降低 52.2%，如果溶液（pH＝4～5）的工作温度低于 70℃，则化学沉积反应实际上已不能进行。据此，升高温度有利于沉积速度的提升。然而，工作温度高，会导致溶液中的亚磷酸盐迅速增加，使溶液不稳定。

生产中必须保持工作温度稳定，波动范围不超过 ±2℃。因为沉积层中的含磷量是随温度变化而变化的，如果温度波动过大，就会使镀层发生分层。为使溶液温度均匀，化学镀槽宜采用蒸汽夹套式的加热方式。这种镀槽的内槽体宜用耐酸搪瓷作材料，外槽可用钢制的。内槽底部可铺耐酸橡皮，便于每班工作后取出沉积于槽底的海绵状镍。

在进行塑料基体化学镀镍时，应注意镀液的温度应比塑料的热变形温度低约 20℃，以防零件变形。

(5) 操作注意事项

为了防止金属和非金属固体微粒的存在而导致溶液的自然分解，溶液必须经常过滤。通常是一个工作班过滤溶液一次。

加料调整溶液时应遵守以下规则：加料前应把溶液温度降至 70℃ 以下，试剂需配成溶液后才能加到工作溶液中，严禁加入固体试剂；加料或调整 pH 值都必须在不断搅拌下徐徐进行，不能加料过急；要防止溶液被铅、锡、镉、铬酸、硫化物、硫代硫酸盐等杂质所污染，这些物质是化学镀镍催化反应的毒化剂，它们的微量存在都会使沉积速度减慢，含量稍高时甚至会镀不上镀层。一旦溶液被铅、锡、镉等金属离子污染，可用低电流密度通电处理，使之除去。

镀槽应定期地在溶液移出后进行清理，其方法是用浓硝酸溶解槽壁上的沉积物，然后用水彻底洗清。槽的负荷，即每次入槽的工件的表面积要适度，以免反应进行过激，导致溶液的分解。钴、镍、钯等具有催化作用的金属和电位比镍负的金属，如铁、铝、镁、铍、钛等进行化学镀镍时，不需活化处理就能直接化学镀镍，后一类金属靠置换作用而产生的接触镍。对于非催化电位又较正的金属，如铜、锰和高强度铁合金等，需用下述方法引发：起镀前可用经处理过的铁丝或铝丝接触工件表面，使其成为短路电池，此时作为阴极部分的工件表面首先沉积镍层，从而使化学镀镍反应得以进行。

质量不合格的化学镀镍层，可按下述方法进行退除：钢、铝、铍、钛等金属工件上不合格镍层，可用 14mol/L 的浓硝酸退除。注意工件必须干燥入槽，以免因水分带入而降低硝酸浓度，导致基体金属受腐蚀。硝酸溶液的温度要控制在 35℃以下。

4.3.2.4 化学镀镍层的热处理

热处理可使镀层与基体金属元素发生相互扩散达到界面的冶金结合，从而提高镀层的结合力。热处理也可以提高镀层的硬度。

Ni-P 镀层 300℃下热处理 60min 仍为非晶态的层状组织；当热处理的时间达 300min，镀层开始晶化但不完全，镀层的层状界线仍然存在。在 400℃热处理条件下，镀层经 20min 的热处理就开始晶化，但晶化不完全；60min 后镀层完全晶化，层状界线消失，晶粒变细；120min 后，已细化的晶粒又聚集长大。镀层在 600℃热处理 60min 后，晶粒全部聚集，晶界消失，热处理使镀层经历如下变化：非晶态→晶化→晶粒聚集长大。随着温度升高，磷原子扩散偏聚，析出 Ni_3P 相、Ni 晶体及亚稳相，温度进一步升高，转变为 Ni_3P 和 Ni 的固溶体相，硬度增加。在 600℃及以上处理，基体金属 M 与 Ni 相互扩散，形成 M-Ni 合金层，提高了镀层耐蚀性。

4.3.2.5 化学镀镍后的封闭处理

由于化学镀 Ni-P 合金镀层属于阴极覆盖层，镀层的不完整或存在极细小的孔隙都会造成基体金属与覆盖层之间构成大阴极、小阳极型腐蚀原电池，使基材金属受到更为严重的局部腐蚀。针对上述情况，为更好地发挥 Ni-P 镀层的耐蚀性能，除做好基体前处理和严格化学镀工艺外，镀后封闭处理是非常必要的。

通常可以采用一些镀后处理工艺，如将施镀后的试样放入一定温度的封闭液中浸泡一定时间，对镀层进行封闭处理。封闭液可以由 20g/L $K_2Cr_2O_7$，4g/L $(NH_4)_2MoO_4$，5g/L KCl 组成。用氨水调节 pH=5，使用温度为 50℃，时间为 10min。

封闭的基本原理是，金属经铬酸盐浸泡处理后在钝化金属的表面存在着一层非常薄、致密而且覆盖性能良好的铬酸盐三维固态产物膜。镀层金属或基体金属在铬酸盐溶液中氧化，金属离子浸入溶液中并释放出氢，放出的氢将 Cr^{6+} 还原成 Cr^{3+}，此时金属的溶解导致金属和溶液界面处 pH 值升高，使 Cr^{3+} 可能以胶态氢氧化铬形式沉淀出来。溶液中 Cr^{6+} 和金属离子吸附在胶体里参与成膜。

封闭液采用 $(NH_4)_2MoO_4$ 作为配合剂，能使铬离子释放的速率更均匀，同时还有控制溶液 pH 的作用，与 $K_2Cr_2O_7$ 共同控制封闭过程金属的溶解、配合、解离反应的速率，使在镀层上形成的封闭薄层更加均匀致密，KCl 作为强电解质具有加速上述成膜反应的作用。

4.3.3 化学镀锡

随着信息产业的迅速发展，对电子元器件、半导体、印刷线路板的可焊性镀锡需求量大幅增加。目前电镀锡工艺较为成熟，已广泛应用于电子等行业中。然而与电镀锡相比，化学镀锡操作简便，有良好的均镀能力及深镀能力，不受工件几何形状的限制，镀层均匀一致，耐蚀性、可焊性好等，能解决电镀法无法解决的某些工艺难题，近年来受到广泛的关注。

化学镀锡可分为还原法化学镀锡、歧化反应化学镀锡和浸镀法化学镀锡 3 种。

浸镀法化学镀锡又称浸锡，是把工件浸入锡盐溶液中，按化学置换原理在金属工件表面沉积出金属镀层。镀液中不含还原剂，由于加入金属基体的配合剂，改变了反应的电极电位，使锡离子发生还原反应而沉积到工件表面。当基体金属表面被镀层金属覆盖以后，反应会立即停止。浸镀法的缺点是只能在有限的几种基材上进行，而且镀层厚度有限，一般仅为 $0.5\mu m$ 左右，很难满足实际要求。目前所应用的浸锡工艺，是在原有工艺的基础上加入还原剂，增加镀锡层的厚度，使其具有工作温度低、镀层厚度均匀、镀液稳定、操作方便、无须电解设备及附件、可焊性好等优点。

还原法化学镀锡不能选用次磷酸盐或硼氢酸盐、肼、甲醛等作还原剂，因为该类还原剂均为析氢型还原剂，发生的氧化反应中有氢放出，不能将二价锡还原为金属锡沉积在工件表面。要选用还原剂实施化学镀锡，必须选用一种还原能力很强且不析氢的还原剂，如 Ti^{3+}、V^{2+}、Cr^{2+} 等。另外，还可以采用歧化反应进行化学镀锡。

4.3.4 化学镀金

化学镀金主要用于电子元件上，有时也用于光学仪器上，以防止金属腐蚀和接触点表面氧化，保持良好导电性、耐磨性与可焊性。金的薄膜能透过可见光，能反射红外线和无线电波，因而可制作无线电波反射器和光线选择过滤器等。

化学镀金分为置换法与还原法两类。

化学置换法决定于金属离子的沉积电位，若被镀金属的沉积电位为正，则可进行转换镀，反之则不能置换出金镀层。化学置换镀金获得的镀层比化学还原法要薄得多，它的特点是一般当基体上被镀金属被金属完全覆盖后，反应便停止进行。

化学还原法镀金的主要成分除了主盐和配合剂外，还有还原剂、稳定剂等。主盐和置换法一样，是金离子的供给源。一般用三氯化金，以及金的配合物和氰化金钾、氯金酸等。配合剂是与金离子形成稳定的配合物，使镀层结构结晶细致，可用氯化物、亚硫酸盐、氰化物等。还原剂使金离子从其配合物中还原出来，通常用作还原剂的有酒石酸、甲醛、葡萄糖、次磷酸盐、肼、硼氢化物及其衍生物等。稳定剂用来掩蔽镀液中具有催化性杂质的作用，有的稳定剂还具有辅助配合剂的功能，因而同样可提高镀液的稳定作用。

化学置换法可用如下工艺：氰化金钾，$5g/L$；氯化铵，$75g/L$；柠檬酸钠，$50g/L$；氯化镍，$15g/L$。pH＝7～7.5；温度，$90～100℃$；浸渍时间，$3～4min$。

化学还原法可以用如下工艺：氰化金钾，$2g/L$；氯化铵，$75g/L$；柠檬酸钠，$50g/L$；次磷酸钠，$10g/L$；葡萄糖，$10g/L$。pH＝7～7.5；温度，$90～100℃$。

4.3.5 化学镀银

化学镀银是最早开发的化学镀方法，曾广泛应用于制作保温瓶胆和镜子反射膜（现在已经被真空镀铝替代）。随着技术的不断发展，目前主要应用于电子、光学、轻工业和国防工业。现代化学镀银法应用于石膏、电铸模等非导体表面制备导电层，以及激光测距机上的聚光腔镀覆等。化学镀银还可用于非导体电镀前的导电底层，但溶液只能使用一次，成本高。

化学镀银溶液的稳定性极差，一般只能稳定 10～30min 左右，而且沉积的银层极薄。近年国内外已开发出用二甲氨基硼烷作为还原剂的化学镀银工艺，可在较高温度下得到镀速为 $2.5\mu m/h$ 的银镀层。

化学镀银的溶液稳定性差，所以一般把主盐溶液和还原剂溶液分别配制，施镀前将其混合。主盐溶液一般采用银氨配合物溶液。还原剂溶液采用酒石酸甲钠、葡萄糖、甲醛、肼、二甲氨基硼烷等。化学镀银液组成及工艺条件见表 4-17。

表 4-17　化学镀银液组成及工艺条件

溶液组成与工艺条件		配方 1	配方 2	配方 3	配方 4	配方 5	配方 6	配方 7	配方 8	配方 9
主盐溶液	硝酸银（$AgNO_3$）/(g/L)	60	16	20	10	60	25	10	19	25
	氨水（$NH_3 \cdot H_2O$,25%）/(mL/L)	适量	适量	适量	12	60	50	适量	适量	100
	氢氧化钠（NaOH）/(g/L)	42								
	氢氧化钾（KOH）/(g/L)		8		20					
还原剂溶液	酒石酸钾钠（$KNaC_4H_4O_6 \cdot 4H_2O$）/(g/L)		30	100						
	酒石酸（$C_4H_6O_6$）/(g/L)	4								
	葡萄糖（$C_6H_{12}O_6$）/(g/L)	45			40					
	乙醇（C_2H_5OH,99%）/(mL/L)	100								
	甲醛（HCHO,38%）/(mL/L)					65			71	
	三乙醇胺（$C_3H_{15}NO_3$）/(mL/L)								7	8
	乙二醛（$C_2H_2O_2$）/(g/L)									20
	硫酸肼（$N_2H_4 \cdot H_2SO_4$）/(g/L)							9.5	20	
	氢氧化钠（NaOH）/(g/L)								5	
	氨水（$NH_3 \cdot H_2O$）/(mL/L)							10		
工艺条件	温度/℃	15～20	15～20	15～20	15～20	15～20	室温	室温	室温	室温
	时间/min		10	10						

4.3.5.1　溶液配制

(1) 银盐溶液的配制方法

用适量的蒸馏水分别将硝酸银、氢氧化钠（钾）溶解。边搅拌边向硝酸银溶液中缓慢加入氨水，到生成的氢氧化银沉淀刚好溶解为止。在搅拌下向上述溶液中加入氢氧化钠（钾）溶液，此时又形成氢氧化银沉淀，再滴氨水沉淀溶解后，过量加 2～3 滴，对不含氢氧化钠（钾）的溶液，则直接向硝酸银溶液中加入氨水至沉淀刚好溶解，再过量滴入 2～3 滴。加余量蒸馏水再注入褐色玻璃瓶中，密封后放置阴凉避光处存放。

(2) 还原溶液的配制方法

① 普通还原溶液　将需量葡萄糖或酒石酸钾钠用适量蒸馏水溶解后，再加入余下蒸馏水。

② 葡萄糖与酒石酸还原液　在 1000mL 蒸馏水中依次加入葡萄糖和酒石酸，煮沸 10min 冷却后加入乙醇。配好存放一周后的还原能力最好。

③ 醛类与三乙醇胺还原液　在容器中加入适量蒸馏水，在不断搅拌下加入三乙醇胺，再加入甲醛或乙二醛和余下的蒸馏水。

所有还原液均应注入褐色容器中，在避光阴凉处存放。

(3) 银氰化钠溶液配制方法

① 将各种化学药品分别用少量蒸馏水溶解。

② 再将银氰化钠溶液与氰化钠溶液混合，加入其他溶液。

③ 加蒸馏水至规定体积，过滤后使用。

4.3.5.2　现场维护

配好的溶液存放时，因水分蒸发可能在容器壁上形成爆炸性混合物，因此，应注意密封放入褐色玻璃瓶中，并于避光、阴凉处存放。用过的废液也有生成雷银的可能性，所以，要向废液中加入盐酸以形成氯化银沉淀，这样既防发生事故，又可回收银。

银盐溶液与还原溶液应在使用前混合，由于溶液稳定性不好，只能使用一次，所以应尽量提高溶液的加载量，以充分利用银盐。

化学镀银层的化学稳定性较差，在空气中易氧化变化，因此镀后尽快用水认真洗净，并及时进行后面的电镀工序。如不再进行电镀应涂覆防护膜。

4.3.5.3 主要成分及作用

① 硝酸银 它是供给沉淀银的主盐。化学镀银的还原速度随银离子含量递增而加快，但银溶液浓度高，溶液不稳定。因此只能用中、低浓度。

② 氨水 提高氨水浓度，银氨配离子稳定性增加，有利于提高镀液的稳定性，但过高时银的还原速度减慢。

③ 氢氧化钠 它是速度调节剂。尤其是随碱度提高还原速度加快，过高将促进镀液自行分解，因此，应控制其加入量在工艺范围内。

④ 甲醛等还原剂对比分析 不同的还原剂对银的还原速度也不同，甲醛＞葡萄糖＞酒石酸盐，因此所需还原剂的浓度也不同。还原剂浓度低，还原反应慢，太高则速度剧增，容易造成镀液的自行分解。一般使用时将银液和还原液按容积1：1混合，混合液为黑色，在这种状况下施行化学镀银是合适的。

第5章

金属表面转化膜

化学转化膜又称金属转化膜。它是将金属工件浸渍于处理液中，通过化学或电化学反应，使被处理金属表面发生溶解并与处理溶液发生反应，在金属表面生成附着力良好、稳定的化合物膜层。与电镀层、化学镀层等其他表面处理层相比，化学转化膜的特点在于：①基体金属发生溶解、参与成膜反应；②形成的是"难溶的化合物膜层"；③不改变金属外观。

化学转化膜按形成方式可分为阳极氧化膜、化学氧化膜、磷化膜、钝化膜、着色膜；按基体材料可分为铝材转化膜、锌材转化膜、钢材转化膜、铜材转化膜、镁材转化膜；按用途可分为防护性转化膜、装饰性转化膜、减摩或耐磨转化膜、绝缘性转化膜、涂装底层转化膜、塑性加工用转化膜等。

化学转化膜广泛应用于机械、电子、兵器、航空和仪器仪表等工业部门以及日用品生产上，作为防腐蚀、耐磨、减摩和其他功能性的表面覆盖层。化学转化膜还凭借本身的色彩起装饰作用，也可利用其多孔性吸收物质而着色，常应用于建材和日用品装饰上。化学转化膜也可作为金属镀层的底层而提高镀层与基体的结合力。化学转化膜在金属冷作加工中，可以起润滑和减摩双重作用，从而有利于在高负荷下进行加工。

化学转化膜的防护功效常取决于以下因素：①基体金属本性；②转化膜类型、组成和结构；③膜的性能（包括结合力、孔隙率等）和环境条件。与其他防护层相比较，化学转化膜的防护功效并非是最有效的。因此，金属在进行化学转化处理后，通常还需要补加其他防护措施。

5.1 阳极氧化膜

5.1.1 概述

铝，原子序数13，相对原子质量为26.981。色泽为银白色，密度2.7g/cm³，熔点660℃，沸点为2467℃。导热性良好，导电性很高，表面反射率高。纯铝硬度较低，不能广泛应用。加入合金元素后形成的铝合金，解决了纯铝加工强度低的缺陷，但耐蚀性有所下降。

铝是地壳中蕴藏量最大、分布最广的一种金属元素，在地壳中的质量分数约为 8.13%，比其他所有非铁金属的蕴藏量总和还多。我国是世界上铝蕴藏量最丰富的国家之一，这为我国发展铝加工产业创造了极为有利的物质条件。铝的年产量很高，排在世界金属总产量的第二位，仅次于钢铁。

进入 21 世纪以来，随着国民经济的快速发展，铝和铝合金产品不断地增多，各种行业中，铝和铝合金正在越来越多地代替钢铁、非铁金属、木材、砖石水泥等材料。铝和铝合金制成的各种设备、零件、建材、高科技产品和日用工业品正与日俱增。铝及其合金材料已被广泛地应用于航空、航天、造船，仪器仪表、化工等工业领域。

然而，轻金属材料的应用在技术上也遇到很多困难，主要是铝及其合金的耐腐蚀性能差，其合金容易产生一种最危险的腐蚀破坏——晶间腐蚀。铝及铝合金在大气中会与氧生成氧化膜，由于这种自然氧化膜极薄，耐蚀能力很低，为了提高铝及铝合金的防护性、装饰性和其他功能，大多数情况下可以采取阳极氧化处理，即通过电化学作用在其表面形成氧化物膜，称为阳极氧化。经过阳极氧化后，铝表面能生成厚度为几十至几百微米的氧化膜。膜层为多孔性，由致密层（内层）和多孔层（外层）组成，且具有一定厚度的氧化膜，可通过封闭处理使铝及其合金的抗腐蚀性能大幅度提高，同时可在膜孔中通过着色处理，获得各种颜色甚至是复杂图案，获得良好的装饰功能。

2008 年，我国举办的北京奥运会中使用的"祥云"火炬，就是采用铝合金作为基体，使用各种现代化氧化、着色、先进的封闭方法，取得了可喜的效果。

铝及铝合金阳极氧化电解液有酸性液、碱性液和非水液等三大类。通常采用酸性液，它可分为硫酸、铬酸、磷酸等无机酸体系，草酸、氨磺酸、丙二酸、磺基水杨酸等有机酸体系，以及无机酸加有机酸的混合酸体系。电解液对铝的溶解能力应适当，盐酸的腐蚀性太强，不能用于铝阳极氧化；硼酸和硼酸铵的溶解能力太弱，除特殊应用外，一般情况也不适宜。工业生产中主要采用硫酸法、铬酸法、草酸法和混合酸法，其中硫酸法应用最为广泛。

阳极氧化膜广泛地应用在以下几个方面：

① 作为防护性膜，可提高铝制品表面的耐蚀性。

② 作为防护-装饰性膜。阳极氧化生成的透明氧化膜，经着色处理，即能得到鲜艳的不同色彩，还可能得到与瓷质相似的膜。

③ 作为耐磨层，可以提高制品表面的耐磨性。

④ 作为电绝缘层。由于阳极氧化膜有很好的绝缘性能，可用作电解电容器的介质材料。

⑤ 作为喷漆的底层。由于氧化膜具有多孔性和良好的吸附特性，能使漆膜或有机膜与铝基体牢固结合。

⑥ 作为电镀底层，它能与铝基体牢固结合。

近年来，铝阳极氧化膜又有许多新的应用领域，利用铝及铝合金阳极氧化膜的多孔性结构，除沉积色素体用于着色装饰外，还可以吸附对光、电、磁及其他化学、物理性质有影响的物质，为众多的功能性应用创造条件。已经或正在研究开发的功能性膜有：

(1) 自润滑减摩膜

铝合金在硫酸或草酸溶液中阳极氧化后，再进行二次电解，其溶液成分为硫代钼酸铵 $(NH_4)_2MoS_4$ 5g/L 和少量添加剂。硫代钼酸铵电离：

$$(NH_4)_2MoS_4 \longrightarrow 2NH_4^+ + MoS_4^{2-}$$

二次电解时产生的大量氢离子，与扩散进入微孔的 MoS_4^{2-} 发生反应，生成三硫化钼沉积于孔底：

$$MoS_4^{2-} + 2H^+ \longrightarrow MoS_3 \downarrow + H_2S \uparrow$$

三硫化钼可在保护性气氛中加热脱硫，转化成二硫化钼 MoS_2。膜层呈黄黑色，摩擦系数下降 $1/3 \sim 1/2$，抗咬合性能好。

在铝粉中加入少量二硫化钼、二硫化钨或硫化铅微粉烧结成复合材料，而后在低浓度硫酸溶液中阳极氧化，采用交直流叠加电源，使铝的氧化膜中含有硫的金属化合物，摩擦系数为 $0.15 \sim 0.25$。

(2) 磁性膜

在阳极氧化膜的微孔中电解沉积磁性物质（如铁、镍、钴及磁性合金），取得具有磁功能的表面膜层，可用作记忆元件如磁盘等。由于沉积于微孔中的磁性金属形态为细长形，且结晶过程的择优取向与其磁化轴的方向大致相同，故这种磁性膜具有高的保磁力，呈现典型的垂直磁化特征，可用作垂直磁记录介质。由于阳极氧化处理的膜层孔径为纳米尺度，且排列整齐，孔密度高，因此可制备出高容量高性能的磁盘。制取方法是铝阳极氧化后在铁族金属盐溶液中进行交流电解，而后在硫酸镍溶液中封闭处理。

(3) 催化膜

阳极氧化膜的多孔层可以浸渍吸附具有催化作用的钴、铜、铬等金属氧化物，经过干燥、焙烧，制成催化膜，可用于处理汽车排出的有害气体。铂是许多化学反应的良好催化剂，可将铝氧化膜在热的氯铂酸（H_2PtCl_6）溶液中浸渍，并经风干、焙烧而形成催化薄膜，具有良好的催化特性和导热性。

(4) 发光膜和感光膜

阳极氧化多孔膜中沉积荧光物质可以制成发光膜，如果填充感光剂则成为感光显像薄膜。通过浸渍和热处理，膜的孔隙中引入铽离子（Tb^{3+}），则在外电场作用下可以发出绿光。具有不同光学性质的各种物质在氧化膜孔隙中沉积析出，按其对光的偏光特性所产生的不同影响，可以开发出各种用途的偏光子、光位相板及光通信元件。将金、镍、铝三种元素分别沉积于多孔膜中制成的偏光子，仅需膜厚 $1\mu m$ 即可达到棱晶式偏光子超过 $1\,mm$ 厚度的要求。

(5) 太阳能吸收膜

在稀的磷酸-硫酸溶液中阳极氧化，而后经过含有多价金属盐的酸性溶液中交流电解，可以得到孔径仅几个纳米的纤维状结构。与常规着色比较，膜层孔隙表面积扩大，金属离子还原放电的活性点大增，沉积的胶粒细小而量大，黑色度高，对太阳光的吸收率大而辐射率小，所以，热效应很高。

5.1.2 阳极氧化膜的形成机理

(1) 阳极氧化的电极反应

铝及铝合金阳极氧化液一般采用中等溶解能力的酸性溶液，如硫酸、草酸等。下面以硫酸阳极氧化为例，介绍铝阳极氧化的电极反应。

将铝及铝合金零件作为阳极，铅板为阴极，通以直流电，阴极上的反应为：

$$2H^+ + 2e^- \longrightarrow H_2 \uparrow$$

而在阳极上，由于 SO_4^{2-} 的放电电势较高，主要是水的放电：

$$H_2O - 2e^- \longrightarrow [O] + 2H^+$$

所生成的新生态氧 $[O]$ 具有很强的氧化能力，在外电场力的作用下，从溶液/金属界面上向内扩散，与铝作用而形成氧化膜：

$$2Al + 3[O] \longrightarrow Al_2O_3 + 1670kJ$$

在电场作用下，[O] 向铝基体/氧化膜界面扩散，而 Al^{3+} 向氧化物/溶液界面扩散。但是，氧离子的扩散速度比铝离子扩散速度快，故可以认为氧化膜是由于氧离子扩散到膜内层与铝离子结合而形成。实际上阳极反应过程是相当复杂的，有不少问题迄今仍未搞清楚。

此外，在氧化膜/溶液界面上还发生氧化膜的化学溶解：

$$Al_2O_3 + 3H_2SO_4 \longrightarrow Al_2(SO_4)_3 + 3H_2O$$

铝被硫酸浸蚀的反应也很可能发生：

$$2Al + 3H_2SO_4 \longrightarrow Al_2(SO_4)_3 + 3H_2 \uparrow$$

(2) 阳极氧化膜的生长过程

铝及铝合金在阳极氧化过程中，氧化膜的电化学生成和化学溶解是同时发生的，只有当氧化膜的生成速度大于氧化膜的化学溶解速度时，氧化膜才能生长和加厚。氧化膜的生长过程可以用阳极氧化测得的电压-时间特性曲线来说明，如图 5-1 所示。图中曲线大致可分为三段。

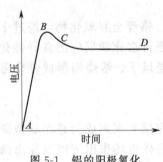

图 5-1 铝的阳极氧化

AB 段——阻挡层形成通电开始的几秒至十几秒时间内，电压随时间急剧增加到最大值，称为临界电压或形成电压。这说明在阳极上形成了连续的、无孔的薄膜层，具有较高的电阻，称为阻挡层。随着膜层加厚，电阻增大，引起槽电压急剧地呈直线上升，阻挡层的出现阻碍了膜层的继续加厚。阻挡层的厚度与形成电压成正比，形成电压越高，阻挡层越厚；而与氧化膜在溶液中的溶解速度成反比。在普通硫酸阳极氧化时采用 13~18V 槽电压，则阻挡层厚度为 0.01~0.015μm。这一段的特点是氧化膜的生成速度远大于溶解速度。

BC 段——膜孔的出现，阳极电压达到最大值后开始有所下降，这时由于阻挡层膨胀而变得凹凸不平，凹处电阻较小而电流较大，在电场作用下发生电化学溶解，以及溶液侵蚀的化学溶解，凹处不断加深而出现孔穴，这时电阻减小而电压下降。

CD 段——多孔层增厚大约在阳极氧化20s后，电压趋向平稳，随着氧化的进行，电压稍有增加，但幅度很小。这说明阻挡层在不断地被溶解，孔穴逐渐变成孔隙而形成多孔层，电流通过每一个膜孔，新的阻挡层又在生成。这时阻挡层的生长和溶解的速度达到动态平衡，阻挡层的厚度保持不变，而多孔层则不断增厚。多孔层的厚度取决于工艺条件，主要因素是氧化时间和温度。由于氧化生成热和溶液的焦耳热使溶液温度升高，对膜层的溶解速度也随之加大。当多孔层的形成速度与溶解速度达到平衡时，氧化膜的厚度也就不会再继续增加。该平衡到来的时间愈长，则氧化膜愈厚。

氧化膜孔隙的形成可通过电渗现象来解释，如图 5-2 所示。部分孔壁水化氧化膜带负电，新鲜的酸溶液从孔中心直入孔底，在孔底处因酸溶液的溶解而形成富 Al^{3+} 的液体，带正电。在电场作用下发生电渗流，使富 Al^{3+} 液体只能沿孔壁向外流动，而新鲜溶液又从中心向底部补充，使孔内液体不断更新，结果孔底继续溶解而加深。沿孔壁向外流动的高 Al^{3+} 液

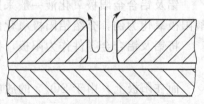

图 5-2 电渗液流过程示意图

体对膜已失去溶解能力，因此随氧化时间的延续，孔不断加深，逐渐形成多孔层。孔

隙的存在和孔内溶液的不断更新，使离子可以通行无阻，因此在多孔层建立过程中电阻变化不大，电压也就比较平稳。

此外，还有氧化物形成的成核机理，也可分为三个阶段：起始阶段，铝表面出现由于物理或化学吸附而结合的氧膜或氧化铝隔膜，其厚度为单分子或双分子层；成核阶段，氧化物在金属表面能量上有利的部位生成，次生氧化物则生成于这些核的边角，相互扩散直至互相结合；成膜阶段，电流的导通和物质的传递不仅依靠离子和电子的迁移，而且也依赖于水合作用和胶溶作用所导致的物质交换，以及依赖于质子的运动。后者在结合力较低的氧化物层中伴随着质子在氢键网络中的转移，即在紧密层与多孔层之间存在中间转化层。

(3) 阳极氧化膜的组成和结构

从电子显微镜观察证实，阳极氧化膜由阻挡层和多孔层所组成。阻挡层薄而无孔、致密、电阻率高（$10^{11}\Omega\cdot cm$）；而多孔层则较厚、疏松、多孔、电阻率低（$10^{7}\Omega\cdot cm$）。多孔层由许多六棱柱体的氧化物单元所组成，形似蜂窝状结构。每个单元的中心有一小孔直通铝表面的阻挡层，孔壁为较致密的氧化物。氧化物单元又称膜胞，图 5-3 所示是铝在 4％磷酸中 120 V 电压下形成的氧化膜结构模型。此外，还提出有三层结构模型和胶体结构模型。

铝及铝合金阳极氧化膜由氧化物、水和溶液的阴离子组成，水和阴离子在氧化膜中除游离形态外，还常以键结合的形式存在，这就使膜的化学结构随溶液类型、浓度和电解条件而变得很复杂。如在硫酸溶液中形成的膜，Al_2O_3 含量为 72％，水含量为 15％，硫的含量以 SO_3 计为 13％，其中游离的和键合的阴离子分别占总含硫量的 5％和 8％。游离的阴离子主要聚集在膜孔中，可以被水冲洗掉。膜中的水主要以水合物的形式存在，它可促使氧化铝成为更稳定的结构类型。

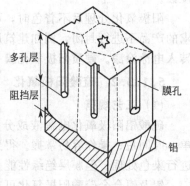

图 5-3 阳极氧化膜结构

另外，氧化操作条件也会使铝阳极氧化膜的化学组成发生变化。封闭操作能使氧化膜化学组成发生变化。

除磷酸氧化膜外，硫酸、铬酸和草酸阳极氧化膜也都有相似的结构，仅孔径、孔隙率等具体数值不同而已。不同类型溶液取得的氧化膜性质，如表 5-1 所列。

表 5-1 不同类型溶液所得氧化膜的性质

溶液	温度/℃	形成电压/V	单位阻挡层厚度/(nm/V)	孔径/nm	单位孔壁厚/(nm/V)	孔穴数/(10^9个/cm²)	孔穴体积/％
15％硫酸	10	15	1.00	12	0.80	77.0	7.5
4％磷酸	25	60	1.19	33	1.10	4.1	4
3％铬酸	40	40	1.25	24	1.09	8.0	4
2％草酸	60	60	1.18	17	0.97	5.7	2

阳极氧化膜的阻挡层主要由化学活性较大的非晶态 Al_2O_3 和一部分 $\gamma'-Al_2O_3$ 晶体组成。$\gamma'-Al_2O_3$ 是非晶态 Al_2O_3 和晶态 $\gamma-Al_2O_3$ 晶体之间的中间态。

$\gamma'-Al_2O_3$ 与 $\gamma-Al_2O_3$ 具有相同的氧晶格，两者的区别在于晶体结构中阳离子的排布不同。多孔层是由 AlOOH 和 $\gamma-Al_2O_3$ 混合组成。AlOOH 是膜中所含水分使非晶态氧化物逐渐形成的单分子水合物。

5.1.3 阳极氧化工艺

5.1.3.1 阳极氧化工艺流程

铝及铝合金阳极氧化工艺流程应根据材料成分、表面状态以及对膜层的要求来确定。通常采用的工艺流程如下：

机械准备→除油→水洗→浸蚀（或化学抛光、电化学抛光）→水洗→阳极氧化→水洗→干燥

机械准备视需要进行，如抛光轮抛光可得到光亮平滑的表面；喷砂可得到无光泽表面；振动或滚动研磨可进行成批处理，降低表面粗糙度或用以形成砂面；刷光可使表面产生丝纹等特殊装饰效果。

铝及铝合金适宜在弱碱性溶液中除油，经常选用各种专利清洗剂。带有抛光膏的零件应先在有机溶剂或除蜡水中除去抛光膏。一般在除油后需进行浸蚀，以清除氧化物使表面光洁。毛坯、型材及粗加工件可先在碱液中浸蚀后出光；精度高的零件只在特定的酸溶液中浸蚀。

阳极氧化处理后不着色时，可以直接进行封闭，若需要着色则在着色后封闭。有涂漆要求的产品不进行封闭，例如建筑用铝型材硫酸阳极氧化及电解着色后，经去离子水清洗即可转入电泳涂漆。硬质阳极氧化膜一般不进行着色和封闭，必要时在干燥后可适当研磨表面。

5.1.3.2 硫酸阳极氧化

(1) 工艺规范

硫酸铝阳极氧化电解液成分简单，溶液性能稳定、允许的杂质范围较大，工艺过程简单、时间短、操作容易掌握。得到膜层硬度高、吸附能力强、耐磨性好、无色且较厚、易于进行染色处理。但膜层绝缘性能差，膜层脆、对疲劳性能不利。

铝及铝合金硫酸阳极氧化可在硫酸或含有添加剂的硫酸溶液中进行。常用的硫酸阳极氧化电解液组成及工艺条件列于表5-2。

配方1为通用配方；配方2适合建筑用铝合金，电源用直流或脉冲；配方3、配方4为有添加剂的溶液。阳极氧化过程中，溶液需适当搅拌，可通入干燥压缩空气或移动极杆。

铝阳极氧化的电流效率在室温下通常为 $60\%\sim70\%$，氧化时间视所需膜厚来定，并与电流密度和温度有关，一般防护装饰性膜为 $30\sim40min$，需要着色时选上限或更长时间；含铜量高的铝合金需要较长的氧化时间，适宜在较高浓度的溶液中氧化。

硫酸溶液的体积电流密度一般不应大于 $0.3 A/L$；每立方米溶液允许氧化零件面积总和为 $3.3m^2$。所以，应控制氧化零件的装载量。合金成分不同或形状差异较大的零件避免在同一槽中氧化，以防止膜厚差别加大。

表 5-2　硫酸阳极氧化电解液组成及工艺条件

组成及工艺条件	配方 1	配方 2	配方 3	配方 4
硫酸/(g/L)	180～200	100～110	150～200	150～160
草酸/(g/L)			5～6	
甘油/(g/L)				50
温度/℃	15～25	13～26	15～25	20
电流密度/(A/dm²)	0.8～1.5	1～2	0.8～1.2	1～3
电压/V	12～22	16～24	18～24	16～18

(2) 溶液的控制

配制溶液应采用蒸馏水或去离子水，硫酸最好用化学试剂，如用工业硫酸，其 NaCl 含

量应≤0.02%。阳极氧化液中可能存在的杂质有金属离子，如 Al^{3+}、Fe^{3+}、Cu^{2+}、Pb^{2+}、Mg^{2+}、Mn^{2+} 及阴离子 Cl^-、F^-、NO_3^- 等。金属离子来自铝及铝合金的自身溶解，少量 Al^{3+}（1g/L 左右）有益于氧化膜的正常生成。随着 Al^{3+} 的增加，溶液导电性变差，电压和电流不稳定，膜的透明度、耐蚀性和耐磨性均有所下降。当 $Al^{3+}>20g/L$ 时，铝表面将出现白点或块状白斑，氧化膜的吸附能力下降，着色困难。$Cu^{2+}>0.02g/L$，$Fe^{3+}>0.2g/L$ 时，氧化膜会出现暗色条纹和黑色斑点，Sn^{2+}、Pb^{2+}、Mn^{2+} 等会使氧化膜发暗至发黑。阴离子杂质来源于溶液的配制水和洗涤水的带入。Cl^-、F^-、NO_3^- 存在时，氧化膜孔隙率增大，表面粗糙疏松，造成局部腐蚀，严重时发生穿孔，允许的最大含量为：Cl^- 0.02g/L，F^- 0.01g/L，NO_3^- 0.02g/L。

溶液中的铝离子可先将溶液温度升高到 40～50℃，在不断搅拌下缓慢地加入硫酸铵，使铝变成硫酸铝铵的复盐沉淀除去。铜等重金属杂质可通过低电流密度电解处理清除。硅常悬浮于溶液中，可采取过滤方法排除。硫酸溶液成本较低，若有害杂质过多且严重影响膜层质量时，更换新溶液可能比处理杂质更为经济。

(3) 工艺因素的影响

① 硫酸浓度氧化膜的增厚过程取决于膜的溶解与生长速度之比。随着硫酸浓度的增加，氧化膜的溶解速度增大，因此，采用稀硫酸溶液有利于膜的成长。在浓溶液中形成的氧化膜，孔隙率较高，着色性能好，但膜的硬度和耐磨性较低。浓度过高，溶解作用大，膜薄而软，容易起粉。在稀溶液中形成的膜，耐磨性好，浓度太低时溶液的导电性下降，氧化时间加长，膜层硬而脆，孔隙率低，不易着色。

② 温度是决定氧化膜质量的重要因素。铝阳极氧化是放热反应，膜的生成热达 $1675kJ/mol\ Al_2O_3$，绝缘性的氧化膜形成后相应地加大了电阻，通电后大量电能转变成热能，促使溶液温度上升，加速了对膜的溶解。一般情况下，优质氧化膜是在 20℃±1℃时取得。高于 26℃，膜的质量明显下降；超过 30℃出现过腐蚀现象；温度过低则膜的脆性增大。

为了降低阳极氧化时溶液的温度，必须采取降温措施，如用蛇形管通入冷却剂冷却，也可以往溶液中添加少量草酸等二元酸。由于二元酸阴离子吸附在阳极膜表面而形成隔离层，使膜的溶解速度降低，从而可提高溶液使用温度 3～5℃。

③ 电压和电流密度阳极氧化的初始电压对膜的结构影响很大。电压较高时生成的氧化膜孔体尺寸增大而孔隙率降低；电压过高使零件的棱角边缘容易被击穿，而且电流密度也会过大，导致氧化膜粗糙、疏松、烧焦。因此，阳极氧化开始时电压应逐步升高。

在其他条件不变的情况下，提高阳极电流密度，可以加快氧化膜的生成，缩短氧化时间，膜层较硬，耐磨性好。电流密度过高时溶液温升加快，膜的溶解速度也增大，容易烧坏零件。一般情况下，电压以 15～20V 为宜，而电流密度最好控制在 0.5～1.5A/dm²。

④ 电源硫酸阳极氧化通常采用连续波直流电源，电流效率高，取得的膜层硬度高、耐蚀性好，但操作不当时容易出现起粉和烧焦现象。采用不连续波直流电，如单相半波，由于周期内存在瞬间断电过程，有利于散热，可提高电流密度和温度，避免起粉和烧焦，但效率降低。交流电氧化的功效高、成本低，由于存在负半周。可获得孔隙率高、染色性好的膜层，但其硬度低、耐磨性差，膜厚小于 $10\mu m$。脉冲电源阳极氧化可以采用较高的电流密度，缩短氧化时间，节省电能。其膜层性能优于直流电阳极氧化。

⑤ 氧化时间在正常情况下，阳极电流密度恒定时，氧化膜的成长速度与氧化时间成正

比。氧化时间又与溶液温度有密切关系，温度低允许氧化时间长，温度高时相应缩短。氧化时间过长，反应生成热和焦耳热的热量使溶液温度上升，膜的溶解加速而膜层反而变薄。所以，必须控制氧化时间，通常以40min为宜。

⑥ 电源波形用直流电氧化，可以得到孔隙细微并有较高硬度和耐磨度的氧化膜层；用交流电得到的氧化膜疏松多孔，其硬度、耐磨性能较差。但交流电得到的氧化膜透明度大大超过了直流电所得膜层。对于那些利用直流电不能获得较高光亮度的工件，用交流电氧化，就可能得到十分满意的光泽。交流电阳极氧化可用以下工艺：

配方1：硫酸，130～150g/L；温度，13～26℃；氧化时间，40～50min；电压，18～28V；电流密度，1.5～2.0A/dm²。

配方2：硫酸 100～150g/L；温度，15～25℃；氧化时间，20～40min；电压，18～30V；电流密度，3～4A/dm²。

(4) 合金成分的影响

铝基体材料的合金成分对膜层厚度和颜色、外观等有着十分重要的影响，通入相同的电量，纯铝的氧化膜比合金铝的氧化膜厚。其关系如图5-4所示。

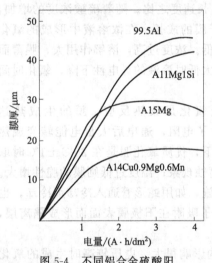

图 5-4　不同铝合金硫酸阳极氧化膜厚度与电量的关系

在铝镁系合金中，当镁以固溶体形式存在时，不影响膜的透明度和颜色；而镁的含量＞3％时，合金是非均相的，有 Mg_5Al_8（第二相）析出。它在阳极氧化过程中容易溶解，使成膜效率降低，膜层薄且均匀性和光泽性都较差。非均相的铝镁合金可采用适当的热处理使合金均匀化。

在铝镁硅系合金中，硅含量≤0.8％，且不含锰时，可以生成光泽的无色氧化膜；当硅含量＞2％时，氧化膜呈灰色直至黑色。含硅 10％～12％ 的铸铝合金得到的是色调不均匀的膜层。

在铝铜系合金中，一般含铜量＞4％为非均相合金，存在第二相 $CuAl_2$ 或 $CuAl_2Mg$，阳极氧化过程中极易溶解，膜层较薄，厚度也很不均匀。氧化膜无光泽，常带有色斑，着色效果差。铜能使氧化膜的硬度下降，孔隙率增加，严重时出现疏松膜层。

在铝锌系合金中，锌是超硬铝的主要合金元素，含量＞5％。锌的存在可使合金阳极氧化的施加电压比纯铝约低 3V。这类合金在一定阳极氧化条件下成膜的极限厚度较薄，膜的外观是灰暗的。

5.1.3.3　铬酸阳极氧化

铬酸氧化膜较薄，只有 2～5μm，膜层质软，弹性极好，能保持零件精度和表面光洁度，但耐磨性不如硫酸阳极氧化膜。铬酸氧化膜的色泽可由灰白变化到深灰色或彩虹色。由于膜层太薄，且孔隙率低，所以不易染色，尤其不易染成黑色等深色。

铬酸对铝零件的腐蚀性比硫酸溶液小得多，所以适用于铝酸氧化无法加工的松孔度较大的铸件，如铆钉件、点焊件。但无论溶液成本还是电力消耗均较硫酸阳极氧化要大。

由于铬酸阳极氧化对工件的疲劳强度几乎无影响，故大量应用于航空、航天领域。

(1) 工艺规范

铝及铝合金在铬酸溶液中阳极氧化，通常采用下列工艺规范：

铬酐 CrO_3 30～50g/L   电压   40V±1V（或 20V±1V）

温度   35℃±2℃   时间   30～60min

阳极电流密度 0.3～0.8A/dm²

合金元素含量较高且未包铝的铝合金，如超硬铝，宜选用 20V 的电压，否则采用 40V 的电压。电压应逐步递增，在 5～15min 内由 0V 升至 20V 或 40V，保持规定电压至氧化结束。氧化时间应根据膜层厚度来确定，但不宜超过 60min。

(2) 溶液的控制

溶液配制用水应是蒸馏水或去离子水。所用铬酐的 SO_4^{2-} 含量不应大于 0.1%，Cl^- 含量不应大于 0.05%。在氧化过程中，由于铝的溶解，游离铬酸减少，氧化能力相应降低，必须按分析结果及时补充铬酐，因此，溶液中铬的总含量会不断增高。六价铬总量以 CrO_3 计应控制在 100g/L 内，最佳量为 30～60g/L，溶液可以通过测定 pH 值来控制，含 3% 铬酐的新溶液，其 pH 值为 0.5～0.7，使用期间溶液的 pH 值不应超过 0.9。

溶液中的有害杂质为 Cl^-、SO_4^{2-} 及 Cr^{3+}。氯化物以 NaCl 计不大于 0.2g/L，硫酸盐以 H_2SO_4 计不大于 0.5g/L，过高则影响外观，膜层粗糙。三价铬的增加会使氧化膜暗而无光，耐蚀性降低。SO_4^{2-} 可加氢氧化钡生成硫酸钡沉淀除去，Cr^{3+} 可用大阳极面积进行电解处理，而 Cl^- 含量过高时只能稀释或更换溶液。

(3) 提高膜层质量的措施

铬酸阳极氧化在航空、航天领域得到了广泛应用。在这些领域中对膜层提出了较高的要求，如耐盐雾试验要求达 240h 或 336h，甚至 500h 以上。要求膜重≥0.22mg/cm²，此外还有高精度和低粗糙度的要求。提高膜层质量的主要措施有下列几点。

① 改进前处理   氧化前不进行一般的碱液浸蚀和出光，化学除油采用不含硅酸盐的清洗剂，酸浸蚀可采用下列的一种工艺规范：

a. 铬酐 CrO_3 45～55g/L，硝酸 HNO_3（d=1.42）90～120mL/L，氢氟酸 HF（40%）10mL/L；室温；时间 1～3min；添加氢氟酸以控制表面腐蚀率在 20～25μm/h。

b. 铬酐 CrO_3 45～55g/L，硫酸 H_2SO_4（d=1.84）250～300g/L；温度 60～65℃；时间 20～25min。

② 进行封闭处理   铬酸氧化膜经封闭处理后耐蚀性有较大提高。封闭可选用下列方法之一，用于胶接的氧化膜不进行封闭。

a. 去离子水，可溶性固体总含量不超过 100mg/L；pH 值为 3.5～7.0；温度 70～90℃；时间 8～12min。

b. 重铬酸钾 $K_2Cr_2O_7$ 40～60g/L，SiO_2≤5mg/L；pH 值为 3.8～5.2；温度范围为 90～96℃；时间 8～12min。

c. 重铬酸钾 $K_2Cr_2O_7$ 1.0～1.2g/L，Cl^-（以 NaCl 计）<0.1g/L；pH 值为 4.3～4.5；温度 95～98℃；时间 40min。

d. 铬酐 CrO_3 60～80mg/L，SiO_2≤10mg/L；pH 值为 3.2～4.5；温度 90～95℃；时间 10～20min。

③ 采用去离子水   阳极氧化溶液和封闭溶液所用去离子水的水质要求为：电导率≤2×10⁻⁵S/cm，可溶性固体总含量≤10mg/L，硅（以 SiO_2 计）≤3mg/L。

阳极氧化前和封闭前的清洗水以及最终清洗应采用去离子水，要求可溶性固体总含量≤100mg/L，电导率≤2×10⁻⁴S/cm。

(4) 铬酸阳极氧化的取代

由于硫酸阳极氧化会降低基体材料的疲劳性能，所以许多航空产品如飞机蒙皮都已采用铬酸阳极氧化。但是，铬酸盐已严重危害人体健康和污染环境，其应用日益受到严格限制。为寻求取代铬酸阳极氧化的新工艺，长期以来人们进行了大量的研究。1990年硼酸-硫酸阳极氧化工艺取得专利，其后美国波音飞机公司制订了相应的工艺规范。它对铝合金阳极氧化技术的发展是一项重要贡献。为此，美国军用标准 MIL-A-8625F（1993）在阳极氧化分类中增加了ⅠC型（无铬酸阳极氧化）和ⅡB型（薄层硫酸阳极氧化），用以取代铬酸阳极氧化。

波音公司推荐的硼酸-硫酸阳极氧化溶液的配方为质量分数 3％～5％的硫酸加上质量分数 0.5％～1％的硼酸。硫酸浓度直接影响膜层重量，硼酸可能主要影响膜层结构。在低浓度硫酸溶液中加入硼酸，以减少对膜的溶解和提高阻挡层的稳定性，从而生成薄而致密的氧化膜。具体的工艺规范为：硫酸 H_2SO_4（$d = 1.84$）45g/L，硼酸 H_3BO_3 8g/L；温度 21～32℃；电压 13～15V；阳极电流密度 0.3～0.7A/dm²；氧化时间 18～22min。

硼酸-硫酸阳极氧化膜可通过 336h 连续盐雾试验而不出现任何腐蚀；其疲劳寿命明显高于硫酸阳极氧化膜而接近铬酸阳极氧化膜。

5.1.3.4 草酸阳极氧化

(1) 工艺规范

草酸阳极氧化膜较厚，一般为 8～20μm，最厚可达 60μm，弹性好，具有良好的电绝缘性、抗蚀性和硬度，不亚于硫酸阳极氧化膜。只要改变氧化条件（如电流密度、电流种类、酸的含量及温度），就可以直接获得白、淡黄、黄等色泽。但草酸阳极氧化溶液成本高。电量消耗大，需要有冷却装置，成本较高。膜层脆，抗冲击能力差。

铝及铝合金草酸阳极氧化的典型工艺规范如下：

草酸 $C_2H_2O_4 \cdot 2H_2O$	30～50g/L	电压	40～60V
温度	18～25℃	时间	40～60min
电流密度	1～2A/dm²		

通常采用直流电源，在纯铝和铝镁合金上取得黄色膜，有较好的耐蚀性。如果温度升至35℃，电压 30～35V 下处理 20～30min 可得到无色、多孔、较软的薄膜。当采用交流电时，在电压 20～60V、电流密度 2～3A/dm²、温度 25～35℃下处理 40～60min，膜层柔软，适用于线材及弹性薄带。直流电叠加交流电的工艺规范一般为：直流电压 30～60V，直流电流密度 2～3A/dm²；交流电压 40～60V，交流电流密度 1～2A/dm²；温度 20～30℃，时间 15～20min，可按照所需硬度和色泽来改变交直流电的比例。

电绝缘用的草酸阳极氧化需要在高电压下处理以取得较厚的氧化膜。阳极氧化时采用直流电源，终电压应达到 90～110V，阳极电流密度 2～2.5A/dm²，从低电压开始逐级递增至规定值，以防止局部氧化膜被电击穿。升压时间需 20～30min，达到终电压再继续氧化60min 左右。

在氧化过程中需用压缩空气进行搅拌。过滤也是必要的，以保持草酸溶液洁净。

(2) 溶液的控制

溶液配制应采用去离子水或蒸馏水。

氧化过程中草酸会发生分解，在阴极上还原成羟基乙酸，而在阳极上则氧化成二氧化碳。同时由于铝的溶解，在溶液中会生成草酸铝，每一份质量的铝需要 5 份质量的草酸。所以，需要经常分析草酸的含量并加以补充。草酸的消耗量可以按 0.13～0.14g/(A·h)考虑。氧化过程中以 0.08～0.09g/(A·h)的铝进入溶液，随着铝含量的增加，溶液的氧化能力下降。当 Al^{3+} 含量超过 30g/L 时，溶液应稀释或更换。草酸阳极氧化液对氯化物的存在很敏感，一般≤0.04g/L，硬铝合金氧化时≤0.02g/L。氯离子含量过多，氧化膜将出现腐蚀点。

5.1.3.5 硬质阳极氧化

(1) 硬质膜的形成

硬质铝阳极氧化是一种厚膜阳极氧化工艺，是一种特殊的铝和铝合金阳极氧化表面处理工艺。此种工艺制得的氧化膜最大厚度可达 250μm，在纯铝上可以得到显微硬度 1500HV 的氧化膜，在铝合金上可以得到显微硬度 400～600HV 的氧化膜，在大气中有很好的耐蚀性和耐磨性。氧化膜熔点高达 2050℃，是一种理想的抗热冲击材料。电阻率大，经封闭处理后，击穿电压可大于 2000V。并且，硬质膜与镀层结合牢靠。因此，硬质阳极氧化膜在国防工业和机械零件制造工业上获得了极其广泛的应用，主要应用于要求高耐磨、耐热、绝缘性能良好的铝和铝合金零件上，如活塞、汽塞、气缸、轴承、飞机货舱的地板、滚棒和导轨、水利设备、蒸汽叶轮、齿轮和缓冲垫等零件。

用硬质阳极氧化膜工艺可代替传统镀硬铬工艺。与镀硬铬工艺相比，它具有成本低、膜层结合牢固、镀液和清洗废液处理方便等优点。缺点是硬质膜厚度较大时，对铝和铝合金的机械疲劳强度指标有所影响。

硬质氧化膜的形成过程仍可通过电压-时间特性曲线进行分析。硬质膜的生长有与普通膜相同的规律，又有不同的特点。在阻挡层形成和膜孔产生阶段，其规律是一致的，所不同的是硬质膜的形成电压高，阻挡层较厚。在多孔层增厚阶段则有所不同，这时电压曲线上升较快，说明多孔层加厚时孔隙率不大，随着膜层加厚，电阻增大较快，电压也明显上升。这段时间越长，膜的生长速度与溶解速度达到平衡的时间也越长，膜层也就越厚。电压升至一定值后，膜孔内析氧加速且扩散困难，使电阻增加，电压骤升，膜孔内热量引起气体放电，出现火花，导致膜层破坏。这时的电压称为击穿电压。所以，正常氧化应在此前结束。

硬质膜与普通膜的结构相似，由阻挡层和多孔层组成，呈蜂窝状结构。其区别是硬质膜阻挡层厚度比普通膜阻挡层厚度约大 10 倍，硬质膜的孔壁厚、孔隙率低。其氧化物单元（膜胞）排列不整齐、相互干扰，出现一种特殊的棱柱状结构，导致膜层有较大的内应力，甚至出现裂纹。普通膜与硬质膜在物理性质上的差别，如表 5-3 所列。

表 5-3 普通膜与硬质膜的物理性质

类型	膜厚/μm	阻挡层厚度/μm	孔隙率/%	显微硬度/HV	电阻率/Ω·cm	击穿电压/V
普通膜	5～20	0.01～0.015	20～30	100～200	10^9	280～500
硬质膜	30～250	0.1～0.15	2～6	300～600	10^{15}	800～2000

(2) 工艺规范

硬质阳极氧化采用的溶液有硫酸、草酸及其他有机酸等多种类型。选用的电源有直流、交流、直流叠加交流及各种脉冲电流，应用最广的是直流硫酸硬质阳极氧化法。硫酸硬质氧化液成分简单，稳定性好，操作方便，成本低，可用于多种铝材。

常见的硬质阳极氧化液组成及工艺条件列于表 5-4。

表 5-4 硬质阳极氧化液组成及工艺条件

溶液组成及工艺条件	配方 1	配方 2	配方 3	配方 4	配方 5	配方 6
硫酸($d=1.84$)/(g/L)	200~250	300~350	130~180	200		200
苹果酸/(g/L)				17		
甘油/(mL/L)				12		50
草酸/(g/L)					20~50	20
五水硫酸锰/(g/L)					3~4	
丙二酸/(g/L)					30~40	
温度/℃	−5~10	−3~12	10~15	16~18	10~25	10~15
电流密度/(A/dm²)	2~3	2.5	2	3	2.5~3	2~2.5
电压/V	40~90	40~80	100	22~24	40~100	25~27
时间/min	120~150	50~80	60~180	70	60	40
应用范围	大多数铝合金	含铜高铝合金	纯铝及铸铝	7A04(LC₄)	ZL101、ZL303	2A12(LY12)

为使溶液保持较低的温度，需要采取人工强制冷却和压缩空气搅拌。

通常采用直流电源恒电流法进行阳极氧化。开始时电流密度为 0.3~0.5A/dm²，初始电压为 8~10V。一般在 20~30min 内分多次逐级升高电流密度至 2~2.5A/dm²。而后每隔约 5min 调整升高电压一次，以保持恒定的电流密度，直至氧化结束。最终电压与合金及膜厚有关。

氧化过程如发生电流突然增大而电压下降，则表示有局部膜层溶解，应立即断电检查并取出，其他仍可继续氧化。

在硫酸或草酸溶液中加入适量的有机酸，如丙二酸、苹果酸、乳酸、磺基水杨酸、酒石酸及硼酸等，可以在较高温度下进行阳极氧化，其膜层质量也有所提高。

(3) 工艺因素的影响

① 硫酸浓度　硫酸浓度较低时，膜层硬度较高，对纯铝尤为明显。所以，纯铝及铸造铝合金通常采用低浓度溶液；含铜量较高的铝合金，由于 CuAl₂ 金属间化合物的存在，氧化溶解较快，容易烧蚀零件，故不宜在低浓度溶液中氧化。如 2Y12（即 LY12）应采用高浓度的硫酸溶液（300~350g/L），或采用混合酸溶液。

② 温度是主要影响因素　随着溶液温度的升高，膜的溶解速度加快。一般而言，溶液温度低，氧化膜硬度高，耐磨性好，温度过低则膜的脆性增大。各种类型铝合金一般温度控制在−5~10℃，视合金牌号而定，温差以±2℃为宜。纯铝（含包铝层）则宜在 6~11℃时进行氧化，因为 0℃左右氧化所得膜的硬度和耐磨性反而降低。

③ 阳极电流密度　在一定温度和浓度的硫酸溶液中，随着阳极电流密度的升高，膜的成长速度加快，氧化时间可以缩短。在膜厚相同的情况下，较高电流密度将取得较硬的氧化膜。但电流密度过高，发热量大，促使膜层硬度下降。如果电流密度太低则膜层成长慢，化学溶解时间长，膜层硬度降低。

此外，铝合金成分及结构对硬质氧化膜有较大影响。含铜量增加将使膜层孔隙率明显上升，而硬度则下降。含铜 4% 或含硅 7.5% 以上的铝合金进行直流硬质阳极氧化是困难的，建议采用直流叠加交流或脉冲电流。

5.1.3.6　瓷质阳极氧化

瓷质阳极氧化就是在铝合金、硬铝抛光面上获得均匀、光滑有光泽而不透明的氧化膜，外观类似瓷釉和搪瓷（色泽由乳白至浅灰白）。

瓷质阳极氧化膜厚度一般为 8~20μm，硬度一般为 650~700HV，接近于铬的显微硬度，耐磨性优良。膜层具有良好的装饰性能，外观华丽，接近塑料。比油漆层轻许多。并具有良好的吸附能力，可着上不同的颜色。膜层还具有较好的隔热性、电绝缘性和抗蚀性。适用于各种仪表、电子仪器上高精度零件表面的防护，或日用品、食品用具表面的装饰。

瓷质阳极氧化的工艺流程一般为：工件→抛光→除油→硝酸出光→彻底清洗→瓷质氧化→清洗→着色（如有必要）→清洗→封闭→干燥→擦拭→检验入库。

为避免影响外观质量，电解溶液中的铝离子质量分数≤3%，氯离子含量≤0.03g/L，铜离子含量≤1g/L，阴阳极面积比为(2∶1)～(4∶1)。瓷质阳极氧化一般不能进行电解着色。

(1) 硫酸法

硫酸瓷质阳极氧化方法新颖，成本低廉，操作方便，溶液环境友好，故被越来越多地应用。

硫酸瓷质阳极氧化工艺如下：硫酸 280～300g/L，六水硫酸镍 8～10g/L，温度 18～24℃，电压 10～12V，阳极电流密度 1～1.5A/dm²。氧化后在含 $Al_2(SO_4)_3 \cdot 18H_2O$ 40g/L 的溶液中浸渍，浸渍温度为 50～55℃，pH 值为 3～5。得到的膜层呈白色。

也可以采用下面的工艺：$ZrSO_4 \cdot 4H_2O$，50g/L；硫酸，75g/L；温度 34～36℃；时间 40～60min；电流密度 1.2～1.5A/dm²；电压 16～20V；膜厚 15～25μm，膜层呈白色。

(2) 铬酸硼酸法

铬酸硼酸法所用溶液组分简单，价格低廉，氧化膜韧性较好，但其硬度低，约为 120～140HV，阳极氧化工艺规范如下：

铬酐 CrO_3	30～40g/L	电流密度	0.1～0.6A/dm²
硼酸 H_3BO_3	1～3g/L	电压	40～80V
温度	38～45℃	时间	40～60min

氧化开始的阳极电流密度为 2～3A/dm²，在 5～10min 内逐步将电压上升至 40～80V，在保持该电压范围内，调整电流密度至 0.1～0.6A/dm²，直至氧化结束。

另一溶液配方中加有草酸，其工艺规范如下：铬酐 35～40g/L，草酸 5～12g/L，硼酸 5～7g/L；温度 45～55℃；电流密度 0.5～1A/dm²；电压 25～40V；时间 40～50min。

在以铬酸为主的溶液中，铬酸是影响膜成长的主要因素。随着铬酐含量增加，膜由半透明向灰白色转变，瓷质效果增强，硼酸有益于膜的生长，使外观呈乳白色，含量过高则氧化速度变慢而膜带雾状；随着草酸含量增加，膜的釉色加深，过高则又趋向透明。

氧化膜的瓷质感曾认为是由于铬酸盐所形成，经分析得知铬在膜中的含量极微。在电子显微镜下观察，发现膜呈树枝状结构，光波在这类结构上产生漫反射而显现白色不透明的瓷釉质感。

(3) 草酸钛钾法

在草酸钛钾为主的溶液中取得的氧化膜质量好，硬度可高达 250～300HV；溶液寿命短，操作要求严格，生产成本高。草酸钛钾法阳极氧化工艺规范如下：

草酸钛钾 $TiO(KC_2O_4)_2 \cdot 2H_2O$	35～45g/L	温度	24～28℃
硼酸 H_3BO_3	8～10g/L	电流密度	1～1.5A/dm²
柠檬酸 $C_6H_2O_7$	1～1.5g/L	电压	90～110V
草酸 $H_2C_2O_4 \cdot 2H_2O$	2～5g/L	时间	30～60min

氧化开始的阳极电流密度为 2～3A/dm²，在 5～10min 内调节电压至 90～110V，而后保持电压恒定，让电流自然下降。经过一段时间，电流密度便达到一个相对稳定值（1.0～1.5A/dm²），直至氧化结束。

溶液的 pH 值应控制在 1.8～2.0。如果适当增加草酸、柠檬酸，使 pH 值降至 1～1.3，可提高膜层硬度和耐磨性。溶液中草酸钛钾含量不足时，取得的膜层疏松甚至粉化；草酸含量低时膜层薄，过高则膜溶解加快而出现疏松。硼酸和柠檬酸对膜层光泽和乳白色有明显影响，并起缓冲作用。

有人认为钛盐法氧化是由于水解形式的 $Ti(OH)_4$ 沉积于膜孔中显白色而类似瓷釉；也有人认为是树枝状结构所造成的。

5.1.4　阳极氧化膜的着色

经过阳极氧化的氧化膜，通常是无色透明的。这层氧化膜孔隙多，吸附能力强，可以着上各种颜色。所以，铝合金着色的机理是多孔氧化膜通过吸附作用而带色的。

着色应在阳极氧化后立即进行，不能受到玷污或高温处理，这样才能保持氧化膜的吸附性能，使表面得到均匀的颜色。此外阳极氧化膜的质量、基体的材质组成、氧化膜的厚度、孔隙率等对着色的质量也有影响。

铝制品的着色工艺从单色、多色到彩色渗透，工艺发展较快，铝氧化表面由单调、枯燥换上了色彩绚丽、美观大方的外衣，从而使铝制品提高了身价。

5.1.4.1　化学着色

铝阳极氧化膜的多孔层具有很高的化学活性，可以进行化学着色或染色，又称吸附着色。

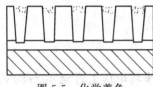

图 5-5　化学着色的色素体分布

化学着色时色素体吸附于靠近膜表面的膜孔内，显示出色素体本身的颜色，如图 5-5 所示。氧化膜的多孔层有巨大的表面积，依赖分子间力进行的吸附称为物理吸附，其吸附力较弱；氧化膜与色素体依靠化学键形成或以配合物形式结合的称为化学吸附，这类吸附比较牢固。化学着色可分为无机盐着色和有机染料着色两大类。由于化学着色的色素体处于多孔层的表面部分，故耐磨性较差，大多数有机染料还易受光的作用或热的作用而分解退色，耐久性差。

硫酸阳极氧化膜无色透明，孔隙率大，吸附性好，最适合着色处理；草酸氧化膜本身带有颜色，故仅适合染较深的色调；铬酸氧化膜孔隙少而膜层薄，难以着色。

(1) 无机盐着色

无机盐着色主要依靠物理吸附作用，盐分子进入孔隙发生化学反应而得到有色物质。例如：

$$Co(C_2H_3O_2)_2 + Na_2S \longrightarrow 2NaC_2H_3O_2 + CoS\downarrow（黑色）$$

无机盐的色种较少，色调也不够鲜艳。无机盐着色工艺规范列于表 5-5。

表 5-5　无机盐着色工艺规范

颜色	溶液 1		溶液 2		色素体
	成分	含量/(g/L)	成分	含量/(g/L)	
黄	醋酸铅 $Pb(C_2H_3O_2)_2 \cdot 3H_2O$	100～200	重铬酸钾 $K_2Cr_2O_7$	50～100	重铬酸铅
橙	硝酸银 $AgNO_3$	50～100	铬酸钾 K_2CrO_4	5～10	铬酸银
棕	硫酸铜 $CuSO_4 \cdot 5H_2O$	10～100	铁氰化钾 $K_3Fe(CN)_6$	10～15	铁氰化铜
金黄	硫代硫酸钠 $Na_2S_2O_3 \cdot 5H_2O$	10～50	高锰酸钾 $KMnO_4$	10～15	氧化锰
白	醋酸铅 $Pb(C_2H_3O_2)_2$	30～50	硫酸钠 Na_2SO_4	10～50	硫酸铅
蓝	亚铁氰化钾 $K_4Fe(CN)_6 \cdot 3H_2O$	10～50	氯化铁 $FeCl_3$	10～100	普鲁士蓝
黑	醋酸钴 $Co(C_2H_3O_2)_2$	50～100	硫化钠 Na_2S	50～100	硫化铅

铝及铝合金阳极氧化后经彻底清洗，先在溶液 1 中浸渍，水洗后再浸入溶液 2 中，这样交替进行 2～4 次即可。溶液温度为室温或加热至 50～60℃，每次浸渍 5～10min。着色后清洗干净，用热水封闭，或经 60～80℃烘干，再进行涂漆或浸蜡处理以提高耐蚀能力。

（2）有机染料染色

有机染料分子除物理吸附于膜孔外，还能与氧化铝发生化学作用，使反应生成物进入孔隙而显色。如染料分子的磺基与氧化铝形成共价键；酚基与氧化铝形成氢键；酸性铝橙与氧化铝形成配合物等。所以，有机染色时化学吸附是主要的。部分工艺规范如表 5-6 所列。

有机染料染色操作简便、色彩鲜艳、颜色多。但耐热性不好，超过 100℃通常都会褪色。耐光性也很差。

染料种类繁多，根据应用方法分为：媒染染料、酸性染料、直接染料、活性染料、还原染料、硫化染料、冰染染料和分散染料等。并不是所有的染料都能对铝氧化膜染色。铝阳极氧化膜表面呈正电性，所以应选择负电性且能溶于水的阴离子染料，如直接性染料、酸性染料、活性染料等，因为它们带有亲水的磺酸基、羧基、羟基，能溶于水，且带负电性。

表 5-6　有机染料染色工艺规范

颜色	染料名称	含量/(g/L)	温度/℃	时间/min	pH 值
金黄	铝坚牢金(RL)	3～5	室温	5～8	5～6
	茜素黄(S)	0.3	50～60	1～3	5～6
	茜素红(R)	0.5			
	溶靛素金黄(IGK)	0.035	室温	1～3	4.5～5.5
	溶靛素亮黄(IRK)	0.1			
橙黄	活性艳橙	0.5	50～60	5～15	
黄	直接耐晒嫩黄(5GL)	8～10	70～80	10～15	6～7
	活性嫩黄(K-4G)	2～15	60～70	2～15	
	茜素黄(S)	2～5	60～70	10～20	
红	铝火红(ML)	3～5	室温	5～10	5～6
	铝枣红(RL)	3～5	室温	5～10	5～6
	直接耐晒桃红(G)	2～5	60～75	1～5	4.5～5.5
紫	铝紫(CLW)	3～5	室温	5～10	5～6
棕	直接耐晒棕(RTL)	15～20	80～90	10～15	6.5～7.5
	铝红棕(RW)	3～5	室温	5～10	5～6
绿	酸性绿	5	60～70	15～20	5～5.5
	铝绿(MAL)	3～5	室温	5～10	5～6
蓝	直接耐晒蓝	3～5	15～30	15～30	5～6
	酸性湖蓝(B)	10～15	室温	3～8	5～5.5
黑	酸性黑(ATT)	10～15	室温	10～15	4.5～5.5
	酸性粒子元(NBL)	10～15	60～70	10～15	5～5.5

在选用有机染料时，首先要求染料不能破坏氧化膜，如碱性太强的硫化染料就不能用。另外，对染料的要求还有色调齐全、光泽鲜艳、耐洗耐晒、价格低廉又能大量生产，批次间色泽一致性好等。

依据试验，质量最佳的是媒染染料，其次是直接染料、活性染料及酸性染料等。

① 媒染染料　媒染染料的分子结构中有能与金属螯合的基团（如磺酸基—SO_3H、羧基—COOH）。它能与金属盐类以共价键、配位键或氢键配位生成不溶性有色配盐（如上述基团与金属反应后往往形成羟基—OH），其结合牢固、耐洗耐晒，如茜素红 S。

② 直接染料　直接染料大多数是芳香族化合物的磺酸钠盐，可溶于水。往往是含有磺

酸基的偶氮染料。直接染料分一般直接染料、直接耐晒染料、铜盐直接染料三种。直接耐晒染料具有很高的耐晒牢度，适用于各种金属染色。如直接耐晒桃红 G。

③ 酸性染料　在酸性（或中性）介质中进行染色的染料叫酸性染料，分子中含有磺酸—SO_3H、羧酸—COOH 等基团。常用的有酸性大红等。

④ 活性染料　活性染料又称反应性染料。它由染料母体、反应性基团和桥基三部分组成。染料母体有偶氮、蒽醌、酞菁结构。可溶于水、色泽鲜艳、匀染性好。对金属染色大多适用。如活性橙。

⑤ 可溶性还原染料　还原染料不溶于水，这种可溶性还原染料是指还原染料隐色体的硫酸酯钠盐能溶于水。主要有蒽醌型（溶蒽素）和硫靛型（溶靛素）两类，通称"印地科素"染料。如溶蒽素金黄 IRK。使用这种染料，要加一道显色工序，即在用可溶性还原染料染色后，经清洗再浸入显色液中，才显出所需的色彩。显色液一般用含 2% 硫酸的 1% 亚硝酸钠溶液。在镀锌染色工艺上应用时，采用 1% 高锰酸钾溶液较好。

配制染色液时应采用去离子水，因硬水中的钙离子、镁离子对染料有影响。自来水中的氯离子也有影响，使产品染出来的色泽不均匀。先将染料调成糊状，再加少许水稀释，煮沸 10~30min 至染料溶解，过滤，加水至规定浓度，用醋酸或氨水调整 pH 值。

零件阳极氧化后在冷水中清洗（禁用热水，也不得手摸）。染色前先用 1%~2% 氨水中和膜孔中的残留酸液，以利于色素体的牢固结合。当用碱染料染色时，氧化膜必须用 2%~3% 单宁酸溶液处理，否则染不上色。染色应接着氧化后连续进行，如果间隔时间较长，氧化膜会自然封闭，此时可在 10% 醋酸中浸 10 min，以提高膜的着染性。

染色液浓度较低时有利于染料分子渗透进入孔隙深处。较高浓度染色，一般深色较多，封闭时容易流色。室温下染色的时间较长，色泽容易控制，但其耐晒性较差。热染时着色速度快，色牢度提高；温度过高时由于水化反应，膜处于半封闭状态，上色反而变慢。染色液的 pH 值必须控制，pH 值不同，色调差别很大，pH 值过低将降低染料的牢固度和耐晒性能。

染色膜可进行热水封闭、水蒸气封闭或醋酸盐溶液封闭。此外，为提高耐蚀性、耐晒性，保持染色光泽，封闭后可以浸熔融石蜡或涂清漆。

(3) 染色新工艺

① 套色染色　即在一次阳极氧化膜上获得两种或两种以上的彩色图案。

a. 染双色工艺　把经阳极氧化后的铝零件，先染第一次色（一般是浅色），然后用橡皮印刷法或丝绢印刷法印上所需图案花样，一般用透明醇酸清漆作印浆（因本身透明可省去揩漆工序），经烘干后进行退色处理。图案花样上的清漆就成了防染隔离层，保护了下面的图案花样色彩。然后再染第二次色（一般是深色），清洗封闭后就获得美观大方的双色图案花样。套色染色工艺流程如下：硫酸阳极氧化→清洗（流动冷水）→染第一次色→流动冷水洗→干燥（50~60℃）→下挂具→印字或印花（丝印或胶印）→干燥→退色处理→清水冲洗→第二次染色→流动冷水冲洗→揩漆（用汽油或香蕉水，印浆用油墨或白原漆时采用此工序）→干燥→封闭。退色可用硝酸、草酸或铬酸溶液室温处理。此方法类推可以获得三色图案。

b. 二次氧化多次染色工艺　这种方法的工艺过程是：经硫酸阳极氧化后的铝制品，按照双色染色法进行第一次染色→印花→退色处理后，再在无光泽瓷质氧化液中进行第二次阳极氧化，然后再行二次染色，封闭处理。这种工艺方法可获得光亮的图案和无光的底色。

c. 双色套染工艺　双色染色法第一次染色往往是浅色，故在印花后可不进行退色处理，而直接再染深色，这种方法既减少了工序，氧化膜也不致减薄，且同样达到了双色套染的效果。

② **色浆印色** 色浆印色工艺是把色浆丝印在铝阳极氧化膜上染色。这种方法可印饰多种色彩，不需消色和涂漆。大大节约了原料消耗，降低了生产成本。

③ **转移印花工艺** 转移印花工艺，又叫升华印花，是用印刷的方法，将用分散性染料配成的特制转移油墨，按图案要求，先印在纸上，制成转移印花纸。因氧化铝微孔能吸附色素，将印花纸反贴在经阳极氧化零件表面的氧化膜上。通过高温热压，使印在纸上的分散染料升华成气体转移到氧化膜微孔内，整个图案就轮廓分明地印在铝制品上了。由于转移到氧化铝微孔内的只是染料，印花浆中的糊料与油墨中的填充剂仍留在纸上，所以图案花纹清晰美观、层次分明。

④ **照相法工艺** 此法是在铝或铝合金上，涂感光乳剂，经曝光、显影、染色、定影等一系列步骤处理，即根据底片花样在铝制品上成像，并可染上颜色。各种人物、山水、绘画就会显现在制品上。

5.1.4.2 整体着色

所谓整体着色通常是指铝在特殊溶液中阳极氧化而直接生成有色膜的方法，故又称为一步电解着色法，或称为自着色阳极氧化，或自然着色。

整体着色是利用溶液在电极上发生的电化学反应，使部分产物夹杂在氧化膜中而显色；有的是合金中的有色氧化物显色。这种着色法的色素体存在于整个膜壁和阻挡层中，故称为整体着色，如图5-6所示。整体着色膜具有良好的耐光性、耐热性、耐蚀性、耐磨性及耐久性。

图 5-6 整体着色的色素体分布

由于铝合金的化学成分、金相结构及热处理状态不同，阳极氧化所得的膜层会出现不同的色调。例如在硫酸溶液中阳极氧化，含铬＞0.4％的铂合金可以得到金黄色膜层；铝锰系合金得到褐色膜；而铝硅系合金按含硅量不同可以得到浅灰、深灰、绿色直至黑色。在以草酸为主的溶液中，添加硫酸、铬酸或其他有机酸，可得到黄色至红色调的氧化膜；在以氨基磺酸、氨基水杨酸为主的溶液中添加无机酸及磺基苯二酸等有机酸，可得到青铜色至黑色以及橄榄色一类的氧化膜。

合金的成分不同，阳极氧化后所得的膜层颜色不同。如在硫酸（200g/L）电解液中，在基本相同的工艺条件下氧化 40～60min，铝-硅系（含硅 11％～13％）的氧化膜为绿色至黑色；铝-锰-铬系（含锰 0.2％～0.7％，含铬 0.2％～0.5％）为深褐色；铝-镁系（含镁 1％～1.5％）为金黄色。

此外，通过改变电源波形，如不完全整流、交直流叠加、换向、脉冲等波形，在硫酸溶液中阳极氧化，也可以得到不同的着色膜。一般膜厚必须超过 $15～20\mu m$ 才能显色。

整体着色一般采用溶解度高，电离度大，能够生成多孔阳极氧化膜的有机酸作电解液，如磺基水杨酸、氨基磺酸、草酸、磺基酞酸、甲酚磺酸、马来酸、磺基马来酸、铬变酸等，并通过加入少量硫酸调整 pH 值到规定范围，以改善溶液的导电能力。

由于有机酸溶液的导电性比较差，所以着色过程中电压较高，超过常规硫酸法的 3～5 倍，达到 60～100V；电流密度比硫酸法高 2～3 倍，一般为 $1.5～3A/dm^2$。因此工艺过程中会产生大量的热，必须强制冷却，使温度保持在 15～35℃。为使着色均匀且重现性好，溶液须处在循环和搅拌状态，并使温度波动不超过±2℃。

5.1.4.3 电解着色

铝及铝合金经阳极氧化取得氧化膜之后，再在含金属盐的溶液中进行电解，使金属离子

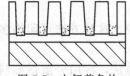

图 5-7 电解着色的
色素体分布

在膜孔底部还原析出而显色的方法，称为电解着色，又称为二次电解着色或二步法电解着色。电解着色时色素体沉积于氧化膜孔的阻挡层上，如图 5-7 所示。但是由于阻挡层没有化学活性，故普遍采用交流电的极性变化来活化阻挡层。

在交流电负半周时阻挡层遭到破坏，正半周时又得到氧化修复，从而阻挡层得到活化。同时由于阻挡层具有单向导电的半导体特性，能起整流作用，电极电势愈负，铝上电流负成分愈多。在强的阴极还原作用下，通过扩散进入孔隙内的金属离子被还原析出，析出物直接沉积在阻挡层上。至于析出物是金属还是金属氧化物，存在不同看法。X 射线衍射和红外光谱分析表明，析出物是金属而不是氧化物；但在研究交流电着色的阻抗时，发现阻抗增加，如果析出物是金属氧化物则阻抗必然增加。有人推测析出金属呈金属溶胶体或凝胶体状态存在，金属胶体是阻抗增加的直接原因。研究表明，金、银、铜、铁、钴等金属离子还原成金属胶态粒子；一些含氧酸根如硒酸根、钼酸根、高锰酸根则还原成金属氧化物或金属化合物形式析出。

电解着色膜的色调因溶液金属盐不同而异。除其特征色外，并与沉积量、金属胶粒的大小、形态和粒度分布有关，如果胶粒的大小处于可见光波长范围，则胶粒对光波有选择性吸收和漫射，因此，可得到不同的色调。

铝及铝合金电解着色工艺所获得的色膜具有良好的耐磨、耐晒、耐热性及抗化学腐蚀性能。电解着色的成本比整体着色低得多，且受铝合金成分和状态的影响较小，所以，在建筑铝型材上应用尤为广泛。随着太阳能的利用与开发，以及日用商品的多样化，铝及铝合金的电解着色工艺必将得到更广泛的开发和利用。

(1) 工艺规范

凡在水溶液中能电沉积的金属均可用于电解着色。目前具有实用价值的有锡、镍、钴、铜、银、锰等几种金属盐。部分交流电解着色的工艺规范，如表 5-7 所列。

表 5-7　电解着色工艺规范

金属盐	成分	含量/(g/L)	温度/℃	电压/V	时间/min	颜色
镍盐	硫酸镍 $NiSO_4 \cdot 6H_2O$	25	20	7～15	2～15	青铜色
	硫酸镁 $MgSO_4 \cdot 7H_2O$	20				
	硫酸铵 $(NH_4)_2SO_4$	15				
	硼酸 H_3BO_3	25				
锡盐	硫酸亚锡 $SnSO_4$	20	15～25	6～9	5～10	青铜色
	硫酸 $H_2SO_4 (d=1.84)$	10				
	硼酸 H_3BO_3	10				
	硫酸亚锡 $SnSO_4$	10～15	20～30	10～15	3～10	青铜色
	硫酸 $H_2SO_4 (d=1.84)$	20～25				
	稳定剂 ADL-DZ	15～20				
镍锡盐	硫酸镍 $NiSO_4 \cdot 6H_2O$	20～30	15～25	9～12	3～8	青铜色
	硫酸亚锡 $SnSO_4$	3～6				
	硼酸 H_3BO_3	20～25				
	硫酸 $H_2SO_4 (d=1.84)$	15～20				
	稳定剂 ADL-DZ	10～15				
	硫酸镍 $NiSO_4 \cdot 6H_2O$	35～40	15～25	14～15	9～12	黑色
	硫酸亚锡 $SnSO_4$	10～12				
	硼酸 H_3BO_3	25～30				
	硫酸 $H_2SO_4 (d=1.84)$	20～25				
	稳定剂 ADL-DZ	15～20				

金属盐	成分	含量/(g/L)	温度/℃	电压/V	时间/min	颜色
铜盐	硫酸铜 $CuSO_4 \cdot 5H_2O$	20～25	20～40	8～12	0.5～5	红色、紫色、黑色
	硫酸 $H_2SO_4(d=1.84)$	8				
	添加剂 ADL-DZ	25				
银盐	硝酸银 $AgNO_3$	0.5～1.5	20～30	5～7	1～3	金黄色
	硫酸 $H_2SO_4(d=1.84)$	15～25				
	添加剂 ADL-DZ	15～25				
高锰酸盐	高锰酸钾 $KMnO_4$	7～12	15～40	6～10	2～4	金黄色
	硫酸 $H_2SO_4(d=1.84)$	20～30				
	添加剂 ADL-DZ	15～25				

(2) 工艺要求

① 着色液配制应采用去离子水。镍盐溶液配制时先溶解硫酸镍和硼酸，加硫酸酸化，再加稳定剂、促进剂。锡盐溶液配制时先加硫酸、稳定剂，溶解后再加硫酸亚锡，以防亚锡氧化和水解。镍锡混合盐溶液则将上述两种溶液混合即可，或在锡盐溶液中直接溶入硫酸镍。稳定剂和促进剂的添加方式和温度要求按有关厂商的资料规定。

② 电极采用比铝电极电势正的材料，一般用惰性材料或不溶于溶液的材料，如石墨、不锈钢；也可用能溶的金属材料，如镍盐着色液中用镍，锡盐着色液中用锡，对极形状为棒、条、管或网格状，在槽内排布应均匀。其面积应不小于着色面积。

③ 着色与极化采用同一挂具，不导电部分应绝缘，不宜用钛质材料，以防止接触部位着不上色；挂具必须有足够的导电面积并接触牢固，防止松动移位。

④ 氧化膜厚度应≥$6\mu m$，粉黑色应>$10\mu m$，一般铝型材膜厚宜达 $10～50\mu m$，以确保户外有良好的防护性和耐候性。

⑤ 着色应在氧化后立即进行，不宜在清水中浸泡或空气中停留长时间，以免着色困难，此外可在氧化液中浸数分钟再清洗后着色。如果暂时不能着色，可以停放在 $5～10g/L$ 硼酸溶液中，以抑制氧化膜的水化反应。

⑥ 零件在着色液中，最好先不通电停放 $1～2min$，让金属离子向膜孔内扩散。着色开始通电的 $1min$ 内，电压缓慢地从零升高至规定值，升压方式可以是连续的，也可以是分阶段的，但切不可急剧升压。为保持色调的重现性，最初的起步操作很重要，应以同一方式进行，最好采用自动升压装置。在着色过程中要相对固定电压、温度和时间这三个重要因素。在生产中，可以通过恒定电压和温度，改变着色时间来获得各种色调的氧化膜，也可以固定着色时间和温度，改变电压来实现。

⑦ 搅拌有利于色调的均匀性和重现性。一般采用机械搅拌，尤其是含亚锡盐的溶液不宜用压缩空气搅拌。着色液最好进行连续循环过滤。

⑧ 形状或合金成分差别大的零件不宜在同一槽内着色，同一根极杆上应处理相同成分的铝材。

(3) 影响因素

① 主盐　主盐的浓度应保持在一定范围内，随着浓度升高，着色速度加快，色调加深。着深色时可采用较高浓度，例如，黑色的镍盐含量可从 $25～30g/L$ 提高到 $40g/L$ 以上。硫酸亚锡有利于着色的均匀性和重现性。在镍锡混合盐溶液中起催化作用，促进与镍共析。主盐浓度不宜过高，如铜盐着色液中硫酸铜含量偏高时，色彩虽然红艳，但着色不均匀，色差较大。由于着色时金属沉积量很少，一般情况下金属盐的消耗不大，只需定期分析补充。但是高锰酸钾在酸性着色液中会自催化还原，故很不稳定，消耗量也较大。

② 硫酸和硼酸　添加硫酸是为了提高溶液的导电性和保持着色的稳定性。同时可防止硫酸亚锡水解。硫酸含量低时零件表面容易附着氢氧化物；过高时氢离子竞争还原，着色速度下降，甚至着不上色。硼酸可以在膜孔中起缓冲作用，在镍盐着色液中不加硼酸则镍不能析出。硼酸有利于着色的均匀性，含量不足时容易产生色差和色散现象。

③ 促进剂和稳定剂　促进剂在镍盐溶液中起催化作用，促使镍离子在 pH 值为 1 左右能顺利析出，并保持良好的着色均匀性和重现性。促进剂有利于提高着色速度和加强着色深度。在锡盐或镍锡盐溶液中，稳定剂能有效地防止亚锡的氧化和水解，保持着色稳定。稳定剂由配合剂、还原剂、抗氧剂及电极氧化阻止剂等选配而成。促进剂和稳定剂大多数为专利商品。

④ 电压　电压对着色速度有很大的影响，电压过低，阴极峰值电流很小，几乎全用于阻挡层充电，沉积金属的法拉第电流很小，所以着色极浅。随着电压升高，电流增大，着色速度加快，色调加深；在有的溶液中，电压升至某一值时色调最深，继续加大电压则反而变浅。电压过高，超过氧化电压时，阻挡层将被击穿而发生着色膜脱落。在镍锡混合盐着色时，温度和时间不变，交流电压与着色色调的关系，如表 5-8 所列。

表 5-8　交流电压与着色色调的关系

电压/V	3～4	5～6	6～8	8～10	10～12	12～14	14～18	18～22
色调	无或微上色	香槟色	青铜色	咖啡色	古铜色	黑褐色	黑色	纯黑色

⑤ 温度和时间　随着溶液温度升高，金属离子扩散速度加快，色调加深；温度低，着色速度慢，温度过高会加速亚锡氧化和水解，生产中一般控制在 20～30℃，在固定电压和温度的前提下，随着时间延长，色调将加深。

5.1.5　阳极氧化膜的封闭

5.1.5.1　封闭目的

封闭处理是铝阳极氧化工艺中最后一道极其重要的工序。由于铝及铝合金阳极氧化膜具有多孔结构，表面活性大，所处环境中的侵蚀介质及污染物质会被吸附进入膜孔，着色膜的色素体也容易流出，从而降低氧化膜的耐蚀性及其他特性。未封闭或封闭不良的阳极氧化膜，短时间内就可能出现污斑和腐蚀。封闭处理是阳极氧化工艺中的重要环节，无论是本色膜或着色膜，在阳极氧化后或着色后一般都应进行封闭。

封闭处理是使刚形成的氧化膜表面从活性状态转变为化学钝态，以达到下列目的：

① 防止腐蚀介质的侵蚀，提高氧化膜的耐蚀性；

② 增强抗污染能力，在使用期间保持较好的外观；

③ 提高着色膜的稳定性、耐久性和耐光性；

④ 改善电绝缘性及其他功能性。

氧化膜封闭处理有多种方法，按封闭介质可分为：利用水化反应产物膨胀，如热水封闭、水蒸气封闭；利用盐水解而吸附阻化，如无机盐封闭；利用有机物屏蔽，如浸油脂、蜡、树脂及电泳涂漆、浸渍涂漆等。

常温封闭方法具有降低能源消耗，改善工作环境和提高生产效率等优点，随着常温封闭剂的研制开发，应用范围正在不断扩大。有机涂层封孔除了有封闭作用外，还能使铝材表面美观、耐磨、耐晒和防止擦伤。

氧化膜的封闭质量是极为重要的，评价封闭质量的方法有染色斑点试验法、导纳法和酸溶解失重法等。

5.1.5.2 热水和水蒸气封闭

(1) 热水封闭机理

热水封闭过程是使非晶态氧化铝产生水化反应转变成结晶质的氧化铝。水化反应结合水分子的数目与反应温度有关，水温在80℃以上时反应生成一水合氧化铝（勃姆石，Boehmite），其化学反应式如下：

$$Al_2O_3 + H_2O \longrightarrow 2AlOOH \longrightarrow Al_2O_3 \cdot H_2O$$

水合氧化铝生成时，体积增大约33%，从而封闭氧化膜的孔隙。如果水温低于80℃，则发生以下反应：

$$Al_2O_3 + 3H_2O \longrightarrow 2AlOOH + 2H_2O \longrightarrow Al_2O_3 \cdot 3H_2O$$

三水合氧化铝或三羟铝石（拜尔体，Bayerite）稳定性差，具有可逆性。在腐蚀环境中，三羟铝石不如勃姆石稳定，所以热水封闭最好在95℃以上进行，故又称沸水封闭。

(2) 热水封闭工艺

热水封闭应采用去离子水或蒸馏水，微量杂质会毒化水化反应，Ca^{2+}、Mg^{2+}等离子可能沉淀于氧化膜的孔隙内，影响其透明度；Cl^-、SO_4^{2-}等离子则会降低膜的耐蚀性。所以，封闭用水的质量必须严格控制。去离子水的电导率应$<2×10^{-4}S/cm$，有害杂质的允许含量为：SO_4^{2-} 100mg/L；Cl^- 50mg/L；NO_3^- 50mg/L；PO_4^{3-} 15mg/L；F^- 5mg/L；SiO_3^{2-} 5mg/L。

水的pH值应控制在5.5～6.5之间。pH值较高时有利于水化反应进行，封闭快；pH值过高，膜的表面容易产生氢氧化钠沉淀，出现粉霜；pH值过低，水化反应缓慢，还会使某些染料发生流色现象。水的pH值可用醋酸调低，或用氨水调高。

水的温度应在95℃以上至近沸点。温度高有利于水向膜孔扩散和加速水化反应，避免生成不良水化产物三羟铝石。

水化反应刚开始很快，在表面形成水化膜后，水向膜孔的扩散速度下降而使反应变慢。所以，封闭需要有一定的时间，并与氧化膜厚度有关。封闭时间以单位膜厚计，每$1\mu m$膜厚需要2～3min，通常$10\mu m$厚的氧化膜所需封闭时间为20～30min。

(3) 水蒸气封闭

水蒸气封闭机理基本上与热水封闭相同，其效果比热水封闭好，不受水的纯度及pH值影响。水蒸气封闭有助于提高膜的致密程度，还可以防止某些染色膜的流色现象。但设备投资大，生产成本高，操作过程麻烦，一般情况下较少应用。

封闭氧化膜时，蒸汽压力控制在0.1～0.3MPa，蒸汽温度为100～110℃，封闭时间20～30min。蒸汽温度不宜过高，否则易使氧化膜硬度及耐磨性下降。

(4) 粉霜及其排除

热水封闭时容易在氧化膜表面形成粉霜。它是从孔壁溶解下来的Al^{3+}向外扩散到膜表面，并发生水化作用的结果。粉霜是一种针状的网络结构物质，有很大的比表面积，严重影响产品外观，尤其是着色膜的装饰效果；且由于表面疏松，渗透性好，容易导致污染和腐蚀。

为排除这种故障，可在热水中加入少量粉霜抑制剂，以达到既能封闭又不产生粉霜的目的。抑制剂通常使用大分子团的多羟基羧酸盐、芳香族羧酸盐以及大分子的膦化物。大分子物质只在氧化膜表面起作用而不能进入膜孔内。此外抑制剂对水化过程均有程度不同的毒化作用，所以，在选择和使用抑制剂时应遵循大分子物质和低浓度的原则。例如大分子膦化物作为粉霜抑制剂的用量为0.01～0.02g/L，再与0.04g/L醋酸镍相配伍，可以得到封闭质量合格而又不起粉霜的氧化膜。

5.1.5.3 盐溶液封闭

(1) 重铬酸盐封闭

防护性阳极氧化膜通常采用重铬酸盐溶液进行封闭。对装饰性阳极氧化层很少使用，这是因为重铬酸盐封闭后，表面呈黄色。

膜表面和孔隙中的氧化铝与重铬酸盐产生下列化学反应：

$$2Al_2O_3 + 3K_2Cr_2O_7 + 5H_2O \longrightarrow 2Al(OH)CrO_4 + 2Al(OH)Cr_2O_7 + 6KOH$$

由于铬酸盐和重铬酸盐对铝及铝合金具有缓蚀作用，所生成的碱式铬酸铝和碱式重铬酸铝抑制孔隙内残液对基体的腐蚀，并能防止膜层损坏部位的腐蚀发生。同时，由于溶液的温度较高，还发生水化反应，所以，这种方法具有盐填充和水封闭的双重作用。常用的封闭工艺规范如表 5-9 所列。

表 5-9　重铬酸盐封闭工艺规范

成分及操作条件	配方 1	配方 2	配方 3	配方 4
重铬酸钾 $K_2Cr_2O_7$/(g/L)	15	40~55	50~70	85
碳酸钠 Na_2CO_3/(g/L)	4			
氢氧化钠 NaOH/(g/L)				13
pH 值	6.5~7.5	4.5~6.5	6~7	6~7
温度/℃	90~95	90~98	80~95	90~98
时间/min	5~10	15~25	10~20	5~10

零件在进入封闭液前，必须彻底洗净，以免带入硫酸残液。封闭时勿使零件与槽体接触，以防损坏氧化膜。

封闭液中 SO_4^{2-} 含量＞0.2g/L 时，膜的颜色变浅或发白，可用碳酸钡或氢氧化钡除去。当 SiO_3^{2-}＞0.02g/L 时，膜发白或发花，耐蚀性下降，可用硫酸铝钾［$KAl(SO_4)_2 \cdot 12H_2O$，0.1~0.15g/L］处理。Cl^- 浓度＞1.5g/L 会腐蚀氧化膜，这时封闭液必须更换。

(2) 水解盐封闭

目前，水解盐封闭在国内应用较为广泛。此方法主要应用于防护装饰性氧化膜着色后的封闭。这些金属盐被氧化膜吸附后水解生成氢氧化物沉淀，填充于膜孔内。因为它是无色的，故不会影响氧化膜的色泽。所用的镍盐、钴盐有促进和加快水化反应的作用，并与有机染料分子形成新的金属配合物，从而增加染料的稳定性和耐晒度，避免染料被漂洗褪色，水解盐封闭工艺规范，如表 5-10 所列。

表 5-10　水解盐封闭工艺规范

成分及操作条件	配方 1	配方 2	配方 3	配方 4
硫酸镍 $NiSO_4 \cdot 6H_2O$/(g/L)	4~5	3~5		
硫酸钴 $CoSO_4 \cdot 7H_2O$/(g/L)	0.5~0.8			
醋酸镍 $Ni(C_2H_3O_2)_2$/(g/L)			5~5.8	
醋酸钴 $Co(C_2H_3O_2)_2 \cdot 4H_2O$/(g/L)			1	0.1
醋酸钠 $NaC_2H_3O_2 \cdot 3H_2O$/(g/L)	4~5	1~2		5.5
硼酸 H_3BO_3/(g/L)	4~5	1~3	8	3.5
pH 值	4~6	5~6	5~6	4.5~5.5
温度/℃	80~85	70~90	70~90	80~85
时间/min	10~12	10~15	15~20	10~15

(3) 双重封闭

双重封闭会使阳极氧化膜依次在两种溶液中进行封闭，从而增强封闭效果，提高耐蚀性能。常用的工艺规范如下：

第一次封闭		第二次封闭	
硫酸镍 $NiSO_4 \cdot 6H_2O$	50g/L	铬酸钾 K_2CrO_4	5g/L
温度	80℃	温度	80℃
时间	15min	时间	10min

在第一次封闭时，膜孔中先吸附大量镍盐，形成水解产物 $Ni(OH)_2$；第二次封闭时与铬酸钾反应，生成溶解度较小的铬酸镍沉淀，起保护膜层的作用。由于铬酸钾呈碱性，可以中和孔隙中残留酸液，所以，氧化膜的抗蚀能力有很大提高。除上述工艺外，第一次封闭可以采用低浓度的醋酸镍或醋酸钴溶液；第二次采用热水封闭，或在 0.1～0.5g/L 重铬酸钾溶液中热封闭。

5.1.5.4 常温封闭

(1) 常温封闭机理

现用的常温封闭剂多属于 Ni-F、Ni-Co-F 体系，还含有配合剂、缓冲剂、表面活性剂及其他添加剂。常温封闭是基于吸附阻化原理，主要是盐的水解沉淀，氧化膜的水化反应及形成化学转化膜三个作用的综合结果。封闭剂中的活性阴离子 F^- 具有半径小、电负性大、穿透力强的特点，在氧化膜表面与微溶产生的 Al^{3+} 形成稳定的配离子。吸附在膜壁上的 F^-，中和氧化膜留存的正电荷而使其呈负电势，有利于 Ni^{2+} 向膜孔内扩散。此外，F^- 与膜反应生成的 OH^-，与扩散进入膜孔的 Ni^{2+} 结合生成 $Ni(OH)_2$ 沉积于膜孔中而堵塞孔隙。实脸表明，有一定量的 F^- 存在时，膜孔中 Ni^{2+} 沉积量是无 F^- 时的 3 倍。常温封闭时的化学反应式如下：

$$Al_2O_3 + 12F^- + 3H_2O \longrightarrow 2AlF_6^{3-} + 6OH^-$$

$$AlF_6^{3-} + Al_2O_3 + 3H_2O \longrightarrow Al_3(OH)_3F_6 + 3OH^-$$

$$x\,AlF_6^{3-} + (x+y)Al_2O_3 + 3(x+y)H_2O \longrightarrow Al_{3x+2y}(OH)_{3x+6y}F_{6x} + 3x\,OH^-$$

$$Ni^{2+} + 2OH^- \longrightarrow Ni(OH)_2$$

(2) 常温封闭工艺要求

采用常温封闭工艺能耗低，设备简单，如溶液维护得当，质量是有保证的。但工艺要求较严，在封闭操作中只有满足工艺要求才能保证质量，当然也牵涉到阳极极化膜的本身质量，在全过程中任何一个参数有所偏差都会影响封闭效果。

① 主要溶液成分的影响 定期分析 Ni^{2+} 和 F^-，根据测定结果补充封闭剂。Ni^{2+} 是封闭剂的主剂，其含量直接影响封闭效果，生产中应控制 $Ni^{2+} > 0.85g/L$，Ni^{2+} 含量上升将会增加抵抗 SO_4^{2-} 和 NH_4^+ 影响的能力。镍沉积量高会使膜略带绿色，可加醋酸钴消除，故有的配方 $Ni^{2+} + Co^{2+}$ 达 2g/L，F^- 是封闭促进剂，其含量应严格控制，过高将腐蚀铝基体，过低则达不到封闭效果，一般控制 F^- 含量在 0.5～1.1g/L 范围。封闭溶液中氟离子的消耗速度比镍离子稍快，通常约比镍离子快 20% 左右，当溶液使用一定时间之后，由于 Al^{3+}、Ca^{2+}、Mg^{2+} 的积累，也会消耗部分氟离子。氟离子浓度过低时封闭质量会有明显的影响，若单位内无化验分析条件，经适量补充之后仍未能见效，说明溶液已难以调整，应弃之重配。

② pH 值的影响 生产过程中应经常检查 pH 值，在正常情况下 pH 值有上升趋势，可用醋酸调整；如果 pH 值下降，可能是零件清洗不净带入硫酸，必须加强检查和防止。封闭

溶液的 pH 值应控制在 5.5～6.5 之间（最好在 5.8～6.2 之间），在此范围之内所获得的封闭质量最为理想。当 pH 值＞6.5 时，溶液中镍离子会生成氢氧化物沉淀，此时溶液中的有效成分会受到损失；而当 pH 值＜5.5 时，封闭溶液呈弱酸性，金属盐的水解受到抑制，封闭速度下降，若此时用氨水调节，溶液中硫酸根和铵离子的浓度会因此而积累，当这两种离子的浓度达到一定程度时，溶液将无法继续使用。故唯一的办法是加强工件入槽前的清洗，防止阳极化溶液带入到封闭槽内。

③ 温度的影响 封闭溶液的温度最好控制在 25～35℃之间，高于 35℃时工件表面易出现"粉霜"，低于 25℃时封闭效果差，封闭速度缓慢。

④ 封闭处理时间的影响 在正常工艺条件下，封闭处理时封闭溶液向氧化膜孔隙中的扩散速度约 $1\mu m/min$，氧化膜的厚度通常在 $10～12\mu m$，故封闭处理时间不少于 12～15min 即可满足要求，时间过长的弊端是容易出现"粉霜"，时间过短则达不到封闭处理目的。

⑤ 杂质的影响 封闭液应采用去离子水配制，零件在封闭前应先经过去离子水清洗，防止带入有害杂质，NH_4^+、SO_4^{2-}、Cl^-、Ca^{2+}、Mg^{2+} 等离子将使溶液产生沉淀，或使零件出现污斑。杂质含量过多，如 $NH_4^+>4g/L$，$SO_4^{2-}>8g/L$，将导致封闭液失效。

常温封闭适合于阳极氧化的本色膜、电解着色膜、无机盐着色膜和非酸性染料着色膜，但对某些酸性染料或染浅色的膜层封闭后会出现流色现象。建议先在 20g/L 的硫酸镍溶液中，60℃下浸渍 10min，然后进行常温封闭。

5.1.6　微弧阳极氧化

5.1.6.1　概述

微弧氧化（micro-arc oxidation，MAO）技术，又称微等离子体氧化或阳极火花沉积，是一种直接在轻金属表面原位生长陶瓷膜的新技术。微弧阳极氧化的原理是将 Al、Mg、Ti 等轻金属或其合金置于电解质水溶液中作为阳极，在电极间施加高电压，在该材料的表面产生火花或微弧放电，在热化学、等离子体化学和电化学的共同作用下，获得金属氧化物陶瓷层的一种表面改性技术。

20 世纪 30 年代初期，Günterschulze 和 Betz 第一次报道了在高电场下，浸在液体里的金属表面出现火花放电现象，火花对氧化膜具有破坏作用。后来研究发现利用此现象也可生成氧化膜。从 70 年代开始，美国伊利诺大学和德国卡尔马克思城工业大学等单位用直流或单向脉冲电源开始研究 Al、Ti 等阀金属表面火花放电沉积膜，并分别命名为阳极火花沉积（anodic spark deposition，ASD）和火花放电阳极氧化（anodischen oxidation unter funkenentladung，ANOF）。俄罗斯科学院无机化学研究所的研究人员 1977 年开始此技术的研究。他们采用交流电压模式，使用电压比火花放电阳极氧化高，并称之为微弧氧化。

进入 20 世纪 90 年代以来，美国、德国、俄罗斯、日本等国加快了微弧氧化或火花放电阳极氧化技术的研究开发工作，论文数量增长较快。我国从 90 年代初开始关注此技术，目前仍处于起步阶段。该技术目前已引起许多研究者的关注，正成为国际材料科学研究热点之一。

陶瓷以其特有的绝缘、高硬度、高强度、耐磨、耐蚀、耐高温等优异性能成为继钢铁、铝材之后的第三代工程材料，但由于其脆性，可加工性差，一直制约其广泛应用。微弧氧化技术能直接在加工成型的 Al、Mg、Ti 等有色金属表面原位生长陶瓷层，使第二代、第三代工程材料的完美结合成为可能。

微弧氧化把基体金属氧化烧结成氧化物陶瓷膜，不从外部引入陶瓷物料，同其他陶瓷膜制备技术的出发点完全不同。使微弧氧化膜既有陶瓷膜的高性能，又保持了阳极氧化膜与基体的结合力，在理论和应用上都突破了其他技术的束缚。

近年来已有通过电弧喷涂或热浸镀铝等方法在钢铁表面进行微弧氧化的工艺。

5.1.6.2　微弧氧化膜的形成机理

微弧氧化技术是将 Al、Mg、Ti 等阀金属浸在一定的电解质溶液中，以阀金属为阳极，电解槽（不锈钢槽）为阴极，并施以较高的电压和较大的电流。通电后，金属表面立即生成一层很薄的氧化物绝缘层，这是进行微弧氧化处理的必要条件。

当阳极氧化电压超过某一临界值时，这层绝缘膜上某些薄弱环节被击穿，发生微区弧光放电现象。瞬间形成超高温区域（$10^3 \sim 10^4$K），导致氧化物和基体金属被熔融甚至气化。每个弧点存在时间很短，但等离子体放电区瞬间温度很高，经理论计算其温度可达 8000K。

熔融物与电解液接触后，由于激冷而形成陶瓷膜层。由于击穿总是在氧化膜相对薄弱的部位发生，当氧化膜被击穿后，该部位又会形成新的氧化膜，击穿点则转移到其他相对薄弱的区域，所以最终形成的膜层是均匀的。处理过程中，样品表面会出现无数个游动的弧点和火花。每个电弧存在的时间很短大约只有 $10^{-4} \sim 10^{-5}$s，弧光十分细小，没有固定位置，并在材料表面形成大量等离子体微区。这些微区的瞬间温度可达 $10^3 \sim 10^4$K，其压力可达 $10^2 \sim 10^3$MPa。高的能量作用为引发各种化学反应创造了有利条件。

在微弧氧化过程中，化学氧化、电化学氧化、等离子体氧化同时存在，因此陶瓷氧化膜的形成过程非常复杂，至今还没有一个合理的模型全面描述陶瓷膜的形成。

微弧氧化同普通阳极氧化的最大区别在于微弧氧化时微等离子体高温高压区的瞬间烧结作用使无定形氧化物变成晶态氧化物陶瓷相结构，这是微弧氧化膜性能高于阳极氧化膜的根本原因。如铝合金表面微弧氧化膜主要由 α-Al_2O_3、γ-Al_2O_3 相组成。铝合金微弧氧化膜具有致密层和疏松层两层结构，总厚度一般为 $20 \sim 200 \mu m$，最厚可达 $400 \mu m$。致密层中的 α-Al_2O_3 可达 60% 以上，硬度可高达 3700HV，很耐磨。表面层较粗糙疏松，可能是由微弧溅射物和电化学沉积物所形成。

5.1.6.3　微弧氧化膜层特点和应用

微弧氧化的工艺流程简单，适用范围广，除铝及铝合金、铝基复合材料外，还能在钛、镁、锆、钽、铌等金属及其合金表面生成氧化陶瓷层；氧化速度快，通常 $30 \sim 60 min$ 可取得膜层厚度 $50 \mu m$；溶液无腐蚀性，对环境基本无污染，是一种很有发展前途的表面处理工艺。

微弧阳极氧化形成的陶瓷膜层具有优良的综合性能：

① 耐蚀性能高，经 5% NaCl 中性盐雾腐蚀试验，其耐蚀能力达 1000h 以上，这从根本上克服了铝、镁、钛合金材料在应用中的缺点；

② 硬度高，耐磨性好，膜层硬度高达 $800 \sim 2500$HV，明显高于硬质阳极氧化，可与硬质合金相媲美，大大超过热处理后的高碳钢、高合金钢和高速工具钢的硬度，磨损试验表明陶瓷膜具有与硬质合金相当的耐磨性能，比硬铬镀层高 75% 以上；

③ 电绝缘性能好，体绝缘电阻率可达 $5 \times 10^{10} \Omega \cdot cm$，在干燥空气中的击穿电压为 $3000 \sim 5000V$；

④ 热导率小，膜层具有良好的隔热能力和良好的耐热能力；

⑤ 基体原位生长陶瓷膜，结合牢固，致密均匀，外观装饰性好。

微弧阳极氧化新技术问世以来，已引起人们的普遍关注，在许多工业领域有着广阔的应用前景。俄罗斯、美国、德国、日本等国在航空、航天、兵器、汽车、船舶、机械、石油、化工、医疗、电子等行业对该技术的应用已达到相当水平。该技术生成陶瓷膜的特点决定了其特别适合于对高速运动且耐磨、耐蚀性能要求高的部件做处理。如：铝合金加工成的子母导弹推进器、炮弹的弹底、铝合金阀门、内燃机中的活塞、气动元件中的气缸和阀芯、风动工具中的气缸、纺织机械中导纱轮和纺杯、印刷机中搓纸辊和印刷辊等。镁合金的汽车发动机罩盖和箱体、踏板、方向盘和座椅、3C 产品的壳体等。钛合金的舰船潜艇中防腐部件、石油化工及医药工业中的耐腐容器及设备等。

在我国，西安理工大学研制的微弧氧化系列设备已应用于一汽红旗世纪星轿车的发动机壳体、镁合金高压热水交换管、镁合金轮毂、铝合金微型冲锋枪托架、铝合金发动机缸体、147kW 柴油发动机活塞的表面处理。

当然，微弧氧化技术也有其不足之处：

① 该技术目前还只限于 Al、Mg、Ti 等轻合金，对其他合金为基体的研究开展得很少。

② 其使用高电压、大电流密度，电能消耗高于阳极氧化。一次性处理面积有限，仅为 $0.05 \sim 0.20 m^2$。

③ 生产环境危险，生产中产生大量的热，需要庞大的冷却装置冷却电解液。

另外该技术还有许多尚未解决的理论和实践问题：

① 由于陶瓷膜的形成过程非常复杂，至今还没有一个合理的模型能全面描述陶瓷膜的形成，关于成膜的热力学和动力学规律，还有待于开展深入的试验研究和理论分析；

② 有关基体成分设计及成分对微弧氧化膜组织和性能的影响研究还比较少；

③ 由于微弧氧化表面层耐污性较差，无法直接使用，必须进行表面涂装。目前，国内外对微弧氧化层的涂装处理几乎没有开展研究。

5.1.6.4 微弧氧化工艺

微弧氧化从普通阳极氧化发展而来，其装置包括专用高压电源、氧化槽、冷却系统和搅拌系统。氧化液大多采用碱性溶液，对环境污染小。溶液温度以室温为宜，温度变化范围较宽。溶液温度对微弧氧化的影响比阳极氧化小得多，因为微弧区烧结温度达几千度，远高于槽温，而阳极氧化要求溶液温度较低，特别是硬质阳极氧化对溶液温度限制更为严格。微弧氧化工件的形状可以较复杂，部分内表面也可处理。此外，微弧氧化工艺流程比阳极氧化简单得多，也是此技术工艺特点之一。两种技术工艺特点比较如表 5-11 所示。

表 5-11 微弧氧化和普通阳极氧化技术比较

项目	微弧阳极氧化	普通阳极氧化
电压、电流	高压(150～350V)、强电流	低压(15～60V)、低电流
工艺流程	除油→微弧氧化→后处理	碱腐蚀→酸洗→机械清理→阳极氧化→封孔
电解液性质	碱性	酸性
工作温度	10～45℃	低温，<20℃
氧化类型	化学氧化、电化学氧化、等离子体氧化	化学氧化、电化学氧化
氧化膜相结构	晶态氧化物(如 α-Al_2O_3、γ-Al_2O_3)	无定形相

一般零件的微弧氧化工艺流程为：化学除油→水洗→去离子水洗→微弧氧化→水洗→干燥。

(1) 电解液体系

微弧氧化常用的四种电解液体系如表 5-12 所示。

表 5-12　微弧氧化电解液体系

电解液体系	主盐浓度范围	添加剂	溶液 pH 值	备　　注
NaOH 体系	3～12g/L	Na_2SiO_3(14g/L) $(NaPO_3)_6$(5g/L)	8～12	
Na_2SiO_3 体系	8～14g/L	KOH（适量）	10～12	Na_2SiO_3：KOH＝2：1
NaH_2PO_4 体系	0.5～0.8mol/L	NaF、NH_4F、$Na_2B_4O_7$（均为 10g/L）	5～8	
Na_2CO_3 体系	0.3～0.6mol/L	无	8～10	

微弧氧化电解液分酸性和碱性两类。目前多用弱碱性电解液，并通过添加无机及有机添加剂改变微弧氧化膜层的成分，进而实现膜层性能的可设计性。然而，实际选用电解液时不能简单地根据电解液的酸碱度、导电性、黏度、热容等理化因素来确定，还要考虑被处理的基体合金材料。溶液配方应有利于维持氧化膜及随后形成的陶瓷氧化层的电绝缘性，又有利于抑制微弧氧化产物的溶解。常用的有磷酸盐、硅酸盐、柠檬酸盐、铝酸盐等不同体系。不同溶液体系对微弧氧化膜的生长速度、表面粗糙度、硬度、电绝缘性等均有影响。

溶液 pH 值过大或过小，溶解速度都加快，氧化膜生长速度减慢，所以一般选择弱碱性溶液，其 pH 值为 8～11。溶液浓度对氧化膜的成膜速率、表面颜色和粗糙度有影响。溶液电导率则会影响氧化膜的生长速度和致密度。

与硬质阳极氧化相比，微弧阳极氧化对环境温度的要求并不苛刻。溶液温度＜60℃均可正常工作，但因其自身的特点，必须考虑热量及时排除，使整个氧化过程中的温度尽可能保持一致。

温度低时，氧化膜的生长速度较快，膜致密，性能较佳。但温度过低时，氧化作用较弱，膜厚和硬度都较低。温度过高时，碱性电解液对氧化膜的溶解作用增强，致使膜厚与硬度显著下降，且溶液易飞溅，膜层也易被局部烧焦或击穿。

（2）电源

从电源特征看，最早采用的是直流或单向脉冲电源，随后采用了交流电源，后来发展为不对称交流电源。现在，脉冲交流电源应用得较多，因为脉冲电压特有的针尖作用，使得微弧氧化膜的表面微孔相互重叠，膜层质量好。微弧氧化过程中，通过正、负脉冲幅度和宽度的优化调整，使微弧氧化层性能达到最佳，并能有效地节约能源。

电源频率较高时，膜生长速率高，但厚度较薄。高频下组织中非晶态相的比例远远高于低频试样。高频下孔径小且分布均匀，整个表面比较平整、致密。低频下微孔孔隙大而深，且试样极易被烧损。

微弧氧化通常采用较高的工作电压，范围也比较宽，从最小 100V 至高达 1000V 以上。选择工作电压的基本原则是：既要保证在氧化过程中尽可能长时间地维持发育良好的火花或电弧现象，又要防止电压过高而引发破坏性电弧的出现。低压生成的膜孔径小、孔数多；电压过低时成膜速度小，膜层薄，膜颜色浅，硬度也低。高压使膜孔径大，孔数少，但成膜速度快。电压过高，易出现膜层局部击穿，对膜层的耐蚀性不利。

工艺控制方面，有恒电压微弧氧化法和恒电流微弧氧化法两类。一般采用恒电流法。因为此法省时且易于控制。电流密度通常根据膜层厚度、耐磨、耐蚀、耐热等的需要在 5～40A/dm² 范围内选定：①电流密度越大，氧化膜的生长速度越快，膜厚度不断增加，但易出现烧损现象；②随着电流密度的增加，击穿电压也升高，氧化膜表面粗糙度也增加；③随着电流密度的增加，氧化膜硬度增加。

氧化时间的影响：①随着氧化时间的增加，氧化膜厚度增加，但有极限氧化膜厚度；②随着氧化时间的增加，膜表面微孔密度降低，但粗糙度变大；如果氧化时间足够长，达到溶解与沉积的动态平衡，对膜表面有一定的整平作用，表面粗糙度反而会减小。

(3) 基体合金

基体成分影响膜成分、相结构和氧化工艺难易度。如 Cu 和 Mg 等合金元素可促进微弧氧化，而 Si 则阻碍铝的微弧氧化。特别是对于高硅铸铝合金（Si≥10%），随着 Si 元素含量增高，合金中 Si 相数量增多，微弧氧化工艺难以实现。

5.2 金属的磷化

5.2.1 概述

磷化是指将金属零件浸入含有磷酸二氢盐的溶液中化学处理，使其表面形成一层难溶性磷酸盐为主要成分的保护膜。由于被处理金属表面参与反应，基体金属会有少许消耗，所形成的磷化膜与基体结合非常牢固。钢铁零件的磷化最早的专利由英国的 W. T. Coslett 于 1906 年提出，此后磷化开始用于工业生产。经过 100 多年的发展，磷化工艺不断得到改进，已经形成了种类繁多、功能齐全的转化膜技术。

5.2.1.1 磷化的分类

(1) 按磷化膜基本成分分类

可将磷化膜分为锌系、锌钙系、锌锰系、铁系和锰系等几大类。

① 锌系　磷化液的主要成膜物质为 $Zn(H_2PO_4)_2$，形成的磷化膜基本成分为 $Zn_3(PO_4)_2 \cdot 4H_2O$ 和 $Zn_2Fe(PO_4)_2 \cdot 4H_2O$，膜层呈浅灰至深灰色，磷化膜质量范围在 $1 \sim 60g/m^2$，涂装前锌系磷化以 $1 \sim 4.5g/m^2$ 为宜。

② 锌钙系　磷化液以 $Zn(H_2PO_4)_2$、$Ca(H_2PO_4)_2$ 为主要成分，磷化膜基本成分为 $Zn_3(PO_4)_2 \cdot 4H_2O$、$Zn_2Fe(PO_4)_2 \cdot 4H_2O$、$Zn_2Ca(PO_4)_2 \cdot 4H_2O$，膜层呈浅灰至深灰色，较锌系磷化膜更致密均匀，膜质量范围为 $1 \sim 15g/m^2$。

③ 锌锰系　磷化液以 $Zn(H_2PO_4)_2$、$Mn(H_2PO_4)_2$ 为主要成分，磷化膜基本成分为 $Zn_3(PO_4)_2 \cdot 4H_2O$、$Zn_2Fe(PO_4)_2 \cdot 4H_2O$、$Zn_2Mn(PO_4)_2 \cdot 4H_2O$，膜层呈灰至深灰色，膜质量范围为 $1 \sim 60g/m^2$。

④ 铁系　磷化液以碱金属离子或 NH_4^+ 的磷酸二氢盐为主要成分，也可以 $Fe(H_2PO_4)_2$ 为主要成膜的物质。前者形成的磷化膜为非晶相转化膜，基本成分为 $Fe_3(PO_4)_2 \cdot 8H_2O$、Fe_2O_3，磷化膜薄，呈彩色，质量为 $0.1 \sim 1.0g/m^2$。后者形成的磷化膜基本成分为 $Fe_3(PO_4)_2 \cdot 8H_2O$，膜层呈深灰色，质量 $5 \sim 10g/m^2$。

⑤ 锰系　磷化液以 $Mn(H_2PO_4)_2$ 主要成分，形成的磷化膜基本成分为 $Mn_3(PO_4)_2 \cdot 3H_2O$、$Mn_5H_2(PO_4)_4 \cdot 4H_2O$ 和 $Fe_5H_2(PO_4)_4 \cdot 4H_2O$，膜层呈灰至深灰色，致密耐磨，膜质量范围可达 $1 \sim 60g/m^2$。

除钢铁件在碱金属或磷酸二氢铵溶液中形成的磷化膜层是无定形结构外，其他类型的磷化膜均为晶型结构。

(2) 按磷化温度分类

① 高温磷化　处理温度为 $80 \sim 100℃$，处理时间 $10 \sim 30min$，成膜速度较快，磷化膜质量可达 $10 \sim 30g/m^2$，但能耗较大，在处理过程中产生的沉渣物较多。

② 中温磷化　处理温度为 $50 \sim 75℃$，处理时间 $5 \sim 15min$，磷化膜质量 $1 \sim 7g/m^2$，目

前工业化生产中应用最多。

③ 常（低）温磷化　处理温度为 10～40℃，能耗小，但成膜速度慢，膜质量只有 0.2～7g/m²，这种工艺需要加入促进剂，以提高成膜速度。

5.2.1.2　磷化膜用途

① 作涂装底层　由于磷化膜具有很大的比表面积，有良好的吸附力，故广泛用作涂料、电泳、静电喷漆、喷粉等涂装的底层。它不仅能增强基体金属与涂层的结合力，还能提高工件的耐蚀性，因此，作涂装底层是磷化膜的主要用途之一，一般要求膜质量 0.5～3g/m²，以微晶谷粒状、球状结晶为最好。

② 作钢铁防腐蚀层　用作钢铁零件的防腐蚀磷化膜，可选用 Zn 系、Mn 系和 Zn-Mn 系磷化膜，但膜质量必须大于 10g/cm² 才能起到防护作用。这种膜在磷化处理后通常再涂一层防锈油或者防锈脂，以提高磷化膜的防护性能。

③ 冷加工润滑用磷化膜　Zn 系磷化膜有助于冷加工成型，钢铁零件在冷加工前，先进行磷化处理，而后再涂敷润滑剂，则冷加工效果良好。磷化膜质量依使用目的而定：用于钢丝拉线、焊接钢管拉拔的磷化膜质量为 5～10g/m²，钢铁冷挤压成型用磷化膜质量大于 10g/m²，非减壁深冲成型磷化膜质量 1～5g/m²，减壁深冲成型磷化膜质量 4～10g/m²。

④ 减摩润滑用磷化膜　Mn 系磷化膜摩擦系数较小，对润滑剂的保存性能良好，故多用于两个滑动表面的润滑层。对于动配合间隙较小的工件如电冰箱活塞，膜质量选择 1～3g/m²；动配合间隙较大的工件如减速箱齿轮膜质量可选 5～20g/m²。若 Mn 系磷化膜与固体润滑剂如 MoS₂ 等配合使用，则不仅能提高磷化膜的耐磨性，而且能改善膜层的耐蚀性、耐热性、耐寒性等，应用范围可进一步扩大。

⑤ 电绝缘用磷化膜　变压器、电机用硅钢片经磷化处理后可以提高绝缘性能，一般采用 Zn 系磷化，膜质量 1～20g/m²。膜的击穿电压 240～380V，涂绝缘漆后可达 1000V，且不影响其磁性能。

5.2.2　磷化成膜机理

磷化是一个复杂的化学反应过程，成膜程度与成膜速度是影响磷化膜形成的两大基本要素。由于磷化类别的多样性、组分的复杂性、成膜的多相性等因素的影响，使得磷化膜形成机理的研究非常困难。这里仅就目前大多数学者所认可的一些机理加以简单阐述。

从磷化液的组成和磷化膜的基本成分来综合分析，一般认为，磷化膜的形成包括电离、水解、氧化、结晶等至少四个反应过程。在工件投入磷化液之前，溶液中存在游离磷酸的三级电离平衡和可溶性金属盐的水解平衡：

$$H_3PO_4 \Longrightarrow H_2PO_4^- + H^+ \qquad K_{a1} = 7.5 \times 10^{-3}$$

$$H_2PO_4^- \Longrightarrow HPO_4^{2-} + H^+ \qquad K_{a2} = 6.3 \times 10^{-8}$$

$$HPO_4^{2-} \Longrightarrow PO_4^{3-} + H^+ \qquad K_{a3} = 4.4 \times 10^{-13}$$

$$M(H_2PO_4)_2 \Longrightarrow MHPO_4 + H_3PO_4$$

$$3MHPO_4 \Longrightarrow M_3(PO_4)_2 + H_3PO_4$$

其中 M 是 Zn^{2+}、Ca^{2+}、Mn^{2+}、Fe^{2+} 等金属离子。当工件（如钢铁零件）被投入磷化液后，随即发生被处理金属表面的阳极氧化过程：

$$Fe + 2H_3PO_4 \Longrightarrow Fe(H_2PO_4)_2 + H_2$$

$$2Fe + 2H_2PO_4^- - 2e^- \Longrightarrow 2FeHPO_4 + H_2$$

随着磷化的不断进行，游离 H_3PO_4 不断被消耗，促进上述电离反应和水解反应的发生，Fe^{2+}、HPO_4^{2-} 及 PO_4^{3-} 浓度不断增大。当磷化反应进行到 $FeHPO_4$、$ZnHPO_4$、$MnHPO_4$ 及 $Fe_3(PO_4)_2$、$Zn_2Fe(PO_4)_2$ 或 $Mn_3(PO_4)_2$ 等物质的浓度分别达到其各自的溶度积时，这些难溶的磷酸盐便在被处理金属表面活性点上形成晶核，并以晶核为中心不断向表面延伸增长而形成晶体，晶体不断经过结晶—溶解—再结晶的过程，直至被处理表面形成连续均匀的磷化膜。

除钢铁之外，其他有色金属，如锌及锌合金、铝及铝合金等的磷化成膜过程，也可用上述机理进行解释。锌系、锌钙系、锌锰系和锰系磷化均可以用此机理进行解释，但由于组成磷化液的重金属离子不同，形成磷化膜的难溶性磷酸盐和磷酸复盐的基本组成和晶体结构不同。

在金属表面形成磷化膜的过程，实际上是一个人工诱导及控制的腐蚀过程。当金属零件浸入到磷化液时，金属表面形成许多腐蚀微电池，此时基体金属作微阳极开始溶解，同时放出氢气；而在微阴极（碳或电位比基体正的其他金属/合金）上，则发生磷酸二氢盐的水解及磷酸氢盐、磷酸盐的结晶。开始阶段，基体的溶解过程进行较快，同时形成磷化膜，此阶段成膜速度较快。但到后期金属表面被膜覆盖后，溶解和成膜过程便进行得越来越慢。从理论上讲，基体金属被致密的磷化膜完全覆盖后，成膜反应就会停止。因此，可通过观察气泡逸出的情况来判断磷化是否终止。

为加速磷化膜的形成速度，通常采用各种促进剂，尤其在常（低）温磷化中，促进剂是不可缺少的。迄今为止，人们已经开发出很多促进剂，但从其作用原理看，大体可分为氧化型促进剂和金属盐促进剂两大类。氧化型促进剂的作用主要是加速化学反应速度，即加速基体金属的溶解过程或与反应过程中生成的氢反应，因而使成膜反应加快。这一类促进剂有硝酸盐、亚硝酸盐、间硝基苯磺酸钠、氯酸盐以及过氧化物等。金属盐促进剂主要使阴极区面积增大或提供有效的结晶中心，以加速结晶过程。常用的有镍盐、铜盐及某些稀土化合物等。其他的一些促进方法，如电促进法或磷化液喷射法及超声波促进法等，促进原理大体上与上述促进剂的作用相同，或加速化学反应速度，或使磷酸盐结晶过程顺利进行。

表面调整是常温、低温磷化中必须采用的重要工序。被处理工件于磷化之前，在含有胶态磷酸钛盐或某些稀土盐溶液中浸渍 $1\sim2min$ 进行表面调整，不经水洗直接磷化，可以获得结晶细致且均匀的磷化膜。表面调整剂主要对磷化膜的结晶过程有影响，当工件浸渍到表调液中时，钛或稀土盐胶体均匀吸附在工件表面，在磷酸盐结晶过程中，溶度积极小的磷酸钛或磷酸稀土便成为结晶活性点，因而促使磷化膜结晶细致均匀。这一简单的表面调整工序对磷化膜的外观、晶粒大小、耐蚀性等都会产生重要影响。

5.2.3　磷化的工艺流程

5.2.3.1　工艺流程

检查零件外观→汽油清洗→分类挂装→去油→热水洗→冷水洗→酸洗→冷水洗→中和→冷水洗→热水洗→表面调整→磷化→回收→冷水洗→热水洗→皂化（封闭）→（水洗）→烘干→浸油→检验

5.2.3.2　表面调整的作用及其配方

表面调整是指采用机械或物理化学等手段，使金属工件表面改变微观状态，促使其在磷化过程中获得结晶细致、均匀、致密磷化膜的方法。表调的方式可以是抛丸、喷砂、纱布轻度擦拭等机械法，也可以用酸洗增加有效面积的化学法，还可用物理化学吸附法。其中，物理化学吸附法是目前国内外实际生产中应用最广的一种方法。

物理化学吸附法常用的表调剂配方有：

① 含钛表调剂　配方1：K_2TiF_6，适量；Na_2HPO_4，1g/L；$Na_5P_3O_{10}$，3g/L。配方2：$(TiO)SO_4$，5%；Na_2HPO_4，55%；$Na_4P_2O_7$，15%；$NaHCO_3$，10%；H_2O，15%。

② 钛和镁表调剂添加镁盐　可以防止 $P_2O_4^{2-}$ 对金属工件的钝化作用，防止产生不活性膜。配方：$(TiO)SO_4$，$6.22×10^{-3}$%；Na_2HPO_4，$5.8×10^{-2}$%；$Na_4P_2O_7$，$2.89×10^{-2}$%；H_2O，$1.33×10^{-1}$%；$MgSO_4$，10^{-3}%。

③ 含钛和铁表调剂添加铁　可提高 Ti 的活性效率。配方为：胶体钛，3%～6%；Na_2HPO_4，85%～93%；Na_2CO_3，9%；$FeCl_3$，0.2%～0.5%。

④ 含锰表调剂配方　$MnCO_3$或$Mn(NO_3)_2$，5%～25%；Na_2HPO_4，1%～12%；$Na_4P_2O_7$，5%～15%；聚乙烯醇，0.002%～0.5%。

表面调整的作用虽然十分明显，但并不是所有磷化都必须表调。一般应用在：采用强碱性脱脂剂的场合；工件经过酸洗的场合；锌及锌合金工件；处理工件数量大的场合。

5.2.3.3　高、中温磷化工艺

高温磷化操作温度一般为 80℃ 以上，处理时间 10～30min。其优点是膜层耐蚀性、耐热性、硬度、结合力等均良好，但能耗较大，溶液成分变化快，沉渣较多。高温磷化主要用于钢铁件的防锈及耐磨减摩处理。溶液体系有锰系、锌系及锌锰系。锰系磷化膜具有较高的硬度和热稳定性，故用作减摩润滑层，如活塞环、轴承支座、压缩机等的零件多用锰系磷化进行处理。

中温磷化操作温度 50～75℃，处理时间 10～15min。中温磷化成膜速度快，生产效率高，溶液较稳定，膜层耐蚀性接近高温磷化膜。因此是目前应用最广的磷化工艺之一。中温磷化采用的溶液体系主要有锌系、锌锰系和锌钙系。厚膜用于防锈、冷加工润滑、减摩等；薄膜用于涂装底层。

高温磷化和中温磷化工艺分别见表 5-13 和表 5-14。两者的主要区别在于总酸度和促进剂的用量。由于中温磷化工作温度较低，总酸度略高于高温磷化，还需要加入适量的起促进作用的 NO_3^- 等。

表 5-13　高温磷化工艺

磷化液组成及工艺条件	工艺1	工艺2	工艺3	工艺4	工艺5
马日夫盐[$xFe(H_2PO_4)_2·yMn(H_2PO_4)_2$]/(g/L)	30～40	30～35			
$Zn(H_2PO_4)_2$/(g/L)			30～40	28～36	
$Zn(NO_3)_2$/(g/L)		55～65	55～65	42～56	15～18
$Mn(NO_3)_2$/(g/L)	15～25				
H_3PO_4/(g/L)				9.5～13.5	0.98～2.74
$NH_4H_2PO_4$/(g/L)					7～9
$Ca(NO_3)_2$/(g/L)					11～15
$ZnCl_2$/(g/L)					3.5～4.5
游离酸度/点	3.5～5.0	5～8	6～9	12～15	1～2.8
总酸度/点	30～50	40～60	40～58	60～80	20～28
温度/℃	94～98	90～95	90～95	92～98	85～95
时间/min	15～20	15～20	8～15	10～15	6～9

表 5-14　中温磷化工艺

磷化液组成及工艺条件	工艺 1	工艺 2	工艺 3	工艺 4
马日夫盐 $[x\mathrm{Fe(H_2PO_4)_2 \cdot }y\mathrm{Mn(H_2PO_4)_2}]/(\mathrm{g/L})$	30～40		30～40	40
$\mathrm{Zn(H_2PO_4)_2}/(\mathrm{g/L})$			30～40	
$\mathrm{Zn(NO_3)_2}/(\mathrm{g/L})$	70～100	80～100	80～100	120
$\mathrm{Mn(NO_3)_2}/(\mathrm{g/L})$	25～40			50
$\mathrm{NaNO_2}/(\mathrm{g/L})$			1～2	
$\mathrm{EDTA}/(\mathrm{g/L})$				1～2
游离酸度/点	5～8	5～7.5	4～7	3～7
总酸度/点	60～100	60～80	60～80	90～120
温度/℃	60～70	60～70	50～70	55～65
时间/min	7～15	10～15	10～15	20

(1) 磷化液的配制和调整

① 磷化液的配制：在槽中加入总体积的 2/3 的水，加入计算量的各种药品（酸性物先加）搅拌溶解，必要时加热促溶，加水到工作液面后搅匀。加入已经除油锈的铁屑，以增加一定的亚铁离子。铁屑也可反复进行酸洗→水洗→再磷化，直至用小试验检验磷化正常后再投产，这时溶液变成稳定的棕绿色或棕黄色。

② 游离酸、总酸度及酸比值的意义和调整　游离酸是表征游离磷酸含量的特征参数，也表征溶液酸度的强弱及对钢铁浸蚀的强弱。高温磷化液游离酸比中温磷化的偏高，具体控制数与溶液组成和操作温度有关。游离酸太高，腐蚀反应过快，成膜困难，磷化时间延长，磷化膜不连续且粗糙、多孔、疏松，耐蚀性差；过低则腐蚀反应缓慢，磷化膜难以形成，磷化液不稳定，泥渣多，并产生粉末状白色附着物。

总酸度是表征磷酸二氢盐和游离磷酸浓度的特征参数。它反映磷化内动力的大小，总酸度高磷化动力大，速度快，结晶细，而过高则膜层很薄，泥渣增多，表面易产生浮粉；过低磷化慢，磷化膜生成困难，结晶粗糙疏松。高温磷化一般控制总酸度在 40～60 点，中温磷化控制在 60～100 点。"点"的含义是 10mL 磷化工作液分析滴定时消耗 0.1mol/L NaOH 标准液的毫升数。

$$酸比 = 总酸度（点）/游离酸度（点）$$

酸比小意味着游离酸太高，反之意味着游离酸低。一般酸比值越高，磷化膜越细、越薄，但酸比过高，不易成膜，沉渣增多；酸比过低，磷化膜结晶粗大疏松。高温磷化酸比控制在 7～8，中温磷化则控制在 10～15。一般规律是随着操作温度升高酸比值变小，随温度降低而酸比增大。

游离酸度和总酸度的调整方法：当游离酸降低时，可加入磷酸二氢锌或马日夫盐（磷酸铁锰盐）5～6g/L，游离酸升高 1 点，同时总酸度升高 5 点左右。若游离酸高，加入 $\mathrm{Na_2CO_3}$ 0.53g/L 可降低游离酸 1 点。

(2) 成分和工艺条件分析

① $\mathrm{Zn^{2+}}$　可加快磷化速度，使磷化膜致密，结晶闪烁有光。含锌盐的磷化液允许在较宽的工艺范围内工作。含锰的磷化液在中温下必须与 $\mathrm{Zn^{2+}}$ 共存才能形成磷化膜，这一点与高温磷化不同。锌含量低，磷化膜疏松发暗，磷化速度慢；锌含量过高（特别当 $\mathrm{Fe^{2+}}$ 与 $\mathrm{P_2O_5}$ 较高时），磷化膜晶粒粗大，排列紊乱，性脆且白粉增多。

② $\mathrm{Mn^{2+}}$　可提高磷化膜的硬度、附着力和耐蚀性，并使其颜色加深，结晶均匀。但中温磷化时锰含量过高则成膜困难，宜保持 $c(\mathrm{Zn^{2+}}):c(\mathrm{Mn^{2+}})=1.5～2$。

③ $\mathrm{Fe^{2+}}$　无论高、中、低温磷化都需含一定量的 $\mathrm{Fe^{2+}}$，磷化槽中的 $\mathrm{Fe^{2+}}$ 主要来源于

磷化粉（液）和工件的腐蚀产物。在新配制的磷化液中，Fe^{2+}常常不足，这时用铁片进行磷化，使其含量增大，调试合格即可进行生产。有的加铁盐（马日夫盐）。随着处理工件数量的增加，Fe^{2+}会增多，应控制其含量在 1.5～3g/L 范围。当 Fe^{2+} 超过 2.5g/L 时，磷化膜性能会降低。一般中温磷化控制在 1～1.5g/L。

去除过多 Fe^{2+} 的方法是加入 H_2O_2，降低 1g Fe^{2+} 约需 1mL 30% H_2O_2 和 0.05mg Zn。也可以用高锰酸钾来处理，0.6g/L 高锰酸钾可降低 Fe^{2+} 0.18g/L。

高温时 Fe^{2+} 不稳定，易被氧化为 Fe^{3+}，并转化为磷酸盐沉淀，从而导致溶液浑浊，沉渣多，游离酸升高，需要经常进行调整。

④ PO_4^{3-} 可加快磷化速度，使磷化膜致密，晶粒闪烁发光。含量低磷化膜不致密，耐蚀性差甚至不能生成磷化膜。含量过高则结晶排列紊乱，附着力差，表面白粉增多。

⑤ NO_3^-（氧化促进剂） 可加快磷化速度和提高致密性，还可降低磷化处理温度。在适当条件下 NO_3^- 与钢铁反应生成少量 NO，与亚铁形成 $Fe(NO)^{2+}$ 配合物，使 Fe^{2+} 稳定。含量过高会导致高温磷化膜变薄；过低会使中温磷化液中亚铁聚集过多。

⑥ NO_2^- 能提高常温磷化速度，促进磷化膜结晶细致，减少孔隙，提高耐蚀性。含量过高时，膜层易出现白点。

⑦ 温度 升温可加快磷化速度、附着力、硬度、耐蚀性和耐热性，其实质是为磷化反应提供了外动力。但高温下溶液稳定性差、能耗大，除重质厚膜外，宜采用中、低温磷化。

⑧ 杂质 常见的杂质有 SO_4^{2-}、Cl^-、Cu^{2+}。SO_4^{2-} 和 Cl^- 含量均不能超过 0.5g/L。SO_4^{2-} 和 Cl^- 会阻碍磷化过程，导致磷化膜多孔易锈。过量的 SO_4^{2-} 可用硝酸钡沉淀，1g SO_4^{2-} 用 2.72g 硝酸钡。硝酸钡不宜过量，否则磷化速度慢，结晶粗大，表面白粉增多。过量 Cl^- 虽可用硝酸根除去，但成本太高，一般采用更换部分新液的方法降低其浓度。Cu^{2+} 使磷化工件表面发红，耐蚀性降低，可用铁屑置换除去。

(3) 磷化后处理

磷化后，根据工件的实际用途进行后处理，后处理主要有铬酸盐填充和有机物封闭处理，目的是增加磷化膜的抗蚀性。磷化后处理工艺见表 5-15。

表 5-15 磷化后处理工艺

溶液组成及工艺条件	工艺 1	工艺 2	工艺 3	工艺 4	工艺 5
$K_2Cr_2O_7$/(g/L)	60～80	50～80			
CrO_3/(g/L)			1～3		
Na_2CO_3/(g/L)	4～6				
肥皂/(g/L)				30～35	
锭子油或防锈油/%					100
温度/℃	80～85	70～80	70～90	80～85	105～110
时间/min	5～10	8～12	3～5	3～5	5～10

5.2.3.4 常（低）温磷化

常（低）温磷化一般指温度为 35～45℃下的磷化，绝大部分以轻铁系磷化、锌系磷化为主。因操作温度较低，其成膜必须含有能在低温或常温条件下较快溶解铁的物质组合，同时磷化槽液中必须含有成膜剂、氧化剂、氢离子及其他离子反应物质足以促进磷化膜在低温条件下的生成。常加入 Ca^{2+}、Mn^{2+}、Ni^{2+} 等改性离子，使磷化膜呈现覆膜状态，成分中增加 $Zn_2Ni(PO_4)_2 \cdot 2H_2O$、$Zn_2Mn(PO_4)_2 \cdot 4H_2O$ 和 $Zn_2Ca(PO_4)_2 \cdot 2H_2O$ 等组分。铝件磷化还需加入较多的氟化物，以便形成 AlF_3 和 AlF_6^{3-}。

轻铁系磷化膜呈彩虹色或灰暗的彩虹色外观，纯用钼酸盐促进剂时得蓝紫彩虹色；纯用 NO_3^- 或 ClO_3^- 作促进剂时得灰暗色膜；两者复配使用时得彩虹灰色相混的复合色膜。轻铁系磷化膜薄，膜重小于 $1g/m^2$。它与油漆配套的一个显著特点是使油漆的抗弯曲、抗冲击性能好。这种磷化液不需要表面调整，对基材的适用性强；磷化沉渣少、工艺范围宽，但耐盐雾性能差。主要用于与粉末涂装、阴极电泳配套。

表面调整和加入强有力的促进剂提高常（低）温磷化的推动力，不可缺少。表面调整剂一般采用胶态磷酸钛，它的均匀吸附可以改善工件的表面状态，使其变成易于磷化的均匀表面；其次钛胶粒可成为磷化结晶的活性点，成为初期磷化结晶的核心。经表面调整的工件在 $30℃$ 下，喷淋只需 $1.5\sim2min$，浸渍磷化只需 $4\sim5min$ 即可形成厚 $1\sim2\mu m$、膜重 $1.5\sim2g/m^2$ 的细密磷化膜。这种磷化膜和各种涂料都具有很好的配套性。

常（低）温磷化常用促进剂体系及其性能见表 5-16。

表 5-16 常（低）温磷化常用促进剂体系及性能

项目	NO_3^-/NO_2^- 促进剂体系	$NO_3^-/ClO_3^-/NO_2^-$ 促进剂体系	NO_3^-/ClO_3^- 促进剂体系	NO_3^-/有机硝基化合物促进剂体系
槽中泥渣	一般	多	多	较少
槽液颜色	无色-微蓝	无色-微蓝	无色	深柠檬色
槽液补加	经常补加	经常补加	定期补加	定期补加
槽液管理	简单方便	简单方便	一般	一般
磷化成膜速度	快	快	较慢	较快

常（低）温磷化工艺规范见表 5-17。

表 5-17 常（低）温磷化工艺规范

磷化液组成及工艺条件	工艺 1	工艺 2	工艺 3	工艺 4	工艺 5	工艺 6
马日夫盐 $[x Fe(H_2PO_4)_2 \cdot y Mn(H_2PO_4)_2]/(g/L)$				$30\sim40$	$40\sim65$	
$Zn(H_2PO_4)_2/(g/L)$		$60\sim70$	$50\sim70$			
$Mn(H_2PO_4)_2/(g/L)$						27
$Ni(NO_3)_2/(g/L)$						15
酒石酸钾钠 /(g/L)						10
$HNO_3/(mL/L)$						30
$NaH_2PO_4/(g/L)$	10					
$H_3PO_4/(mL/L)$	10					80
$Na_2C_2O_4/(g/L)$	4					
柠檬酸 /(g/L)						30
$NaClO_3/(g/L)$	5					
$H_2C_2O_4/(g/L)$	5					
$Zn(NO_3)_2/(g/L)$		$60\sim80$	$80\sim100$	$140\sim160$	$50\sim100$	
$NaF/(g/L)$		$3\sim4.5$	$80\sim100$	$3\sim5$	$3\sim4.5$	15
$ZnO/(g/L)$		$4\sim8$			$4\sim8$	50
$NaNO_2/(g/L)$			$0.2\sim1$			$0.6\sim0.9$
游离酸度 / 点	$3.5\sim5$	$3\sim4$	$4\sim6$	$3.5\sim5$	$3\sim4$	$0.8\sim1.8$
总酸度 / 点	$10\sim20$	$70\sim90$	$75\sim95$	$85\sim100$	$50\sim90$	
温度 /℃	>20	$25\sim30$	$20\sim35$	室温	$20\sim30$	$30\sim50$
时间 /min	>5	$30\sim40$	$20\sim40$	$40\sim60$	$30\sim45$	$5\sim15$

注：配方 1 为铁系磷化工艺；配方 2、配方 3 为锌系磷化工艺；配方 6 中 $NaNO_2$ 分装，生产时单独添加，少加勤加。镀液配制时先用磷酸溶解 ZnO，再加硝酸，再添加其他药品。

成分和工艺条件分析：

① 成膜物质　含 Zn^{2+} 的磷化液工作范围较宽，因此常（低）温磷化多采用锌系磷化工艺，或加入一定量的锌盐。对于常（低）温磷化来说，磷化速度是最主要的技术指标，而反应物（即成膜组分）浓度的提高有利于加快成膜速度。一般而言，随着工作温度的降低，应适当提高 Zn^{2+} 和 PO_4^{3-} 含量，才能保证一定的成膜速度。若用于阴极电泳，Zn^{2+} 浓度应控制在 2g/L 以下，并加入少量的 Ni^{2+} 和 Mn^{2+}，以加快磷化速度、提高膜的抗蚀性。

在常（低）温磷化中，保持一定量的 Fe^{2+} 能使成膜速度和膜的耐蚀性得到改善，同时扩大磷化工作范围。Fe^{2+} 含量一般控制在 0.5～2g/L。

碱金属磷酸盐，如磷酸二氢钠，通常与工件金属反应，在其表面形成均匀、致密的彩虹色磷化膜，产生的沉渣少，槽液易于管理，使用成本低，但磷化膜极薄，抗蚀性较差。

② 促进剂　硝酸盐的热稳定性高、促进能力强，Fe^{2+} 积累减少，槽液稳定，磷化沉渣少，多在磷化槽液温度 65～93℃下使用，在常（低）温磷化中一般不单独使用，而是与其他促进剂复配使用。

亚硝酸盐在常温和低温下都是特别好的促进剂，磷化质量高，用量在 0.1～1g/L 以下。但在酸性槽液中极不稳定，使用过程中需频繁补加或连续滴加。亚硝酸盐的用量是关键：太少，磷化速度慢，不能在规定的时间内生成连续的磷化膜且容易泛黄；过多，磷化膜呈蓝黑色，抗蚀性降低，沉渣增加。另外在浓度较高时，溶液易产生腐蚀性烟雾，不利于清洁生产。

氯酸盐类是强氧化剂，促进能力强，可直接氧化磷化过程中产生的氢和铁，磷化膜结晶细致、均匀、薄，槽液稳定。但还原产物 Cl^- 会被磷化膜吸收，并以配合物的形式参与磷化膜结晶，降低其抗蚀性；ClO_3^- 单独使用时，形成 $FePO_4$ 悬浮物。

氟化物是一种活性剂，F^- 能加快磷化晶核的生成速度，使磷化膜致密均匀，耐蚀性增加；是常（低）温磷化槽液有效的 pH 值调节剂，pH＝2.6～2.8 时有良好的缓冲效果，保持槽液酸度稳定。对于铝件磷化，F^- 可与槽液中的 Al^{3+} 形成配合物，从而延长磷化槽液寿命。

③ 酸度　游离酸度高，则磷化速度慢，甚至得不到磷化膜；游离酸度过低，易造成钢铁工件局部或全部钝化，出现彩色膜或无膜。

低温磷化液的酸比值要高于高、中温磷化液，一般大于 20。酸比值与温度和 pH 值要协调：温度高，则酸比值和 pH 值均要小；温度低，酸比值和 pH 值都要大些。其关系见表 5-18。浸渍磷化液游离酸度和总酸度比喷淋磷化液的要高些，而酸比值小些。

表 5-18　温度、酸度、酸比值及 pH 值相互关系

磷化方式	温度/℃	游离酸度/点	总酸度/点	酸比值	pH 值
浸渍磷化	＜20	0.5		＞50	＞3.5
	25～35	0.5～1.0	25～35	30～40	3.1～3.4
	＞30	1.0～1.5		20～30	2.8～3.0
喷淋磷化	30～40	0.1～0.5	15～20	50～80	3.5～3.9

5.3　钢铁氧化

用化学、电化学或者热加工等方法，在黑色金属表面获取一层氧化膜的工艺，称为钢铁的氧化处理，又称发蓝。氧化处理后零件表面能够形成一层保护性的氧化膜，厚度约 0.6～

$1.5\mu m$，其抗蚀能力较差，氧化处理后可经肥皂或重铬酸钾溶液处理，或进行涂油处理以提高氧化膜的耐蚀性和润滑性能。由于钢件的氧化膜色泽美观、弹性好、膜层薄，常用于机械、精密仪器、仪表、武器和日用品的防护装饰。而且氧化处理通常是在碱性介质中进行的，各种钢件氧化后没有氢脆产生，所以像弹簧钢、钢丝及薄钢片零件也常用氧化处理。

工业上钢铁的化学氧化处理常采用高温型和常温型两种工艺。

5.3.1 钢铁高温氧化法

高温发蓝是将钢件浸入苛性钠和氧化剂（硝酸钠或亚硝酸钠）溶液中，在大于100℃的高温下氧化处理，氧化膜的主要成分是磁性的四氧化三铁。得到的膜的颜色并非都是蓝黑色，它取决于钢材成分、表面状态和氧化工艺规范。一般钢铁呈黑色和蓝黑色；铸钢和含硅较高的钢呈黑褐色。

5.3.1.1 氧化膜形成机理

氧化膜的形成可包括以下三个过程：

① 表面金属的溶解铁在氧化剂作用下被浓碱溶解生成亚铁酸钠，即

$$Fe + NaNO_3 + 2NaOH === Na_2FeO_2 + NaNO_2 + H_2O$$
$$3Fe + NaNO_2 + 5NaOH === 3Na_2FeO_2 + H_2O + NH_3$$

② 亚铁酸钠被氧化成铁酸钠，即

$$8Na_2FeO_2 + NaNO_3 + 6H_2O === 4Na_2Fe_2O_4 + 9NaOH + NH_3$$
$$6Na_2FeO_2 + NaNO_2 + 5H_2O === 3Na_2Fe_2O_4 + 7NaOH + NH_3$$

另外，有部分铁酸钠水解成氧化铁的水化物（红色挂灰），即

$$Na_2Fe_2O_4 + (m+1)H_2O === Fe_2O_3 \cdot mH_2O + 2NaOH$$

③ 氧化物从过饱和溶液中析出铁酸钠与未氧化的亚铁酸钠作用，生成难溶的磁性四氧化三铁，

$$Na_2Fe_2O_4 + Na_2FeO_2 + 2H_2O === Fe_3O_4 + 4NaOH$$

当析出的四氧化三铁达到一定的过饱和度时，便在零件表面结晶析出为氧化膜。

5.3.1.2 高温氧化处理工艺

钢铁件的高温氧化处理工艺流程为：碱性化学除油→热水洗→冷水洗→酸洗→冷水洗两次→氧化处理→回收→温水洗→冷水洗→浸肥皂水或重铬酸钾溶液填充→干燥→浸油。高温氧化处理工艺规范见表5-19。

表5-19　钢铁高温氧化处理工艺规范

组成及工艺条件	工艺1	工艺2	工艺3	工艺4	工艺5		工艺6	
					第1槽	第2槽	第1槽	第2槽
NaOH/(g/L)	550～650	600～700	600～700	650～700	550～650	700～840	550～650	770～850
NaNO₂/(g/L)	150～200	200～250	180～220	200～220	100～150	150～200	70～100	100～150
NaNO₃/(g/L)			50～70	50～70				
K₂Cr₂O₇/(g/L)		25～35						
MnO₂/(g/L)				20～25				
温度/℃	135～145	130～135	138～155	135～155	130～135	140～150	130～135	140～152
时间/min	40～120	15	30～60	20～60	15	45～60	15～20	45～60
工艺特点	单槽氧化只能获得较薄和保护性较低的膜，易形成红色挂灰				双槽氧化可获得较厚且保护性较高的膜，可避免挂灰的形成，第一槽到第二槽中间不必清洗			

钢铁的氧化速度与化学成分和金相组织有关，通常含碳量高者氧化速度快，氧化温度可低一点，时间可缩短，低碳钢则相反。为获得较好的耐蚀性和无红色挂灰的氧化膜可采用两槽法，第一槽主要形成晶种，进而形成致密的氧化膜，在第二槽中加厚。

(1) 成分和工艺条件的影响

① NaOH　NaOH 含量影响钢铁的氧化速度，高碳钢氧化速度快，可采用较低的浓度 550～650g/L；而低碳钢或合金氧化速度慢，故采用较高浓度 600～700g/L。当 NaOH 浓度较高时氧化膜较厚，但膜层疏松多孔易出现红色挂灰，若 NaOH＞1100g/L，则四氧化三铁被溶解而不能成膜；NaOH 浓度太低则氧化膜薄且表面发花，保护性能差。

② 氧化剂　提高氧化剂浓度可加快氧化速度，获得的膜层致密牢固，金属溶解损失较少；反之，氧化膜生成速度慢，且膜层厚而疏松。通常采用亚硝酸钠作为氧化剂，所获得的氧化膜呈蓝黑色，光泽较好。

③ 铁离子　氧化液中需要一定含量的铁离子以获得致密而结合力好的膜层，一般控制在 0.5～2g/L。当铁含量过高时会影响氧化速度且出现红色挂灰。

④ 温度　在碱性氧化液中，氧化处理必须在沸腾的温度下进行，溶液沸点随 NaOH 浓度的增高而升高。表 5-20 列出常压下不同浓度氢氧化钠溶液的沸点。温度升高，氧化速度加快，获得的膜层薄而致密；温度过高，则氧化膜溶解速度增加，氧化速度减慢，膜层疏松。一般情况下零件入槽的温度应取下限，出槽的温度应取上限值。

表 5-20　常压下不同浓度的氢氧化钠溶液沸点

NaOH/(g/L)	400	500	600	700	800	900	1000	1100	1200
溶液沸点/℃	117.5	125	131	136.5	142	147	152	157	161

⑤ 氧化时间　氧化时间与钢铁含碳量的关系如表 5-21 所示。含碳量高，氧化容易进行，需要时间较短；含碳量低，不易氧化，需要时间较长，入槽和出槽温度都应高些。

表 5-21　氧化温度、时间与钢铁含碳量的关系

钢铁含碳量(质量分数)/%	氧化液温度/℃	氧化时间/min
＞0.7	135～138	15～20
0.4～0.7	138～142	20～24
0.1～0.4	140～145	35～60
合金钢	140～145	50～60
高速钢	135～138	30～40

(2) 氧化膜的后处理

为了提高氧化膜的耐蚀性，钢铁零件氧化后要进行肥皂或重铬酸钾填充，然后清洗干燥，最后在 105～110℃机油、锭子油或变压器油中浸泡 5～10min，也可不经填充处理直接浸含 5%～10%（质量分数）的 TS-1 脱水防锈油的机油。填充处理工艺如表 5-22。

表 5-22　钢铁氧化膜的填充处理工艺

填充剂	质量分数/%	温度/℃	时间/min
肥皂液	3～5	80～90	3～5
重铬酸钾液	3～5	90～95	10～15

5.3.2　钢铁常温氧化法

(1) 氧化膜形成机理

常温发黑剂是以亚硒酸盐和硫酸铜为基本成分，再辅以其他化学药品以改善成膜环境和

提高成膜质量。在酸性条件下，钢铁件与铜离子发生置换反应，析出的铜形成 Fe-Cu 电偶加速成膜，

$$Fe+Cu^{2+}\!=\!=\!=\!Cu+Fe^{2+}$$

溶液中的 SeO_3^{2-} 与 Fe、Cu^{2+} 反应形成黑膜，

$$3Fe+Cu^{2+}+SeO_3^{2-}+6H^+\!=\!=\!CuSe(黑色)+3Fe^{2+}+3H_2O$$
$$3Fe+SeO_3^{2-}+6H^+\!=\!=\!FeSe(黑色)+2Fe^{2+}+3H_2O$$
$$3Cu+SeO_3^{2-}+6H^+\!=\!=\!CuSe(黑色)+2Cu^{2+}+3H_2O$$

反应生成的 Fe^{2+} 进一步氧化成 Fe^{3+}，与 SeO_3^{2-} 反应生成黑色的 $Fe_2(SeO_3)_3$ 沉淀参与成膜。在有磷酸盐和氧化剂存在下，还有可能有 $FeHPO_4$ 和 $FePO_4$ 参与成膜，磷化膜的参与进一步提高了膜层结合力和综合性能。

(2) 常温氧化处理工艺

常温氧化处理工艺规范见表 5-23。

表 5-23　钢铁的常温氧化处理工艺规范

组成及工艺条件	工艺 1	工艺 2	工艺 3	工艺 4
硫酸铜/(g/L)	2~4	1~3	10	10
亚硒酸/(g/L)	3~5		10	
磷酸/(g/L)	3~5			
磷酸二氢钾/(g/L)	5~10			
硝酸/(g/L)	3~5			
添加剂/(mL/L)	2~4			
有机酸/(g/L)		1~1.5		
十二烷基硅酸钠/(g/L)		0.1~0.15		
复合添加剂/(g/L)		10~15		
二氧化硒/(g/L)			20	
硝酸铵/(g/L)			5~10	
氨基磺酸酐/(g/L)			10~30	
聚氧乙烯醇醚/(g/L)			1	
葡萄糖酸钠/(g/L)				5
冰醋酸/(mL/L)				3
催化剂 A/(g/L)				0.01~0.03
聚胺类表面活性剂/(g/L)				0.01~0.1
pH 值	1.5~2.5	2~3	2~3	
温度/℃	室温	室温	室温	
时间/min	3~10	4~20	3~5	

成分和工艺条件的影响：

① 硫酸铜和亚硒酸　它们是发黑的主剂，硫酸铜含量低黑度不好，含量＞5g/L 则铜的置换速度过快，结合力不牢，以 2~4g/L 为宜。亚硒酸是氧化剂，其含量＜1.5g/L 仍呈红色，含量过高黑度虽好但带出损失大，以 1~3g/L 为宜。

② 磷酸和磷酸二氢钾　一是起缓冲剂的作用；二是 PO_4^{3-} 有可能形成 $FeHPO_4$ 和 $FePO_4$ 等磷酸盐参与成膜，使氧化和磷化协同，增强膜的结合力和抗蚀能力。

③ 硝酸　调节酸度和起氧化作用。

④ 添加剂　它是由配合剂和稳定剂复配的，选择一种以上对 Cu^{2+} 和 Fe^{2+} 起配合作用的物质如柠檬酸盐、酒石酸盐、葡萄糖酸盐、磺基水杨酸、氨磺酸等。少量邻菲罗啉起稳定

作用，防止大量淤渣的产生。配方 3 中的复合添加剂是 Cu^{2+}、Fe^{2+} 和 Fe^{3+} 的配合剂复配的，主要成分是羟基羧酸盐，作用是控制铜的置换速度，增强结合力，同时减少淤渣的生成。

⑤ pH 值　控制发黑的氧化还原条件和反应速度，pH 值以 2～2.5 为宜。pH 值过低，氧化能力强，反应速度过快，膜层疏松，附着力不牢，抗蚀性下降。同时酸度高，铁溶解多，淤渣也多。反应中 pH 值有上升趋势，pH＞3 时反应速度慢，膜层不连续，外观不理想，标志着溶液老化，需补加浓缩液调节 pH 值。

⑥ 温度　原则上可在 5～45℃下使用，但温度＜10℃时反应速度慢，黑色和均匀性差，此时溶液浓度可高一些；温度高于 40℃时反应速度过快，膜结合力不好。最好在 15～35℃下使用。

⑦ 时间　根据溶液种类和使用温度而定，一般 4～8min，时间太短，膜不连续黑度不够，时间过长，膜厚而疏松，结合力不好。

5.4　电泳涂装

5.4.1　电泳涂装的定义和发展历史

电泳涂装，也称作电沉积涂装，是将具有导电性的被涂物浸渍在装满水稀释的、固体分比较低的电泳涂料中作为阴极（或阳极）、在电泳槽中另设置与其相对应的阳极（或阴极），在两极间通直流电，在被涂物表面析出均一、水不溶的涂膜的一种涂装方法。

电泳涂装的原理发明于 19 世纪 30 年代，但因当时水性涂料尚不发达而未得到工业应用。为提高汽车车身内腔和焊缝里的防腐蚀性，美国福特公司于 1957 年开始着手研究电泳涂装法，于 1961 年建成一条车轮阳极电泳涂装线，1963 年世界上第一个用于汽车车身的电泳槽在福特公司投入使用，使用的是阳极电泳漆。

电泳涂装法在实际应用中显示出高效、优质、安全、经济等优点，受到世界各国涂装界的重视。随着新型电泳涂料的开发和涂装技术的进步，尤其是阳离子型电泳涂料和阴极电泳涂装技术的开发（1997 年世界上第一条车身阴极电泳涂装线在美国投产），使电泳涂装工艺的普及速度史无前例。在 1965 年只有 1％的汽车车身涂底漆采用电泳涂装法，1970 年为 10％，1985 年汽车车身阴极电泳化率达到 90％以上，而现今汽车车身几乎 100％采用阴极电泳涂装。并由汽车工业推广应用到建材、轻工、农机、家用电器等工业领域。

电泳涂装的发展史可划分为以下 5 个阶段：

第一阶段：阳极电泳涂装的初级阶段（1970 年以前），主要是确立电泳涂装的工艺规范，稳定和完善电泳涂装工艺，解决电泳漆膜弊病，提高电泳涂料质量和开发新品种。使用的阳极电泳涂料以低电压、低泳透力、低耐腐蚀性的酚醛和环氧树脂系列为代表。

第二阶段：阳极电泳涂装阶段（1970～1976 年），以聚丁二烯阳极电泳涂料为代表的，优质的高泳透力、高耐腐蚀性的第二代阳极电泳涂料投产使用，废除了辅助电极，超滤技术在电泳涂装工艺中获得应用，实现了闭合循环水洗系统，达到电泳涂装工艺合理化（节省劳动力、提高涂料利用率、减少废水污染），汽车车身的耐腐蚀性能有较大幅度提高。

第三阶段：阴极电泳涂装替代阳极电泳涂装阶段（1977～1990 年），由于阴极电泳涂料的耐腐蚀性成倍优于阳极电泳涂料，泳透力也较高，且消除了阳极溶解现象等，阴极电泳涂装工艺一开发成功便获得应用，很快呈现出阴极电泳取代阳极电泳之势。

第四阶段：阴极电泳涂装工艺进一步提高完善阶段（1990～2000年），通过改进涂料质量、开发新品种，完善涂装设备和管理自动化等措施，追求涂装无缺陷化、厚膜的均一化，以适应汽车车身涂装高质量的要求，例如厚膜（$35\mu m \pm 5\mu m$）阴极电泳涂料的投产使用；在车身电泳涂装时采用顶盖电极和底电极等。

第五阶段：阴极电泳涂料的高质量、节能、环保，涂装技术的更先进化（2000年以来）。高泳透力、低溶剂含量、低温烘烤型、高锐边防腐蚀性能、无铅、无锡、耐候性好等阴极电泳涂料在生产线上得到应用；新型多功能穿梭机、滚浸运输机和倒挂升降运输机的应用及电泳涂装工艺全闭合水洗系统等新的涂装技术得到应用。

5.4.2 电泳涂装的机理及特点

5.4.2.1 电泳涂装机理

电泳涂装最基本的物理原理为将导电工件浸入电泳涂料工作液中，通直流电后，带电荷的涂料粒子向相反电荷的电极移动，继而沉积在工件表面，形成连续、均匀的涂膜。当涂膜达到一定厚度、工件表面形成绝缘层时，"异性相吸"即停止，电泳涂装过程结束。可概括为以下四个物理化学作用。

① 电解 在电泳涂装过程中电泳涂料电解成阳离子型或阴离子型的胶体涂料粒子，水电解成 H^+ 和 OH^-，在阴极上析出氢气，阳极上析出氧气，阳极产生溶解。电解反应在电泳涂装中应适当控制，否则将导致不良后果（尤其在工件入槽阶段）。

② 电泳 在电场作用下，导电介质中带电荷的胶体粒子向相反电极泳动的现象称为电泳。

③ 电沉积 涂料粒子在电极上的沉析。例如，在阴极电泳涂装时，带正电荷的涂料粒子到达阳极被涂物表面，并与水分子放电产生的 OH^- 反应变成水不溶性，沉积在被涂物上。

④ 电渗 在用半透膜间隔的溶液的两端（阴极和阳极）通电后，低浓度的溶质向高浓度侧移动的现象称为电渗。在电泳涂装电沉积的初始阶段，粒子（或离子）电荷不一定被全部中和、放电，沉积得到的涂膜是疏松的，含水量相当高，离子能够通过的半透膜。在电场的持续作用下，涂膜内部所含的水分从涂膜中渗析出来移向工作液，使涂膜脱水。脱水后的湿漆膜可用手摸，不粘手，牢牢黏附在底材上，通常用水清洗不能洗掉。

电泳涂料是靠添加中和剂使水不溶性的涂料树脂中和后变成水溶化和水分散性的液态涂料。阳极电泳涂料使用的是碱性中和剂，阴极电泳涂料使用的是酸性中和剂。以阴极电泳涂装为例，其采用有机酸中和碱性树脂（氨基改性的环氧树脂）制成水溶化（水乳化）的带阳离子的涂料粒子，涂着到负极性的被涂物上，在被涂物表面被 OH^- 中和，凝聚为不溶的湿涂膜。随着这一过程的进行，膜不断增厚，直至其电阻大到几乎不导电。阴极电泳涂料的组成及功能和成膜过程中的组成变化见表5-24。

表5-24 阴极电泳涂料的组成及功能和成膜过程中的组成变化

原漆组成		槽液的组成	功　能	电泳后湿涂膜组成	烘干后干膜组成
色浆	乳液				
树脂	树脂	树脂	它是涂膜形成物，用来保护颜料，并使涂料带正电荷，电泳涂着在被涂物上	树脂	树脂
颜料	—	颜料	它是涂膜形成物，提高涂膜的防锈、着色和物理性能	颜料	颜料

| 原漆组成 | | 槽液的组成 | 功　能 | 电泳后湿涂膜组成 | 烘干后干膜组成 |
色浆	乳液				
固化剂	固化剂	固化剂	与树脂粒子结合促进固化，提高涂膜物性	固化剂	
溶剂	溶剂	溶剂	使树脂水溶性化，控制烘干固化时的涂膜流动性	溶剂	
中和剂	中和剂	中和剂	将树脂制成水溶性化所用的中和酸	中和剂（少量）	烘干时排出体系外呈油烟状（即为加热减量）
添加剂	添加剂	添加剂	改善涂料性能，以提高涂装性、涂膜性能	添加剂	
去离子水	去离子水	去离子水（75%以上）	使涂料溶液化、分散，防止杂质离子混入	水（少量）	
固体分（NV）50%～60%	NV 35%～40%	NV 18%～20%		NV 90%左右	100%（干涂膜的 NV）

5.4.2.2　阳极电泳涂装和阴极电泳涂装的比较

阳极电泳涂装和阴极电泳涂装的沉积机理与涂料组成的不同点见表 5-25。

表 5-25　阳极电泳涂装和阴极电泳涂装的沉积机理与涂料组成

项目	阳极电泳涂装法（AED）	阴极电泳涂装法（CED）
主体基料（树脂）	含羧基的合成树脂（R—COOH），以聚丁二烯系树脂为代表	含氨基的合成树脂（R—NH$_2$），以胺改性的环氧树脂为代表
固化剂	①无；②部分三聚氰胺树脂	封闭异氰酸酯树脂
中和剂	碱性：KOH，有机胺 R—COOH ＋ A $\longrightarrow$ R—COO$^-$＋A$^+$ 水不溶性　中和剂　水可溶性	酸性：有机酸（醋酸） R—NH$_2$ ＋ A $\longrightarrow$ R—NH$_3^+$＋A$^-$ 水不溶性　中和剂　水可溶性
涂膜	酸性	碱性
形成涂膜的反应	阳极（被涂物）反应： ①2H$_2$O $\longrightarrow$ 4H$^+$＋4e$^-$＋O$_2$（酸性） ②R—COO$^-$＋H$^+$ $\longrightarrow$ R—COOH ③M $\longrightarrow$ M^{n+}＋ne$^-$（发生被涂物金属溶解） ④R—COO$^-$＋M^{n+} $\longrightarrow$ （R—COO）$_n$M 阴极反应： 2H$_2$O＋2e$^-$ $\longrightarrow$ 2OH$^-$＋H$_2$ 通直流电后，阳极（被涂面）pH 值下降，使聚羧酸树脂凝聚涂覆	阴极（被涂物）反应： ①2H$_2$O＋2e$^-$ $\longrightarrow$ 2OH$^-$＋H$_2$（碱性） ②R—NH$_3^+$＋OH$^-$ $\longrightarrow$ R—NH$_2$＋H$_2$O 阳极反应： 2H$_2$O $\longrightarrow$ 4H$^+$＋4e$^-$＋O$_2$ 通直流电后，阴极（被涂面）pH 上升，使聚胺树脂凝聚涂覆
涂膜的固化反应	氧化聚合反应	NCO 反应

5.4.2.3　电泳涂装的特性及优点

(1) 优点

① 电泳涂料在水中能完全溶解和乳化，配制成的工作液黏度很低，与水相近，很易浸透到被涂物的袋状部位及缝隙中。

② 电泳工作液具有高的导电性，涂料粒子能活泼泳动，而沉积到被涂物上的湿漆膜导电性小，随湿漆膜增厚其电阻增大，达到一定电阻值时，就不再有涂料粒子沉积上去。所以电泳涂装具有良好的泳透性，生成比较单一的涂膜。

③ 工作液的固体含量低，黏度小，被工件带出槽外的涂料少，且可用超滤（UF）和反渗透（RO）装置回收。

④ 涂料的附着力强，耐腐蚀性能优异（20μm 厚的阳极电泳涂膜耐盐雾性为 300h 左右，优质的阴极电泳涂膜的耐盐雾性可以达到 1000h 以上）。

⑤ 电泳工作液的溶剂含量低，无火灾危险。

（2）局限性

① 仅适用于具有导电性的被涂物涂底漆，像木材、塑料、布等无导电性的物件不能采用电泳涂装方法；且当涂装的物体烘干后，用普通的电泳涂料不可能进行第二次电泳涂装（目前国外已开发二次电泳涂装工艺，汽车工业还未采用）。

② 由多种金属组成的被涂物，如果电泳特性不一样，也不宜采用电泳涂装方法。

③ 电泳涂料的颜色比较单一（目前广泛使用的颜色是黑色和灰色），对颜色有特殊要求的工件不宜采用电泳涂装。

④ 小批量生产场合也不推荐采用电泳涂装，因工作液的更新速度太慢，工作液中树脂变化和溶剂组成变化大，会使工作液不稳定。

5.4.3 电泳涂装工艺

电泳涂装生产线一般由漆前处理、电泳涂装（含后清洗）和烘干（涂膜固化）三个主要工艺组成。

5.4.3.1 前处理

前处理工艺一般由热水预清洗、预脱脂、脱脂、水洗、表面调整、磷化、水洗、钝化、纯水洗等工序组成。

（1）脱脂

脱脂的温度不可过高，否则会使某些脱脂液中的表面活性剂析出聚集，附着在被清洗的表面，造成磷化膜发花不均。借助于压力喷射和搅拌等机械作用提高脱脂清洗效果是非常有效的。一般在 0.1～0.2MPa 的喷射压力下预脱脂 1～3min，然后在循环搅拌下浸渍脱脂3～5min。

（2）表面调整和磷化

脱脂后磷化前的表面调整是生成结晶细致、均匀、致密磷化膜的重要工序。磷化处理可以较大幅度提高电泳涂膜的附着力和耐腐蚀性；一般可选用铁盐或锌盐磷化。若使用锌盐磷化，应选择耐碱性较好的、磷酸二锌铁含量高的磷化膜。磷化处理的方式有两种：喷淋和浸渍。喷淋处理方式所得磷化膜的磷酸锌含量高、结晶呈针状且粗大，因而耐蚀性较差；浸渍处理方式所得磷化膜的磷酸二锌铁含量高、致密，其耐蚀性、涂膜附着力优良，汽车车身涂装线几乎都采用这种处理方式。阴极电泳涂装前的磷化处理膜应达到表 5-26 所示的质量要求。

表 5-26 涂装用磷化膜的性能

项目			材质		测定方法
			冷轧钢板	镀锌钢板[①]	
磷化膜	膜组成	外观	浅灰色、均匀致密	均匀、致密	目测（应无发蓝或锈痕）
		膜重	1～3g/m²	2～4g/m²	重量法（5％铬酸浸洗）
		P 比	0.85 以上		X 射线衍射仪测定
		Ni 含量	>10mg/m²	>20mg/m²	
		Mn 含量	>30mg/m²	>40mg/m²	
	结晶形状、尺寸		粒状、10μm 以下（5μm 以下最好）	10μm 以下	电子显微镜法：SEM 像
阴极电泳后	附着力[②]	杯突	5mm 以上		杯突试验仪
		划格	0（无剥落）		划格法
	耐盐雾试验（5％NaCl）		1000h 以上[③] 单侧腐蚀<2mm		

① 镀锌钢板磷化处理后必须进行钝化处理。

② P 比是指锌盐磷化膜中磷酸二锌铁：（磷酸锌＋磷酸二锌铁）的比值（X 射线衍射强度比），P 比的高低与被处理件的材质、磷化槽液组成和处理方式有关，低锌三元磷化液和浸渍磷化处理所得磷化膜的 P 比高。

③ 耐盐雾试验所选用的阴极电泳涂膜性能与膜厚有关，1000h 以上是膜厚≥20μm 的优质电泳涂膜的指标。

(3) 钝化

磷化后进行钝化处理能改善磷化膜与电泳涂膜的配套性，进一步提高磷化膜，尤其是 P 比低的磷化膜和镀锌板上磷化膜的耐蚀性（提高约 10%）。一般采用 6 价铬钝化，但基于其剧毒，涂装公害严重，日本、韩国在提高磷化膜 P 比的基础上已取消了钝化；欧美汽车厂则开发了无铬钝化剂。结合我国国情，普通钢板在采用三元低锌磷化液进行磷化后可不钝化处理，采用高锌磷化液或镀锌钢板磷化后还需进行钝化处理。

5.4.3.2 电泳涂装

电泳涂装工艺包括阴极或阳极电泳涂装、电泳后清洗和吹干（除水）等工序。以工艺最典型、最复杂的汽车车身阴极电泳涂装线为例，电泳涂装各工序功能及参数列于表 5-27。

表 5-27　汽车车身的典型阴极电泳涂装工艺

工序名称	处理功能	工序处理内容			控制管理要点	备注
		方式	时间	温度		
①阴极电泳涂装法涂底漆	在前处理过的车身内、外表面泳涂上一层均匀的、规定厚度的电泳涂膜	浸(通直流电)	3～4min	28～29℃	槽液固体分（NV）、pH值、温度、电泳电压	电泳涂膜厚度一般为 20μm±2μm；在采用厚膜电泳涂料场合可达 35μm
②电泳后清洗 a. 0次UF液洗 b. 1次UF液洗 c. 2次UF液洗 d. 新鲜UF液 e. 循环纯水洗 f. 新鲜纯水洗	洗净车身表面的浮漆，提高涂膜外观质量，回收电泳涂料。浸洗消除缝隙部位的二次流痕。溢流槽上0次UF液洗，对回收电泳涂料和防止表干有益	a. 喷 b. 喷 c. 浸 d. 喷 e. 浸 f. 喷雾	通过 20～30s 全浸没即出 通过 全浸没即出 通过	室温 室温 室温 室温 室温 室温	各工序清洗液的NV或电导率	①UF液逆工序补加最终返回到电泳主槽中； ②F工序用RO-UF液替代纯水，实现全封闭清洗，向d工序补加，大大减少电泳污水的排放量； ③出电泳槽至UF液洗时间不能大于1min
③除水 (防尘，吹 30～40℃的热风或预加热60～100℃，10min)	车身倾斜倒掉积水和吹掉表面的水珠	自动倾斜和自动/人工吹风	2～3min	室温 可吹热风	检查涂膜表面积水和水珠情况	消除电泳涂膜的水斑、二次流痕等缺陷，提高涂膜外观

工艺参数管理：

① 固体分（NV）　在电泳涂装生产过程中，随着生产的进行不断消耗电泳涂料，使槽液的 NV 逐渐下降，为保证涂装质量稳定，NV 变动范围要小；每班都应按通过的工件数（涂装面积），补加电泳涂料，每周再按实际测定值校正一次。

② pH 值　电泳漆槽液的 pH 值是直接影响槽液稳定性和树脂基料水溶性的重要工艺参数，应严格控制在工艺规定值的 0.05～0.1 范围内，偏高偏低都会引起槽液的不稳定和电泳涂膜的质量问题，严重时甚至造成成膜树脂析出或凝聚，堵塞 UF 膜或极罩、产生大量沉淀物。因此，必须严格现场管理。

③ 颜基比　颜基比（灰分）是指电泳涂料、槽液和干涂膜中颜料与基料（如树脂）含量的比值，它对电泳涂料的电泳特性和涂膜性能都有较大影响。颜基比高了，泳涂的膜厚下降，电压上升；漆面的平滑性，抗针孔、缩孔性提高。电沉积涂膜的颜基比往往不能与电泳原漆的颜基比一样，因而在电泳涂装生产中造成颜基比的变化，需要定期检测调整。

④ 电导率　在电泳涂装现场检测槽液、UF 液、极液和纯水的电导率，作为电泳涂装工艺控制的手段之一。电泳槽液的电导率与涂装的品种、固体分的高低、杂质离子的含量和

pH 值等有关。一般槽液电导率的较小变化（如±100μS/cm）对涂膜性能无大的影响，因此工艺控制范围较宽。槽液电导过低或过高对涂膜厚度、外观和泳透力有影响，随着其电导升高，泳透力也增高。

⑤ 有机溶剂含量　为提高电泳涂料的水溶性和槽液的稳定性，其配方中加有亲水性的有机溶剂，一般使用中、高沸点的酯系和醇系溶剂。槽液的溶剂含量一般指槽液中除水以外的有机溶剂的百分含量。新配制的槽液中原漆带入的有机溶剂含量较高，一般待槽液的熟化过程挥发掉低沸点的有机溶剂后，才能泳涂工件。国外已有配制的槽液不需要熟化的电泳涂料品种，即原漆本身的有机溶剂含量已较少。

槽液有机溶剂含量现今还是电泳涂装的主要工艺参数之一，一般控制在 2.5%～4% 范围，有些电泳涂料品种需要较高的有机溶剂含量。槽液有机溶剂含量偏高，涂膜臃肿、过厚，泳透力和破坏电压下降，再溶解现象变重；含量偏低，槽液的稳定性变差，涂膜干瘪。由于有机溶剂挥发后污染大气，从环保考虑，发展趋势是提高树脂的水溶性，不用有机溶剂。

5.4.3.3　电泳涂膜的固化（烘干）

电泳涂膜和其他涂装方法（如喷涂法、浸涂法）所得涂膜不一样，含溶剂量极少，类似"干膜"，可直接进入高温下烘干，不会产生"针孔"和"痱子"等漆膜弊端。另外，电泳涂装在烘干时排出的油烟状废气较多（及加热减量，分解物最高可达 10% 以上），对烘干室污染较大，这种废气在高温下为油烟，在较低温度（100℃）下为"焦油"，只能用直接燃烧法进行废气处理。油烟有火灾危险，应及时清除。

烘干规范（即烘干时间和温度）取决于被烘干的涂料类型、被烘干物材质及热容和加热方式等因素，通常由涂料厂家推荐，也可由涂料厂根据现场条件和产品涂层的性能要求，通过实验确定。烘干规范是涂装工艺设计和烘干室设计的基础。烘干时间包括升温时间和保温时间。

一般采用烘干温度-时间曲线来表示烘干室特性和烘干规范，又称固化曲线，如图 5-8 所示。它可由与被烘干物随行的温度-时间测定仪测得，是监控烘干室运行状态的重要依据，也可表征出烘干室内温度的均匀性，一般要求温度均匀性为±5℃（或烘干温度的±2.5%）。

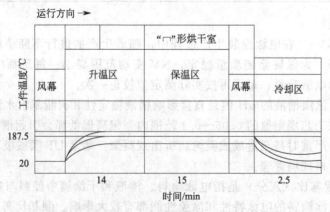

图 5-8　阴极电泳底漆烘干室的工作温度-时间变化过程曲线

电泳涂膜的固化完全靠加热固化。如烘干温度偏低、时间不足，则固化不足，涂膜的附着力、机械性能、耐蚀性差；烘干温度过高、时间过长，则涂膜变脆，严重时涂膜脱落，影响下层涂膜的附着力，因此必须严格执行烘干规范。

第6章

热 浸 镀

6.1 概 述

热浸镀即熔融金属浸镀，是将工件放置于高温熔融的被镀金属液中，使熔液中的一种或几种元素经热扩散渗入工件表面，形成既有合金层、又有纯被镀金属层的复合结构层。

通过渗入不同合金元素或者采用不同热浸工艺，可以使工件表面获得不同组织和性能的浸镀层，从而极大地提高工件的表面性能（如抗蚀性）。

由于被镀金属与基体金属之间是冶金结合，形成一层合金层，所以热浸镀得到的镀层从结构上不同于电镀层，结合力要比电镀高。

被镀金属与基体金属形成的合金层，往往是固溶体或金属间化合物。金属间化合物是指两种或两种以上金属以整数比（化学计量）组成的化合物。

当合金中的溶质含量超过其在溶剂中的溶解度时将会出现新相，若新相的晶体结构不同于合金组元的晶体结构，则新相就是金属间化合物；其晶体结构类型和性能完全不同于它的任一组成元素，金属之间以整数化（化学计量）组成，因此，金属间化合物一般可用分子式表示。金属间化合物仍然是金属材料。

除离子键和共价键之外，金属间化合物有很强的金属键结合，因而它具有金属的一些特性，如金属光泽，导电与导热等。此外，金属间化合物往往具有复杂的晶体结构，熔点高，硬而且脆性大。

热浸镀发生的过程如下：

① 被镀金属元素的活性原子提供给基体金属表面，并在表面吸附。

② 被镀金属元素的活性原子被基体金属所吸收，形成最初的表面固溶体或金属间化合物，建立热扩渗所必需的浓度梯度。

③ 被镀金属元素原子向基体金属内部扩散，基体金属原子也同时向渗层中扩散，使扩渗层增厚，即扩渗层成长过程。

由以上分析可知，能完成热浸镀的基本条件如下：

① 欲渗金属元素与基材之间必须有直接地、充分地接触。

② 欲渗金属元素必须能够与基体金属形成固溶体或金属间化合物。

③ 欲渗金属元素在基体金属中要有一定的渗入速度。

因此，能用于热浸镀的镀层金属，只能是低熔点的金属及其合金，而且其熔点比基体材料的熔点要低得多。而且，要求该金属能与基体产生良好的浸润效果。热浸镀的基体材料通常为钢铁，也可以是铜及其合金。常见的热浸镀层金属见表 6-1。

表 6-1 常见的热浸镀层金属

金属	锌	锡	铝	铅
熔点/℃	419.45	231.9	658.7	327.4
相对密度	7.14	5.80	2.70	11.3
防腐机理	镀层致密,牺牲性阳极	镀层致密,仅在有机酸中属于牺牲阳极	镀层致密,牺牲性阳极	镀层致密,利用铅的抗酸性防腐
经济性	锌价格便宜,最具经济效益	锡价格昂贵	价格低,但加工温度高	价格较高
用途	钢板,钢管中大量采用	无毒,可用作食品药品,可焊性好	耐热性好,抗硫,可用于锅炉管线等	耐酸性优良,可焊性好,可用于汽油桶、药品桶等
说明	应用最广,为提高抗蚀力还有一些合金镀层	应用最早,热浸镀锡钢板俗称"马口铁"	因抗蚀性好,为新开发的浸镀层	纯铅无法浸润钢铁表面,常加入锡,形成热浸铅锡合金镀层

电镀和热浸镀都能得到上述几种镀层，但二者的差异很大。

热浸镀的优点在于：

① 覆盖能力好，很长的管子内部也能覆盖完全。而电镀时管内很难镀上镀层。

② 镀层结构致密，中间有金属固溶体或金属间化合物。因此附着力很强，不容易脱落。

③ 镀层中无无机物夹杂。

④ 得到的镀层较厚，通常为 $50\sim200\mu m$，耐蚀性很高，能在较恶劣的环境中长期使用。

⑤ 生产效率高。

⑥ 生产中产生的"三废"较电镀少。

热浸镀的缺点有：

① 能获得的镀层种类有限。

② 镀层厚度和均匀性不易控制。

③ 镀层外观无法像电镀那般光亮。

④ 热浸镀需要高温生产，能耗较电镀高。

6.2 热浸锌

6.2.1 热浸锌的用途

热浸锌也叫热镀锌，是世界各国公认的一种经济实惠的材料表面保护工艺，广泛应用于在大气和海洋中工作的钢板、钢丝和钢管上。如：

① 公路用 高速公路护栏板、照明灯杆、隔离网、标识牌、桥梁钢结构等。

② 铁路用 车站、维修厂、架线杆、隔声墙。

③ 塔桅用 输电铁塔、通信塔、广播电视塔、气象塔、索道支架等。

④ 土木用 下水道、落石防护墙，防风防雪栅等。

⑤ 建筑用　大跨度网架构、围墙、钢构厂房、设备等。

⑥ 农产、水产用　温室、储藏室、果树棚、农用大棚等。

近年来随着高压输电、交通、通信事业的迅速发展，对钢铁件防护要求越来越高，热浸锌需求量也不断增加。

我们知道，锌的抗大气腐蚀机理有机械保护及电化学保护。热浸锌覆盖能力好，镀层致密，无有机物夹杂，因而抗腐蚀性更强。通常电镀锌层厚度 $5\sim25\mu m$，超过这一厚度，镀层会变脆，质量明显下降，并且，所需的加工时间太长。而热浸锌层一般在 $35\mu m$ 以上，甚至高达 $200\mu m$。镀锌层的厚度，直接决定了热浸镀锌产品的防腐蚀年限。国标规定对不同环境使用的热浸锌厚度一般在 $50\sim80\mu m$。

锌层的腐蚀速率约为普通钢铁的十几分之一。防腐年限也远超其他镀层或涂层。在郊外干燥环境中，防腐年限甚至可以达上百年。热浸锌在不同大气环境下的年腐蚀速率见表 6-2。

表 6-2　热浸锌在不同大气环境下的年腐蚀速率

大气环境	年腐蚀速率/$(\mu m/a)$	大气环境	年腐蚀速率/$(\mu m/a)$
城市大气	$2\sim7$	海洋大气	$1\sim7$
农村大气	1	热带大气	$2\sim3$
工业大气	4		

6.2.2　热浸镀锌层的形成过程

热浸镀锌层的形成过程是铁基体与最外面的纯锌层之间形成铁-锌合金的过程，属于一个、一个的冶金反应过程。从微观角度看，热浸镀锌过程包括两个动态平衡：热平衡和锌铁交换平衡。该过程可简单地叙述为：

① 当把钢铁工件浸入 $450℃$ 左右的熔融锌液时，常温下的工件吸收锌液热量。当钢铁温度达到 $200℃$ 以上时，锌和铁的相互作用逐渐明显，高温下的锌原子渗入铁工件表面。首先在界面上形成锌与 α 铁（体心）固溶体。这是基体金属铁在固体状态下溶有锌原子所形成的一种晶体，两种金属原子之间是融合的，原子之间引力比较小。

② 随着工件温度逐渐接近锌液温度，扩散到铁基体中的锌原子在基体晶格中迁移，逐渐与铁形成合金。同时铁原子热运动也加快。铁原子和锌原子开始相互扩散，深度也进一步加大。工件表面形成含有不同锌铁比例的合金层，并构成锌镀层的分层结构，随着时间延长，镀层中不同的合金层呈现不同的成长速率。

从宏观角度看，上述过程表现为工件浸入锌液，锌液面出现沸腾，当锌铁反应逐渐平衡时，锌液面逐渐平静。此时，当锌在固熔体中达到饱和后，扩散到熔融的锌液中的铁就与锌形成金属间化合物 $FeZn_{13}$，沉入热镀锌锅底，即为锌渣。

③ 当工件被提出锌液面，工件温度逐渐降低至 $200℃$ 以下时，锌铁反应停止。附着在工件表面的浸锌液在移出时形成纯锌层，为六方晶体。其含铁量不大于 0.003%。

整个合金化过程其实非常复杂，形成的合金层包括多种合金相。各相组成和性质各不相同。热浸镀时间不同，能形成的各种合金相也不尽相同，总的规律大致如下：

接近底材部分形成 δ_1 合金层，再上为 ζ 合金层，最外层为与锌液相同的 η 纯锌层。

δ_1 合金层通常为镀锌皮膜最内部的致密组织层，复杂的六方晶系构造，富韧性、延展性，以 $FeZn_7$ 化合物存在，铁含量 $7\%\sim11\%$。

ζ 合金层为镀锌皮膜中最显著的单斜晶系，柱状组织，对称性低，相互结合不坚固、易脆，经苛酷的变形加工会产生龟裂，以 $FeZn_{13}$ 化合物存在，铁含量 6%。

η 纯锌层是最上部分之纯锌层，稠密六方晶系，质软富延展性，经变形加工不易龟裂。

各种锌-铁合金相的结晶结构和物理特征见表 6-3。

表 6-3　锌-铁合金相的结晶结构和物理特性

项目	名称	化学式	含铁量/%	晶面结构	硬度/HV(0.2N)	密度/(g/cm³)	熔点/℃	性质
α-Fe	铁素体	Fe	100	体心立方	165	7.89	—	塑性
Γ	黏附层	Fe_3Zn_{10}	20.5～28	体心立方	>515	7.5	782	脆性
$Γ_1$		Fe_5Zn_{21}	—	面心立方	505	—	—	脆性
$δ_1$	栅状层	$FeZn_7$	7.0～11.5	六方	454	7.25	665	塑性
$δ_1$	致密层	$FeZn_7$	—	六方	285～300	7.25	—	塑性
ζ	漂走层	$FeZn_{13}$	6.0～6.2	单斜	270	7.80	530	脆性
η	纯锌层	Zn	0.003	六方	37	7.14	420	塑性

6.2.3　常用的热浸锌工艺

热浸锌层由基体到表面有多相组织，各相组织的硬度和韧性等都不一样。热浸锌工艺就是调整各相的比例，得到结合力高、致密且具有良好外观的热浸锌层。决定浸锌质量的主要工艺参数有锌液温度、浸渍时间和从锌液中抽出的速度等。

常见的热浸锌工艺分为氧化还原法和熔剂法两大类。这两种方法是按除油除锈、表面保洁、活化方式来分类的。

氧化还原法也称为保护气体还原法（如森吉米尔法）。具体方法是先将欲镀工件在氧化气氛的预热炉内烧掉表面油污，然后再进入还原气氛炉内把氧化皮还原并加热到规定的温度，接着将工件浸入炉内进行热浸渗处理。特点：不需化学法除油、锈，避免污染；各工序均在加热状态下依次进行，时间短，热效率高；可以实现机械化大规模生产。保护气体还原法的工艺流程见表 6-4。

表 6-4　保护气体还原法的工艺流程

序号	工艺步骤	工艺方法
1	微氧化炉加热	在微氧化炉中用煤气或天然气加热，用火焰烧去表面油污、乳化液，并使表面氧化，生成天蓝色氧化薄膜
2	还原处理	在通有氮气和氢气的还原炉中，加热使氧化膜还原为海绵铁，并完成退火
3	冷却	在保护气氛下冷却至适当温度
4	热浸镀	450～460℃
5	冷却	
6	后处理	
7	成品	

熔剂法是工件先吸附一层熔剂，再进入熔融的锌液中镀锌的方法。熔剂也叫助镀剂，或助镀熔剂。主要成分是氯化铵。熔剂的作用有：可以除去预镀件经酸洗后在空气中又被氧化所产生的少量氧化皮，提高镀层对基体材料的附着力；清除预镀件表面未完全酸洗掉的铁盐，清除熔融金属表面氧化物，降低熔融金属的表面张力，促使铁表面为熔融金属液所润湿。

熔剂法又有两种：熔融熔剂法，又称湿法，熔剂常采用熔融态的氯化铵和氯化锌混合物，工件浸渍这种熔融盐后直接浸镀锌；烘干熔剂法，又称干法，熔剂采用的是氯化铵和氯化锌的水溶液，为防止水进入热浸镀炉，浸熔剂后要经过烘干才能进入热浸镀炉。

熔剂法的工艺流程见表 6-5。

表 6-5　熔剂法的工艺流程

序号	工艺步骤	工 艺 方 法
1	预镀件	
2	碱性除油	用普通碱性钢铁除油液即可,一般需加热;油污严重时需用其他方法除油
3	水洗	
4	酸洗	硫酸(H_2SO_4)180~200g/L,50~80℃;
		或者盐酸(HCl)45g/L,室温,缓蚀剂 0.5~1g/L
5	水洗	
6	稀盐酸处理	盐酸(HCl)15g/L,室温
7	熔剂处理	湿法:在 $ZnCl_2+3NH_4Cl$ 或者 $ZnCl_2+2NH_4Cl$ 的熔融盐中浸渍
		干法:在 $ZnCl_2$ 15g/L,NH_4Cl 15g/L 水溶液中浸渍后烘干
8	热浸锌	450~460℃,1~5min
9	冷却	
10	后处理	如矫平、整理、钝化等
11	成品	

上述方法中,国内应用较多的是干法热浸锌和氧化还原法热浸锌。

6.2.4　干法热浸锌工艺流程

干法热浸锌的工艺流程一般包括以下步骤:

工件→除油→水洗→酸洗→水洗→浸助镀熔剂→烘干预热→热镀锌→整理→冷却→钝化→漂洗→整修→干燥→检验

(1) 除油

一般采用钢铁碱性除油液,主要成分为"三碱":氢氧化钠、碳酸钠和磷化钠。有时也加入硅酸钠和 OP 类乳化剂。温度 80~90℃。油污严重时,可先用有机溶剂等方式除油。

(2) 酸洗

酸洗的目的是除去铁锈、氧化皮、沉积盐及其他表面覆盖物。可采用 H_2SO_4 15%,硫脲 0.1%,40~60℃或用 HCl 25%,乌洛托品 3~5g/L,20~40℃进行酸洗。加入缓蚀剂可防止基体过腐蚀及减少铁基体吸氢量,同时可加入抑雾剂抑制酸雾逸出。

除油及酸洗处理不好都会造成镀层附着力不好,镀不上锌或锌层脱落。

(3) 熔剂处理

熔剂一般为氯化锌和氯化铵混合液,有时加入一定量的表面活性剂。温度一般 50℃。

熔剂处理的目的是使钢铁件表面与空气相隔,防止二次氧化生锈,并会使表面铁原子活化,使其在热锌熔液中,具有良好的浸润性,更易生成锌铁化合物,从而提高结合强度。

(4) 烘干

烘干的目的是提高工件温度,稳定浸渍膜层,除去表面水分,防止因过多水分的带入而在热锌熔液中产生爆炸。为防止这种爆炸产生,有时需加入防爆剂。还能防止工件在浸镀过程中由于温度急剧升高而产生形变。

烘干常用的方式有用"热板烘"及"热风吹"。

"热板烘"是烟气或其他热源加热烘干炉底部的铸铁板或铁板,利用空气导热将工件烘干。这种方式烘干效率不高,容易造成烘干炉底部温度过高而使靠近底部的工件表面助镀溶剂失效,而烘干炉顶部因温度低而使靠近顶部的工件表面助镀溶剂不能干透。"热板烘"方式的优点在于:以烟气作为热源方便简单。

"热风吹"方式是将空气加热后吹入烘干炉内来烘干工件。这种方式对工件的烘干效果较好，热源可利用烟气余热加热置于烟道中的换热器，进而加热换热器中的空气，再用风机将热空气吹入烘干炉中。其缺点是烘干炉结构复杂，投资成本高，同时还需要额外支持一套风机系统的运行。

工件烘干后，其自身最高温应在 110～140℃ 之间。烘干工序的温度必须热得足够蒸发助镀溶剂盐膜层里剩余的水，但不应超过 150℃。实际生产中，一般往往将烘干温度控制在 70～120℃。如果烘烤温度太高，这时候的工件表面发黑或发红，说明其在烘烤过程中被氧化，助镀熔剂已经失效。此时，轻者造成缺锌，重者根本镀不上。

助镀熔剂盐膜中氯化锌的结晶水也会在烘干步骤蒸发，避免了结晶水带入热锌熔液而引发爆炸等危险。

(5) 热浸镀锌

将工件浸于 445～455℃ 镀锌液中，反应一定时间（钢带和钢管一般为 1～5min）后提出，在此过程中钢铁与锌液接触，发生锌液对钢铁表面的润湿、钢铁表面铁原子的溶解、铁原子与锌液的反应及铁与锌原子的相互扩散等一系列复杂的物理化学过程。最后获得一层连续的含有锌铁合金层和纯锌层的复杂结构。

在热浸镀锌过程中，为使钢基体与锌液发生反应形成合金层，首要条件是实现锌液对钢基体表面的良好浸润。锌液对钢表面的浸润性受钢基体的化学成分、表面状态及浸助熔剂工艺条件的影响。对于钢基体，以下因素能显著影响浸润性能：

① 钢板的退火条件，即温度和时间，是影响锌液浸润性的重要因素。退火条件的不同主要表现在钢板的硬度变化。钢板表面硬度愈高，锌液的浸润性愈好。

② 钢板表面粗糙度的影响：钢板表面粗糙度愈大，锌液的浸润性愈强。

③ 浸锌前钢板入锅温度的影响：随温度的升高，浸润性急剧增大（550℃时比 480℃浸润性增大约 2.2 倍）。

④ 钢的组成成分，表面元素的富集状态。

合金层的形成与钢铁化学成分，表面状态，镀锌前处理，锌液成分，浸镀的温度、时间、工艺条件等一系列因素有关。工件从锌液中引出的速度、冷却条件等因素也能影响合金层及纯锌层的质量和厚度。

浸镀温度过低，锌液流动性差，黏度增加，镀层厚且不均匀，易产生流挂，外观质量差；温度高，锌液流动性好，锌液易脱离工件，减少流挂及皱皮现象发生，附着力强，镀层薄，外观好，生产效率高；但温度过高，浸锌层塑性下降，工件及锌锅铁损严重，锌液对基体铁溶解加快，产生大量锌渣，影响浸锌层质量并且容易造成色差使表面颜色难看，锌耗高。

(6) 冷却

冷却可以防止合金反应继续发生，从而控制合金层厚度，形成稳定镀层。

(7) 整理

镀后对工件整理主要是去除表面余锌及锌瘤，附着在镀层表面的锌灰，可采用热镀锌专用震动器来完成。

(8) 钝化

目的是提高工件表面抗大气腐蚀性能，减少或延长白锈出现时间，保持镀层具有良好的外观。可用硫酸、铬酐钝化，也可用硫酸、重铬酸盐钝化，如 $Na_2Cr_2O_7$ 80～100g/L、硫酸 3～4mL/L。但这两种钝化液均含六价铬，严重影响环境。如果工件还要喷塑或涂装处理，可用磷化代替钝化处理。

（9）检验

要求镀层外观光亮、细致且无流挂、皱皮现象。厚度检验可采用涂层测厚仪，方法比较简便。也可通过锌附着量进行换算得到镀层厚度。结合强度可采用弯曲压力机，将样件做 $90°\sim180°$ 弯曲，应无裂纹及镀层脱落。也可用重锤敲击检验，并且分批地做盐雾试验和硫酸铜浸蚀试验。

6.2.5　热浸镀锌层形成过程中的"铁损"

热浸镀镀层的形成过程可粗略描述为：铁溶解在熔融态的锌中，铁和锌形成金属间化合物，在合金层表面生成纯锌层。在前两个步骤中，铁都会"损失"。"铁损"被定义为与锌形成合金层的铁和溶解进入锌渣的铁的总量。它可以从一个侧面反映热浸锌过程的情况。

损失的铁以 $FeZn_{13}$ 进入锌液，构成锌渣、沉入锅底。严重时，还会吸附在工件表面，造成表面粗糙等现象。

可以用铁损来反映锌液温度和浸入时间对热浸锌过程的影响。在锌液温度为 500℃ 时，铁损与浸入时间成直线关系，高于和低于此温度，铁损与浸入时间成抛物线关系（见图 6-1）；当浸入时间相等时，铁损在 480～540℃ 之间有一突起峰；在其他区域，铁损随温度升高而缓慢增大（见图 6-2，浸锌时间为 1h）。

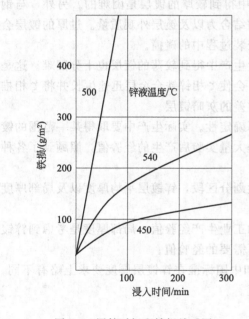

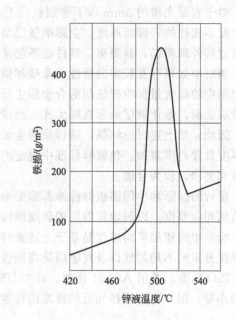

图 6-1　浸锌时间和铁损关系图　　　　图 6-2　浸锌 1h 的铁损与浸锌温度关系图

铁损大会使熔融锌中含有过多的铁而使质量下降，铁损大也反映合金厚且脆性大，所以一般浸锌温度低于 480℃。但温度过低，会使锌消耗量大，镀层外观也差。通常热浸锌温度应控制在 450～460℃ 之间。

钢铁的成分也对铁损有重要的影响。

一般来说，钢中的含碳越高，铁损越大，合金层也越厚，浸锌层也会更脆。此规律在各种锌液温度下是一致的。含碳量在 0.5％ 以下时，铁损随含碳量增加的速度较慢；含碳量大于 0.5％ 时，铁损随含碳量增加速度加快。钢中以层状或粒状珠光体存在时铁损最大，以其他形态存在时铁损较小。钢在退火时温度过高，会在表面形成晶间渗碳体，使钢板在锌液中的浸润能力下降而容易结瘤。

硅含量升高，铁损也增加，但硅含量不会改变铁损随锌液温度和浸入时间变化的规律。硅对浸锌时合金层和纯锌层的厚度及结构均有影响，但关系很复杂。

6.2.6 热浸镀锌层的厚度控制

热镀锌镀层的厚度决定了镀件的防腐蚀性能。因此，对锌镀层厚度的控制显得格外重要。影响锌镀层厚度的因素主要有：基体金属厚度；基体金属成分；钢材的表面粗糙度；钢材中的活性元素硅和磷含量及分布状态；钢材的内应力；工件几何尺寸；热浸镀锌工艺等。

钢材厚度不同的工件，达成热平衡和锌铁交换平衡所需的时间不同，形成的镀层厚度也不同。

合金层的厚度主要取决于锌液温度和浸入时间。一定温度下，热浸时间增加 4 倍，合金层厚度增加 1 倍。合金层厚度往往与工件移出速度无关。

纯锌层厚度主要取决于移出速度。锌液温度高，锌液黏度低，流动性好，纯锌层较薄；移出速度快，纯锌层较厚。而与浸入时间无关。

为了抑制合金层的增长，可以在熔融的锌液中加入合金生长抑制元素。如添加锌铝合金可以减少镀层中合金层的厚度。

对于表面光滑的 3mm 以下薄钢板，工业生产中得到较厚的镀层是困难的。另外，与钢材厚度不相称的锌镀层厚度，会影响镀层与基材的结合力以及镀层外观质量。过厚的镀层会造成镀层外观粗糙，易剥落，镀件经不起搬运和安装过程中的碰撞。

钢材中如果存在较多的活性元素硅和磷，工业生产中得到较薄的镀层也十分困难。这是由于钢中的硅含量影响锌铁间的合金层生长方式，会使 ζ 相锌铁合金层迅速生长并将 ζ 相推向镀层表面，致使镀层表面粗糙无光，形成附着力差的灰暗镀层。

因此，如上述讨论结果，镀锌层的生长存在不确定性。实际生产中要取得某一范围的镀层厚度常常是困难的。热镀锌标准中规定的厚度是大量实验后产生的经验值，照顾到了各种因素和要求，较为合理。

现行的国际和中国热镀锌标准都根据钢材厚度划分区段，锌镀层平均厚度以及局部厚度应达到相应厚度，以确定锌镀层的防腐蚀性能。

标准中的镀层平均厚度是基于上述镀锌机理的工业生产经验值。局部厚度是考虑到锌镀层厚度分布的不均匀性以及对镀层防腐蚀性要求所需要的经验值。

ISO 标准、美国 ASTM 标准、日本 JIS 标准和中国标准在锌镀层厚度要求上略有不同，大同小异。用户可以选择相近的标准的锌镀层厚度。

6.2.7 钢铁合金成分对热浸镀锌的影响

钢铁中含碳量高，锌铁反应剧烈，铁损加大，还会加速合金层的形成。相应地，浸锌层的韧性会下降，脆性增加。

磷对热浸锌有不良影响，磷含量达 0.15％ 左右，纯锌层变薄，合金层加厚，甚至局部无纯锌层而出现无光泽的斑点。

铜可提高热浸锌层的抗蚀力，含铜量大于 0.3％ 时，钢板表面会形成轧制网纹，故含铜量一般不应高于 0.15％。

硅元素会严重影响合金层的反应过程，会大大加速 ζ 相的生长。硅元素在 0.06％～0.08％ 之间以及大于 0.25％ 时，能使合金层加厚。大于 0.25％ 时的反应特别激烈，常有镀锌皮膜烧灰或特别厚的现象发生。而高强度合金钢中往往添加有硅元素，需要特别注意。

钢铁中含有锰和硫，热浸锌影响不大。

6.2.8 熔融锌液中的其他元素对热浸镀的影响

锌熔融液在开缸和使用过程中都会含有其他元素，熔融锌液中其他元素对热浸锌的影响见表6-6。

表6-6 熔融锌液中的其他元素对热浸镀锌的影响

元素	对热浸锌的影响
铅	锌液中含铅会使熔点降低，因而凝固时间较长，易形成大的锌花；铅使锌液更容易润湿钢铁表面，铅含量达1.2%时，在工作温度下达到饱和，多余的会沉到锅底，能延缓锅底的腐蚀
铁	在450℃时铁含量大于0.02%，即形成锌渣（锌铁合金），沉到锅底。铁使锌液浸润性变差，锌层变厚也变脆，外观亦变差
铝	铝对热浸锌过程有良好影响，常人为地添加进去； 铝含量达0.01%～0.02%时，可使得浸锌层变亮，因为锌液表面生成三氧化二铝而防止锌的氧化； 铝含量达0.1%～0.15%时，可短时间内抑制锌铁合金层的生成，但若浸入时间延长，仍会生成合金层，不过比不加铝时薄，韧性也好； 铝含量达3%时，浸锌层耐蚀性明显提高，在铝含量达5%时，浸锌层耐蚀性最好
镉	锌锭中含镉一般在0.001%～0.07%之间，对热浸锌影响不大；镉含量达0.1%～0.5%时使锌花增大；大于0.5%时，铁损增大，合金层变厚，镀层变脆
锡	添加锡能降低锌液的熔点，延长锌液凝固时间而获得外观美丽的锌花镀锌层。镀层出现银白色光泽。但锡易产生晶间腐蚀，使镀锌层耐蚀性能下降。因而锡含量不宜大于0.5%
锑	锑同样因能降低锌的熔点而使锌花加大，镀层更光亮，镀层厚度也加大，含量达0.05%时，可提高镀锌层的致密性，抑制晶间腐蚀，但镀层脆性变大。一般锑的加入量<0.3%
铜	添加0.8%～1%的铜可改进抗蚀性，但超过1%时，镀层厚度会急剧加大而且变脆，使结合力下降
镁	镁含量达0.003%即可改善抗蚀性，0.05%时抗蚀性最好，过多的镁使镀层外观变差，结合力下降

6.2.9 锌灰、锌渣与表面质量

(1) 锌灰、锌渣的形成与控制

锌灰锌渣不仅严重影响到浸锌层质量，造成镀层粗糙，产生锌瘤，而且使热镀锌成本大大升高。如果锌灰锌渣严重，其耗锌量会提高一倍。

锌灰的主要成分是锌的氧化物，碳酸盐和其他金属氧化物。锌灰一般占锌耗总量的10%～16%。

控制锌灰主要是控制好温度，减少锌液表面氧化而产生的灰渣，所以要采用有除铁功能和抗氧化功能的合金，并且用热导率小、熔点高、相对密度小、与锌液不发生反应，既可减少热量失散又可防止氧化的陶瓷珠或玻璃球覆盖，这种球状物易被工件推开，又对工件无黏附作用。

锌渣的主要成分是$FeZn_{13}$，占锌耗总量的20%～35%。锌渣的形成主要是溶解在锌液中的铁含量超过该温度下的溶解度时所形成的流动性极差的锌铁合金，锌渣中锌含量可高达94%，这是热镀锌成本高的关键所在。

要减少锌渣就要减少锌液中铁的含量，就是要从减少铁溶解的诸因素着手：

① 施镀及保温要避开铁的溶解高峰区，即不要在480～510℃时进行作业。

从铁在锌液中的溶解度曲线可以看出：不同的温度及不同的保温时间，其溶铁量即铁损量是不一样的。在500℃附近时，铁损量随着加温及保温时间急剧增加，几乎成直线关系。低于或高于480～510℃范围，随时间延长铁损提高缓慢。因此，人们将480～510℃称为恶性溶解区。在此温度范围内锌液对工件及锌锅浸蚀最为严重，超过560℃铁损又明显增加，达到660℃以上锌对铁基体是破坏性浸蚀，锌渣会急剧增加，施镀无法进行。因此，为减少锌渣，浸镀可在430~450℃域内进行。

② 锌锅材料尽可能选用含碳、含硅量低的钢板焊接。含碳量高，锌液对铁锅浸蚀会加快，硅含量高也能促使锌液对铁的腐蚀。有时铁锅还加入能抑制铁被浸蚀的元素镍、铬等。不可用普通碳素钢，否则耗锌量大，锌锅寿命短。也有人提出用碳化硅制作熔锌槽，虽然可解决铁损量，但造型工艺是一个难题，目前工业陶瓷所制作的锌锅仅能做成圆柱形且体积很小，虽然可以满足小件镀锌的要求但无法保证大型工件的镀锌。

③ 要经常捞镀件、捞锌渣。落入锌液中镀件要及时打捞。也要经常打捞锌渣。先将温度升高至工艺温度上限以便锌渣与锌液分离，使锌渣沉于槽底后用捞锌勺或专用捞渣机捞取。

④ 要防止助镀剂中二价铁离子随工件带入锌槽，助镀剂要进行在线再生循环处理，严格控制亚铁离子含量，不允许高于4g/L，pH值始终保持在4.5~5。

⑤ 防止局部过热。

(2) 表面粗糙及小锌瘤的生成原因

造成热镀锌工件表面粗糙及小锌瘤的因素，主要有以下几个方面：

① 工件的保管不善，使表面锈蚀得太厉害，镀锌层遮盖不住。

② 工件基体中的元素分布不均匀或引起偏析，使其在酸洗时溶解速度不同或微电池作用而产生粗糙面。其中有些元素会与酸洗溶液产生氢气疤而引起粗糙面，小的氢气疤能被镀锌层遮盖住，大的则不能，故留下粗糙面。

③ 酸洗时，因"过酸洗"而产生的大量坑穴无法被镀锌层遮盖掉。

④ 如果锌锅中添加了铝，则可能是锌液中含铝量太高，形成大量的颗粒黏附于表面上。同时，也容易形成波浪状的堆积。锌灰亦能不同程度地黏附于镀锌层表面上，形成粗糙面。

⑤ 锌液中的锌渣太多，或者是底加热的镀锌锅引起锌渣的上浮，使这些颗粒黏附于表面上而形成粗糙表面。

⑥ 镀锌工件离开锌液后在空气中的停留时间太长，入水冷却前，镀锌层已经凝固，留下了粗糙表面。

6.3　热浸镀锡

钢铁热浸镀锡发展的最早，1670年英国已经开始制作镀锡板。"马口铁"即热浸锡钢板，是热浸锡最主要的用途。由于抗蚀性好，易焊接和无毒性，常用于食品行业（如制造罐头容器）和包装行业。

但后来热浸镀锌的出现和电镀锡工艺的出现，并且由于锡较高的价格，使得热浸镀锡工艺开始慢慢减少。目前包装市场上的锡板多为电镀锡工艺。在某些特殊领域，如某些电子产品和电器行业，铜件的热浸镀锡工艺仍不可缺少。

钢铁件中也有一些热浸镀锡产品。例如，制造锡基和铅基合金滑动轴承时，钢背首先热浸锡，然后浇注合金衬里，可增加基体和衬里的结合力。某些大电流铜排端部的接头部分，通过热浸锡工艺，可以增加通电接触面积。

热浸镀锡的工艺流程与热浸镀锌类似，也包括除油、浸蚀、浸助镀剂等。

助镀剂可配制成水溶液单独使用，可以覆盖在热锡层上方。热浸锡时，预处理后的钢板先通过助镀熔剂层。熔剂以 $ZnCl_2$ 为主，含少量 NH_4Cl 或 $NaCl$。

热浸锡时，一般工作温度在 300℃ 左右。此时，铁和锡反应生成 $FeSn_2$ 化合物，它可阻止铁与锡继续反应，从而抑制合金层的增长，合金层厚度一般在 $2.5\sim3.5g/m^2$ 之间。

在 $250\sim300$℃ 热浸锡时，若浸入时间过长，合金层将增厚，若在 350℃ 时热浸锡，$FeSn_2$ 合金层厚度明显增加，并进入锡槽成为浮渣，应予防止。

浸锡后在 $235\sim240$℃ 的棕榈油中浸油，在油中使镀层经辊压变匀，并防止锡层氧化，浸后再强制冷却。未经浸油处理的工件可用体积分数为 1% 的盐酸溶液或体积分数 5%~10% 的柠檬酸溶液洗去熔剂残留物，最后用水清洗干净。

6.4　热浸镀铝

热浸镀铝是指将表面净化的钢铁件浸于熔融铝或铝合金中，通过铝液对钢铁表面的浸润，使高温状态下的铝原子和铁原子之间相互扩散，进行冶金化学反应，形成铝铁金属间化合物合金层，并在工件提出铝液时，又在合金层外黏附一层纯铝或铝合金层。

钢铁通过热浸镀铝可使钢铁件抗大气腐蚀能力大大地提高。并且，由于表面有一层光亮美观的铝，也具有装饰作用。对高硫气氛等环境有良好的抗蚀能力（如柴油车尾气排放管），这是目前提高钢铁耐硫化物最有效的方法。由于铝铁合金层硬度很高，耐磨性强，也大大增加了热浸镀铝的应用范围。

1939 年，美国建成了第一条带钢连续热浸镀铝生产线。目前从用量来看，热浸镀铝产品在热浸镀中是仅次于浸锌的产品。

热浸镀铝的反应与热浸镀锌非常类似。铝液与铁接触，在界面上形成合金层，首先形成 $FeAl_3$ 化合物。铝原子继续向铁基体内部扩散，形成 Fe_2Al_5 相，随着时间增加，Fe_2Al_5 相厚度增加。在最靠近铁基体的部分还有 $FeAl_2$ 生成。这三相间无明显分界。取出工件时，表面附着形成一层纯铝。

热浸镀铝工艺和热浸镀锌工艺类似，在助熔剂、炉温方面稍有不同。

第 7 章
气相沉积技术

7.1 概　述

气相沉积技术是指将含有沉积元素的气相物质，通过物理或化学方法沉积在固体材料表面形成功能性或装饰性的金属、非金属或化合物覆盖层的一种新型镀膜技术。气相沉积技术发展迅速、应用广泛，自从 20 世纪 70 年代以来，薄膜技术和薄膜材料的发展突飞猛进、成果累累，已经成为当代真空技术和材料科学中最活跃的研究领域。

根据成膜的原理不同，气相沉积技术可分为物理气相沉积（physical vapor deposition，PVD）、化学气相沉积（chemical vapor deposition，CVD）和兼有物理和化学沉积方法特点的等离子化学气相沉积法（plasma chemical vapor deposition，PCVD）等，其主要分类见图 7-1。

几种 PVD 法和 CVD 法的特性比较见表 7-1。PVC 沉积温度低，覆层的特性和厚度、结构和组成可以控制；CVD 法具有设备简单、操作方便、绕镀性好、结合力强的优点，但由于沉积温度高，造成被处理工件力学性能下降，工件畸变率增大等问题。

表 7-1　几种 PVD 法和 CVD 法的特性比较

项目	PVD 法			CVD 法
	真空蒸镀	阴极溅射	离子镀	
镀金属	可以	可以	可以	可以
镀合金	可以，但困难	可以	可以，但困难	可以
镀高熔点化合物	可以，但困难	可以	可以，但困难	可以
真空压力/Pa	10^{-3} 以下	10^{-1}	$10^{-3} \sim 10^{-1}$	$10^{-3} \sim$ 常压
基体沉积温度/℃	100（蒸发源烘烤）	50～250	大约 500	800～1200
沉积离子的能量/eV	0.1～1.0	1～10	30～1000	
沉积速度/（μm/min）	0.1～75.0	0.01～2.00	0.1～50	每分钟几微米到几十微米
沉积层的密度	较低	高	高	高
孔间隙	中	小	小	极小
基体与镀层的连接	没有合金相	没有合金相	有合金相	有合金相
结合力	一般	较高	较高	高
均镀能力	不太均匀	均匀	均匀	均匀
镀覆机理	真空蒸发	辉光放电、溅射	辉光放电	气相化学反应

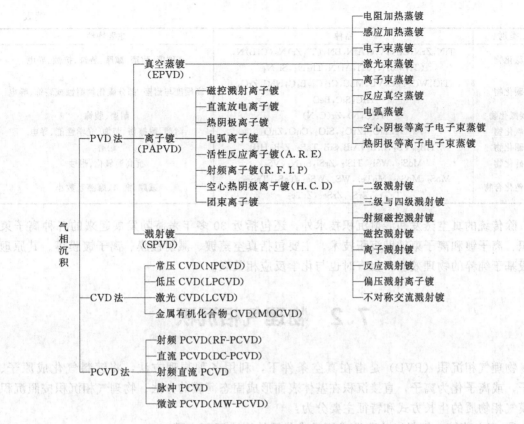

图7-1 气相沉积法分类

PCVD是将低压气体放电等离子体应用于化学气相沉积中的一项技术。PCVD由于等离子体参与反应，因此基材温度可以降低很多，具有不易损伤基材等特点，并有利于化学反应的进行，使通常难以发生的反应变为可能。由于PVCD能够克服PVD和CVD存在的固有弊病（前者绕镀性差，后者沉积温度高），又兼有两者优点，沉积温度低，绕镀性好，且可方便调节工艺参数，控制覆层（薄膜）厚度与组织结构，能获得均匀致密、性能稳定的多层复合膜及多层梯度复合膜。近年来，越来越受到人们的广泛重视，现在已进入实用化、商品化时期，具有广阔的发展前景。

现在气相沉积技术不仅可以沉积金属膜、合金膜，还可以沉积各种各样的化合物、非金属、半导体、陶瓷、塑料膜等（见表7-2）。根据使用要求，目前几乎可在任何基体上沉积任何物质的薄膜。该技术已经大量用于提高切削模具与结构元件等的减摩、耐磨、耐蚀、抗高温氧化与装饰等性能，延长使用寿命；用于制作光学、微电子、光电子、集成光学、信息储存元件等特殊性能的薄膜；在沉积金刚石与类金刚石、纳米薄膜及制作纳米材料等方面大有作为。近年来薄膜产业在新能源工程、环境工程等一些重要领域也发展迅速。在今后一个相当长的时期内，薄膜产业必然将不断发展，前景光明。

表7-2 积累沉积覆盖物的品种及其主要特性

类别	品种	主要特性
金属	Cr,Cu,Al,Ni,Mo,Zn,Cd,W,Ta,Ti,Au,Ag,Pb,In	电学、磁学或光学性能，耐蚀与耐热，减摩与润滑，装饰与金属化
合金	MCrAlY,高Ni合金,InConel,CuPb	抗高温氧化或腐蚀、耐蚀、润滑

类别	品种	主要特性
氮化物	$TiN,ZrN,CrN,VN,AlN,BN,(Ti,Zr)N,(C,B)N,$ $(Ti,Mo)N,(Ti,Al)N,Th_3N_4,Si_3N_4$	高硬度、耐磨、减摩、装饰、抗蚀、导电
碳化物	$TiC,WC,TaC,VC,MoC,Cr_7C_3,B_4C,NbC,ZrC,$ HfC,SiC,BeC	高硬度与耐磨、部分碳化物耐蚀或装饰、导电
碳氮化物	$Ti(C,N),Zr(C,N)$	耐磨、装饰
氧化物	$Al_2O_3,TiO_2,ZrO_2,SiO_2,CuO,ZnO$	耐磨、耐擦伤、装饰、光学性能、导电
硼化物	$TiB_2,VB_2,CrB_2,AlB,SiB,TaB_2,ZrB,HfB$	耐磨
硅化物	$MoSi_2,WSi_2,TiSi_2,ZrSi,Si_3N_4,VSi$	抗高温氧化、耐蚀
其他化合物	$MoS_2,MoSe_2,MoTe_2,WS_2,WSe_2,TaS_2,TaSe_2,$ $TaTe_2,ZrS_2,ZrSe_2,ZrTe_2$	减摩、润滑、摩擦系数小

除传统的真空蒸发和溅射沉积技术外，还包括近 30 多年来蓬勃发展起来的各种离子束沉积、离子镀和离子束辅助沉积技术。主要包括真空蒸镀、溅射镀膜、离子镀膜等。其原理一般基于纯粹的物理效应，但有时也与化学反应相关联。

7.2 物理气相沉积

物理气相沉积（PVD）是指在真空条件下，利用各种物理方法，将镀料气化成原子、分子，或离子化为离子，直接沉积在基体表面形成固态薄膜的方法。物理气相沉积按照沉积薄膜气相物质的生长方式和特征主要分为：

① 真空蒸镀　镀料以热蒸发成原子或分子的形式沉积成膜；

② 溅射镀膜　镀料以溅射原子或分子的形式沉积成膜；

③ 离子镀膜　镀料以离子和高能量的原子或分子的形式沉积成膜。

在以上三种 PVD 基本镀膜的方法中，气相原子、分子和离子所产生的方式和具有能量各不相同，由此衍生出种类繁多的薄膜制备技术。

物理气相沉积包括气相物质的产生、输送和沉积三个基本过程。各种沉积技术的不同点主要表现为上述三个环节中的能源供给方式不同，同一气相转变的机制不同，气相粒子的形态不同，气相粒子荷能大小不同，气相粒子在输运过程中能量的补给方式及粒子形态转变不同，镀料粒子与反应蒸气的反应活性不同及沉积成膜的基体表面条件不同而已。

与化学气相沉积相比，物理气相沉积有如下特点：

① 镀膜材料广泛容易获得　金属、合金、化合物，导电或不导电，低熔点或高熔点，液相或固相，块状或粉末，都可以作为物理气相沉积材料使用或经加工后使用；

② 沉积温度低　工件一般无受热变形或材料变质问题，如用离子镀制备 TiN 等硬质膜层，其工件温度可保持在 500℃以下，这比化学气相沉积法制备同样膜层所需的 1000℃要低很多；

③ 膜层附着力强　膜层厚度均匀而致密，纯度高；

④ 工艺过程易于控制　主要通过电参数控制；

⑤ 可沉积各类型薄膜　如金属膜、合金膜、化合物膜等；

⑥ 真空条件下沉积　无有害气体排出，无污染，有利于环境保护。

PVD 技术的不足之处是设备较复杂，一次性投资大。但由于具备诸多优点，PVD 法已成为制备集成电路、光学器件、太阳能利用、磁光存储元件、敏感元件等高科技产品的最佳技术手段。

7.2.1 真空蒸镀

把待镀膜的基片或工件置于真空室内，通过对镀膜材料加热使其蒸发气化为具有一定能量的气态粒子（原子、分子或原子团），然后凝聚沉积于基体或工件表面并形成薄膜的工艺过程，称为真空蒸发镀膜（vacuum evaporation），简称蒸发镀膜或蒸镀。蒸镀薄膜在高真空环境下形成，可防止工件和薄膜本身的污染和氧化，便于得到洁净致密的金属、合金和化合物薄膜。蒸镀相对于后来发展的溅射镀膜、离子镀膜技术，设备简单可靠，价格便宜，工艺容易掌握，可进行大规模生产，因此该工艺在光学、微电子学、磁学、装饰、防腐蚀等多方面得到广泛应用。

7.2.1.1 真空蒸镀的原理

(1) 真空蒸镀的装置和过程

真空蒸镀的设备主要由附有真空抽气系统的真空室和蒸发镀膜材料的加热系统、安装基片或工件的基片架和一些辅助装置组成。图 7-2 为最简单的真空蒸发镀膜设备的示意图。

镀膜材料的蒸发过程是其蒸气与其液态或固态间的非平衡过程；镀料蒸气在真空中的迁移过程，则可看成气体分子的运动过程；而镀料在基片表面的凝聚过程，则是气体分子与固体表面碰撞、吸附和晶核长大的过程，这就构成了真空蒸镀的三个主要过程。

(2) 蒸发源与蒸发方式

蒸发源是加热镀料并使之挥发的部件。镀膜材料的蒸发是由于温度升高所产生的，所以能对镀膜材料施加能量并使其温度上升的各种加热方式都可以考虑作为蒸发源。最常用的蒸发源是电阻蒸发源和电子束蒸发源，此外还有高频感应、激光、电弧等加热蒸发源。

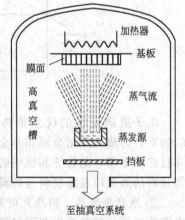

图 7-2　真空蒸发镀膜设备示意图

① 电阻蒸发源　将高熔点金属做成适当形状的蒸发源，其上装有镀料，接通电源后镀料蒸发，这便是电阻蒸发源。电阻蒸发源的结构简单，成本低廉，操作方便，应用广泛。

对电阻蒸发源材料的基本要求是：高熔点，低蒸气压，不与镀料发生反应，具有一定的机械强度，易于加工成型。实际上对所有加热方式的蒸发源都有这样的要求。另外，电阻加热方式还要求蒸发源材料与磨料容易润湿，以保证蒸发状态温度。常用 W（熔点 3380℃）、Mo（熔点 2610℃）、Ta（熔点 3100℃）等高熔点金属制作电阻蒸发源。根据镀料形状和要求，可将蒸发源制成丝状、带状和板状等多种形状。此种方法主要用于 Au、Ag、Cu、Al、硫化锌（ZnS）、氟化镁（MgF$_2$）、三氧化二铬（Cr$_2$O$_3$）、氧化锡（SnO$_2$）等低熔点金属或化合物的蒸发。但是，在使用的过程中，由于电阻蒸发源与镀膜材料直接接触，镀料会受到蒸发源的污染而影响到薄膜的纯度和性能。另外，一些镀料会与蒸发源产生反应，降低蒸发源的使用寿命。所以在使用中对不同的镀料要选择不同的蒸发材料。此外，由于受蒸发源材料熔点的限制，一些高熔点材料的蒸发镀膜也受到限制，此时需要采用高能量密度的电子束蒸发源和激光蒸发源。

② 电子束蒸发源　将镀料放入水冷铜坩埚中，用电子束直接轰击镀料表面使其蒸发，称为电子束蒸发源，它是真空蒸镀中最重要的一种加热方法。这种技术所用的蒸发源有直射

式和环形，单一电子轨迹磁偏转 270° 而形成的 e 型电子枪应用最广。图 7-3 为 e 型电子枪加热蒸发源的工作原理图。电子是由隐蔽在坩埚下面的热阴极发射出来的，这样可以避免阴极灯丝被坩埚中喷出的镀料液滴沾污而形成低熔点合金，这种合金容易使灯丝烧断。电子束蒸发源的能量可高度集中，使镀膜材料局部达到高温而蒸发。通过调节电子束的功率，可以方便地控制镀膜材料的蒸发速率，特别是有利于蒸发高熔点金属和化合物材料。此外，由于盛放镀膜材料容器或坩埚可以通水冷却，镀膜材料与容器不会产生反应或污染，有利于提高薄膜的纯度。

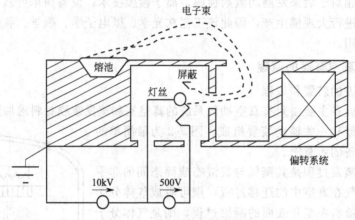

图 7-3　e 型电子枪加热蒸发源

电子束蒸发源的优点是功率密度大，可达 $10^4 \sim 10^9 \, \text{W/cm}^2$，使镀料加热到 $3000 \sim 6000 \, ℃$，为蒸发难熔金属和非金属材料如钨、钼、锗、SiO_2、Al_2O_3 等提供了较好的热源，并且热效率高，热传导和热辐射损失少。另一个重要特点是镀料放在水冷铜坩埚内，避免容器材料的蒸发以及膜材料与容器材料之间的反应，这对于半导体元件等镀膜来说是重要的。

③ 激光蒸发源　将激光束聚焦后作为热源对镀料加热的蒸发源，是一种先进的高能量密度蒸发源。激光蒸发器不但可以方便地调节照射在镀料上束斑的大小，还可以方便地调节其功率密度。通过激光器的输出方式改变，可以输出脉冲激光或连续激光使镀料实现瞬时蒸发和连续蒸发，有利于控制薄膜的生长结构。激光束的高能量密度和非接触加热还可以方便沉积出高熔点的金属和化合物。由于不同材料吸收激光的波段范围不同，因而需要选用相应的激光器。例如，SiO、ZnS、MgF_2、TiO_2、Al_2O_3、Si_3N_4 等镀料，宜采用二氧化碳连续激光（波长：$10.6 \mu m$、$9.6 \mu m$）；Cr、W、Ti、Sb_2S_3 等镀料宜选用玻璃脉冲激光（波长：$1.06 \mu m$）；Ge、$GaAs$ 等镀料宜采用红宝石脉冲激光（波长：$0.694 \mu m$、$0.692 \mu m$）。这种方式经聚焦后功率密度可达 $10^6 \, \text{W/cm}^2$，可蒸发任何能吸收激光光能的高熔点材料，蒸发速率极高，制得的膜成分几乎与料成分一样。

上述激光器产生红外区和可见光区的激光，能量很高，如果采用能量更高的紫外区的准分子激光，则有可能获得更高质量的膜层，这为高温超导体和铁电体等多元新材料及陶瓷薄膜等的制备，提供了一种很有效的方法。另外，两种以上的镀料装在可变换位置的材料架上，或通过改变反射镜的角度，让激光束轮流照射不同的镀料，就可以方便地沉积出合金薄膜、成分渐变的梯度薄膜和两种材料周期变化的多层薄膜。因此，激光蒸镀是一种沉积多种薄膜材料的好方法，但是高功率激光源的价格昂贵，在工业的应用也受到限制。

（3）成膜机理

真空蒸镀时，薄膜生长有三种基本类型：核生长型、层生长型和核层生长型，如图 7-4

所示。核生长型是蒸发原子在基片表面上成核并生长、合并成膜的过程，大多数薄膜沉积属于这种类型；层生长型是在基片表面以单分子层均匀覆盖，逐层沉积形成膜层，属于此种生长类型的有 PbSe/PbS、Au/Pd、Fe/Cu 等；核层生长型是在最初的一两个单原子层沉积以后，再以形核与长大的方式进行，一般在清洁的金属表面上沉积金属时容易产生，例如，Cd/W、Cd/Ge 等就属于这种生长模式。薄膜到底以哪种形式生长，是由薄膜物质的凝聚力与薄膜-基体间吸附力的相对大小、基体温度等因素决定的，但详细机理目前还没有彻底研究明白。

(a) 核生长型　　　　　　(b) 层生长型　　　　　　(c) 核层生长型

图 7-4　薄膜生长的三种类型

图 7-5 为核生长型薄膜的形成过程示意图，可认为有以下几个步骤：①从蒸发源产生的蒸气流和基体碰撞，一部分被反射，另一部分被吸附；②吸附原子在基体表面上发生表面扩散，沉积原子之间产生二维碰撞，形成簇团（cluster），部分吸附原子在表面停留一段时间，会发生再蒸发；③原子簇团和表面扩散原子相互碰撞，或吸附单原子，或放出单原子，这种过程反复进行，当原子数超过某一临界值时就变成稳定核；④稳定核通过捕获表面扩散原子或靠入射原子的直接碰撞而长大；⑤稳定核继续生长，和邻近的稳定核合并，进而变成连续模。

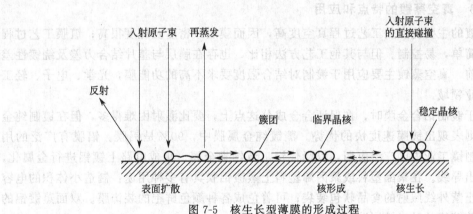

图 7-5　核生长型薄膜的形成过程

沉积到基体表面的蒸气原子，能否凝结、成核并生长为连续薄膜，存在一个临界温度。当基体温度高于该临界温度时，先沉积的直流源自会重新蒸发，不能成膜。基体温度低于临界温度时，容易成膜。因此真空蒸发镀时，基体温度通常为室温或稍高于室温。

真空蒸镀时，蒸发粒子动能为 $0.1 \sim 1.0 \text{eV}$，膜层与基体附着力较弱，膜层较疏松，因而耐磨性和耐冲击性能不高。为提高附着力，一般采用在基片背面设置一个加热器来加热基片，使基片保持适当的温度，这既净化了基片，又使膜和基片之间形成一薄层的扩散层，增大了附着力。对于玻璃、陶瓷基片等附着力较差的材料，可以先蒸镀如 Ni、Cr、Ti 及 NiCr

合金等附着力好的材料作为底层。

7.2.1.2 真空蒸镀的工艺

(1) 基片表面的清洁

真空室内壁、基片架等表面的油污、锈迹、尘埃等在真空中极易蒸发，直接影响膜层的纯度和结合力，镀前必须彻底清洗，去灰尘、除油污和手印等。表面的洁净程度是影响镀膜结合强度的关键。

(2) 镀前准备

镀膜室抽真空到 $10^{-3} \sim 10^{-2}$Pa，对基片和镀料进行预处理。

① 加热基片　其目的是去除水分和增强膜基结合力。在真空下加热基片，除进一步干燥基片外，更重要的是使基片或工件表面吸附的气体脱附，然后经真空泵抽气排出真空室，有利于提高镀膜室真空度、膜层纯度和膜基结合力。

② 镀料预热　接通蒸发源，对镀料加热，先输入低功率，使镀料脱水、脱气。为防止蒸发到基板上，用挡板遮盖蒸发源及源物质，然后输入较大功率，将镀料迅速加热到蒸发温度，到蒸镀时再移开挡板。

(3) 蒸镀

在蒸镀阶段要选择适当的基片温度、镀料蒸发温度外，沉积气压是一个很重要的参数。沉积气压即镀膜室的真空度高低，决定蒸镀空间气体分子运动的平均自由程和一定的蒸发距离（源物质到基板表面）下的蒸气与残存气体原子之间的碰撞次数。

(4) 取件

膜层厚度达到要求以后，用挡板盖住蒸发源并停止加热，但不要马上导入空气，需在真空条件下继续冷却 15～30min，降温到100℃左右，防止镀层、剩余镀料及电阻、蒸发源等被氧化，然后停止抽气，导入空气，取出镀件。

7.2.1.3 真空蒸镀的特点和应用

真空蒸镀的主要优点是工艺过程真空度高，因而膜层致密度及纯度很高；镀膜工艺过程及设备比较简单，易控制。但与其他工艺方法相比，也存在膜层与基片结合力差及绕镀性差等缺点。目前，真空蒸镀主要应用于镀制对结合强度要求不高的功能膜，光学、电子、轻工和装饰等工业领域。

蒸镀用于镀制铝合金膜时，在保证合金成分这点上，要比溅射困难得多，但在镀制纯金属时，蒸镀则表现出镀膜速度快的优势。蒸镀纯金属膜中，90%是铝膜。铝膜有广泛的用途，目前在制镜工业中已广泛应用，以铝代银，节约贵金属。集成电路上镀铝进行金属化，然后再刻蚀出导线。在聚酯塑料或聚丙烯塑料上蒸镀铝膜具有多种用途：制造小体积的电容器；制作防止紫外线照射的食品软包装袋；可着色成各种颜色鲜艳的装饰膜。双面蒸镀铝的薄钢板可代替镀锡的马口铁制造罐头盒。

光学膜有相当多的产品也是用真空蒸镀生产的。目前大宗节能灯的冷光碗就是用真空蒸镀 MgF_2/ZnS 多层膜制备，一般采用 21 层以上达到红光向后、冷光向前的效果。镜面反向铝膜、铬膜也是用真空蒸镀生产的。汽车后视镜、反光镜、汽车灯具反光镜也已成为大的真空蒸镀产业。真空镀 SiO（一氧化硅）膜呈现珠光色，塑料上镀 SiO 可作各种饰品。

为实现产品的大面积蒸镀和批量生产，保证镀料沉积的致密性，蒸镀的设备及工艺都需要不断的改进。目前蒸镀的设备正从简单小规模型向具有更高生产能力和大面积蒸镀方向发展，同时改进一些新的工艺也被开发出来，如分子束外延和离子束辅助蒸镀等。

7.2.2 溅射镀膜

在真空室中,利用带有几十电子伏以上动能的高能粒子(如正离子)轰击靶材,使靶表面的原子或分子获得足够的能量而脱离固体的束缚逸出到气相中,这种溅出的、复杂的粒子散射过程称为溅射。它可以用于刻蚀、成分分析(二次粒子质谱)以及镀膜等。由于溅射出的原子具有一定的能量,因而可以重新凝聚在另一固体表面沉积成膜,则称为溅射镀膜(Sputtering Plating)。溅射镀膜可实现大面积、快速地沉积各种功能薄膜,并且镀膜密度高,附着性好。从20世纪70年代以来,它就成为一种重要的薄膜制备技术。

7.2.2.1 溅射镀膜基本原理

(1) 溅射现象

在溅射过程中,由于离子易于获得并易于通过电磁场进行加速或偏转,所以高能粒子一般为离子。被高能粒子轰击的材料称为靶,靶受到粒子轰击时,除了会产生溅射现象外,还会与粒子发生许多相互作用,如图7-6所示。这些现象包括二次电子发射、二次正离子或负离子发射、入射离子的反射、γ光子和X射线的发射、加热、化学分解或反应、体扩散、晶格损伤、气体的解析和分解、被溅射粒子返回轰击表面而产生散射离子等。从表面释放出来的中性原子和分子就是溅射成膜的材料源。

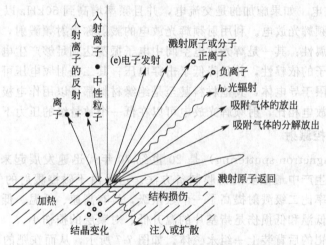

图 7-6　高能粒子轰击固体表面所引起的各种效应

在等离子体中,任何表面具有一定负电位时,就会发生上述溅射现象,只是强弱程度不同而已。所以,靶、基片、真空室壁都有可能产生溅射现象。以靶的溅射为主时,称为溅射镀膜;基片的溅射现象称为溅射刻蚀;真空室和基片在高压下的溅射称为溅射清洗。想要实现某一种工艺,只需调整其相对于等离子体的电位即可。

入射一个粒子所溅射出的原子个数称为溅射率或溅射产额,用 S 表示,单位通常为原子个数/粒子。显然溅射率越大,生成膜的速度就越快。实验表明,溅射率 S 的大小与轰击粒子的类型、能量、入射角有关,也与靶材原子的种类、结构有关,与溅射时靶材表面发生的分解、扩散、化合等状况有关,还与溅射气体的压力有关,但在很宽的温度范围内与靶材的温度无关。

溅射率的量级一般为 $10^{-1}\sim10$ 个原子/粒子。溅射出来的粒子动能通常在10eV以下,大部分为中性原子和少量分子,溅射得到的离子(二次离子)一般在10%以下。在实际的应用中，从溅射产物考虑也是重要的，包括有哪些溅射产物，状态如何，这些产物是如何产生的，其中有哪些可供利用的产物和信息，还有原子核二次离子的溅射率、能量分布和角分布等。

在溅射镀膜过程中，高能粒子的产生主要有两种方法：一是阴极辉光放电产生等离子体，称为内置式离子源，这种溅射为离子溅射；二是高能粒子从独立的离子源引出，轰击置于高真空中的靶，产生溅射和薄膜沉积，这种溅射称为离子束溅射。

(2) 辉光放电

① 直流辉光放电 溅射时所需要的高能粒子通常采用辉光放电获得。辉光放电是气体放电的一种类型，是一种稳定的自持放电。在真空室内安置两个电极，阴极为冷电极，通入压力为 0.1～10Pa 的气体（通常为 Ar）。当外加直流高压超过火电压（其起始放电电压）时，气体就被击穿，由绝缘体变成良好导体，两极间电流突然上升，电压下降，此时两极间会出现明暗相间的光层。这种气体的放电称为辉光放电，放电产生等离子体。

辉光放电可分为正常辉光放电和异常辉光放电两类。正常辉光放电时，由于辉光放电的电流还未大到足以使阴极表面全部布满辉光，因而随电流的增大，阴极的辉光面积成比例地增大，而电流密度和阴极压降不随电流的变化而变化。异常辉光放电时，阴极已全部布满辉光，电流的进一步增大，必然需要提高阴极压降并提高电流密度，此时，轰击阴极的粒子数目和动能都比正常辉光放电时大为增加，在阴极发生的溅射作用也强烈得多。

② 射频辉光放电 如果施加的是交流电，并且频率增高到 50kHz 以上的射频，所发生的辉光放电称为射频辉光放电。利用射频辉光放电的溅射称为射频溅射，又叫 RE 溅射。射频放电有两个重要属性：其一是辉光放电空间中电子振荡达到足够产生电离碰撞能量，故减少了放电对二次电子的依赖性，并且降低了击穿电压；其二是射频电压可以耦合穿过各种阻抗，故电极就不再限于导电体，其他材料甚至是绝缘材料都可以用作电极而参与溅射。一般来说，与直流辉光放电相比，射频辉光放电可以在低一个数量级的压力下进行。

7.2.2.2 磁控溅射

磁控溅射（magnetron sputtering）是 20 世纪 70 年代迅速发展起来的新型溅射技术，目前已成为工业化生产中最重要的薄膜制备方法。这是由于磁控溅射的气体离子化率可达 5%～6%，沉积速率比二级溅射提高了一个数量级，具有高速、低温、低损伤等优点。高速是指沉积速度快；低温和低损伤是指基片的温升低、对膜层的损伤小。

磁控溅射是在靶的后背装上一组永磁体。如图 7-7 所示，从而在靶的表面形成磁场，使部分磁力线平行于靶面。由此，靶面发射的电子在受到电场力直线飞离靶面的过程中又将受到磁场的洛仑兹力作用而返回靶面，由此反复形成"跨栏式"运动，并不断与气体分子发生碰撞，把能量传递给气体分子并使之电离，而其本身变为低能电子，并经过多次碰撞后最终沿磁力线漂移到阴极附近的辅助阳极被中和吸收。这些电子通常要经过上百米的飞行，也避

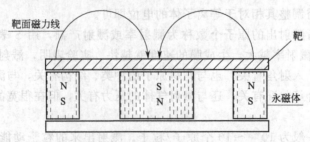

图 7-7 平面磁控靶的结构

免了对基片的强烈轰击。由于磁控溅射中电子运动形成的大大延长，显著地提高了阴极压降区中的电子密度，从而可使溅射气压降低一个数量级为 $10^{-2} \sim 10^{-1}$Pa。而薄膜的沉积速率也提高了一个数量级，达到了提高薄膜沉积速率、减少膜层气体含量和降低基片温升的目的。

20 世纪 70 年代磁控溅射技术出现以前，真空蒸镀技术由于其高沉积速率而成为气相沉积技术的主要方法，而目前由于磁控溅射法的薄膜沉积速率已达到与蒸镀相当的水平，从而使具有制模种类多、工艺简便的磁控溅射技术成为了目前工业中最常用的物理气相沉积技术。

7.2.2.3 溅射镀膜设备

溅射镀膜设备的真空系统与真空蒸镀相比较，除增加充气装置外，其余均相似；基材的清洗、干燥、加热除气、膜层测量与监控等也大体相同。但主要的工作部件是不同的，即蒸发镀膜机的蒸发源被溅射源所取代。现以目前普遍使用的磁控溅射镀膜机为例，对溅射镀膜设备作扼要的介绍。

磁控溅射镀膜机主要由真空室、排气系统、磁控溅射源系统和控制系统四个部分组成，其中磁控溅射源有多种结构形状，具有各自的特点和适用范围。

① 平面磁控溅射源　它按靶面形状又可分为圆形和矩形两种。在溅射非磁性材料时，磁控靶一般采用高磁阻的锶铁氧体作磁体，溅射铁磁材料时则采用低磁阻的铝镍钴永磁铁或电磁铁，保证在靶面外有足够的漏磁比以产生溅射所要求的磁场强度。用平面磁控溅射源制备的膜厚均匀性好，对大面积的平板可连续溅射镀膜，适合于大面积和大规模的工业化生产。

② 圆柱面磁控溅射源　它有多种形式，特点是结构简单，可有效利用空间，在更低的气压下溅射成膜。例如用空心圆管制作，管内装有圆环形永磁铁，相邻两磁铁同性磁极相对放置并沿圆管轴线排列，形成所需磁场，圆柱面磁控溅射源适用于形状复杂、几何尺寸变化大的镀件，内装式镀罐子内壁，外装式镀管子外壁。

③ S枪形磁控溅射源　其靶呈圆锥形，制作困难，可直接取代蒸发镀膜机上的电子枪，用于对蒸发镀膜机设备的改造。为使靶面尽可能与磁力线的形状保持相似，S枪在结构设计中将靶面作成倒圆锥形，溅射最强的地方是位于靶径向尺寸的 4/5 处，这种靶材的利用率较高，可达 60% ~ 70%。这种源适合于小型制作和科研用。

实验用典型的溅射镀膜系统如图 7-8 所示。

7.2.2.4 溅射镀膜工艺

以磁溅射为例，如果是间歇式的，一般的工序为：

① 与蒸发镀膜类似，进行镀前表面处理。

② 镀前准备　真空室的准备，包括清洁处理，检查或更换靶（不能渗水、漏水，不能与屏蔽罩短路），装工件等。

③ 磁控溅射　抽真空，通常在 0.006 ~ 0.130Pa 真空度时通入氩气，其分压为 0.66 ~ 1.60Pa。然后接通靶冷却水，调节溅射电流或电压到规定值时进行溅射。自溅射电流达到开始溅射的电流时算起，到时停止溅射，停止抽气。这是一般的操作规程，实际上不同的材料和产品所采用的工艺条件是不一样的，就根据具体要求来确定，有些条件要严格控制。

在溅射镀膜工艺方面需要注意以下几点：

① 靶的选择和镀膜前处理十分重要。制备靶的方法很多，靶表面应该平整光洁，不能

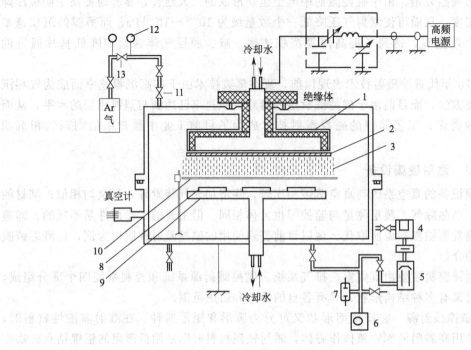

图 7-8　实验用典型的溅射镀膜系统
1—屏蔽极；2—靶；3—等离子体；4—液氮冷阱；5—油扩散泵；6—旋片机械泵；
7—放电管；8—基板；9—基板支架；10—挡板；11—针阀；12—压力表；13—减压阀

有气泡。同时在使用过程中，靶的冷却也很重要，特别是磁控溅射靶。

② 对于热导率小、内应力大的靶，溅射功率不能太大，溅射时间不能过长，以免局部区域的蒸发量多于溅射量，更要避免靶破裂。在正式溅射时，常进行预溅射（此时减少冷却水量或通热水，并适当提高溅射功率，以除去靶面吸附气体与杂质）。

③ 为使基底表面洁净以及有微观的凹凸不平，增强膜层结合力，有时可以对基底进行反溅射（即在基底上加相对等离子体为负的偏压）或离子轰击。在预溅射前，必须对镀膜室内所有部件进行严格的清洗和干燥。

7.2.2.5　溅射镀膜的特点和应用

(1) 溅射镀膜的特点

溅射镀膜与真空蒸镀相比，有以下几个特点：

① 溅射镀膜是依靠动量交换作用使固体材料的原子、分子进入气相，溅射出的粒子平均能量约为10eV，高于真空蒸发粒子100倍左右，沉积在基底表面上之后，尚有足够的动能在基底表面上迁移，因而膜层质量较好，与基底结合牢固。

② 任何材料都能溅射镀膜，材料的溅射特性差别不如其蒸发特性差别大，即使高熔点材料也易进行溅射，对于合金、化合物材料易制成与靶材组分比例相同的薄膜，因而溅射镀膜应用非常广泛。

③ 溅射镀膜中的入射离子一般利用气体放电法制得，因而其工作压力在 $10^{-2} \sim 10\text{Pa}$ 范围内，所以溅射离子在飞行到基底前往往与真空室内的气体发生过碰撞，其运动方向随机偏离原来的方向，而且溅射一般是从较大靶表面积中射出的，因而比真空蒸镀容易得到厚度均匀的膜层，对于具有沟槽、台阶等镀件，能将阴极效应造成的膜厚差别减小到忽略不计的程

度。但是，较高压力下溅射会使薄膜中含有较多的气体分子。

④ 溅射镀膜除磁控溅射外，一般沉积速率都较低，设备比真空蒸镀复杂，价格较高，但是操作简单，工艺重复性好，易实现工艺控制自动化。溅射镀膜比较适宜于规模集成电路、磁盘、光盘等高新技术产品的连续生产，也适宜于大面积高质量镀膜玻璃等产品的连续生产。

（2）溅射镀膜的应用

溅射镀膜不受限制，而且膜层的附着力较高，合金成分容易控制，可用来制备各种机械功能膜和物理功能膜，广泛地应用于机械、电子、化学、光学、塑料及太阳能利用等行业。表 7-3 列出了溅射镀膜的典型应用。此外，由于溅射镀膜独特的沉积原理和方式得以迅速发展，新的工艺技术日益完善，所制备的新型材料层出不穷。

表 7-3　溅射镀膜的典型应用

应用领域	功　能	膜层材料
电子工业	电极引线	Al、Ti、Pt、Au、Mo-Si、TiW
	绝缘层、表面钝化膜	SiO_2、Si_3N_4、Al_2O_3
	透明导电膜	InO_2、SnO_2
	光色膜	WO_3
	软磁性膜	Fe-Ni、Fe-Si-Al、Ni-Fe-Mo、Mn-Zn、Ni-Zn
	硬磁性膜	γ-Fe_2O_3、Co、Co-Cr、Mn-Bi、Mn-Al-Ce
	磁头缝隙材料	Cr、SiO_2、玻璃
	超导膜	Nb、Nb-Ge
	电阻薄膜	Ta、Ta-N、Ta-Si、Ni-Cr
	印刷机薄膜热写头	Ta-N、Ta-Si、Ta-SiO_2、Cr-SiO_2、Ni-Cr、Au、Ta_2O_3
	压电薄膜	ZnO、PZT、$BaTiO_3$、$LiNbO_3$
太阳能利用	太阳能电池	Si、Ag、Ti、In_2O_3
	选择吸收膜	金属碳化物、氮化物
	选择反射膜	In_2O_3
光学应用	反光镜	Al、Ag、Cu、Au
	光栅	Cr
机械工业	润滑	MoS_2、Au、Ag、Cu、Pb、Cu-Au、Pb-Sn
	耐磨	Cr、Pt、Ta、TiN、TiC、CrC、CrN、HfN
	耐蚀	Cr、Ta、TiN、TiC、CrC、CrN
	耐热	Al、W、Ti、Ta、Mo、Co-Cr-Al 系合金
塑料工业	塑料装饰、硬化	Cr、Al、Ag、TiN

7.2.3　离子镀膜

离子镀（Ion Plating）是在真空条件下，利用气体放电使气体或被蒸发物质部分离子化，在气体离子或被蒸发物质粒子轰击作用的同时把蒸发物质或其反应物质沉积在基底上。这种技术兼具有蒸发镀的沉积速度快和溅射镀的粒子轰击清洁表面的特点，特别具有膜层附着力强、绕射性好、可镀材料广泛等优点，因此获得了迅速的发展。

7.2.3.1　离子镀膜的原理和装置

离子镀法的基本原理与真空蒸镀相同，将蒸发的金属原子在等离子体中离子化以后再在基体材料上析出薄膜。另外，通过输入反应性气体也能够析出陶瓷等化合物薄膜。

图 7-9 为直流二极型离子镀膜原理示意图。它是靠直流电场引发放电，阳极兼作蒸发源，基体放在阴极上，当真空室的真空度达到 $10^{-3}Pa$ 以上后，充入工作气体（如 Ar），使

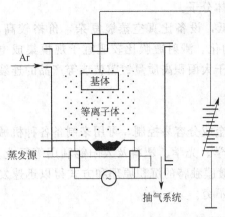

图 7-9　直流二极型离子镀膜原理示意图

其气压达到气体放电气压（$10^{-3} \sim 1Pa$）。接通高压电源，从而在蒸发源与基片之间建立一个低压气体放电的低温等离子区。基片电极上接的是数百伏至数千伏的直流高压，从而构成辉光放电的阴极。按照辉光放电的原理，作为基片的阴极，将受到惰性气体电离后产生的粒子轰击，对基片表面进行溅射清洗，以除去基片表面的吸附气体和氧化膜等污染物。在随后的离子镀膜过程中，先使蒸发源中的蒸发料蒸发，气化后的蒸发粒子离子化。在这一过程中，蒸发粒子只有部分离子化，大部分粒子达不到离子化的能量而处于激发态，从而发出特定颜色的光。这些带有较高能量的镀料粒子与气体离子一起受到电场加速后轰击到基片的表面，在基片上同时产生溅射效应和沉积效应。由于沉积效应大于溅射效应，故能够在基片上形成薄膜，这可以通过控制蒸发速率和充氩气控制压强实现。在成膜的同时氩离子继续轰击基片，使膜层表面始终处于清洁和活化状态，有利于膜的继续沉积和生长，但这也会在沉积膜层中引起缺陷和针孔。由此可见实现离子镀有两个必要的条件：①造成一个气体放电的空间；②将镀料原子（金属原子或非金属原子）引入放电空间，使其部分离子化。目前离子镀的种类多种多样。镀料的气化方式以及气化分子或原子的离子化和激发方式也有许多类型；不同的蒸发源与不同的离子化、激发方式又可以有许多种组合。实际上许多溅射镀从原理上看，可归为离子镀，又称为溅射离子镀，而一般说的离子镀常指采用蒸发源的离子镀。两者镀层质量相当，但溅射离子镀的基体温度低于采用蒸发源的离子镀。

7.2.3.2　离子镀膜的类型

离子镀的基本过程包括镀料蒸发、离子化、离子加速、离子轰击工件表面、离子或原子之间的反应、离子的中和、成膜等过程，而且这些过程是在真空、气体放电的条件下完成的，其种类和特点见表 7-4。

表 7-4　离子镀膜的种类和特点

方法	蒸发源	离子化方法	工作室条件	特点	用途举例
空心阴极法	空心阴极	等离子体电子束 DC-0～5kV	惰性气体或反应气体	离子化率高,蒸发速度快,覆层纯度高	耐磨、装饰
热阴极法	电阻、电子束	热电子 DC-0～200kV	惰性气体或反应气体	低速电子离子化效果好	装饰、电子、精密零件
电弧法	电子束、灯丝	弧光放电 DC-100V	高真空 $1.33 \times 10^{-4}Pa$	工作温度低,离子化率高,覆层均匀,结合力高	切削工具、挤压模具、装饰性
活性反应法	电子束	二次电子 DC-200V	反应气体 O_2、N_2、CH_4、C_2H_4	控温容易,离子化率高,能制备多种化合物覆层	电子、装饰、耐磨性
射频法	电阻、电子束	射频电场 13.56MHz,DC-0.1～5kV	惰性气体或反应气体	离子化率高,覆层结合力高,工件温升低,但控温较困难,分散性差	光学、半导体、汽车零件
直流放电法	电阻	辉光放电 DC-0.1～5kV	惰性气体	结构简单,覆层结合力较强,工件温升高,分散性差	润滑、耐热件

7.2.3.3 离子镀膜的工艺及影响镀层的因素

离子镀膜的基本工艺流程：前处理→抽真空→离子轰击清洗和刻蚀→离子沉积→取件→后处理。

(1) 前处理

前处理包括脱脂、除锈、活化、漂洗、脱水、干燥等步骤。脱脂是用溶剂汽油、合成洗涤剂、金属净洗液，多数采用氟利昂或三氯乙烯气相等有机溶剂脱脂。除锈是用液体喷砂、气体喷砂或机械法、化学法除锈。活化是用硫酸、盐酸、硝酸或铬酸等，活化工件表面。酸洗后需及时漂洗、中和。脱水是用氟利昂或醇类脱水剂。在清除油污和脱水的程序中，常采用超声波，获得的效果更好。

(2) 离子轰击清洗和刻蚀

离子轰击工件表面，并将表面吸附的气体分子和杂质解吸。高能粒子轰击工件表面，被刻蚀、粗化，有利于提高镀层与基体结合强度。

(3) 离子沉积

对不同镀层、不同工艺参数，主要选取总气压、气态分压、基体负偏差、基体温度、沉积速率等。

影响覆盖层质量的因素很多，除工件的材质、表面结构、晶体结构及预处理、蒸发物质的特性、蒸发速率与蒸发粒子对工件的入射方向等外，还有以下几个因素。

① 活性气体的分压　活性气体的分压不同将影响覆层特性，如离子沉积 TiC 时，当甲烷分压$\leqslant 1.7 \times 10^{-2}$Pa 时，不能形成 TiC 层，而只形成 Ti 层，甲烷分压为 $0.10 \sim 0.35$Pa 时可以获得 Ti 和 TiC 混合层；甲烷分压升至 $0.52 \sim 0.69$Pa 时，能获得 TiC 层，覆层的硬度也随甲烷分压的提高而增加。

② 工件温度　工件温度影响沉积层的致密性、表面粗糙度与组织结构。若工件温度低于 $T_1 \approx 0.267 T_m$（T_m 为沉积材料熔点，K）时，形成的覆层密度低，表面粗糙，呈锥状或柱状结构，晶界疏松有空隙；当工件温度在 $T_1 \sim T_2$（$T_2 \approx 0.45 \sim 0.50 T_m$）之间时，覆层较致密，表面较光滑；当温度高于 T_2 时，覆层致密，呈等轴结构，相应覆层硬度高，因此要适当提高工件温度。

③ 加速电压　通常加速电压升高，覆层应力降低，采用合适的加速电压，可减小内应力。

7.2.3.4 离子镀膜的特点和应用

(1) 离子镀膜的特点

从离子镀膜技术的工艺和膜层的性质来看，它具有下列特点：

① 膜层附着力好、膜层组织致密。这是因为在离子镀膜的过程中存在离子轰击，使基片受到清洗、增加粗糙度和加热效应。高能粒子不仅能打入基体，而且在与基体表面原子撞击时，还放出热，使膜层与基体之间形成显微合金层，提高结合强度。

② 绕射性能优良。其原因有两个：一是膜料蒸气粒子在等离子区内被部分离子化为正离子，随电力线的方向而终止在基片的各部位；二是膜料粒子在真空度 $10^{-1} \sim 1$Pa 的情况下经与气体分子多次碰撞后才能到达基片，沉积在基片表面各处。

③ 沉积速度快，且基体材料和镀膜材料可以广泛搭配。沉积速度通常高于其他镀膜方法。基体可以是金属、陶瓷、玻璃、塑料等；镀膜材料也可以是金属和各类陶瓷材料。

(2) 离子镀膜的应用

离子镀膜具有沉积速度快、膜层质量高和膜/基结合力强等许多突出的优点，因而在工业上得到广泛应用。表 7-5 列出了离子镀膜技术的一些典型应用。近几十年来，离子镀技术取得了巨大的进步，并在世界范围内形成了相当规模的产业。目前，在工具硬质膜层的应用中，以多弧离子镀为主流技术，空心阴离子镀和热阴极离子镀也在采用。今后的研究将集中在对现有技术的改进和完善以及各种离子镀和相关技术的综合利用与发展上。比如正在研发的复合离子镀技术有：电弧-磁控溅射复合离子镀、电子束蒸发-电弧-磁控溅射复合离子镀、离子源-离子镀复合等技术。

表 7-5 离子镀膜技术的一些典型应用

应用领域	镀膜材料	基体材料	用途
耐磨	TiN、TiC、Ti(CN)、TiAlN、ZrN、Si_3N_4、BN、HfN、Al_2O_3、DLC	硬质合金、高速钢	刀具、模具、机械零件
耐蚀	Al、Zn、Cd	高强钢、低碳钢螺栓	飞机、船舶、一般结构用材料
耐热	Al、W、Ti、Ta	普通钢、耐热钢、不锈钢	排气管、枪炮、耐火金属材料
抗氧化	MCrAlY	Ni 基或 Co 基高温合金	发动机叶片
固体润滑	Pb、Au、Ag、MoS_2	高温合金、轴承钢	发动机轴承、高温旋转部件
装饰	Au、Ag、TiN、TiC、Al	不锈钢、黄铜、塑料	手表、装饰品、建筑物装饰、着色膜层
塑料	Ni、Cu、Cr	ABS 塑料	汽车零件、电器零件
电子工业	Au、Ag、Cu、Ni	硅	电极、导电膜
	W、Pt	铜合金	触电材料
	Cu	陶瓷、树脂	印刷电路板
	Ni-Cr	耐火陶瓷绕线管	电阻
	SiO_2、Al_2O_3	金属	电容、二极管
	Fe、Cr、Ni、Co-Cr	塑料袋	磁带
	Be、Al、Ti、TiB_2、	金属、塑料、树脂	扬声器振动膜
	DLC	固化丝绸、纸	防静电包装材料
	Pt	硅	集成电路
	Au、Ag	铁镍合金	导线架
	NbO、Ag	石英	耐火陶瓷-金属焊接
	In_2O_3-SnO_2	玻璃	液晶显示
光学	SiO_2、TiO_2	玻璃	镜片耐磨防护层
	玻璃	透明塑料	眼镜用镜片
	DLC	Si、Ni、玻璃	红外光学窗口（保护膜）
核防护	Al	铀	核反应堆
	Mo、Nb	ZrAl	核聚变装置
	Au	铜壳体	加速器

注：DLC 为类金刚石膜。

7.2.4 物理气相沉积三种基本方法的比较

PVD 技术包括真空蒸发镀膜、溅射镀膜和离子镀膜三种基本方法，其沉积工艺、膜层性能特点的比较和小结见表 7-1 和表 7-6。

表 7-6 物理气相沉积三种基本方法的基本原理和特点比较

比较项目	真空蒸镀	溅射镀膜	离子镀膜
被沉积物质的气化方式	电阻加热、电子束加热、感应加热、激光加热等	镀料原子不是靠热源加热蒸发，而是依靠阴极溅射由靶材获得沉积原子	蒸发式：电阻加热、电子束加热、感应加热、激光加热等 溅射式：进入辉光放电空间的原子由气体提供，反应物沉积在基片上

比较项目	真空蒸镀	溅射镀膜	离子镀膜
镀膜的原理及特点	工件不带电:在真空条件下金属加热蒸发沉积到工件表面,沉积离子的能量与蒸发式的温度相对应	工件为阳极,靶为阴极,利用氩离子的溅射作用把靶材原子击出而沉积在工件(基片)上。沉积原子的能量由被溅射原子的能量分布决定	工件为阴极,蒸发源为阳极。进入辉光放电空间的金属原子离子化后奔向工件,并在工件表面沉积成膜。沉积过程中离子对基片表面、膜层与基片的界面以及对膜层本身都发生轰击作用,离子的能量决定于阴极上所加的电压

7.3 化学气相沉积

化学气相沉积（CVD）是一种气相生长法，它是将含有薄膜元素的化合物或单质通入反应室内，利用气相物质在工件表面发生化学反应而形成固态薄膜的工艺方法。CVD 的基本步骤与 PVD 不同的是沉积物质来源于化合物的气相分解反应。

7.3.1 化学气相沉积的原理和装置

化学气相沉积的实现首先必须提供气化的反应物，这些物质在室温下可以是气态、液态或固态，通过加热等方式使它们气化后导入反应室。另外，为使化学反应能够进行，还需向反应室中的气体和基片提供能量。最简单的供能方式就是对反应室中的基片进行加热，可以采用电阻加热、高频感应加热和红外线加热等方式。反应室中的气体流动状态也是获得高质量、均匀生长薄膜的重要参数，必须使气体均匀流过需要生长薄膜的基片表面。

化学气相沉积过程包括：反应气体的获得且导入反应室；反应气体到达基片表面并吸附其上；在基片上发生化学反应；固体生成物在基片表面形核、生长；多余的反应产物被排除。常用的常压化学气相沉积装置主要由供气系统、加热反应室和废气处理排放系统组成，如图 7-10 所示。

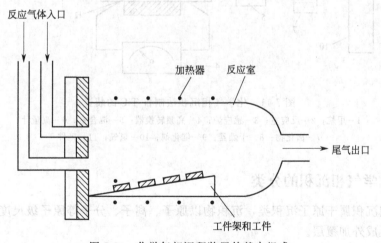

图 7-10　化学气相沉积装置的基本组成

① 供气系统　供气系统的作用是将初始气体以一定的流量和压力送入反应室中。初始气体来源于气态物质时可直接通入反应室中，常用的有惰性气体（如 N_2、Ar）、还原气体

（如 H_2）以及各种反应气体（如 CH_4、CO_2、Cl_2、水蒸气、氨气等）。

初始气体也可来源于液体或固体。液体通常是室温下具有高蒸气压的四氯化钛（$TiCl_4$）、四氯化硅（$SiCl_4$）和甲基三氯硅烷（CH_3SiCl_3），可将其加热到合适的温度（一般低于 60℃），再用载气（如 N_2、Ar、H_2）把蒸气带入反应室。有时也把固态金属或化合物转换成蒸气来作为初始气体，如氧化铝就是通过金属铝与氯气或盐酸蒸气的反应而形成的。

② 加热反应室　反应室是化学气相沉积装置中最基本的部分，通常采用电阻加热或感应加热将反应室加热到所要求的温度。有些反应室的室壁和原料区都不加热，仅沉积区一般用感应加热，称为冷壁化学气相沉积，它适用于反应物在室温下是气体或者具有较高的蒸气压；若用外部加热源加热反应室壁，热流再从反应室壁辐射到工件，则称为热壁化学气相沉积，它可防止反应物的冷凝。

③ 废气处理反应系统　反应气体从反应室排出后，进入气体处理系统，其目的是中和废气中的有害成分，去除固体颗粒，并在废气进入大气以前将其冷却。这些系统可以是简单的洗气水罐，也可能是一整套复杂的中和冷却塔，这取决于混合气体的毒性和安全要求。

采用常压化学气相沉积法制备 TiC 的装置如图 7-11 所示。工件置于 H_2 的保护下，加热到 1000～1050℃，然后以 H_2 作为载流气体把初始气体 $TiCl_4$ 和 CH_4 气带入炉内反应室中，使 $TiCl_4$ 中的 Ti 和 CH_4 的 C（以及钢件中的 C）化合，形成 TiC。反应的副产物则被气流带出室外，其沉积反应如下：

$$TiCl_4(g) + CH_4(g) \longrightarrow TiC(g) + 4HCl(g) \tag{7-1}$$

$$TiCl_4(g) + C(钢中) + 2H_2(g) \longrightarrow TiC(g) + 4HCl(g) \tag{7-2}$$

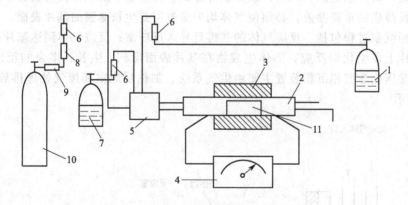

图 7-11　化学气相沉积法制备 TiC 的装置

1—甲烷；2—反应室；3—感应炉；4—高频转换器；5—混合室；6—流量计；
7—卤化物；8—干燥器；9—催化剂；10—氢气；11—工件

7.3.2　化学气相沉积的分类

化学气相沉积属于原子沉积类，沉积物以原子、离子、分子等原子级尺度的形态在材料表面沉积，形成外加覆层。

化学气相沉积的方法很多，如常压化学气相沉积（NPCVD）、低压化学气相沉积（LPCVD）、激光化学气相沉积（LCVD）、金属有机物化学气相沉积（MOCVD）等。这些方法的特点及应用举例见表 7-7。

表 7-7　几种化学气相沉积方法的特点

方法	特　点	应用举例
NPCVD	应用最广的、最简单的方法，由于在常压(约 10^5 Pa)沉积，生产效率很低，沉积层均匀性稍差，反应温度较高，造成基材组织结构发生变化，从而限制了应用范围	超硬覆层(如 TiN、TiC)，半导体绝缘层等
LPCVD	反应器内压力降低至 40Pa，分子平均自由程增大为常压的 2500 倍，生产效率大大提高，反应温度比常压下降低 150℃ 左右，覆层均匀，可以精确控制覆层的成分和结构，生产效率高，成本较低	单晶硅、多晶硅、氮化硅等超大规模集成电路制造
LCVD	利用激光激活，使常规 CVD 技术强化，降低反应的温度，能更容易控制沉积层的成分和纯度。同时能局部沉积，沉积厚度控制范围宽，可小于 10nm，可大于 $20\mu m$	Zn、Cd 等数十种金属、非金属，磁性、荧光、光电导薄膜
MOCVD	利用有机化合物[如 Ni(CO)$_4$、AlCl$_3$、NH$_3$ 等]在化学气相沉积系统中的热分解反应来沉积各种覆层，如金属与化合物。反应温度较低，沉积速率较低，覆层中含有杂质	Ni、Al、Cr、Pt 等金属或化合物层

7.3.3　化学气相沉积镀膜工艺及影响镀层的因素

由于化学沉积反应生成物的浓度、分压、扩散、运输、温度等参数不同，可以产生多种不同的化合物，虽然其物理化学过程较复杂，但在工件表面反应如下：①反应气体向工件表面扩散；②反应气体分子被吸附于工件表面；③在表面上进行化学反应、表面移动、成核及膜生长；④生成物从表面解析；⑤生成物在表面扩散。

化学气相沉积制备薄膜的主要工艺参数有温度、反应物供给及配比、压力等。

① 温度　温度对化学气相沉积膜的生长速度有很大的影响，温度升高化学反应速率加快，基材表面对气体分子或原子的吸附及它们的扩散加强，故成膜速率增加。

② 反应物供给及配比　进行化学气相沉积反应的原料，要选择常温下是气态的物质或具有高蒸气压的液体和固体，一般为氢化物、卤化物及金属有机化合物。通入反应器的原料气体应与各种氧化剂、还原剂等按一定配比混合通入。气体组成会严重影响镀膜质量和生长率，当用硅烷热分解制取多晶硅膜时，采用不同浓度的硅烷或用不同流量的惰性气体载气稀释时，将严重影响膜的生产率。

③ 压力　反应器内压力与化学反应密切相关，压力将会影响反应器内热量、质量及动量传输，因而影响化学气相沉积的反应效率、膜质量及膜厚度的均匀性。在常压水平的反应器内，气体的流动状态可以认为是层流；而在负压反应器内，由于气体扩散增强，可获得质量好、厚度大及无针孔的薄膜。

7.3.4　化学气相沉积镀膜的特点和应用

7.3.4.1　化学气相沉积镀膜的特点

与物理气相沉积镀膜技术相比，化学气相沉积镀膜技术具有以下特点：

① 薄膜的组成和结构可以控制　由于化学气相沉积是利用气体反应来形成薄膜的，因而可以通过反应气体成分、流量、压力等的控制，来制取各种组成和结构的薄膜，包括半导体外延膜、金属膜、氧化物膜、碳化物膜、硅化物膜等，用途广泛。

② 薄膜内应力较低、可制备厚膜　薄膜的内应力主要来自两个方面：一是薄膜沉积过程中，高能粒子轰击正在生长的薄膜，使薄膜表面原子偏离原有的平衡位置，从而产生所谓的本征应力；二是高温沉积薄膜冷却到室温时，由于薄膜材料与基体材料的热膨胀系数不

同,从而产生热应力。研究结果表明,薄膜本征应力占主要部分,而热应力占的比例很小。物理气相沉积,尤其是在溅射镀和离子镀过程中,高能量粒子一直在轰击薄膜,会产生很高的本征应力;正因为物理气相沉积膜存在很大的内应力,因而难以镀厚。化学气相沉积的内应力主要为热应力,即内应力小,可以镀得较厚,例如可制备厚为 1mm 的化学气相沉积金刚石薄膜。

③ 薄膜均匀、膜层与基体结合性好、绕射性好　由于化学气相沉积可以通过控制反应气体的流动状态,使工件上的深孔、凹槽、阶梯等复杂的三维形体,都能获得均匀致密的薄膜。这方面比物理气相沉积优越得多。且在沉积的过程中,温度较高,这样可以提高镀层与基材的结合力,改善结晶的完整性,为某些半导体用镀层所必须。经过化学气相沉积处理后的工件即使用在十分恶劣的加工条件下,膜层也不会脱落。

④ 可在常压或低压下沉积,不需要昂贵的真空设备　化学气相沉积的许多反应可以在大气压下进行,因而系统中无需真空设备。

化学气相沉积最大的缺点是沉积温度太高,一般在 $900 \sim 1200 ℃$ 范围内。在这样的高温下,钢铁工件的晶粒长大会导致力学性能下降,故沉积后往往需要增加热处理工序,这就限制了化学气相沉积在钢铁材料上的应用,而多用于硬质合金。因此化学气相沉积研究的一个重要方向就是设法降低工艺温度。此外气源以及反应后的尾气大多有毒,必须加强防范。

7.3.4.2　化学气相沉积镀膜的应用

化学气相沉积主要应用于两大方面:一是沉积膜层;二是制备新材料。

(1) 沉积膜层

沉积膜层应用方面,化学气相沉积主要用于解决材料表面改性,以达到提高耐磨、抗氧化、抗腐蚀以及特定的电学、光学和摩擦学等特殊性能的要求。

① 在机械工业上的应用　化学气相沉积技术可用来制备各种硬质镀层,按化学键的特征可分为三类:一是金属键型,主要为过渡族金属的碳化物、氮化物、硼化物等镀层,如 TiC、VC、WC、TiN、TiB_2;二是共价键型,主要为 Al、Si、B 的碳化物及金刚石等镀层,如 B_4C、SiC、BN、C_3N_4、C(金刚石);三是离子键型,主要为 Al、Zr、Ti、Be 的氧化物等镀层,如 Al_2O_3、ZrO_2、BeO。这些硬质镀层用于各种工具、模具以及要求耐磨、耐蚀的机械零部件。

② 在微电子工业上的应用　化学气相沉积技术的应用已经渗透到半导体的外延、钝化、刻蚀、布线和封装等各个工序,称为微电子工业的基础技术之一,逐渐取代了如硅的高温氧化和高温扩散等旧工艺。化学气相沉积技术可用来沉积多晶硅膜、钨膜、铝膜、金属硅化物、氧化硅膜及氮化硅膜等,这些薄膜材料可以用作栅电极、多层布线的层间绝缘膜、金属布线、电阻及散热材料等。

③ 光纤通信　光纤通信由于其容量大、抗电磁干扰、体积小、对地形适应性强、保密性高以及制造成本低等优点得到迅速发展。通信用的光导纤维是用化学气相沉积技术制得的石英玻璃棒经烧结拉制而成的。利用高纯四氯化硅和氧气可以很方便地沉积出高纯石英玻璃。

④ 太阳能利用　太阳能是取之不尽的能源,利用无机材料的光电转换功能制成太阳能电池是利用太阳能的一个重要途径。现已成功研制的硅、砷化镓同质结电池以及利用 Ⅲ～Ⅴ族、Ⅱ～Ⅵ族等半导体制成了多种异质结太阳能电池,如 SiO_2/Si、$GaAs/GaAlAs$、$CdTe/CdS$ 等,它们几乎全都制成薄膜形式。

⑤ 超导技术　采用化学气相沉积技术生产的 Nb_3Sn 低温超导带材,具有膜层致密、厚

度较易控制、力学性能好等特点，是烧制高场强小型磁体的最优良材料。采用化学气相沉积技术生产出来的其他金属间化合物超导材料还有 Nb_3Ge、V_3Ga、Nb_3Ga 等。

(2) 制备新材料

① 制备难熔材料的粉末和晶须　目前晶须正在成为一种重要的工程材料，它在发展复合材料方面起着很大的作用。如在陶瓷中加入微米级的超细晶须可使复合材料的韧性得到明显的改善。化学气相沉积技术可制备多种化合物晶须，如 Si_3N_4、TiN、ZrN、TiC、Cr_3C_2、SiC、ZrC、Al_2O_3、ZrO_2 等晶须，其中 Si_3N_4 和 TiC 已实现工业化生产。

② 制备碳纳米管　碳纳米管（carbon nanotubes，CNTs）是由单层或多层石墨片围绕中心轴，按一定的螺旋角度卷曲而成的无缝纳米管，其直径一般在几纳米到几十纳米之间，长度为数微米甚至毫米。碳纳米管很轻，但很结实，其密度是钢的 1/6，强度却是钢的 100 倍。目前用于制备碳纳米管的方法很多，化学气相沉积法由于具有工艺条件可控，容易批量生产等优点，自发现以来受到极大关注，成为合成碳纳米管的主要方法之一。

③ 制备金刚石和类金刚石薄膜　金刚石硬度高、耐磨性好，可广泛用于切削、磨削、钻探；由于热导率高、电绝缘性好，可作为半导体装置的散热板；它有优良的透光性和耐腐蚀性，在电子工业中也得到了广泛应用。虽然采用高温高压法已经能获得粒状的金刚石，并在工业上得到应用，但由于金刚石的高硬度，难以加工成各种所需要的零件和制品。自 20 世纪 70 年代以后，采用化学气相沉积技术制备金刚石薄膜的方法被研发出来，并得到迅速发展。化学气相沉积法沉积金刚石主要用于精密机械制造领域，大约每年有 6.4 亿美元的销售额。将来的适用领域会进一步扩大，在电子工业、化学工业、光学等领域得到更多的应用。

类金刚石薄膜（DLC）是指含有大量 sp^3 键的非晶态碳膜，具有一些与金刚石膜类似的性能。化学气相沉积法制备的 DLC 膜也达到了实用化阶段，并得到广泛应用。DLC 膜与钢铁衬底附着性好，摩擦系数低、表面光滑、平整，无需抛光即可应用，因此在摩擦磨损方面应用有其特色，其典型应用是计算机硬盘、软盘和光盘的硬质保护层，也可用作各种精密机械、仪器仪表、轴承以及各类工具模具的抗摩擦膜层，还可用作人体的植入材料。

7.3.5　化学气相沉积与物理气相沉积工艺对比

① 工艺温度　工艺的温度高低是化学气相沉积与物理气相沉积的主要区别。温度对高速钢镀膜具有重大影响。化学气相沉积法的工艺温度超过了高速钢的回火温度，因此利用化学气相沉积法给高速钢工件镀膜，必须进行镀膜后的真空热处理以恢复硬度；但是镀后热处理可能会产生不允许的变形。化学气相沉积对反应器的清洁度要求比物理气相沉积低一些，因为附着在工件表面的污染物很容易在高温下烧掉，因此化学气相沉积得到的膜层结合强度要好一些。

② 工艺条件　化学气相沉积发生在低真空的气态环境中，具有很好的绕射性，所以密闭的化学气相沉积反应室中的所有工件，除去支撑点外，全部表面都能完全镀好，甚至深孔、内壁也可镀上。相对而论，所有的物理气相沉积技术由于真空度高，气压较低，绕射性差，因此工件背面和侧面的镀制效果不理想。物理气相沉积的真空室必须减少装载密度以避免形成阴影，而且装卡、固定较复杂；且工件要不停地转动，有时还需要边转边往复运动。

③ 工艺的成本和安全　物理气相沉积最初的设备投资是化学气相沉积的 3～4 倍，而物理气相沉积工艺的生产周期是化学气相沉积的 1/10。在化学气相沉积的一个操作循环中，可以对各式各样的工件进行处理，而物理气相沉积就受到很大限制。综合比较可以看出在两

种工艺都可用的条件下，物理气相沉积的代价较高。此外，物理气相沉积是完全没有污染的"绿色工程"，而化学气相沉积的反应气体和反应尾气都可能具有一定的腐蚀性、可燃性和毒性，尾气中还可能有粉末状以及碎片状的物质，因此对设备、环境、操作人员都必须采取防范措施。

7.4　等离子体化学气相沉积法

将等离子技术引入化学气相沉积，形成覆盖层的方法称为等离子体化学气相沉积法（PCVD）。在常规的化学气相沉积中，促使其化学反应的能量来源是热能，而等离子体化学气相沉积除热能外，还借助外部所加电场的作用引起放电，使原料气体成为等离子体状态，变为化学性质非常活泼的激发分子、原子、离子和原子团等，促进化学反应，在基材表面形成薄膜。它包括了化学气相沉积的一般技术，又有辉光放电的强化作用。等离子体化学气相沉积技术由于等离子体参与化学反应，因此基材温度可以降低很多，具有不易损伤基材等特点，并有利于化学反应的进行，使通常从热力学上讲难于发生的反应变为可能，从而能开发出各种组成比的新材料。

7.4.1　等离子体化学气相沉积的种类

等离子体化学气相沉积法按加给反应室电离激发的方法可分为：射频、直流、射频直流、脉冲与微波等，其工艺及特点比较见表 7-8。

表 7-8　几种 PCVD 法的工艺及其特点比较

激发方式	工艺参数	特　点	沉积涂层
射频 PCVD	沉积温度：300～500℃ 沉积速率：1～3μm/h 频率：13.56MHz 射频功率：500W	降低了反应温度，沉积速率比 CVD 法在相同温度下快近两倍	TiC(500℃) TiN,Ti(C,N)(300℃)
直流 PCVD	沉积温度：500～600℃ 沉积速率：2～5μm/h 直流电压：2000～4000V 直流电流：16～49A/m^2 真空度：1.3×10^{-4}MPa	工件上加负高压降低了反应温度，膜层厚度均匀，与基体附着性能良好	TiC,Ti(C,N) (C_2H_2 与 $TiCl_4$ 在 Ar+5% H_2，N_2 等气氛中反应)
射频直流 PCVD	沉积温度：≈600℃ 工作负压：≈1500V 频率：13.56MHz 射频功率：100～500W 真空度：2.5×10^{-4}～1.3×10^{-5}MPa	膜层硬度随阴极电压提高而增加，沉积速率随反应室压力、RF 功率提高而增加	SiC (CH_4 与 SiH_4 反应)
脉冲 PCVD	沉积温度：室温 激发温度：10^{4}K 脉冲持续时间：5×10^{-5}s 脉冲 半周能耗：1800～2700J 粒子密度：10^{12}个/cm^3	沉积温度低，膜层厚度均匀，与基体附着性能良好，膜层硬度高，光滑，但纯度不高	金刚石
微波 PCVD	磁控管 2450MHz,微波	反应气体活化度高	Si_3N_4 (SiH_4 与 N_2 反应)

7.4.2 等离子体化学气相沉积过程和装置

等离子体化学气相沉积技术的薄膜生长机理尚未明了，其主要原因是：低温等离子体处于非热平衡状态，所用的反应气体也是多原子、分子，反应系统复杂、基础数据不足。在沉积薄膜的过程中，气相反应和在基板表面的反应同等重要。图7-12示出了薄膜沉积的反应过程。反应气体在等离子体中主要是由于电子的轰击引起激发、电离或解离，生成激发分子、原子、离子和原子团等。一般认为，这些粒子主要以扩散的方式到达基板表面，但是，反应气体的流动，电极和基板架的形状、几何尺寸及它们之间的距离等会影响粒子密度的分布。到达基板表面的粒子经过迁移、吸附反应直到生成薄膜，但也有在吸附过程中分子解离的。在壳层被加速的离子轰击将对表面反应产生重要影响。

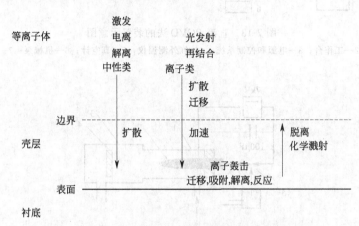

图 7-12 等离子体化学气相沉积中薄膜沉积的反应过程

等离子体化学气相沉积与溅射、离子镀等不同，它是维持等离子体的气体及其反应沉积薄膜的技术。因此在考虑等离子体化学气相沉积装置时，必须注意反应区域中反应气体的供给和排出，或流量的控制等各方面的问题。等离子体化学气相沉积工艺装置由沉积室、反应物输送系统、放电电源、真空系统及检测系统组成。气源需用气体净化器除去水分和其他杂质，经调节装置得到所需要的流量，再与源物质同时被送入沉积室，在一定温度和等离子体激活等条件下，得到所需的产物，并沉积在工件或基片表面。所以，等离子体化学气相沉积工艺既包括等离子体物理过程，又包括等离子体化学反应过程。

图7-13和图7-14给出了两个典型的等离子体化学气相沉积装置示意图。图7-13是直流PCVD法的装置示意图。反应室为 $\phi 800\text{mm} \times 800\text{mm}$ 的金属钟罩，工作台施加负高压（0～3000V），构成辉光放电的阴极，反应室接地构成阳极。反应气体净化后通入反应室。图7-14是脉冲PCVD法装置示意图。它由脉冲电源和卧式反应室组成。反应气全由脉冲方式输入反应室。脉冲等离子体比其他类型等离子体具有沉积覆层均匀，与基材结合力高的特点。

7.4.3 等离子体化学气相沉积的特点和应用

(1) 等离子体化学气相沉积技术的特点

等离子体化学气相沉积技术具有沉积温度低，沉积速率快，绕镀性好，薄膜与基体结合强度好，设备操作维护简单等优点。用等离子体化学气相沉积法调节工艺参数方便灵活，容易调整和控制薄膜厚度和成分组成结构，能够沉积出多层复合膜及多层梯度复合膜等优质膜。同时等离子体化学气相沉积法还拓展了新的低温沉积领域，例如，用等离子体化学气相

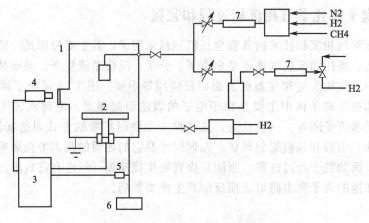

图 7-13　直流 PCVD 法的装置示意图

1—真空室；2—工作台；3—电源和控制系统；4—红外测温仪；5—真空计；6—机械泵；7—气体净化器

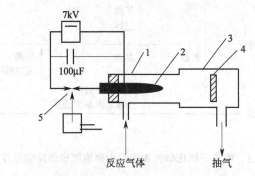

图 7-14　脉冲 PCVD 法装置示意图

1—外缘电极；2—内电极；3—卧式沉积室；4—基片；5—触发开关

沉积法可将 TiN 的反应温度由化学气相沉积法的 1000℃降到 200～500℃；用等离子体化学气相沉积法制备出的纳米陶瓷薄膜，其杨氏模量、抗压强度和硬度都很高，耐磨性好，化学性能稳定，抗氧化性和腐蚀性好，有较高的高温强度。

但等离子体化学气相沉积技术自身还存在一些问题：

① 温度的精确测量和温度的均匀性问题。

② 腐蚀污染问题。因为通过化学反应，有反应产物及副产物，对腐蚀性产物要解决真空泵的腐蚀问题，还要解决排气的污染控制及清除问题。

③ 沉积膜中的残留气体问题。用等离子体化学气相沉积法所得 TiN 薄膜中的氯气含量随沉积温度的升高而降低，一般来讲，沉积温度高，速度慢，可减少残余气体量，在 Si_3N_4 膜中，若含氢量多，会影响膜的介电性能。

(2) 等离子体化学气相沉积技术的应用

等离子体化学气相沉积工艺具有广泛的用途：

① 超硬膜的应用　等离子体化学气相沉积法宜于在形状复杂、面积大的工件上获得超硬膜 [TiN、TiC、TiCN、(TiAl) N、C-BN 等]，沉积速率可达 4～10μm/h，硬度大于 2000HV，绕镀性好，工件不需旋转就可得到均匀的镀层。大量应用于切削刀具、磨具和耐磨零件。

② 半导体元件上绝缘膜的形成　过去半导体元件上的绝缘膜大多用 SiO_2，现在以 SiN_4 和 H_2 为原料用 PCVD 法来形成 Si_3N_4，Si_3N_4 的绝缘性、抗氧化性、耐酸性、耐碱性等均比 SiO_2 强，从电性能及其掺杂效率来讲都是最好的，特别是当前的高速元件 GaAs 绝缘膜的形成，其高温处理是不可能的，只能在低温下用等离子法进行沉积。

③ 金刚石、硬碳膜及立方氮化硼的沉积　对于低压合成金刚石、硬碳膜及立方氮化硼的研究工作，国内外学者及研究机构都做了大量的工作，用直流、射频、微波 PCVD 法都可得到这些材料，但用得最多的是微波 PCVD。金刚石薄膜在半导体和光学器件上的应用已较成熟，但在切削刀具、模具上的应用尚有大量工作要做。

④ 光导纤维　采用等离子体化学气相沉积技术可以较好地控制光导纤维的径向折射率的分布，这种工艺对使光导纤维具有低色散性来讲是很理想的。

第8章

化学热处理技术

8.1 概 述

工业技术的发展，对机械零件提出了各式各样的要求。例如，发动机上的齿轮和轴，不仅要求齿面和轴颈的表面硬而耐磨，还必须能够传递很大的转矩和承受相当大的冲击负荷；在高温燃气下工作的涡轮叶片，不仅要求表面能抵抗高温氧化和热腐蚀，还必须有足够的高温强度等。这类零件对表面和心部性能要求不同，采用同一种材料并经过同一种热处理是难以达到要求的。而通过改变表面化学成分和随后的热处理，就可以在同一种材料的工件上使表面和心部获得不同的性能，以满足上述要求。

化学热处理是将工件在特定的介质中加热、保温，使介质中的某些元素渗入工件表层或形成某种化合物的覆盖层，以改变其表层化学成分和组织，从而使零件的表面具有特殊的机械或物理化学性能。化学热处理工艺主要依靠加热化学反应与元素的扩散作用，形成牢固结合的冶金层，比其他涂覆层与基体的结合力都高，渗入金属与非金属元素，可获得不同组织和性能，包括抗疲劳性、耐磨性、抗擦伤性、耐腐蚀性、耐高温氧化及一些特殊功能等。

经过化学热处理的工件，其表面和心部具有不同的化学成分、组织和性能，实际上成了一种新的复合材料构件，不仅可以节约贵重金属材料，而且对于承受各种交变载荷、各种介质腐蚀、磨损以及高温等特殊条件下工作的机器零件，采用化学热处理具有极大的经济价值，性能价格比优异，是一种投资少、见效快、"事半功倍"的高效技术，在国内外都受到重视。

化学热处理也是古老的工艺之一，在中国可上溯到西汉时期。已出土的西汉中山靖王刘胜的佩剑，表面含碳量达 $0.6\%\sim0.7\%$，而心部为 $0.15\%\sim0.4\%$，具有明显的渗碳特征。明代宋应星撰的《天工开物》一书中，就记载有用豆豉、动物骨炭等作为渗碳剂的软钢渗碳工艺。明代方以智在《物理小识》"淬刀"一节中，还记载有"以酱同硝涂鏊口，煅赤淬火"。硝是含氮物质，当有一定的渗氮作用。这说明渗碳、渗氮或碳氮共渗等化学热处理工艺，早在古代就已被劳动人民所掌握，并作为一种工艺广泛应用于兵器和农具的制作。

随着化学热处理理论和工艺的逐步完善，自20世纪初开始，化学热处理已在工业中得到广泛应用。随着机械制造和军事工业的迅速发展，对产品的各种性能指标也提出了越来越高的要求。除渗碳外，又研究和完善了渗氮、碳氮和氮碳共渗、渗铝、渗铬、渗硼、渗硫、硫氮和硫氮碳共渗，以及其他多元共渗工艺。电子计算机的问世，使化学热处理过程的控制日臻完善，不仅生产过程的自动化程度越来越高，而且工艺参数和处理质量也得到更加可靠的控制。

8.1.1 化学热处理的基本原理

化学热处理的工艺过程是，首先将工件置于含有渗入元素的渗剂介质中加热到一定温度，使渗剂分解并释放出活性组分，活性组分在工件表面吸附并分解产生活性原子，活性原子向工件基体内扩散渗入，形成一定厚度的扩散层，从而改变表层的成分、组织和性能。化学热处理可分为渗剂的分解、活性组分向工件表面扩散、相界面反应、活性原子向工件基体内扩散四个基本过程。

(1) 渗剂的分解

化学热处理渗剂在一定的工艺条件下，经化学反应（裂解、分解）形成由多种气体组成的气氛。例如渗碳时，煤油滴入炉内裂解，形成 CO、CO_2、H_2、C_nH_{2n+2} 等组成的气氛；滴入甲醇分解，形成 CO、H_2 气氛；滴入异丙醇分解，形成 CH_4、CO 气氛。气体渗氮时通入氨气形成 NH_3、N_2、H_2 气氛。影响反应速度的主要因素是温度和介质组分压力等。

(2) 活性组分向工件表面扩散

流体介质（气体或液体）流经固体表面时，由于固体表面的阻滞作用使流体流速减缓，在表面附近的一定距离内，将出现一个流动方向与表面基本保持平行的层流层，称为"界面层"。流体在界面层中的流速也不均，贴近固体表面处流速接近零，随距表面的距离增加流速逐渐增大。

$$\Delta = \kappa \sqrt{\eta / v} \tag{8-1}$$

式中，Δ 为界面层厚度；κ 为常数；η 为黏滞系数；v 为流速。

若设渗剂中活性组分浓度为 a_b，工件表面活性组分浓度为 a_i，若在 τ 时刻内通过面积为 A 的边界层物质质量为 m，那么由 Fick 第一定律可知：

$$\frac{dm}{d\tau} = -D \frac{da}{dx} A = -D \frac{a_b - a_i}{\Delta} A = \frac{AD}{\Delta}(a_i - a_b) \tag{8-2}$$

由式(8-2)可知，减少 Δ 或提高 a_b 可加速外扩散过程。

(3) 相界面反应

按多相反应的规律性，渗剂元素渗入工件的相界面反应大致可分为吸附、分解和吸收三个阶段。

① 吸附　金属表面存在大量缺陷（如割阶、空位、增殖原子），活性组分在金属表面的吸附能降低表面能，因此是自发过程。被吸附的活性组分受到同类和异类分子的碰撞时，可能发生分离，即解吸（吸附质脱落），也可能使其分解，形成渗入元素的活性原子，反应式为：

$$Fe_{晶体} \cdot CO_{吸附} + CO_{气体} \longrightarrow Fe_{晶体} \cdot [C]_{原子} + CO_{2气体}（分解）$$

$$Fe_{晶体} \cdot CO_{吸附} + CO_{气体} \longrightarrow Fe_{晶体} + 2CO_{气体}（解吸）$$

吸附作用并非在固体表面均匀进行，吸附中心往往出现在表面的一些晶体缺陷处，这些缺陷也将对渗入元素的扩散产生重大影响。金属表面缺陷多（位错、晶界露头）、粗糙、干净无污染则表面活性高，吸附力强，可促进化学热处理。工件对活性原子的吸附能力与其表面活性有关。一般地，工件表面光洁度越高，吸附和吸收被渗原子的能力越大，活性越大；

工件表面清洁可提高表面活性。

吸附时，某些金属对于气氛分解产生活性原子具有催化作用，促使分解反应沿着活化能较小的途径进行，从而加速了吸附后的分解反应。如铁吸附 CO 分子后，形成 $Fe_{晶体}$·$CO_{吸附}$，铁晶格中的原子间距（0.228nm）差不多比 CO 分子中的原子间距（0.115nm）大 1 倍，一旦发生吸附，CO 中的碳、氧原子间的距离将被拉大，从而削弱了碳和氧之间的结合力，因此被吸附的 CO 的 C—O 键被明显削弱，为破坏碳氧键（CO 分解）提供了有利条件。

② 分解 此过程渗剂进一步分解，析出活性渗入原子。分解可以在金属晶体表面进行，也可以在远离晶体表面的气氛中进行。前者是当气氛中同类或异类分子与被吸附的分子发生碰撞而分解，后者是因为本身的热振动，在达到一定的能量条件下自行分解，分解析出所需要的活性原子。例如：

渗碳时 $\qquad\qquad\qquad 2CO \longrightarrow CO_2 + [C]$

$\qquad\qquad\qquad\qquad C_nH_{2n+2} \longrightarrow (n+1)H_2 + n[C]$

$\qquad\qquad\qquad\qquad C_nH_{2n} \longrightarrow nH_2 + n[C]$

渗氮时 $\qquad\qquad\qquad 2NH_3 \longrightarrow 3H_2 + 2[N]$

渗硅时 $\quad SiCl_4 + 2Fe \longrightarrow 2FeCl_2 + [Si]$ 或 $3SiCl_4 + 4Fe \longrightarrow 4FeCl_3 + 3[Si]$

应该指出的是，在化学热处理温度下，分子热振动加剧，彼此碰撞的频率极高。在远离工件表面自行分解形成的活性原子，在向工件表面运动的途中，必然要同其他原子、同类原子或分子相碰撞，发生聚合反应，又产生分子而失去活性。基于上述原因，活性原子的寿命极短，很难运动到工件表面。例如：

渗碳时 $\qquad\qquad\qquad [C] + CO_2 \longrightarrow 2CO$

$\qquad\qquad\qquad\qquad [C] + 2H_2 \longrightarrow CH_4$

$\qquad\qquad\qquad\qquad [C] + H_2O \longrightarrow CO + H_2$

$\qquad\qquad\qquad\qquad [C] + [C] + [C] \cdots \longrightarrow C_{固体炭黑}$

渗氮时 $\qquad\qquad\qquad [N] + [N] \longrightarrow N_2$

根据上述分析，只有在工件表面吸附条件下分解形成的活性原子，才有可能被工件表面所吸收而进入金属晶格中去，成为有用的原子。这就要求在进行气体化学热处理时，一定要使新鲜的气流均匀地与工件表面接触，在炉子设计及装炉摆料时要充分考虑到这一点。

渗剂反应通式为： $\qquad\qquad a\mathrm{A} + b\mathrm{B} \rightleftharpoons c[\mathrm{C}] + d\mathrm{D}$ $\qquad\qquad$ (8-3)

化学平衡常数为： $\qquad K = p_C^c p_D^d / (p_A^a p_B^b) = Z\exp(-E/RT)$ $\qquad\qquad$ (8-4)

式中，E 为激活能；Z 为频率因子。由上式可知，要加快分解反应，应升高温度，加大反应物浓度，加入催渗剂。

③ 吸收 由上述分解反应析出的活性原子吸附于工件表面，被吸附的活性原子与工件表面原子发生吸附与解吸附反应。在符合一定热力学及动力学条件时（主要是具备足够的能量），活性原子就可以克服表面能垒，通过溶解或结合成化合物的形式进入金属晶体表面，形成固溶体或化合物，即被工件表面所吸收。渗碳时活性碳原子的吸收反应式：

$\qquad\qquad Fe \cdot [C]_{吸附} \longrightarrow Fe \cdot C_{溶} + CO_{2气体}$（溶解，进入 Fe 晶格）

$\qquad\qquad Fe \cdot [C]_{吸附} \longrightarrow Fe_3C$（化合，形成化合物）

表面吸收反应的机理有两种不同的解释：一种认为是先形成化合物（Fe_3C）薄层，又瞬间分解（$Fe_3C \longrightarrow 3Fe + C$），使碳溶入奥氏体中；另一种认为析出的活性碳原子直接溶入奥氏体中，达到饱和时才形成化合物。后一种解释为多数人所接受。但这并不排除钢中有强碳化物形成元素时，碳与合金元素直接形成合金碳化物的可能性。

由于活性原子的存在时间极短，因此，吸收这一步骤必须进行得足够快。如果由于活性原子的能量不足，或金属表面有某种起障碍作用的氧化物，或其他原因造成吸收过程迟滞，那么这部分活性原子将发生其他反应而失去活性。故不是全部活性原子都能被吸收。影响这个过程的主要因素是温度、活性组分分压、渗入元素传递系数及工件表面状态等。

(4) 活性原子向工件基体内扩散

工件表面吸收活性原子后，渗入元素的浓度提高，与内部形成浓度梯度。在化学梯度（浓度、电位、压力、应力、磁场、晶体缺陷等）的驱使下，渗入原子由表面向工件内部扩散，经过一定时间后便得到具有一定深度、一定渗入元素浓度分布的渗层。影响扩散的主要因素是温度、扩散系数、扩散激活能与晶体结构等。

上述化学热处理中的四个基本过程，在实际生产条件下几乎是同步进行的，相互交叉，相互制约，相互促进。分解提供的活性原子太少，吸收后表面浓度不高，浓度梯度小，扩散速度低；分解的活性原子过多，吸收不了而形成分子态附着在金属表面，阻碍进一步吸收和扩散。金属表面吸收活性原子过多，原子来不及扩散，则造成浓度梯度陡峭，影响渗层性能。因此，合理选择化学热处理的工艺条件，保证上述四个基本过程的协调进行使各个过程彼此协同，是获得良好的渗层和快的渗速的关键。比如利用改变温度、压力，或者利用电场、磁场及辐射，或者利用机械的弹塑性变形及弹性振动等物理方法来加速渗剂的分解，活化工件表面，提高吸附和吸收能力。也可以在渗剂中加入一种或几种化学物质，促进渗剂的分解，去除工件表面氧化膜等阻止渗入元素原子吸附和吸收的物质，活化工件表面。

8.1.2 化学热处理的分类

根据渗入元素的不同，化学热处理可分为渗碳、渗氮、渗硼、渗硅、渗硫、渗铝、渗铬、渗锌、碳氮共渗、铝铬共渗等。

按渗入元素的性质，化学热处理可分为渗非金属和渗金属两大类。前者包括渗碳、渗氮、渗硼和多种非金属元素共渗，如碳氮共渗、氮碳共渗、硫氮共渗、硫氮碳（硫氰）共渗等。后者主要有渗铝、渗铬、渗锌等，钛、铌、钽、钒、钨等也是常用的表面合金化元素；二元、多元渗金属工艺，如铝铬共渗、钽铬共渗等均已用于生产。此外，金属与非金属元素的二元或多元共渗工艺也不断涌现，例如铝硅共渗、硼铬共渗等。

根据介质的物理状态，化学热处理可分为固体法、液体法、气体法及离子轰击法。固体法包括：粉末法，涂渗法（膏剂法与熔渗法），以及电镀、电泳或喷涂后低温扩散退火。液体法包括：熔盐法（熔盐浸渍与熔盐电解）、热浸镀法、水溶液电解及电镀、电泳或热喷涂后高温扩散退火。气体法包括：气体或液体化合物分解，还原与置换、真空蒸发法与流态床法。离子轰击法包括：离子轰击渗碳、离子轰击氮化、离子轰击渗金属等。

按照渗入元素与钢中元素形成的相结构可分为两类，第一类是渗入元素溶于溶剂元素的晶格中形成固溶体，如渗碳是固溶扩散（纯扩散）。第二类是反应扩散，此类又可分两种：第一种是渗入元素与钢中元素反应形成有序相（金属化合物），如氮化；第二种是渗入元素在溶剂元素晶格中的溶解度很小，渗入元素与钢中元素反应形成化合物相，如渗硼。

按照渗入元素对钢件表面性能的作用（或化学热处理的目的）分类可分为：

① 提高工件表面的硬度、强度、疲劳强度和耐磨性，如渗碳、氮化、碳氮共渗等；

② 提高工件表面的硬度、耐磨性，如渗硼、渗钒、渗铌等；

③ 减少摩擦系数、提高抗咬合、抗擦伤性，如渗硫、氧氮化、硫氮共渗处理等；

④ 提高抗腐蚀性，如渗硅、渗铬、渗氮等；

⑤ 提高抗高温氧化性，如渗铝、渗铬、渗硅等。

不同的渗入元素，赋予工件表面的性能也不一样。在工业生产中，化学热处理的主要用途有两个方面：一是强化表面，如渗碳、氮化、碳氮共渗、渗硼、硫氮共渗、碳氮硼共渗等，可以提高工件表面的疲劳强度、硬度和耐磨性。二是改善物理、化学性能，如渗铬、渗硅、渗硼等可以增加工件表面的抗腐蚀性，渗铝、渗铬可以增加工件表面的抗氧化性。常用的化学热处理方法及其渗层性能见表 8-1。

表 8-1 常用的化学热处理方法及其渗层性能

方法	渗层深度	渗层组织	性能	主要应用范围
渗碳	0.2～10mm	淬火低温回火，马氏体＋残余奥氏体＋碳化物	表面硬度 56～64HRC，表面高硬度、高强度、耐磨损、耐疲劳性能高	汽车、拖拉机齿轮、风动工具零件、大型机械轴承及其他要求耐磨损的零件
碳氮共渗	0.2～1.2mm	淬火低温回火，马氏体＋残余奥氏体＋碳氮化合物	表面硬度 56～64HRC，表面高硬度、高强度、耐磨损、耐疲劳性能高	汽车、拖拉机齿轮、风动工具零件、大型机械轴承及其他要求耐磨损的零件
渗氮	0.02～0.8mm	合金氮化物＋含氮固溶体	表面硬度 650～1200HV，高的表面硬度、红硬性、耐磨性、抗蚀性及抗咬合性能好，处理温度低、零件畸变小	飞机及精密机床的传动齿轮、轴、丝杠及汽车齿轮等零件、工磨具、铸铁等要求表面耐磨及尺寸精度要求高的其他零件
氮碳共渗	0.02～0.5mm	氮碳化合物＋氮碳固溶体	表面硬度 650～1200HV，高的表面硬度、红硬性、耐磨性、抗蚀性及抗咬合性能好，处理温度低、零件畸变小	飞机及精密机床的传动齿轮、轴、丝杠及汽车齿轮等零件、工磨具、铸铁等要求表面耐磨及尺寸精度要求高的其他零件
渗硫	0.005～0.015mm	FeS	降低摩擦系数，提高抗咬合性能	齿轮、内燃机零件及工磨具等
硫氮共渗	0.02～0.04mm	$Fe_{1-x}S$ 及氮化物	降低摩擦系数、提高抗咬合性能、提高耐磨性、改善抗疲劳性能	内燃机零件及工磨具、曲轴等在较大载荷、高速度、长时间工况下工作的零件
硫氮碳共渗	0.02～0.04mm	FeS＋氮碳化合物	降低摩擦系数、提高抗咬合性能、提高耐磨性、改善抗疲劳性能	内燃机零件及工磨具、曲轴等在较大载荷、高速度、长时间工况下工作的零件
渗硼	0.05～0.4mm	Fe_3B 及 FeB	硬度很高（1200～2000HV），耐磨损、抗蚀、红硬性高	在腐蚀条件下耐磨损的零件，如缸套、活塞杆等，也用于磨具
渗铝	40～60μm	$FeAl$、$FeAl_2$ 等	抗高温氧化、提高在含硫介质中的抗酸性	叶片、喷嘴、化工管道等在高温或高温加硫蚀环境下工作的零件，加热炉中的耐热件
渗铬	20～60μm	含铬的 α 固溶体＋Cr_2C_6＋Cr_2C_4	抗腐蚀、耐磨损、抗高温氧化	代替不锈钢作抗腐蚀和耐高温氧化的零件

8.1.3 化学热处理的主要特点

化学热处理与一般热处理（如表面淬火、表面形变强化、表面溶液沉积等表面强化方法）相比较的区别在于：前者有表面化学成分的改变，而后者没有表面化学成分的变化。化学热处理后渗层与金属基体之间无明显的分界面，由表面向内部其成分、组织与性能是连续过渡的，主要特点如下：

① 通过渗入不同的元素，可有效地改变工件表面的化学成分和组织，以获得各种不同的表面性能，从而满足不同工作条件对工件的性能要求。

② 一般化学热处理的渗层厚度可根据工件的技术要求来调节，而且渗层的成分、组织

和性能由表至里是逐渐变化的，渗层与基体属于冶金结合，表层不易剥落。

③ 通常化学热处理不受工件几何形状的限制，无论形状如何复杂均可使外壳和内腔获得所要求的渗层或局部渗层，不像表面淬火、滚压、冷压、冷轧等冷作硬化处理那样，要受到工件形状的限制。

④ 绝大部分化学热处理具有工件变形小、精度高、尺寸稳定性好等特点。如氮化、软氮化、离子氮化等工艺，均使工件保持较高的精度、较低的表面粗糙度和良好的尺寸稳定性。

⑤ 所有化学热处理均可获得改善工件表面性能的综合效果，大部分化学热处理在提高表面力学性能的同时，还能提高工件表面层的抗腐蚀、抗氧化、减摩、抗咬合、耐热等多种性能。

⑥ 一般化学热处理对提高机械产品的质量、挖掘材料潜力、延长使用寿命具有更为显著的成效，因此可节约较贵重的金属材料，降低成本，提高经济效益。

⑦ 多数化学热处理既是一个复杂的物理化学过程，也是一个复杂的冶金过程，它需要在一定的活性介质中加热，通过界面上的物理化学反应和由表及里的冶金扩散来完成。因而其工艺较复杂，处理周期长，而且对设备的要求也较高。

8.1.4　化学热处理的意义

采用化学热处理等表面强化技术，提高机械零件的耐磨性和抗腐蚀性，从而提高机电产品质量、节省材料、节省能源，对于国民经济的可持续发展具有十分重要的实际意义。

首先，通过化学热处理可满足零件使用性能的高要求，提高零件的服役寿命和可靠性。现代工业和科学技术的发展，对机电产品的自动化、小型化、可靠性、耐久性的要求越来越高，零部件的服役条件也越来越苛刻。工作在高速、高载荷、高温、高腐蚀性环境下的零部件对材料表面使用性能的要求也就更高。而在许多情况下，整体材料很难同时满足基体和表面性能要求，且经济性要好。有些情况下，采用便宜方便的化学热处理技术也能收到很好的效果，如硬质合金拉丝模，采用化学热处理渗硼后，与未处理的模具比较，拉低碳钢丝使用寿命提高 7 倍，拉高碳钢丝使用寿命提高 2 倍。

其次，化学热处理能节省材料、节省能源，有利于可持续发展。采用化学热处理技术不仅能减少磨损、腐蚀导致的材料消耗，有助于缓和钢材供需矛盾，还可以用廉价的钢材代替贵重钢材，创造显著的经济效益。化学热处理技术对提高与改善传统材料性能是非常有效的，对磨损、腐蚀等从表面开始损伤的零部件都有显著的效果。例如，碳钢表面热浸渗铝后对提高耐蚀性和抗高温氧化性就很有效，可代替或部分代替不锈钢、耐热钢用于石油、化工、冶金等行业，炼油厂泄压装置原用碳钢制造，腐蚀寿命仅 1 年，热浸渗铝后可使用15～20 年；又如，该技术用于 Q235 钢制高速公路护栏，长期不氧化、不生锈节省了大量钢材。

8.2　渗　碳

渗碳工艺是一个十分古老的工艺，在中国，最早可追溯到 2000 年以前。我国古代最早的炼钢法——淋钢，就是用熔融生铁液作为渗剂，向熟铁中渗碳，再经反复锻打而成钢的。古代刀具及农具也常用生铁块作渗剂，将其加热至高温，在已加热刀具或农具刃上用力擦搓，亦可起到明显渗碳效果。8世纪中叶的唐代，中国人已从锻上炉加热的实践中，掌握了在封闭的瓦罐中以木炭为主的渗碳剂进行固体渗碳的方法。约在9世纪末10世纪初，这种方法传到了欧洲。然而直到近半个多世纪以来，渗碳技术才由传统的固体渗碳、液体渗碳、气体渗碳发展成为包括可控气氛渗碳、真空渗碳、离子渗碳等工艺在内的一套比较完整的渗碳系列技术。

到现在，渗碳工艺仍然具有非常重要的实用价值，原因就在于它的合理的设计思想，即让钢材表层接受各类负荷（磨损、疲劳、机械负载及化学腐蚀）最多的地方，通过渗入碳等元素达到高的表面硬度、高的耐磨性和疲劳强度及耐蚀性，而不必通过昂贵的合金化或其他复杂工艺手段对整个材料进行处理。这不仅能用低廉的碳钢或合金钢来代替某些较昂贵的高合金钢，而且能够保持心部有低碳钢淬火后的强韧性，使工件能承受冲击载荷。因此，完全符合节能、降耗、可持续发展的方向。几种常见的渗碳方法、特点及应用范围见表8-2。

表8-2 几种常见的渗碳方法、特点及应用范围

渗碳方法	特点	应用范围
气体渗碳	生产率高、操作方便、容易实现自动化连续生产，渗层质量好，但废弃有污染	大批量渗层，应用最广
液体渗碳	加热速度快、生产周期短，操作简单、可直接淬火，但多数渗碳盐浴有毒或剧毒	小件、细长件、薄件渗碳，批量渗层，应用少
固体渗碳	渗碳周期长、劳动条件差、渗层碳含量不易控制，但不需用专用设备	单件、小件、小批量生产，应用较少
离子渗碳	渗速快、质量好、节电与节气、无污染，但专用设备成本高	重载和精密件深层渗碳，批量生产，应用正在扩大
真空渗碳	可以高温渗碳、渗速快、表面无氧化，质量好，显著改善劳动条件，但专用设备成本高易产生炭黑	精密件、关键件、批量生产，应用正在扩大

8.2.1 渗碳过程原理

渗碳过程可归纳为分解、吸收与扩散三个过程。

(1) 分解

炉内渗碳介质发生分解反应，产生 CO 和 CH_4 等渗碳组分。渗碳剂的基本要求是有良好的渗碳能力、不产生炭黑、工艺性好，环保性、价廉、分子结构简单。一般情况下，若 C/O 原子数比≤1，分解产生 CO、H_2，几乎不能渗碳，可以用作稀释剂；若 C/O 原子数比>1，分解产生 CO、H_2 外，还产生一定 CH_4，能产生活性炭原子 [C]，属于强渗碳剂；C/O 比愈大，渗碳能力愈强。

炉气主要成分为 CO、CO_2、H_2、CH_4 与 H_2O 等，其中 CO 与 CH_4 为渗碳气体，CO_2 与 H_2O 为脱碳气体。通过控制 CO 和 CO_2 的比例（可控气氛渗碳），可控制炉气的渗碳能力——碳势。

(2) 吸收

渗碳组分向钢表面扩散被吸附，并与钢件表面反应，产生活性碳原子渗入钢件表面，反应产物 H_2、CO_2 和（或）H_2O、O_2 等离开表面。

$$2CO \Longleftrightarrow CO_2 + [C]$$
$$CH_4 \Longleftrightarrow 2H_2 + [C]$$
$$CH_3COCH_3 \Longleftrightarrow 3H_2 + CO + 2[C]$$

要使分解反应产生的活性碳原子被钢件表面吸收，必须保证工件表面清洁，为此工件入炉前必须将表面清理干净。活性碳原子被吸收后，须将剩下的 CO_2、H_2、H_2O 及时驱散，这就要求炉气有良好的循环。控制好分解和吸收两个阶段的速度，使两者适当配合，以保证碳原子的吸收。活性碳原子太少，影响吸收；如供给碳原子的速度（分解速度）大于吸收速度，工件表面便会积炭，形成炭黑，反而会影响碳原子的进一步吸收。

(3) 碳原子向钢件内部的扩散

在化学热处理中，当渗剂固定时，分解和吸收一般不会成为控制性环节，而扩散将成为化学热处理渗速的决定性因素。如何利用扩散规律来增大渗速，降低热处理的成本是热处理的重要任务。

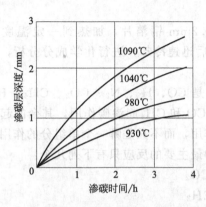 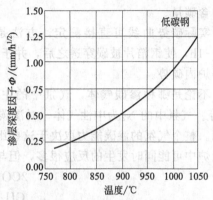

图 8-1　在不同温度下渗碳时间对渗碳层深度　　　图 8-2　渗层深度因子 Φ 随渗碳温度的变化
　的影响（0.15C-1.8Ni-0.2Mo 钢）

碳原子向钢件内部扩散，形成碳浓度梯度分布的渗碳层。碳原子由工件表面向心部的扩散是渗碳得以进行并获得一定渗层深度所必需的。由扩散方程可知，在表面和内部的碳浓度为一定值的情况下，如果渗碳温度一定，则渗碳层深度 d 与渗碳时间 τ 服从抛物线规律 $d = \Phi\tau^{1/2}$。图 8-1 为 0.15C-1.8Ni-0.2Mo 钢在不同温度下渗碳时间对渗碳层深度的影响。Φ 是一个比例系数，也称为渗层深度因子。在低碳钢和一些低碳合金钢中，Φ 与渗碳温度 T 之间的关系可用式(8-5) 及图 8-2 表示：

$$\Phi = 802.6\exp\left(\frac{-8566}{T}\right) \tag{8-5}$$

可以看出，当渗碳时间相同时，渗碳温度提高 100℃，渗层深度约增加一倍；如果渗碳温度提高 55℃，则得到相同渗层深度的时间可缩短一半。

扩散还将影响渗层碳浓度梯度。原则上，希望碳浓度从表面到心部连续而平缓地降低，如图 8-3 中曲线 1 所示。实际生产中为了提高渗碳速度，往往采用二阶段渗碳的工艺，即第一阶段用高碳势快速渗碳，第二阶段将碳势调到预定值进行扩散。如果这种工艺控制不当，则有可能得到图 8-3 中曲线 2 所示的浓度曲线，其特点是最表层的碳含量低于次表层。这种浓度曲线，不仅会使表面硬度降低，而且会产生不合理的残余应力分布，因为钢的马氏体点 M_s 随碳含量升高而降低，所以在渗碳后淬火时，表层比次表层先发生马氏体转变，且次表层的马氏体比体

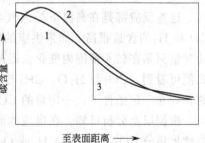

图 8-3　渗碳层碳浓度梯度的比较
1—希望的；2—不希望的；3—不合理的

积更大，因此在表层造成不希望的残余拉应力。显然，这种浓度曲线是不希望出现的。图8-3 中曲线 3 所示的碳浓度曲线是在渗碳温度低于 A_{c_3}（加热时铁素体转变为奥氏体的终了温度）时形成的，这种在渗层与心部之间的浓度突降，必然引起组织的突变，从而引起额外的残余应力，削弱渗层与心部的结合。因此，这种浓度曲线也是不合理的。

8.2.2 碳势及其控制

碳势是指渗碳气氛与奥氏体之间达到动态平衡时，钢表面碳含量。碳势是表征渗碳气氛改变钢件表面碳含量能力的参数，碳势越高，渗碳的能力越强，碳势决定了渗碳件表面可达到的含碳量。

实际碳势曲线可直接测定，方法是：厚度＜0.2mm 钢箔片，加热到一定温度停留0.5～1h，使钢箔片被碳穿透之后，并于气氛平衡之后迅速冷却，进行化学成分分析，即可获得炉内碳势。

不论是哪种渗碳气体，气氛中的主要组成物都是 CO、H_2、N_2、CO_2、CH_4、H_2O、O_2 等。气氛中的 N_2 为中性气体，对渗碳不起作用，CO 和 CH_4 起渗碳作用，其余的起脱碳作用。整个气氛的渗碳能力取决于这些组分的综合作用，而不只是哪一个单组分的作用。在渗碳炉中可能同时发生的反应很多，但与渗碳有关的最主要的反应只有下列几个：

$$2CO \rightleftharpoons [C]+CO_2$$
$$CH_4 \rightleftharpoons [C]+2H_2$$
$$CO+H_2 \rightleftharpoons [C]+H_2O$$
$$CO \rightleftharpoons [C]+\frac{1}{2}O_2$$

当气氛中的 CO 和 CH_4 增加时，反应将向右进行，分解出来的活性碳原子增多，使气氛碳势增高；反之，当 CO_2、H_2O 或 O_2 增加时，则分解出的活性碳原子减少，使气氛碳势下降。但上述反应不是孤立的。将上述化学反应方程式进行运算，可得到下述化学反应方程式。

$$CO+H_2O \rightleftharpoons CO_2+H_2$$
$$CH_4+CO_2 \rightleftharpoons 2CO+2H_2$$
$$CH_4+H_2O \rightleftharpoons CO+3H_2$$
$$2CO+H_2 \rightleftharpoons 2[C]+H_2O+\frac{1}{2}O_2$$

这些反应都是在高温下炉内气氛之间存在的相互联系和制约的一些反应。渗碳气氛中 CO 和 H_2 的含量很高。如果供应的原料气的组分很稳定，则在正常工作情况下，CO 和 H_2 的含量只是在较小范围内变化。因此可以认为 CO 与 H_2 含量基本不变。这样，从上述反应式便可看到，CO_2 与 H_2O、CH_4 与 CO_2、CH_4 与 H_2O 以及 O_2 与 H_2O 含量之间是互相制约的，即在一定条件下，一定量的 CO_2 就对应着一定量的 H_2O、CH_4 和 O_2。

根据以上分析可知，在供应的原料气组分稳定、体系达到平衡的情况下，只要控制气氛中微量组分 CO_2、H_2O、CH_4 或 O_2 中的任何一个含量，便可控制上述反应达到某一个平衡点，从而实现控制气氛碳势的目的。通常，生产中使用露点仪来测量 H_2O 含量（因气氛的露点与其含水量有着对应关系，含水量越高，露点就越高），用 CO_2 红外仪及 CH_4 红外仪测量 CO_2 及 CH_4 含量，氧探头法测量 O_2 含量。根据测量结果，调整富化气的输入量，控制 H_2O、CO_2、CH_4 及 O_2 含量，以控制气氛碳势。图 8-4 为用丙烷制取的吸热式气氛的碳势

与气氛中 CO_2 含量及露点的关系曲线。

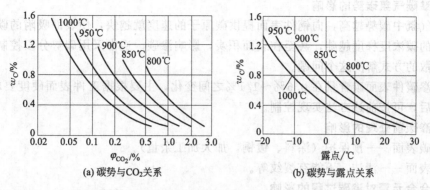

图 8-4　由丙烷制取的吸热式气氛的碳势与气氛中 CO_2 含量及露点的关系曲线

以上讨论的是气体组分间及气体与工件间达到平衡的状况，而没有考虑达到平衡所需要的时间。在实际生产中，由于渗碳层深度一般都不是很大，渗碳时间不是很长，因而往往达不到平衡的条件。这时，必须根据气氛种类、表面碳含量的要求、温度和时间等因素确定一个在不平衡情况下的气氛的碳势，才能真正保证所需的渗层碳含量。

8.2.3　主要工艺参数对渗碳速度的影响

（1）渗碳温度

温度高低对渗碳质量影响极大。首先，温度影响分解反应的平衡，从而影响碳势。例如，由图 8-4 可见，如果气氛中 CO_2 含量不变，则温度每降低 10%，将使气氛碳势增大约 $0.04\%\sim0.08\%$。

其次，温度也影响碳的扩散速度和渗层深度。随着渗碳温度的升高，碳在奥氏体中扩散系数呈指数上升（如 925 ℃碳在奥氏体中的扩散系数为 $1.4\times10^{-7}\,cm^2/s$，而在 1000 ℃时为 $3.5\times10^{-7}\,cm^2/s$，扩散系数增加了 2.5 倍）。因为温度升高，铁原子的自身扩散过程加剧，使钢的表面脱位原子和空位数量增加，都有利于碳的吸收和扩散，使渗碳速度加快。在其他参数相同的条件下，渗碳温度越高，渗层越厚，表层碳质量分数越高；温度越低，则效果相反。但渗碳温度过高，会造成钢的晶粒长大、工件畸变增大、设备寿命降低等负面效应。

再次，温度还影响钢中的组织，温度过高会使钢的晶粒粗大。目前，生产中的渗碳温度一般为 920～930 ℃。对于薄层渗碳，温度可降低到 880～900 ℃，这主要是为了便于控制渗层深度；而对于深层渗碳（＞5mm），温度往往提高到 980～1000 ℃，这主要是为了缩短渗碳时间。

为了提高生产效率，希望化学热处理在较高的温度下进行，但在实际操作中，除了要求渗速外，还必须考虑渗层的组织和性能、工件的心部组织与性能、设备及工装允许使用的温度范围等因素，处理温度不能无限升高。

（2）渗碳时间

渗碳时间与渗碳层深度呈平方根关系，一般近似计算多采用 Haris 公式：

$$\delta=660e^{-8387/T}\sqrt{t} \tag{8-6}$$

式中，δ 为层深，mm；t 为时间，h；T 为热力学温度，K。

由式(8-6)可知，同一渗碳温度，渗层深度随时间的延长而增加，但增加的程度逐渐减慢，低温时减慢的速度更快，这是由于渗层中碳质量分数随着时间的延长而逐渐减小的缘故。

(3) 渗碳气氛碳势的影响

渗碳气氛中碳势越高，向钢件表面提供碳原子的速度就越快，使表面吸附的碳含量就越高，形成的碳浓度梯度越陡，甚至在表面积炭，影响渗碳。通常采用碳势分段控制，或先强渗碳后扩散的方式解决这个问题。

一般渗碳件表面碳含量在 0.6%～1.1% 之间变化，主要根据工件表面硬度要求来确定。选定碳势后，可按前述方法实现控制。

(4) 渗碳前处理的影响

非渗碳表面——预保护（涂料、镀铜，加大加工余量）。

渗碳表面——清洁，不能有裂纹等。

(5) 合金元素对渗碳过程的影响

合金钢渗碳时，钢中的合金元素影响表面碳浓度及碳在奥氏体中的扩散系数，从而影响渗层深度。

碳化物形成元素如钛、铬、钼、钨及质量分数大于 1% 的钒、铌等，都提高渗层表面碳浓度；非碳化物形成元素如硅、镍、铝等都降低渗层表面碳浓度。但是当合金元素含量不大时，这种影响可以忽略。此外，一般钢中都同时含有这两类元素，它们的作用在一定程度上互相抵消。

碳化物形成元素铬、钼、钨等降低碳的扩散系数，而非碳化物形成元素钴、镍等则提高碳的扩散系数；锰几乎没有影响，而硅却降低碳的扩散系数。但随着温度的变化和合金元素含量的不同，其影响是比较复杂的。

如图 8-5 所示，锰、铬、钼能略微增加渗碳层深度，而钨、镍、硅等则使之减小。合金元素是通过影响碳在奥氏体中的扩散系数和表面碳浓度来影响渗碳层深度的。例如，镍虽增大碳在奥氏体中的扩散系数，但同时又使表面碳浓度降低，而且后一种影响大于前者，所以最终使渗碳层深度下降。工业上常用的钢种一般不只含一种合金元素，因此要考虑各元素的综合影响，遗憾的是目前还不能精确计算这种影响。

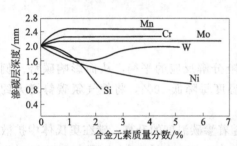

图 8-5　合金元素对渗碳层深度的影响

8.2.4　气体渗碳工艺

将工件放在气体介质中加热并进行渗碳的工艺称为气体渗碳。根据所用渗碳气体的产生方法及种类，可分为滴注式气体渗碳、吸热式气氛渗碳和氮基气氛渗碳。按设备类型不同又可以分井式炉气体渗碳、密封箱式炉气体渗碳及连续式炉气体渗碳。

(1) 常用渗碳设备

气体渗碳炉分为周期式炉和连续式炉两大类，两者主要的区别在于装卸工件的方法不同。周期式炉用于单件或单批渗碳工艺；连续式炉实现了连续式装卸工件，生产率高。周期式炉有井式、卧式和滚筒炉等形式；连续式炉有振底式、输送带式、旋转罐式以及推杆式等炉型。

(2) 渗碳剂及选用原则

常用气体渗碳剂包括液态渗剂和气态渗剂两种。液态渗剂主要有煤油、甲醇、乙醇、异丙醇、乙醚、丙酮、乙酸乙酯、苯、二甲苯等。气态渗剂有天然气、丙烷、丁烷、发生炉煤气、吸热式气体等。用作渗碳剂的化学介质必须具有较高的渗碳活性，含硫及其他杂质尽可能少，不易形成炭黑或结焦，便于使用并且不致造成公害，价格便宜。对于液态渗碳剂，则还要求其蒸发分解后的产气量高。

（3）井式炉气体渗碳工艺

滴注式气体渗碳一般是把含碳有机液体滴入或注入气体渗碳炉炉罐内，使之受热裂解，产生渗碳气氛，从而实现对工件的渗碳。我国滴注式渗碳大多应用在井式气体渗碳炉上。井式炉渗碳工艺曲线如图8-6所示，其工艺过程主要分为：

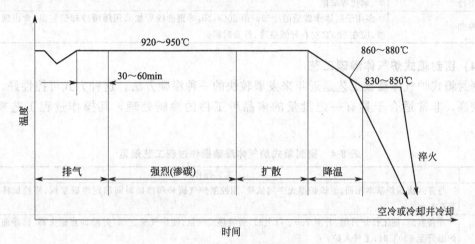

图 8-6　井式炉渗碳工艺曲线

① 排气　工件入炉后应尽快排除炉内空气，以防工件氧化。通常采取加大渗剂流量的方法，使炉内氧化性气氛迅速减少（加大吸热式保护气流量，或以甲醇代替煤油、苯等大量滴入）。在仪表到达渗碳要求的温度后，排气时间尚需延长 $30\sim60min$，以使炉内各处温度均匀及工件透烧，并使炉气中 CO_2 及 O_2 含量降低到规定的数值以下（一般要求$\leqslant0.5\%$）。排气不好，会造成渗碳速度慢，渗层碳含量低等后果。

② 强烈渗碳　排气阶段结束后即可关闭试样孔，进入渗碳阶段或称强烈渗碳阶段，其特点是渗碳剂滴量较多或气氛较浓，保持炉气有较高碳势，使工件表面碳浓度高于最终要求，增大表面与次层的浓度梯度，以提高渗碳速度。强烈渗碳阶段的时间长短主要取决于层深要求。

③ 扩散渗碳　进入扩散阶段后，应减少渗剂量或降低碳浓度，即保持预定的碳势。此时炉气渗碳能力降低，表层过剩的碳继续向内部扩散，最后得到要求的深度及合适的碳浓度分布。扩散阶段所需时间参考中间试棒渗碳层深度确定。

④ 降温出炉　对于可直接淬火的工件渗碳后应随炉冷至适宜的淬火温度并保温 $15\sim30min$，使工件内外温度均匀后出炉淬火。对于需重新加热淬火的工件，可自渗碳温度出炉后在空气中冷却或入冷却井。为减少工件表面氧化、脱碳和变形，也可随炉降温至 $500\sim550℃$ 再出炉。在随炉冷却过程中，渗剂用量与扩散阶段相同。渗碳后常用的冷却方式见表8-3。

表 8-3　渗碳后常用的冷却方式

冷却方式	适用范围
直接淬火	20CrMnTi 等一类细晶粒钢气体渗碳、盐浴渗碳后，预冷至淬火温度直接淬火
空冷	在 20CrMnTi 等钢气体渗碳、盐浴渗碳后进行一次淬火过程中使用。此法简单易行，但表层易形成贫碳层，影响使用性能，故宜适当降温后出炉，并单独摆开，或用流动空气吹冷，或用喷雾加速冷却，以减少脱碳。但有些空冷时易产生表面裂纹的钢种如 20CrMnMo,20CrNi₃等，不能采用此方法

冷却方式	适用范围
在缓冷坑中冷却或油冷	如 20CrMnMo、20CrNi₃ 等钢种的工件渗碳后需快冷或慢冷,避开危险区,以防止空冷时产生表面裂纹,也可采用随炉冷至 500～550℃ 再出炉空冷
在冷却井中冷却	冷却井为四周盘有蛇形管道通水冷却的带盖容器,渗碳件自渗碳炉中移入冷却井中后,应向其中通入保护气或滴入有机渗剂以避免工件表面脱碳和氧化
在等温盐浴中保持一定时间后空冷	盐浴渗碳后,空冷时表面易产生脱碳和氧化等缺陷的渗碳件,700℃ 等温后空冷,可以减少脱碳、氧化等缺陷
随罐冷却	多用于固体渗碳后的冷却。但 20Cr₂Ni₄ 等钢渗碳后如采用随罐冷却到室温,常出现表面裂纹,应在 500℃ 左右开罐空冷,并及时回火

(4) 密封箱式炉气体渗碳工艺

密封箱式炉气体渗碳工艺是近年来发展较快的一种渗碳方法。这种方式可控性好,渗碳质量较高,非常适合于具有一定批量的多品种工件的渗碳处理,其操作过程工艺规范见表 8-4。

表 8-4 密封箱式炉气体渗碳操作过程工艺规范

步骤	工艺操作
准备	与井式渗碳炉基本相同,但该炉型无中间试样,用控制炉气碳势和渗碳时间确定渗碳层深,终检试样与工件装在一起
进炉	准备就绪,使工作炉升温,升至 750℃ 以上时,通吸热式气氛,使炉气呈正压,并随即点燃火幕,排净前室。待炉温升至 930℃ 时,工件入炉
渗碳	炉压控制在 50～100 Pa,换气 4～6 次
注意事项	送排气时,不得在炉门前正面操作,以防爆炸喷火伤人,应经常检验炉体各部位的泄漏情况;原料气罐、气瓶周围严禁明火,应有防火、防爆等装置

(5) 连续式炉气体渗碳工艺

连续式炉气体渗碳工艺是一些专业厂和标准件厂广泛采用的方法。该工艺自动化程度高,产品质量稳定,适用于大批量产品的渗碳处理。它与周期作业炉(如井式炉)气体渗碳不同,连续式炉气体渗碳将炉膛分为几个区域,即加热区、渗碳区、扩散区和预冷区。为了适应分区、准确控制炉气和炉温、减少相互之间的干扰,在连续式炉气体渗碳炉上出现了四区分隔的渗碳炉。各区的加热温度为:

Ⅰ区为加热区,分为两段,第一段为 800～850℃;第二段为 900～930℃。温度由低到高应协调均匀,使工件透烧至渗碳温度。

Ⅱ区为渗碳区,工件在此区进行渗碳,温度为 950～960℃,目的是加速渗碳的进程。

Ⅲ区为扩散区,目的是改善工件的碳浓度梯度,获得适宜的表面碳含量,此区温度为 900～940℃。

Ⅳ区为预冷淬火区,主要为直接淬火做准备,具体温度可根据材料而定。

为了提高渗速,达到所要求的表面碳含量和碳浓度梯度及渗碳层深度,各个区的碳势要求不一样,各个区的供碳量也就不同。为了使渗碳气体保持一定活性,换气次数一般采用 3～4 次/h,并使炉内的压力维持在 100～150Pa。

8.2.5 渗碳后的热处理

为使工件表面得到强化,渗碳操作固然重要,但它只改变工件表面的化学成分,要达到工件表面最终的性能要求,还有赖于随后的热处理。渗碳件的后续热处理,一般采用淬火及低温回火工艺。渗碳件经淬火、低温回火后,渗碳层的金相组织由细针状的回火马氏体和均匀分布的点状渗碳体组成，表面硬度为 58～63HRC；心部随钢种不同，而出现低碳马氏体、托氏体和索氏体等组织，其硬度在 28～45HRC 之间，渗碳层不允许出现网状碳化物，淬火后表面残余奥氏体的数量不可过多，应避免氧化脱碳和淬火变形，因为这些热处理缺陷都将损害工件的精度和使用性能。

由于工件渗碳后表面碳含量高，心部碳含量低，以及在长时间渗碳过程中可能引起的晶粒长大，因此，应该根据钢种的特点及工件的性能要求，采用不同规范的热处理方法，其基本形式见图 8-7。

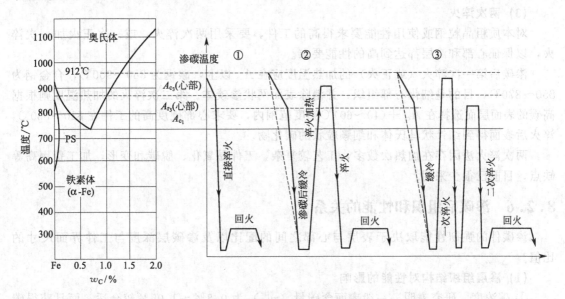

图 8-7　渗碳后常用热处理方法

A_{c_1}—加热时珠光体向奥氏体转变的温度；A_{r_1}—冷却时奥氏体向珠光体转变的温度；

A_{c_3}—加热时先共析铁素体全部转变为奥氏体的终了温度；A_{r_3}—冷却时奥氏体向铁素体转变的开始温度；

$A_{c_{cm}}$—加热时二次渗碳体全部溶入奥氏体的终了温度；$A_{r_{cm}}$—冷却时从奥氏体中开始析出二次渗碳体的温度

(1) 直接淬火

工件渗碳后随炉降温或出炉预冷到高于 A_{r_1} 或 A_{r_3} 温度（760～850℃）直接淬火，然后在（140～200）℃±20℃回火 2～3h。降温或出炉预冷的目的是：

① 减少淬火内应力，从而减少工件的变形；

② 预冷到稍高于 A_{r_1} 或心部的 A_{r_3} 时，工件表面已预冷到 $A_{r_{cm}}$ 以下，因而使渗碳层中高碳的奥氏体析出一部分碳化物，降低奥氏体中的碳浓度，使淬火后残留的奥氏体减少，以提高表面硬度。

直接淬火的优点是减少加热和冷却的次数，使操作简化，生产效率提高，还可减少淬火变形及表面氧化脱碳。目前凡本质细晶粒钢（如 20CrMnTi、20MnVB、25MnTiBRE 等）制作的工件，在气体或液体渗碳（甚至固体渗碳）后大都采用此法。

(2) 一次淬火

工件渗碳后直接出炉或降温到 860～880℃ 出炉，在冷却坑内冷却或空冷至室温然后再重新加热淬火。淬火温度的选择要兼顾表面和心部的要求。对于合金渗碳钢，可采用稍高于心部 A_{c_3} 温度（820～860℃），使心部铁素体全部溶解，淬火后心部获得较高强度。对于碳素渗碳钢，如果加热到心部 A_{c_3} 以上，那么对表面来说就大大超过 $A_{c_{cm}}$ 温度，表面层奥氏体晶粒将会长大，淬火后出现粗大马氏体及过量残余奥氏体，降低工件的韧性、疲劳强度及表面硬度。为兼顾表面和心部的要求，应选择在 A_{c_1} 和 A_{c_3} 之间温度（780～810℃）进行加热淬火。对于心部强度要求不高的工件，则可以根据表面硬度要求选择在稍高于 A_{c_1} 以上（一般为 760～780℃）温度加热淬火。

渗碳后一次淬火的方法应用较广泛，适用于固体渗碳后的工件以及气体、液体渗碳的本质粗晶粒钢工件，或某些不宜于直接淬火的工件（如必须在压床上淬火的齿轮）以及设备条件不允许直接淬火者。渗碳后需要机械加工的工件，也应采用这种方法。

(3) 两次淬火

对本质粗晶粒钢或使用性能要求很高的工件，要采用两次淬火，或一次正火加一次淬火，以保证心部和渗层都达到高的性能要求。

渗碳后第一次淬火（或正火）的加热温度应在 A_{c_3} 以上，碳钢为 880～900℃，合金钢为 850～870℃，目的是细化心部组织，并消除表面网状渗碳体。第二次淬火的加热温度则根据高碳的表面层而选择在 A_{c_1} ＋(40～60)℃ 温度范围内，要求心部硬度高的工件在 810～830℃，淬火后表面得到细针状马氏体和细颗粒状的碳化物。

两次淬火法因存在加热次数多，工艺较复杂，工件易氧化、脱碳和变形，加工费用高等缺点，目前已很少采用。

8.2.6　渗碳后组织和性能的关系

渗碳件的强韧性能取决于表层与心部之间的配比以及渗碳层深度与工件界面尺寸的比值。

(1) 渗层组织结构对性能的影响

① 碳浓度　研究表明，一般表面含碳量（w_C）为 0.8%～1.05% 较合适，而且获得碳浓度梯度较平缓。

② 渗层碳化物　其数量、大小、形状及分布状况对渗碳层的性能影响很大。表层过多的碳化物，特别是呈块状或粗大网状分布时，导致疲劳强度、冲击韧性、断裂韧性等变化

③ 渗层中的残余奥氏体量　残余奥氏体的硬度、强度比马氏体低，而塑性、韧性较高，其存在将降低工件的硬度和耐磨性，并使表层压应力减小。但适量的奥氏体可以松弛疲劳裂纹尖端的局部应力，提高钢的断裂韧性。一般而言，渗层中奥氏体量控制在 5% 以下，高接触应力齿轮，可达 20%～25%。

(2) 心部组织对性能影响

心部组织对渗碳性能有很大影响，心部强度、硬度偏低，使用时心部容易产生塑性变形，使渗层脱落；硬度过高，会使冲击韧性和疲劳寿命降低。故通常合适的心部组织是低碳马氏体，但在工件尺寸较大，钢的淬透性较差时，也允许心部组织为托氏体或索氏体，但不允许有大块状或多量铁素体存在。

渗碳件心部的硬度不仅影响渗碳件的静载强度，而且也影响表面残余压应力的分布，从而影响弯曲疲劳强度。在渗碳层深度一定的情况下，心部硬度增高，表面残余压应力减小。渗碳件心部硬度过高会降低渗碳件冲击韧度，心部硬度过低，承载时易于出现心部屈服和渗层剥落。

(3) 渗层深度及表里性能匹配的影响

低碳钢零件渗碳处理后，表面强度高于心部强度。在工件截面尺寸不变的情况下，随着渗碳层深度的降低，表面残余压变力增大，有利于弯曲疲劳强度的提高。但压应力的增大有

一极值，渗碳层过薄时，由于表层马氏体的体积效应有限，表面压应力反会减小。渗碳层深度愈深，能够承载的接触应力愈大；渗碳层过浅，最大切应力将发生于强度较低的非渗碳层，致使渗碳层塌陷剥落。但渗碳层深度增加，将使渗碳件冲击韧度降低。

8.2.7 渗碳件常见缺陷及防止措施

由于渗碳处理的时间长，温度高，工艺过程复杂，在生产过程中会出现各种各样的缺陷。表 8-5 列出了渗碳件常见缺陷及防止措施。

表 8-5 渗碳件常见缺陷及防止措施

缺陷形式	形成原因	防止措施	返修方法
表层粗大块状或网状碳化物	渗碳剂活性太高或渗碳保温时间过长	合理控制炉内碳势，并有足够的扩散时间和适当提高淬火温度	①在降低碳势气氛下延长保温时间，重新淬火；②高温加热扩散后再淬火
表面大量残余奥氏体	淬火温度过高，奥氏体中碳及合金元素含量较高	合理选择钢材，根据钢中的合金元素的种类、数量，对炉温、碳势、淬火温度、冷却方式、淬火剂温度、回火温度、是否冷处理等进行适当的调整和严格控制	①冷处理；②高温回火后，重新加热淬火；③采用合适的加热温度，重新淬火
表面脱碳	渗碳后期渗剂活性过分降低，气体渗碳炉漏气，液体渗碳时碳酸盐含量过高。在冷却罐中及淬火加热时保护不当，出炉时高温状态在空气中停留时间过长	控制渗碳过程中渗碳气氛的碳势，液体渗碳应定时检测碳酸盐含量，工件高温出炉后注意保护，以免氧化	①在活性合适的介质中补渗；②喷丸处理（适用于脱碳层≤0.02mm 时）
表面非马氏体组织	渗碳介质中的氧向钢中扩散，在晶界上形成 Cr、Mn 等元素的氧化物，致使该处合金元素贫化，淬透性降低，淬火后出现黑色网状组织（托氏体）	渗碳工件入炉前，应严格控制渗碳介质中氧化物含量	当非马体组织出现处深度≤0.02mm 时，可用喷丸处理强化补救；出现深度过深时，重新加热淬火
反常组织	当钢中含氧量较高（沸腾钢），固体渗碳时渗碳后冷却速度过慢，在渗碳层中出现的先共析渗碳体网周围有铁素体层，淬火后出现软点	—	提高淬火温度或适当延长淬火加热保温时间，使奥氏体均匀化，并采用较快淬火冷却速度
心部铁素体过多	淬火温度低，或重新加热淬火保温时间不够	—	按正常工艺重新加热淬火
渗层深度不够	炉温低，渗碳活性低，炉子漏气或渗碳盐浴成分不正常，加强炉温校验及炉气成分或盐浴成分的监测	工件出炉前应检查随炉试样，达到要求渗层后出炉	补渗
渗层深度不均匀	炉温不均匀；炉内气氛循环不良；升温过程中工件表面氧化；炭黑在工件表面沉积；工件表面氧化皮等没有清理干净；固体渗碳时渗碳箱内温差大及催渗剂拌和不均匀	使炉温均匀，加强炉内气氛循环	—
表面硬度低	表面碳浓度低或表面脱碳；残余奥氏体量过多，或表面形成托氏体网	—	①表面碳浓度低者可进行补渗；②残余奥氏体多者可采用高温回火或淬火后补一次冷处理消除残余奥氏体；③表面有托氏体者可重新加热淬火

缺陷形式	形成原因	防止措施	返修方法
表面腐蚀和氧化	渗剂中含有硫或硫酸盐,催渗剂在工件表面熔化;液体渗碳后工件表面粘有残盐;有氧化皮工件涂硼砂重新加热淬火等均引起腐蚀;工件高温出炉保护不当均引起氧化	应仔细控制渗剂及盐浴成分,对工件表面及时清理、清洗	—
渗碳件开裂(渗碳缓冷工件,在冷却或室温放置时产生表面裂纹)	渗碳后慢冷时组织转变不均匀所致,如 20CrMnMo 钢渗碳后空冷时,在表层托氏体下面保留了一层未转变的奥氏体,后者在随后的冷却过程中或室温停留过程中转变为马氏体,使表面产生拉应力而出现裂纹	减慢冷却速度,使渗层完成共析转变,或加快冷却速度,使渗层全部转变为马氏体加残余奥氏体	—

8.3 渗 氮

渗氮是指在一定温度下(一般在 A_{c_1} 以下),使活性氮原子渗入工件表面的化学热处理工艺。渗氮具有下列优点:

① 高硬度和高耐磨性 当采用含铬、钼、铝的渗氮钢时,渗氮后的硬度可达 1000~1200HV,相当于 70HRC 以上,且渗氮层的硬度可以保持到 500℃左右;而渗碳淬火后的硬度只有 60~62HRC,且渗碳层的硬度在 200℃以上便会急剧下降。由于渗氮层硬度高,因而其耐磨性也高。

② 高的疲劳强度 渗氮层内的残余压应力比渗碳层大,故渗氮后可获得较高的疲劳强度,一般可提高 25%~30%。

③ 变形小而规律性强 渗氮一般在铁素体状态下进行,渗氮温度低,渗氮过程中零件心部无相变,渗氮后一般随炉冷却,不再需要任何热处理,故变形很小;而引起渗氮零件变形的基本原因只是渗氮层的体积膨胀,故变形规律也较强。

④ 较好的抗咬合性能 咬合是由于短时间缺乏润滑并过热,在相对运动的两表面间产生的卡死、擦伤或焊合现象。渗氮层的高硬度和高温硬度,使之具有较好的抗咬合性能。

⑤ 较高的抗蚀性能 钢件渗氮表面能形成化学稳定性高而致密的 ε 化合物层,因而在大气、水分及某些介质中具有较高的抗蚀性能。

渗氮能形成性能优越的渗氮层,但由于工艺时间太长(一般需要几十小时甚至上百小时),使得生产率太低,成本高,渗氮层较薄(一般在 0.5mm 左右),渗氮件不能承受太高的接触应力和冲击载荷,且脆性较大,应尽量少采用。渗氮一般用在强烈磨损、耐疲劳性要求非常高的零件,有的场合是除要求机械性能外还要求耐腐蚀的零件。

渗氮工艺分为常规气体渗氮、离子渗氮和盐浴渗氮,目前主要以气体渗氮为主。

8.3.1 Fe-N 相图及渗氮层相组成

(1) Fe-N 相图

铁氮状态图是研究氮化层组织、相结构及氮浓度沿渗层分布的重要依据。图 8-8 所示为

Fe-N 相图，图中各相的成分、结构和性能如下。

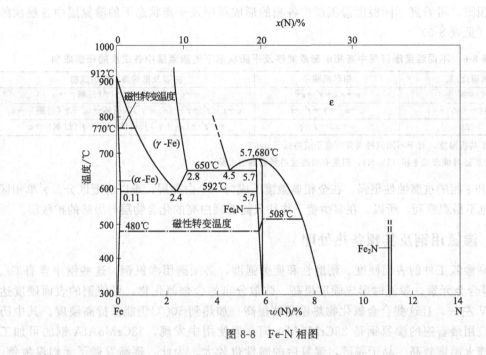

图 8-8　Fe-N 相图

α 相：N 在 α-Fe 中的间隙固溶体，体心立方点阵，具有铁磁性，溶解度在 592℃时达到最大值 0.1，室温下降至 0.004，硬度高于基体。

γ 相：N 在 γ-Fe 中的间隙固溶体，面心立方点阵，只有在共析点（592℃）以上才能稳定存在。氮在 γ-Fe 中的溶解度较大，在共析温度 592℃为 2.4%，在 650℃达到最大值 2.8%。γ 相的硬度约为 160HV，淬火后转变为含氮马氏体，硬度可达 650HV。

γ′ 相：可变成分间隙固溶体，以氮化物 Fe₄N 为基的中间相，Fe₃₋₄N 的氮含量可在 5.7%～6.1%之间变化。γ′ 相是有序面心立方的间隙相，其硬度较高（约为 550HV），有铁磁性，脆性小。温度高于 680℃时，γ′ 相溶于 ε 相。

ε 相：含氮范围很宽的化合物，以 Fe₂₋₃N 为基的固溶体，在 500℃以下，ε 相的成分在 Fe₃N（w_N＝8.1%）与 Fe₂N（w_N＝11.1%）之间变化。ε 相是有序密排六方点阵的间隙相，硬度较高（约为 250HV），脆性不大，耐蚀性较好。

ξ 相：以 Fe₂N 化合物为基的固溶体，氮含量在 11.1%～11.8%之间变化。ζ 相为具有斜方点阵的间隙相，脆性大。当渗氮后氮浓度高到足以出现ζ相时，渗氮层的脆性与它有密切关系。

氮化时上述间隙固溶体相都有可能存在氮化层中。图中有两个共析反应：在 592℃、2.4%N 处，发生 γ→α＋γ′ 反应；在 650℃、4.5%N 处，发生 ε→γ＋γ′ 反应。

（2）渗氮层相组成

渗氮过程不同于渗碳，它是典型的反应扩散过程。由 Fe-N 相图可知，纯铁在 500～590℃之间渗氮时，首先在表面形成含氮的 α 固溶体；随着氮的不断渗入，α 相达到饱和状态后引起 α→γ′ 转变，继续渗碳，表面形成一层连续分布的 γ′ 相；当 γ′ 相达到过饱和极限后，就会形成氮含量更高的 ε 相，此时渗层由表面向内的相组成为 ε→γ′→α 相（最外层也可能有ζ相）。从渗氮温度快冷到室温时，渗氮温度下的相将被保留到室温而不发生变化。如果从渗氮温度慢冷到室温，则 ε 相及 α 相中均有针状 γ′ 相析出，渗氮层组织由外向内为 ε→ε＋γ′→γ′→α＋γ′→α。渗氮层外层的 ε 及 γ′ 称为化合物层，其耐蚀性很高，用硝酸酒精浸蚀，呈光亮的白亮层，又称白层；氮化物弥散分布于铁素体基体上的组织则称为扩散层。依照铁氮相图，可看到不同温度渗氮层中各相的形成顺序及平衡状态下的渗氮层中各层次的相组成物（见表 8-6）。

表 8-6　不同温度渗氮层中各相的形成顺序及平衡状态下的渗氮层中各层次的相组成物

渗氮温度/℃	相形成顺序	由表及里的渗层相组成物
<590[①]	$\alpha \rightarrow \alpha_N \rightarrow \gamma' \rightarrow \varepsilon$[②]	$\varepsilon \rightarrow \varepsilon + \gamma' \rightarrow \gamma' \rightarrow \alpha_N + \gamma'$（过剩）$\rightarrow \alpha$
590～680	$\alpha \rightarrow \alpha_N \rightarrow \gamma' \rightarrow \varepsilon$	$\varepsilon \rightarrow \varepsilon + \gamma' \rightarrow \gamma' \rightarrow (\alpha_N + \gamma')$共析体$\rightarrow \alpha_N + \gamma'$（过剩）$\rightarrow \alpha$
>680	$\alpha \rightarrow \alpha_N \rightarrow \gamma \rightarrow \varepsilon$	$\varepsilon + \gamma' \rightarrow (\alpha_N + \gamma')$共析体$\rightarrow \alpha_N + \gamma'$（过剩）$\rightarrow \alpha$

① 指低于共析温度，对于不同钢种而言可高于或略低于 590℃。

② ε 相之后还可能形成 ξ 相（Fe_2N），但是必须通过退氮或磨削去除。

ε、γ' 和 ξ 相的抗腐蚀性很强，在金相显微镜下成为一个白亮层，难以清晰区分。γ' 单相区非常薄，也不易观察到。所以，在显微镜下往往只能看到白亮的化合物层与黑暗的扩散层。

8.3.2　渗氮用钢及其预备热处理

为提高渗氮工件的表面硬度、耐磨性和疲劳强度，必须选用渗氮钢，这些钢中含有 Cr、Mo、Al 等合金元素，渗氮时形成硬度很高、弥散分布的合金氮化物，可使钢的表面硬度达到 1100HV 左右，且这些合金氮化物热稳定性很高，加热到 500℃ 仍能保持高硬度。其中历史最久、应用最普遍的渗氮钢是 38CrMoAlA 钢。但使用中发现，38CrMoAlA 钢的可加工性较差，淬火温度较高、易于脱碳，渗氮后的脆性也较大。为此，逐渐发展了无铝渗氮钢。目前渗氮钢包括多种 $w_C = 0.15\% \sim 0.45\%$ 的合金结构钢，如 38CrMoAlA、20CrNiWA、40Cr、40CrV、42CrMo、38CrNi3MoA 等。此外，一些冷作模具钢、热作模具钢及高速钢等也适于渗氮处理。常用渗氮用钢及其预备热处理工艺列于表 8-7。

表 8-7　常用渗氮用钢及其预备热处理工艺

钢号	预备热处理工艺	主要用途及特性
08、08Al、10、15、20、20Mn、Q195～Q235	920～940℃保温 1h 以上空冷	螺栓、螺母、销钉、把手等零件，抗大气与水的腐蚀
30、35、45Cr、50Cr、65Mn	820～860℃淬水或油，560～620℃回火空冷或油冷	轴、曲轴、心轴、齿轮轴、低载荷齿轮类零件，提高耐磨、抗疲劳或抗大气与水的腐蚀性能
20Cr、20CrMnTi、08CrNiW、25CrNiWA、18Cr2Ni4WA、25Cr2Ni4WA	880℃±10℃淬水或油，560℃±20℃回火	轻载荷齿轮、齿圈等中、高档精密零件，耐磨、抗疲劳性能良好，可在冲击条件下工作
35CrMo、42CrMo、40CrNiMoA、45CrNiMoA	850～880℃淬油，550～580℃或580～620℃回火	螺栓、连杆、各种轴，耐磨、抗疲劳性能优良，心部韧性好
38CrMoAlA、38Cr2MoAlA、35CrMoA	920～940℃淬油，620～650℃回火	主轴、丝杆、滚珠等，硬度很高、耐磨与抗疲劳性很好
1Cr13、2Cr13、3Cr13、4Cr13、1Cr18Ni9Ti、15Cr11MoV、4Cr9Si2、13Cr12NiWMoVA、4Cr14Ni14W2Mo、4Cr10Si2Mo、17Cr18Ni9	正常淬火回火，如 1CrB 在 1000～1050℃淬油或水，700～790℃回火，1Cr18Ni9Ti 在 1100～1150℃淬火	在腐蚀介质中工作的泵轴、叶轮、中壳等液压件及在 500～600℃环境下工作且要求耐磨的零件
W18Cr4V、Cr12MoV、3Cr2W8V、4Cr5MoVSi、4CrW2Si、5CrMnMo、5CrNiMo	正常淬火、回火	冷冲模、拉伸模、落料模、非铁金属压铸模等模具，耐磨、抗热疲劳，热硬性良好，有一定的抗冲击疲劳性能
30CrTi2、30CrTi2Ni3Al 等含高钛渗氮专用钢	1000℃±10℃淬油，550～600℃回火	承受剧烈的磨粒磨损且无冲击的零件，在 600℃±10℃渗氮 6h 可获得 0.35～0.45mm 的渗层

除表 8-7 列出的材料外，球墨铸铁、合金铸铁、粉末冶金件及钛合金等，也可采用渗氮处理，提高表层的综合性能。

渗氮与渗碳的强化机理不同，前者实质上是一种弥散强化，弥散相是在渗氮过程中形成的，所以渗氮后不需进行热处理；而后者是依靠马氏体相变强化，所以渗碳后必须淬火。渗碳后的淬火也同时改变心部的性能，而渗氮零件的心部性能是由渗氮前的热处理决定的。可见，渗氮前的热处理十分重要。

预备热处理的目的是使材料心部具有合适的组织和必要的力学性能，减少以后的尺寸变化。渗氮前的热处理一般都是调质处理，调质后不应出现游离铁素体组织。在确定调质工艺时，淬火温度根据钢的 A_{c_3} 决定；淬火介质由钢的淬透性决定；回火温度的选择不仅要考虑心部的硬度，而且还必须考虑其对渗氮层性能的影响。一般说来，回火温度低，不仅心部硬度高，而且渗氮后氮化层硬度也高，因而有效渗层深度也会有所提高。另外，为了保证心部组织的稳定性，避免渗氮时心部性能发生变化，一般回火温度应比渗氮温度高 50℃ 左右。高精密件，渗氮前、粗磨后，应进行 1～2 次退火，消除内应力。

8.3.3 气体渗氮工艺

(1) 气体渗氮工艺参数的选择

正确制定气体渗氮工艺，就是要选择好氨分解率、渗氮温度、渗氮时间等工艺参数。

① 氨分解率　生产中通常是通过调节氨分解率控制渗氮过程。氨分解率是指在某一温度下，分解出来的 H_2 和 N_2 占炉气总体积的百分比。渗氮过程中钢件是 NH_3 分解的催化剂，与工件表面接触的 NH_3 才能有效地提供活性氮原子。因而介质氨分解率越低，向工件提供可渗入的氮原子的能力越强；但分解率不可过低，否则易使合金钢工件表面产生脆性白亮层。氨分解率偏低还会使渗层硬度下降。常用氨分解率为 15%～40%。氨分解率用氨流量调节。氨流量一定时，温度越高分解率越大。为了使氨分解率达到工艺规定的数值，必须增加氨气流量。表 8-8 列出了几种渗氮温度与合适的氨分解率范围的对应关系。

表 8-8　几种渗氮温度与合适的氨分解率范围的对应关系

渗氮温度/℃	500	510	525	540	600
氨分解率(体积分数)/%	15～25	20～30	25～35	35～50	45～60

氨分解率的测量通常使用氨分解率测量仪，即一个带有体积百分数刻度的玻璃容器，是利用氨溶于水而其分解产物不溶于水这一特性进行测量的。测量时先将炉气充满玻璃容器，然后在保持密封的条件下向此容器中注水。由于氨溶于水，所注入的水占有的空间即可代表未分解氨的容积，而剩下的空间则是分解产物 H_2 和 N_2 所占的体积，它与总体积之比即为氨分解率，从刻度可直接读出氨分解率。

氨分解率取决于渗氮温度、氨气流量、炉内压力、零件表面积及有无催化剂等因素。一般渗氮工艺中，采用改变氨流量来控制氨分解率，其基本原则是：欲降低氨分解率，应加大气体流量；反之，则应减小气体流量，提高氨分解率。氨流量越大，在炉内停留时间越短，则氨分解率就越低。

氨分解率对渗氮层硬度和深度影响较大，一般控制渗氮初期几小时内采用较低的氨分解率，而此后采用较高的氨分解率。

工程上常采用氮势的概念作为衡量含 NH_3 气体供氮能力的参量，定义 $r = p_{NH_3} /$ $(p_{H_2})^{3/2}$（p_{NH_3} 和 p_{H_2} 分别表示炉内混合气体中 NH_3 和 H_2 的分压）为氮势，氮势的控制实质

上是对炉气中 NH_3 和 H_2 分压的控制。氮势 r 与氨分解率 (a) 之间存在对应关系：

$$r=(1-a)\left(\frac{4}{3a}\right)^{3/2} \tag{8-7}$$

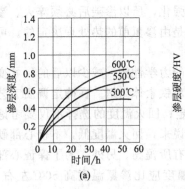
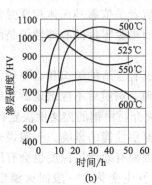

图 8-9　渗氮温度对 38CrMoAl 钢渗氮层
深度和硬度梯度的影响

② 渗氮温度　渗氮温度影响渗氮层深度和渗氮层硬度。以提高表面硬度和强度为目的的渗氮处理，其渗氮温度一般为 $480\sim570℃$。渗氮温度越高，扩散速度越快，渗层越深。但渗氮温度超过 $550℃$，合金氮化物将发生聚集长大而使硬度下降。图 8-9 表示渗氮温度对钢渗氮层深度和硬度梯度的影响。由图可见，在给定的渗氮温度范围内，温度越低，表面硬度越高，渗层深度越小。

渗氮温度的选择主要应根据对零件表面硬度的要求而定，硬度高者，渗氮温度应适当降低。在此前提下，要考虑照顾渗氮前的回火温度，亦即照顾零件心部的性能要求，使渗氮温度低于回火温度 $50℃$ 左右。此外，还要考虑对层深（渗氮层较深者，渗氮温度不宜过低）及对金相组织的要求（渗氮温度越高，越容易出现白层和网状或波纹状氮化物）等。

③ 渗氮时间　渗氮时间主要决定渗氮层深度，对表面硬度也有不同程度的影响（见图 8-9）。渗氮层深度随渗氮保温时间延长而增厚，且符合抛物线法则，即渗氮初期增长率较大，随后增幅趋缓。渗氮层表面硬度随着时间延长而下降，同样与合金氮化物聚集长大有关，而且渗氮温度越高，长大速度越快，对硬度的影响也越明显。渗氮层深度与渗氮温度近似直线关系，与渗氮时间遵循抛物线关系。渗氮热处理一般需要几十个小时。

(2) 气体渗氮工艺过程

气体渗氮与其他化学热处理一样，要经过渗剂的反应、外扩散、界面反应、内扩散四个过程，最后形成氮化层，是典型的化学扩散过程。气体渗氮氮化层形成过程示意见图 8-10。

气体渗氮的介质通常是氨或者氨与氮的混合物。气体渗氮工艺过程包括排气升温、保温、冷却三个过程。渗氮操作应先排气后升温，但为了缩短渗氮周期，排气与升温也可同时进行。当炉温达到 $450℃$ 左右时，应严格控制升温速率，防止在保温初期出现超温现象。同时应加大氨气流量，使氨气分解率控制在工艺要求的下限，这样到达预定温度后分解率就会保持在要求的范围。当渗氮缸内的温度达到工艺所规定的温度时，渗氮就进入了保温阶段。在保温阶段应严格控制氨气流量、温度、氨分解率和炉压，保证渗氮质量。当保温一定时间，渗氮层达到工艺要求时，即可停电降温，但应继续通入氨气保持正压，以防止空气进入使工件表面产生氧化。温度降至 $200℃$ 以下，可停止供氨，工件出炉。对一些畸变要求不严格的工件可在保温完后立即吊出炉外油冷。

在同一渗氮温度下长时间保温进行的渗氮称为等温渗氮。等温渗氮温度低、周期长，适用于渗氮层浅的工件。为了加快渗氮速度，并保证硬度要求，目前发展了二段渗氮、三段渗氮以及循环两段渗氮等分阶段渗氮的方法。

① 一段气体渗氮法　又称为等温渗氮法，在渗氮过程中渗氮温度保持不变，通过调节氨的分解率来控制渗氮层的质量，渗氮温度一般为 $480\sim530℃$。由于等温渗氮的温度低，

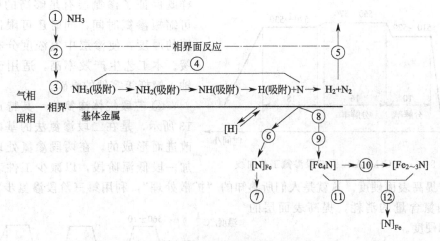

图 8-10　氮化层形成过程示意图

1—向炉罐内输入氨气；2—氨气向工件表面迁移；3—氨分子被工件表面吸附；
4—氨分子在相界面上不断分解；5—活性原子复合成分子而逸去；6—工件表面
吸附的活性氮原子溶解于 α 铁中；7—氮原子由表面向内部扩散；8—氮原子超过
α 铁固溶度，表面形成氮化物；9—氮化物长大；10—表面依次形成 γ′ 和 ε 相；
11—氮化物层不断增厚；12—氮从氮化物层向工件内扩散

能分期调节氨分解率和保温时间，因此比较容易得到好的渗氮层，而且零件的变形小，耐磨性和疲劳强度高，脆性低，适用于要求高硬度低变形的浅层渗氮。但是，等温渗氮所得的渗氮层中氮含量分布比较陡峭，一般处理周期比较长，成本高，渗氮层厚度为 0.5mm 时，渗氮周期长达 60～80h。

　　图 8-11 示出某种 38CrMoAlA 钢件的工艺曲线。第一期选用低的氨分解率，这样使得炉气具有高的氮势，可保证渗层表面有高的氮浓度和浓度梯度，实现强渗，提高渗氮速度，保温时间一般在 15～20h。第二段的目的是使氮原子向工件内部扩散，以增加渗氮层的厚度，因此采用较第一期高的氨分解率，一般在 30％～40％，既能保证表面对氮原子的需

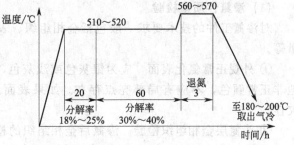

图 8-11　38CrMoAlA 钢一段气体渗氮工艺曲线

要，又不至于使渗层出现脆性。第三期将温度提高到 560～570℃ 进行退氮处理，目的是为了使渗层中氮的浓度梯度变得平缓，并降低渗层的脆性。由于此时表面已不需要氮原子的供应，故氨分解率一般控制在 70％左右。

　　② 二段气体渗氮法　也称双程渗氮法，是把处理过程分为两个阶段，其工艺曲线如图 8-12 所示。第一段以及停炉前的退氮与一段渗氮法类似，增加第二段渗氮，提高渗氮温度到 550～560℃，并将氨分解率提高到 40％～60％，目的是促使表面氮原子以较快的速度向里扩散，这

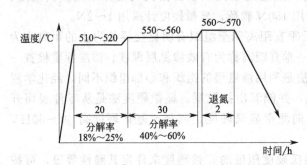

图 8-12　38CrMoAlA 钢二段气体渗氮工艺曲线

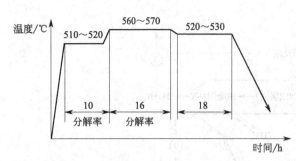

图 8-13　38CrMoAlA 钢三段渗氮工艺曲线

样既保证了渗氮层有足够高的硬度，又可缩短渗氮时间，同时还可限制化合物层的厚度，使渗层中氮浓度分布趋于平缓。本工艺生产效率高，适用于磨床主轴、镗杆等零件的渗碳。

③ 三段气体渗氮法　其特点如图 8-13 所示，是在二段渗氮法的基础上进行改进而形成的，在两段渗氮处理后再增加一段低温阶段，以减少工件表面的高氮脆性，提高表面硬度。这就是人们所熟知的"扩散处理"，利用第三阶段渗氮步骤补充工件表面的氮含量的消耗，提高表面层的氮含量和硬度。

④ 循环两段渗氮法　循环两段渗氮法是进行 2～4 个周期短的两段渗氨循环，如图 8-14 所示。渗氮初期采用较低氨分解率和较低渗氮温度，然后升高温度，加大氨分解率，提高氮的浓度和扩散。此种渗氮法循环几次，可使渗氮速度加快，渗氮时间缩短 30% 以上。

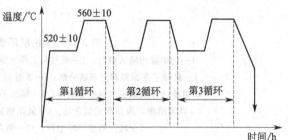

图 8-14　循环两段渗氮新工艺示意图

8.3.4　渗氮件的检验和常见缺陷

(1) 渗氮件质量检验

对渗氮工件的技术要求一般包括金相组织、表面硬度、心部硬度、渗氮层深度和变形量等。

① 外观正常氮化表面　应为银灰色或浅灰色，不出现裂纹、剥落或严重的氧化色及其他非正常颜色，不应有局部亮点存在。如果表面出现金属光泽，则说明工件的渗氮效果欠佳。

② 渗氮层金相组织检验　渗氮后金相组织的检验包括两部分内容：一是渗氮层的显微组织，白亮层厚度尽量小；二是渗氮零件的心部组织，心部组织为回火索氏体，不允许有大块游离 Fe 存在。可按照《钢铁零件渗氮层深度测定和金相组织检验》标准规定的检验方法，判定零件组织级别，并根据标准规定或技术要求判断金相组织是否合格。

③ 渗氮层硬度测定　由于渗氮层较薄，通常用维氏或表面洛氏硬度计来测量其硬度，维氏硬度计用 10N 载荷，表面洛氏硬度计用 150N 载荷，显微硬度计采用 1～2N。

④ 渗氮层深度测定　从渗氮件表面沿垂直距离测至组织有明显交界处为止的距离称为渗氮层深度；或者从表面至规定硬度的那一垂直距离称为有效渗氮层深度。渗层深度检查一般为化学浸蚀法和显微硬度法。化学浸蚀法是利用渗氮层的组织和心部组织不同，经化学浸蚀后，在显微镜下可以明显地看出分界线，并能看出扩散层。显微硬度法是从零件表面开始，每隔一定的间隔，沿着试样的垂直方向测量显微硬度，测至比基体硬度高 30～50HV 处的距离作为渗层深度。

⑤ 渗氮层脆性检验　根据氮化层的维氏硬度压痕的完整程度来评定其脆性等级，可按 GB/T 11354—2005 进行渗氮层脆性等级的判定。

(2) 常见的缺陷及预防

渗氮件常见缺陷及防止措施如表 8-9 所示。

表 8-9　渗氮件常见缺陷及防止措施

缺陷类型	产生原因	防止措施
氮化层脆性大或起泡剥落	表层氮浓度过高	提高氨分解率,减少工件尖角、锐边或粗糙表面
	渗氮时表面脱碳	提高渗氮罐密封性,降低氨中的含水量
	预先调质处理时淬火过热	提高预处理质量
表面氧化	冷却时供氨不足导致罐内出现负压,渗氮罐漏气,压力不正常	适当增加氨流量,保证罐内正压,经常检查炉压,保证罐内压力正常
	出炉温度过高	炉冷至 200℃ 以下出炉
	干燥剂失效	更换干燥剂
	氨中含水量过高,管道中存在积水	装炉前仔细检查,清除积水
渗氮件变形超差	机械加工产生的应力较大,零件细长或形状复杂	渗氮前采用稳定化回火(高于渗氮温度),采用缓慢、分阶段升温法降低热应力,即在 300℃ 以上每升温 100℃ 保温 1h;冷却速度降低
	局部渗氮或渗氮面不对称	改进设计,避免不对称;降低升温及冷却速度
	渗氮层较厚时因比体积大而产生较大组织应力,导致变形	胀大部位采用负公差,缩小部位采用正公差;选用合理的渗层厚度
	渗氮罐内温度不均匀	改进加热体布置,增加控温区段,强化循环
	工件自重的影响或装炉方式不当	装炉力求均匀;杆架吊挂平稳且与轴线平行,必要时设计专用夹具或吊具
渗层中出现网状或脉状氮化物	渗氮温度太高,氨含水量大,原始组织粗大	严格控制渗氮温度和氨含水量;渗氮前进行调质处理并酌情降低淬火温度
	渗氮件表面粗糙,存在尖角、棱边气	提高工件质量,减少非平滑过渡
	气氛氮势过高	严格控制氨分解率
渗氮层硬度低	温度过高	调整温度,校验仪表
	分段渗氮时第一段温度太高	降低第一段温度,形成弥散细小的氮化物
	氨分解率过高或中断供氨	稳定各个阶段的氨分解率
	密封不良,炉盖等处漏气	更换石棉、石墨垫,保证渗氮罐密封性能
	新换渗氮罐,夹具或渗氮罐使用过久	新渗氮罐应经过预渗,长久使用的夹具和渗氮罐等应进行退氮处理,以保证氨分解率正常
	工件表面的油污未清除	渗氮前严格进行除油除锈处理
表面腐蚀	氯化铵(或四氯化碳)加入量过多,挥发太快	除不锈钢和耐热钢外,尽量不加氯化铵,加入的氯化铵应与硅砂混合,降低挥发速度
渗层出现鱼骨状氮化物	原始组织中的游离铁素体较多,工件表面脱碳严重	严格掌握调质处理工艺,防止调质处理过程中脱碳;渗氮时严格控制氨含水量;防止渗氮罐漏气,保持正压
渗氮件表面有亮点,硬度不均匀	工件表面有油污	清洗去污
	材料组织不均匀	提高前处理质量
	装炉量太多,吊挂不当	合理装炉
	炉温、炉气不均匀	降低罐内温差,强化炉气循环
渗层太浅	温度(尤其是两段渗氮的第二段)偏低	适当提高温度,校正仪表及热电偶
	保温时间短	酌情延长时间
	氨分解率不稳定	按工艺规范调整氨分解率
	工件未经调质预处理	采用调质处理,获得均匀致密的回火索氏体组织
	新换渗氮罐,夹具或渗氮罐使用太久	进行预渗或退氮处理
	装炉不当,气流循环不畅	合理装炉,调整工件之间的间隙
化合物层不致密,耐蚀性差	氮浓度低,化合物层薄	氨分解率不宜过高
	冷却速度太慢,氮化物分解	调整冷却速度
	零件锈斑未除尽	严格消除锈斑

8.4 碳氮共渗与氮碳共渗

碳氮共渗是向钢的表层同时渗入碳和氮的化学热处理方法，根据渗入温度可将碳氮共渗分为中温（760～880℃）碳氮共渗和低温（520～560℃）碳氮共渗。中温碳氮共渗以渗碳为主。如果不加限定，通常说的"碳氮共渗"指的就是中温碳氮共渗，又称奥氏体碳氮共渗。而低温碳氮共渗是以渗氮为主，又称软氮化，其实质是铁素体状态的"氮碳共渗"。碳氮共渗的主要目的是提高钢的硬度、耐磨性和疲劳强度，而氮碳共渗的主要目的是提高钢的耐磨性和抗咬合性。

8.4.1 碳氮共渗

8.4.1.1 碳氮共渗的特点

碳氮共渗俗称氰化，与渗碳和渗氮相比，碳氮共渗在工艺与渗层性能两方面均有其独特之处。渗氮处理能得到高硬度表层（1000 HV 以上），因而具有高的耐磨性；但缺点是渗氮时间太长，高硬度扩散层很浅，次层硬度下降太快，致使工件不能承受大的工作负荷。渗碳处理时，高硬度表层较深，次层硬度下降缓慢，能承受大的负荷；但缺点是渗碳温度高、时间长，变形大，且耐磨性和接触疲劳性能较低。碳氮共渗兼有两者的优点：

① 碳、氮原子的同时渗入，使得碳的扩散系数加大，碳原子的扩散速度加快，即处理温度相同时，碳氮共渗速度大于渗碳速度，可大大缩短工艺周期。

② 氮的渗入降低了渗层的相变温度（A_1 及 A_3 点），故可以在较低的温度下进行碳氮共渗。如 0.3% 的氮可使 A_{c_1} 点降低至 697℃。所以碳氮共渗温度较低，工件不易过热，渗后可直接淬火，变形较小。

③ 由于氮的渗入提高过冷奥氏体的稳定性，故渗层淬透性较高。碳氮共渗层中的碳氮奥氏体比渗碳奥氏体的稳定性高，不易分解成非马氏体组织。氮的渗入降低渗层的临界冷却速度，提高渗层的淬透性，对于齿轮来说可使齿根获得较深的硬化层，从而提高齿轮的抗弯强度，并且因共渗淬火时可以采用较低的冷却速度，减小了工件变形。

④ 与渗氮相比，碳氮共渗层的硬度较高，渗层较深，硬度、耐磨性与疲劳强度较高，且承载能力比渗氮时大大提高；但与渗碳相比，碳氮共渗层较浅，承载能力不及渗碳层。

碳氮共渗按所用化学介质状态不同可分为气体、液体及固体碳氮共渗三种。固体碳氮共渗（固体氰化）因生产效率低、操作条件差，很少使用；液体碳氮共渗（液体氰化）加热速度快，灵活性强，过去用得较普遍，但由于所用氰盐为剧毒物质，易造成公害，现已逐步被淘汰；气体碳氮共渗具有无毒、表面质量容易控制、生产过程易于实现机械化与自动化等特点，是一项重要的工艺方法。因此下面以气体碳氮共渗为基础，对比讨论渗入反应以及渗层成分、组织和性能的变化。

8.4.1.2 气体碳氮共渗原理与工艺

(1) 碳氮共渗过程

碳氮共渗过程可以分为三个阶段：

① 共渗介质分解产生活性碳原子和氮原子；

② 分解出来的活性碳原子和氮原子被钢表面吸收，并逐渐达到饱和状态；

③ 钢表面饱和的碳原子和氮原子向内层扩散。

（2）共渗介质

碳氮共渗介质在加热时应能同时产生碳、氮活性原子，碳、氮含量成一定比例；要求是使用或储存方便，价格便宜，没有公害。常用的氮碳共渗介质有两类，一类是由渗碳剂加氨气构成的。当采用煤油或苯和氨气进行共渗时，氨气所占的比例一般控制在40%左右；当利用载气＋富化气＋氨气进行碳氮共渗时，氨气一般只占炉气的2%～10%。另一类是含碳、氮的有机化合物，如三乙醇胺、甲酰胺，以及三乙醇胺中溶入20%的尿素溶液。在实际生产中，气体碳氮共渗常采用在井式气体渗碳炉中滴入煤油和通入氨气的方法来实现。

氨气加入渗碳气氛中，与其中的组分发生下述反应：

$$NH_3 + CO \Longleftrightarrow HCN + H_2O$$

$$NH_3 + CH_4 \Longleftrightarrow HCN + 3H_2$$

反应生成的氰化氢则依下式发生分解形成活性碳、氮原子，渗入工件表面。

$$HCN \Longleftrightarrow \frac{1}{2}H_2 + [C] + [N]$$

（3）共渗温度

共渗温度对渗层碳氮浓度和组织性能都有很大的影响。温度愈高，为达到一定厚度渗层所需时间愈短［如图8-15(a)所示］，但工件变形增大，而且渗层中氮含量急剧下降。这是因为温度越高，炉气中的氨分解率越高，炉气的氮势就越低，供氮能力减弱，工件表面获得活性氮原子的机会越少，因此渗层中的氮含量下降。降低共渗温度有利于减少工件变形，但温度过低，不仅渗速减慢，而且在渗层表面易形成脆性的高氮化合物，心部组织淬火后硬度较低，使工件性能变差。

共渗温度对渗层氮碳浓度存在很大影响：当共渗温度为700℃左右时，容易在渗层表面出现氨或氮碳化合物ε相，增加渗层的脆性；当共渗温度为800℃左右时，共渗层碳氮总浓度高，因而淬火后渗层的参与奥氏体多，调整炉气碳势可将其控制在要求范围内；当共渗温度高于900℃时，渗层中氮含量很低，渗层成分和组织与渗碳基本相同。

综合共渗层的形成速度和组织与性能，生产中采用的共渗温度一般均在820～880℃的范围内，此时，工件晶粒不再长大，变形较小、渗速中等，并可直接淬火。

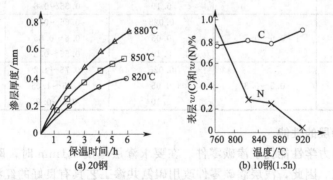

图8-15 碳氮共渗温度对渗层及表面碳、氮含量的影响（共渗介质：煤油＋氨气）

（4）共渗时间

共渗温度既经确定，则保温时间主要取决于渗层深度要求，随着时间延长，渗层内碳、氮浓度梯度变得较为平缓，有利于提高工件表面的承载能力。但时间过长，易使表面碳、氮浓度过高，引起表面脆性或淬火后残余奥氏体过多。如出现这种情况，应该降低共渗后期的渗剂供应量，或适当提高处理温度。

(5) 碳氮共渗后的热处理

碳氮共渗后的热处理与渗碳后的热处理基本相同，即共渗后进行淬火和低温回火。由于共渗温度较低、变形较小，所以除渗后需要机械加工的零件外，一般均采用直接淬火。同时由于氮的渗入提高了渗层的淬透性，所以可以采用较缓和的介质冷却。淬火后一般在 180～200℃进行低温回火。由于共渗层的耐回火性较高，所以在此温度回火后仍可保持 58HRC 以上的硬度。

8.4.1.3 碳氮共渗层的组织与性能

(1) 碳氮共渗层的组织

碳氮共渗层的组织决定于共渗层中碳浓度、氮浓度、钢种及共渗温度。碳氮共渗并淬火后，碳氮共渗层的组织为细针状马氏体、含碳氮残余奥氏体、碳氮化合物。表面是细针状马氏体基体上弥散分布的碳氮化合物，向里是马氏体加残余奥氏体（马氏体为高碳马氏体，残余奥氏体较多），再往里则残余奥氏体量减少，马氏体也逐渐由高碳马氏体过渡到低碳马氏体。为了保证工件具有较高的力学性能，要求马氏体呈细针状或隐晶状，残余奥氏体不可过多，碳氮化合物呈颗粒状，不应出现大块或沿晶界网状分布的碳氮化合物；工件心部应为细晶粒组织（马氏体、贝氏体或托氏体）。

碳氮共渗组织的特点是共渗过程中形成化合物的倾向较大，淬火后渗层中残余奥氏体较多。渗层中碳、氮的含量通过影响化合物的数量和分布以及残余奥氏体的多少等因素，而对工件的力学性能发生重大影响。因此，应该针对不同钢种及不同的使用性能要求，确定渗层中的最佳碳、氮含量，并通过调节共渗气氛的活性（浓度）及含碳和含氮介质的比例予以保证。表 8-10 列出了按照静抗弯强度、冲击韧度值及弯曲疲劳强度确定的几种钢件碳氮共渗层最佳碳、氮含量。

表 8-10　几种钢件碳氮共渗层最佳碳、氮含量

钢号	碳氮共渗层深/mm	剥层深度/mm	最佳含量(质量分数)/%	
			碳	碳＋氮
40Cr	0.25～0.35	0.025	0.65～0.9	1.0～1.25
		0.05	0.6～0.85	0.85～1.2
		0.10	0.55～0.8	0.8～1.0
25CrMnTi	0.5～0.7	0.025	0.65～0.9	1.0～1.25
		0.05	0.6～0.85	1.0～1.15
		0.10	0.55～0.8	0.9～1.05
25CrMnMo 25CrMnMoTi	0.5～0.8	0.025	0.75～1.2	1.3～1.6
		0.05	0.65～1.05	1.25～1.55
		0.10	0.6～0.9	1.15～1.5

(2) 碳氮共渗层的性能

碳氮共渗件的力学性能优于渗碳零件。在要求渗层厚度≤1mm 时，碳氮共渗的速度还明显高于渗碳工艺。因此，浅层渗碳零件改用碳氮共渗工艺具有良好的经济效益。

① 共渗层的硬度　碳氮共渗层硬度分布如图 8-16 所示。由图可以看出，共渗层硬度最高值并不在表面，而是距表面 0.1～0.2mm 的距离处，这是由于表层残余奥氏体量多或表面有黑色组织的缘故，共渗层所达到的最高硬度一般比渗碳层高约 2～3HRC。

② 共渗层的耐磨性　碳氮共渗层的组织类型与渗碳层的基本相同，但碳氮共渗层各组织中，除碳外还含有氮，而且由于共渗温度较低，组织中各组成相的晶粒细小，因而共渗层

的硬度和耐磨性高于渗氮工艺。

③ 共渗层的疲劳强度 由于碳氮共渗表层具有较多的弥散分布的碳氮化合物，因而具有较高的硬度、耐磨性和接触疲劳强度，其耐磨性一般高于渗碳件。另外，碳氮共渗后工件表层产生很大的残余压应力，此压应力远高于渗碳件，因此其弯曲疲劳强度远大于渗碳件。应指出的是由于共渗层存在黑色组织，它的存在不利于抗弯和接触疲劳强度的提高，因此工艺上应尽量采取措施，防止大量黑色组织的出现。另外，有研究证明，磨掉表层黑色组织将有利于疲劳强度的提高。

8.4.2 氮碳共渗

(1) 氮碳共渗的原理及特点

工件表层渗入氮和碳，并以渗氮为主的化学热处理工艺称为碳氮共渗（软氮化），又称低温氮碳共渗。由于处理温度低，一般在 500～600℃，过程以渗氮为主、渗碳为辅，所以又称为"软氮化"，能处理回火温度高于 520℃的任何牌号的钢铁零件以及刃具、模具。

在 Fe-C-N 三元相图中的三元共析

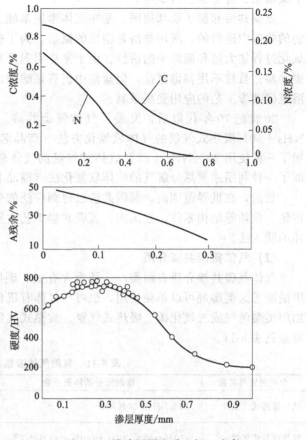

图 8-16　沿渗层厚度碳、氮、残余
奥氏体的分布和硬度的变化
(10 钢 860℃碳氮共渗，820℃淬火，180℃回火 1h)

点为 565℃，此时，氮在 α-Fe 中具有最大的溶解度，故软氮化的温度一般为 570℃左右。在这一温度范围内，由于碳原子在 α-Fe 中的扩散速度比氮原子的稍大，而碳原子在 α-Fe 中的固溶能力远比氮原子小，所以钢的表面首先被碳饱和，形成的许多超显微的碳化物，可促进氮化物的形核，从而促进氮的渗入，使渗层组织由表及里依次为 ε 相化合物层及扩散层。同时，ε 相的形成给更多碳原子的渗入创造了条件，这是因为碳在 ε 相中溶解能力强，最高可达 3.8%，远大于在 α、γ 及 γ′ 相中的溶解能力。因此，在氮碳共渗的过程中，渗氮和渗碳是相互促进的。总体上，由于碳在 α-Fe 中的溶解能力很小，因而氮碳共渗主要是通过氮的扩散来形成一定深度的含氮扩散层。

氮碳共渗处理与气体氮化处理相比具有如下特点：

① 氮碳共渗有优良的性能：渗层硬度高，碳钢氮碳共渗处理后渗层硬度可达 570～680HV；渗氮钢、高速钢、模具钢共渗后硬度可达 850～1200HV；脆性低，有优良的耐磨性、耐疲劳性、抗咬合性和耐腐蚀性。

② 工艺温度低，且不淬火，工件变形小。

③ 处理时间短，经济性好。氮碳共渗处理时间一般为 1～4h，而气体氮化长达几十小时。这是因为碳氮共渗时，渗氮和渗碳相互促进，从而渗速加快。

④ 气体氮化一般只适用于特殊的氮化钢，而软氮化不受被处理材料的限制，可广泛用

于碳素钢、合金钢、铸铁等。

氮碳共渗起源于联邦德国，是在液体渗氮基础上发展起来的。早期氮碳共渗是在含氰化物的盐浴中进行的，所用盐浴是剧毒的氰盐。为了提高盐浴活性而通入空气或氧气，即产生氧化过程加大氮和碳原子的活性。由于氰盐引起严重公害，又发展为加尿素为主要成分的氮碳共渗。虽然不用剧毒氰盐，但盐浴中仍有氰酸根，且使用过程中盐浴成分不稳定，因而盐浴氮碳共渗工艺的应用受到限制。

20 世纪 70 年代以后，发展了气体氮碳共渗。美国 Lpson 公司发展了一种使用 50％NH₃＋50％吸热式气氛的气体软氮化方法（商品名 Nitemper），稍后 Midland-Ross 公司发展了一种使用 20％NH₃＋80％放热式气氛的气体软氮化方法（商品名 Triniding），日本发展了一种利用尿素热分解气的气体软氮化法（商品名 Unisof）。

目前，在世界范围内，氮碳共渗已得到广泛的应用，应用于模具、量具、刀具等工具及齿轮、曲轴等结构零件。在国内，氮碳共渗工艺主要是采用尿素热分解法和含碳、氮有机液体的滴入法。

(2) 气体氮碳共渗介质

气体氮碳共渗介质有两类，一类为含有氮、碳原子的有机化合物，如尿素、三乙醇胺、甲酰胺等这类渗剂可以单独使用，也可与气体有机化合物同时使用；另一类以氨气为主，添加醇类裂解气或二氧化碳、吸热式气氛、放热式气氛等任何一种气体。常用气体渗氮渗剂与特点见表 8-11。

表 8-11 常用气体渗氮渗剂与特点

介质类别与名称	渗剂成分的体积分数	特 点
氨与吸热式气氛	50％NH₃＋50％RX[①]	废气中剧毒的 HCN 往往高达 75～500mg/m³，高于"≤0.3mg/m³"的排放标准
氨与放热式气氛	(50％～60％)NH₃＋(40％～50％)NX[②]	NX 气体成本比 RX 低 30％左右，废气中 HCN 通常≤3mg/m³
氨与烷	(50％～60％)NH₃＋(40％～50％)C₃H₈	以 CH₄ 代 C₃H₈ 则 NH₃ 的体积分数应增至 70％～80％
氨与醇（通氨滴醇法）	NH₃＋乙醇(乙醇裂解气的体积与 NH₃ 近于 1:1)	用 CH₃OH 代 C₂H₅OH 时,NH₃ 量酌减
氨与二氧化碳	(5％～10％)CO₂＋NH₃(余量)	
氨基气氛	(50％～60％)N₂＋(40％～50％)NH₃＋(2％～5％)CO₂	加 N₂ 稀释,可提高炉内氮势和渗速,减少 NH₃ 消耗降低成本

① RX 吸热式气氛，成分的体积分数一般控制在 H₂ 含量 32％～40％、CO 含量 20％～24％、CO₂ 含量≤1％、N₂ 含量 38％～43％。

② NX 放热式气氛，成分的体积分数一般控制在 CO₂≤10％、CO<5％、H₂<1％、余量为 N₂。

使用氨气与吸热式气氛的混合气体进行气体软氮化时，氨气分解形成活性氮原子，吸热式气氛分解可提供活性碳原子。两种气体的比例为 50:50、吸热式气氛的露点为 0℃时，能获得最佳的渗层质量。本法易实现机械化、自动化，产品质量稳定，但设备复杂，投资较高，适于批量生产。

尿素热分解气体是将尿素的白色晶体粉末直接送入软氮化炉中，在 500℃以上尿素发生分解得到活性氮、碳原子，即：

$$(NH_2)_2CO \Longrightarrow CO + 2[N] + 2H_2$$
$$2CO \Longrightarrow [C] + CO_2$$

此外，还有三乙醇胺＋乙醇混合液滴注、甲酰胺滴注并通氨气等。

(3) 气体氮碳共渗的工艺参数

① 共渗温度 如前所述，在 Fe-C-N 三元合金的共析点温度 565℃下，氮在 α-Fe 中具有

最大的溶解度，有利于氮的吸收和扩散，所以氮碳共渗的合适温度为570℃左右。实际生产中，按零件的性能要求可在500～650℃区间选择，以提高耐磨、抗疲劳性能等目的，用550～580℃处理；为获得较厚的渗层以提高耐蚀性时，用590～650℃处理；对于高温回火的工件，为保证心部硬度，要求碳氮共渗温度比回火温度低10～20℃，例如高速钢Cr12MoV钢可选用530～550℃。

② 共渗时间　共渗时间根据渗层深度要求而定，化合物层厚度随处理时间延长而增加，1～3h内化合物层厚度增加最快，超过6h后渗层深度增加有限。表面硬度在2h左右时获得最大值，大于或小于2h，硬度都会降低。除切削刀具一般保温0.5～1h外，结构钢件通常为2～4h。几种钢在（570±5）℃处理的渗层深度与硬度见表8-12。

表8-12　几种钢在（570±5）℃气体氮碳共渗的渗层深度与硬度

钢号	硬度/HV	（570±5）℃，2h 化合物层深度 /μm	扩散层深度 /μm	硬度/HV	（570±5）℃，4h 化合物层深度 /μm	扩散层深度 /μm
20钢	480	10	0.55	500	18	0.80
45钢	550	13	0.40	600	20	0.45
15CrMo	600	8	0.35	650	12	0.45
40CrMo	750	8	0.35	860	12	0.45

(4) 氮碳共渗层组织和性能

软氮化的渗层可以分为两层：外层是化合物层，由表及里依次为 ε-Fe$_{2\sim3}$(C,N)、Fe$_3$(C,N) 和 Fe$_4$(C,N)，如果是合金，还有 Cr、W、V、Al、Mo 等合金氮化物，厚度为2～25μm；内层是扩散层，主要是氮在 α-Fe 中的固溶体，慢冷时由渗前的基体组织和高度弥散的氮化物组成，快冷时氮仍溶于基体中，无氮化物出现。由于具有这样的组织特点，软氮化表现出以下特性：

① 氮碳共渗可以大大提高零件的耐磨性和抗咬合、抗擦伤性能。软氮化后的良好耐磨性来源于其表面以 ε 相为主的化合物层的组织，该组织不仅硬度高、摩擦系数小、耐磨性好，而且具有足够的韧性，因为 ε 相中含碳而使脆性降低，与发蓝、镀锌件的耐磨性相当。

② 氮碳共渗可大大提高零件的疲劳强度。氮碳共渗后的疲劳强度高于渗碳或碳氮共渗以及感应加热淬火。低、中碳钢可提高40%～80%，合金结构钢提高25%～35%，不锈钢提高30%～40%，灰铸铁提高20%左右。其主要原因是氮过饱和地固溶于扩散层中，引起较大残余压应力的结果。

③ 经氮碳共渗后，可提高钢件的表面硬度，其硬度值与材料及工艺有关。

④ 氮碳共渗可提高钢的抗大气和海水腐蚀的能力，这是以 ε 相为主的化合物层的贡献。

由于上述特点，对一些不承受大的载荷而又需要抗疲劳、抗磨损、抗咬合的工件，氮碳共渗的强化效果十分明显，因而广泛应用于碳素结构钢、合金结构钢、碳素工具钢、合金工具钢、不锈钢、铸铁、粉末冶金材料等。但软氮化渗层较薄，不宜在重载条件下工作。

8.5　其他化学热处理

随着工业发展和科学技术进步，对材料的性能提出了更多的特殊性能要求，促进了化学热处理表面强化技术的发展，如钢的渗硼、渗硫和渗金属等。下面简单介绍渗硼、渗硫、渗铬和渗铝等其他化学热处理方法。

8.5.1 渗硼

渗硼是一种有效的表面硬化工艺，把工件置于含硼介质中，加热到一定温度，并保温一段时间，通过化学或电化学反应，使硼原子渗入工件表层。渗硼后工件表面形成铁的硼化物，具有很高的硬度（1400～2000 HV）、良好的抗蚀性、耐磨性、热硬性（高硬度值可保持到接近800℃）和抗氧化性，低碳钢及某些合金钢渗硼后可代替镍铬不锈钢制作机器零件，显示了巨大的技术、经济效益，因此近年来渗硼技术发展很快。

(1) 渗硼方法

在渗硼过程中，含硼介质发生化学反应，生成流体含硼组元，流体含硼组元通过邻接金属表面的"边界层"进行外扩散，扩散到金属表面并被吸附，然后发生各种界面反应，生成活性硼原子，活性硼原子由金属界面向纵深迁移，从而形成具有一定深度的渗硼层。渗硼方法有固体渗硼、气体渗硼、液体渗硼、等离子渗硼和熔盐电解渗硼等。

① 固体渗硼即将工件置于含硼的粉末或膏剂中，装箱密封，放入加热炉中加热到950～1050℃保温一定时间后，工件表面获得一定厚度的渗硼层，具体可分为粉末法、粒状法和膏剂法等工艺。这种方法设备简单，操作方便，适应性强，但劳动强度大，成本高。

固体渗硼在本质上属于气态催化反应的气相渗硼。供硼剂在高温和催化剂的作用下形成气态硼化物（BF_2、BF_3），它在工件表面不断化合与分解，释放出活性硼原子，不断被工件表面吸附并向工件体相扩散，形成稳定的铁硼化合物层。供硼剂有硼铁、碳化硼、脱水硼砂等，活性剂有氟硼酸钾、碳化硅、氯化物、氟化物等，填充剂为木炭或碳化硅。

② 液体渗硼又称盐浴渗硼，主要是由供硼剂硼砂和还原剂（碳酸钠、碳酸钾、氟硅酸钠等）组成的盐浴，生产中常用的配方有：80％$Na_2B_4O_7$＋20％SiC 或 80％ $Na_2B_4O_7$＋10％Al＋10％NaF 等。

③ 电解渗硼在渗硼盐浴中进行，以工件为阴极，以耐热钢或不锈钢坩埚作阳极。这种方法设备简单，速度快，可利用便宜的渗剂。渗层的相组成和厚度可通过调整电流密度进行控制。它常用于工模具和要求耐磨性和耐蚀性强的零件。

④ 气体渗硼与固体渗硼的区别是供硼剂为气体，需要使用易爆的乙硼烷或有毒的氯化硼，故在工业生产中没有得到应用。

⑤ 等离子渗硼可以用于气体渗硼类似的介质，该方法正在研究中，尚未见工业应用的实例。

(2) 渗硼层的组织和性能

钢铁材料渗硼后的渗层组织由化合物层和扩散层组成。化合物层分为单相型硼化物[Fe_2B，含有合金元素则以 $(Fe,M)_2B$ 表示] 和双相型硼化物（Fe_2B＋FeB）两种。在渗硼过程中，硼原子渗入工件表面后，首先会形成楔状的硼化物 Fe_2B。随着硼原子的继续渗入，Fe_2B 不断长大，并逐渐连接成致密的硼化物层。如果渗硼剂的活性高，表层硼浓度继续提高，形成 FeB 相。渗硼层中 FeB 量主要与渗硼剂有关，但不管用何种方法渗硼，随着渗硼时间和温度的增加，渗层中 FeB 的相对数量都会增加。钢中的碳含量增加，可减少双相层中 FeB 的相对含量，并使 FeB 相的硬度降低。合金元素对渗硼层的组织也会产生影响，如硅、钨、钼、镍、锰增加渗层中 FeB 的相对含量，铝、铜减少渗层中 FeB 的相对含量。另外，渗入的硼将碳从渗硼层中挤出，在渗硼层的内侧形成一个富碳区，深度比硼化物层大许多倍，称为扩散层。

钢铁渗硼后，由于表层形成了 Fe_2B 或 Fe_2B＋FeB 的硼化物渗层组织、硼固溶体以及碳和合金元素富集的扩散层组织，使得表层具有如下性能。

① 高的硬度和耐磨性 Fe_2B 相硬度可达 1100～1700 HV，FeB 相可达 1500～2200 HV，因此渗硼层硬度、耐磨性很高。FeB 相虽然有更高的硬度，但由于 FeB 相本身脆性很大，一般希望获得具有较好综合性能的 Fe_2B 单相硼化物层。

② 良好的耐腐蚀性和抗氧化性在盐酸、磷酸、硫酸和碱中具有良好的抗蚀性，但不耐硝酸。在 600℃ 以下，硼化物层抗氧化性良好。

③ 渗硼层中硼化物呈楔形伸向基体，增加与基体接触面积，因此渗硼层不易剥落。

④ 热硬性高渗硼层在 800℃ 时仍保持高的硬度。

(3) 渗硼后的热处理

对心部强度要求较高的渗硼件，渗硼后需进行热处理。由于 FeB、Fe_2B 与基体的膨胀系数相差悬殊，在热处理过程中，基体发生相变，而渗硼层不发生相变，因此渗硼层容易出现微裂纹和崩落，这就要求尽可能采用较缓和的冷却方法，并且淬火后及时回火。某些高合金钢正常的淬火温度一般都在 1000℃ 以上，由于 Fe-Fe_2B 在 1161℃ 将发生共晶转变，为此淬火温度必须严格控制。

8.5.2　渗硫

钢的渗硫是将钢件放入含硫介质中加热，使钢的表面形成一层铁与硫的化合物的工艺方法。已硬化的钢铁工件表面渗硫，表层可形成厚度为 $5～15\mu m$ 的 $FeS+FeS_2$ 化学转化膜，渗硫层对工件不产生表面硬化效果，主要是降低工件表面的摩擦系数，提高抗擦伤和抗咬死性能。因此，工件在经过了最后热处理和磨削之后，再进行表面渗硫处理。

(1) 渗硫方法及工艺参数

迄今已经开发了单一渗硫以及硫氮、硫氮碳、硫氮氧等多元共渗工艺，电解法、离子法等先进技术已成功地在渗硫工艺中得到应用。渗硫介质有固体、液体、气体三种，渗硫温度可采用高温（800～930℃）、中温（520～560℃）或低温（160～200℃）。其中应用较多的是低温电解渗硫。

为使工件表面兼有渗硫后的减摩特性和渗碳、渗氮后的抗磨特性，可以将渗碳、渗氮处理后获得高硬度表面的工件再进行渗硫处理。也可以采用硫氮二元共渗或硫碳氮三元共渗（硫氰共渗）的方法。经过硫氮碳复合渗的工件具有优良的耐磨、减摩、抗咬死、抗疲劳的能力，并改善了除不锈钢以外所有钢件的耐腐蚀性。

低温电解渗硫工艺是以工件为阳极，盐槽为阴极，在低熔点盐浴 [含 70%～80% KSCN、20%～30%NaSCN 和少量 $K_3Fe(CN)_6$、$K_4Fe(CN)_6$ 等成分] 中和 180～200℃ 温度下，利用电解法在工件表面生成一层 FeS，达到抗咬死、减摩和抗磨损的目的。因 FeS 层形成速度很快，保温 10min 后增厚甚微，故每炉次只需 15～20min。其工艺流程为：

钢件→脱脂→酸洗→水洗→中和→水洗→预热→电解渗硫→水洗→脱水→检查→浸油。

电解渗硫所用盐浴各组分易与铁及空气中的 CO_2 等反应形成沉渣而老化。沉渣的主要成分除了 FeS、S、$Fe_3[Fe(CN)_6]_2$ 外，尚有 $KFe[Fe(CN)_6]$ 及 FeS_x 等，这些杂质在水中的溶解度非常小或几乎不溶解于水，导致盐浴的老化。盐浴中允许沉渣含量为 2.5%～3.5%（质量分数），如果超过就会引起渗硫层质量的下降。解决熔盐老化的方法有水解及过滤。只有在工作状态下连续过滤，及时除去渣粒，才能使熔盐维持活性。

(2) 渗硫层的组织与性能

由于硫几乎不溶于 α-Fe 和 γ-Fe，而只是与铁形成化合物 FeS 和 FeS_2，因此渗硫层的组织由 FeS、FeS$_2$ 或它们的混合物组成。又由于硫在铁中的扩散速度也非常小，其渗层很薄，一般为几个或几十个微米。但是，渗硫层与基体金属之间呈锯齿交错状接触，结合紧密，耐久性好。

此外，构成渗硫层主体的 FeS 相呈有孔隙的鳞片状结构，其硬度较低、变形阻力小，易沿着某一位向滑移，对金属之间的接触起到润滑作用；同时，其多孔的形貌有较好的吸附润滑油的能力，使油膜易于形成并不易破坏，从而起到良好的减摩作用。因此，渗硫处理能显著提高钢或铸铁零件的抗擦伤性、抗咬合性和耐磨性。尤其是在较高温度下，它能使油膜的耐压性增加 2～4 倍。

另外，FeS 与石墨、MoS$_2$ 等固体润滑剂均为六方晶系，具有良好的减摩和润滑性能，因而渗硫层也具有较小的摩擦系数（0.15～0.20）。研究表明，钢铁渗硫后表面硬度不高，有脆性，甚至高硬度的表面渗硫后硬度还稍有下降。因此可以推断，渗硫层耐磨性的改善主要靠摩擦系数的下降，而不在于硬度的提高。

渗硫层易于产生塑性流动或变形，可避免摩擦发热造成的咬死。

综上所述，钢铁渗硫技术以其良好的减摩、抗黏着性能引起普遍关注，已成为滑动零部件、合金钢工磨具表面减摩和耐磨处理的重要技术手段。

8.5.3　渗金属

渗金属是使工件表面形成一层金属碳化物的工艺方法，即渗入元素与工件表层中的碳结合，形成由金属碳化物构成的化合物层，如(Cr,Fe)$_7$C$_5$、VC、NbC、TaC 等，次层为过渡层。此类工艺方法适用于高碳钢，渗入元素大多数为 W、Mo、Ta、V、Nb 等碳化物形成元素。为了获得碳化物层，基材中碳的质量分数必须超过 0.45%。

(1) 渗金属的一般原理

① 气相渗金属法　a. 在适当温度下，可从挥发的金属化合物中析出活性原子，并沉积在金属表面上与碳形成化合物。一般使用金属氯化物作为活性原子的来源。其工艺过程是将工件置于含有渗入金属卤化物的容器中，通入 H$_2$ 或 Cl$_2$ 进行置换还原反应，使之析出活性原子，然后活性原子渗入金属。b. 使用羰基化合物在低温下分解的方法进行表面沉积。例如 W(CO)$_6$ 在 150℃条件下能分解出 W 的活性原子，然后渗入金属形成钨的化合物层。

② 固相渗金属法　固相渗金属法中应用较为广泛的是膏剂渗金属法。它是将渗金属膏剂涂在金属表面上加热到一定温度后，使元素渗入工件表面。膏剂一般由三部分组成：活性剂，多数是 0.050～0.071mm 的纯金属粉末；熔剂，作用是与渗金属粉末相互作用后形成相应的各种卤化物，是被渗原子的载体；黏结剂，一般用四乙氧基甲硅烷，起黏结作用并形成膏剂。

③ 覆层扩散法　即将欲渗金属利用电镀、喷镀或喷涂、热浸、化学镀等方法覆盖在工件表面后，再于有保护气氛的炉内加热扩散形成渗层。

(2) 渗金属层的组织和性能

渗金属形成的化合物层一般很薄，约 0.005～0.02mm。经过液体介质扩渗的渗层组织光滑而致密，呈白亮色。当工件中碳的质量分数为 0.45% 时，工件表面除碳化物层外，还有一层极薄的贫碳 α 层。当工件碳的质量分数大于 1% 时，只有碳化物层。

渗金属层的硬度极高，耐磨性很好，抗咬合和抗擦伤能力也很高，并且具有摩擦系数小等优点。常见金属渗层的性能特点如表 8-13 所示。

表 8-13 常见金属渗层的性能特点

渗入元素	渗层性能
铬(Cr)	渗铬层具有优良的耐腐蚀、抗高温氧化和耐磨损性能
铝(Al)	提高钢铁、非铁金属与合金的抗高温氧化与抗燃气腐蚀的能力,渗铝层在大气、硫化氢、二氧化硫、碱和海水等介质中具有良好的耐腐蚀性能,抗高温硫化物腐蚀性,抗应力腐蚀性等
锌(Zn)	提高工件在大气、雨水、海水、二氧化硫和一些有机介质(如苯、油类)中的抗蚀能力,还能提高铜、铝及其合金的硬度和耐磨性
钒(V)	提高工件在 50%硝酸、98%硫酸、10%NaCl 中的耐蚀性
钛(Ti)	提高工件在海水、硝酸、醋酸中的耐蚀性及抗氧化性
铌(Nb)	高的耐磨性,在 98%硫酸、10%NaCl 中有较高的耐蚀性
钼(Mo)	高的耐蚀性及耐磨性,提高渗氮后的硬度(1300HV)
铍(Be)	高硬度(1000～1700HV),抗高温氧化能力
镉(Cd)	抗电化学腐蚀
钨(W)	钢渗钨后再渗碳,表面有高的硬度及红热性

8.5.4 离子化学热处理

离子化学热处理是指利用稀薄气体的辉光放电现象加热工件表面和电离化学热处理介质,使之实现金属表面渗入欲渗元素的工艺,又称辉光离子热处理、辉光放电化学热处理和等离子热处理等,属于气相法化学热处理的范畴。但是,与普通气相法不同的是,炉内介质是辉光放电电离的气体,依靠离子轰击工件表面来形成扩散层或覆盖层。

采用不同成分的放电气体,可以在金属表面渗入不同的元素。和普通化学热处理相同,根据渗入元素的不同,有离子渗氮、离子渗碳、离子碳氮共渗、离子渗硼、离子渗金属等。离子化学热处理渗速一般比化学热处理快,这是因为离子轰击工件表面,使之产生各种晶体缺陷,从而有利于渗入元素的吸附和扩散。比如离子渗氮 4～5h 即可得到 0.3mm 的渗氮层,而气体渗氮约需 15h。

离子化学热处理的主要要特点是:生产周期短,几乎无污染、无公害,劳动条件较好,能节省资源,易于实现渗层和覆盖层控制,工件变形小,材料适应性强等。

8.5.5 复合热处理

这里所说的复合热处理,是指在各种单一的热处理基础上,为了提高性能、增加功能或提高生产率、降低成本而增加的热处理工序的组合,以及由于前后关联的工艺方法改进而具有复合功能的新工艺。

各种热处理工艺可能有的组合方法是多种多样的,按已有的复合热处理工艺,大致可以分为三类:第一类是由于单一的热处理不能获得满意的性能时,增加热处理工序以进一步提高工件的性能。例如,软氮化＋淬火,渗碳＋低温渗硫等。第二类是为了节约能源、提高效率或由于热处理技术的进步,把原来分开的热处理结合在一个工序中进行。例如,渗碳＋钎焊,烧结接合＋钎烘等。第三类是包括与热处理有关的前后处理或淬火等的工艺方法。例如,软氮化＋氧化,渗碳淬火＋喷丸硬化等。

复合热处理不只是单纯地把热处理组合在一起。要取得好的复合效果,应该对热处理工艺各个阶段进行仔细分析和更新评价,并权衡利弊,取长补短。

正在发展中的日新月异的复合处理是一种极有前途的工艺方法,它为热处理——特别是化学热处理开辟了广阔的前景。由于激光、等离子体等高能技术在热处理领域的应用,将大大提高热处理生产效率和性能,这也意味着今后复合热处理的种类及应用实例将有更大的发展。

第9章

高能束表面处理技术

9.1 概 论

9.1.1 高能束表面处理的定义和特点

采用激光束、电子束和离子束等高密度能量源,定向作用在材料表面,使材料表层发生成分、组织及结构变化,从而改变材料的物理、化学与力学性能,这种处理方式称为高能束表面处理。高能束表面处理技术的共同特点是:

① 高能束热源作用在材料表面上的功率密度高、作用时间极其短暂,即加热速度快、冷却速度亦快,处理效率高。高能束表面处理的加热速度在理论上讲可以达到 10^{12} ℃/s;当高能束加热金属时,加热速度高达 5×10^3 ℃/s 以上。

② 高能束表面处理是靠束流作用在金属表面上,对金属进行加热,属非接触式加热,没有机械应力作用。由于高能束加热速度和冷却速度都很快,而且束斑小,被处理材料周围热影响区极小、热应力极小,因此工件变形也小。

③ 高能束加热的面积可根据需要任意选择,一般大面积处理,可采用高能束叠加扫描方法,所获得的最小加热面积取决于高能束聚焦后的最小光斑。因此,可以应用在尺寸很小的工件或工件中凹陷部分、盲孔的底部等用普通加热方法难以实现的特殊部位。

④ 高能束加热的可控性能好,通过磁场或电场信号对激光束、电子束、离子束的强度、位置、聚焦等参数可用计算机精确控制,便于实现自动化处理。

⑤ 高能束热源,尤其是激光束可以远距离传输或通过真空室对特种放射性或易氧化材料进行表面处理。对激光束、电子束而言,高能束表面处理的金属表面将会产生 200～800MPa 的残余压应力,从而大大提高了金属表面的疲劳强度。

9.1.2 高能束表面处理的类型

(1) 按高能束束流特征分类

按目前高能束的工业应用和发展状况,分为激光束、电子束和离子束三种。

① 激光束 英文全称为 light amplification by stimulated emission of radiation,简称为

Laser，其含义是受激发射的光放大。用这种光束对材料进行辐射时，可使材料表面的温度瞬时上升至相变点、熔点甚至沸点以上，从而使材料表面产生一系列物理或化学的现象，这种处理方法称为激光束表面处理。

② 电子束　电子束是一种高能量密度的热源，电子束被高压电场加速而获得很高的动能，再在磁场聚焦下成为高能密度电子束。当它以极高的速度冲击到材料表面极小面积上时，其能量大部分转变为热能。这样便可把大于千瓦级的能量集中到直径为几微米的点内，从而获得高达 $10^9\,W/cm^2$ 左右的功率密度。如此高的功率密度，可使被冲击部分的材料在几分之一秒内升高到摄氏几千度以上，当热量还没有来得及传导扩散时，就可把局部材料瞬时熔化、气化及蒸发。这种处理为电子束表面处理。

③ 离子束　和电子束基本类似，它也是在真空条件下将离子源产生的离子束经过加速、聚焦使之作用在材料表面。所不同的是，除离子与负电子的电荷相反带正电荷外，主要是离子的质量比电子要大千万倍。例如，氢离子的质量是电子的 7.2 万倍。由于质量较大，故在同样的电场中加速较慢，速度较低；但一旦加速到较高速度时，离子束比电子束具有更大的能量。

离子束和电子束的不同在于，高速电子在撞击材料时，质量小、速度大，动能几乎全部转化为热能，使材料局部熔化、气化，它主要通过热效应完成；而离子本身质量较大、惯性大，撞击材料时产生了溅射效应和注入效应，引起变形、分离、破坏等机械作用并向基体材料扩散，形成化合物产生复合、激活的化学作用。这种处理称为离子束表面处理。

(2) 按相变类型分类

激光束、电子束、离子束作为一种高能密度的热源，作用在金属表面所产生的相变、熔化、气化效应是一致的。通常将高能束表面处理分为：高能束相变硬化处理、高能束熔敷（也称涂覆或熔覆）处理、高能束合金化、高能束非晶化、高能束冲击硬化以及高能束气相沉积等。

9.2　激光束表面处理技术

9.2.1　激光束与材料表面的交互作用

(1) 激光的特点

对金属材料的表面改性处理而言，激光是一种聚焦性好、功率密度高、易于控制、能在大气中远距离传输的新颖光源，具有以下三个典型的特点：

① 高方向性　激光光束的发散角可以小于 1mrad 到几个毫弧度，可以认为光束基本上是平行的。

② 高亮度性　激光发射出来的光束非常强。通过聚焦集中到一个极小的范围之内，可以获得极高的能量密度或功率密度，聚集后的功率密度可达到 $10^{14}\,W/cm^2$，焦斑中心温度可达几千度到几万度，只有电子束的功率密度能和激光相比拟。

③ 高单色性　激光具有相同的位相和波长，所以单色性好，频率范围非常窄。比过去认为单色性最好的光源如 ^{86}Kr 灯的谱线宽度还小几个数量级。

(2) 金属对激光的吸收

金属对激光的吸收主要是通过大量传导电子的带间跃迁实现的。激发态电子与原子点阵碰撞的能量弛豫时间约为 $10^{-12}\,s$，因此激光束的能量会很快转变为晶格的动能。金属对激光波长的吸收因金属而异，一般为 $10\mu m$ 左右。在临界波长以上，金属的反射率非常高，在90％以上；在临界值以下，反射率急剧减小。例如，Al 的临界波长小于 $1\mu m$，而 Au 的临界波长约为 $0.6\mu m$。对于 YAG 激光，波长为 $1.06\mu m$，CO_2 激光波长为 $10.6\mu m$。某些金属的反射率列入表 9-1。

表 9-1 某些金属对 YAG 和 CO_2 激光的反射率

金属	波长 0.9～1.1μm	波长 9～11μm	金属	波长 0.9～1.1μm	波长 9～11μm
Au	94.7	97.7	Al	73.3	96.9
Ag	96.4	99.0	W	62.3	95.5
Cu	90.1	98.4	Sn	54.0	87.0
Fe	65.0	93.8	Si	28.0	28.0
Mo	58.2	94.5	钢(1%C)	63.1	92.8～96.0

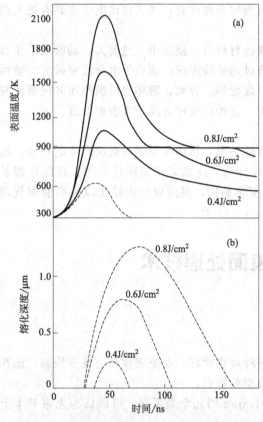

图 9-1 不同能量密度时，Al 表面温度与时间的关系 (a) 及熔化深度与时间的关系 (b)

金属的表面状态对于反射率极为敏感，表面越光滑反射率越高。表层杂质和氧化物会使反射率急剧变化。多数金属在熔化温度时，对激光的吸收率急剧增加。另外金属表面涂层也可以提高吸收率。

激光透入金属的深度，仅为表面下 $10^{-5}cm$ 的范围。所以激光对金属的加热，可以看作是一种表面热源，在表面层光能转变为热能，此后热能按一般的传导规律向金属深处传导。

（3）激光的加热和冷却

热流的问题可利用普通热传导方程求解，图 9-1 是用激光辐照 Al 晶体的时间与表面温度的关系以及熔化深度与能量密度关系的计算结果。

在半导体中，熔化时间短于凝固时间，而在金属中，这两个阶段持续的时间是相近的。

用激光照射两层以上的不同成分的层状组织可用来实现表面合金化或表面熔覆。从目前关于层状结构的讨论可知，外层反射系数决定着能量的吸收值，层间的热扩散率控制着热扩散温度场的分布和熔化深度。凝固速率是由潜热释放速率决定的。选用熔点相差不大的材料容易得到可控制的熔化和凝固。

为了减少表面气化量，应尽量避免用高蒸气压的元素。

（4）激光照射产生的应力与应变

当激光束强度远低于熔化阈值时，由于辐照金属表面中高的温度梯度的作用，在亚表层区会产生严重的不均匀应变。当由此而产生的内应力超过弹性极限和屈服应力时，材料会发生塑性变形。这一现象在金属中比在半导体中更易发生，这是由于金属中位错运动极易发生，而在共价键的半导体中则相反。

用激光照射金属表面，表面温度的迅速升高会使材料发生膨胀。在垂直于表面的方向上，应力可借助自由表面微小的外移而得到松弛，而平行于表面的位移则受到周围材料的约束。加热时将会沿这个方向产生很大的压应力，如果这个压应力超过了材料的弹性极限，就会发生塑性变形，变形的结果使材料挤出自由表面。在冷却时，材料首先发生弹性收缩。如果塑性拉应变很大，则拉应力可超过屈服应力，这样当材料冷至初始温度时就会发生拉伸塑性变形。

9.2.2 激光束表面处理

(1) 激光束表面处理的特点

激光束表面处理技术是利用激光的高辐射亮度、高方向性、高单色性特点，作用于金属材料表面，使材料的表面性能得到提高，如材料的表面硬度、强度、耐磨性、耐蚀性和耐高温性，大大提高了产品的寿命，是 20 世纪 70 年代发展起来的高新技术。

激光束表面处理技术具有加热和冷却速度快，处理效率高、效果好，工件变形小，激光束易控、易传输、易导向、易自控，节能，无污染等优点。激光表面处理主要是激光相变硬化、激光冲击硬化、激光熔覆、激光合金化和激光非晶化等。它的理论基础是激光与材料相互作用的一些规律。从工艺上来看，它们各自的特点是作用在材料表面的激光功率密度不同、冷却速度不同所致。从表 9-2 中所列各种激光表面处理工艺的特点，可以明显看出这一点。目前，激光束表面处理主要用于汽车、机械、冶金、石油、机车、轻工、农机、纺织机械行业中的部件及配件和刀具、模具等。

表 9-2 各种激光表面处理工艺的特点

工艺方法	功率密度/(W/cm²)	冷却速度/(℃/s)	作用区深度/mm	作用时间/s
激光相变硬化	$10^3 \sim 10^5$	$10^4 \sim 10^6$	$0.2 \sim 1$	$0.01 \sim 1$
激光熔覆	$10^4 \sim 10^6$	$10^4 \sim 10^6$	$0.2 \sim 2$	$0.01 \sim 1$
激光合金化	$10^5 \sim 10^6$	$104^4 \sim 10^6$	$0.2 \sim 2$	$0.01 \sim 1$
激光非晶化	$10^6 \sim 10^{10}$	$10^6 \sim 10^{10}$	$0.01 \sim 0.10$	$10^{-7} \sim 10^{-6}$
激光冲击硬化	$10^9 \sim 10^{12}$	$10^4 \sim 10^6$	$0.02 \sim 0.2$	$10^{-7} \sim 10^{-5}$

(2) 激光束表面处理前的预处理

材料的反射系数和所吸收的光能取决于激光辐射的波长。激光波长越短，金属的反射系数越小，所吸收的光能也就越多。由于大多数金属表面对波长 $10.6\mu m$ 的 CO_2 激光的反射高达 90% 以上，严重影响激光处理的效率。而且金属表面状态对反射率极为敏感，如粗糙度、涂层、杂质等都会极大地改变金属表面对激光的反射率，而反射率降低 1%，吸收能力密度将会增加 10%。因此在激光处理前，必须对工件表面进行涂层或其他预处理。常用的预处理方法有磷化、黑化和涂覆红外能量吸收材料（如胶体石墨、含炭黑和硅酸钠或硅酸钾的涂料等）。磷化处理后对激光吸收率约为 88%，但预处理工序烦琐，且不易清除。黑化方法简单，黑化溶液如胶体石墨和含炭黑的涂料可直接刷涂到工件表面，激光吸收率高达 90% 以上。

(3) 激光束表面处理设备

激光束表面处理设备主要由激光器、功率计、导光聚焦系统、机械系统、辅助系统以及加工工件表面温度测量与控制系统等组成。目前，工业上常用的激光器有横流 CO_2 激光器和 YAG 激光器两种。横流 CO_2 激光器多用于黑色金属大面积零件处理；YAG 激光器多用于有色金属或小面积零件的处理。此外，准分子激光器的波长为 CO_2 的 1/50、YAG 的

1/10，它可使材料表面化学键发生变化，因此大多数材料对它的吸收率特别高、能有效地利用激光能量，称为第三代材料表面处理激光器。目前，准分子激光器主要用于半导体工业、金属、陶瓷、玻璃、天然钻石等材料的高清晰度无损标记，以及光刻加工等。

9.2.3 激光硬化

激光硬化是快速表面局部淬火工艺的一种高新技术。激光硬化一般分为三种工艺：激光相变硬化、激光熔化凝固硬化和激光冲击硬化。三种工艺的区别主要是作用于材料上的激光能量密度不同，并且与激光作用于材料上的时间有关。原理是把激光辐照引向材料；吸收激光能量并把光能传给材料；光能转变为热能，加热材料达到快速加热、快速冷却、熔化材料的目的，并且不引起材料表面的破坏；材料在激光辐照后的相变（激光相变硬化）或熔化凝固（激光熔凝硬化）或冲击产生晶格畸变及位错（激光冲击硬化），最终达到硬化效果。

激光硬化可满足低变形表面强化要求，可以大幅度提高产品质量，成倍地延长产品的使用寿命，这种方法主要用于强化零件的表面，可以提高金属材料及零件的表面硬度、耐磨性、耐蚀性以及强度和高温性能；同时可使零件心部仍保持较好的韧性，使零件的机械性能具有耐磨性好、冲击韧性高、疲劳强度高的特点。

(1) 激光相变硬化

激光相变硬化是以高能密度的激光束快速照射工件，使其需要硬化的部位瞬间吸收光能并立即转化成热能，而使激光作用区的温度急剧上升，形成奥氏体。此时工件基体仍处于冷态，并与加热区之间有极高的温度梯度。因此一旦停止激光照射，加热区因急冷而实现工件的自冷淬火，所以又称激光淬火。

激光相变硬化如同传统的表面硬化技术一样，原理都是使构件表层获得淬硬的马氏体组织。但与传统的硬化技术相比，激光相变硬化具有如下特点：

① 极快的加热速度（$10^4 \sim 10^6 \, ℃/s$）和冷却速度（$10^6 \sim 10^8 \, ℃/s$），这比感应加热的工艺周期短，通常只需约 0.1s 即可完成淬火，因此生产效率高。

② 仅对工件局部表面进行激光淬火，且硬化层可精确控制，因而它是精密的节能表面处理技术。激光相变硬化后工件变形小，几乎无氧化脱碳现象，表面光洁程度高，故可成为工件加工的最后工序。

③ 激光相变硬化处理后工件的硬度可比常规淬火提高 15%～20%。铸铁激光相变硬化后，其耐磨性可提高 3～4 倍。

④ 可实现自冷淬火，不需水或油等淬火介质，避免了环境污染。

⑤ 可加工常规无法处理的形状复杂的零件，还可对同一零件的不同部位进行不同的激光相变硬化处理；对工件的许多特殊部位，例如槽壁、槽底、小孔、盲孔、深孔以及腔筒内壁等，只要能将激光照射到位，均可实现激光相变。

⑥ 工艺过程易实现电脑控制的生产自动化。

激光相变硬化技术已经在国内外得到广泛的应用，表 9-3 列出了激光相变硬化的一些应用实例。

表 9-3 激光相变硬化应用实例

零件名称	采用的激光设备	效 果
齿轮转向器箱体内孔(铁素体可锻铸铁)	5 台 500W 和 12 台 1kW CO₂ 激光器	每件处理时间 18s，耐磨性提高 9 倍，操作费用仅为高频淬火或渗碳处理的 1/5
EDN 系列大型增压采油机汽缸套(灰铸铁)	5 台 500W CO₂ 激光器	15min 处理一件，提高耐磨性，成为该分部 EMD 系列内燃机的标准工艺

零件名称	采用的激光设备	效　果
操纵器外壳	CO_2激光器	耐磨性提高 10 倍
渗碳钢工具	2.5kW 的 CO_2激光器	寿命比原来提高 2.5 倍
中型卡车轴管圆角	5kW 的 CO_2激光器	每件耗时 7s
手锯条（T10 钢）	国产 2kW CO_2激光器	使用寿命比国家标准提高 61%，使用中无脆断
东风 4 型内燃机汽缸套	2kW CO_2激光器	使用寿命提高 50×10^4km
硅钢片模具	美国 820 型横流 1.5kW CO_2激光器	变形小，模具耐磨性和使用寿命提高约 10 倍

（2）激光熔凝

激光熔凝也称激光熔化淬火，是将激光束加热工件表面至熔化到一定深度，然后自冷使熔层凝固，获得较为细化均质的组织和所需性质的表面处理技术。

激光熔凝的主要特点有：①表面熔化时一般不添加任何合金元素，熔凝层与材料基体是天然的冶金结合；②在激光熔凝过程中，可以排除杂质和气体，同时急冷重结晶获得的组织有较高的硬度、耐磨性和抗蚀性；③其熔层薄，热作用区小，对表面粗糙度和工件尺寸影响不大，有时可以不再进行后续磨光而直接使用；④表面熔层深度远大于激光非晶化。

激光熔凝处理后的工件，通常不再经后续磨光加工就直接使用，因此，对激光熔凝处理后的表面形貌质量有所要求。在激光熔凝处理时，熔化区形成的高温度梯度，导致了在表层形成高的应力梯度和熔体中的环流运动。例如，在铁的熔体中环流的运动速度可达 150mm/s。熔体内部压力的变化需要相应的补偿，它由熔池表面的弯曲来给予，从而影响表面形貌。

（3）激光冲击硬化

它是应用脉冲激光作用于材料表面所产生的高强冲击波或应力波，使金属材料表面产生强烈的塑性变形，在激光冲击区，显微组织呈现位错的缠结网络，其结构类似于经爆炸冲击及快速平面冲击的材料的亚结构。这种亚结构明显提高了材料的表面硬度、屈服强度和疲劳寿命。把这种激光冲击波作用产生的材料表面硬度与强度的提高通称为激光冲击硬化。

激光冲击硬化是一项正在开发的材料表面处理改性新技术。因为冲击硬化可以在空气中进行，且不产生畸变，极具实用价值，可用来冲击强化精加工工件的曲面，如齿轮、轴承的表面。它可增强冲击取得裂纹扩展抗力。它的一个重要的应用是局部强化焊接件及精加工后的工件，尤其适合铝合金，可大幅度提高飞机紧固件孔周围的疲劳寿命。但距真正的实用与生产，还需不断进行应用研究。

9.2.4　激光表面合金化与熔覆

（1）激光表面合金化

用表面合金化的方法代替整体合金可以节约金属资源，因此一直是世界范围内材料工作者的重要研究内容之一。常规的表面合金化方法就是化学热处理，它利用高温下的扩散使合金元素渗入基体，以获得表面合金层。

激光合金化就是在高能束激光的作用下，将一种或多种合金元素快速熔入基体表面，从而使基体表层具有特定的合金成分的技术。这种合金层与基材之间有很强的结合力（冶金结合）、硬度高、耐磨性好。利用高功率激光处理的优点在于可以节约大量的具有战略价值或贵重元素、形成具有特殊性能的非平衡相或非晶态、晶粒细化、提高合金元素的固溶度和改善铸造零件的成分偏析。

激光表面合金化的许多效果可以用快速加热和随后的急冷加以解释：在激光加热过程

中，其表面熔化层与它下面的基体之间存在着极大的温度梯度。在激光作用下，其加热速率和冷却速率可达到 $10^5 \sim 10^9 \, ℃/s$。通过快速加热和快速冷却导致了许多特殊的化学特征和显微结构的变化，从而达到改善材料表面性能的目的。

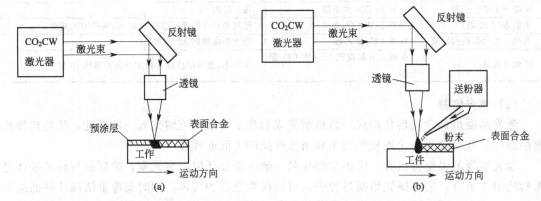

图 9-2　预置法（a）与硬质粒子喷射法（b）激光合金化示意图

通常按照合金的加入方式，分成三类：预置法、硬质粒子喷射法和激光气相合金化。预置法就是把合金化材料预涂覆于需强化部位，然后再激光扫描熔化形成新的合金层，如图 9-2(a) 所示。预涂覆可采用热喷涂、气相沉积黏结、电镀等工艺。硬质粒子喷射法是采用惰性气体将合金化细粉直接喷射至基材表面，使添加的合金元素和激光熔化同步完成，如图 9-2(b) 所示。激光气相合金化是将能与基材金属反应形成强化相的气体（如氮气、渗碳气氛等）注入金属熔池中，并与基材元素反应，形成化合物合金层。如在氮气中熔化钛（Ti），这种激光氮化法可在毫秒级的时间完成，形成硬度和熔点都很高的 TiN，从而大幅度改善、提高表面的硬度和耐磨性及耐腐蚀性能。

激光合金化技术比较适合用于零件的重要部位，如模具的刀刃，合金化处理后的刀片，一次刃磨寿命比最佳产品平均提高 3 倍左右，且刀刃不崩、不卷、不折断，稍加磨刃可继续使用。这种方法不仅增加了工件的寿命和疲劳强度，而且简化了工艺，节约了合金元素。激光表面合金化用于铝活塞环槽强化，经装车试验，运行 14.2 万千米以后拆检，结果发现，头道环槽的侧隙仅为 0.11mm，如果减去 0.04～0.05mm 的原始侧隙，则环槽最大磨损量仅有 0.07mm。所以激光表面合金化用于铝合金的强化是十分有效的。为了获得足够的强度，激光合金化就可以根据要求选择加入的材料，以获得满意的性能。

(2) 激光熔覆

激光熔覆是在熔覆基体表面上放置被选择的涂层材料，利用高能激光束辐照，通过迅速熔化、扩展和迅速凝固、冷却（$10^2 \sim 10^6 \, K/s$），在基体表面覆盖一层薄的具有特定性能的涂覆材料。涂覆材料层与基体表面通过熔合结合在一起，基材的熔化层极薄，对熔覆层的成分影响极小，形成一种基体不具备的新的具有特殊物理、化学和力学性能的表面复合层。这类涂覆材料可以是金属或合金，也可以是非金属、还可以是化合物及其混合物，这是其他表面技术难以实现的。激光涂覆的方式与激光合金化相似，其区别在于涂层材料与基体材料混合程度的不同。

根据材料的供给方法可以分为预置式供料法和同步送粉法。预置式供料法又可以分为热喷涂和黏结等方法。热喷涂是指将喷涂粉末加热到可以相互黏结的状态，并以一定的速度喷射到基材表面，形成喷涂材料覆盖层的技术。黏结预置法是将粉末与胶黏剂调成膏状，涂在预熔覆基材表面，常用的胶黏剂有清漆、水玻璃、硅酸盐胶等。同步送粉法就是采用送粉装置将添加的合金粉末直接送入工件表面激光辐照区，粉末到达熔区前先经过光束，被加热到红热状态，进入熔化区后随即熔化，随基材的移动和粉末的连续送入，形成激光熔覆层。图 9-3 为气动喷注法激光熔覆示意图。

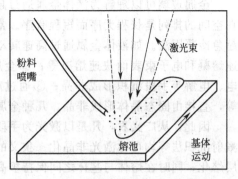

图 9-3　气动喷注法激光熔覆示意图

激光熔覆的目的是在基体材料表面熔覆上一层具有特殊物理、化学和力学性能的表面复合层，提高零件的耐磨、耐热、耐腐蚀及耐疲劳等各种所需的性能。而涂层内基体材料的熔入所引起的涂层成分变化的大小将直接影响到涂层的使用性能。因此，在激光涂覆技术中，存在稀释度的概念，这是一个十分重要的概念。用稀释度这个概念可以定量地描述涂层成分由于熔化的基体材料的混入而引起的成分变化程度。所谓稀释度是指熔化的基材混入涂覆层而使涂覆材料成分的变化率。激光涂覆时，要求其稀释度尽可能低。一般认为其稀释度应小于 10%，最好在 5% 左右，以保证获得高性能的表面涂覆层。

激光涂覆的优点：激光束的能量密度高，加热速度快，对基材的热影响较小，引起工件的变形小；激光涂覆具有涂层成分几乎不受基体成分的干扰和影响、稀释度小；涂层厚度可以准确控制；涂层与基体的结合为冶金结合，十分牢固、加热变形小、热作用区也很小、整个过程很容易实现在线自动控制。激光熔覆显著改善基层表面的耐磨、耐蚀、耐热、抗氧化性，从而达到表面改性或修复的目的，既满足了对材料表面特定性能的要求，又节约了大量的贵重元素。

如对 60 号钢进行碳钨激光熔覆后，硬度最高达 2200HV 以上，耐磨损性能为基体 60 号钢的 20 倍左右。在 Q235 钢表面激光熔覆 CoCrSiB 合金后，耐蚀性明显提高。

9.2.5　激光非晶化

非晶态金属材料（金属玻璃）具有晶态合金无法比拟的优越性。它具有很高的耐磨性、极为优异的机械、电学、磁学和化学性能，其应用日益广泛。因此，使材料实现非晶化是工业界广泛关注的一项新技术。表 9-4 列出了非晶态合金的特征。因此，使材料实现非晶化是工业界广泛关注的一项新技术。

表 9-4　非晶态合金的特征

机械性能	强度	比常用材料高，一般为 2000～5000MPa
	弹性	比晶态金属低 20%～30%
	硬度	高，一般为 600～1200HV
	加工强化	几乎没有
	加工性	冷压延性达 30%
	耐疲劳性	比晶体金属差
	韧性	大
磁学性能	导磁性	可与 Supermalloy（铁镍钼超级导磁合金）相匹敌
	磁致伸缩	与晶体金属相同
电学性能	电阻	为晶体金属的 2～3 倍
	温度变化	霍尔系数温度变化小
其他	密度	比晶体金属约小 1%
	耐腐蚀性	比不锈钢高

金属玻璃可以理解为液体金属通过超急冷而凝固。金属玻璃微观结构的基本特征是原子在空间的排列是长程无序而短程有序。常见的制造金属玻璃的方法可分为三类：①液体金属超急冷凝固法。如液体金属通过高速转动的抛光紫铜辊形成非晶薄带或丝，以及激光表面快速熔凝和电子束表面快速熔凝等；②金属通过稀释态凝聚形成非晶。如通过激光、辉光放电、电解等手段沉积形成非晶；③通过离子注入、粉末冶金、高温爆炸冲击以及固态反应等，直接由固态晶体形成非晶。几种金属材料形成非晶的临界冷却速度见表 9-5。

因此，从广义看，凡是以激光为手段而获得金属玻璃的方法，如激光气相沉积法和激光溅射沉积法等均可称激光非晶化。狭义的激光非晶化是指将激光作用于材料，使材料表面薄层熔化，同时在熔体与基体之间保持极高的温度梯度。以确保液体金属以大于一定的临界速度急冷到某特征温度以下，抑制晶体形核和生长，从而获得非晶态金属。

表 9-5　几种金属材料形成非晶的临界冷却速度 L_c

材料	纯铝	钢	$Fe_{83}B_{17}$	$Fe_{40}Ni_{40}P_{14}B_6$	$Cu_{50}Zr_{50}$	$Ni_{60}Nb_{40}$
$L_c/(K/s)$	$>10^{10}$	10^8	10^6	$10^{5\sim6}$	10^4	10^2

与其他非晶化方法比较，激光非晶化可望在工件表面大面积地形成非晶层，而且形成非晶的成分也可扩大，因此近年来国内外有关文献报道较多。20 世纪 70 年代末随着高功率连续 CO_2 激光器的商品化，人们开始了连续激光非晶化的研究，以实现高覆盖率和较大面积的非晶层。

总的看来，目前的激光非晶化工艺过程主要是在大气环境下进行选区加工得到非晶态，与其他传统非晶化工艺比较，选区加工非晶化的临界冷却速度远高于常规法临界冷速，因而形成非晶的难度极大。激光非晶化一般只能得到微区非晶，而多道搭接区存在加热晶化的问题，往往难以获得大面积非晶，所以要获得实用化的大面积非晶仍需进行深入的研究。

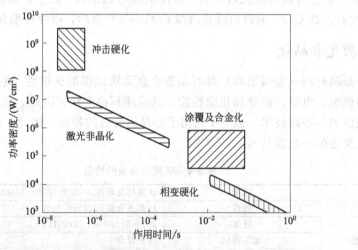

图 9-4　不同激光表面处理方法的功率密度和作用时间

激光表面处理的特点，根据方法不同各有独到之处，其共性为：激光功率密度大，用激光束强化金属加热速度快（$10^5\sim10^9$℃/s），基体自冷速度高（$>10^4$℃/s）；输入热量少，工件处理后的热变形很小；可以局部加热，只加热必要部分；加热不受外界磁场的影响；能精确控制加工条件，可以实现在线加工，也易于与计算机连接，实现自动化操作。图 9-4 表示不同激光表面处理方法在激光功率密度和作用时间坐标系中所处的位置，这些过程在很大程度上取决于功率密度和辐照时间。

9.3 电子束表面处理技术

9.3.1 电子束表面处理的原理

高速运动的电子具有波的性质。当高速电子束照射到金属表面时，电子能深入金属表面一定深度，与基体金属的原子核及电子发生相互作用。由于与核的质量差别极大，电子与原子核的碰撞可看作弹性碰撞，因此，能量传递主要是通过电子束与金属表层电子碰撞而完成的，所传递的能量立即以热的形式传与金属表层原子，从而使被处理金属的表层温度迅速升高。这与激光加热有所不同，激光加热时被处理金属表面吸收光子能量，激光光束穿过金属表面。电子束加热时，其入射电子束的动能大约有 75% 可以直接转化为热能；而激光束加热时，其入射光子的能量大约仅有 1%～8% 可被金属表面直接吸收而转化为热能，其余部分基本上被完全反射掉了，因此，这两种能束的加热工艺存在很大的差别。目前，电子束加速电压达 125kV，输出功率达 150kW，能量密度达 $10^3MW/m^2$，这是激光器无法比拟的。因此，电子束加热的深度和尺寸比激光大。图 9-5 是高真空电子束热处理机理示意图。

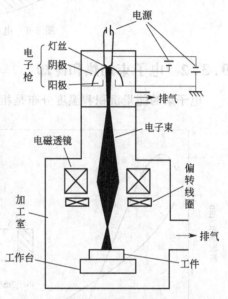

图 9-5　高真空电子束热处理机理示意图

图 9-6 是电子束与金属表面的交互作用示意图。电子束射到材料表面会与材料的原子核及电子发生交互作用。由于与核的质量差别极大，两者的碰撞基本上属于弹性碰撞，因此能量传递主要是通过与基体的电子碰撞实现的。与激光辐照情况相似，传递给电子的能量立即以热能形式传给了点阵原子。由于照射过程很短，加热过程可以近似认为是准绝热的，因此热导效应可忽略不计，温度分布遵从材料内部的电子耗散曲线。在加热阶段，用能量耗散深度控制温升。

电子与固体的作用可以分为散射和吸收两大类。电子受原子中原子核及其周围形成的电场（即库仑场）的散射。当一束动能为 eU_B 的电子束轰击在固体表面时，以各种物理过程来传递其动能，如图 9-6 所示。

当电子束轰击金属表面时，电子束的动能的 75% 转化为热能，大约 25% 的动能转化为电子背散射过程。一方面，X 射线、二次电子、热电子所引起的动能相对损失极少，不到 1%；另一方面，热辐射所占的动能比例亦低于 1%。

用激光照射时，均匀介质最大能量沉淀发生在表面，而且吸收和反射对表面结构极为敏感。而用电子束照射时，能量沉积仅依赖于入射能量，并与靶材原子序数有关。

改变电子束的入射角，沉积能量也会随之改变。随着入射角的减少，沉积能量峰值向表面移动。例如：对于 Si 靶，当入射角为 30° 时，最大能量损耗值出现在样品表面，而且入射角越小，能量损耗越大，入射角为 15° 时损耗 47%，而入射角为 90° 时仅损耗 8%。

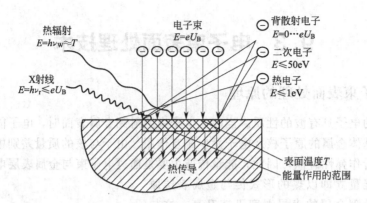

图 9-6　电子束与金属表面的交互作用

9.3.2　电子束加热和冷却

电子束的能量沉积和温度分布是相对应的。如在 Si 中当电子束的入射角小于 30°时，最高温度产生于表面，入射角越小表面温度越高。电子束辐照和激光束辐照的主要区别在于最高温度时的深度和最小熔化层厚度的不同。电子束照射时，熔化层至少几微米厚，这会影响冷却时固-液界面推进的速率，在冷却阶段，温度分布大体与激光辐照结果相似，但在加热阶段相差很大。电子束能量沉积范围较激光辐照大，而且约有 1/2 电子作用区几乎同时熔化。液相温度较激光辐照时低，因而温度梯度较小；而激光加热温度梯度较高且能保持较长的时间。

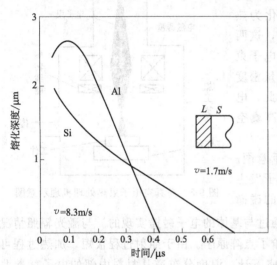

图 9-7　用电子束辐照 Si 和 Al 的
熔化深度随时间的变化

图 9-7 是用电子束辐照 Si 和 Al 的熔化深度随时间的变化，能量沉积对两种材料几乎是相同的，但熔层厚度不同。图中的电子束脉冲能量为 1.5J/cm^2，50ns，20keV。由计算可得：Si 的熔层约 $1.7\mu\text{m}$，Al 的熔层为 $2.6\mu\text{m}$；Si 的固液界面推进速度平均为 1.7m/s，Al 的 8.3m/s。速率的明显差别是由于 Al 具有高的热导率，Si 具有高的熔化潜热所致。

9.3.3　电子束表面处理

(1) 电子束表面处理方法

电子束在真空条件下可以像激光束技术一样用于材料表面改性处理，工艺与激光表面处理类似，包括：①电子束淬火，即利用钢铁材料的马氏体相变进行表面强化，这在美国 20 世纪 70 年代中期就被用于生产；②电子束表面合金化，如果提高电子束功率，材料表面就会发生熔化，若在熔池中添加合金元素即可进行电子束合金化；③电子束覆层，基材不熔化而形成另一种材料的薄层；④制造非晶态层，使熔化的表面层激冷而获得薄的微晶或非晶态层。此外，电子束蒸镀、溅射也应属于电子束的处理范畴。

(2) 电子束表面处理的特点

原则上说电子束表面处理与激光束处理有大致相同的特点，但在以下几个方面两者又有差异：

① 能量利用率　金属对激光吸收率很低，而对电子束吸收率非常高，甚至可达99%，后者可获得更高密度的能量沉积。电子束功率可比激光大一个数量级。

② 能量透入深度　激光的透入深度很小，一般为 $0.1\mu m$，而电子束透入深度大得多，一般为 $10\mu m$。对常用的 $60\sim150keV$ 能量来说，钢的透入深度为 $10\sim40\mu m$。因此激光为表面型热源，电子束为次表面热源。

③ 气氛　激光是在大气条件下进行，方便；电子束是在真空条件下进行，工件尺寸受限，但可防止氧化。

④ 对焦　激光的焦点是固定的，对焦必须移动工件；电子束对焦通过调节聚束透镜的电流即可，很方便。

⑤ 束流偏转　激光必须更换反射镜，电子束可通过电流任意控制。

⑥ 设备运转成本　激光束要比电子束高10倍左右。

(3) 电子束表面处理的应用

目前在国内外主要用电子束淬火，淬火件的类型有：V形件，如导轨的底板；空心件，如缸套；转动轴件；阀门密封面；精密齿轮表面；工模具以及某些特殊零件。以下为几个电子束表面处理的应用实例。

① 汽车离合器凸轮电子束表面处理。汽车离合器凸轮由 SAE5060 钢（美国结构钢）制成，有8个沟槽需要硬化处理。沟槽深度为 1.5mm，要求硬度为 58HRC，采用 42kW 六工位电子束装置处理，每次处理3个，一次循环时间为 42s，每小时可处理 255件。

② 用含 Cr 4.0%、Mo 4.0%（质量分数）的美国 50 钢所制造的轴承圈容易在工作条件下产生疲劳裂纹而导致突然断裂。采用电子束进行表面相变硬化后，在轴承旋转接触面上得到 0.76mm 的淬硬层，有效地防止了疲劳裂纹的产生和扩散。

③ 汽车用转缸式发动机中振动最厉害的顶部密封件的制造，采用了电子束熔融处理。把滑动面用电子束熔化约 3mm 深，由于急冷，可以得到比任何铸件都细的渗碳体组织。

9.4　离子束表面处理技术

离子束和电子束基本相似，也是在真空条件下将离子源产生的离子束经过加速、聚焦，使之作用在材料表面。但与电子束有所不同的是，除离子与负电子的电荷相反带正电荷外，主要是离子的质量比电子要大千万倍。由于质量较大，故在同样的电场中加速较慢，速度较低；但一旦加速到较高速度时，离子束比电子束具有更大的能量。高速电子在撞击材料时，质量小速度大，动能几乎全部转化为热能，使材料局部熔化、气化，它主要是通过热效应完成。而离子由于本身质量较大、惯性大，撞击材料时产生了溅射效应和注入效应，引起变形、分离等机械作用和向基体材料扩散、形成化合物产生复合、激活等化学作用。这种处理称为离子束表面处理或离子注入。

9.4.1　离子束表面处理原理

(1) 离子束表面处理基本原理

离子束表面处理的基本原理就是：在离子注入机中把各种所需的离子（如 N^+、C^+、

O^+、Cr^+、Ni^+、Ti^+、Ag^+等金属或非金属离子）加速成具有几万甚至百万电子伏特能量的载能束，并注入金属固体材料的表面层。离子注入将引起材料表层的成分和结构的变化，以及原子环境和电子组态等微观状态的扰动，由此导致材料的各种物理、化学或力学性能发生变化，达到表面改质的目的。对于不同的材料，注入不同的离子，在不同的条件下，可以获得不同的改性效果。

高能离子进入工件表面后，与工件内原子和电子发生一系列碰撞，这一系列的碰撞包括三个独立的过程。

① 电子碰撞荷能离子进入工件后，与工件内围绕原子核运动的电子或原子间运动的电子非弹性碰撞。其结果可能引起离子激发原子中的电子或原子获得电子、电离或 X 射线发射等。

② 核碰撞荷能离子与工件原子核弹性碰撞（又称核阻止），碰撞的结果是使工件中产生的离子大角度散射和晶体中产生辐射损伤等。

③ 离子与工件内原子做电荷交换无论哪种碰撞都会损失离子自身能量，离子经过多次碰撞后，能量耗尽而停止运动，并作为一种杂质原子留在工件材料中。离子这种能量衰减的过程就是金属基体中能量传递和离子沉积的过程，衰减区实际上就是离子注入深度。用于表面改性的离子注入能量范围通常是 $35 \sim 200 keV$，相应的离子注入深度为 $0.01 \sim 0.5 \mu m$。离子注入深度是离子能量和质量以及基体原子质量的函数。一般情况下，离子能量愈高，注入愈深；离子愈轻或基体原子愈轻，注入愈深。

离子进入固体后，对固体表面性能发生的作用除离子挤入固体内的化学作用之外，还有辐射损伤（离子轰击所产生的晶体缺陷）和离子溅射作用，这些在材料改性中都有重要的意义。

(2) 离子束表面处理改性机理

离子注入金属后能显著地提高其表面硬度、耐磨性、抗蚀性等，基本机理如下：

① 损伤强化作用　具有高能量的离子注入金属表面后，将和基体金属离子发生碰撞，从而使晶格大量损伤。例如：若碰撞传递给晶格原子的能量大于晶格原子的结合能时，将使其发生移位，形成空位-间隙原子对。若移位原子获得的能量足够大，它又可撞击其他晶格原子，直到能量最后耗尽。一系列的碰撞级联过程，在被撞击的表面层内部产生强辐射损伤区。严重的辐射损伤可使金属表面原子构造从长程有序变为短程有序，甚至形成非晶态，使性能发生大幅度改变。所产生的大量空位在注入热效应作用下会集结在位错周围，对位错产生钉扎作用而把该区强化。

② 注入掺杂强化　像 N、B 等注入元素，它们被注入金属后，会与金属形成 γ'-Fe_4N、ε-Fe_3N、CrN、TiN 等氮化物，Be_6B、Be_2B 等硼化物呈点状嵌于材料中，构成硬质合金弥散相，使基体强化。

③ 喷丸强化作用　高速离子轰击基体表面，也有类似于喷丸强化的冷加工硬化作用。离子注入处理能把 $20\% \sim 50\%$ 的材料加入近表面区，使表面成为压缩状态。这种压缩应力能起到填实表面裂纹和降低微粒从表面上剥落的作用，从而提高抗磨损能力。

④ 增强氧化膜、提高润滑性离子注入　会促进黏附性表面氧化物的生长，其原因是辐射温度与辐射本身对扩散的促进作用。该类氧化膜可显著降低摩擦系数，例如，用 N^+ 注于 Ti_6Al_4V 钛合金中，可使磨损速率下降 $2 \sim 3$ 个数量级。

(3) 离子注入的特点

离子注入技术与现有的气相沉积、等离子喷涂、电子束和激光束热处理等表面处理工艺不同，其主要特点有：

① 离子注入最重要的优点是可注入任何元素。离子注入的注入离子能量很高，可以高出热平衡能量的 $2\sim3$ 个数量级，是一个非热平衡过程，不受固溶度和扩散的经典热力学参数的限制。离子注入的元素种类不受冶金学的限制，注入的浓度也不受平衡相图的限制。原则上讲，周期表上的任何元素，都可注入任何基体材料。因此，可以获得不同于平衡结构的特殊物质和新的非平衡状态物质，在开发新的材料上，是一种非常独特的好方法。

② 注入元素的种类、能量、剂量均可选择，重复性好。通过监控监测注入电荷的数量，可控制注入元素的精确量；通过改变离子源和加速器的能量，可调整离子注入深度和分布；通过扫描机构，不仅可在大面积上实现均匀化，而且还可以在小范围内进行局部的材料表面改性。

③ 离子注入处理可保证工件尺寸精度。离子注入时，靶温可控制在低温、室温和高温。整个过程均在真空中完成，加工后的工件表面无形变、无氧化和脱碳现象，能保持原有尺寸精度和表面粗糙度，特别适于高精密部件的最后工艺。在某些情况下，由于溅射效应，工件的表面粗糙度还会有一定程度的改善。

④ 离子注入层相对于基体材料没有边缘清晰的界面，因此表面不存在黏附破裂或剥落问题，与基体结合牢固。

⑤ 离子注入控制电参量，故易于精确控制注入离子的浓度分布，此分布也可以通过改变注入能量加以控制。

⑥ 可有选择地改变基体材料的表面能量（湿润性），并在表面内形成压应力。

从目前的技术进展和发展水平看，离子注入也存在以下一些缺点：

① 离子注入设备昂贵，成本较高，故目前主要用于重要的精密关键部件。

② 注入层薄，一般小于 $1\mu m$，如金属离子注入钢中，一般仅几十到二三百纳米，这就限制了它的应用范围。

③ 离子注入不能用来处理具有复杂凹腔表面的零件。这是因为离子注入只能沿直线行进，不能绕行（全方位离子注入除外）。

④ 离子注入零件要在真空室中处理，受到真空室尺寸的限制。

⑤ 对金属离子的注入，还受到较大的局限。这是因为金属的熔点一般较高，注入离子繁多，组织机构、成分复杂，注入能量高，难于气化等特殊难题。

9.4.2 离子束表面处理设备

图 9-8 是离子注入装置原理示意图。将选定的某种元素的原子在离子源 1 中电离成离子。然后经引出电极，进入加速系统 2。经过离子加速器的作用，即在 $10\sim500kV$ 高压的作用下，使每个离子得到能量 qV。通过选分系统 3 将能量为 qV 的不同质量的离子偏转不同的角度，从中选分出特定质量/电荷比的离子。分选出的离子再经过聚焦磁场 4（即聚焦透镜）和扫描磁场（扫描系统）5 进入工作室，轰击工件表面，并注入工件 6 中。离子进入工件表面后，与工件内原子和电子发生一系列碰撞，能量损失，从而作为一种杂质原子留在金属材料中。一般来说，离子能量愈高，离子注入深度愈深；离子愈轻或基体原子愈轻，则注入深度愈大。离子进入固体后对固体表面性能发生的作用除了离子挤入固体内的化学作用外，还有辐射损伤（离子轰击产生晶体缺陷）和离子溅射作用，它们在离子束表面处理中都有重要的意义。

离子束实际上是一种带正电的离子，其性质在某些方面类似于电子，例如可以借用电场

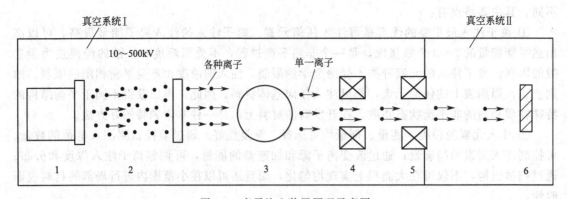

图 9-8　离子注入装置原理示意图

1—离子源；2—离子加速器系统；3—选分系统；4—聚焦磁场；5—扫描磁场；6—工件

力或磁场力的作用使其聚焦或改变运动轨迹。离子束加工所用的各种元素的离子，一般都可以通过气体放电而产生。气体放电时，电子与气体原子发生碰撞而使其电离，从而得到等离子体。从宏观上看，等离子体表现出电中性。因而，只要采用一个相对于等离子体为负电位的电极，就可以从等离子体中引出正离子，并使其加速运动，获得足够动能。

为了减少离子束流在沿着预定的路径前进中不与其他物质发生碰撞，形成传输损失，从形成离子到作用在工件上的全过程中，整个系统都必须保持真空状态。其真空度要求至少为 $1.33 \times 10^{-3} \sim 1.33 \times 10^{-5}$ Pa。

任何离子束设备的关键部位都是离子源。而离子源的关键是要能够提供均匀的高密度的等离子体，这可以通过两种途径来实现。

① 金属材料，如 Cr

$$Cr \xrightarrow{加热} Cr(固) \xrightarrow{电离} Cr^+ (等离子体)$$

② 气体材料，如 N_2

$$N_2 \xrightarrow{电离} N^+ (等离子体) + N^{2+} (等离子体)$$

如何使气体放电电离并能持续进行，是离子源能否正常工作的关键。气体放电有许多类型，常用的方式主要包括：高频放电型、电子振荡型、低电压光放电型、双等离子电弧放电型。

根据不同的分类方法，离子注入设备（即离子注入机）可分成多种类型。

① 按能量大小分：低能注入机（5~50keV）、中能注入机（50~200keV）、高能注入机（0.3~5MeV）。

② 按束流强度大小分：低束流、中束流（几微安到几毫安）和强束流（几毫安到几十毫安）。强束流注入机适用于金属离子注入。

③ 按束流状态分：稳流注入机和脉冲注入机。

④ 按类型分：质量分析注入机（与半导体工业用注入机基本相同，能注入任何元素），工业用氮注入机（只能产生气体束流，几乎只出氮），等离子源离子注入机（主要是从注入靶室中的等离子体产生离子束）。

9.4.3　离子束表面处理技术的应用

从材料现代表面处理技术来看，离子束表面处理技术是一种能精确控制材料表面和界面特性的有效方法，已广泛地用于宇航尖端零件、重要化工零件、医学矫形件以及模具、刀具和磁头的表面改质，而且作为陶瓷和高分子材料的改性技术也引起人们关注。我国已对多种模具、刃具、人工关节、金刚石拉丝模及磁头等做了离子注入方面的研究，航天、航空和核工程用的精密轴承也相继进行了注入研究，有的已取得了重要成果。

经离子束处理后可大大改善基体的耐磨性、耐蚀性、耐疲劳性和抗氧化性。如在钢表面上进行 Cr^+ 的注入可以显著提高钢的抗腐蚀性，B^+ 和 N^+ 的注入有助于降低钢在酸性和酸性氯化物介质中的腐蚀速率。有的钢铁材料经离子束表面处理后耐磨性可提高 100 倍以上。例如用作人工关节的钛合金 Ti_6Al_4V 耐磨性差，用离子束处理注入 N^+ 后，耐磨性提高 1000 倍，生物性能也得到改善。铝、不锈钢中注入 He^+、钢中注入 B^+、He^+、Al^+ 和 Cr^+，耐大气腐蚀性均明显提高。铂离子注入钛合金涡轮叶片中，在模拟高温发动机运行条件下进行试验，疲劳寿命提高 100 倍以上。

第 10 章

处理层表面分析和性能测试

表面分析和性能测试在表面处理技术中有着重要的意义。对表面结构的表征和对材料表面性能的测试是表面工程的重要组成部分。在工程技术上，正确客观地评价各种技术形成的表面层（包括涂层、镀层、薄膜等），对保证产品质量、分析产品失效原因是必要和重要的。一方面不仅可以通过技术的改进和创新来获得性能优异的表面层；另一方面可以对所得的材料进行性能预测，对正在服役的材料出现失效的原因进行准确的分析。因此掌握各种表面分析方法和性能测试技术并正确应用非常重要。

材料分析和性能测试方法种类繁多，功能各异。只要正确掌握其原理和功能，并结合需要分析和测试的各种不同表面层的特点，这些分析和测试方法绝大多数均可在表面技术中得到应用。当然也要不断促使人们学习新技术，掌握新方法，更好地利用科技发展带来的良好条件，与时俱进地将先进技术用于工作实践中，推进表面科学技术的全面发展。本章主要介绍表面分析和性能测试的类别、特点和功能，然后介绍重要的表面层质量测试分析。

10.1 表面分析

10.1.1 概述

通常所说的表面分析属于表面物理和表面化学的范畴。要全面阐述固体材料的表面形态，需从宏观到微观逐层次对表面进行分析研究，来阐明和利用各种表面性质，包括各种表面形貌、表面层显微组织结构、表面层的晶体结构、表面层的化学成分和成分分布、表面层原子态和表面的电子态等的分析。这些分析对表面的研究、设计、制造和应用都是极其重要的。表面分析是以获得固体表面（包括涂层、镀层、薄膜等）成分、组织、结构及表面电子态等信息为目的的实验技术。无论是哪种实验技术，其基本原理都是利用电子束、离子束、光子束或中性离子束作为激发源并作用于被分析试样，再以被试样所反射、散射或辐射释放出来的原子、离子、光子作为信号源，然后用各种检测器（探头）并配合一系列精密的电子仪器来收集、处理和分析这些信号源，从而获得有关试样表面特性的信息。

目前表面分析仪器主要有三大类：第一类是通过放大成像以观察表面形貌为主要用途的仪器，统称为显微镜；第二类是通过不同的发射谱以分析表面成分、结构为主要用途的仪器；第三类是显微镜与分析谱仪的组合仪器，这类仪器主要是将分析谱仪作为显微镜的一个组成部分，在获得高分辨率图像的同时还可获得材料表面结构和成分的信息，比如有的仪器可以观察和记录表面的变化过程。就分析内容而言，有时采用不同的技术对同一内容进行分析，以相互印证分析结果的可靠性，特别是在表面成分的定量分析上往往如此。就分析方法而言，有时采用一种方法可以得到表面层的多方面的信息，如采用配有电子能量损失谱的高分辨透射电子显微镜就可以得到样品显微组织、晶体结构及其各微区的化学成分和相组成的多种信息。使用者不仅需要知道探测组织的特点，如表面层的大致化学组成、厚度和其微观可能的结构等，还需要了解各种检测仪器和分析方法自身的缺点和局限性。

10.1.2　表面分析的分类

根据表面性能的特征和所要获取的表面信息的类别，表面分析可分为：表面形貌分析、表面成分分析、表面结构分析、表面电子态分析和表面原子态分析等几个方面，前三种在工程上应用是最多的。

(1) 表面形貌分析

材料、构件、零部件和元器件在经历各种加工处理或者使用一段时间后，其表面或表层的几何轮廓及显微组织会有一定的变化，可以用肉眼、放大镜和显微镜来观察分析加工处理的质量以及失效的原因。根据不同需要设计而成的各种不同原理的显微镜，具有不同的分辨率，适应各种不同的要求。显微镜发展迅速，种类多样，目前一些显微镜，如扫描隧道显微镜（STM）、原子力显微镜（AFM）和高分辨率电子显微镜（HRTEM）等，已达到原子分辨能力，可直接在显微镜下观察到表面原子排列。这样不但能获得表面形貌的信息，而且可以进行内部微观结构的分析。表 10-1 列出了最常用的显微镜及其功能特点。

表 10-1　常用显微镜及其功能特点

序号	中文名称	英文名称	检测信号	分辨率	样品	功能
1	光学显微镜	Optical Microscope (OM)	光束	$0.2\mu m$	固体和液体	①显微组织观察；②高倍光学显微镜可观察微组织随温度的变化
2	激光扫描共聚焦显微镜	Laser Scanning Confocal Microscope(LSCFM)	激光束	$0.12\mu m$	固体和液体	①表面的形貌分析；②反、透射率图像分析；③三维层析图像；④可用来进行维系加工等
3	扫描电子显微镜	Scanning Electron Microscope(SEM)	二次电子、背散射电子、吸收电子	$3\sim6nm$	固体	①形貌立体观察和分析（显微组织、晶体缺陷）；②相组织的鉴定和观察，放大倍数连续可变，能实时跟踪动态观察；③晶体结构分析；④成分分析（配附件EPMA或EDS）

序号	中文名称	英文名称	检测信号	分辨率	样品	功能
4	透射电子显微镜	Transmission Electron Microscope(TEM)	透射电子和吸收电子	0.2~0.3nm	薄膜和复型膜	①形貌分析(显微组织、晶体缺陷);②晶体结构分析;③成分分析(配附件EPMA或ELLS)
5	扫描隧道显微镜	Scanning Tunneling Microscope(STM)	隧道电流	0.1nm	固体(具有一定的导电性)	①表面形貌和结构分析(表面三维成像);②表面力学行为、表面物理与化学研究
6	原子力显微镜	Atomic Force Microscope(AFM)	隧道电流	0.1nm	固体和液体	①表面形貌和结构分析(表面三维成像);②表面原子间力与表面力学性质测定
7	场发射显微镜	Field Emission Microscope(FEM)	场发射电子	2nm	针尖状电极	①晶面的结构分析;②晶面吸附、脱附和扩散能分析

(2) 表面成分分析

表面成分分析内容包括测定表面的元素组成、表面元素的化学态及元素沿表面横向分布和纵向深度分布等。分析方法的选择应考虑测定元素的范围、检测的灵敏度、能否判断元素的化学态、能否进行横向分布与深度剖析以及能否对元素进行定量分析等。同时探测时对表面的破坏性以及试样完整性等也应加以考虑。目前已有许多物理、化学和物理化学分析方法可以测定材料的成分。例如利用各种物质特征吸收光谱,以及利用各种物质特征发射光谱的发射光谱分析,都能正确、快速分析材料的成分,尤其是微量元素。如 X 射线荧光分析,是利用 X 射线的能量轰击样品,产生波长大于入射线波长的特征 X 射线,再经分光作为定量或定性分析的依据;这种分析方法速度快、准确,对样品没有破坏,适宜于分析含量较高的元素。但是这些方法一般不能用来分析材料量少、尺寸小而又不宜做破坏性分析的样品,因此通常也难于做表面成分分析。

如果分析的表层厚度为 $1\mu m$ 的数量级,那么这种分析称为微区分析。电子探针微区分析(EPMA)是经常采用的微区分析方法之一。在现代表面分析技术中,通常把一个或几个原子厚度的表面才称为"表面",而厚一些的表面称为"表层"。但是许多实用表面技术所涉及的表面厚度通常为微米级,因此本书谈到的"表面分析"实际包括表面和表层两部分。

对于一个或几个原子厚度的表面成分分析,需要更先进的分析谱仪即利用各种探针激发源(入射粒子)与材料表面物质相互作用以产生各种发射谱(出射粒子),然后进行记录、处理和分析。主要方法有俄歇电子能谱(AES),X 射线光电子谱(XPS),次级中性粒子质谱(SNMS)等(见表 10-2)。

表 10-2　常用分析谱仪名称及功能特点

序号	中文名称	英文名称	激发源	信号源	功能
1	低能电子衍射	Low Energy Electron Diffraction (LEED)	电子	电子	分析表面原子排列结构;研究界面反应及其他反应
2	反射式高能电子衍射	Reflective High Energy Electron Diffraction(RHEED)	电子	电子	分析表面结构;研究表面吸附和其他反应
3	俄歇电子能谱	Auger Electron Spectroscopy(AES)	电子	电子	分析表面成分;能分析除 H、He 外的所有元素;还可用来研究许多反应

序号	中文名称	英文名称	激发源	信号源	功能
4	电子能量损失谱	Electron Energy Loss Spectroscopy (EELS)	电子	电子	分析表面成分;研究元素的化学状态和表面原子排列结构;常与透射电镜配合使用
5	电子探针 X 射线显微分析	Electron Probe Micro Analysis of X-ray(EPMA)	电子	光子	表面成分分析;常与扫描电镜或透射电镜配合使用
6	卢瑟福背散射谱	Rutherford Backscattering Spectroscopy(RBS)	离子	离子	分析表面成分和进行深度剖析;只适用于对轻基质中重杂质元素的分析
7	离子散射谱	Ion Scattering Spectrography(ISS)	离子	离子	分析表面成分;具有只检测最外层原子的表面灵敏度;尤其适用于研究合金表面偏析和吸附等现象
8	X 射线光电子谱	X-ray Photoemission Spectroscopy (XPS)	光子	电子	表面成分和表面电子结构分析
9	紫外线光电子谱	Ultra-violet Photoemission Spectroscopy(UPS)	光子	电子	表面成分和表面电子结构分析
10	红外吸收谱	Infra-red Spectrography(IR)	光子	光子	分析表面成分;研究表面原子振动
11	拉曼散射谱	Raman Scattering Spectroscopy(RAMAN)	光子	光子	分析表面成分;研究表面原子振动
12	次级中性粒子质谱	Secondary Neutral Mass Spectrometry (SNMS)	离子	中性粒子	分析表面成分和进行深度剖析
13	X 射线衍射	X-Ray Diffraction(XRD)	光子	光子	材料的物相和晶体结构分析

用分析谱仪检测信号源的能量、动量、荷质比、束流强度等特征,或信号源的频率、方向、强度以及偏振等情况,就可以得到有关表面的信息。这些信息除了能用来分析表面元素组成、化学态以及元素在表面的横向分布和纵向分布等表面成分的功能外,还有分析表面原子排列结构、表面原子动态和受激态、表面电子结构等功能。

(3) 表面结构分析

固体表面的结构分析主要是探知表面晶体的原子排列、晶体大小、晶体取向、结晶的对称性以及原子在晶胞中的位置等晶体结构的信息。此外,外来原子在表面的吸附、化学反应、偏析和扩散等也会引起表面结构的变化,诸如吸附原子的位置、吸附模式等也是表面结构分析的内容。

表面原子或分子的排列情况与体内不一。与块状材料的结构分析相比较,表面的结构分析主要在于它们有较薄的厚度及其依附基体存在的特点。对于一些较厚的表面层,如堆焊层、较厚的热喷涂层等,它们的结构分析基本上可按块体材料的分析方法进行。而对厚度仅为微米量级甚至更薄的表面层如薄膜和离子注入层的结构分析,就需要采用一些特殊的手段和方法。

表面结构的分析目前仍以衍射方法为主,常采用 X 射线衍射和中子衍射等方法来测定晶体结构。X 射线和中子的穿透材料的能力较强,分别达到几百微米和毫米的数量级,并且它们是中性的,不能用电磁场来聚焦,分析区域为毫米数量级,难以获得来自表面的信息。电子与 X 射线、中子不同,它与表面物质作用强,而穿透能力弱,一般为 $0.1\mu m$ 数量级,并且可以用电磁场来聚焦,因此电子衍射法经常被用作微观表面结构分析,例如对材料表面氧化、吸附、沾污以及其他各种反应物进行鉴定和结构分析。利用电子衍射效应进行表面分析和结构分析的谱仪较多,如表 10-2 所列的低能电子衍射(LEED)和反射式高能电子衍射

（RHEED），还有反射电子衍射（RED）、电子通道花样（ECP）、电子背散射花样、X射线柯赛尔花样（XKP）等。

除了利用电子衍射效应，其他一些如离子散射谱（ISS）、卢瑟福背散射谱（RBS）、表面增强拉曼光谱（SERS）、表面灵敏扩展X射线吸收细微结构（SEXAFS）、角分解光电子能谱（ARPES）、分子束散射谱（MBS）等，均可用来直接或间接进行表面结构分析。

随着显微技术的日益进步，一些高分辨率的电子显微镜、场离子显微镜（FIM）和扫描隧道显微镜（STM）等已具备原子分辨能力，可以直接观察原子排列，可直接进行真实晶格分析。

（4）表面电子态分析

固体表面由于原子的周期排列在垂直于表面方向上终结以及表面缺陷和外来杂质的影响，造成表面的电子能级分布和固体体内不同。特别是表面几个原子层内存在一些局域的电子附加能态，称为表面态，对材料的电学、磁学、光学等性质以及催化和化学反应都起着重要的作用。

目前半导体制备技术已经达到很高的水平，可以制备出纯度和完整度非常高的半导体材料，体内杂质和缺陷极少，因此半导体的表面态是比较容易检测的。玻璃、金属氧化物和一些卤化物禁带中有电子、空穴和各种色心等引起的附加能级，表面态不容易从这些附加能级中区分出来。金属没有禁带，而体内在费米（Fermi）能级处的能级密度很高，表面态也难以区分。虽然金属和绝缘体材料的表面检测有困难，但随着分析谱仪技术的发展，这些困难将逐步得到克服。

研究表面电子态的仪器主要有X射线光电子能谱（XPS）和紫外线光电子能谱（UPS）。X射线光电子能谱测定的是被光辐射激发的轨道电子，是现有表面分析方法中能直接提供轨道电子结合能的唯一方法；紫外线光电子能谱通过对光电子动能分布的测定，获得表面有关电子的信息。XPS和UPS已广泛用于研究各种气体在金属、半导体及其他固体材料表面上的吸附现象，还用于表面成分分析。此外，用于表面电子态分析的还有离子中和谱（INS）、能量损失谱（ELS）、角分解光电子谱（ARPES）、场电子发射能量分布（FEED）等。

（5）表面原子态分析

表面原子态分析主要是对原子表面或吸附离子的吸附能、振动状态以及它们在表面的扩散运动等能量或势态的分析。通过这些数据的测量可以获得材料表面许多诸如吸附状态、吸附热、吸附动力学、表面原子化学键的性质以及成键方向等信息。表面原子态分析使用的仪器主要有热脱附谱（TDS）、光子和电子诱导脱附谱（EDS和PSD）、红外吸收光谱（IR）和拉曼散射光谱（RAMAN）等。

例如用TDS，通过对已吸附的表面加热，加速已吸附原子的分子脱附，然后测量脱附率在升温过程中的变化，由此可获得有关吸附状态、吸附热、吸附动力学等信息。TDS是目前研究脱附动力学，测定吸附热、表面反应阶数、吸附台数和表面吸附分子浓度使用最为广泛的方法；它与质谱技术结合，还可测定脱附分子的成分。其他分析谱仪，如ESD、PSD等也可用来研究表面原子吸附态。

IR和RAMAN主要测定分子振动谱，利用这些振动谱，通过表面原子振动态的研究可以获得表面分子的键长、键角大小等信息，并可推定分子的立体构型或根据所得的力常数可间接获得化学键的信息。

10.1.3 常用的表面分析仪器

10.1.3.1 电子显微镜

光学显微镜是最常用的分析手段。比如光学金相分析，尽管光学显微镜的最高分辨率仅为 $0.1\sim0.2\mu m$，景深也较短，并且对于大多数试样还需专门进行抛光和浸蚀等制样操作，但由于简便直观的优点，仍在表面层的微结构分析和产品质量控制中成为最常用的手段。

随着科学的发展，光学显微镜已远不能满足现代表面科学与工程发展的需要，因而相继出现了一系列高分辨率的显微分析仪器，有的已达到识别原子尺度水平（约 0.1nm），同时可获得材料表层结构及其他信息。现对几种常用的显微镜分析技术及相关的衍射仪、谱仪等做简要介绍。

(1) 透射电子显微镜（TEM）

透射电子显微镜是应用较广的电子显微镜。它是以较短电子波长的电子束作为照明源，用电磁透镜聚焦成像的一种电子光学仪器。电子穿过电磁透镜和光线穿过光学透镜有着相似的成像规律。其工作原理（图 10-1）是由电子枪发出的电子在阳极加速电压的加速下，经聚光镜（2～3 个磁透镜）后平行射到试样上，穿过试样而被散射的电子束，经物镜、中间镜和投影镜三级放大，最终投影在荧光屏上形成图像。目前，对于一般的透射电子显微镜，当电子被加速到 100keV 时，其波长仅为 0.37nm，为可见光的十万分之一左右，因此用电子束来成像，分辨率大大提高。现在电子显微镜的分辨本领可高达 0.2nm 左右，比光学显微镜提高了近 2000 倍。

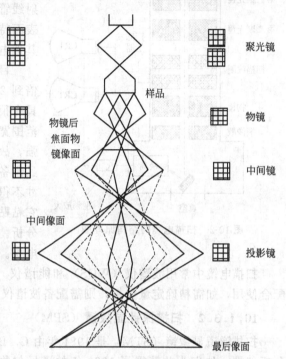

图 10-1　透射电子显微镜的光路原理图

（聚光镜　样品　物镜后焦面物镜像面　物镜　中间镜　中间像面　投影镜　最后像面）

由于透射电镜需利用穿透试样的电子束成像，这就要求试样对入射电子束是"透明"的，试样的厚度要很薄。制备透射电镜的试样十分困难，尤其对于如薄膜类的表面试样。为了得到更多的信息，需要从垂直于表面层的"截面"进行观察和分析，更增加了制样的难度。对于加速电压为 50～100kV 的电子束，样品厚度控制在 100～200nm 为宜；当电压加速到 500～3000kV 时，可观察样品的厚度能提到微米级。

(2) 扫描电子显微镜（SEM）

究竟能看清多大的细节，这不仅和显微镜的分辨率有关，而且还与物体本身的性质有关。对于羊毛纤维、金属端口等，用光学显微镜，因其景深短而无法观察到样品全貌。用透射电镜，因试样必须作得很薄，故也很难观察凸凹不平的物体的细节。扫描电镜则利用一个极细的电子束（直径 7～10nm），在试样表面来回扫描，以试样表面反射的二次电子作为信号，调制显像管荧光屏的亮度，和电视类似，就可逐点逐行地显示出试样表面的图像。

扫描电镜是由电子光学系统，信息收集、处理、显示和记录系统，真空系统三个部分构成。扫描电镜的结构原理如图 10-2 所示。其工作原理是由电子枪发出的电子束，依次经二

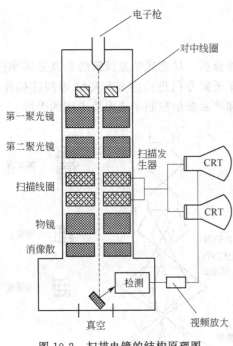

图 10-2 扫描电镜的结构原理图

个或三个电磁透镜的聚焦，最后透射到试样表面一点上。在电子束的轰击下，试样表面被激发而产生各种信息：反射电子、二次电子、阴极发光光子、背散射电子、俄歇电子和特征 X 射线等。利用适当的探测器接受信息，经放大并转换成电压脉冲，再经放大，并用以调节同步扫描的阴极射线管的光束亮度，在荧光屏上构成放大的试样表面特征图像，以此来研究试样的形貌、成分及其他电子效应。

目前，大多数扫描电镜的放大倍数可以从 20 倍到 20 万倍连续可调，分辨本领可达 3～6nm，具有很大的景深，成像富有立体感，且视场调节范围宽，可直接观察样品，对各种检测的适应性强，故是一种实用的分析工具。同时扫描电镜样品制备极其简单方便。对于导体材料，除要求尺寸不得超过仪器的规定范围外，只要用导电胶把它粘贴在铜或铝制的样品座上，放入样品室即可分析。对于电导性差或绝缘的样品，则需喷镀导电层。

扫描电镜中常用波谱仪（WDS）和能谱仪（EDS）进行微区成分分析，通常和能谱仪配合使用，如需精确定量分析，则需配备波谱仪。

10.1.3.2 扫描探针显微镜（SPM）

扫描隧道显微镜（STM）是 1981 年由 G. Binnig 和 H. Rohrer 等发明的一种新型表面分析仪器。他们为此获得了 1986 年的诺贝尔物理奖。1986 年 G. Binnig 等在扫描隧道显微镜的基础上又发明了适用于所有材料（包括绝缘体）的原子力显微镜（AFM）。相对于其他类型的显微镜，扫描隧道显微镜以及后面讲到的原子力显微镜在高分辨率和三维分析方面有着无与伦比的优越性。此后在 STM/AFM 的基础上，又派生出若干种探测表面光学、热学、电学性质的技术和仪器。这类方法的共同特点是采用尺寸极小的显微探针逼近试样，通过反馈回路控制探针在距样品表面纳米量级的位置扫描成像，因而称为扫描探针显微镜（SPM）。以下介绍扫描隧道显微镜和原子力显微镜的基本原理。

(1) 扫描隧道显微镜（STM）

STM（图 10-3）是利用导体针尖与样品之间的隧道电流，并用精密压电晶体控制导体针尖表面扫描，从而能以原子尺度记录样品形貌以及获得原子排列、电子结构等信息。当一个具有原子尺寸的导体接近样品表面（间距小于 1nm）使针尖上的电子波函数与样品表面的电子波函数产生交叠时，加载在针尖和样品间的偏压，将使电子穿过它们之间的势垒形成隧道电流。如保持隧道电流恒定，使针尖在样品表面做光栅式扫描，同步采集探测针尖的运动数据，经计算机处理后在屏幕上显示出来，即

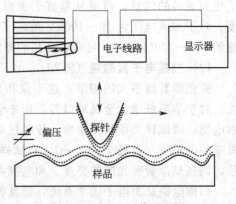

图 10-3 STM 工作原理图

可获得样品表面的三维图像。

STM结构简单、分辨率高，可在真空、大气或液体环境下使用。用来研究各种金属、半导体、生物样品的形貌，也可研究各种表面沉积、表面扩散和徙动，表面粒子成核和生长、吸附和脱附等物理和化学变化的动态过程，为材料表面表征及表面工程制备技术开拓了崭新的领域。

STM也有其局限性，如只能观察表面，不能探测样品的深层信息；对观察的样品必须有一定的导电性，对于绝缘体，由于不能形成隧道电流而无法直接观察。为了克服上述缺点，1986年G. Binnig博士等发明了原子力显微镜（AFM）。AFM不需要加偏压，故适用于所有的材料（包括绝缘体），应用更为广泛。

（2）原子力显微镜（AFM）

为了克服STM的缺点，1986年G. Binnig博士等发明了原子力显微镜（AFM）。AFM不需要加偏压，故适用于所有的材料（包括绝缘体），应用更为广泛。

AFM的原理接近轮廓仪，但采用的是STM技术。AFM是使用一个一端固定而另一端装有针尖的弹性微悬臂来检测样品表面形貌的。当样品在针尖下扫描时，同距离有关的针尖与样品之间微弱的相互作用力，如范德华力、静电力等，就会引起微悬臂的形变，也就是说微悬臂的形变是对样品和针尖相互作用的直接测量。这种相互作用力是随样品表面形貌而变化的。如果用激光束探测微悬臂位移的方法来探测该原子力，就能得到原子分辨力的样品形貌图案。

AFM的核心部件是直径只有10nm的显微探针及压电驱动装置。AFM分为接触模式、非接触模式以及介于这两者之间的轻敲模式。图10-4（a）给出了各种模式在针尖和样品相互作用力曲线中的工作区间。在接触模式中，针尖始终同样品接触，两者相互接触的原子中电子间存在库仑排斥力。虽然它可形成稳定、高分辨率图像，但探针在样品表面上的移动以及针尖与表面间的黏附力，可能使样品产生相当大的变形并对针尖产生损坏，从而在图像数据中产生假象。非接触模式是控制探针在样品表面上方5～20nm距离处的扫描，所检测的范德华力和静电力等对成像样品没有破坏的长程作用力，但分辨率与接触模式相比较低。实际上，由于针尖容易被表面的黏附力所捕获，因而非接触模式很难操作。在轻敲模式中，针尖同样品接触，分辨率几乎和接触模式一样，同时因接触很短暂样品几乎不受破坏。轻敲模式的针尖在接触样品表面时，有足够的振幅（大于

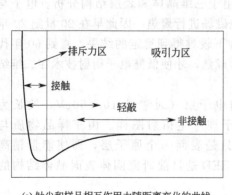

(a) 针尖和样品相互作用力随距离变化的曲线

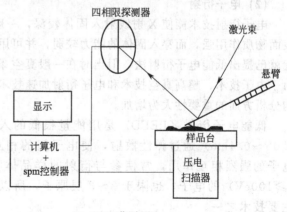

(b) AFM工作原理图

图 10-4　AFM

20nm）来克服针尖与样品之间的黏附力。目前，轻敲模式不仅用于真空、大气的环境中，在液体环境中的应用研究也不断增多。

同时 AFM 能够探测各种类型的力，如磁力显微镜（MFM）、电子显微镜（EFM）、摩擦力显微镜（FFM）、化学力显微镜（CEM）等。AFM 技术已迅速成为表面分析领域最通用的显微方法，并且与电子扫描技术具有同等的重要性。

10.1.3.3　衍射分析方法

目前电镜虽有很高的分辨本领，但最多只能看到一些经特殊制备的试样中的原子与原子晶格平面，而测定晶体结构等通常是采用 X 射线衍射和电子衍射方法。

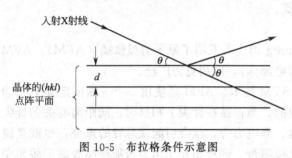

入射X射线

晶体的(hkl)
点阵平面

图 10-5　布拉格条件示意图

(1) X 射线衍射（XRD）

X 射线衍射是基于 X 射线在晶体中的衍射现象，其中布拉格（Bragg）方程（图 10-5）是应用非常方便的衍射几何规律的表达式，它是由英国物理学家布拉格父子于 1912 年首先推导出来的，式（10-1）为其表达式：

$$2d\sin\theta = n\lambda \tag{10-1}$$

式中，d 为晶面距离；λ 为入射光波长；θ 为掠射角（入射线或反射线与反射角的夹角，为半衍射角）；n 为任意整数，称反射级数。

为了达到衍射的目的，常采用以下三种方式：

① 劳埃法　即用一束连续 X 射线以一定的方向射入一个固定不动的单晶体，此时 X 射线的 λ 值是连续变化，许多具有不同 θ 和 d 值的点阵平面都可能有一个相应的 λ 值使之满足布拉格条件；

② 转晶法　即用单一波长的 X 射线射入一个单晶体，射线与某晶轴垂直，并使晶体绕此轴旋转或回摆；

③ 粉末法　它用一束单色 X 射线射向块状或粉末状的多晶试样，因其中小晶体取向各不相同，故有许多小晶粒晶面满足布拉格条件而产生衍射。记录衍射的方法主要有照相法和衍射仪法。用 X 射线分析已知化学组成物质的晶体结构时，可用 X 射线衍射峰的 θ 值，求出晶面间距，对照 ASTM 卡，分析被检测物质的晶体结构。

(2) 电子衍射

电子衍射技术能使 X 射线射入固体较深，一般用于三维晶体和表层结构分析。电子与表面物质作用强，而穿入固体的能力较弱，并可用电磁场进行聚焦，因此早在 20 世纪 20 年代就已提出低能电子衍射法，但当时在一般真空条件下较难得到稳定的结果，直到 60 年代由于电子技术、超高真空技术和电子衍射加速技术的成熟，才使低能电子衍射技术在二维结构分析方面的重要性大为增加。

低能电子衍射（LEED）是用能量很低的入射电子束（通常是 $10\sim50eV$，波长为 $0.05\sim0.4nm$）通过弹性散射，使电子间的相互干涉产生衍射图样。由于样品物质与电子的强烈相互作用，常使参与衍射的样品体积只是表面一个原子层，即使能量稍高（$\geqslant100eV$）的电子，也限于 $2\sim3$ 层原子，所以 LEED 是目前研究固体表面晶体结构的主要技术之一。

低能电子衍射仪如图 10-6 所示，主要由超真空室、电子枪、样品架、栅极和荧光屏组成。整个装置保持在 $1.33\times10^{-8}\,Pa$ 的超高真空水平，电子束经三级聚焦和准直（束斑直径

为 $0.4\sim1\mathrm{mm}$，发散角为 $1°$）照射到样品表面，形成衍射束的电子在栅极 G_1 和荧光屏前被加速，并以很高的能量作用在接收极（荧光屏）上，从窗口可以观察到衍射荧光亮点并可摄取照片。均为网状的 G_2、G_3 极用来排除试样中产生的非弹性散射粒子。在实验过程中样品要处于超高真空状态；样品表面要净化，样品若受到污染则不能反映真实的表面结构。另外，低能电子受到晶体中光子和声子的非弹性散射，衍射束强度一般仅为入射强度的 1% 左右，故实验要做得精细。

LEED 有很多应用，如分析晶体的表面原子排列、气相沉积表面膜的生长、氧化膜的形成、气体的吸附和催化、表面平整度和清洁度、台阶高度和台阶密度等。LEED 能使我们了解表面一些真正的结构和发生的变化。

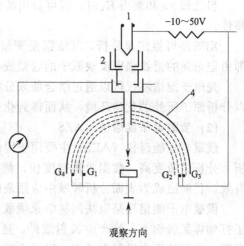

图 10-6　低能电子衍射仪示意图
1—电子阴极枪；2—聚焦杯；3—样品；4—接收极

10.1.3.4　电子谱仪分析方法

对表面成分的分析，最有效的方法之一是 20 世纪 70 年代以来发展起来的电子能谱分析。电子能谱分析是采用电子束或单色光源（如 X 射线、紫外线）去照射样品，对产生的电子能谱进行分析的方法。其中以俄歇电子能谱法（AES）、X 射线光电子能谱法（XPS）及紫外光电子能谱法（UPS）应用最为广泛。它们对样品表面浅层元素的组成一般能给出精确的分析。同时它们还能在动态条件下测量，例如对薄膜形成过程中成分的分布和变化给出较好的探测，使监测制备高质量的薄膜器件成为可能。

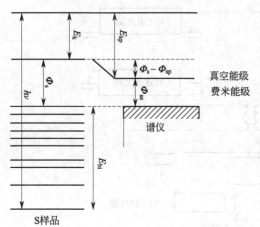

图 10-7　固体中的电子结合能测量

（1）X 射线光电子能谱仪（XPS）

能量 $E=h\nu$ 的光子入射到试样中逐出某元素原子内能级中的电子成为光电子。它的分析是基于爱因斯坦的光电理论。光电子的发射过程如图 10-7 所示。入射光的能量 $h\nu$ 分配于三部分：首先用于克服内层能级的电子结合能 E_{bi}，次为用于克服晶体势场对电子阻挡的势垒，即样品功函数 Φ_s；再就是逸出样品后光电子的动能 E_k。根据光电发射定律，其能量关系式为

$$E_{bi}=h\nu-E_k-\Phi_s \tag{10-2}$$

由于电子的动能 E_k 是通过谱仪的手段测定的，当样品和谱仪共同接地时，它们的费米能级是相等的，于是样品的功函数可由谱仪的功函数代替，而谱仪的功函数一般为常数，只要简单校正后，就可将式(10-2)简化为

$$E_{bi}=h\nu-E_k \tag{10-3}$$

当已知 $h\nu$ 和测得 E_k 时，就可算出结合能 E_{bi}，这种初态能量表征了元素成分和结构的特性。

XPS 还可做定量分析，其依据是测量光电子谱线的强度（在谱线图中谱线峰的面积），即由记录到的谱线强度反映原子的含量或相对浓度。

光电子能谱不仅可以通过结合能来分析成分，而且通过结合能位移（称为化学位移）可以分析原子所处的化学环境，从而得到化合物构成的信息。

（2）俄歇电子能谱仪（AES）

俄歇电子能谱仪（AES）主要用于固体表面几个原子层内的成分、几何结构和价态的分析。分析灵敏度高，数据收集速度快，能测出氦（He）后的所有元素，尤其是对轻元素更有效，目前已成为表面分析领域中应用最广泛的工具之一。

俄歇电子能谱法是以法国科学家俄歇（Auger）发现的俄歇效应为基础而得名。高速电子打到样品表面上，除产生 X 射线外，还激发出俄歇电子等。图 10-8 是俄歇电子谱仪的原理图。电子枪用来发射电子束，以激发试样使之产生包含有俄歇电子的二次电子；电子倍增器用来接收俄歇电子，并将其送到俄歇能量分析器中进行分析；溅射离子枪用来分析试样进行逐层剥离。俄歇电子是一种可以表征元素种类及其化学价态的二次电子。由于俄歇电子穿透能力差，故可用来分析表面 1nm 深处，即几个原子层的成分。如果再配上溅射离子枪，则可对试样进行逐层剥离，从而对样品的成分进行剖面分析。

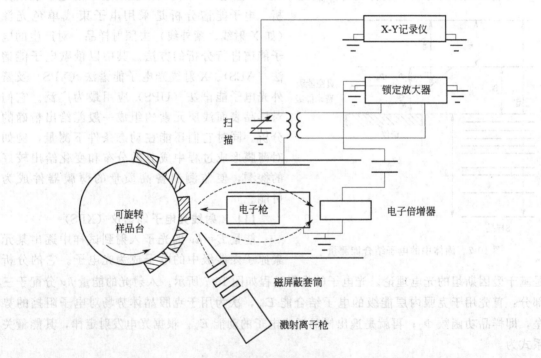

图 10-8　俄歇电子谱仪原理图

此外，表面研究往往需要同时获得表面的多种信息，因而发展了联合谱仪，如俄歇电子能谱（AES）或扫描俄歇电子能谱（SAE）、X 射线光电子能谱（XPS）、紫外线电子能谱（UPS）、低能电子衍射（LEED）、二次离子质谱（SIMS）等六种功能联合谱仪。这样就可进一步扩大 AES 的应用范围，可研究表面成分、表面几何结构和表面电子结构等。

10.2 覆盖层质量测试技术

金属经表面处理得到覆盖层后，首先要用目力进行外观检测。检测项目一般包括覆盖度检测、色泽检测、光泽检测和缺陷检测。

除此之外，还需要对覆盖层进行一定的仪器测试，以确定覆盖层性能达到要求。常见的测试有：厚度测定、结合强度测定、耐蚀性测定、孔隙率测定、硬度测定、内应力测定、镀层延展性的测定、镀层氢脆性测定、抗拉强度和耐磨性测定、可焊性试验、金属镀层表面接触电阻的测试、镀层光亮度的测定、镀层成分分析、显微结构分析等。

10.2.1 覆盖层厚度的测定

厚度是衡量覆盖层质量的重要指标之一。厚度直接影响到工件的表面化学性能（如耐蚀性等）和物理性能（如各种力学性能），从而很大程度上影响产品的可靠性和使用寿命。因此，镀层厚度一直都是一个十分重要的质量标准。

测定厚度的方法很多，通常根据覆盖层是否因测试而破坏可分为无损法和破坏法（表10-3）。

表 10-3 覆盖层厚度测试方法分类

非破坏法	破坏法	非破坏法	破坏法
双光束显微镜法[①]	显微镜（光学）法	β射线反向散射法	溶解法
磁性法	斐索（Fizeau）多光束干涉法[②]		重量剥离和称重法、重量分析法
涡流法	轮廓仪（触针）法[②]		库仑法
X射线光谱法	扫描电子显微镜法		

① 某些应用中可能是破坏的。

② 在某些应用中可能是非破坏的。

常用镀层厚度测定方法用途和原理特点简要列于表10-4。

表 10-4 常用镀层厚度测定方法用途和原理特点

厚度测定方法	分类	用途	原理特点
金相显微镜法	破坏法	绝对误差 $0.8\mu m$，可用作仲裁测定方法	取样、抛光、浸蚀后用金相显微镜测定断面镀层厚度，是标准测试方法；操作较复杂，要求技术熟练
电解法	破坏法	适用于多层或多种镀层的测量，装置廉价，最薄可测 $0.2\sim5.0\mu m$	将一定面积的试样浸泡在适当的电解液中，通恒电流进行阳极电解；根据溶解需要的电量来求算厚度；同时监控电位，可连续测多层镀层
化学溶解法	破坏法	精度不高，用于不具备其他测试手段的车间	将镀层进行化学溶解，根据称量溶解前后质量差值，或者分析溶液成分计算镀层平均厚度
磁性法	无损法	用于钢铁镀锌、镀铬等的现场测定	通过测量磁性测厚仪与磁性基体间的磁引力或磁阻变化，求出镀层厚度；测定对象为磁性基体上的非磁性镀层
涡流法	无损法	用于测定导电基体上非导电覆盖层厚度	涡流测厚仪装有通高频电流的线圈，当靠近导体时产生涡流，通过测定流经线圈电流的变化，间接求算覆盖层厚度
β射线反向散射法	无损法	一般用于印制电路板、插接件等电子产品金属镀层厚度管理	通过测量β射线的穿透量或反向散射量，求出镀层厚度。适用于镀层金属与基体金属原子序数差别较大的情况
X射线光谱法	无损法	用于电子产品贵金属镀层厚度测定	X射线照射后，测定荧光强度，换算出镀层厚度；测定厚度与工件面积可在较大范围内变化
轮廓仪法	无损法	用于工业镀铬的现场测定	用轮廓仪测定电镀前后的尺寸差，求出镀层厚度

面对上述诸多的测厚方法，如何科学地合理选择应用，则是一个十分重要的问题。

根据 GB 6463—2005（idt ISO 3882:2003），最通用的镀层测厚方法的适用性见表 10-5。

另外，对于测量厚度方法的选择，还取决于覆盖层材料、覆盖层厚度、基体和使用的仪器（见表 10-6）。例如，虽然用 X 射线光谱法能测量铬覆盖层的厚度，但如果厚度大于 $20\mu m$，测量则不准确。同样，用磁性法能测量磁性钢铁基体上金覆盖层的厚度，但大多数磁性测厚仪不能精确地测量厚度小于 $2\mu m$ 的金覆盖层。

表 10-5　覆盖层厚度测量的典型仪器的适用范围

基体	铝及合金	银	阳极氧化	金	镉	铬	铜	镍	自催化镍	非金属	铅	钯	铑	锡	锡-镍	锡-铅	瓷釉、搪瓷	锌
铝及合金	—	BXC	E	BXC	BXC	BXCE	BXC	BXCM	BXCE	E	BXC	BX	BX	BCX	BCM	BXC	E	BCX
银	BXC	—	X	BXC	XC	BXC	BXC	BXCM	BXCE	BXE	BXC	X	X	CX	X	BX	EX	BCX
铜及合金	BX	BXC	E	BXC	BXC	BXCE	XC	XCM	XCE	BXE	BXC	BX	BCX	CX	CX	BX		CX
镁及合金	BX	BX	E	BX	BX	BX	BX	BXM	BXE	E	BX	BX	BX	BCX		BX		BX
镍	BXM	BXCM	B	BXCM	BXCM	BXCM	XCM	S	—	MX	BXCM	BXM	BMX	BXCM	XM	BXCM	MX	CXM
镍-钴-铁	BXM	BXCM		BXCM	XCM	XCM	XCM	XC	XCM		MX							MCX
非金属	BEX	BXCE	—	BXCE	BXCE	BXCE	BXCE	BXCM	BXCE		BXE	BXE	BCEX	XE	BXCE			BCXE
磁性钢	BXM	BXCM	X	BXCM	BXCM	XCM	XCM	XCM	BXEM	BXCM	BXM	BMX	BCMC	BXCM	MX	BXCM		BXCM
非磁性钢	BX	BXCE	X	BXCE	BXC	XC	XCE	XCM	XC	BEX	BXC	BX	BCX	XC	BXC	EX		BCX
钛	BX	BXC	X	BXCE	BXC	XC	BXCE	BXCM	BXC	BE	BX	BX	BCX	—	BXC	X		BCX
锌及合金	BX	BXC	X	BX	BX	XC	XCM	XCM	BXC		BX	BX	BCX		BX	EX		—

注：B 表示 β 射线反向散射法；C 表示库仑法；E 表示涡流法；M 表示磁性法/电磁感应；X 表示 X 射线光谱法；S 表示电位连续测定法（STEP）。

表 10-5 只提供一般性的指导，每种方法的使用应根据仪器与测试对象（如覆盖层和基体厚度）的不同而改变，对这些方法的细节，须参考已制定的相关标准。

采用这些方法还须考虑其更具体的适用条件，比如有些方法只对一定厚度的覆盖层有较高的精度。有些库仑法对合金成分是敏感的。X 射线光谱法有时对基体厚度有一定的要求。

其他方法（表 10-6），如显微镜法（GB/T 6462）、扫描电子显微镜法（ISO 9220）、重量法（ISO 10111）、干涉法（ISO 3868）、轮廓仪法（GB/T 11378）和双光束显微镜法（GB/T 8015.2），也可用于测定金属或非金属覆盖层的厚度。具体每种方法的使用请注意相关标准。

表 10-6　覆盖层厚度测定仪的典型厚度范围

仪器类型	典型厚度范围/μm	仪器类型	典型厚度范围/μm
磁性法（用于钢铁上非磁性覆盖层）	5～7500	双光束显微镜法	2～100
磁性法（用于镍覆盖层）	1～125	库仑法	0.25～100
涡流法	5～2000	显微镜法	4～数百
X 射线光谱法	0.25～25	轮廓仪法	0.002～100
β 射线反向散射法	0.1～1000	扫描电子显微镜法	1～数百

（1）溶解法

溶解法是利用特定的溶液，对覆盖层或者基体进行化学溶解，通过比较溶解前后的重量差值，来确定镀层质量。也可以通过分析溶解到溶液中的成分含量，来确定被溶解物质的质量。最后，根据密度、面积等信息，来求算待测样品的厚度数据。

由此可知，溶解法只能得出整个覆盖层的平均厚度信息，无法获得单一目标处的局部厚度，测量误差一般小于 5%。并且，如果基体和涂覆层有相同元素时，测量误差将加大。

试样溶解前应先除油，然后用清水洗净，再用酒精脱水并干燥，保存在干燥器中以备称重。

溶解法测厚所用的试验溶液见表 10-7。所用试剂应为化学纯，溶液均用蒸馏水配制，它可多次使用。

表 10-7　溶解法测厚所用的试验溶液

镀层	基体金属或中间层金属	溶液成分	温度/℃	镀层金属质量测定方法
锌	钢	盐酸($\rho=1.19g/cm^3$)100mL； 三氧化二锑 20g/L	18~25	称重法
镉	钢	硝酸铵饱和溶液	18~25	称重法
铜及合金	钢	铬酐 275g/L； 硫酸铵 110g/L	18~25	称重法
镍	钢、铜和铜合金、锌合金	发烟硝酸含量大于 70%	18~25	化学分析法
铬	镍、铜和铜合金	盐酸($\rho=1.19g/cm^3$)1 体积； 水 1 体积	20~40	称重法
铬	钢	盐酸($\rho=1.19g/cm^3$)100mL； 三氧化二锑 20g/L	18~25	称重法
锡	铜和铜合金	盐酸($\rho=1.19g/cm^3$)1L	大于 90	称重法
锡	钢、镍	盐酸($\rho=1.19g/cm^3$)100mL； 三氧化二锑 20g/L	15~25	称重法
银	钢、铜和铜合金	硫酸($\rho=1.84g/cm^3$)19 体积； 硝酸($\rho=1.42g/cm^3$)1 体积	65	称重法

镀层平均厚度可按下式计算：

$$h = \frac{m_1 - m_2}{S\rho} \times 10^4 \tag{10-4}$$

式中，h 为镀层的平均厚度，μm；m_1 为镀层未溶解时的试样质量，g；m_2 为镀层溶解后的试样质量，g；S 为试样上镀层的表面积，cm^2；ρ 为镀层金属的密度，g/cm^3。

(2) 库仑法和电位连续测定（STEP）法

库仑法又称阳极溶解法或电量法，它是在电解分析法的基础上发展起来的一种电化学分析法。方法的理论基础是法拉第电解定律。具体方法如下：首先将待测电极作为阳极，通过恒电流使镀层金属发生阳极溶解，并同时检测体系的电位，当镀层金属阳极溶解完毕后，电解池电位会发生改变，从而提示溶解结束。

镀层厚度根据溶解镀层金属所消耗的电量、镀层被溶解的面积、镀层金属的电化当量、密度以及阳极溶解的电流效率计算确定。

库仑法要求电极反应单一，电流效率 100%。适用于测量除金等难以阳极溶解的贵金属镀层以外的、金属基体上的单层或多层单金属镀层的局部厚度，其测量误差在 ±10% 以内。当镀层厚度大于 $50\mu m$ 和小于 $0.2\mu m$ 时，误差稍大。有时由于镀层扩散到基体，使界面存在合金时，也可能影响测试精度。

目前国内外均有商品型的电解式测厚仪可供选用。需要注意的是，不同型号的库仑测厚仪使用的电解液及测试条件可能不一样，应参阅仪器使用说明书。

一般来说，库仑法所使用的电解液应具备以下性质：

① 不通电时，电解液对镀层金属应无化学腐蚀作用。

② 阳极溶解电流效率为 100%（或接近 100%）。

③ 镀层金属阳极溶解完毕、基体金属裸露时，电极电位应发生明显变化。

库仑法测厚按下式计算镀层厚度

$$h = 100K \frac{itE}{S\rho} \tag{10-5}$$

式中，h 为镀层厚度，μm；K 为阳极溶解的电流效率（效率为 100％，其值为 100）；i 为电流，A；t 为电解所耗费的时间，s；E 为测试条件下镀层金属的电化当量，g/C；S 为电解去除镀层的面积，cm^2；ρ 为镀层金属密度，g/cm^3。

电位连续测定（STEP）法测定原理和库仑法相同，所不同的只是在电解池中放入参比电极，从而可以测定在电解过程中被测镀层与参比电极之间的相对电位差，并得到电位与镀层厚度的关系。比如，能测量多层镍镀层（半光亮镍/高硫镍/光亮镍）的总厚度及其分层厚度，同时显示出各镍层之间的电位差值，该方法的具体实施可参考 GB/T 4955（idt ISO 2177）。

（3）计时液流法

在一定速度的液流（试液）作用下，使试样的局部镀层溶解。镀层完全溶解的终点，可由肉眼直接观察到金属特征颜色的变化，或借助于特定的终点指示装置（显示镀层完全溶解的瞬间电位或电流的变化）来确定。金属镀层的厚度可根据试样上局部镀层溶解完毕时所消耗的时间来计算。

本方法适用于测量金属制品上铜、镍、锌、镉、锡、银和铜锡合金的镀层厚度。被测面积应不小于 $0.3cm^2$。一般测量误差为 ±10％，当镀层小于 $2\mu m$ 时，误差还会加大。这种方法设备简单、操作方便，可测镀层种类较多，在国内应用十分广泛。并可用于生产过程中的镀层测厚，以控制电镀质量。该方法的具体实施可参考 QB/T 3815—1999。

（4）薄铬镀层计时点滴法

用小滴的试验溶液在镀层局部表面上停留一定时间，然后再在原处更换新的液滴，通过记录溶解局部镀层所消耗的溶液滴数和时间来计算镀层厚度。镀层溶解完毕的终点，可用直接观察金属特征颜色的变化来确定。

由于点滴法测厚准确度很低，故目前用得较少。但对于装饰性薄铬镀层，计时点滴法还是一种可行的方法。国内目前仍作为标准方法使用。此法只适用于测定 $1.2\mu m$ 薄铬镀层，测量误差为 ±15％。

（5）断面金相显微镜法

金相测厚使用制备金相试样的方法得到镀层的横断面，在金相显微镜下，直接测量金属镀层或化学保护层的局部厚度和平均厚度。金相法测量精度高，重现性好。但此法操作复杂，要求有一定的技术和设备，故一般不作为车间生产检验之用。

本方法适用于测量 $2\mu m$ 以上的各种金属镀层和化学保护层厚度。厚度大于 $8\mu m$ 时，可作仲裁检验。测量误差一般为 10％。当厚度大于 $25\mu m$ 时，使误差达到 5％。也可测量薄镀层，精确到 ±$0.8\mu m$。该方法的具体实施可参考 GB/T 6462（ISO 1463—2003）或 GB/T 8015.2（idt ISO 2128）。

金属镀层断面厚度还可以用扫描电镜进行测量。它的测量精度比金相显微镜高。

（6）轮廓仪法

轮廓仪测厚法又称触计法。它是采用镀前屏蔽或镀后溶解的方法，使基体的某一部位不存在镀层，于是基体和镀层之间形成一个台阶。当轮廓记录仪触针扫描通过这一台阶时，则可利用电气和探针的运动，确定台阶的高度（即镀层厚度）。这种方法可用来测量较宽范围的镀层厚度。对测量平面上从 $0.01\sim1000\mu m$ 的镀层，误差在 ±10％以内。

轮廓记录仪有几种类型：电子触针式仪器，即表面分析仪和表面轮廓记录仪，通常用于测量表面粗糙度，也可用于记录台阶的轮廓；具有记录针的电子感应比较仪，结构比较简单，也可记录台阶的轮廓。这两种仪器通常测量镀层厚度的范围是：电子触针式仪器为 $0.005\sim250\mu m$，电子感应比较仪为 $1\sim1000\mu m$。

该方法的具体实施可参考 GB/T 11378（idt ISO 4518—1980）。

（7）斐索（Fizeau）多干涉显微镜法

干涉显微镜法采用与轮廓仪法相同的试样处理方法，即造成基体与镀层之间的台阶，然后利用多光束干涉测量仪对该台阶的高度进行测量。

干涉测量仪有一个贴于试样作平面基准板的透镜。当一束单色光在试样和上述透镜之间来回反射时，就可通过一个低倍显微镜来观察干涉条纹图像。若将基准板相对于待测试样表面稍微倾斜，就会形成一系列平行的干涉条纹线。试样表面的台阶会使干涉条纹偏移。一个条纹间距偏移相当于单色光半个波长的垂直位移，干涉条纹所移动的间距和形状可用带刻度线的目镜测微计来观察和测定。

本方法可用来测量 $2\mu m$ 以下、具有高反射率的镀层，该方法的具体实施可参考 ISO 3868。

（8）磁性法

当覆盖层和基体其中之一是磁性金属时，就可以用本方法测厚。目前国内生产的磁性测厚仪仅限于测量磁性金属基体上的非磁性覆盖层的厚度。

本方法测量误差通常为 10%，但对较薄镀层误差不会小于 $1.5\mu m$。它是目前应用最广泛的一种无损测量方法。测量时，允许选用精度为 $\pm10\%$ 的不同结构的磁性测厚仪。

测量时应注意：

① 测量时，应按仪器使用说明书进行校准和操作。

② 对每种磁性测厚仪，基体金属都要求有一个临界厚度。若基体金属厚度小于临界厚度，测量时应该用与试样材质相同的材料垫在试样下面使得读数与基体金属厚度无关。

③ 一般不应该在弯曲面上和靠近边缘或内角处测量。若要求在这种位置测量时，应该进行特别校准，并引入校正系数。

④ 采用双极式探头的仪器时，基体金属的机械加工方向（如轧制方向等）对测量结果有影响。因此，在测量时，应使探头的取向与校准时的取向一致，或将探头在相互成 $90°$ 的两个方向上进行两次测量。

⑤ 在粗糙的表面上进行测量时，应该在不同点上进行多次测量，取其平均值作为镀层的平均厚度，或者在相同表面状态的未镀覆基体金属表面上进行校准。

⑥ 测量时，探头要垂直放在试样表面上。对于磁力型仪器，因受地球重力场的影响，故用于水平方向或倒置方向测量时，应该在这种方向上进行校准。

⑦ 使用磁力型仪器测量铅和铝合金镀层厚度时，磁体探头能被镀层黏附。遇此情况，可在镀层表面涂上一层薄的油膜，以改善重现性，但这不能用于其他镀层测量。

⑧ 含磷量 8% 以上的化学镀覆的磷-镍合金层是非磁性镀层，但经热处理后便产生磁性。因此应在热处理前测量厚度。若要在热处理后测量，则仪器应在经过热处理的标准样品上进行校准。

⑨ 镀层厚度小于 $5\mu m$ 时，应进行多次测量，然后用统计方法求出其厚度。

该方法的具体实施可参考 GB/T 4956（idt ISO 2178）。

（9）涡流法

涡流测厚仪是利用一个带有高频线圈的探头来产生高频磁场，使置于探头下方的待测试样内产生涡流。这种涡流的振幅和相位是探头和待测试样之间的非导电镀层厚度的函数。镀层厚度可从测量仪器上直接读得。

本方法可测量非磁性金属基体上非导电镀层（如铝阳极氧化膜的测厚）、非导体上单层金属镀层，以及非磁性基体与镀层间电导率相差较大的镀（涂）层厚度。影响测量精度的因素与磁性法相似。涡流测厚除了受基体电导率、基体厚度、镀层厚度影响外，还受试样的曲率、表面粗糙度、边缘效应和加在探头上压力大小的影响。测试误差在±10％以内。厚度小于 $3\mu m$ 的镀层测量精度偏低。

该方法的具体实施可参考 GB/T 4957 (idt ISO 2360—2003)。

(10) β 射线反向散射法

β 射线反向散射法的基本工作原理是用放射性同位素释放出 β 射线，在射向被测试样后，一部分进入金属的 β 射线被反射至探测器。被反射的 β 粒子的强度是被测镀层种类和厚度的函数。因此，从探测器测量由被测镀层反射的 β 射线强度，即可测得被测镀层的厚度。

β 射线反向散射法可测量金属或非金属基体上的金属和非金属覆盖层厚度，但主要用于测量薄（$<2.5\mu m$）的贵金属镀层厚度。测量误差在±10％以内。覆盖层和基体材料的原子序数相差越大测量精度就越高。

ISO 3543:2000/Cor1:2003 要求基体和镀层原子序数之差不应小于 5。原子序数低于 20 的材料，这个差值可降低到较高的那个原子序数的 25％；原子序数高于 50 的材料，这个差值至少为较高的那个原子序数的 10％。因为 β 测厚仪本身只是一个测量反向散射强度的比较仪器，它的厚度刻度是通过标准样品的定标得出的，如果被测试样与标准样品的镀层成分、密度、基体物质、表面曲率有差异，则要根据下式修正厚度的读数：

实际试样镀层厚度＝β 射线仪读数×（校正用的标准覆盖层密度/试样的覆盖层密度）

本方法的缺点是使用了各种放射源，对人体健康有害。操作人员应有必要的防护措施，而且仪器的造价也较高。该方法的具体实施可参考 ISO 3543。

(11) 射线光谱测定法（X 射线荧光法）

当 X 射线照射到一种金属表面时，金属就会产生二次射线（荧光）。二次射线的频率是金属原子序数的函数，其强度与镀层厚度有一定关系。因此，本方法可用于测定任何金属或非金属基体上约 $15\mu m$ 以内金属镀层的厚度。它可以测量极小的面积和极薄的镀层厚度（百分之几微米）。对平面的或不规则形状的零件均可测量，也可同时测量多层镀层的厚度。还可在测量镀层厚度的同时，测出二元合金镀层的成分，如 Pb-Sn 合金镀层成分。它是一种先进的镀层测厚方法。本测量方法的缺点及测量的精度影响因素与 β 射线反向散射法相似。

该方法的具体实施可参考 GB/T 16921 (eqv ISO 3497)。

(12) 双光束显微镜法

本方法使用的仪器主要用于测量表面粗糙度，也可用于测量透明和半透明覆盖层的厚度，特别是铝上的阳极氧化膜。

仪器的工作原理是将一束光以 45°入射角照射到覆盖层表面，光束的一部分从覆盖层表面反射回来，另一部分穿透覆盖层并从覆盖层-基体的界面上反射回来。从显微镜的目镜中可以看到两个分离的图像，其距离与覆盖层的厚度成正比，并且可以用调整刻度标尺控制旋钮的方法对距离进行测量。

只有当镀层-基体界面上有足够的光线被反射回来，在显微镜内得到清晰的图像时，才能使用本方法。

对于透明或半透明的覆盖层，例如阳极氧化膜，本方法是无损的。为了测量不透明覆盖层的厚度，必须去掉一小块覆盖层，使覆盖层表面和基体之间形成一个能对光束产生折射的台阶，从而才能测量出覆盖层厚度的绝对值。在这种情况下，该方法属于破坏性测试法。

本方法的测量误差通常小于 10%。该方法的具体实施可参考 GB/T 8015.2（idt ISO 2128）

10.2.2 镀层结合强度测试方法

结合强度反映单位表面上镀层从基体金属（或中间层金属）分离所需要的力（kgf/cm^3，$1kgf=9.80665N$），为镀层的主要力学指标之一。

作为电镀产品，保证镀层与基体具有足够的结合强度是最基本的要求之一。结合力不够的镀层，不能起到防护、装饰以及其他功能的作用。因此，结合强度测试是评价电镀质量好坏的主要指标之一。

影响镀层结合强度的因素很多，如良好的前处理、镀层材料的高韧性、低应力和低应力梯度、基体较高的粗糙度、近似的晶型结构等都有利于提高结合强度。

理想的评价结合强度的检测方法应该具有以下特征：

① 非破坏性。

② 适用于复杂结构镀件。

③ 检测过程和数据分析都比较简单。

④ 检测结果可以量化。

⑤ 适合标准化和自动化。

⑥ 重复性好，可靠性高。

可惜，目前还没有一种检验方法可以具有上述所有属性。

目前评定镀层与基体金属结合强度的方法很多，但这些方法本质上都是破坏性的，并且大部分都只是一些定性方法。即使在国外，也没有一种精确测定结合强度的定量方法被列入标准。

目前，在镀层结合强度试验方法的选择及试验效果的确定上，可参考部分标准或与客户协商确定（表 10-8）。

表 10-8 各种镀层常用的结合强度试验方法

实验方法	镉	锌	铜	镍	铬	锡	银	金	镍-铬	锡镍合金	塑料电镀
摩擦抛光	√	√	√	√		√	√	√	√	√	√
钢球摩擦滚光	√	√	√	√	√	√		√	√	√	
剥离（焊接）			√				√			√	
剥离（黏胶）	√	√	√			√	√	√			
锉刀			√	√				√	√	√	√
凿子			√	√	√		√	√	√	√	
划线划格	√	√	√	√			√	√	√	√	√
弯曲和缠绕			√			√	√	√	√	√	
磨锯											
拉力	√	√	√			√	√	√	√	√	
热震			√	√	√	√		√	√	√	
深引（杯突）			√	√	√						
深引（突缘帽）			√	√	√		√				
阴极处理				√		√		√	√		
热循环法										√	√

10.2.2.1 摩擦试验法

(1) 摩擦抛光试验

在面积<6cm²的镀层表面上，用一根直径为6mm、末端为光滑半球形的圆钢条作工具摩擦15s，摩擦时所施加的压力只限于擦光而不能削割镀层，随着摩擦的继续进行而出现长大的鼓泡，则说明镀层结合强度差。本试验适用于检验较薄的镀层。

(2) 钢球摩擦滚光试验

将试样放入一个内部装有直径3mm的钢球和用皂液作润滑剂的滚筒或振动滚光机内，其转速或振动频率及试验时间视试样的复杂程度而定。结合不良的镀层经此试验后会起泡。本试验适用于检验小零件上的薄镀层。

10.2.2.2 切割试验法

(1) 锉刀试验

将镀件夹在台钳中，用一种粗齿扁锉锉镀层的边棱。锉刀与镀层表面大约成45°角，并由基体金属向镀层方向锉，镀层不得揭起或脱落。本试验只适用于较厚的和较硬的镀层。

(2) 磨锯试验

用砂轮、磨床、钢手锯或锯床对镀件进行磨削或切割。磨锯方向是从基体金属向镀层的方向，然后检查磨锯断面镀层的结合强度。本试验对镍、铬等硬、脆镀层特别有效。

(3) 划线、划格试验

用一把刃口为30°锐角的硬质钢划刀在镀层表面上画两条相距为2mm的平行线或1mm²的正方形格子。观察划线间的镀层是否翘起或剥离。划线时的压力应使划刀一次就能划破镀层，到达基体金属。本方法适用于薄镀层。

10.2.2.3 形变试验法

(1) 凿子试验

将一锐利的凿子置于镀层突出部位的背面，并给予一猛烈的锤击。如果结合强度好，即使镀层可能破裂或凿穿，镀层也不与基体分离。本试验仅适用于厚镀层（>125μm），不适用于薄及软的镀层。

(2) 弯曲试验

将试样沿直径等于试样厚度的轴弯曲180°，然后用放大4倍的放大镜，检查弯曲部分，镀层不允许起皮、脱落。或者将试样夹在台钳中，反复弯曲或拐折直至基体和镀层一起断裂，观察断口处镀层的附着情况。必要时可用小刀挑、撬镀层，镀层不应起皮、脱落。或用放大4倍的放大镜检查，镀层与基体之间不允许分离。本方法广泛用于薄片试件。

(3) 缠绕试验

将直径≤1mm的金属线材试样绕在直径为试样直径3倍的轴上，直径>1mm的线材试样绕在与线材试样直径相同的金属轴上，绕成10~15匝紧密靠近的线圈，以便直接观察外部镀层的结合强度。镀层不应有剥落、碎裂、片状剥落现象。

本方法常用于检验线材或带材基体上镀层的结合强度。

(4) 拉伸试验

使电镀试样在拉力试验机上承受拉伸应力，直至断裂。观察断口处镀层与基体的结合情况，不应看到覆盖层从基体金属剥落。试样的规格尺寸和其他要求按机械性能试验时拉力棒的设计要求处理。拉力棒应在与零件完全相同的条件下电镀后再进行结合强度试验。必要时，拉力棒的材质和热处理工艺与实际镀件相同。

(5) 深引试验

试验是在专门的压力试验机上进行的。用特制的冲头将一定规格（如 70mm×30mm×1mm）的试样冲压至基体和镀层一起变形，最后破裂，观察破裂处镀层与基体的结合强度。常用的试验方法有两种：

① 埃里克森（Erichson）杯突试验　采用适当的液压装置把一个直径为 20mm 的球状冲头以 0.2~6mm/s 的速度压入试样，一直压到所需的深度为止。结合强度差的镀层经过几毫米的变形，便会从基体金属上剥离或片状剥离开来。

② 罗曼诺夫（F. P. Romanoff）突缘帽试验　试验仪器配有一套用来冲压凸缘帽的可调式模具，凸缘直径为 63.5mm，帽的直径为 38mm，帽的深度在 0~12.7mm 之间调整。一般试验进行到使凸缘帽发生破裂为止。深引后未伤损部分将表明深引如何影响镀层结构。

本试验常用来检查薄板镀件基体与镀层间的结合强度，特别适用于较硬的镀层，如镍和铬。但深引试验对延展性大和较薄的镀层都不可能有效地说明结合强度，因为它包括了镀层和基体金属的延展性。

10.2.2.4　剥离试验法

(1) 焊接-剥离试验

将一根 75mm×10mm×0.5mm 的镀锡低碳钢或镀锡黄铜试片，在距一端 10mm 处弯成直角，将短边平面焊到试样镀层表面上，对长边施加一垂直于焊接面的拉力，直至试片与试样镀层分离。若在焊接处或镀层内部发生断裂，则认为其结合强度好。

本试验适用于检验厚度小于 125μm 的镀层。

本方法未被广泛应用，因为焊接过程达到的温度可能会改变结合强度。

(2) 粘接-剥离试验

将一种纤维胶黏带（胶黏带的附着强度值大约是每 25mm 的宽度为 8N）粘附在镀层上，用一定重量的橡皮滚筒在上面滚压，以除去粘接面内的空气泡。间隔 10s 后，用垂直于镀层的拉力使胶带剥离，镀层无剥离现象说明结合强度好。

本试验特别适用于检验印制电路板中导体和触点上镀层的附着强度。试验面积至少应有 30mm²。

10.2.2.5　加热试验法

(1) 热震试验

热震试验是将待测样品加热到固定温度，然后取出放入室温的水中骤冷。观察镀层是否出现鼓泡或者脱落。不同的样品需要加热的温度不同。还应该注意，易氧化的镀层和基体应放在惰性气体中或在适当液体中加温。

(2) 塑料电镀件的热循环试验

由于塑料的热膨胀系数比金属镀层高 6~7 倍，因此温度的任何变化将会在金属和塑料界面上产生应力。通过多次冷热循环试验，塑料镀件内应力愈来愈大，当达到极限时，便产生裂纹，以此可用来定性评价镀层的结合强度。

常用的方法是将试样反复经历低温、室温、高温、室温这种循环。低温可以是 −20℃ 或 −40℃，室温一般为 20℃，高温多用 75℃。每段温度经历的时间通常为 1h。该方法的具体实施可参考 GB/T 12610。

热循环试验类型及其周期数应按产品技术条件规定或供求双方协商确定。经试验后试样主要表面不应有起泡、起皱、裂纹或脱落等。

10.2.2.6 阴极试验法

将试样作阴极放入 5% 的氢氧化钠溶液（$\rho = 1.054\text{g/cm}^3$）中，用 10A/dm^2 的电流密度，在 90℃ 时通电处理 2min 为观察起点，15min 后不起泡表明结合强度好。也可在 5% 的硫酸中，用 10A/dm^2 的电流密度在 60℃ 条件下通电，经 5~15min 不起泡为结合强度好。

本试验只适用于能够透过阴极释放氢气的镀层（如镍和镍-铬），对铅、锌、锡、铜或镉等软镀层不适用。

10.2.2.7 塑料基体上金属镀层剥离强度的定量测定

根据规定，试样为 75mm×100mm 的塑料板，并镀上厚度为 $40\mu\text{m}\pm4\mu\text{m}$ 的酸性铜层。然后用锋利的刀子切割铜镀层至基体，成 $25\mu\text{m}$ 宽的铜条，并小心地从试样任一端剥起铜层约 15mm 长，然后用夹具将剥离的铜层端头夹牢，用垂直于表面 90°±5° 的力进行剥离。剥离速度为 25mm/min，且不间断地记录剥离力，直到铜镀层与塑料分离为止。

10.2.2.8 金属镀层的拉力试验

镀层拉力试验方法很多，比如奥拉（Ollard）法、改进 Ollard 法、工字梁法、锥形头法、环形剪切法、T 型试验法等。

各种拉力试验适用的基材不同，要求的镀层最小厚度也不同。可根据各种试验的特定要求来选择合适的方法。

10.2.3 镀层耐蚀性的测试方法

10.2.3.1 概述

镀层耐蚀性测定方法有户外曝晒腐蚀试验和人工加速腐蚀试验。户外曝晒试验对鉴定户外使用的镀层性能和电镀工艺特别有用，其试验结果通常可作为制定镀层厚度标准的依据。人工加速腐蚀试验主要是为了快速鉴定电镀层的质量，但任何一种加速腐蚀试验，都无法表征和代替镀层的实际腐蚀环境和腐蚀状态，试验结果只能提供相对性依据。

人工加速腐蚀试验方法有：中性盐雾试验、醋酸盐雾试验、铜盐加醋酸盐雾试验、腐蚀膏试验、周期浸润试验、二氧化硫试验、电解腐蚀试验、硫代乙酸铵腐蚀试验、硫化氢试验、潮湿试验等。

10.2.3.2 户外曝晒试验

(1) 曝晒条件

根据曝晒场所在地区的环境，一般将大气条件分为四类：

① 工业性大气　在工厂集中的工业区，大气中被工业性介质（如 SO_2、H_2S、NH_3 及煤灰等）污染较严重。

② 海洋性大气　靠近海边 200m 以内的地区、大气易受盐雾污染。

③ 农村大气　远离城市没有工业废气污染的乡村，空气洁净，大气中基本上没有被工业性介质及盐雾所污染。

④ 城郊大气　在城市边缘地区，大气中较轻微地被工业性介质所污染。

(2) 曝晒方式

根据试验目的，试样可以采用以下方式曝晒：

① 敞开曝晒　敞开曝晒的试样直接放在框架上。框架采用能够耐规定条件腐蚀的材料制作，框架最低边缘距地面高度≥0.5m，架子与水平方向成 45°，并且面向南方。架子附近的植物高度≤0.2m。

② 遮挡曝晒　试验在遮挡曝晒棚中进行，可以使用通常的屋顶材料做伞形棚顶。棚顶做成倾斜的，以便让雨水流下，但要能完全防止雨水从棚顶漏下，且能完全地或部分地遮蔽太阳光直接照射试样。棚顶高度应≥3m。

③ 封闭曝晒　采用百叶箱作为封闭曝晒用棚。设计时，应防止大气沉降、阳光辐射和强风直吹，但应与来自外界的空气保持流通。棚顶应是不渗透的，且有适当倾斜，有檐和雨水沟槽。应采用活动类型百叶箱，箱内外大气可以进行交换，雨、雪不会进入箱内。根据放在架子上的试样数量选择百叶箱的内部尺寸。百叶箱应放在试验场的空地上。若同一个试验站放置两个以上的百叶箱，则箱子之间的最小距离应等于箱子高度的 2 倍。

(3) 试样的要求与放置

① 试样的要求

a. 为使边缘效应减到最小，并且得到有代表性的腐蚀，户外曝晒试验用的每一个试样表面积都应尽可能大。在任何情况下都不要＜0.5dm²。片状试样以 50mm×100mm 的钢板（或其他金属板）为基体金属。零部件试样则规格不限。

b. 每个试样应有不易消失的标记，如打上钢字或挂有刻字的塑料牌等。

c. 试样在试验之前，应有专用的记录卡，记录试样的来源、编号、数量、厚度、镀层的基本性能等。并编写试验纲要（包括试验目的、要求、检查周期等）。每种试样需留 1~3 件保存于干燥器内，以供试验过程检查对比之用。

d. 在任何一批试验中，试样数量的选择要根据试样的类型，评价物理性能所需的数量以及在曝晒试验期间预计要取出检查的数量来决定。对于某一规定的评价，所采用的每种试样数量≥3 件，表面积≥0.5dm²。

e. 试样在户外开始曝晒后，头一个月内每 10 天检查记录一次。以后每月检查记录一次。曝晒超过 2~3 年以后，每 6 个月检查记录一次。

② 试样的放置

a. 各试样之间，或试样与其他会影响试样腐蚀的任何材料之间不要发生接触。一般可采用耐大气腐蚀的、且不会腐蚀试样的非金属材料制作夹具或挂钩，把试样固定在框架上，并使试样和夹具之间的接触面积尽可能小。

b. 腐蚀产物和含有腐蚀产物的雨水不得从一个试样的表面落到另一个试样的表面上。试样之间不得彼此相互造成遮盖，也不得受其他物体的遮盖。

c. 容易接近表面，也容易取下试样。

d. 防止试样跌落或破坏。

e. 试样都曝晒在相同的条件下，均匀地接触来自各个方面的空气。

f. 从地面上溅回的雨滴不得到达试样的表面。

g. 对户外曝晒来说，试样表面应朝南；一般试样表面倾斜 45°，且不要被附近的植物或其他物件遮蔽。

h. 在伞形棚下或百叶箱内曝晒的试验，除非另有规定，否则一般都将试样倾斜 45°。

试验结果的评定除已有明确规定外，通常按"阴极性镀层经大气暴露后电镀试样的评级"评价。

该方法的具体实施可参考 GB/T 14165—2008《金属和合金　大气腐蚀试验　现场试验的一般要求》（idt ISO 8565—1992，mod 4542—1981）。

除了户外曝晒以外，自然暴露试验还可以采用特定存储条件下的腐蚀试验和天然海水腐蚀试验。

10.2.3.3 人工加速腐蚀试验

(1) 盐雾试验

根据所用溶液组分不同，盐雾试验可分为中性盐雾试验（NSS）、醋酸盐雾试验（ASS）和铜盐加速醋酸盐雾试验（CASS）。NSS 试验应用较早、较广，但与户外曝晒试验相比，重现性差，试验周期长。ASS 试验是一种重视性较好的加速试验。CASS 试验是对铜-镍-铬或镍-铬装饰性镀层进行加速腐蚀试验的通用方法。

各种盐雾试验规范见表 10-9。

① 盐雾试验溶液的配制　配制盐雾试验溶液要用蒸馏水或去离子水。氯化钠原则上不能含有铜和镍杂质，含碘化钠（NaI）量＜0.1%，且折合干盐计算的总杂质≤0.4%。NSS 溶液配好后的 pH＝6.0～7.0，否则应检查水中、盐中或者两者内的有害杂质。调整 pH 值可用分析纯的盐酸或氢氧化钠。

在 NSS 试液中加入冰醋酸，并用分析纯的冰醋酸或氢氧化钠将 pH 值调整到 3.1～3.3 之间，便可配得 ASS 溶液。

CASS 试液的 pH 值和 ASS 试液相同，所不同的仅仅是在 ASS 溶液中加入（0.26±0.02）g/L 氯化铜（$CuCl_2 \cdot 2H_2O$）来加速腐蚀，同时也把试验温度提高到（50±2）℃。

为了去除堵塞喷嘴的任何物质，试液使用前必须过滤。喷雾试液只能一次使用。

表 10-9　各种盐雾试验规范

项　　目	中性盐雾试验（NSS）	醋酸盐雾试验（ASS）	铜盐加速醋酸盐雾试验（CASS）
盐溶液	氯化钠（NaCl）（50±5）g/L	氯化钠（NaCl）（50±5）g/L 加醋酸调 pH 值	氯化钠（NaCl）（50±5）g/L 氯化铜（$CuCl_2 \cdot 2H_2O$）（0.26±0.02）g/L 加醋酸调 pH 值
溶液 pH 值	6.5～7.2	3.2±0.1	3.2±0.1
箱内温度/℃	35±2	35±2	50±2
喷雾方式	连续喷雾	连续喷雾	连续喷雾
盐雾沉降率 [mL/(h·80cm²)]	1.5±0.5	1.5±0.5	1.5±0.5
适用范围	适用于金属镀层和非金属材料的无机或有机涂层的腐蚀性能、(或)保护性能的检验和鉴定。但不宜作为镀层寿命试验。也不能用于不同金属镀层耐大气腐蚀的比较	适用范围与中性盐雾试验相同，只是腐蚀速度快，可缩短试验周期。本方法适用于铜镍铬或镍铬装饰性镀层，也适用于铝的阳极氧化膜	本方法是目前国际上对钢件和锌压铸件上装饰性铜镍铬或镍铬层进行加速腐蚀试验的通用方法，也适用于铝及铝合金阳极氧化层耐蚀性检验

② 盐雾试验设备　应该选用经过鉴定符合有关标准的盐雾试验箱。盐雾箱的容积≥0.2m³。盐雾装置包含喷雾气源、喷雾室和盐水存贮槽。试验箱内的结构材料不应影响盐雾的腐蚀性能；盐雾不得直接喷射在试样上；雾室顶部凝集的液滴不允许滴在试样上。

盐雾试验箱要用下述方法测定并调整好盐雾沉降率之后才可使用：在箱内暴露区，至少放置两个清洁的集雾器。集雾器由直径为 10cm 的漏斗插入带有刻度的容器组成，其收集面积为 80cm²。放置时，一个紧靠喷嘴入口，另一个远离喷嘴入口。要求收集的只是盐雾，而不是从试样或箱内其他部分滴下的液体。开动盐雾箱连续喷雾 8h，计算集雾器平均每小时收集的沉降毫升数。根据测定结果，调节箱内喷雾收集速度和收集浓度，使其保持在表 10-9 规定范围内。

③ 试样的放置和要求

a. 试样数量一般规定为 3 件。试验前，试样必须充分清洗。清洗方法视表面情况及污物的性质而定。不能使用任何会侵蚀试样表面的磨料和溶剂。

b. 试样在箱内放置的位置，应使受试平板试样与垂直线成 15°～30°角，试样的主要表面向上，并与盐雾在箱内流动的主要方向平行。

c. 试验时，试样之间不得互相接触，也不与箱壁相碰。试样间间隔应能使盐雾自由沉降在试样的主要表面上。一个试样上的盐水溶液不得滴在任何别的试样上。

d. 试样支架必须用惰性的非金属材料制造，如玻璃、塑料或适当涂覆过的木料。如果试样需要悬挂，挂具材料不能采用金属，必须采用人造纤维、棉纤维或其他惰性绝缘材料，支架上的液滴不得落在试样上。

e. 试样的切割边缘及作有识别标记的地方，应以适当的材料涂覆。

f. 试验结束后，取出试样在室内自然干燥 0.5～1h，然后用流动冷水轻轻洗涤或浸渍，以除去沉积于试样表面的盐类，用吹风机吹干后检查，评定等级。

④ 结果的评定　为了满足特殊要求，可以采用许多不同的试验结果评定标准。例如质量变化，由显微镜观察所显示出的变化，或是机械性能的改变。多数试验的常规记录应包括：试验后的外观，去除表面腐蚀产物的外观，腐蚀缺陷的分布和数量，即点蚀、裂纹、鼓泡，开始出现腐蚀的时间等。

各种电镀层和需要在不同环境下使用的产品零件，其盐雾试验周期、评定方法和合格标准应满足产品技术条件。

以下是常用的盐雾试验的国家标准或国际标准。

GB/T 2423.17—2008《电工电子产品环境试验　第 2 部分：试验方法　试验 Ka：盐雾》

QB/T 3826—1999《轻工产品金属镀层和化学处理层的耐腐蚀试验方法中性盐雾试验（NSS）法》

QB/T 3827—1999《轻工产品金属镀层和化学处理层的耐腐蚀试验方法乙酸盐雾试验（ASS）法》

QB/T 3828—1999《轻工产品金属镀层和化学处理层的耐腐蚀试验方法铜盐加速乙酸盐雾试验（CASS）法》

GB/T 4585—2004《交流系统用高压绝缘子的人工污秽试验》

GB/T 5170.8—2008《电工电子产品环境试验设备检验方法　盐雾试验设备》

GB/T 10125—2012《人造气氛腐蚀试验——盐雾试验》

GB/T 10593.2—2012《电工电子产品环境参数测量方法　第 2 部分：盐雾》

GB/T 10587—2006《盐雾试验箱技术条件》

GB/T 12967.3—2008《铝及铝合金阳极氧化膜检测方法　第 3 部分：铜加速乙酸盐雾试验（CASS 试验）》

GB/T 24195—2009《金属和合金的腐蚀酸性盐雾、"干燥"和"湿润"条件下的循环加速腐蚀试验》

GB/T 6461—2002《金属基体上金属和其他无机覆盖层经腐蚀试验后的试样和试件的评级》

ISO 9227—2012《人造环境中的腐蚀试验盐雾试验》

ISO 16151—2005《金属和合金腐蚀暴露于酸性盐雾、干和湿条件下的加速循环试验》

ISO 14993—2001《金属与合金的腐蚀对周期性暴露于盐雾环境中的加速测试》

ISO 10289—1999《金属制件上金属和其他无机覆盖层经腐蚀试验的试验试样和制件的评级》

（2）腐蚀膏试验（CORR 试验）（ISO 4541）

将含有腐蚀性盐类的泥膏涂敷在待测试样上，等腐蚀膏干燥后，将试样按规定时间周期在相对湿度高的条件下进行暴露。本方法适用于钢铁基体和锌合金基体上的铜镍铬镀层和镍铬镀层耐蚀性能的快速鉴定。CASS 试验和 CORR 试验的腐蚀图像与实际使用情况更接近。

① 腐蚀膏成分

硝酸铜 $[Cu(NO_3)_2 \cdot 3H_2O]$	0.035g
氯化铁（$FeCl_3 \cdot 6H_2O$）	0.165g
氯化铵（NH_4Cl）	1.0g
洗净的陶瓷级高岭土	30g
蒸馏水（H_2O）	50mL

② 腐蚀膏的制备　将计算量的硝酸铜、氯化铁、氯化铵溶于 50mL 蒸馏水中，然后加入高岭土，充分搅拌均匀即可。腐蚀膏应现配现用，所有化学药品必须为化学纯。

③ 试验方法

a. 试验前试样可用适当的溶剂如乙醇、丙酮清洗，但不能使用有腐蚀性或能生成保护膜的溶剂进行清洗。

b. 用干净的刷子将腐蚀膏均匀地涂覆在试样上，并使其湿膜厚度达到 0.08～0.2mm。在室温和相对湿度＜50％的条件下干燥 1h。

c. 干燥后将试样移到温度为（35±2）℃、相对湿度为 80％～90％且无凝露在试样表面上产生的湿热箱中，连续暴露 16h 为一个周期。除投放或取出试样需要短暂间断外，湿热箱应连续运行。

d. 试验周期及循环次数应在受试覆盖层或产品技术规范中规定。若试验需进行两个周期以上，则第一个周期结束后，用清水及海绵将试样上的膏剂清除干净，再用前述方法涂上新的腐蚀膏，重复循环试验。

④ 试样的检查和评定

a. 钢铁试样上的镀层，将试样干燥后，检查腐蚀膏中出现的腐蚀点的大小和数量。为使锈点便于观察，可除去试样上的腐蚀膏，并在中性盐雾条件下暴晒 4h，或在温度为 38℃、相对湿度为 100％的湿热箱里暴露 24h，以显示出腐蚀锈点。有时为了检查试样外观破坏情况，用清水和海绵将腐蚀膏清除，干燥后检查外观光泽和开裂变化情况。

b. 锌合金或铝合金制件上的镀层用清水及海绵将腐蚀膏清除，干燥后检查镀层外观光泽、开裂及基体金属腐蚀锈点等。

该方法的具体实施可参考 GB/T 6465—2008《金属和其他无机覆盖层腐蚀膏腐蚀试验（CORR 试验）》（idt ISO 4541—1978），或者，QB/T 3829—1999《轻工产品金属镀层和化学处理层的耐腐蚀试验方法腐蚀膏试验（CORR）法》。

（3）周期浸润腐蚀试验

周期浸润（简称周浸）试验是一种模拟半工业海洋性大气腐蚀的快速试验方法。本试验适用于锌、镉镀层、装饰铬镀层以及铝合金阳极氧化膜层等的耐蚀性试验，其加速性、模拟性和再现性等方面均优于中性盐雾试验。

（4）通常凝露条件下二氧化硫试验（ISO 6988）

含有二氧化硫的潮湿空气能使许多金属很快地产生腐蚀，其腐蚀形式类似于它们在工业大气环境下所出现的形式。因此，二氧化硫试验作为模拟和加速试样在工业区使用条件下的腐蚀过程，主要用于快速评定防护装饰性镀层的耐蚀性和镀层质量。

(5) 电解腐蚀试验（EC 试验）(ISO 4539)

本试验对户外使用的钢铁件和锌合金压铸件上铜镍铬或镍铬镀层的耐蚀性鉴定是个快速、准确的方法。

电镀试样在规定的电解液中使用一定的电位和预定时间进行阳极处理（一般通电1min），然后断电，让试样在电解液中停留约 2min，再取出清洗，并将它浸入含有指示剂的溶液中，使指示剂与基体金属离子（锌或铁离子）产生显色反应，以检查试样的腐蚀点。检查后再把试样浸入电解液，按产品试验要求重复上述实验多次。电解时间由模似的使用年限决定。

(6) 硫化氢试验

本方法常用来检验银镀层及带有保护层的银镀层在含 H_2S 气体中的大气腐蚀情况。但硫化氢毒性大，且有特别臭味，故不推荐作为一般的镀层质量鉴定。

(7) 硫代乙酰铵腐蚀试验（TAA 试验）

本试验是将试样暴露在由硫代乙酰铵逸出的蒸气之中，并由饱和醋酸钠溶液维持具有75％的相对湿度。本试验适用于评价银或铜防变色处理的效能和检查这些金属上的贵金属镀层的不连续性。

应当注意，硫代乙酰胺是一种致癌物，应避免与皮肤接触。

(8) 湿热试验

为了模拟电镀层在湿热条件下受腐蚀的状况，可由人工创造洁净的高温高湿环境进行试验。但由于这种试验对电镀层的加速腐蚀作用不很显著，故湿热试验一般不单独作为电镀工艺质量的鉴定，而是作为对产品组合件、包括电镀层在内的各种金属防护层的综合性鉴定。

10.2.4 镀层孔隙率的测试方法

孔隙率是检验镀层质量的重要指标之一。对于防渗碳、氮、氰的镀层，这一指标的测定更显得重要。测定镀层孔隙率的方法有腐蚀法、电图像法、气体渗透法、照相法等。

气体渗透法是根据气体经过电镀层的渗透情况来测定的。这种测定需要有专门的真空装置，而且只能测定从基体金属上剥下的薄镀层（<5μm），测定结果与实际情况差别较大。

照相法是用光线透过被剥下的镀层，并在照相底版上显影、定影，从而得到具有黑斑点的照片，使镀层孔隙一目了然。其缺点和气体渗透法相同，小而曲折的孔隙不易发现。

腐蚀法和电图像法是目前国内经常使用的方法。其中腐蚀法最简单有效，应用广泛。

(1) 腐蚀法

中性盐雾、醋酸盐雾、铜加速醋酸盐雾以及腐蚀膏试验之后，都可以根据镀层表面呈现的腐蚀斑点来预测镀层的孔隙。然而最常用的腐蚀方法有湿润滤纸贴置法和浇浸法，其次是气体腐蚀法。

(2) 电图像法

测试时，对镀层的基体金属通电，使其阳极溶解。溶解的金属离子通过镀层上的孔隙，电泳迁移到测试纸上。金属离子和测试纸上的某种化学试剂发生反应形成染色点，因此可根据测试纸上染色点的多少来判断镀层孔隙的多少。只要选择适当的阳极溶解条件和具有特定反应的化学试剂，就可应用此方法。

电图像法操作简便，显示迅速，得到的数据准确，因而是较好的测试方法。它可以提供镀层孔隙结构形状、尺寸和位置的永久性资料，适用于平面及能采用适当夹具的低曲率平面的孔隙测试。

10.2.5　镀层的物理力学性能测试方法

10.2.5.1　镀层硬度的测定

镀层硬度是指镀层对外力所引起的局部表面形变的抵抗强度。对于较薄的镀层，其硬度测定一般做显微硬度试验，较厚的镀层则需做宏观硬度试验。例如锉刀试验就是一种宏观的定性试验，即用普通锉刀在镀层上锉动，以切割的程度定性地表示硬度。

显微硬度试验有维氏法和努氏法。

努氏硬度和维氏硬度采用相同的硬度测量仪，压头形状有所区别，测量过程和硬度计算也都很类似，并且都具有硬度值不受检测力变化的特点。维氏硬度采用的压头是相对面夹角为 136°的正方锥形金刚石，得到的压痕近似正方形，两条对角线长度相同。努氏硬度采用的是两对棱角分别为 172.5°和 130°的金刚石四棱锥，长对角线长度为短对角线的 7.11 倍。在相同的测试载荷下，努氏硬度的长对角线长度是维氏硬度的 2.77 倍，在测量时精度显然更高。

中国和欧洲各国采用维氏硬度较多，美国多采用努氏硬度。

测量显微硬度可采用显微硬度计。其测量原理是，利用仪器所附带的金刚石压头加一定负荷，在被测试样表面压出压痕，再用读数显微镜测出压痕的大小，经计算（或查表）求得被测试样表面镀层的硬度。由于金刚石压头形式不同，计算公式不同，所得显微硬度值也有差异。

测量显微硬度时，应注意以下事项：

① 严格按仪器使用说明书进行操作。

② 对测量试样的外观和制备要求　为尽量减小测量误差，试样表面应平整、光滑、无油污。若测量断面硬度时，可按金相试样制备。

③ 对测量试样镀层厚度的要求　在横断面上测量硬度时，对镀层厚度有一定要求。根据 ISO 4516 规定，如采用维氏压头测量，镀层厚度应足以产生符合以下条件的压痕：

a. 压痕的每一角与镀层的任一边的距离应至少为对角线长度的一半。

b. 两条对角线的长度应相等（误差<5％）。

c. 压痕的两边应当相等（误差≤5％）。

若采用努氏压头时，ISO 4516 规定，软镀层（铝、铜或银）的厚度≥40μm；硬镀层（镍、钴、铁和硬的贵金属及其合金）≥25μm。

在垂直于镀层表面测量时，ISO 4516 规定，如采用维氏压头，镀层厚度大于或等于压痕对角线平均长度的 1.4 倍。若采用努氏压头，镀层厚度至少应为压痕较长的对角线的 0.35 倍。只有基体和镀层硬度相近时，较薄的镀层才能得到满意的测量结果。

④ 负荷大小的选择　在可能的范围内尽量选用大负荷，以便获取较大尺寸的压痕，从而减少测量的相对误差。要使测量误差≤ 5％，应使压痕对角线≥16μm。ISO 4516 规定一般硬度值<300HV 的材料，贵金属及其合金和薄的镀层采用 0.245N 负荷，铝上硬阳极氧化膜采用 0.490N 负荷。硬度>300HV 的非贵金属材料采用 0.981N 负荷。

⑤ 对施加负荷的要求　施加负荷要平稳、缓慢，无任何振动和冲击现象。ISO 4516 规定压头压入速度为 15～70μm/s，负荷在试验时保持 10～15s，测定温度为（23±5）℃。

⑥ 测量取平均值　同一试样上，在相同条件下至少取不同的部位测量 5 次，取各次测量的平均值作为测定结果。

维氏显微硬度按下式计算：

$$HV = 1.854 \times \frac{0.102F}{d^2} \times 10^6 \tag{10-6}$$

努氏显微硬度按下式计算

$$HK = 14.229 \times \frac{0.102F}{d^2} \times 10^6 \tag{10-7}$$

式中，HV 为维氏显微硬度；HK 为努氏显微硬度；F 为施加于试样的负荷，N；d 为压痕对角线长度，μm。

10.2.5.2　内应力的测定

镀层内应力是指在没有外加载荷的情况下，镀层内部所具有的一种平衡应力。内应力受电镀工艺影响很大，镀液中金属离子种类和浓度、阴离子及有机添加剂，都会显著地改变内应力大小。

镀层内应力可分为宏观内应力和微观内应力。

宏观内应力是在镀层整体上表现出来的一致的应力，常使镀层作为一个整体而变形，这种应力非常类似于材料的残留应力。宏观内应力可分为拉应力（张应力）和压应力（缩应力）。宏观应力能引起镀层在存储、使用过程中产生气泡、开裂、剥落等现象。在外力作用下，还将引起应力腐蚀和降低抗疲劳强度等。

微观内应力在晶粒尺寸大小的范围内表现出来，可通过镀层硬度测量体现出来，但不会在宏观方面表现为力的作用，也不会引起镀层的变形。

应力的类型不同，对镀层结合力将产生不同的影响。一般来说，拉应力使镀层结合力变差，压应力则能提高镀层与基体的结合力。

镀层内应力测定有如下几种方法。

(1) 弯曲阴极法

这种方法使用最早，操作也比较简单。其基本形式是：采用一块长而窄的金属薄片作阴极，背向阳极的一面绝缘。电镀时一端用夹具固定，另一端可以自由活动。电镀后，镀层中产生的内应力迫使阴极薄片朝向阳极（张应力）或背向阳极（压应力）弯曲。用读数显微镜或光学投影法可测量阴极的形变。

镀层的内应力可通过电镀后阴极的形变（弯曲阴极的弯曲半径或弯曲度，或阴极下端偏移量）计算。

(2) 刚性平带法

刚性平带法是用塑料框架夹住一块金属薄片，在它的一面电镀；或者把两块金属片叠合在一起，夹在塑料框架内，两面电镀。电镀后将薄片从框架中取出。由于夹持力消失，薄片就自由地弯曲到平衡状态。通过仪器测量薄片的曲率半径，即可计算出镀层内应力。

(3) 螺旋收缩仪法

螺旋收缩仪法是把不锈钢片制作成螺旋管，并使它的一端固定，然后进行单面电镀（内表面涂以绝缘漆）。由于镀层的应力使螺旋管产生扭曲，借助于自由端齿轮变速装置使指针偏转，根据指针偏转的角度计算镀层的应力。

(4) 应力仪法

这种方法使用一个圆金属片作阴极，压紧在装有电镀溶液的容器上。圆形金属片是用厚度为 0.25～0.6mm、直径为 100mm 的铜或不锈钢做成的，在圆片上面或容器侧面连接一个装有测量溶液的毛细管。当圆片接触镀液的一面进行电镀时，镀层产生的应力使圆片弯曲

（张应力使圆片下凹，压应力使圆片鼓起），造成容器容积发生变化，从而导致毛细管中的液面上升或下降，据此测量应力的性质和大小。应力仪测量精度与螺旋收缩仪相同，圆片阴极不需一面绝缘，且可在电解液进行搅拌的情况下测定。

(5) 电磁测定法

电磁测定法也属于弯曲阴极法。不同之处是当薄片阴极弯曲时，安装在阴极上部的电磁铁能连续施加阻止其弯曲的力，这个力的大小可借助于流经电磁铁的电流来测定，并由此可计算镀层内应力。具体方法见仪器说明书。

(6) 电阻应变仪测量法

本方法根据电阻丝的伸缩而导致电阻值变化的原理来测量镀层内应力。

将电阻材料制成的应变片粘贴到试样电镀面的背面被测部位。电镀时，镀层产生的内应力引起应变片电阻值发生微小变化，其变化值可用电阻应变仪进行测量。

(7) 长度变化法

本法将阴极薄片进行两面电镀，电镀后试片虽不弯曲，但长度却发生变化。当镀层产生张应力时，试片就缩短；当镀层产生压应力时，试片就伸长。根据试片长度的变化可测定镀层的内应力。

第11章
表面处理车间

11.1 概　述

11.1.1 表面处理车间的特点

表面处理生产是一类专业性强、综合性高、复杂性多的系统工程，无论是专业电镀加工，还是综合性表面处理加工，都具有以下特点：

① 工种多　有各种不同工艺类型的处理工艺，包括电镀、化学镀、表面转化膜、热处理等工艺。以电镀为例，包括单层或多层镀，即使同一镀种或镀层，因组合不同，又可分吊镀、滚镀等不同生产方式。

② 工序多　如前处理（脱脂、酸洗、活化等）、电镀、化学处理或热处理、后处理（钝化、出光、除氢、干燥等）。不同的基体前处理、表面处理工艺各异。

③ 品种多　如产品、材料几何形状、质量要求不同等，都随产品不同和质量要求不同，其产品生产过程、工艺条件等也各不相同。

④ 因素多　如原材料、工艺配方、操作条件、设备正常程度，乃至水、电、气以及"三废"治理等生产过程中，每一因素均直接影响产品质量，因此必须加强现场生产技术管理。

作为表面处理的场所——表面处理车间，则往往有以下特点：

① 在生产过程中产生大量有害气体及废水。

② 车间内温度及湿度较高。

③ 有磨光、抛光工序时，产生大量金属或砂子的微粒及纤维毛，不仅对工人健康有害，而且污染环境。

④ 对土建要求特殊，不能使用普通的车间厂房。

因此，往往表面处理车间需要自行设计，自行施工。

11.1.2 表面处理车间设计内容

表面处理车间设计是一项较为复杂而细致的工作。包括工艺设计、土建设计、机械设计、给排水设计、采暖通风设计、动力、照明、给电设计、非标准设备设计、气（汽）设计等。

这些设计可以分为三个阶段：

① 初步设计（概略计算） 主要依据生产规模和投资，概略估计，设计车间的用途和任务的大小，对现有车间的有用调查资料，需要厂房面积、设备、工作人员及原材料，可以按现有同类生产车间的情况套用，也可估算，确定投资使用情况，以便呈报批准。

② 技术设计（扩大初步设计） 在初步设计审批或修改后进行，目的是为了明确车间的技术可能性和经济合理性，应做到满足车间设备订货要求，并为施工设计打下基础。内容包括技术说明书和其他有关部分设计所需要的详细任务书、平面布置图、系统图等。经上级批准后才能进行施工设计。

③ 施工设计 主要任务是依据设计说明书和订购设备所获得的技术资料，进行绘制设备和施工图、设备安装图、建筑物平面图、车间地坪施工图、管线施工图等。

最后得到的技术设计说明书包括以下内容：车间的分类和生产纲领；镀层选择依据；工作制度和时间基数；工艺过程的拟定及工艺规范的确定；生产设备的设计与计算；工作人员的确定；车间平面布置图；生产用物料的计算；生产用水、电、蒸汽、气的消耗量；主要技术经济指标；电气部分任务书；采暖、通风任务书；给排水任务书；土建施工任务书；主要设备图等。

11.1.3 表面处理车间设计应注意的问题

① 要考虑整个工厂整体设计和要求，新修道路、供电、动力设施等与各工种主动密切配合，既顾全大局，又利于本身生产。

② 表面处理车间设计应满足工厂整体设计的特点和要求，工厂的生产性质不同，表面处理车间所完成的任务也是不相同的。根据任务和条件选择适宜的工艺和最合适的设备。

③ 设计厂房时，选用设备要根据零件尺寸大小、要求、数量，镀件外观、生产规模等确定。品种单一，数量多，可设计成环形自动线。品种多，数量多，可设计成直线型自动线。

④ 要考虑和其他车间的关系、位置及所处地位。有机械通风系统的，不能污染和干扰其他车间的生产，也不允许其他车间污染处理溶液。总原则是：表面处理车间放在厂区全年主导风向的下侧。抛光、磨光工序应放在整个车间的下风侧。铸造、喷砂、锅炉房应远离表面处理车间。

⑤ "三废"处理：废水、废气、废渣应满足国家对环保的要求，"三废"处理与工艺设计同时进行、同时施工、同时投产。

11.2 工艺设计

11.2.1 生产纲领的制订

生产纲领就是一个生产部门一年的总产量，它是根据工厂投向市场的计划任务书和产品图纸编制而成的。

一切工艺技术都是为生产服务，生产按生产纲领实行。而生产纲领又是厂家所生产产品的品种特点、生产指标、工厂人员、环境条件、工艺技术、劳动量和生产量的综合体现。因此，表面处理工艺和技术编制设计应以此为重要依据。

在编制车间生产纲领前，应取得必要的原始资料，包括设计原则、工厂位置及自然条件，工厂总平面布置方案，产品图纸，车间分工表等。由于改造，从现厂取得的旧设备、工艺过程、劳动量、生产定额等资料，可作为设计的依据参考。

车间的生产纲领中，必须明确车间进行何种表面处理，参照图纸和实物分别确定其处理加工面积。编制零件表面处理面积计算卡和加工零件详表，见表 11-1 和表 11-2。

如果有些产品没有图纸，或者某些类型产品的品种过多（如仪器、仪表件电镀），产品零件应逐一计算面积。此时，允许套用类似产品的面积，或取有代表性的产品处理面积乘以折合系数，从而换算出处理面积。

当受镀的小零件或标准件多时，可采用滚镀。此时，可按装载重量计算，不必详细计算受镀面积。一般件可采用 1kg 零件约合 $10dm^2$ 的平均指标换算受镀面积。

在车间生产纲领中，应考虑必要的零件返修率。通常，对表面要求严格的装饰性处理返修率为 3%，其他处理层均按 1% 计算。

表 11-1　零件表面处理面积计算图表

项目名称				零件简图	
零件图号					
零件名称					
每台数量（件）					
材料规格					
加工类别					
何来何往					
设备形式					
重量及面积	每件	每台	全年	外形尺寸/mm	
重量/kg					
面积/m²					

表 11-2　表面处理加工零件详细图表

图纸来源　　　　　　收集时间　　　　　　　　　　　本表共___页　　　第___页

序号	产品名称		部(组)件名称								备　注
	零件名称	图号	零件规格				每台设备生产量			加工类别	
			材料	外形尺寸/mm	重量/kg	表面积/m²	数量/件	重量/kg	面积/m²		
1											
2											
3											

编制零件加工详表时，必须找出零件中最大外形尺寸和最大重量，以便配挂和设备计算参考。

11.2.2　表面处理方法设计

表面处理工艺设计部分一般包括下述内容：表面处理层的选择及厚度的确定，表面处理生产的工艺过程拟定，工艺过程中每一个工序技术条件的确定。正确合理的表面处理工艺，应满足以下要求：

① 表面处理层的种类与厚度应符合产品的技术要求。

② 表面处理层的质量应适应零件的使用条件和工作环境。

③ 整个工艺过程的加工价格低廉，资源立足国内，原料保证供应。

④ 处理溶液的性能适应零件的特征。

⑤ 工艺稳定，维护方便，尽可能无毒。

⑥ 预处理及整个加工过程速度要快。

⑦ 尽可能减轻劳动强度，节约劳动力。

⑧ 尽可能采用技术先进、经济合理的新工艺、新技术。

工艺设计是表面处理车间设计的主导，关系到车间工艺水平及今后的生产发展。

11.2.3 工艺过程拟定

(1) 工艺过程的选定

表面处理工艺过程是根据工厂或车间生产纲领长远发展规划确定的。

表面处理工艺过程包括前处理、表面处理和后处理3个主要部分。正确设计与拟定工艺过程（生产流水线）需要丰富的生产实践经验和对各工艺原理的深入了解。对现有类似工厂已有的原工艺深入调查，发扬优点，克服缺点，必要时还需做一定的实验。

① 前处理 前处理的作用是保证零件表面清洁、平整，它是获得处理层与基体良好结合力的重要环节。要根据零件材料、表面状态、对前处理质量的要求等情况，来选择操作。

不恰当的前处理工艺，可能造成过腐蚀、氢脆、处理层结合力不够等不良后果。

② 表面处理 表面处理工艺种类繁多，选择合适的处理工艺非常重要。

可供参考的依据有车间生产纲领、零件基体金属的种类和性质、零件使用环境、表面力学性能、对外观和装饰性能的要求、是否有耐磨、易钎焊、抗变色等特殊功能要求。

在选择合适的表面处理工艺时，尽可能选择科学、合理、先进、稳定的处理工艺。这往往需要查阅大量的技术手册和学术论文，还需要走访了解行业信息，吸收消化引进国外先进工艺技术。还要避免出现"常识性"错误。如钢铁件不能直接进行酸性镀铜，甚至用焦磷酸盐镀铜及镀铜锡合金时结合力也不好，因此对钢铁基体可进行合理的预镀工艺。铝及其合金电镀时，则要先浸锌、预镀锌、化学镀镍或阳极氧化后才能镀覆其他金属层。铜及其合金镀铬时，不能在镀铬槽中预热，应先在热水槽中预热，并带电或用冲击电流下槽。需结合实际研究，不可千篇一律。特别是引进国外技术，也应按照其工艺技术要求，结合实际设计。

对处理溶液的选择，也要根据金属基体材料、零件的几何形状、对处理层质量的要求来确定。如几何形状复杂的钢铁零件电镀时，可选用碱性电镀液、配合物电镀液等，因为它们具有较高的分散能力，可保证镀层厚度更均匀些。反之，则可选用酸性电镀液，它们具有无毒、室温作业、成本低、沉积速度快、污水处理简单等优点。

在工艺条件选择方面，既要便于工人操作及调整，又要为未来发展生产留有余地。

③ 镀后处理 零件经电镀后，往往需要进一步加工处理。例如，装饰性电镀层精饰加工增光，锌与镉镀层的钝化，银镀层的抗变色处理，铝氧化膜的染色与封闭等。所有这些加工工艺也应慎重考虑，加以选择，结合实际不断创新。

(2) 处理层厚度及时间的确定

处理层厚度往往和表面处理的质量直接有关。比如防护性镀层，厚度往往决定了防腐蚀的效果。但也不是说所用处理层的厚度都是越厚越好。更厚的表面层，往往意味着更高的成本、更长的处理时间，更厚的处理层还可能影响处理层脆性、内应力、抗疲劳强度等参数，从而带来不利的后果。

一般根据产品的图纸规定，或根据零件的使用情况、工艺环境、产品特征来考虑。或根据国家标准、行业标准来确定。无明确的标准时，需要与客户沟通决定。

表面处理的时间，往往由处理厚度和处理效果所决定。如果是电镀处理，可以根据法拉第定律，由金属的电化当量、镀层厚度、阴极电流效率、镀层金属密度等值计算。

处理层厚度及时间的确定，也可通过直接查相关技术手册来决定。

11.2.4 工艺过程表

在表面处理工艺设计进行完后，设计结果可以工艺过程表（见表 11-3）的形式列出。

表 11-3 工艺过程表

序号	工序名称	材　料		工作条件				备　注
		名称	含量	温度	电流密度	pH 值	时间	

11.3　设备的选择

表面处理设备是生产过程的必需条件，其结构、性能、数量与生产的产量、质量和经济效益直接有关。因此，选用合适的设备是现场生产中的必备条件。

电镀生产的主要设备包括各种镀槽及其辅助设备（如加热、冷却、导电等装置）、滚镀设备、各种形式的电镀自动生产线、直流电源设备、表面处理设备和其他辅助设备（如通风、过滤设备）等。

氧化设备及其他化学处理因槽子结构与电镀槽基本相同，故略去。

11.3.1　主要设备的选用原则

表面处理主要设备包括：生产设备及辅助设备，电源设备，通风及污水处理设备，转移运输设备，实验室、化验分析室用设备以及上述设备的附属装置等。

根据工艺流程，可分为：

① 机械准备的设备，主要为整洁零件表面用的机械设备。如抛光机、滚光机、刷光机、喷砂机械等。

② 化学准备及表面处理设备，包括：固定槽、钟形槽、滚镀机以及半自动或自动机或生产线。

③ 辅助设备、过滤设备、挂具制造及维修设备、分析测试设备、起重设备。

设备的选定应满足产品的工艺要求，而且要易于控制和比较经济，成熟的切实可行的先进工艺，有较高的生产水平和良好的劳动条件。总结起来是保证质量、完成产量、完成经济指标。

选择设备时，通常需要考虑以下因素：

① 已制定的生产工艺，根据生产工艺的特点确定选用不同的生产设备。

② 处理零件的形状、体积和重量。

③ 已确定的年生产纲领。

④ 建厂地点的施工安装、材料供应等情况，旧厂改造扩建应结合原有设备。

⑤ 尽量改善劳动条件，提高劳动生产率。

11.3.2 电源设备

选择和应用电源是否合理，关系到生产质量与效益的好坏。本节结合实际，参照有关资料，探讨与电镀电源相关的知识。

11.3.2.1 电源设备的种类

随着电子电力技术的发展，电源设备近半个世纪有了长足的进步，在完善直流电源的基础上，又开发了各种调制电流电源，并发展了体积小，重量轻，波形平稳的高频开关电源，为电镀发展创造了良好的条件

目前，电镀用的直流电源设备有直流发电机组、可控硅整流装置、开关电源及特种电源等。

(1) 直流发电机组

直流发电机组具有直流电源供给稳定、过载能力较大的特点，输出电压稳定，电流波形平直，功率比较大，适合于高电压大电流的工艺需要。对于周期换向的电镀，用改变激磁的方法来获得大电流换向，也是方便的。

这类设备的缺点是效率较低，只有 40% 左右；旋转元件会磨损，调节不便，维修量大；有噪声，需要单独的电源室，造成直流输电线路长；线路损耗大，用电指标高；有色金属消耗量高等不利因素，所以除了需求容量特别大和利用旧有设备外，已不再使用。

国内有的乡镇企业电镀厂由于供电条件不如城市，仍有采用直流发电机组发电的。

(2) 可控硅整流装置

可控硅整流器，是一种以晶闸管为基础，智能数字控制电路为核心的电源功率控制电器。它具有效率高、无机械噪声和磨损、响应速度快、体积小、重量轻等诸多优点。

可控硅整流器的整流效率可达 60%～80%，远较直流发电机组高。调压也比较方便，可以实现周期换向和远距离调压，便于自动操纵。采用不同的线路和结构时，可满足多种波形和调压方式的特殊要求。噪声小、维护简单。但过载能力较差，大电流周期换向困难。

调压时，电压的变化对波形和允许的最大输出电流值均有明显影响，采用过高电压的可控硅整流装置来为较低电压的镀槽供电，其最大允许输出电流值要相应降低，否则可控硅元件因过热而损坏。因此，选用可控硅整流装置时，其额定电压及电流值均应尽量接近指定镀槽的要求范围。

(3) 高频开关电源设备

近几十年来开发的高频开关电镀电源设备，进一步提高了设备效率、减轻重量和缩小体积，是目前最节电的电镀电源。

开关电源通过改变调整管开和关的时间即改变占空比来改变输出电压。开关电源变压器工作在高频状态，变压器的体积比较小，相对比较轻便。结构简单，成本低，效率高（市面上的开关电源的效率也可达 90% 以上）。

新型的高频开关电源具有稳压、稳流控制功能，能保证全输出范围内的精度、纹波和效率指标。开关电源输出的其实是高密度直流方波，比起可控硅输出的半波，输出电压和电流

的精度可由小于 5% 提高到小于 1%。它有输入电网滤波器，具备保护和防范瞬间冲击能力，能带负载启停，有可靠的短路保护，能够方便多机并联使用，按需要组成大功率机组。

开关电源由于转化效率高，发热量小，所以无需水冷和油冷，风冷即可满足要求。

(4) 特种电镀电源

特种电镀电源能满足特殊处理工艺（如脉冲电镀、常温镀铁、铝氧化、刷镀等）的需要。它们具有特殊波形，有的可在电镀过程中按程序改变电流波形，有的可在加工过程中改变电压和在不同电压时自动延时等。

常见的有在贵金属电镀中广泛采用的脉冲电源、铝氧化及着色专用电源等。

11.3.2.2 电源设备的选择

市面上出售的电源种类较多，在选择上，可注意以下几个指标：

(1) 额定电压

要注意直流电源特别是可控硅调压整流装置的电压调节范围。上限值应当等于镀槽所需电压上限值加上线路压降和整流元件压降；下限值应当略低于镀槽所需电压下限值加上线路压降和整流元件（1V 左右）压降。镀槽所需电压上下限值随各工艺要求而异。但实际上，常选用电压上下限调节范围较大的电源，例如 0～6V 或 3～12V，以适应工艺变动时的需要。

电压能否连续平滑的调节将成为影响电镀质量的重要因素之一。在选用整流装置时，应选用连续平滑调压和分级调压的整流装置。

(2) 整流额定电流

直流电源的额定电流，应等于或略大于镀槽最大工作电流。当采用整流装置（包括可控硅调压整流）时，电流波形是不大平直的脉动直流，对于电镀工作者来说，一般取其平均值，也就是整流装置输出的额定电流值。但是，可控硅调压整流是利用改变控制角的大小来调节电压的，当导通角小时其电压低，而可控硅元件的平均额定电流将下降，这样会发生元件过载而损坏。因此，电压调节范围的大小与元件额定电流的选用有密切关系。电压过低，应降低使用电流，所以在选择可控硅调压整流器时，要确定镀种和电流使用范围。硅整流器由于它的输出电流靠调压变压器调节，只要不超过额定电流值，可以不受限制地任意调节。

(3) 电流波形

电流波形与电镀工艺有密切关系，直接影响到镀层质量和电镀速度。在实际生产中，电流波形对电镀质量影响的问题，越来越被人们所重视。例如：装饰性镀铬中，电流脉动系数越小，光亮电流密度范围越宽，镀层光亮度越好。此时，可控硅整流器一般选用六相双反星形或三相全波接线方式。目前很多企业已经直接采用开关电源。如果镀铬采用三相半波的可控硅整流器，得到的镀层发黑、结合力不牢。但单相全波或半波接线方式的可控硅整流器，用于焦磷酸盐镀铜或镀铜锡合金上则镀层光亮，效果很好。因此在选择整流装置时必须根据工艺要求进行选择和配置。近年来出现的脉冲电源，对某些合金电镀有显著效果。

某些电镀过程的开始阶段，往往要求镀件进入镀液后进行一次阳极到阴极的电流换向，并供给比正常电流大一倍左右的冲击电流电镀一段时间（如钢铁件镀硬铬），这时应选择带电流换向的整流装置，其额定电流应能满足冲击电流的要求。

11.3.2.3 电源设备的布置及配电线路

(1) 电源设备的布置

车间所用的电源设备往往不是一台。这些电源设备既可以集中布置，也可以分散布置。

① 集中布置 一般将整流装置集中设在电镀车间的两端或车间侧面靠外墙处，有时设在车间中部的柱间小屋内，有自动线的还可与控制室合并。有时为了节省车间作业面积和母线，对用电量较大的自动生产线，也可设在车间的平台或楼层上。设在单独房间内的整流装置，可以使整流装置整齐美观，或作成开启式，有利于整流元件散热。

集中布置的优点是设备不易被腐蚀，维修和管理方便，节省作业面积，当采用水冷式时，便于供水系统的布置和合理利用。缺点是母线用料较多，线路中电能损耗较大。

② 分散布置 整流装置分散布置在电镀槽附近便于操作的地方，一般设在镀槽流水线的端头或槽边，也可设在自动线一侧的走道旁。

分散布置的优点是操作方便，节省母线，线路电能损耗少。缺点是设备易受腐蚀，维修不便。

(2) 母线的选择与布置

直流配电线路（汇流排）的常用材料有铜和铝两种，为了节约用铜，在一般情况下，应尽量选用铝。铜比铝耐腐蚀性强。故铜母线通常使用在可能有碱性液体溅着及碱性气体直接侵蚀的地方。母线表面应涂刷防腐涂料，并应定期维护。母线正极涂红色，负极涂蓝色。对于电流≤300A 的直流导线，可选用多股编织或绞型的铜线。

材料导电能力大小，主要以该导体的电阻率大小为标准。由于镀槽所需要的电流大、电压低，所以导电线路的电阻虽然不大，但产生的压降却占很大比例。

电镀的直流电流量一般是相当大的，因此直流电路设计十分重要。电路上的母线截面设计小了就增加电能的损耗，母线截面设计大了就要浪费有色金属。因此直流配电线路的截面要按母线的截留量来选择，并按线路允许的电压损失来校验，一般选择母线截面要符合该槽电路中的总电压降不得超过额定值的 10％左右。有分支路时要逐段计算它的电压降，然后把自电源至该槽电流经过的各段电压降相加。

当截面尺寸计算好后，对于电流＞300A 的线路，避免用圆形截面导体而应采用矩形导体，这样散热效果比较好。计算好的导体截面，依据母线直流持续允许负荷选择相近似的截面材料尺寸作为母线。

直流配电要求线路要短。母线接头要少，接触电阻要小，这是线路设计和施工中的重要一环。

直流母线安装方法有以下几种：

① 在木夹板上安装 它的特点是取材方便，价格低廉。但必须对木夹板和隔板涂以防腐漆或经变压器油处理后才可使用，这样可防止吸潮和腐蚀。特别是铁夹板，螺栓、螺母等紧固件未经处理，腐蚀更为快速。

② 在酚醛布板或硬聚乙烯板上安装 近年来有些单位采用酚醛布板或硬聚乙烯板作母线夹板，板厚 7～10mm，将母线竖向放在夹板的槽中，施工简便，耐腐蚀和绝缘性能较好，但价格较贵。

③ 在低压绝缘子上安装 将母线用硬塑料夹板或钢夹板固定在电车绝缘子上，母线固定牢靠，绝缘性能好，适用于每极单根母线平向安装，缺点是安装复杂，价格较贵。

④ 母线过墙隔板安装 需在墙上预留墙洞和安装预埋件。墙洞大小根据穿墙母线的多少决定。这些条件均须向土建提供清楚。

母线与母线之间的排列间距，一般以 6～7cm 为好。

母线的敷设有以下几种方式：①母线沿镀槽敷设，主要用于自动线上，路程较短，引线方便，车间整齐，造价较低；②母线在地沟内敷设，用于大容量生产线上，地沟宽度为

200mm，支架间距 2～3m，坡度一般 1/100；③沿墙敷设，高度一般 2.5m，支持夹板 3～6m；④支架上敷设，一般不采用，不太稳定，又影响车间整体形象；⑤在天花板上敷设，采用不多。

母线的连接：在直流供电母线上应尽量采用焊接。铜端与铝端的接头采用铜铝接头以减小接触电阻。采用搭接的母线，连接端必须去油和去氧化皮，中间垫镀锡薄铜片或薄铝片擦锌粉、凡士林，然后用螺栓紧固。

(3) 极杠

极杠，也叫导电杆，用来悬挂工件和电极，同时起输送电流作用。一般是由黄铜棒、黄铜管或紫铜管制成，支撑在槽口的绝缘座上，由汇流排或软电缆接到直流电源。

对导电杆的要求是能通过槽子所需要的电流和承受零件重量，便于擦去铜绿。

11.3.3 镀槽设计

通常，镀槽的主要部件包括槽体、衬里、加热装置、冷却装置、导电装置和搅拌装置等。电镀槽是电镀生产的基本设备。被镀件的形状和电镀工艺要求不同，所用溶液、温度不同，因此镀槽槽体的结构和制造材料也不一样。设计应根据生产工艺和使用要求，使槽体尺寸与处理零件的外形尺寸和要求、产量相符。

11.3.3.1 槽体材质

电镀工艺是一种电化学加工工艺，其槽体始终在各种化学药品的气相或液相浸蚀中，因此，必须合理地选择材料。

在选择槽子材料时，应注意以下几点：

① 满足工艺条件要求 根据溶液成分、浓度、温度选择适当的材料，材料必须耐所装溶液的腐蚀，不污染溶液，温度高，腐蚀性增强。

② 价格低，来源广 选材应注意节约，因地制宜，软、硬聚氯乙烯塑料，化工陶瓷，碳钢，玻璃钢等成本较低，来源广。不锈钢较昂贵，镍和橡胶应尽量不用。钛价格高，但耐蚀性高。

③ 施工方便 材料性能好，但施工条件苛刻或难施工的，尽量不用。

④ 适应生产特点。

同时全部满足上述要求是较难的，综合比较，因地制宜，就地取材，按具体情况选择适当的材料。常见材料有钢板、木材、搪瓷、混凝土、花岗岩、硬聚氯乙烯板材、钛板、玻璃钢、有机玻璃。

目前大型槽体应用最多的是钢板，大多为普通低碳结构钢（常用牌号 A_3 或 A_3F），特点是强度好，坚固耐用，耐碱液腐蚀，材料供应充沛，焊制方便，加衬里耐酸性液，制造成本低。钢板的强度一般是能够满足要求的，主要考虑其刚度与自然腐蚀。

设计槽体壁厚通常应视材料的强度而定，原则上应与槽体尺寸大小成正比。以钢板为例：槽体长≤1m，壁厚为 4mm；长在 1～2m 的，壁厚为 4～8mm；长度>2m 的，壁厚为 6～10mm。

既要求槽体具有必要的刚度，又不宜过多地增加壁厚，以免过分笨重，且又浪费材料。必要时，可在槽体外采用型材和扁钢、角钢或槽钢等作为加强肋，其数量和规格与槽体的长度、高度和槽壁厚度有关。加强原则是当槽子盛满溶液后，应保持有足够的刚性，不致显著地变形。

钢槽体焊接时，槽口角钢与钢板之间、槽内部分用连续焊，槽外部分用断续焊，垂直或水平加强肋与钢板之间均用断续焊，槽体钢板与钢板间采用双面连续焊，型钢与型钢之间的接头部分均采用连续焊。

通常，小的槽体用全塑料结构，尺寸较大的槽常用钢框架式结构，即在钢框架内套衬硬聚氯乙烯塑料槽，用来承受塑料槽壁所受的溶液侧压力。因为硬聚氯乙烯塑料比较脆，强度低，钢框架的型钢间距宜适当小些，底部宜设一块钢板。钢框架除钢板与构件的连接外，各构件之间要用连续焊缝焊接以加固。

一般硬聚氯乙烯塑料槽体的转角有两种作法：一种用角焊缝，另一种用热成形圆角结构将焊缝位置转移至平面处对接。后一种结构形式强度比较高。

有时硬聚氯乙烯塑料槽壁与钢框架间有较大的间隙，可适当在其间隙的全部范围内填焊塑料板，以便压力均匀传递到钢框架结构上。同时，为了防止较重零件掉到槽内砸破槽底，造成槽液泄漏，高度>800mm 的硬聚氯乙烯塑料槽底部可放一块软聚氯乙烯塑料板。

如果槽液对槽体无腐蚀，便不需用衬里。但为了防止镀槽漏电，有时可用衬里。

衬里即钢槽体内部用于防腐的材料。通常采用的衬里材料有铅钛材料、硬聚氯乙烯、软聚氯乙烯、聚丙烯、聚乙烯、沥青、玻璃钢或瓷砖等。

衬里的厚度可根据材料来决定，一般为用聚乙烯硬板取 4～6mm，聚乙烯软板取 4～5mm，用铅或铝合金板取 3～5mm。

11.3.3.2 槽体尺寸

选用槽体尺寸时，主要考虑槽内零件吊挂情况。

槽体高度需要考虑工件（或挂具）的高度，还需加上：①挂具下端距槽底的高度（100～150mm，如槽底设有加热、冷却管等装置，应考虑加大尺寸）；②挂具上端距液面的高度（≥50mm，设有移动装置时，应考虑加大尺寸）；③液面至槽沿的距离（100～150mm）。

槽体宽度需要考虑工件宽度，还要加上：①挂具边缘与阳极距离（150～250mm）；②阳极距槽壁距离（30～50mm，有侧面加热管时，应加大尺寸）；③阳极厚度。

需要注意的是，有时槽内可能不止一列挂具，或者不止一列阳极。

槽体长度需要考虑槽长方向的挂具数、挂具宽度、挂具间距、挂具边缘距槽壁距离等。

对于装筐生产的化学处理工序，槽内壁与料筐四周保持 100～200mm 间距，侧面设 300mm 的空间，筐的上部距液面 80～150mm，液面距槽沿保持在 100～200mm 距离。对工作温度高的溶液取上限值。大型零件与大型槽体内壁间的距离应适当加大；小型零件与小型槽体的内壁以及零件之间的间距可适当减小。

槽体尺寸已逐步趋向规范化。常用矩形镀槽尺寸规格可以查阅电镀手册。

标准尺寸槽子的平均负荷量指标列于表 11-4。

表 11-4 标准尺寸槽子的平均负荷量指标

槽子内部尺寸/m	阴极棒数量/根	阴极棒长度/m	槽子的平均负荷量/m²					
			装饰性镀铬和防渗碳镀铜	镀硬铬	酸性电镀	碱性电镀	铝氧化	化学处理
0.6×0.5×0.8	1	0.6	0.12	0.06	0.18	0.30	0.30	0.48
0.8×0.6×0.8	1	0.8	0.16	0.08	0.24	0.40	0.40	0.64
1×0.8×0.8	1	1.0	0.20	0.10	0.30	0.50	0.50	0.80
1.2×0.8×0.8	1	1.2	0.24	0.12	0.36	0.60	0.60	0.90
1.5×0.8×0.8	1	1.5	0.30	0.15	0.45	0.75	0.75	1.20
2×0.8×0.8	1	2.0	0.40	0.20	0.60	1.00	1.00	1.60

大型零件应按每槽可放入多少零件来计算，不能采用表中的平均负荷量。如自行车圈，零件虽大，但受镀面积不大，如用平均负荷指标计算，算出的数量不够。

11.3.3.3 镀槽辅助装置

在电镀生产过程中，某些溶液需要加热或冷却，需设置加热及冷却装置。这是电镀现场生产必配的辅助装置。

(1) 溶液加热装置

加热溶液通常用蒸汽，也可用电或煤气加热。生产中常用的蒸汽加热管的结构形式有蛇形管和排管。

① 蛇形加热管结构简单，制作方便，但要多设传热面积时比较难。用钛管或铅锑合金管作加热管，蛇形管可以减少焊缝。用铅锑合金作加热管，蒸汽压力应≤250kPa。

② 排管下部有水封，凝结水容易排出，加热效率高；又因不受结构上的限制，易于多设传热面积。如用钛加热管，为减少焊接工作，除用蛇形管外，还需使用压紧管，接口由螺母连接件和压紧环等组成。应用时把管子插入连接件靠紧底座后，将螺母拧紧，使压紧环压在紧固管子上。压紧环的材料用黄铜。

③ 氟塑料加热管是用于混酸腐蚀介质的加热管，可用在镀铬、氟硼酸镀铅、不锈钢酸洗、钛合金酸洗等镀槽来加热溶液。

(2) 溶液冷却装置

溶液冷却方式分槽内冷却、槽外换热器冷却、临时性措施冷却。冷却管冷却的优点是结构简单，容易制作，无需专门的换热器及溶液循环泵，但缺点是占用镀槽内部尺寸，所需换热面积较大。槽外换热器冷却的优缺点与冷却管冷却恰好相反，且镀槽结构较简单，溶液循环，还起搅拌作用。

常用的冷却介质有自来水、冷冻水、氨、氟里昂-12等。

冷却管常用立式排管、蛇形管或盘管等结构，基本上与加热管相似。

(3) 搅拌装置

搅拌使镀液保持均匀，镀件周围的镀液不断更新，从而使电流密度提高，加快沉积速度，增加表面光亮度。在除油过程中，它能把脏物与溶解的油脂冲离镀件，提高去油效果。

通常，搅拌装置有空气搅拌、机械搅拌、溶液循环搅拌等形式。

一般空气搅拌管用钢管、铅管和塑料管制成。

机械搅拌装置有阴极、阳极水平移动或垂直移动两种，其中阴极水平移动在国内应用得较普遍。阴极水平移动机械机构由电动机、减速器、偏心盘、连杆及支承滚轮组成。阴极水平移动速度通常在1.5～5m/min。

溶液循环搅拌是溶液在槽外用热交换器加热或冷却连续过滤的过程中实现的。装置由溶液循环泵、玻璃管电加热器、冷却水套等组成。需要降温时可向水套加冷水冷却。

(4) 排水和溢流装置

在槽体上设置排水和溢流装置是为便于排出溶液或污水。排水口在槽体底部，溢流口在槽体上部，管口与液面齐平而低于槽口。废水由管口溢入管内，导入下水道，这样以保持地面干燥。溢流管设在槽内或槽外。

(5) 循环过滤装置

循环过滤可净化镀液，减少镀层毛刺。其吸出镀液的管口一般设在阳极板下离槽底约50mm处。过滤后清洁镀液在近液面处喷向镀件旁边。镀液过滤量以每小时3次循环为准。

（6）电镀槽的绝缘

钢制电镀槽除导电极棒对槽体必须绝缘外，镀槽、加热管、车间管线等均应有绝缘安全措施。

① 钢制镀槽与地面接触绝缘，一般用绝缘瓷座、耐酸陶瓷砖或浸过沥青的砖块作槽体垫脚。

② 蒸汽管及回水管接到镀槽的加热管处，一般用绝缘接头或耐热橡胶管绝缘。

③ 钢制吸风罩装在槽边，很难绝缘。故普遍用塑料或玻璃的吸风罩，防止漏电。

④ 装管状电加热元件或其他电热元件，应注意有可靠的安全接地措施。

⑤ 钢制镀槽内壁应绝缘，否则容易漏电。温度不高的镀槽应衬聚氯乙烯板，温度在70℃以上的可包玻璃钢绝缘。

11.3.4 自动生产线

电镀自动生产线是按一定电镀工艺过程要求，以机械或电气的自动化方法，将有关镀槽、镀件的提升转动装置、电气控制装置、电源设备、过滤设备、检测仪器、加热与冷却装置、滚筒驱动装置、空气搅拌设备及线上污染控制设施等组合为一体，实现零件的搬运、升降，自动完成电镀和清洗。因此，它具有占用生产面积小、操作人员少、劳动强度低、生产效率高、产品质量稳定以及改善操作条件等优点。

电镀自动线可按其结构特征分为环形（椭圆形、U形）自动线和直线式（程控吊车式）自动线；按镀件装挂特征分为吊镀自动线、滚镀自动线和带（线）材连续自动线等；按镀层种类分为镀锌、铜-镍-铬、铝氧化等自动线。通常按三种分类特征综合对自动线命名，有的更冠以控制方式特征，如微机控制直线式滚镀锌自动线，以充分显示其特点。

直线吊车式电镀自动线适用于大、中、小型零件和各种批量的生产，使用比较普遍，但由于其主要工艺加工槽数量是按生产量计算，而辅助槽是按需要工序配备的，因此辅助槽往往负荷不足，生产线占用面积较同样产量的环形电镀自动线要大，清洗槽消耗的水量与加热能耗也较大。

环形电镀自动线采用机械联动运送装置，自动线上各工艺槽一般为满负荷状态，因此，效率高、产量大，与直线吊车式电镀自动线相比，电气控制线路简单，但机械结构复杂，制造和安装比较费时，造价高，调整工艺困难，适用于电镀工艺稳定、中小型零件，二班制或三班制连续生产。

选用电镀自动线的结构类型时，必须考虑生产规模、设备投资可能性、线上各设备的负荷率、工厂日常管理维修的技术水平以及改变工艺流程和调整处理时间的可能性等因素，结合生产实际综合决定。

11.3.4.1 直线式电镀自动线

直线式电镀自动线制造周期短，程序调整方便，特别适合中小批量生产，随着自动控制技术的发展，直线吊车式自动线的运行更加平稳和可靠。由于电源设备、热交换设备、过滤设备和溶液管理系统的日渐完善，调整装置的不断进步，自动线的自动化程度更加提高，正逐步向智能化方向发展。特别是计算机互联网的普及，直线式电镀自动线已经实现了全球异地遥控编程，使用户与设备制造厂开展人机对话。

直线式电镀自动线是根据工艺流程要求，把若干工艺槽以直线形排列，零件从自动线的一端装料，从相对的另一端卸料。在上面设有电动行车，运载阴极棒、挂具和镀件，按工艺顺序进行进退、升降等动作，由自控设备控制行车，也可手动控制。

直线型自动线根据工艺要求，确定镀槽的排列顺序、镀前和镀后处理各工序时间与最长电镀时间的比例及镀槽数。若多镀层时，则选择最长时间电镀工序作为计算基础。根据工作程序要求，往往需要增加必要的辅助槽或挂钩工作位置。

自动线镀槽的布置排列按线性规划布置，缩短镀件和挂具的运行路程，可把装卸挂具布置在自动线的一端或两端，视实际镀件和成品的放置位置而定。

镀槽布置时，应注意各种镀液的互相影响，如铜-镍-铬一步法自动线中，镀铬液进入其他镀液中，会造成严重的电镀故障。为防止镀铬液污染其他镀液，应避免镀铬后的镀件在其他镀槽上面运行，因此最好把镀铬槽布置在卸架的一端。为防止铬雾的影响，镀铬槽旁不宜安置其他镀槽，只能安排对铬雾影响不大的镀槽（如回收、清洗槽等）。

直线式电镀自动线上吊车数量是根据完成全线各槽的吊运工作时间与自动线要求的每次送料间隔周期来确定。

在设计直线式电镀自动线时，应根据生产纲领和工艺要求计算行车的周期节拍。行车周期是指带有一棒挂具的行车往返一次至原地的时间。

行车的水平速度和吊钩升降速度应视产品的特点而定。对轻而薄的产品，如水平速度太快，会使挂具晃动大，易产生事故。升降速度太快，挂具上的工件容易飘落，所以车速应慢些。对重而夹紧的工件，车速可快些。当然行车速度越快，周期越短，产量也就越高，所以在实践中要创造条件，试用高速。

如果吊重较大，可考虑采用门形吊车。门形吊车刚性好，行走轨道布置在吊车两侧，行走轮位置比较分散，运行比较平稳，吊重大，适用于各种尺寸的镀槽中吊运工件，对于镀槽长度较大的自动线，多采用这种形式的车体结构。

门形吊车直线式电镀自动线的槽体一般排列成一条直线。在生产场地受限制时，也可以排列成两行或三行，但两条直线之间应设置过渡装置。这种过渡装置可以是运送车，也可以用过渡水槽。

为了增加吊车运行的可靠性，减少运行噪声，多数吊车的行车轮外沿压铸上一层聚酯橡胶，也有采用在轨道上加装齿条或链条，在吊车车架上安装齿轮或链轮驱动，以提高运行停位精度。

悬臂吊车直线式自动线的吊车沿自动线一侧的上下布置轨道运行，操作人员可以方便地在自动线的另一侧通道上自由巡视和调整槽液，另外对更换阳极和检修等都很方便。安装不与建筑物发生密切关系，因此，可以方便地安装在厂房内的合适位置使用。其电气控制元件装在轨道后面，离槽边较远，且便于维修，是一种灵巧的自动线。

因为悬臂吊车在结构上的不对称性，以及运转的平稳性和使结构轻巧，一般设计的载重量较小，常用规格为10kg、30kg、50kg；悬臂长度一般为1.2m左右，配用镀槽长度为0.8m、1.0m和1.2m。悬臂吊车直线式自动线多用于仪器仪表工厂、电子元器件工厂等的小型零件电镀和印刷线路板生产。

中柱吊车直线式自动线的吊车车架较小，因为车架在镀槽上方运行，因此槽较长，所以吊车轨道都安装在上方。这种自动线是可适用于各种尺寸镀槽的自动线，便不必每种尺寸设计一种车架，因此可以几条不同规格的自动线采用同一种规格（只要载重量相同）的吊车，为维护管理提供方便。这种形式的自动线在欧洲、美国、日本等地区和国家使用较多，我国已开始少量采用。

11.3.4.2 环形电镀自动线

环形自动线，零件均从一端装卸，适用于工艺较稳定和连续作业的大量生产的中、小零件处理，槽子按工艺流程顺序排列，设备的长度根据年生产纲领、工艺处理时间及工序而定。年生产纲领相同、输送链节距一定时，处理时间越长，自动线长度亦越长。

环形电镀自动线的特点是在生产过程中各工艺槽都处于负荷状态，因而效率高，适用于生产批量大、工艺成熟的产品，但机械结构较复杂、投资较多、改变工艺困难。

环形电镀自动线的工艺槽典型排列方式呈 U 形，所以又称为 U 形自动线（有时也称为马蹄形、椭圆形）。根据用途的不同可分为吊镀自动线和滚镀自动线两种，按升降机构自动方式不同又可分为垂直升降式和摆动升降式两种。垂直升降式电镀自动线升降行程较大，且呈直线上升，适用于较长和较宽的挂具吊镀和卧式滚筒滚镀各种零件；摆动升降方式的电镀自动线提升时呈圆弧运动，因此不能提升较大行程，为防止提升时零件碰上阳极，镀槽宽度要有足够尺寸，镀槽容积利用率较低。但是这种摆动升降式的自动线机构结构比较简单，在小型零件电镀中应用较多。

环形自动线上每一挂具是一个节拍，移动一段距离，定点升降，镀件被带着循序前进，因此，镀槽的布置安放完全根据工艺流程设计布置成 U 形排列。

各工序节拍数视处理时间而定。在环形自动线中，镀槽的布置和长度都是根据工艺规范而定，即先把工艺顺序和处理时间决定后，才能布置安装环形自动线。如要改变工艺，就须改装镀槽和机件，因此，比较复杂困难，故一经工艺决定后，便不能轻易改动。

11.3.4.3　线材和带材电镀自动线

这种电镀自动线是用于为线材或带材生产的专业电镀自动线，生产效率高，专用性强。线材或带材自放卷装置放出，沿导辊按顺序经过各工序，直线形前进，最后再卷成盘。

设计自动线应根据工艺要求，一般应按镀层厚度和电流密度确定自动线的线材速度，阳极板放置在适当的位置。

线材或带材由各槽的导向辊导向，使其直线进入各槽进行自理或电镀，一般是由摩擦辊带动前进，自动线的前端及末端设置放卷和收卷装置。

目前所有的线材电镀和大型钢铁企业的镀锌钢板、镀锡钢板、镀铬钢板生产均采用此类生产线。

11.3.4.4　滚镀自动线

滚镀适用于中小零件，而这类零件多数具有大量生产的特点，这为滚镀自动线的发展提供了条件。国外电子工业与汽车工业的紧固件都采用滚镀自动线加工，我国是一个自行车王国，自行车与助力车的发展，加上汽车工业的崛起，使滚镀自动线具有较大的市场前景。

滚镀自动线也分为环形机械式或液压式自动线和直线吊车式自动线。

门形吊车、悬臂吊车与中柱吊车直线式自动线不仅适用于吊镀，也同样适用于滚镀，只是滚镀自动线的镀槽长度一般比较小，只有串联式孪生滚筒所用镀槽较长。所用吊车结构只要与槽体尺寸和滚筒吊重（包括带出溶液重）相适应便可。有的滚镀自动线要求滚筒提升后能继续旋转（如从排出零件带出液和镀锌钝化后均匀暴露于空气中等因素考虑），在吊车车架上还附有滚筒驱动机构。当滚筒提升到上限高度时，其旋转齿轮与吊车上的驱动齿轮相啮合，使滚筒在镀槽上方旋转，残液可滴落槽中，减少带入清洗水中的溶液量，节约污水处理费用。清洗后的电镀件经过提升旋转，可以清除复杂零件内的留存水分，经离心脱水干燥后，便不致残留水迹。

一般对于生产量较小的滚镀自动线，零件装卸工作量较小，一般采用人工装卸零件；对于产量较大，负荷较满的滚镀自动线便以采用机械装卸料为好。

11.3.4.5 电镀自动生产线的控制系统

自动线要可靠地运行，关键在于控制。一部分是行车电气控制，一部分是工艺参数控制。

(1) 行车电气控制

对行车控制，目前使用最方便和最广泛的是可编程序控制器，根据所要控制的系统的大小，可以选择不同规模的可编程序控制器，包括系统程序和用户程序。

用户程序控制零件在各工艺槽和清洗槽间运动的顺序、在各槽停留时间、提起时滴水时间、反复起落等特殊要求。这些要求编成可编程序控制器，由通讯电缆把可编程序控制器和工业电脑连接起来，使用户程序的输入变成在计算机上的一张简明表格，电脑可同时存入多套程序。

(2) 工艺参数控制

自动线的发展越来越多地考虑工艺方面的要求，已经可以采用的方面包括溶液成分监控、温度控制、液位控制、pH值控制，安培小时的监控、镀层厚度监控等。

溶液成分监控主要是对添加剂的控制。自动线用安培小时来控制光亮剂的添加量。还能进行溶液分析和调整，国内多采用容量法，国外采用能量色散X射线荧光光谱测量技术。

对于清洗工序，成功应用逆流漂洗和微排放技术，自动按镀槽液面蒸发情况，由液位控制器自动控制补充回收槽清洗浓缩水，使电镀自动线的节能和污染治理自动化，可节省水95%，重金属回收率达98%，排放浓度严格控制在排放标准以下。

另外，自动线越来越注意节约用水，进口管上加装流量计，清洗槽中加压缩空气搅拌。清洗水逆流而最后回镀液的封闭处理水循环系统已经大规模应用。

11.3.5 其他设备

11.3.5.1 前处理机械设备

常用的前处理机械设备有喷砂机、滚光机、刷光机及磨光机、抛光机等。

由于车间生产性质不同，产品形状及质量要求不同，工人操作熟练程度不同，这些机械处理很难制定一个通用的定额，每轴定额可参照同类工厂的定额进行，也可查电镀手册。

(1) 喷砂机

根据砂料输送方式的不同，喷砂机可分为吸入式、自流式、压力式三种。吸入式是使用引射器型的喷枪，由压缩空气引射造成负压吸入砂料，并送到喷枪上高速喷出。其设备简单，效率低，适应于小型零件，一般用于小型喷砂室。自流式使用固定喷枪，砂料经料仓自由落入喷枪混合腔，即被喷出，适用于对零件表面进行自动化清理，目前用者甚少。压力式是使用直射型的喷枪，砂料和压缩空气先经喷砂器的混合室内混合，再由软管送到喷枪口高速喷出，其特点是生产效率高，但设备比较复杂，适用于大、中型零件喷砂。

(2) 滚光机

滚光，实质上是利用零件和磨料一起翻滚时的摩擦作用以及化学试剂作用，除去零件表面的油污和表面的氧化皮、毛刺、沙眼等。滚光机用来清理小工件表面的锈蚀油污，多为工厂自制设备。可分为支架式、落地式和钟形滚光机等类型。

前两种滚光机的滚筒截面一般呈六边形或八边形，由铜板制作，对小而轻的工件一般用硬聚氯乙烯塑料板制作。多边形滚筒转动时，零件容易翻滚，相互碰撞的机会增加，一般零件大时，选择大直径滚筒。

滚筒直径的选择，主要决定于零件大小和加工数量，一般用直径较大的合适些，零件在大的滚筒内所受的压力和摩擦力大，处理时间可以减少。而对易于划伤的零件采用小滚筒。滚筒的内切圆直径为 300～800mm，长度单格式为 600～800mm，双格式为 800～1500mm，大小与滚筒全长之比为 1：(125～250)。圆周速度高的零件的磨削量大，滚筒与零件的撞击力也大，滚筒的转速与零件重量和桶的直径有关，一般转速为 20～60r/min。

滚筒内装入滚镀液时，液体应加至桶容积的 95%。

钟形滚光机多用于特殊工件滚光，也可用于镀后的抛光处理，其转速为 13～19r/min，工件装载量为 10kg 左右。

(3) 刷光机

刷光机一般制成双工位，其刷光轮用细弹簧钢丝或黄铜丝制成，固定在长轴两端的锥形螺纹上。一般刷轮的最大直径为 200mm，距地高度为 800～900mm，转速为 1400～2900r/min。电动机功率为 1.1～1.5kW。注意切勿反向旋转，以防止刷轮脱轴飞出伤人。

(4) 磨光机

磨光的主要目的是使金属零件粗糙不平的表面平坦、光滑。磨光还能除去金属零件表面的毛刷和氧化皮、锈以及砂眼、沟纹、起泡等。这些多用装在磨光机上的磨轮来完成。磨轮的工作表面上用胶粘上磨料，磨料像很多小的切削刀刃，磨轮高速旋转时，被加工零件轻轻压向磨轮工作面，使金属表面的凸起处受到切削，变得较平坦、光滑，磨光取决于磨料的特征、磨轮的刚性、旋转速度。

磨料通常为人造刚玉（含 Al_2O_3 90%～95%）和金钢砂，先粗磨，然后细磨。磨轮（弹性轮）由皮革、毛毡、棉布、纤维织品制成。

(5) 抛光机

抛光的目的是消除零件的微观不平，使它具有镜面般的外观，可用于镀前准备和镀后精加工，极少产生金属切削，主要靠摩擦产生的高温带来金属形变。

抛光轮比磨光轮转速高，工作方法一样，抛光膏和抛光轮纤维的作用是使表面光亮。

抛光膏由金属氧化物粉末、石蜡等混合，制成软块。常见的如白膏（CaO，MgO），用于软金属抛光，多种镀层的精抛光；红膏（Al_2O_3），用于钢铁件抛光，细磨（中等硬度）；绿膏（Cr_2O_3），用于硬质合金钢和铬镀层抛光。

处理钢、Fe、Ni、Cr 时，圆周速度用 30～50m/s，Zn、Pb、Al 等用 18～25m/s，银、铜用 22～30m/s。电机转速一般 2000～2400r/min。

11.3.5.2 滚镀机

滚镀主要用于小零件的电镀，可节省很多装卸零件时间，增大镀槽的一次装载量，既节约劳动力，又提高了劳动生产率。

在滚镀过程中零件不断运动，使镀层均匀性和光亮度有所提高，滚镀在小型零件生产中很受欢迎。滚镀适用的零件形状和尺寸大小受到一定限制，所得的镀层厚度也比吊镀小。为了克服这些局限，近年来滚镀设备在扩大滚筒直径和长度、改进开门机构和改善溶液内循环等方面做了大量工作，改进措施有：①增加装载量；②自动开闭机构；③滚筒开孔形状（方孔代替圆孔）；④导电结构；⑤溶液强制对流。

滚镀设备可分为卧式滚筒镀槽、倾斜潜浸式滚镀槽以及微型滚镀机三类。还有滚筒镀铬机、钟形机，已经被倾斜潜浸式滚镀槽所代替。

滚筒多用圆形和六角形。钟形滚镀机有截头圆锥形和截头多角形。设备多用硬质聚氯乙烯、有机玻璃或聚丙烯制造。在壁上按一定排列钻上小孔，以利于电流及电解液的流动，孔的面积占总面积 1/4～1/3 为宜，孔过多，设备强度下降，过少则电流分布不均匀、槽位上升。

筒外径距阳极间距离为 80～150mm。距槽底一般为 300mm，浸入液中深度应使零件不露出液面，筒内产生的气体应及时排出。深度一般为全浸式 70%～80%，半浸式 30%～50%。

倾斜潜浸式滚镀槽，分为半机械式和全机动式，最大装载量＜15kg，工作电流 200A，转速 10～12r/min。

若生产批量小（≤2kg），零件尺寸小，应采用微型滚镀机，直接挂在普通镀槽的阴极导电杆上，电机用直流伺服电机。

11.3.5.3 电镀挂具

电镀挂具是电镀生产的关键之一。在电镀生产中，挂具的作用是将零件悬挂到电镀液中，并和电极相连接，使电流较均匀地传递到零件上而进行电镀。挂具必须满足导电、支撑和固定零件的要求。电镀零件种类很多，形状也是千差万别，所以挂具的形态和式样也各不相同。

通常电镀车间都准备有适用于各种常见零件的通用挂具和只为某种零件设计制作的专用挂具。通用挂具种类形式很多，适用于多种工艺和零件。专用挂具分为两种情况：一种是为大批量零件生产设计制作的专用挂具；另一种则是依据零件的复杂几何形状和特殊工艺要求而设计的专用挂具。

设计挂具时，必须要考虑以下几点：

① 机械强度。要保证挂具能承受悬挂镀件的重量，在正常使用情况下不变形。不论选用何种材料制造都要适应各种工艺方法（手工操作、直线形镀槽或环形自动流水线）。镀件装挂必须牢固，在阴极移动或空气搅拌等机械震动的情况下，镀件不致掉落镀槽。

② 选择经济实用的金属材料。在挂具设计时，必须对镀件和镀液有充分了解，以便选择挂具的金属材料和绝缘材料不会污染溶液。同时，要在确保产品质量的前提下选取经济而实用的金属材料来制造。

③ 要求重量轻，面积小，坚固耐用，装卸零件时操作方便，生产效率最高。装载量适当。几何形状应保证镀层厚度的均匀性。

④ 挂具材料和绝缘材料选择合理，有足够的导电截面积，保证挂具与镀层接触良好，导电良好，满足工艺要求。

常用的有钢、不锈钢、铜、钛、黄铜、磷青铜、镍、铝等。一般通过钢质挂具上的电流密度不宜超过 $1A/mm^2$；通过黄铜挂具上的电流密度不宜超过 $2～2.5A/mm^2$；通过紫铜挂具上的电流密度不宜超过 $3A/mm^2$；通过铝及铝合金上的电流密度约为 $1.6A/mm^2$。

设计流水线上的生产挂具时，以高电流密度工序的电容量为计算依据，选定材料，确定导电截面积做到能在整个流水线上通用。

挂具和阴极棒的接触是否良好，对电镀层质量至关重要，往往因接触导电不良，产生接触电阻，电流不畅，产生断续现象，引起镀层结合不良，同时厚度不足，耐蚀能力差，因此，接触处必须保持清洁，不允许存在点、线接触方式，避免引起灼烧。图 11-1 是几种常见的挂法。

电镀挂具的绝缘处理，是指除了需要和零件接触有导电要求的部位外，其他部位都用非金属材料包扎或涂覆，使其成为非导体。这样可使电镀过程的电流集中在零件上，加快沉积速度，同时节约金属材料和电能消耗。在挂具退镀和酸洗时，还可减少挂具的腐蚀，延长挂具使用寿命。

对于绝缘处理所用的材料，要求具有化学稳定性、耐热性、耐水性、绝缘性、机械强度

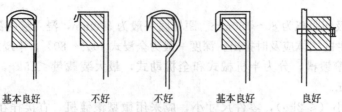

| 基本良好 | 不好 | 不好 | 基本良好 | 良好 |

图 11-1　挂具与阴极棒接触示意图

和结合力，结合力强，机械强度较高、涂层可去除。

挂具的绝缘通常包括包扎法、浸涂法、沸腾硫化法等。

11.3.5.4　其他设备

(1) 起重运输设备

起重设备：电动葫芦、小型单梁起重机

运输设备：手推车、电瓶车等。

(2) 辅助设备

溶液过滤机、挂具制造及维修设备、分析试验仪器等。

11.4　车间平面设计及土建

11.4.1　车间组成及面积

(1) 车间组成

表面处理车间按工作性质和设备布置分为生产部分和辅助部分。

生产部分包括喷砂间、磨光及抛光间、酸洗间、去油间、电镀间、化学表面处理车间及其他表面处理车间。

辅助部分包括电源室、通风室、化学药品库、辅助材料库、挂具制造及维修间、零件库、化验室、收发室等。

生活部分包括办公室、更衣室、浴室、卫生间等。

以上部分可根据车间的规模配备，在不影响生产的条件下，按实际需要增减合并，以节约投资。

(2) 面积

生产部分面积按表面处理工种及设备外形尺寸画出作业线及工作间的布置图，根据平面布置图计算出所需面积。

辅助部分面积，在粗略估算时按生产部分面积的 20%～50%考虑，详细设计时，一般根据表面处理车间有关辅助设施（如各种库房、工艺实验室和化验室、检验站、钳工间、电源室、制冷机房、通风室、污水处理室及变电室等），按实际布置确定各部分的面积。

最后，根据车间平面布置图统计出车间生产面积和辅助面积，厂房内还应考虑办公室和生活部分面积。

11.4.2　车间平面布局

(1) 表面处理车间与其他部门的关系

表面处理车间是一个容易对周围环境造成污染和腐蚀的生产部门，在工厂总平面布置中，应尽量单独建筑，以改善劳动条件和减少对相邻车间的不良影响。

在选择位置时，应以减少相互污染为主要因素加以考虑，同时兼顾生产流程等一些要求，一般考虑：

① 根据当地的主导风向，应防止表面车间排出的有害气体进入其他车间和工人住宅区。

② 对于精密加工车间，全厂性的金属材料库和成品库等部门，应注意表面车间散发的腐蚀性气体的影响，以免造成精密设备仪器、金属材料、成品的腐蚀。

③ 对于产生大量粉尘的部门，应注意防止沾污某些表面处理溶液而降低镀覆层质量。

④ 要照顾到运输上的便利和有关生产车间之间的相互关系。

⑤ 应考虑到排水方便，同时厂房周围应有足够的空间设置污水处理设施。

⑥ 当布置在楼房内时，表面处理车间应设于其他生产车间的下层，若布置在联合厂房内，则应靠建筑的外墙。

(2) 车间规划

车间区划有以下几种形式：

① 生产部分布置在厂房中间，辅助部分及生活间布置在车间两端或一端。

② 生产部分与辅助间及生活间不在同一厂房内，中间用走廊相连接。

③ 由于槽子较深或其他原因，可设置地下室，底层布置生产部分，地下室布置电源

④ 室及通风室等辅助部分。

⑤ 如根据地形也有建成半地下室，形式多种，可视具体情况而定。

(3) 平面布置设计

设计人员为了较快较好地绘制设备平面布置图，通常先做一些车间区划图，将车间生产部分、辅助部分、生活部分及公用设施进行统筹安排和对比，选择厂房参数。平面布置的原则：

① 尽量方便生产又合理利用建筑面积。

② 零件在车间中的运输线路应尽可能缩短，不要往返循环。

③ 通风沟、下水管、电气线路及其他沟管应尽量避免相互碰撞。

④ 酸洗间最好与电镀部分用隔墙分隔开，以免酸碱雾气影响电镀设备寿命及溶液质量。

⑤ 辅助部分最好与生产部分隔开，如在同一厂房内，须注意使隔间位置恰当，不影响车间的自然通风和采光，也不要将隔墙正好隔在窗户上。

⑥ 抽风和送风不要布置在同一通风室内。

⑦ 变电所位置和面积应与电气设计人员商定，但尽可能不要放在车间的中央。

⑧ 车间设备平面布置图上所用设备样片，均按其外形尺寸绘制，平面布置图比例常用1：100。

(4) 设备排列与平面布置

① 平面布局应以有利于通风、给排水及管道的设计与施工为原则。

② 镀前处理除油、电镀、酸洗、铝氧化等应尽可能分开。否则，酸碱雾会影响产品质量和设备寿命。

③ 整流器室靠近电镀铬、铝阳极氧化等用电较大的生产线，一般不超过30m。可节省汇流排和电能。但不宜安装在酸洗间对面或相近处，两者要隔开。

④ 氰化物镀槽不能直接排列在酸槽旁边，以免产生HCN气体，氰化镀液和酸性镀液的镀后清洗不能合用一个水槽及排水沟，以防HCN产生。

⑤ 通风系统设备应注意不可将氰化物槽与酸性槽合并在一起使用，否则会产生剧毒的

氢氰酸。

⑥ 设备槽位排列应按工艺流程、生产流水线安排，槽子可按工序沿厂房纵向排列或横向排列。

⑦ 生产线越短越好，尽可能使操作时不走回头路，以免工件彼此相碰或人来人往过多。

⑧ 作业线尽量排列整齐，长短一致。

⑨ 设备之间应考虑留一定距离，便于设备安装与维修。

⑩ 应考虑车间生产场中留有适当场地，便于零件转运、堆放产品，现场通道一般可留有生产面积的 30%～40%。

⑪生产线下面有地沟，槽子卧入地沟，应保留地沟高度适当、便于操作。

⑫地沟中心或旁边设沟排水槽沿距地一般 700～800mm，槽其余部分入地沟内，其宽度一般以槽子两边各加 100～200mm 为宜，全部流水外两端各加 300～500mm 为宜。

⑬各种管通道宜安装在地面上，通风管可采用地沟式。一般用上行式通风，避免各管道线交错复杂。

11.4.3 对厂房建筑的要求

表面车间在生产过程中，散发出大量腐蚀性气体、水蒸气，排出大量含有酸碱及其他腐蚀性介质的废水，温度也较高，对建筑物的防腐、厂房形式及参数、装饰等都有一定要求。

① 建筑物的承重结构，应选用抗蚀性较好，坚固耐久的结构形式，根据具体情况，采用适当的防腐措施。

② 放置槽子和进行电镀、酸洗等的地面，需耐酸、耐碱、清洁、容易冲洗、不污水、耐冲洗。

③ 地面及楼板上的金属柱、栏杆、支架等底部应固定在高出地面的混凝土垫层上，并对垫层的外露部分采取防腐包裹措施。建筑物基础应根据实际情况，考虑防腐处理。

④ 防腐地面应有适宜的坡度，以便迅速排除余水及腐蚀液，坡向排水明沟。排水沟应注意防腐、防渗、耐温。

⑤ 地面开洞及管道穿孔处，必须预留洞口，预埋套管。

⑥ 槽的通风罩与通风地沟接触处，通风地沟的检查孔均应做挡水沿。

⑦ 墙裙、墙面及顶棚应根据腐蚀介质情况及室温状况采取相应防腐措施。

⑧ 获得良好的自然通风与采光，一般应设天窗，对于单跨小型电镀车间，自然通风较好的也可不设天窗。

11.4.4 地面防腐蚀

电镀车间的防腐范围，除了要承受生产、安装和检修过程中的机械作用外，还受各种腐蚀性介质和一定温度的作用，防腐地面除了必须具有足够的抗机械冲击外，还应具有良好的抗蚀、耐热、防渗和防滑等性能。

防腐地面的造价一般都比较高，在不影响生产的情况下，地面设计应采取重点防护、区别对待的方法。防腐地面用在槽下地面、承槽、排水地坛、镀前处理、强酸洗和钝化等手工操作部位。一般通道和零件堆放场等采用水磨石、混凝土等普通地面。

常用面层材料有环氧树脂、沥青砂浆、呋喃砂浆、环氧煤焦油砂浆、花岗石板、耐酸瓷砖、耐酸瓷板等。

车间地面经常受水和腐蚀性液体的作用，因此要求具有良好的排水条件，以便迅速有效地将水排除。防止积水是地面防腐的重要措施之一。

排水设计应注意下列问题：

① 凡有液体作用或有可能冲洗的地面，都应有坡度。坡脊在砖墙、门洞等处，坡向排水沟等。经常行走的瓷砖、瓷板地面的坡度 2‰～3‰，花岗岩及无人行走的地面坡度可增大至 3‰～4‰，排水地坑、明沟的坡度增大至 3‰～5‰。

② 每列镀槽下部地面局部降低做成承槽地坑，坑内设明沟或其他排水设施。将水控制在地坑范围内，是防止水到处流淌或大面积受腐蚀的有效措施。

③ 车间内应尽量设明沟排水，避免暗沟、暗管及地漏排水形式。

11.4.5　车间通风及采暖

表面处理车间的磨光工段、抛光工段、浸蚀除油工段、电镀工段等处，大量产生有毒气体、含纤维的灰尘，为保证工人身体健康及产品质量，必须采用强大的机械通风系统予以排除，通常情况下，这种系统使车间内空气每小时更换达 100 次左右，为了维持适宜的室温又必须考虑采暖措施，因此车间既要求排风又要求送风。

(1) 采暖

对小型车间或处于大厂房中的电镀工段，应尽量采取散热器供暖。对于大型车间，则应采取散热器及热风系统联合供暖，对于不设送风系统的车间，排风罩的补充主要靠通大厂房的内门及专设的内窗流入。

独立的电镀车间最好采用送风，否则进风阻力增加，会使上边的排风量减少，车间会处于负压状态。送风量可按排风量的 50%～70% 计算，在这种情况下，散热器的数量只按维持室温－5℃计算，其余热量应由热风补充。

(2) 酸洗、电镀工段的通风原则

① 下列生产过程的排风系统不能合并：槽子和喷砂室；无特殊措施的砂轮机和布轮机；有机溶剂除油应独立设置排风系统；氰化物槽与酸性槽不应合并通风排风系统。

② 不应采用再循环空气取暖，进风与排风口的垂直距离不应小于 6m。

③ 在槽子的周围区域避免高速送风。

(3) 有害物质的危害性及允许量

电镀生产过程中产生的有害气体在空气中都有一个最大允许浓度。

① HCN　允许浓度 $0.3mg/m^3$，呼吸系统的神经中枢麻痹。

② HF　允许浓度 $1mg/m^3$，强烈刺激呼吸器官，造成眼结膜、鼻孔、牙床等损害。

③ H_2SO_4　允许浓度 $2mg/m^3$，肺炎、支气管炎。

④ HNO_3 及氧化氮类气体　允许浓度 $5mg/m^3$，肺气肿、血液中毒症。

⑤ HCl　允许浓度 $15mg/m^3$，引起鼻、眼等症，刺激呼吸道。

⑥ CrO_3　允许浓度 $0.1mg/m^3$，灼烧黏膜，引起鼻软骨穿孔及浓溃疡。

⑦ NaOH、KOH 雾　允许浓度 $0.5mg/m^3$，腐蚀皮肤及角膜，灼伤人体。

⑧ 汽油　允许浓度 $300mg/m^3$，刺激中枢神经，健忘症。

(4) 除尘设备

为了防止大气被污染，凡由喷丸、磨光与抛光等设备排出的含尘空气，在排入大气前应用除尘器加以净化，一般采用干式或湿式除尘器一段净化，当要求程度高时，则采用两段净化。

在抛光过程中产生的纤维质粉尘可采用楔形网过滤器净化。在喷丸与磨光过程中产生的金属粉尘可根据不同条件选择除尘器。

在允许的条件下，除尘设备尽可能选用中、小型除尘器，保证效率。除尘器的能力应考虑风管与调节阀等构件的漏风量，一般按系统的风量附加 10％～15％。

11.5 车间日常消耗计算

表面处理生产离不了各种耗材、水、电、气（蒸汽及压缩空气）。

耗材主要包括各种化学药品，阳极金属等。这些物质的消耗，受生产纲领、工艺等条件影响很大。这里不做详细展开。

11.5.1 给水及排水

(1) 对水质、水压的要求

表面处理用水可分为三类：工艺用水（包括镀液配制用水、校正调整用水和槽液补充用水）、清洗工序用水、冷却或加热用水。

按照金属表面处理水质要求，原航天工业部制定的 HB 5472《金属镀覆和化学覆盖工艺用水水质规范》，将金属表面处理用水水质分为：A 级、B 级、C 级。水质分级表见表 11-5。

表 11-5 金属表面处理用水水质分级表

指标名称	水质类别		
	A 级	B 级	C 级
电阻率(25℃)/Ω·cm	≥1×10^6	≥7000	≥1200
总可溶性固体(TDS)/(mg/L)	≤7	≤100	≤600
二氧化硅(SiO_2)/(mg/L)	≤1	—	—
pH 值	5.5～8.5	5.5～8.5	5.5～8.5
氯离子(Cl^-)/(mg/L)	≤5	≤12	—

A 级水相当于我国电子级水技术指标 EW-1 水质标准，或美国纯水水质指标的 E-1 水质标准。通常用于配制电镀溶液和一些无特殊要求的电子电镀产品清洗。

B 级水应属于除盐水（或去离子水）的定义范围。

C 级水的技术指标相当于城市自来水的水质标准。

虽然一般城市自来水水质能符合 C 级水质标准。但是城市自来水是以满足生活饮用水标准为目的的。其水质标准和表面处理工艺的水质标准不尽相同。况且，各地区根据当地水资源水质条件不同、季节不同，自来水水质存在较大的区别。未经处理的自来水通常只能满足中低档电镀产品的要求，尤其是那些对氯离子较敏感的镀种会因为自来水中含有较高浓度的氯离子而影响产品质量。

各种电镀溶液对水质的要求见表 11-6。

表 11-6 电镀溶液对水质的要求

水中杂质缺陷 镀种	产生沉淀	镀层粗糙	雾状镀层	效率降低	镀层带粒子	还原产生Cr^{3+}	条纹镀层	镀层有麻点	镀层发脆	沉积速度慢	镀层黑灰	改变溶液配比
氰化镀镉	Ca^{2+} Mg^{2+}		Fe^{2+}									
镀铬					Mg^{2+} Fe^{2+}	有机物						SO_4^{2-}

水中杂质缺陷 / 镀种	产生沉淀	镀层粗糙	雾状镀层	效率降低	镀层带粒子	还原产生Cr³⁺	条纹镀层	镀层有麻点	镀层发脆	沉积速度慢	镀层黑灰	改变溶液配比
酸性镀铜		Fe^{2+}			Cl^-							
酸性镀镍		Fe^{2+}	有机物				Fe^{2+} 有机物	Fe^{2+} 有机物	Fe^{2+} NO_3			
碱性镀锌	Ca^{2+} Mg^{2+}	Ca^{2+}										
酸性镀锌							有机物					
碱性镀锡	Ca^{2+} Mg^{2+}										Fe^{2+} NO_3^-	
酸性镀锡										Cl^-		

槽内清洗要求水压为 $2mH_2O$（表压 0.02MPa），冲洗清洗要求 $10\sim20mH_2O$（表压 $0.1\sim0.2$MPa），冷却水水压 $20mH_2O$（表压 0.2MPa）左右。

(2) 用水水量设计计算

水的消耗量与镀种的工艺要求和设备有关，如一般连续用水的有清洗水（冷水）槽、整流器冷却水，定期用的有热水清洗、冲洗、喷淋、溶液配置及镀槽蒸发的补充等。

一般工艺设备用水量计算如下。

清洗槽用水量按每小时换水次数计算，换水次数见表 11-7。

表 11-7　清洗槽每小时换水次数

清洗槽类别	工作温度	不同槽容积的换水次数/(次/h)				
		≤400L	40~700L	701~1000L	1001~2000L	2001~4000L
冷水	常温	1~2	1~2	1	0.5~1	0.3~0.5
热水	50~90	0.5~1	0.5	0.5	0.3	0.2~0.3

每小时用水量(m³/h)＝有效容积×每小时换水次数

计算最大小时用水量时，采用的换水次数按上表所列数据加上一次。

计算平均小时用水量时，一班制生产的水槽，按 1h 最大用水量与 7h 维持用水量之和，求出 8h 平均小时用水量。两班制生产时，采用 1h 最大用水量与 15h 维持用水量之和加以平均。

车间总耗水量计算：分别计算出车间的平均总耗水量和最大总耗水量，并需考虑设备同时使用的几率。

由车间的小时平均总耗水量，根据生产班次计算出车间昼夜耗水量，而小时最大耗水量则作为车间管道计算的依据。由小时最大耗水量确定系统中各段管道的管径时，其在管道中的流速不宜大于 2m/s，一般用 1m/s 左右，同时应该核算通过各管段的设计流量所造成的水头损失，一般选择管网中若干最不利处的用水点进行核算，以保证最不利点所需之水压。给水管道计算可查相关技术手册表。

洗涤用水量，一般按说明书要求采用，无说明书时，可按 $0.1\sim1.0$ m³/L 水量估算。

镀槽夹套用水量，一般小时平均用水量为 $0.30\sim0.50$ m³/m³（容积）小时最大用水量为 2.0 m³/m³（容积）。

配置电液用水量，根据工艺情况确定。冲洗地坪用水量，可按每平方米地坪每昼夜 3L

估算。

硫酸阳极氧化冷却用水消耗量（或循环量）可按下式计算：消耗量或循环量＝工作时的计算冷量/(密度×比热容×冷却水进出冷却管时的温差)

(3) 管材、管道布置及管道防腐

电镀车间应根据各工段对管道的腐蚀程度来选用不同的管材，电镀工段内常用给水管道有镀锌钢管和焊接钢管，酸洗工段内以塑料为主。车间给水的进户管道采用水铸铁管。

给水管道应尽量沿墙、柱或槽后明敷，接向清洗槽的管路应有防止停止时管道逆倒灌的措施。镀锌钢管可不进行保护，焊接钢管可涂刷酚醛树脂漆或环氧树脂漆，埋地铸铁管刷沥青漆。

(4) 排水量的计算

排水量一般与给水量基本相同，可参考给水量进行，但对要处理的污水，需分质进行计算其排水量，另外，定期排放的污水应按排放时间折算成小时排水量后进行计算。

污水浓度与工艺条件、生产负荷、操作情况以及用水方式等因素有关。不同镀种、不同产品的电镀车间浓度差异很大。同一车间，在不同时间排出的污水量和浓度的差异也很大。因此对污水浓度很难给出较准确数据，故常参考同类工厂的实测数据。

无法得到这些数据时，可以电镀面积来估算。

一般简单镀件，手工操作时（挂镀），每平方米镀件带出溶液量为 $0.05\sim0.15$ L/m²。形状复杂镀件，手工操作（挂镀）为 $0.15\sim0.30$ L/m²。滚镀时，为 $0.25\sim0.4$L/m²。自动生产线时为 $0.05\sim0.25$ L/m²。

将每小时带出溶液含氰或重金属量除以每小时排出污水量，即为排出污水浓度。

(5) 排水沟、管的布置

为使车间排水畅通，清洗水槽及工艺槽应布置在承槽地坑内，以免地面积水。

地坑内用明沟排水，明沟位置可根据具体情况分别布置在槽前、槽下及槽后。明沟位置在槽前时，需设木格子踏板。如设在槽下，则维护管理不方便，一般布置在槽后较好。

排水沟断面一般采用矩形，宽 $200\sim300$mm，沟起点深 $100\sim150$mm，坡比在 $0.01\sim0.02$ 范围内。

承槽地坑及明沟应考虑有防腐措施，一般用花岗岩石板或瓷砖贴面。

排水管道一般用双面涂釉的陶工管或陶瓷管，用沥青玛蹄脂接口，直径不小于 100mm。

(6) 节约用水

表面处理车间用水量较大，尤其是中小型机械厂，往往占全厂用水量的相当大的比例，因此节约用水是很重要的。节约用水，不仅可降低成本，还可减少排污水量，减少污水处理费用，有利于环保。

目前，许多工厂在生产中，采用了不少节约用水的有效措施。如在清洗槽前加回收槽，把单槽清洗改为双联槽或多联槽清洗，采用自动控制的逆流喷淋清洗，或将污水经处理后重复使用，充分利用冷却水和蒸汽冷凝水，以及工艺上将手工操作改为自动线等。另外在管理上采取措施，如清洗水阀不用就关，还可大大节约用水；在许多大车间中，由于加强了维护，对"跑、冒、滴、漏"现象已有了很大进步，不过继续抓好电镀车间节约用水是一项长期任务。

在电镀过程中，清洗既要保证镀件质量，防止槽液受污染，保证镀液的稳定性和镀液的使用寿命，又是电镀废水的主要来源。因此，要从改进清洗方法入手，提高清洗效率，减少清洗用水量，进而回收镀件带出的镀液，减少废水的处理量，降低处理成本。以下列出几种能有效节水的清洗方式。

① 逆流清洗法　逆流清洗法是由若干级清水槽串联组成，在最后一级槽内进水，从第一级槽排水，水流方向和镀件的清洗流程方向相反。其特点是随着生产方向移动的镀件越洗越干净，而清洗水中的污染物浓度则越来越高。它的用水量少，清洗效率高，最终排出的水浓度较高，并能回用于电镀槽，有利于综合利用。

非连续使用的清洗槽，还可采用间歇进水的方式进一步减少水的消耗。

② 回收清洗法　回收清洗法是在渡槽后设置 1～2 个静止回收槽，镀件在静止水中浸洗，洗去附着液，等回收槽浸洗液达到一定的浓度后，作为回收液返回镀槽使用。该清洗液不排放，第一级往镀槽中补充，第二级往第一级中补充，不形成排放水。在回收槽之后一般还需要设置清洗槽，这部分水清洗之后排放。实质上回收清洗是间歇逆流清洗和漂洗的组合。

回收清洗既可以节水，也可回收许多化工原材料。

③ 喷淋清洗法　喷淋清洗法是指将水通过喷嘴、喷管、喷孔等装置对镀件进行清洗的过程。由于喷射动能的作用，强制附着液从镀件表面加速脱落，清洗效率高。可分为喷洗和淋洗。

喷洗指利用来自电镀生产线工艺槽中的水或回收液，通过喷洗装置对镀件进行清洗的过程，其利用后级槽内水向前级槽喷洗称为反喷洗，利用自身槽内水喷洗称为自喷洗。

淋洗一般指用来自电镀生产线以外的水或回收液，通过淋洗装置对镀件进行清洗的过程。

④ 喷雾清洗法　喷雾清洗是用有一定压力的水通过喷嘴形成水雾来清洗镀件。利用压缩空气高速流过喷射器，喷射器的导水管产生负压，于是将清洗水沿导水管吸入喷射器，形成具有一定压力的气雾，将附着在镀件表面的溶液吹脱下来。气雾一部分被抽风装置吸走，大部分同洗脱液一道落入喷雾清洗槽的下部，定期回用于镀槽。

该方法可直接回用镀件带出的镀液，用水量小，设备简单，操作方便，投资省，运转费用低，特别适用于槽液温度在 50℃ 以上，批量小，镀件形状不太复杂的电镀生产过程。但不适用于大批量的深孔、盲孔镀件。

除了以上节水措施外，目前还可以用各种设备辅助节水。比如，可以在清洗槽中安装电导仪，当清洗水的电导达到某一设定值时，自动发出指令，开启电磁阀放入洁净水，电导低于设定值时，关闭电磁阀，这样就可以控制不至于浪费水资源。

可以采用凝缩、分离等技术，成为强制循环。常见的方法有逆流清洗-阳离子交换系统，逆流清洗-阳离子交换系统-蒸发浓缩系统，逆流清洗-反渗透系统等。

11.5.2　蒸汽消耗量计算

蒸汽主要用于加热镀液，除油液、热水槽等，一般选用表压为 2～3bar（200～300kPa）的蒸汽。蒸汽耗量分为两部分，开工预热与维护的热平衡。

加热溶液所需的热量应能满足在预定的升温时间内将溶液从室温升到工作温度。中下型槽（3000L 以下），升温时间取 1～3.5h，小槽可取小值。加热溶液所需的热量有两种，一是从室温升到工作温度所需的热量，包括溶液吸热、槽体吸热、液面和经过槽壁的热损失；另一种是流动热水槽洗槽在操作过程中的热损失，包括加热流动水所需的热量，液面和经过槽壁的热损失，简化计算。

溶液升温所需的热量,可由下式计算:

$$Q = V\gamma C(t_2 - t_1)\beta/\tau \tag{11-1}$$

式中,Q 为溶液升温所需热量,kcal/h(1cal=4.1840J);V 为溶液容积,L;γ 为溶液密度,kg/L;C 为溶液比热容,kcal/(kg·℃);t_2 为工作温度,℃;t_1 为初始温度,按 $10\sim 15$℃计算;τ 为升温时间,h;β 为附加热损失系数,有保温层的槽取 $1.1\sim 1.15$,无保温层的槽取 $\beta = 1.15\sim 1.3$。对于水及一般溶液,$\gamma C = 1$,油取 $\gamma C = 0.5$,发蓝溶液 $\gamma C = 1.1$。

流动水热水清洗槽工作时所需热量按下式计算:

$$Q = V\gamma C(t_2 - t_0)\beta_1/\tau_1 \tag{11-2}$$

式中,Q 为流动热水清洗槽工作时所需的热量,kcal/h;t_0 为冷水温度($15\sim 18$℃或当地实际水温);β_1 为槽子在工作时的热损失系数,一般取 1.11;τ_1 为流动水槽换水时间,h,与溶液容积及流动水槽的载荷量有关(详见表 11-8),其余同前。

表 11-8　流动水槽换水时间

溶液容积/L	≤300	301~1000	1001~2000	2001~3000
载荷量>50%	0.5h	1h	2h	3h
载荷量<50%	1h	2h	3h	4h

一般情况下流动热水槽换水时间按载荷量小于 50% 采用。

蒸汽消耗量按下式计算:

$$G = Q/r \tag{11-3}$$

式中,G 为蒸汽消耗量,kg/h;Q 为溶液升温或热水槽工作时所需热量,kcal/h;r 为蒸汽的潜热,表压 2bar 时,$r = 517.3$kcal/kg,表压 3bar 时,$r = 510.2$kcal/kg。

11.5.3　压缩空气消耗计算

电镀车间的压缩空气用于喷砂,吹平零件,搅拌溶液等方面,压缩空气进入车间前,应予以净化(除尘、除油、水等)。使用压缩空气的压力,一般吹干零件用吹嘴为 3bar(表压),搅拌溶液为 $2\sim 3$bar(表压),喷砂取 $3\sim 6$bar(表压)。

各种用途中,压缩空气的消耗量分别列于表 11-9~表 11-11。

表 11-9　吹嘴的压缩空气耗量

吹嘴直径/mm	吹嘴断面积/mm²	压缩空气压力(表压)/ bar				
		2	3	4	5	6
3	9.07	0.25	0.28	0.35	0.4	0.48
4	12.57	0.42	0.5	0.58	0.75	0.92
5	19.64	0.7	0.8	1	1.17	1.42
6	28.27	1	1.17	1.42	1.67	2
7	38.48	1.33	1.5	1.92	2.33	2.75
8	50.26	1.75	2	2.5	3	3.5
9	63.62	2.2	2.5	3.08	3.67	4.5
10	78.54	2.7	3.17	4	4.67	5.5
11	95.03	3.25	3.75	4.92	5.83	6.67
12	113.10	3.93	4.5	5.67	6.83	8

注:1. 吹嘴直径一般用 $\phi 3\sim 6$mm。

2. 1bar=10^5Pa。

表 11-10　搅拌溶液（1L 溶液）用压缩空气的消耗量

搅拌方式	轻微搅拌	一般搅拌	强烈搅拌
消耗量/[L/(min·L)]	0.5	1.0	1.5

表 11-11　喷砂清理用压缩空气耗量　　　　　　　　　　　单位：m³/h

序　号	空气压力/kPa	喷嘴直径/mm				
		4	6	9	10	12
1	300	37	80	145	225	320
2	600	62	135	250	285	550

压缩空气用于搅拌溶液，使溶液温度均匀，零件周围溶液不断更新，保证有较高的电流密度和沉积速度。空气搅拌对溶液翻动大，对有些镀种难免使阳极泥渣移向阴极附近并附着在上面，镀层表面产生毛刺，溶液必须经常过滤，配用连续过滤。

压缩空气搅拌管的材料一般用钢管、铅管、硬聚氯乙烯塑料管。管上小孔直径为 3mm，孔距为 80～130mm，小孔总面积约等于搅拌管截面积的 80%，一般中小型槽用直径 20～25mm 的管子，搅拌管距槽底部约 25mm。

11.6　车间日常管理

11.6.1　表面处理工艺文件的编制与实施

随着经济建设发展需要，表面处理工业在我国正向现代化、自动化方向发展。工厂的现代化、自动化程度越高，生产管理水平要求也就越高，就越需要有一套完整的、科学的与实际相适应的表面处理工艺文件。

各工厂编制的工艺文件，内容归纳起来，一般应包括工艺规程、工艺守则、工时定额、材料定额和工艺管理方面表格卡片，以及操作手册、生产岗位责任制等。

编制工艺文件不能千篇一律，每个单位的工艺文件都必须充分结合本单位工艺、电镀生产实际，但一般说来，应注意以下三个方面。

① 工艺文件的内容必须充分体现工艺的完整性、系统性，做到分散下去对各类镀槽和工序来说，是一张又一张具体的工艺卡片，使操作者方便使用。制定各种工艺卡片，包括质量检验、"三废"处理、所有的现场处理设备，以及水、电、气及其他辅助设备均应有工艺性说明和操作、维护方法，并作出明确规定，以便切实保证工艺的系统性与完整性。

② 工艺文件必须充分体现科学性。工艺文件中的提法、原理和数据，都必须有充分的理论依据，既重视本单位经验和外单位的经验，又必须用科学的态度，不可死搬硬套。只有这样，才能保证产品质量。

③ 编制工艺文件时，不能只看目前现状，应该看到企业的发展和整个行业发展的前景。工艺文件应该与本企业的发展和实际相适应。另外，还得使工艺文件既适用于现场技术人员，又适用于操作工人文化技术水平。

11.6.2　表面处理现场生产的组织形式

表面处理现场的生产组织形式，须与现代生产技术管理相适应，根据表面处理生产的特点和管理要求，如何充分考虑到表面处理生产成本管理（包括劳务成本管理），综合建立起一套科学管理的组织形式，来保证产品质量、生产效率、成本控制等各方面有效的科学管理方法，是势在必行的共同要求。

表面处理现场生产的组织形式，一般应按加工批量、产品类型、工艺种类及经济核算等因素结合实际来确定。

① 在品种单一，产量大的条件下，可建立专业电镀加工车间，可以是全能表面处理自动线生产方式或手工操作生产方式，产品加工从前处理、表面处理到后处理等全过程在车间内完成。有条件的车间可独立设置生产计划（调度）、工艺管理、质量检验和直接成本管理等专职部门（或人员），在公司或厂部领导下，全面完成产品加工任务。

② 在品种多、加工任务批量少、订货不稳定的条件下，可根据表面处理一般工艺要求，建立综合的加工表面处理车间，以适应市场订货要求。

在综合处理车间内，建立工段或小组进行生产。在工段或班组内，可以对产品从前处理、表面处理、后处理全过程全面完成；也可以将前处理独立，建立专业前处理工段或班组，将产品完成前处理后交付各工段或班组进行后续加工，直至产品全部按序完成。

目前，在沿海地区大多是综合处理加工厂，根据生产规模大小来设立生产计划（调度）、工艺管理、质量检验和成本管理专职人员，也可由公司或厂部设立的上述专职部门直接对车间进行管理。

11.6.3 严格生产中的质量管理

产品质量实际上是表面处理全过程的最终结果。在 ISO 9000 系列国际质量标准中，将电镀等处理工艺列为特殊工艺，并强调特殊工艺需要特殊考虑。所谓特殊考虑，就是按照 AMIE（人员、设备、原料、方法、环境）五大因素对处理过程进行全面质量控制，建立质量保证体系，达到向市场提供优质产品的目的。

为了与世界经济接轨，应积极采用 GB 19000 系列，该标准等同于国际标准 ISO 9000 系列质量标准。

建立质量责任制，让企业的每个人、每个班组、每个车间都明确具体任务、责任和权力，以便使质量工作事事有人管。要贯彻工艺规程，严格执行技术标准，妥善处理发生的质量问题。

生产车间必须对其生产制造的产品做到不合格品不出车间。班组应对其生产制造的产品（半成品或其他）质量负直接责任。发生质量事故，要组织全班组人员分析研究，采取措施。操作工人应做到严格按工艺操作，按图纸加工，按制度办事。

在产品表面处理加工完毕出厂送交客户以前，必须经过专职质量监控部门或人员按产品质量标准进行检验确认，才能准许合格产品出厂。根据生产规模和产品类型，质量监控组织通常有二级或一级设置。

① 二级管理方式适应于大型表面生产厂家，厂部设质检科（部），车间设质检组（或主管），承担厂或车间的毛坯检验、对制品的检验和成品检验。有权对不合格产品否决，做退镀、降级或报废处理。

② 中小型表面处理车间一般直接设置质检班、组或专职人员，以承担上述相同任务，行使相同职权。

11.6.4 表面处理现场应用技术

加强现场应用技术和技术管理是工业管理中的重要环节，这是提高产品质量的一项重要措施。

表面处理是多学科综合性技术，影响因素甚多，一种新工艺就要有一套相适应的现场生产应用技术。对此，本节将结合表面处理生产实际，重点讨论现场的有关应用技术问题。

11.6.4.1 表面处理的操作监控

一般来说，工厂所处的地理位置、设施、材料、环境、产品特点不同，则最佳表面处理工艺参数就不同。因此，必须结合现场实际不断研究总结出适合本单位的最佳经验数据，并很好地利用这些数据。

因为溶液的成分、前处理及后处理液的成分经常变化，各种各样的零件表面积大小往往很不相同，因而处理方法、工艺规范确定后，还需要使用不同的电流密度和处理时间等工艺参数。在表面处理技术高速发展的今天，只凭经验来处理操作中所出现的问题显然不够，为此，使用科学的监控方法，是确保表面处理层质量和效益、实现科学管理的关键。

近年来，随着表面处理科学技术的竞争和发展，先进的表面处理工艺技术、设备、仪器和先进的监控、操作、管理方法不断涌现，使生产过程的操作、管理越来越优化、可靠，同时对稳定现场生产，确保生产效益，提高质量起到保证作用。

(1) 溶液成分的控制

通常，溶液发生故障时，需要进行化学分析与电化学试验。实践表明，一个科学管理完善的工厂或车间，必须具有防范故障发生的监控能力与电化学试验能力。因此，每个表面处理车间均应具备分析监控溶液中最主要的成分的条件。

溶液分析应注意的几个问题。

① 注意获取理想数据　化验的目的不仅是为了分析故障，还应获取理想数据，使心中有数。如何获取理想数据呢？那就是在生产过程中，当镀液表现出某些性能（如深镀能力等）特别优良时，立即取样化验，把所得数据保留下来。必须通过化验和工艺试验来不断摸索掌握，最终得到本车间最优的处理工艺条件。这对生产设备条件不太好，生产质量又不能长久稳定的中小厂来说，尤为重要。

② 化验结果要准确　化验是分析表面处理故障的重要手段，化验结果准确与否，直接影响到对故障原因的正确判断。应该在溶液毛病还未完全暴露时，就能从化验结果中发现溶液可能出现某种故障，及时进行霍尔槽试验等镀液组分调整，做到防患于未然。这样，对出现的较大故障，能迅速提供准确的测试数据，采取相应的措施。如果化验的数据不准确，不仅不能合理维护和调整溶液，甚至会由于误判而起到相反的作用。

③ 严格化验基本操作　主要注意掌握正确采样和正确化验操作。当镀槽较大时，镀液多，取样前应充分搅拌并多点采样。一般用阴极保护框的镀槽，框内外的镀液成分含量往往有所差别，必须内外多点取样。对蒸发量较大的镀镍、镀铬、镀锡等槽液的化验，取样时注意，当镀液蒸发较多时，或在刚刚补充了蒸发的水分不久就取样分析，都是不适宜的；用刚清洗过还带温的容器一次注入化验电镀试液是错误的。应该先用少量镀液摇洗一下容器内壁（洗液仍可倒镀槽），再注入化验试液（对于干净干燥的取样容器无须这样）。同样，也不要用水洗或前一次用过后未经清洗的专用吸管直接取样化验。凡使用用水清洗后带温的吸管和未经清洗的专用吸管（无论是湿的或干的），事先至少要吸取两次样液，弃去洗液，然后才能正式吸取试液化验；通常，镀槽深、大的镀液取的化验数据，实际上只代表了挂具插入深度的这段槽液的成分含量。一般来说，下半部的某些成分含量有时比上半部稍微高些。当根据化验结果进行镀液调整时，应当考虑到这一点，特别是对一些控制范围比较严格的光亮剂更应注意到这一点（有空气搅拌槽液例外）。

（2）溶液工艺规范的日常控制

使溶液控制在工艺规范内，显然是确保现场生产的质量和效益的关键所在，这个关键在于能否结合生产现场实际的应用技术。控制在工艺规范内，必须熟练地掌握镀液中各组分对镀层的影响，包括各种添加剂的影响。下面扼要分析电流密度等对镀液的控制技术。

① 电流密度　为了获得良好的镀层，任何镀液都有规定的电流密度范围。一般来说，电流密度越大，镀取同样厚度的镀层所花的时间越少，劳动生产率越高。因此，在许可的电流密度范围内，电流密度越大越好。当电流密度低于下限值时，将导致镀件表面沉积不上镀层，或者虽然沉积上了，但却不是合格的镀层。

当电流密度大于上限时，镀件就会被烧焦或烧黑。烧焦，就是在电流密度过大时，镀件附近的金属离子浓度迅速降低，造成氢的析出，导致该处的 pH 值上升，形成金属碱式盐类夹附在镀层内，产生空洞、麻点、疏松、发黑等疵病。有时即使不析出氢或少析出氢（如硫酸铜溶液），也会产生烧黑等疵病。因此，在实际操作中，最佳的电流密度是由镀液性质、成分浓度等具体情况决定的，关键还在于操作者平时的经验积累。

② 溶液温度　仅仅升高温度，会导致镀层粗糙，这是不利的。但是在电镀生产中，不少镀液必须采用加温作业，来增加盐类的溶解度，防止阳极钝化而增加电导，可以改善电镀液的分散能力，减少镀层中的渗氢量，强化生产。故只要掌握好有关参数之间的内在联系，升高温度便会变得有利。如升高温度，会使阴极极化降低，但在此基础上提高电流密度，同样会使阴极极化升高，这样便可维持原来的阴极极化值，由此提高了生产效率。用人工控制温度需要经常测量温度，调节加热器，操作麻烦。而自动恒温调节系统能将温度的变化通过浸在镀液中的测温头随时传到恒温调节仪中，再由它发出相应的信号来启闭电磁阀。

③ 搅拌　目前，国内对溶液通常采用阴极移动和通入压缩空气的方法来搅拌。搅拌能消除浓差极化，对质量有好处，尤其是对光亮电镀（如光亮镀镍）等非常有益。

当镀液成分不受空气和二氧化碳作用时，可用压缩空气搅拌。例如，酸性镀铜、镀镍、镀锌及焦磷酸镀铜锡合金等。对于镀铁、二价锡镀锡和所有氰化物镀液，则不能采用压缩空气搅拌。因为压缩空气中的氧气会使镀铁溶液中的二价铁氧化成三价铁，使镀锡溶液中的二价锡氧化成四价锡，使氰化物镀液中的氰化物加快分解生成碳酸盐。采用压缩空气搅拌时，应注意对压缩空气进行净化（油水分离），否则会污染镀液。应该注意到，剧烈搅拌会使阳极泥渣及槽底的泥渣浮起而沉积在镀件上。为避免这种疵病，应考虑采用阳极袋框和循环过滤等相应措施配套维护槽液正常。

④ 溶液的 pH 值　它影响氢的放电电位、碱性夹杂物的沉积、配合物或水合物的组成以及添加剂的吸附程度等。因此，控制溶液的 pH 值十分重要。用人工控制 pH 值十分麻烦，而且准确度低，有条件的厂家可采用 pH 计自动监测。

目前常用的 pH 计控制精度可达 ± 0.1，已成功地用于表面处理和废水的处理上。

⑤ 控制溶液中的杂质　溶液中少数微量杂质对某些镀液性能有好的影响，但通常情况下，大多数杂质弊多利少，特别是杂质浓度超过一定限度时，产品质量将会受到很大影响。因此，过多的杂质是不允许的，应尽量避免各种杂质进入溶液。

溶液中杂质的来源有以下几个方面。

a. 化工原料纯度不高。配制与平时添加药品时，杂质经常会随药品带入溶液。例如，配制无氰碱性镀锌溶液工业级的氧化锌和烧碱，会使溶液中进入较多的铁、铜、铅等金属杂质，若不加入掩蔽这些金属的配合剂，那么生产便无法进行。又如，配制 HEDP 镀铜溶液时，采用工业级硫酸铜和氢氧化钾，而这些原料在配制镀液前未经特殊的净化处理，则会因带入杂质太多，镀液一开始就不能投产。

b. 有时阳极材料纯度不高。电镀时，槽中阳极金属不断溶解，阳极中所含有的杂质会溶入槽中，日积月累，溶液中的杂质就会不断增多。

c. 金属零件、挂具等落入镀槽。在生产过程中，如有金属零件、挂具等落入槽液而未及时取出，则腐蚀溶解物就会成为镀液中的杂质。

d. 挂具与阴极和阳极的铜棒经常沾着镀液，它们的腐蚀产物落到槽中，日积月累会导致槽液中杂质增多。

e. 某些镀液使用的添加剂、光亮剂的分解产物，积累到一定程度，便成为有害的有机杂质。

f. 镀前处理工序不良时，杂质随零件带入镀液。

g. 有些镀槽设在抛光间的抽风机附近，工作中抽风机抽出的风含有大量金属粉尘。屋架吊车上的锈蚀物，以及车间外面风吹落的花粉、叶渣等掉入槽内。这些金属粉尘可能进入槽液成为杂质。

总之，溶液中杂质积累的因素很多，除上述几种情况外，还可能由于溶液本身副反应的产物或加错药品等引起。另外，由于"三废"处理技术水平较低，再生回用的废水和镀液原料中含有杂质，均会造成杂质积累。

11.6.4.2 镀液故障的跟踪分析

要想迅速、准确、有效地排除溶液故障，就必须对生产现场进行跟踪分析，即通过分析和试验，找出溶液故障产生的工序，查明原因，才能确定排除方法。

(1) 确定溶液故障的发生工序

在生产中，常常由于某种原因使溶液发生故障，造成处理层弊病。在排除溶液故障时，要善于通过分析和试验，找出镀液故障起源工序与其产生原因，然后再"对症下药"，才能排除故障，确保生产正常运转。否则，盲目进行大槽处理，只可能越处理问题越多，甚至造成停产事故。

溶液故障有的来自溶液内部的因素，也有的来自溶液外部的因素。例如，前处理不当会造成处理层结合力差、起泡，又如电镀过程中断电、导电接触不良等外部因素，也会造成镀层结合力差而起泡、起皮等。

要判断故障是否发生在前处理工序，可以把产生故障的同一工件，用同样的前处理方法进行处理，再挂入正常镀槽中电镀，若镀层正常，即可排除镀前处理有问题。若镀层仍不正常，故障重现，则应认真检查镀前处理各道工序，如除油、酸洗、光亮性浸渍、中和、冷热水清洗、弱酸腐蚀等工序中是否达到工艺要求。对于某些工件，例如多层镀层，还应追查电镀过程的每一道工序，包括底层、表面层电镀过程的每一道工序，以及活化、清洗等工序是否达到工艺要求。

要判断故障是否发生在镀后处理工序，通常是对中和液、清洗水、钝化液、防变色处理液、干燥等每一工序进行仔细检查，看是否达到工艺要求。

经过以上分析和试验后，若确定故障发生在镀液内部，首先需化验镀液成分。镀液成分比例失调，则调整到工艺规范要求。如果成分符合工艺规范，故障仍未排除，则应分析杂质，"对症下药"去除。若是有机杂质添加剂分解产物的影响，可采用霍尔槽试验来控制添加剂用量，并相应处理除去有机杂质。如果上述故障既不是镀液组分失调，也不是有害金属杂质和有机杂质的影响，再检查是否添加剂加错了。

(2) 确定镀液故障的产生原因

故障的起源工序找到后，应将故障缩小在某一工序范围内，或者是某一种镀液中。因此，接下来的工作是确定故障的产生原因。可以从有关资料得知某些故障产生的"可能原因"，用这些"可能原因"的理论结合现场实际来分析故障的真相，再针对具体的故障现象进行必要的试验，就可以确定镀液故障的产生原因。

通常进行小型镀槽试验，也是确定故障产生原因的有效方法。采用从小型镀槽试验反映大槽生产状况的常有烧杯试验、霍尔槽试验以及不同的小型镀槽试验。其中，采用霍尔槽试验分析镀液故障前面已介绍过，下面介绍其他几种试验方法。

11.6.4.3　电镀过程与镀液控制的现场试验

(1) 控制电镀过程的安培小时计

近年来，添加剂（特别是各种光亮剂）的使用已经越来越普遍。在使用过程中，必须维持添加剂的正确配比，不然收不到应有的效果。同时，还必须根据具体情况，及时从镀液中清除掉添加的电化学还原产物，不然会影响镀层的质量。长期以来，添加剂的添加靠个人经验判断，用手工加添加剂很难准确无误。使用安培小时计自动添加光亮剂，显然有助于现场生产和电镀液有效控制的科学管理。

安培小时计是一种测量和记录通过镀液电量的仪表。目前市售的光亮剂一般都标有消耗电量指标。在实际使用中，只要将安培小时计和恒电流加料箱配合起来，便可组成一个光亮剂自动添加系统，可使镀液中的添加剂始终保持最佳含量。目前国产的安培小时计测量精度为1%，国外产品安培分钟计精度已达到0.3%。

(2) 霍尔槽试验

在电镀过程中，为了维持添加剂的正确配比，应经常掌握实际消耗量。但由于添加剂大多数是复杂的有机物，通常的化验手段很难检定。霍尔槽试验操作较简单，是一种试验效果好、所需溶液体积小的小型电镀试验槽。它可以较好地确定获得外观合格镀层的电流密度范围及其他工艺条件（如温度、pH值等），用于研究溶液主要组分和添加剂的影响，帮助分析溶液产生故障的原因。此外，利用霍尔槽还可以测定镀液的分散能力、整平性及镀层的内应力。因此，霍尔槽试验在电镀工艺试验研究和现场生产质量控制方面都得到了广泛的应用。

霍尔槽试验由于能测出相差几十倍至百倍的电流变化，因此在一定的电流密度范围内，镀层的变化能用肉眼看出。实践证明：能够引起霍尔槽阴极样板上镀层状况发生变化的因素很多（如镀液成分）。下面简要介绍霍尔槽试验的几种应用：

① 选择镀液中某成分的适当含量　一般固定总电流、时间和温度，逐渐改变某成分的含量，最后可以确定镀液某种成分的最佳含量。对镀液中某种光亮剂含量，通过试片变化调到最佳值尤其有效。

② 选择适当的操作条件　霍尔槽试验的特点是能比较容易地反映出不同电流密度下镀层质量的好坏，所以，用霍尔槽试验能够选择适当的操作电流密度。选定了电镀液的组分，同时还可确定温度变化对镀层质量的影响。

③ 可分析镀液中少量添加剂或杂质含量　如先取现场镀液作一试验样片，在同样电流、温度和时间情况下，配制与生产镀液成分完全相同、但不含任何添加剂和杂质的新镀液，也作一试验样片。然后，逐步加入添加剂或杂质，当添加后所得某一样片与生产镀液的样片情况相同时，即可知道镀液中添加剂或杂质的大致含量。例如，测定光亮镀镍溶液中少量锌杂质含量，有一只光亮镀镍槽因加料失误，将硫酸锌作为硫酸钠加入，造成故障。经长期电镀，锌杂质含量已降低到很小，可用霍尔槽试验测量锌杂质含量。

④ 故障预测　对生产槽液应做定期霍尔槽试验，与原始记录的故障样片进行比较。若槽液逐渐接近某一故障情况，说明故障将要发生，应及时进行处理，以免影响生产。

参 考 文 献

[1]   姜银方，朱元右，戈晓岚．现代表面工程技术．北京：化学工业出版社，2005.
[2]   胡传炘．表面处理手册．北京：北京工业大学出版社，2005.
[3]   王兆华，张鹏，林修洲，等．材料表面工程．北京：化学工业出版社，2011.
[4]   董允，张廷森，林晓娉．现代表面工程技术．北京：机械工业出版社，1999.
[5]   冯拉俊，沈文宁．表面及特种表面表面加工．北京：化学工业出版社，2013.
[6]   郦振声，杨明安．现代表面工程技术．北京：机械工业出版社，2007.
[7]   宣天鹏．表面镀覆层失效分析与检测技术．北京：机械工业出版社，2012.
[8]   刘勇，田保红，刘素芹．先进材料表面处理和测试技术．北京：科学出版社，2008.
[9]   宣天鹏．表面工程技术的设计与选择．北京：机械工业出版社，2011.
[10] 廖景娱，罗建东．表面覆盖层的结构与物性．北京：化学工业出版社，2010.
[11] 王振廷，孙俭峰，王永东．材料表面工程技术．哈尔滨：哈尔滨工业大学出版社，2011.
[12] 曹立礼．材料表面科学．北京：清华大学出版社，2007.
[13] 孙希泰．材料表面强化技术．北京：化学工业出版社，2005.
[14] 叶人龙．镀覆前表面处理．北京：化学工业出版社，2006.
[15] 毛柏南．印制电路板电镀．北京：化学工业出版社，2008.
[16] 屠振密，韩书梅，杨哲龙，等．防护装饰性镀层 [M]．北京：化学工业出版社，2004.
[17] 陈范才，肖鑫，周琦，等．现代电镀技术 [M]．北京：中国纺织出版社，2009.
[18] 陈治良．简明电镀手册 [M]．北京：化学工业出版社，2007.
[19] 宋华．电泳涂装技术 [M]．北京：化学工业出版社，2009.
[20] 冯立明，王玥，孙华，等．电镀工艺与设备 [M]．北京：化学工业出版社，2005.
[21] 李慕勤，李俊刚，吕迎，等．材料表面工程技术．北京：化学工业出版社，2010.
[22] 王振廷，孙剑锋，王永东，材料表面工程技术．哈尔滨：哈尔滨工业大学出版社，2011.
[23] 姚寿山，李戈扬，胡文彬．表面科学与技术．北京：机械工业出版社，2005.
[24] 钱苗根，郭兴伍．现代表面工程．上海：上海交通大学出版社，2012.
[25] 戴达煌，刘敏，余志明，等．薄膜与涂层现代表面技术．长沙：中南大学出版社，2008.
[26] 陈光华，邓金祥．纳米薄膜技术与应用．北京：化学工业出版社，2004.
[27] 王增福，关秉羽，杨太平．实用镀膜技术．北京：电子工业出版社，2008.
[28] 徐滨士，刘世参．表面工程．北京：化学工业出版社，2000.
[29] 赵文轸．材料表面工程导论．西安：西安交通大学出版社，1998.
[30] 宣天鹏．材料表面功能镀覆层及其应用．北京：机械工业出版社，2008.
[31] 郑伟涛．薄膜材料与薄膜技术．第2版．北京：化学工业出版社，2008.
[32] 刘光明．表面处理技术概论．北京：化学工业出版社，2011.
[33] 阎洪．金属表面处理新技术．北京：冶金工业出版社，1996.
[34] 朱祖芳．铝合金表面处理膜层性能及测试．北京：化学工业出版社，2012.
[35] 高岩．工业设计材料与表面处理．第2版．北京：国防工业出版社，2008.
[36] 刘勇，田保红，刘素芹．先进材料表面处理和测试技术．北京：科学出版社，2008.
[37] 王学武．金属表面处理技术．北京：机械工业出版社，2008.
[38] 小沼光晴．等离子体技术成膜基础．北京：国防工业出版社，1992.
[39] 张黔．表面强化技术．武汉：华中理工大学出版社，1996.
[40] 齐宝森，陈路宾，王忠诚，等．化学热处理技术．北京：化学工业出版社，2006.
[41] 潘邻．化学热处理应用技术．北京：机械工业出版社，2004.
[42] 潘健生，胡明娟．钢铁的化学热处理原理．上海：上海交通大学出版社，1988.
[43] 沈承金，王晓虹，冯培忠，等．材料热处理与表面工程．徐州：中国矿业大学出版社，2011.
[44] 徐滨士，朱绍华，刘世参，等．材料表面工程．哈尔滨：哈尔滨工业大学出版社，2005.
[45] 戴达煌，周克松，袁镇海，等．现代材料表面技术科学．北京：冶金工业出版社，2004.
[46] 高志，潘红良．表面科学与工程．上海：华东理工大学出版社，2006.
[47] 曾晓燕，吴懿平．表面工程学．北京：机械工业出版社，2001.
[48] 潘邻．表面改性热处理技术和应用．北京：机械工业出版社，2006.
[49] 朱履冰．表面和界面物理．天津：天津大学出版社，1992.
[50] 朱维翰．金属材料表面强化技术的新进展．北京：兵器工业出版社，1992.